普通高等教育“十一五”国家级规划教材

火炮自动机设计

张相炎　编著

北京理工大学出版社
BEIJING INSTITUTE OF TECHNOLOGY PRESS

内 容 简 介

本书在继承传统火炮自动机设计理论和方法的基础上，根据现代火炮自动机的特点和发展趋势，结合近年来取得的科研成果，融合现代设计的理论和方法，全面系统地介绍火炮自动机设计基本理论和方法，主要包括自动机的工作原理、典型结构分析、总体设计技术、主要机构设计方法、动力学仿真技术等。

本书具有一定的通用性和适应范围，适合作为火炮专业本科教材，也可作为研究生及科研工作者的参考资料。

图书在版编目（CIP）数据

火炮自动机设计/张相炎编著. —北京：北京理工大学出版社，2010.1
普通高等教育“十一五”国家级规划教材
ISBN 978-7-5640-2941-8

Ⅰ. 火… Ⅱ. 张… Ⅲ. 火炮-自动机-设计-高等学校-教材
Ⅳ. TJ302

中国版本图书馆CIP数据核字（2009）第218764号

出版发行 / 北京理工大学出版社
社　　址 / 北京市海淀区中关村南大街5号
邮　　编 / 100081
电　　话 / (010)68914775(办公室)　68944990(批销中心)　68911084(读者服务部)
网　　址 / http：// www.bitpress.com.cn
经　　销 / 全国各地新华书店
印　　刷 / 涿州市新华印刷有限公司
开　　本 / 787毫米×1092毫米　1/16
印　　张 / 21.5
字　　数 / 507千字
版　　次 / 2010年1月第1版　　2010年1月第1次印刷
印　　数 / 1~3000册　　　　责任校对 / 张沁萍
定　　价 / 53.00元　　　　责任印制 / 边心超

图书出现印装质量问题，本社负责调换

前　言

空袭与反空袭是未来战争的主要特征之一。自动炮是进行中低空和超低空防空反导的重要工具和手段，加强中低空和超低空区域的防空反导作战能力是自动炮发展的趋势。为适应未来战争对自动炮的要求，作为自动炮核心的火炮自动机，其相关技术的发展非常迅速。

“火炮自动机设计”是火炮专业的主要专业课，已经多年无教材可用，代用教材是20多年前编写的。火炮自动机新技术、新成果、新方法等方面的内容，仅依赖任课教师凭经验进行必要的补充，缺乏系统性和规范性。

本书作为普通高等教育“十一五”国家级规划教材，根据火炮专业“火炮自动机设计”的教学需要，按约64学时的教学内容编写，对教学时数少于64学时的教学计划，主讲教师可以根据实际需求做适当裁剪。

本书共分5章。第1章主要介绍火炮自动机的基本概念及其组成、特点、发展和火炮自动机设计理论及其研究内容与方法。第2章主要介绍火炮自动机的工作原理和典型结构分析。第3章主要介绍火炮自动机动力学分析、建模与仿真技术。第4章主要介绍火炮自动机主要机构的结构设计，包括闭锁机构设计、开/关闩机构设计、供/输弹机构设计、浮动机设计，其他机构设计等。第5章主要介绍有关火炮自动机总体设计方面的主要方法和技术。

本书是编者总结多年教学经验、体会，在继承传统火炮自动机设计理论与方法的基础上，力图根据未来战争的特点及其对现代火炮自动机的要求、特点和发展趋势，结合近年来国内外取得的科研成果，站在火炮自动机技术发展的前沿，对现代火炮自动机设计的基本概念、工作原理、结构特点、关键技术、发展趋势等进行了系统的介绍，使本书具有明显的系统性和时代特色。本书将传统火炮自动机设计理论与现代设计理论和方法相融合，介绍现代设计理论和方法在火炮自动机设计中的应用原理和方法，具有一定的通用性和适应范围，并且以介绍如何应用原理和方法为主，具有较强的实用性，不仅可供高等院校本科以及研究生教学用，还可以作为从事火炮自动机科技人员的参考书。

本书由戴成勋教授和朱素君教授担任主审专家，两位主审专家对本书付出了辛勤劳动，提出了许多宝贵的意见及建议。在编写过程中与戴劲松教授、杨军荣副教授进行过多方面的有益交流和探讨，刘宁、高永峰、杨磊提供了算例，阎舜、傅朝斌、郑鹏、郑建兴等在文字和图表等方面提供了大力协助，编者所在单位的许多教授专家对本书初稿提出了许多有益的修改意见。本书在编写中参考了许多专著和论文。在此对以上为本书的出版付出了心血的主审专家和所有同仁一并表示衷心的感谢。

由于编者水平有限，难免有遗误和不妥的地方，恳请读者批评指正。

张相炎

目　　录

第1章 绪论

1.1 火炮自动机概述

1.1.1 火炮自动机的基本概念及其组成

人类在工农业生产以及日常生活中，发明和创造了各式各样的机器（机械），用于代替人力完成各种各样的生产劳动，这就使得人类与机器组成了一个“人－机”系统。“人－机”系统所完成生产任务的工作过程，实际上可以分解为一系列基本动作，这些基本动作是按一定的动作流程进行的。

在“人－机”系统完成生产任务的工作过程中，有些动作需要“人”来完成，有些动作需要“机器”来完成。“人”尽可能少地参与是人类设计机器所追求的目标。当一部机器在工作过程中几乎没有“人”参与，显然这样的机器就实现了“自动化”。因此，在没有操作人员直接参与下，组成机器的各个机构（装置）能自动实现协调动作，在规定的时间内完成规定的动作循环，这样的机器就可称为自动机械。自动机械是一个相对概念，在“人－机”系统中，如果“人”参与的程度高，则机器的自动化程度低；反之，则机器的自动化程度就高。

自动机械的最大特点是自动化程度高、操作人员的劳动强度低、生产效率高。但是，自动机械所完成的工序动作一般比较多，因此自动机械往往由多个工序执行机构组成，结构也就相对复杂。

火炮作为一种特殊机械，自问世以来，经过长期的发展，逐渐形成了多种具有不同特点和不同用途的火炮体系，成为战争中火力作战的重要手段，大量地装备于世界各国陆、海、空三军。在现代立体化战争中，火力仍然是战斗力的核心。火炮一直是战场上的火力骨干，以其火力强、灵活可靠、经济性和通用性好等优点，已成为战斗行动的主要内容和左右战场形势的重要因素。

根据火炮自动化程度不同，可以将火炮分为自动炮、半自动炮和非自动炮三类。

自动炮是指能自动完成重新装填和发射下一发炮弹的全部动作的火炮。若重新装填和发射下一发炮弹的全部动作中，部分动作自动完成，部分动作人工完成，则此类火炮称为半自动炮。若全部动作都由人工完成，则此类火炮称为非自动炮。自动炮能进行连续自动射击（连发射击，简称连发），而半自动炮和非自动炮则只能进行单发射击。自动炮已大量地装备于世界各国陆、海、空三军。美国6管20 mm自动炮就分别装备于陆、海、空三军，如图1.1～图1.4所示。

图1.1　美国火神M167式6管20 mm牵引高炮

图1.2　美国火神M163式6管20 mm自行高炮

图1.3　美国火神MK15式6管20 mm舰炮

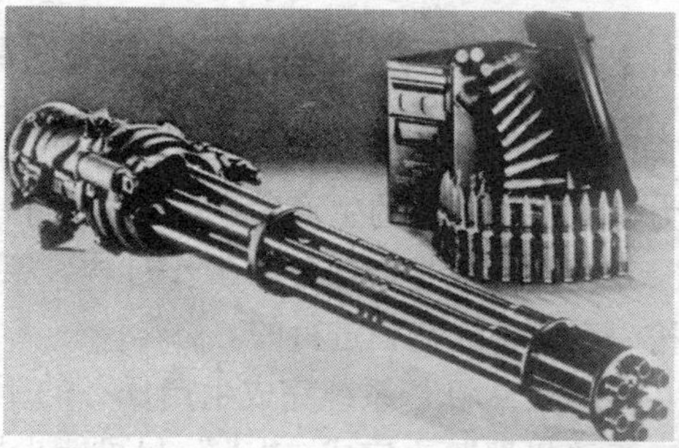

图1.4　美国火神M61式6管20 mm航炮

自动炮按其用途又可分为地面自动炮（一般指高射自动炮，简称高炮）、机载自动炮（航空自动炮，简称航炮）和舰载自动炮（简称舰炮）三类。虽然这三类自动炮的自动机，由于使用条件不同而有所差异，但是在设计理论方面却是基本一致的。

火炮自动机（简称自动机）是自动炮的一个独立组成部分，是自动炮射击时，利用火药燃气或外部能源，自动完成重新装填和发射下一发炮弹的全部动作，实现自动连续射击的各机构的总称。

从击发已装填入膛的炮弹开始至次一发炮弹装填入膛等待击发为止，把这一过程称作射击循环。除了首发需要有人参与之外，其余所有动作均自动完成，称作自动循环。一般情况下，在每一自动循环中，自动机应能自动完成击发、击发机构复位、开锁、开闩、抽筒、抛筒、供弹、输弹、关闩和闭锁等动作。

（1）击发，通过机械的、电的、光学的方式引燃点火药，从而使发射药燃烧的过程。

（2）击发机构复位，击发机构恢复到击发前位置的过程。击发机构复位以便下次击发。

（3）开锁，解除炮闩与炮尾的临时刚性连接的过程。开锁使炮闩可以相对炮尾产生运动。

（4）开闩，当炮膛内火药气体压力下降到安全压力后，将炮闩由关闩位置相对炮尾移动一定距离，以便装填炮弹的过程。开闩是为下一发弹药的装填做好准备。

（5）抽筒，将发射后的药筒从炮膛内抽出的过程。

（6）抛筒，将从炮膛内抽出的药筒抛出自动机之外的过程。

（7）供弹，射击时依次将一发炮弹从存储位置转移到输弹出发位置的过程。

（8）输弹，射击时依次将处于输弹出发位置的炮弹沿输弹线输入炮膛，使之处于待击发位置的过程。

（9）关闩，将炮闩由开闩位置移动到封闭炮膛位置的过程。

（10）闭锁，在关闩的同时或关闩到位之后，使炮闩与炮尾及身管成为暂时刚性连接的过程。

当然，上述各项自动动作并非完全为所有火炮自动机所必备。对某些火炮自动机，有些动作可能合并在一起，例如俄罗斯 C－60 式 57 mm 高炮自动机，开闩过程就是抽筒过程，供弹过程就是抛筒过程，输弹过程就是关闩过程等。对某些火炮自动机，有些动作可能根本就不存在，例如当采用全可燃药筒时，则根本就没有抽筒过程和抛筒过程；当采用开膛原理时，则根本就不存在输弹过程、抽筒过程等。

自动循环的各自动动作，由相应机构完成。但是，并非对应每一个自动动作都有专门机构。一个机构甚至一个构件可能完成几个自动动作。例如俄罗斯 C－60 式 57 mm 高炮自动机和 HP－23 航炮自动机，在开闩过程中完成抽筒动作；在压弹的同时，利用当前炮弹将发射后的药筒挤出自动机，完成抛筒动作；在关闩过程中完成输弹动作等。

通常，从工作原理讲，自动机应包括炮身、供弹和输弹机构、反后坐装置及缓冲装置、发射机构、保险机构等机构或装置。

（1）炮身包括身管、炮尾、炮闩和炮口装置。身管的作用与其他火炮一样，是直接承受火药燃气压力并赋予弹丸一定的飞行方向和炮口速度（包括自旋转角速度）。炮闩包括闭锁、开闩、抽筒、抛筒、关闩和击发等机构。它的主要作用是密闭炮膛，承受火药燃气压力，并完成开锁和闭锁、开闩和关闩、抽筒和抛筒、击发等动作。

（2）供弹和输弹机构用来依次向自动机内供给炮弹，并把最前面一发炮弹输入炮膛。

（3）反后坐装置及缓冲装置用来控制火炮的后坐与复进运动，并减少射击时作用于炮架的力，吸收未被自动机工作所消耗的后坐动能。

（4）发射机构用以控制火炮的射击。

（5）保险机构用于保证各机构可靠工作和正确地相互作用，以及保障勤务操作的安全。

除上述主要机构或装置外，根据不同的作用和结构要求，有些火炮自动机中还设有一些具有特殊性能的机构，如首发装填机构、自动停射器、射速控制装置、单－连发转换器，以及更换身管和分解结合自动机专用机构等。

自动机的这些机构，依靠炮箱（或摇架）组成一个整体，安装在炮架上。

1.1.2 火炮自动机的特点

火炮自动机是闭锁机构、开闩机构、抽筒机构、供弹机构、输弹机构、关闩机构和击发机构等许多机构的有机组合，从结构本质上说，火炮自动机是一个复杂机械。

自动炮在发射一发炮弹的过程与其他火炮实质上是相同的，主要差别在于能迅速和自动地连续发射多发炮弹，而仅在启动或停止射击时需要由外部实施控制，此外停止射击还会发生于炮弹消耗完毕时。火炮自动机作为自动炮的核心部分，也具有自动和高速的特点。

火炮自动机的工作过程是一个自动循环过程，对整个射击过程来说，火炮自动机具有周期性的特点。由于自动炮射速非常高，一般射速都在 1 000 发/分以上，例如美国火神 M61A1 式 6 管 20 mm 航炮的理论射速高达 7 200 发/分，现在研制的超高射速自动炮的射速甚至可高达 10 000 发/分以上，因此火炮自动机是一个以高频率周期性工作的复杂机械。

在火炮自动机的每一个自动循环过程中，完成各自动动作的各机构并不是同时参与工作的。火炮自动机的各机构是按照给定的顺序参与工作，并且参与工作的时间仅占整个工作循环时间的一部分，即自动机各机构的工作具有顺序性和间歇性的特点。

由于自动炮射速非常高，火炮自动机的每一个自动循环时间很短，完成各自动动作的各机构参与工作的时间更短，例如射速为 6 000 发/分，则自动机的循环时间为 10 ms，平均每个自动动作占用的工作时间约 1 ms，在如此短暂时间内，各机构及其构件经历从静止状态，加速到最大速度，再减速，回到静止状态，各机构及其构件的运动速度极高，加速度巨大，即自动机各机构的工作具有很强的动态特性。此外，各机构在参与工作和退出工作时，往往伴随着撞击，自动机各机构的运动还具有显著的不均匀性。

武器装备直接服务于战场，武器装备的可靠与否直接影响战争的胜负。自动炮的作用与性能决定了其可靠性具有特殊的重要意义。作为自动炮的核心部分，火炮自动机具有高工作可靠性的特点。火炮自动机的工作可靠性主要包括运动协调性和寿命等。

1.1.3 火炮自动机的发展

火炮的发展受到社会经济能力和科学技术水平的制约，同时也受到军事战略和战术思想的支配。第二次世界大战以来，科学技术的飞快进步，特别是微电子、计算机、光电子和新材料等技术的发展，使火炮在设计、制造和使用方面有一系列变化，大大加快了火炮更新换代的步伐。现代火炮早已不是单纯的机械装置，而是与先进的侦察、指挥、控制、通信、运载手段以及高性能弹药结合在一起的完整的武器系统。因此，从不断发展的战略、战术思想出发，在新技术推动下，逐步提高包括精度、威力、反应速度和机动能力在内的综合性能，是火炮系统发展的必然趋势。近年来，高新科学技术在兵器领域中的应用，引起火炮技术的重大变革。

自动炮的发展，除其他技术之外，主要依赖火炮自动机的发展。从自动炮的发展过程可以看出火炮自动机的发展过程。

1. 高炮的发展

高炮作为地面防空武器，自第二次世界大战以来在技术上得到了不断的发展和改进，但因飞机的发展以及导弹的应用，它也经历了一个曲折的变化过程。第二次世界大战期间，高炮是唯一有效的对空作战武器。20 世纪 50 年代防空导弹出现，一些西方国家，尤其是美国倾向于"防空武器导弹化"，高炮一度受到冷落。20 世纪 60 年代以来实战经验证明，尽管导弹已成为防空的主力，但对近距离防低空来说，小口径高炮仍能发挥重要作用。因此，高炮和防空导弹都是地面防空所不可缺少的武器这一战略思想逐渐受到重视。目前，由于火炮技术发展成熟以及弹炮结合一体化，高炮日趋完善，而且在防空武器中的地位也得到了加强。在现代防空作战中，高炮特别是小口径的高炮，仍然是必备的基本防空武器之一。

高炮的发展，首先应追溯到 1870 年 7 月普法战争中普鲁士军队为了击毁巴黎气球而专门制造的 37 mm 火炮，又名"气球炮"。20 世纪初，飞艇和飞机相继出现。为了对付这些空中目标，德国1906年在原“气球炮”的基础上，又制成了炮管长约1.5 m的50 mm口径火炮，发射榴弹初速为572 m/s，最大射高为4 200 m，这可算是世界上第一门高炮。1914年，德国制造的具有代表性的77 mm高炮，系最早采用四轮炮架、结构比较完整的牵引式高炮。在此期间，俄国、法国、意大利等国家也先后出现了各种口径的牵引式高炮。特别是第一次世界大战时期，由于飞机的威胁较为突出，德国又相继研制和使用了80 mm、88 mm以及口径更大的90 mm、105 mm高炮，射高增大到7 350 m。另外还研制成了对付低空攻击飞机的小口径高炮（射高2 000 m），这是最早出现的一种能连续射击的高炮。自第一次世界大战结束直至20世纪30年代初期，由于飞机没有很大变化，高炮的发展也比较缓慢，在结构和性能上都没有明显改变和提高。第二次世界大战促进了飞机飞行高度和速度等作战性能的提高，高炮也得到迅速的发展。小口径高炮的初速达到1 000 m/s左右，中口径高炮的射高可达10 000 m以上。高炮用上指挥仪、测距机等观测和指挥设备后，其作战能力明显增强，成为当时唯一有效的地面防空武器。20世纪40年代中期以后，高炮和飞机两者的发展几乎并驾齐驱。为了适应飞机飞行速度和飞行高度的提高，高炮大都有了由电子设备和计算机组成的火控系统，成为完整的防空武器系统。20世纪50年代中期，飞机普遍采用喷气发动机，飞行高度达到12 000 m以上，速度达到音速。因此高炮难以适应要求，防空导弹应运而生。不少西方国家，特别是美国开始从编制中撤销高炮装备，停止高炮的研制工作，集中力量发展防空导弹。尽管如此，苏联、瑞士、瑞典等传统高炮生产国家并未放松高炮研制工作。进入20世纪60年代后，防空导弹达到一定的技术和战术水平，能够有效地防御中、高空飞机，作战飞机不得不转入低空突防式攻击。小口径高炮反应快，命中率高，能迅速对付低空、超低空飞机，它在防低空作战中的特殊重要作用是防空导弹所不能替代的。因此，国外普遍认为防空导弹和小口径高炮各有所长，可搭配使用，中、高空远程防御依靠防空导弹，低空近程防御依靠高炮和防低空导弹。高炮，主要是小口径高射炮重新受到重视，恢复了应有的地位。近20多年来，虽然高炮的发展大都集中在小口径上，但在技术上有了很大突破，出现了具有全天候作战能力的先进的牵引高炮和自行高炮，火炮的自动化程度提高，反应迅速，而且配用弹种增加，弹丸威力提高。

随着科学技术的迅猛发展，高新技术不断涌现，并在军事领域得到广泛的应用，现代战争演变成了在陆、海、空、天、电磁五维战场空间中的综合较量。在这场新的军事革命中，空袭与反空袭作战的重要性逐步超过了传统的地面或海上交战。由于空袭兵器的飞行性能不断改进，电子战和信息战能力不断增强，以及机载武器的杀伤威力、攻击距离和命中精度不断提高，陆军若无有效的对空掩护保障，就无法正常遂行作战行动。因此可以认为，空袭与反空袭作战已经上升为首当其冲、贯穿始终并在很大程度上影响和决定着战争进程与结局的最重要的战争方式。空袭与反空袭作战是体系与体系的对抗。现代空袭兵器的种类和防空作战对象较过去明显增多，不仅有各种各样的战略或战术轰炸机、歼击机、强击机、侦察机、预警机、电子对抗机和空中加油机等固定翼飞机（含隐形飞机），武装直升机与人员装备输送直升机，还有巡航导弹、反辐射导弹、反坦克导弹等各种空地导弹，以及侦察、校射、通信和攻击型无人机等。这些防空作战对象的空袭战术与作战飞行规律各不相同，因此试图发展一直能抗击上述所有目标的防空武器是不切实际的，应该发展若干种在某些方面具有特长的防空武器系统。虽然各种防空武器系统都不是十全十美的，但是这些防空武器系统有机组合，就能构成一个较为完善的防空体系。虽然，在掌握一定制信息权和制电磁权的前提下，防空导弹可以有较大的防御空域和很高的毁歼概率，但是现代防空高炮具有火力猛、持续作战能力强、反应速度快、可靠性高、成本低廉、抗干扰性能好等优点，尤其是在近程反导和拦截各种无人机等成本低廉的小型空中目标、抗击突然临空的空袭目标、对付地面零散目标等方面，防空高炮较防空导弹更具有优势，因此，高炮在未来战争中仍具有不可替代的地位和作用。未来的地面防空体系是：超低空以防空高炮为主，低空以防空高炮为主防空导弹为辅，中空以防空导弹为主防空高炮为辅，高空以防空导弹为主，各种防空武器装备合理搭配，作战空域合理衔接，有效地覆盖高、中、低空和远、中、近程全空域。

目前，各类空中攻击和侦察用空袭武器不仅飞行速度快、机动性好，还能实施电子战和在全天候条件下使用多种机载武器，特别是制导武器实施进攻，使防空作战变得复杂化。为此，高炮必须具有初速、射速、瞄准速度高，全天候作战和电子对抗能力强，自动化操作反应时间短，机动性好的特点。

现装备的高炮大都是 60 mm 以下口径的高射炮，主要有 20 mm、23 mm、25 mm、30 mm、37 mm、40 mm 和 57 mm 等，其中尤以 20 ~ 40 mm 口径占多数。在众多口径的高炮中大多为双管联装，而且以自行式为多。美国现装备的高炮主要是火神 M167 式 20 mm 牵引高炮，火神 M163 式 20 mm 自行高炮，M42 式 40 mm 双管自行高炮。俄罗斯现装备的各种型号的高炮主要有 3CY - 23 - 2 式 23 mm 双管高炮，3CY - 23 - 4 式 23 mm 4 管自行高炮，C - 60 式 57 mm 高炮，3CY - 57 - 2 式 57 mm 双管自行高炮，M1939 式 37 mm 高炮，M1939 式 85 mm 高炮，KC - 19M2 式 100 mm 高炮和 KC - 30 式 130 mm 高炮等，以及 2C6 式弹炮结合防空武器系统等。英国是西方国家中高炮装备数量比较少的国家，现装备有瑞士的 GDF - 002 式 35 mm 双管高炮。法国主要装备有塞贝尔 20 mm 高炮，塔拉斯克 53T2 式 20 mm 高炮，AMX - 13DCA 式 30 mm 双管自行高炮，以及博福斯 L/70 式 40 mm 高炮等。日本现装备的高炮种类较多，除仿制的瑞士厄利空 GDF - 001 式 35 mm 双管高炮和 87 式 35 mm 自行高炮外，其他多是美制装备，如 M1 式 40 mm 双管自行高炮、M42 式 40 mm 双管自行高炮、M51 式 75 mm 高炮和 90 mm 高炮等。

直升机特别是武装直升机的大量使用使之成为陆军的重要空中力量。面对空中威胁这一变化，要求高炮具有更远的射程和更高的命中概率及毁伤概率。高炮口径可能向稍大的方向发展。

在战场上空地导弹，尤其是巡航导弹的大量使用，再加上目标的多样性和小型化，大力发展新型弹一体化防空武器系统成为必然的发展趋势。多联装的防低空导弹、小口径高射炮、搜索雷达和光电控系统相结合，利用同一车体组成一体化的防空武器。这类混合武器兼有防空导弹和小口径高射炮的优点，又能协调一致有效和及时地对付不同的空中目标。这种防空武器作战范围较大，从导弹的最大射程和射高直至火炮的最小射程和射高，最大射程为 7 ~ 8 km，射高由接近地面高度至 4 ~ 5 km。因此，这种武器既能对付从低空和超低空突然临空的目标，又能攻击远距离目标，火力猛，具有一定的抗饱和攻击能力。

2. 舰炮的发展

舰炮是舰艇最基本的武器之一。自从舰炮作为主要舰载武器使用以来，至今已有 400 多年的历史了。在火炮技术不断发展的进程中，舰炮技术也在不断地进步和完善。直至第二次世界大战结束，舰炮一直起着舰上主要火力的作用，是水面舰艇的一种攻、防兼备的重要武器。随着飞机，特别是导弹在海战中的出现和应用，舰炮的作用和地位也有所影响。尤其是20世纪60年代，不少国家以导弹取代舰炮，一些巡洋舰也只配备导弹，舰炮似乎有被淘汰的趋势。但是，战争的经验教训又促使各国海军重新评价舰炮在现代海战中的作用，特别是舰炮在对空、对海和对岸轰击作战中的重要性。因此，舰炮仍是今后舰艇所不可缺少的主要作战武器。

16世纪末期，由于管形武器发展，臼炮和榴弹炮广泛使用爆炸性燃烧弹药，舰船上也开始安装甲板，设置火炮。火炮不再是一种海战辅助武器，而是能够独立作战的舰炮。这种初级的舰炮威力虽有增强，但缺少瞄准装置，命中率低，射程近。19世纪中叶，舰炮口径增大，爆炸弹威力提高，同时也使用了线膛舰炮。线膛舰炮可发射长圆形弹丸，能有效击穿舰船装甲，为舰炮发展开辟了新的道路。随着舰船装甲厚度的增加，舰炮逐渐发展到发射被帽穿甲弹，并能击穿厚度与弹丸直径相同的装甲。这使舰炮有了能攻击敌舰装甲的能力。1873年，出现了47 mm和57 mm口径的反鱼雷速射舰炮。后来，这种炮又发展成120 mm速射舰炮，并演变为能对空、对海射击的高平两用舰炮，从而奠定了中口径舰炮的基础。第一次世界大战时，舰船开始装备高炮，以对付空中目标。1915年俄国的76 mm火炮就是当时较先进的舰用高炮。此后直至20世纪40年代初期，各国海军装备的舰炮口径品种较多。在第二次世界大战期间，舰炮，特别是大口径舰炮是衡量舰艇火力强弱的主要依据。这也说明了舰炮在海战中的重要作用。后来由于飞机广泛用于海战。舰上的主炮作用减小。一般看来，此时期的大、中、小口径舰炮都有发展和提高。第二次世界大战后及20世纪50年代，由于导弹的问世，不仅大口径舰炮被导弹取代，中、小口径舰炮也受到导弹的排挤，因而也影响了舰炮技术的进步。20世纪60年代以来实战经验证明，舰炮不能由导弹完全取代，它可与导弹配合，攻击空中、海上和岸上目标。从此，舰炮逐渐得到“新生”。在近20年的时间里，新一代中口径舰炮相继研制和改进成功，如美国的MK45式127 mm舰炮、英国的MK8式114 mm舰炮、法国的紧凑式100 mm舰炮、意大利的奥托超速76 mm舰炮等。大口径舰炮也恢复装备。至于新型小口径舰炮，比如美国的海火神-20式、荷兰的“守门员”、瑞典的“海特里尼蒂”、英国的“海龙”、西班牙的“梅罗卡”等舰炮犹如雨后春笋般涌现。

现代舰炮基本上都是自动炮，射速高，火力猛。小口径舰炮采用多管联装或转管结构，如瑞士的GBM-B1Z式25 mm舰炮为4管联装，射速高达3 400发/分，美国的海火神-30式30 mm转管舰炮甚至达到4 200发/分，这对攻击反舰导弹来说是极为有利的。一些口径较大的舰炮采用动力操作，自动装弹、扬弹、供弹和输弹，如法国的紧凑式100 mm舰炮最大射速可达90发/分。

目前装备的舰炮口径范围较广，有20 mm、25 mm、30 mm、35 mm、37 mm、40 mm、57 mm、76 mm、100 mm、102 mm、114 mm、127 mm、130 mm、152 mm、203 mm、406 mm等多种。大口径舰炮数量较少，中、小口径舰炮居多，76～130 mm口径舰炮约占56%，20～57 mm口径舰炮占40%以上。美国是世界上装备舰炮品种最多的国家，从20～406 mm口径的都有，如密集阵MK15式20 mm舰炮，海火神-25式弹炮结合舰载武器系统，MK33式、MK34式76 mm舰炮，MK32、MK38、MK39、MK42、MK45式127 mm舰炮等。俄罗斯现役舰炮口径有25 mm、30 mm、37 mm、57 mm、76 mm、100 mm、130 mm、152 mm 8种。较新的舰炮只有AKM-630式30 mm、76 mm和新型130 mm舰炮等。英国现装备有A-32式和DS30B式30 mm舰炮，MK7式40 mm舰炮，MK6式76 mm舰炮，MK19

式 102 mm 舰炮，MK6 和 MK8 式 114 mm 舰炮等。1972 年开始装备的 MK8 式 114 mm 全自动化舰炮已成为英国海军制式舰炮，除英国外，阿根廷、泰国、巴西、利比亚、伊朗海军也有装备。A－32 式和 DS30B 式 30 mm 舰炮主要装在小型舰艇上使用。法国舰炮受导弹“冲击”较小，基本变化不大。现装备的舰炮主要有 A 式 20 mm、57 mm、1967－Ⅱ式和紧凑式 100 mm 舰炮。其中多数是 100 mm 口径舰炮。

由于舰艇、飞机和导弹性能的提高，海军战术相应改变，随之对舰炮发展提出了新的要求。新技术、新材料、新工艺的出现和应用为舰炮的发展提供了条件。反舰导弹已成为舰艇的重要威胁。多管联装、射速快、火力猛、反应灵活的小口径舰炮被认为是近距离拦击反舰导弹的理想武器。近年来出现的这类反导武器有很多，如美国方阵 MK15 式 20 mm 舰炮、荷兰守门员 30 mm 舰炮、法国的撒旦 30 mm 舰炮、瑞士的海上卫士 25 mm 舰炮、意大利的米利雅得 25 mm 舰炮和西班牙梅罗卡 20 mm 舰炮等。以荷兰守门员 30 mm 舰炮为例，射速为4 200发/分，配用脱壳穿甲弹，全炮系统对掠海飞行导弹的反应时间为 5.5 s，可作为舰艇最后防线的反导武器使用。

随着反舰导弹对舰艇威胁的增加，必须加强对反舰导弹的多层次、多方位的防御。这是一个新课题。电磁炮、电热炮、液体发射药火炮、激光炮是当今世界探索研究的新原理火炮，美、俄等一些国家正在研究这类火炮技术在舰艇上使用的可能性。美国海军拟研制初速为5 000 m/s、发射240 g 重的炮弹的电磁炮，以期在 5 000～10 000 m 距离内击毁反舰导弹和其他空中目标。毫无疑问，新技术的发展会给舰炮带来深远的影响。

3. 航炮的发展

航炮是作战飞机上配备的专用火炮，既用于空中格斗作战，也用于对地面目标的攻击。因此，它的发展及战术应用受到各国的重视。至今航炮虽只有不足百年的历史，但和高炮、舰炮一样，也有一段曲折的经历，即在导弹出现时，航炮的作用和地位曾被大大削弱。这种情况直至 20 世纪 60 年代后期，逐渐得到改变。目前，航炮作为飞机空战和攻击地面目标的重要武器在现代战争中仍发挥着应有的作用，是各种作战飞机必不可少的武器装备之一。

20 世纪初期，飞机刚刚问世，机上没有武器装备。1911 年在墨西哥革命战争中，政府军与革命军的飞机在空中遭遇时，飞行员相互用手枪射击，开创了飞机上使用射击武器进行空战的先例。1912 年 6 月 2 日，美国陆军在马里兰州用刘易斯机枪在赖特 B 型双座双翼飞机上进行的空中射击，是首次将陆军自动武器搬上飞机使用。

第一次世界大战爆发后，由于作战的需要，将地面用机枪搬上了飞机。随后，又将单发装填的短管火炮装上了飞机，以满足增大威力的需要。显然，这些机枪和火炮不能很好适应飞机作战的要求，以后便很快发展了专用的航空机枪和航炮。第一次世界大战后至第二次世界大战前是航炮的初期发展阶段。在美、苏、日发展 12.7 mm 航空机枪的同时，大多数欧洲国家却开始研究航炮发射爆破弹的可能性，认为 20 mm 是能装有效能量炸药和引信的最小口径。最早于 20 世纪 30 年代出现的几种航炮是瑞士的 Hispano 20 mm 航炮和厄利空的 MGFF 20 mm 航炮、德国的 MG151/20 式 20 mm 航炮和莱茵金属公司的 MK－101、MK－103、MK－108 式 30 mm 航炮等。航炮质量较轻，多为炮身后坐式和导气式。第二次世界大战中，由于飞机航速的提高和机动性能的增强，加上攻击地面装甲目标的战斗任务，航炮成为飞机作战的重要武器，得到迅速发展。第二次世界大战后期至 20 世纪 50 年代可谓航炮发展的黄金时代，出现了转膛结构和转管结构的航炮。最早的转膛炮有德国的 MG213A 式 20 mm、MG213C 式 20 mm 和 30 mm 航炮；美国的火神 M61 式 20 mm 航炮则是转管炮。20 世纪 50 年代后期，空对空和空对地导弹出现，并很快成为作战飞机的主要武器。此时，航炮大有被替代和取消的势头。在“要导弹、不要航炮”的指导思想下，1957 年后美国甚至取消了航炮研制计划。当时只有西欧一些国家仍保留着航炮装备。20 世纪 60 年代，越南和中东战争的空战证明，制导武器虽有其特殊的长处，而航炮的不受电子干扰、可持续射击、价格便宜等优点是导弹所不及的。因此，无论是近距离空战，还是对地面攻击，航炮仍是不可缺少的有效武器。自 20 世纪 70 年代起，航炮再度受到重视，并在技术结构和性能上得到进一步发展。

由于飞机上安装条件的关系，航炮受到尺寸、质量、后坐力等方面的限制，因而口径比较小，种类也不多，口径只有 20 mm、23 mm、25 mm、27 mm、30 mm 等。航炮可安装在不同机种上，如战斗机、攻击机、截击机、直升机等，可以吊舱方式安装，也能用炮架装在飞机内。

飞机的飞行速度快，跟踪瞄准时间短，只有高射速的航炮才能满足作战要求。但为了适应不同的作战需要，避免不必要的弹药消耗，又要求航空炮的射速快慢可调。为此，采取控制电机或液压电机转速等措施来调节火炮射速。美国 GAU－8/A 式 30 mm 航炮最大射速为 4 200 发/分，调整后射速可降到 2 100 发/分。由于航炮受安装条件的限制，一般后坐力小，只用简易的缓冲装置，不需要复杂的反后坐装置，因此体积小、质量轻。通常航空炮质量只有 100 kg 左右。在飞机上作战，要求航炮故障率低，作用可靠，使用寿命长。一般，航炮两次故障之间平均射弹数达到数千发乃至上万发。美国 30 mm 链式航炮平均无故障发弹数达到 15 000 发，身管寿命为 10 000 发。

目前，20～30 mm 航炮已广泛装备于各种现代作战飞机，使用最普遍的是转管炮和转膛炮。美国现装备的航炮口径系列为 20 mm、25 mm、30 mm 等，型号有火神 M61A1 式 20 mm、M197 式 20 mm、MK11－5 式 20 mm、平衡者 GAU－12/U 式 25 mm、GAU－8/A 式 30 mm、GAU－13/A 式 30 mm、M230A1 式 30 mm 航炮等。其中，火神 M61A1 式 20 mm 转管炮是世界上生产最多、装备量最大的航炮，已装备美国多种作战飞机，如 F－104、F－105、F－106、F－111、F－10、F－14、F－15、F－16、F－18 和 A－7 飞机等。M230A1 式 30 mm 链式航炮适于装在直升机上。俄罗斯现装备 23 mm 和 30 mm 两种口径的航炮，主要型号有 AM－23 式 23 mm、HP－23 式 23 mm、ГШ－23 式 23 mm、转管式 6 管 23 mm、HP－30式 30 mm、ГШ301 式 30 mm、转管式 6 管 30 mm 航炮等。英国现只装备阿登 30 mm 系列航炮。在阿登 30 mm 航炮系列中装备最多的是 MK4 式和 MK5 式，大多配用于闪电 F53、猎人、美洲虎、鹞式战斗机、隼式教练机等。阿登 25 mm 航空炮是即将装备的新型航炮。法国现装备有 20 mm 和 30 mm 两种口径的航炮，即 M621 式 20 mm 航炮和德发 552 A、553、554 式 30 mm 航炮。最新的德发 554 式已装备幻影 2000 战斗机。M621 式 20 mm 航炮只配装在直升机上。

为了适应未来作战的需要，各国仍在不断发展和改进航炮技术。对未来的空对空和空对地战斗来说，20 mm 口径火炮的威力明显不足。另外，30 mm 口径炮击落一架战斗机的耗弹量只有 20 mm 口径炮的 1/3。因此，美国早已计划 20 世纪 90 年代用新的 25～30 mm 口径航炮装备新型战斗机。近年来，美、英、法等国新研制的航炮口径都在 25 mm 以上，如美国 GE225 式 25 mm 轻型航炮、英国阿登 25 mm 航炮、法国 M781 式 30 mm 航炮等。随着航炮威力的提高，初速和射速不断增大，减小后坐力成了航炮的重要问题。传统的缓冲装置已不能满足要求，现多采用浮动原理以及特殊的新型缓冲装置，如高吸能缓冲器、液压后坐控制器等，可使航炮的后坐力减到最小。为解决身管烧蚀和磨损的问题，在航炮及其炮弹上采取了多种技术措施，比如身管采用内膛镀铬，弹带改用耐高温的塑料弹带，炮弹采用低烧蚀火药（如英国的阿登 25 mm 炮弹）。另外，还在研究陶瓷内衬及复合材料身管。为减轻质量，一些国家研究采用复合材料的航炮。法国用轻型复合材料制造 791B 式 30 mm 航炮的摇架和输弹机，质量只有金属件的 1/3 左右。为适应未来需要，世界各国都在研究新结构和新原理的高性能航炮，除美国已开始装备新结构的 M230A1 式 30 mm 链式航炮外，现在研究和试验的新原理炮有开膛结构航炮、液体发射药航炮及激光炮等。美国研制的 25 mm 液体发射药试验炮采用电点火，初速比一般火炮高 20%，对目标的毁伤概率比火神 M61 式航炮高 2 ~3 倍。激光炮是利用激光束攻击目标，德国研制的机载激光武器可破坏 20 km 远的军用探测器和 10 km 处的直升机、作战飞机和导弹。

4. 火炮自动机的发展趋势

高炮、舰炮和航炮大多是自动炮。从高炮、舰炮和航炮的发展可以看出火炮自动机的发展。

火炮自动机的发展，始终是围绕着提高射速、机动性（包括减轻质量、减小后坐力等）和可靠性进行。

目标的小型化和快速化，使得每发炮弹命中目标的概率变得极小。为了有利捕捉战机，消灭敌人，主要技术途径之一就是提高射击时的火力密度，即增加单位时间内对目标的射弹数，也就是提高射速，以密集的射弹形成“弹幕”拦截目标。对付空中快速机动目标，无论是从提高毁歼概率、提高武器系统威力的角度出发，还是从提高武器系统作战能力，以及提高自身生存能力的角度出发，提高火炮自动机射速都具有重要意义。因此，提高火炮自动机射速是火炮自动机技术发展的永恒主题之一。

武器系统威力的提高，往往伴随着后坐力的大幅度增大，带来使武器系统的机动性能下降，使武器系统的射击稳定性下降，使武器系统的射击精度下降，使武器系统的可靠性下降等不利后果。在提高武器系统威力的同时，减小后坐力就成为火炮自动机技术发展的又一个永恒主题。

使用武器的目的就是消灭敌人，保存自己。武器系统的可靠性不好，不但不能消灭敌人，还可能伤害自己。火炮自动机可靠性的好坏，直接影响武器系统可靠性的好坏。火炮自动机的工作特点要求火炮自动机具有高可靠性。提高火炮自动机的可靠性具有重要意义。在火炮自动机的研制过程中，已经将提高可靠性作为一项重要内容。

火炮自动机技术的主要发展方向包括以下几点。

（1）通用化。同一口径、同一结构的火炮自动机具有多种用途，可在海、陆、空三军通用，即一机多用，形成自动机通用化。相同或相似结构，应用于不同用途或不同口径的自动机，形成结构通用化。同一口径火炮自动机，弹药通用，形成弹药通用化。

（2）序列化。序列化是指火炮自动机口径的序列化。同一口径火炮自动机，通过对基本型号的逐步改进，发展为不同用途、不同型号的序列化产品。相同或相似结构，应用于不同用途或不同口径的自动机，发展为不同用途、不同口径的序列化产品。

(3) 标准化。标准化是指火炮自动机的设计标准化、制造标准化、试验标准化。

(4) 多样化。多样化是指火炮自动机工作原理的多样化。现有工作原理的综合运用，以及新原理、新结构的发明，共同发展特殊用途的火炮自动机。

(5) 新概念。火炮自动机的观念更新、概念创新、内涵突破、外延拓展等，往往会带来火炮自动机的更新换代，如“金属风暴”、“并行发射”等。新概念火炮自动机的构想以及关键技术的突破，将给火炮自动机性能带来突破性的提高。

1.2 火炮自动机设计的主要内容与方法

1.2.1 火炮自动机设计的主要内容

火炮自动机是自动炮的核心组成部分，是自动完成重新装填和发射下一发炮弹的全部自动动作，实现自动连续射击的各机构的有机组合，是一个复杂的机械系统。

早期的火炮自动机设计是以经验设计为主，即产品的设计是以经验数据为依据，运用一些附有经验常数的经验公式进行设计计算的一种传统的设计方法，这样的设计没有建立在严密的理论基础上，缺乏精确的设计数据和科学的计算公式。为了强调零件的可靠性，往往在设计中取偏大的安全系数，结果虽然安全，却增加了所设计零件的质量。一种新型火炮自动机的开发往往要经过“设计—试制—试验—改进设计—试制—试验”等多次循环，反复修改图纸，完善设计后才能定型，研制周期长、质量差、成本高。传统火炮自动机的开发流程如图1.5所示。

随着科学技术的发展，新的设计方法和手段也不断涌现，为传统的结构设计、强度分析、性能分析、试验等带来了新的变化。产品的设计由静态设计向安全寿命设计的动态设计方法过渡，由校验型设计向预测型设计过渡，现代设计理论和方法已成为火炮自动机提高性能的前提条件，也是由粗放型设计向精细化设计转变的重要环节。利用现代设计理论和方法，逐步建立各类数据库、专家知识库、设计规范、设计方法、设计准则、试验规范和工艺规范，形成规范的现代设计体系和虚拟试验体系，实现由“经验设计”向“预测和创新设计”转变。现代火炮自动机的开发流程如图1.6所示。

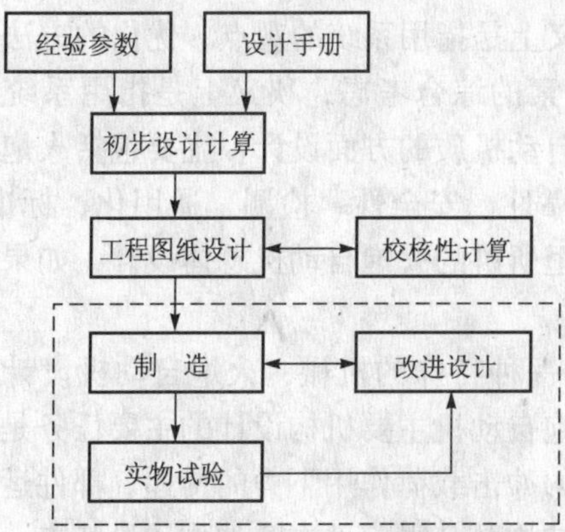

图1.5 传统火炮自动机的开发流程

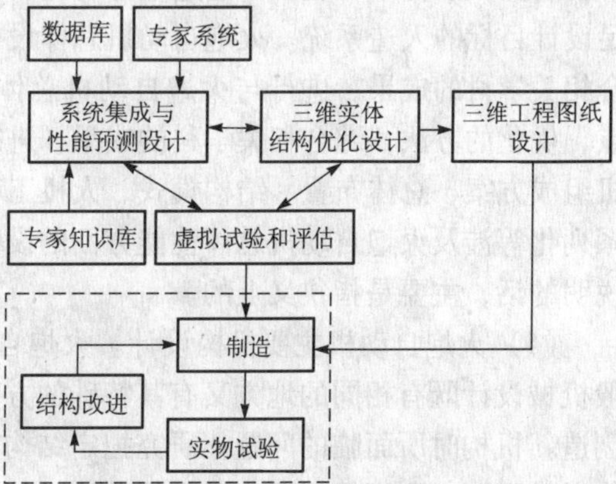

图1.6 现代火炮自动机的开发流程

实际上，火炮自动机的设计过程是一个多方案、多参数、多目标的评价和决策过程。运用设计方法可以使这一过程科学化和规范化，减少不必要的反复，保证优质高效地完成设计任务。火炮自动机设计理论的发展，为火炮自动机设计提供了一系列行之有效的方法和技术。

火炮自动机设计理论是火炮自动机设计中基本概念、理论、方法及过程的高度概括，用于指导火炮自动机设计实践；火炮自动机设计实践的长期积累及其生产技术的发展与进步，又使火炮自动机设计理论得到不断的发展与提高。火炮自动机设计理论主要研究火炮自动机的组成与性能评价，研究各种火炮自动机工作原理及其特点，研究火炮自动机构成原理与方法，研究火炮自动机主要机构的设计理论和设计方法等。

火炮自动机设计主要包括火炮自动机结构分析、火炮自动机动力学分析与仿真、火炮自动机总体设计和火炮自动机主要机构设计等。

（1）火炮自动机结构分析。主要通过研究现有的典型火炮自动机的总体结构、各零部件之间的联系和相互作用及其特点，分析火炮自动机及其主要机构的构成原理、工作原理、设计思想等，为研究火炮自动机设计方法和合理设计火炮自动机结构奠定基础。

（2）火炮自动机动力学分析与仿真。火炮自动机的受力是复杂的，有随时间变化的带脉冲性质的火药燃气压力和由零件间撞击产生的冲击力，有随零件位移变化的弹簧力，还有随运动产生的摩擦力等。火炮自动机的运动也是复杂的，具有明显动态特性。在一个射击循环内，各机构工作时机不同；有些构件在启动、停止或改变运动方向时，与基础构件发生剧烈撞击。火炮自动机动力学主要研究自动机在不同工作阶段、不同性质的力的作用下的运动规律，计算自动机的射击循环时间和射击频率，判断自动机在各工作阶段的运动学动态特性。计算机仿真技术是以多种学科和理论为基础，以计算机及其相应的软件为工具，通过虚拟试验的方法来分析和解决问题的一门综合性技术。利用计算机仿真技术解决火炮自动机动力学问题是火炮自动机技术之一。计算机仿真的实现主要包括模型的建立和模型的仿真实验。火炮自动机动力学分析与仿真，通过建立火炮自动机动力学模型并进行仿真实验，分析火炮自动机的受力规律及运动规律，给出火炮自动机动力学建模与仿真方法，为分析、评价和改进现有火炮自动机，以及合理设计新型火炮自动机打下基础。

（3）火炮自动机总体设计。总体设计是在分析的基础上，用系统思想综合运用各有关学科的知识、技术和经验，通过总体研究和详细设计等环节，落实到具体工作上，以创造满足设计目标的人造系统。火炮自动机总体设计，广义上是指用系统的观点、优化的方法，综合相关学科的成果，进行与火炮自动机总体有关因素的综合考虑；狭义上是指用系统的观点、优化的方法，综合相关学科的成果，进行火炮自动机质的方面设计，主要包括火炮自动机组成方案、总体布置、结构模式、人机工程、可靠性、安全性、检测、通用化、标准化、系列化等涉及火炮自动机总体性能方面的设计。这里所讲的火炮自动机总体设计，如果不加说明的话，主要是指狭义上的。

（4）火炮自动机主要机构设计。火炮自动机是一种特殊的机械，火炮自动机设计与一般机械设计既有相同的地方又有其特殊的方面。火炮自动机主要机构设计的主要任务是解决创造新机构时所面临的问题。研究拟定结构在发射的冲击载荷作用下力的传递、部件运动规律以及强度、刚度等问题，并根据总体设计要求、结构及其零部件本身的作用及特点，研究火炮自动机主要机构及其零部件的构造原理和方法，设计火炮自动机主要机构及其零部件具体结构等。

经典火炮自动机设计理论以刚体动力学和材料力学理论对问题进行近似的描述，从而导出机构和零部件的设计方法。火炮自动机是由一系列凸轮、杠杆组成的复杂平面运动机构，借助由传速比、传动效率构成的质量替换法，可以将它转化为单自由度问题求解。在利用膛内燃气剩余能量时，燃气的流动和流出问题都是按一维准定常流处理的。经典理论的近似性是显然的，它必须借助试验求取修正系数才能使计算结果在一定条件下比较接近实际。它简便易用，适合手工进行计算。其中有的部分经过软件化改造，至今仍在继续使用；有的部分则在设计初期作估算分析之用。

科学技术的发展，火炮自动机科研成果的大量取得，促使火炮自动机设计理论的发展趋向于更系统、更深入、更精细地描述自动机的工作过程。计算机技术以及现代设计手段和方法在火炮自动机技术中得到大量应用。例如，基于动力学方法的火炮自动机动力学理论迅速发展，它考虑了零部件的质量分布、动态耦合，建立了多刚体动力学模型、刚弹元件组合的多体动力学模型和相应的算法；用机构动力学理论分析自动机的多自由度问题，对各种新型自动机的原理和工程应用做了大量研究；用有限元理论对复杂形状的零件进行应力应变场的研究，为改进结构提供依据等。

随着科学技术的进步，我们对火炮自动机的内在规律性认识正在逐步加深，新的现代火炮自动机设计理论和技术将不断涌现，新原理、新结构的自动机仍将不断出现。

作为火炮专业的本科教材，本书将全面系统地介绍火炮自动机设计的基本理论和方法，包括自动机原理、典型结构分析、总体设计技术、主要机构设计方法、动力学仿真技术等；本书将在继承传统火炮自动机设计理论和方法的基础上，根据现代火炮自动机的特点和发展趋势，结合近年来取得的科研成果，使本书具有时代特色和先进性；本书将传统火炮自动机设计理论与现代设计理论和方法相融合，介绍现代设计理论和方法在火炮自动机设计中的应用原理和方法，使本书具有一定的通用性和适应范围。

1.2.2 火炮自动机设计的主要方法

我国火炮自动机的发展与火炮的发展相同，大体经历了仿制、改进、研究提高与自主开发三个主要阶段，总体上体现加速发展的特征，这与研究条件和方法的不断改进提高和研究经验的积累有着密切的联系。在不同的研究阶段，根据对问题的认识程度，灵活运用一种或综合运用数种方法，可以取得事半功倍的效果。

一般来说，火炮自动机设计的研究方法主要有经验研究法、实验研究法和理论研究法。

1. 经验研究法

经验研究法是指用经验的方法研究问题，就是利用已有的经验和相关的知识，对问题做出定性的推测，提出一种解决问题的设想，通过试探过程达到预期目标。

设计一种新的火炮自动机，其初始方案的构思和技术途径的确定都要依靠设计者的经验和创造性思维。在革新与改进阶段，尽管对火炮自动机的某些内在规律认识尚不很深入，但已积累了相当的经验，依托成熟技术，采用“设计—试制—试验”和“分析—修改”的方法，不仅推出了一批新型的火炮自动机，还产生了许多有价值的技术革新成果。在实践中，常常根据大量试验数据归纳为简单实用的经验公式，用于分析处理问题。这些在一定条件下行之有效的方法都是基于经验研究方法形成的。至于新型火炮自动机的总体构思和布局、机构的类型设计等，更离不开设计者的经验和对战术技术要求的理解，都是依靠自身的经验起步，再通过理论和试验方法做出分析或加以优化并不断完善的。

经验研究法不可避免地会带有一定的局限性或主观成分，但一些新思想、新技术往往是以此为生长点发展起来的。它把理论和实验研究方法紧密结合，在新型火炮自动机的研究开发中可以发挥重要的作用。

2. 实验研究法

科学实验是探索未知世界的手段，是知识的源泉。实验研究法可以在严格控制的环境中重复展现研究对象的动态过程，运用现代测试技术将短暂瞬变的现象记录下来，进行详细的研究分析，以寻求规律。

新型火炮自动机的研究开发过程中，经常使用实验研究法，主要包括鉴定试验、综合实验、台架试验、模拟和仿真实验等。模拟和仿真实验主要用于探索规律，对理论进行检验或修正，对新原理、新结构进行系统研究，是新理论创立的基础。对一些偶发现象也可以通过实验方法模拟复现，分析它的形成机理，往往可以直接解决问题。台架试验主要是针对单项的关键技术，进行单项台架静态及动态试验，探索关键技术的技术途径的可行性，检验其效果。综合实验主要是测试和检验火炮自动机静态及动态性能。鉴定试验是以火炮自动机整体为对象，在接近实际使用的各种条件下测试它的综合性能，创造一些极端环境来检验它的工作可靠性。新研制的火炮自动机都必须经过多次试验的严格考验，分阶段地定型，最后才能投入正式生产。

利用理论模型和计算机进行系统的数值模拟，也称为数值仿真，可以代替部分物理实验，已成为实验研究新的有效方法，而受到普遍关注。在新火炮自动机的研制开发过程中，许多环节都开始应用计算机数值仿真的方法在多种参量变化的情况下做出全面的分析并进行方案优化，收到了显著效果。计算机仿真实验的重要性，不只在于简单地替代部分物理的实验，而主要在于通过它对所研究的问题得到更为深入的理解和启发，揭示问题的内在规律和特征。值得注意的是，计算机仿真实验并不能完全代替物理的实验，它的可信度与理论模型的优劣及有关基础参数的选取关系极大，需要结合物理的实验，不断总结经验，逐步完善才能取得更好的效果。

3. 理论研究法

理论的价值在于它的预测性。新型火炮自动机设计的方案初步确定后，可以用设计理论预测它未来的运行情况和主要性能，指导调整设计参量和结构方案；实验或实际使用中发现的自动机问题，也可以用设计理论分析原因，寻找解决问题的办法。

理论研究法通常是根据对研究对象的认识程度，提出必要的基本假设，继而建立逼近实际情况的物理模型，导出相应的数学模型，最终求出数值解或分析解，从而建立或进一步发展火炮自动机设计理论，达到更深刻地阐明基本规律、更合理地解释复杂现象、更有效地解决疑难问题的目的。火炮自动机设计理论反映了自动机工作过程中各参量之间的相互关系和相互作用，阐明了它的运行机理和基本规律。

基本假设是针对具体研究对象的研究范围经过提炼而提出来的，通过假设把实际的复杂情况作必要的简化，避开那些暂时难以考虑的次要因素，形成一个可行的合理提法。当认识深化了，还可重新修订假设，使之更加逼近实际。好的假设既简化了问题，又不会导致主要特征的严重失真，所以基本假设是理论研究的重要环节。建立物理模型和导出数学模型时需要把基本假设具体化、公式化，并继续对细节做好处理，将研究对象抽象为按一定方式连接的模块，通过基本定律、制约关系、初始和边界条件，使方程组构成定解形式。但是，通常只有少数情况可以获得分析解，多数情况需要采用适当的算法求取数值解。由于基本假设、物理模型对研究对象作了一定程度的简化，数学模型的解和实际情况必然存在差异，这时可以参照实验数据，在一定范围内求出符合系数或重新修正模型、假设，反复改进。火炮自动机是一个复杂的机械系统，建立其数学模型，应在实践的基础上，根据自己对火炮自动机内在规律的理解和经验，进行简化、抽象。理论来源于实践，又高于实践，还应经得起实践检验，并且用于指导实践。

经验研究法、理论研究法和实验研究法的相互配合，推动着火炮自动机设计理论不断的发展和完善。

习 题

1. 什么是火炮自动机？自动机主要由哪些机构组成？火炮自动机的主要发展方向是什么？
2. 什么是射击循环？什么是自动循环？在每一自动循环中，自动机完成哪些自动动作？
3. 火炮自动机的工作具有哪些特点？
4. 火炮自动机设计的主要内容包括哪些？
5. 什么是经典火炮自动机设计理论？
6. 火炮自动机设计的研究方法主要有哪些？

第2章 火炮自动机结构分析

2.1 火炮自动机结构分析概述

2.1.1 火炮自动机结构分析的目的和意义

火炮自动机的自动动作，可以通过不同的方式和方法，以及不同的结构形式来实现。

火炮自动机技术发展方向之一，是研究和开发用途特殊、具有创新性的多样化火炮自动机。根据自动炮的用途、战术技术要求，以及使用条件的不同，火炮自动机可以采用不同的工作原理和结构类型。由于设计者的不同设计思想以及设计基础和设计经验，火炮自动机具有不同的工作原理、不同的结构类型。此外，由于各种自动炮的功用不同，以及各种自动炮的战斗应用的环境、条件、方法不同，对某种自动炮最有效的自动机，对另一种自动炮也可能就根本不适用。因此，火炮自动机就呈现出多种多样的结构形式。

火炮自动机设计，首先根据自动炮总体及战术技术要求，合理地选择火炮自动机的工作原理及其结构类型，在此基础上选择火炮自动机各组成机构的结构形式，并进行火炮自动机各组成机构的结构设计，确定其主要结构参数，然后才能对其进行力学和数学分析。为此，火炮自动机设计者应该了解不同的火炮自动机类型及其各主要机构的结构形式对火炮自动机性能以及设计的影响，还应熟悉各类火炮自动机及其主要机构的结构构成、受力情况、设计计算的特点等。

事物运动总是具有其内在规律的。认识事物必须认识其内在规律性。火炮自动机要按一定要求可靠地自动完成一系列自动动作，其内部构造及其运动极为复杂，必然遵循一定内在规律。各种不同类型的火炮自动机及其组成机构之间，也具有各自内在的规律性。火炮自动机结构分析就是从火炮自动机构造角度来分析各种典型火炮自动机及其主要组成机构的内在规律性。

事物运动形式的特殊性是认识事物的基础。只有认识事物的特殊性，才有可能区别事物。各种不同类型的火炮自动机及其组成机构之间，不仅具有一定的联系和内在规律，而且还具有各自特点和特殊性。火炮自动机结构分析就是从火炮自动机构造角度来分析各种典型火炮自动机及其主要组成机构之间的相同性、相似性、差异性、特殊性、优缺点等。

认识事物的目的在于掌握和控制它。分析现有火炮自动机，一方面是评价现有火炮自动机的性能，另一方面是为了改造现有自动机，设计新型自动机，提高自动炮的性能。火炮自动机结构分析就是从火炮自动机构造角度来分析各种典型火炮自动机及其主要组成机构的设计思想，积累火炮自动机结构设计经验，丰富火炮自动机结构知识库，为在继承的基础上创新新型火炮自动机打下基础。

对现有各种类型的火炮自动机从工作特点上进行结构分析，了解结构中各组成部分的具体形式和特点，研究它们的适用范围和优缺点，研究它们工作的可靠性、保证措施、部队勤务使用和生产工艺要求等，为研究现有火炮自动机设计方法并对其反求和重构创造条件，为设计新自动机时合理地选择和确定的类型及总体结构打下基础。

通过对火炮自动机结构分析及认识，可以获得对火炮自动机构造的感性认识，帮助掌握火炮自动机及其主要机构和构件的作用、动作、基本工作原理、构造特点和基本操作方法，培养分析各种机构工作特性及其优缺点的能力，培养分析新型火炮自动机的能力，培养正确选择自动机结构类型和设计新型自动机结构的能力，为学习其他课程内容打下基础。

在火炮自动机结构分析中，常常使用一些术语。为了更好地学习，现将火炮自动机结构分析中常用术语及其含义简要解释如下：

• 构件：由一个或多个零件组成的整体，在运动过程中各零件之间不发生相对运动。构件是结构分析以及后面运动分析和动力分析的最小单元。

• 机构：由一个或多个构件组成的整体，构件之间可以发生相对运动，用来完成一项或多项特殊功能或动作。

• 工作构件：直接完成自动动作的构件。在机构中，工作构件一般处于从属地位，有时也称工作构件为从动构件。

• 基础构件：带动整个机构工作的构件，一般也是机构中工作时间最长的构件。在机构中，基础构件一般处于主要地位，有时也称基础构件为主动构件。

• 炮闩：广义上讲是指用以闭锁炮膛、击发底火、开锁开闩、抽筒和抛筒等各机构的统称；一般包括闭锁机构、击发机构、开闩机构、抽筒机构、保险机构等。狭义上讲也指直接承受发射时膛底火药燃气压力的构件（即闩体）。

• 闭锁机构：使闩体与炮尾构成临时刚性连接，具有密闭炮膛功能，承受发射时膛底火药燃气压力的机构。

• 关闩机构：将炮闩由开闩位置移送到封闭炮膛位置的机构。

• 开闩机构：完成开锁、开闩动作，使闩体与炮尾产生相对运动，并将闩体相对炮尾移开一定距离，足以下发炮弹的装填的机构。

• 击发机构：将能量传给底火，并使底火可靠引燃的机构。

• 发射：使自动机开始工作的动作。

• 停射：使自动机结束工作的动作。

• 人工发射机构：完成发射和停射的机构。

• 药室：输弹到位时炮弹所占据的位置。

• 输弹出发位置：炮弹在等待被输送进炮膛时所占据的位置。

• 进弹口：炮弹在等待被输送到自动机内部时所占据的位置。

• 拨弹机构：将后续炮弹前移一个炮弹节距，并依次将当前炮弹移送到进弹口的机构。

• 压弹机构：一次快速地将进弹口上的一发炮弹输送到输弹出发位置的机构。

• 供弹机构：将后续炮弹前移一个炮弹节距，并依次将当前炮弹移送到进弹口及输弹出发位置的机构。

- 输弹机构：将输弹出发位置的炮弹输送到药室的机构。
- 自动机协同动作（联合动作）：自动机各机构及其构件之间相互配合，实现自动连续发射的整个过程。

2.1.2 火炮自动机结构分析的主要内容

火炮自动机的功能以及所要完成的自动动作，是通过结构来实现的。火炮自动机结构分析主要是从结构角度，分析现有火炮自动机的组成与构成原理、结构特点、工作原理、自动动作、各机构的协同动作、主要性能及其特点，探讨现有火炮自动机的设计思想。其主要内容如下所述。

（1）现有火炮自动机的组成与构成原理及其结构特点分析。在对现有火炮自动机分类的基础上，系统地分析现有身管短后坐式自动机、导气式自动机、转膛式自动机、转管式火炮自动机、链式自动机、双管联动式自动机等典型火炮自动机的组成、自动机构成原理、结构特点、各构件的作用，使学习者获得对火炮自动机构造的感性认识，便于积累典型结构模式、丰富结构知识库，为创新结构打下坚实基础。

（2）现有火炮自动机的工作原理与自动动作及各机构的协同动作分析。在对火炮自动机实现自动连续发射过程及其完成的自动动作分析的基础上，系统地分析现有身管短后坐式自动机、导气式自动机、转膛式自动机、转管式自动机、链式自动机、双管联动式自动机等典型火炮自动机的工作原理、各自动动作的实现方法、各机构的协同动作过程，使学习者从系统角度认识火炮自动机的内在规律性，为分析改善自动机性能的可能性，创新新型自动机创造必要条件。

（3）现有火炮自动机的主要性能及其特点分析。设计师都是依据一定的基本条件设计具有特殊功能的具体结构以满足一定要求的。通过分析现有身管短后坐式自动机、导气式自动机、转膛式自动机、转管式自动机、链式自动机、双管联动式自动机等典型火炮自动机的主要性能、特点、使用条件和环境，使学习者掌握火炮自动机性能评价方法，为提高自动炮的性能，合理选用或改造现有自动机，或者设计新型自动机提供理论依据。

（4）现有火炮自动机的设计思想分析。前人的巧妙构思也是一种宝贵的精神财富，值得后人继承。结构设计不是重复，而是创新。通过对现有身管短后坐式自动机、导气式自动机、转膛式自动机、转管式自动机、链式自动机、双管联动式自动机等典型火炮自动机的结构分析，探索前人的设计思想，使学习者在继承前人设计具有特殊功能的具体结构的同时，可以发扬光大，并创造出全新的自动机。

2.2 火炮自动机的工作原理及循环图

2.2.1 火炮自动机的工作原理

火炮自动机所要完成的自动动作，可以通过不同的方法和结构来实现，这就使得火炮自动机具有多种多样的结构形式。由于功能、方法及应用条件不同，对某种功用的自动炮最有效的自动机构，对另一种自动炮或另一种场合也许就不适用或效果不佳。

现代火炮自动机，从利用能源上分，主要有内能源自动机（利用发射弹丸的火药燃气作为自动机构工作动力的自动机)、外能源自动机（利用发射弹丸的火药燃气之外的能源，如电能等，作为自动机构工作动力的自动机)、混合能源自动机（部分利用内能源，而另一部分利用外能源作为自动机构工作动力的自动机)。

从工作原理上分类，火炮自动机又可分为后坐式自动机、导气式自动机、转膛式自动机、转管式自动机、链式自动机、双管联动式自动机等。

1. 后坐式自动机

后坐式自动机，是指利用火炮后坐部件的后坐动能带动自动机构工作而完成射击循环的自动机。根据后坐部件的不同，后坐式自动机又分为炮闩后坐式自动机和炮身后坐式自动机。

炮闩后坐式自动机，是利用炮闩后坐动能带动自动机构完成射击循环的自动机。这种自动机的炮身与炮箱一般为刚性连接，炮闩在炮箱中后坐和复进，并为带动各机构工作的基础构件。根据炮闩运动形式的不同，炮闩后坐式自动机又分为炮闩自由后坐式自动机、炮闩半自由后坐式自动机、炮闩前冲坐自动机。

炮闩自由后坐式自动机，是指主要利用能自由运动的炮闩的后坐动能进行工作的自动机。这种自动机的炮闩不与身管相联锁，它主要依靠本身的惯性起到封闭炮膛的作用。击发后，在膛底火药燃气压力作用下，炮身不动（或只做很小的缓冲运动)，当火药气体推药筒向后的力上升到大于药筒与药室间的摩擦力和附加在炮闩上的阻力后，炮闩就开始自由后坐。炮闩在后坐过程中将药筒抽出并抛出炮箱，同时压缩复进簧储存复进能量。后坐结束后，炮闩在复进簧作用下复进。在复进过程中，使击发机构处于待发位置，并从供弹机构中取出炮弹，输弹入膛。输弹入膛后，击发底火，开始新的循环，如图 2. 1 所示。这种自动机抽筒时膛内压力较大，容易发生拉断药筒的故障。为了减小炮闩在后坐起始段的运动速度，就得加大炮闩的质量。可见，具有笨重的炮闩是炮闩自由后坐式自动机的特点。这种自动机后坐力小，结构简单，但是抽筒条件差、故障多，炮闩重。这种原理过去曾应用于小威力的火炮自动机。例如，瑞士厄利空 20 mm 高射炮用过，现在已很少采用。

图 2. 1　炮闩自由后坐式自动机示意图

炮闩半自由后坐式自动机，是指主要利用受限而延缓自由后坐的炮闩的后坐动能进行工作的自动机。击发后，在膛底火药燃气压力作用下，炮身不动（或只做很小的运动)，炮闩开始不动或受限缓慢运动，等膛压降到安全压力时，炮闩才可以自由后坐。炮闩在后坐过程中将药筒抽出并抛出炮箱，同时压缩复进簧储存复进能量。后坐结束后，炮闩在复进簧作用下复进。在复进过程中，使击发机构处于待发位置，并从供弹机构中取出炮弹，输弹入膛。输弹入膛后，击发底火，开始新的循环，如图 2. 2 所示。这种自动机的优点是后坐力小，结构简单，但是循环时间长，射速低，现在也很少采用。

炮闩前冲式自动机，是指利用炮闩前冲运动击发的自动机。在击发前，炮闩被卡锁扣在后方，复进簧被压缩。解脱卡锁后，炮闩在复进簧的作用下向前复进。在复进过程中，使击发机构处于待发位置，并从供弹机构中取出炮弹，输弹入膛。在炮闩即将到达其最前位置时，击发机构击发底火。膛内火药燃气在推动弹丸向前运动的同时，膛底火药燃气压力作用于炮闩，使炮闩复进运动减小，直至停止，然后再后坐。炮闩在后坐过程中将药筒抽出并抛出炮箱，同时压缩复进簧储存复进能量。后坐结束后，炮闩在复进簧作用下复进，开始新的循环，如图 2.3 所示。这种自动机的优点是后坐力小，结构比较简单，但是射速易受使用状态影响，可靠性不易保证。俄罗斯 ГШ－301 式 30 mm 单管航炮、俄罗斯瓦西里克 82 mm 自动迫击炮等就利用炮闩前冲原理。

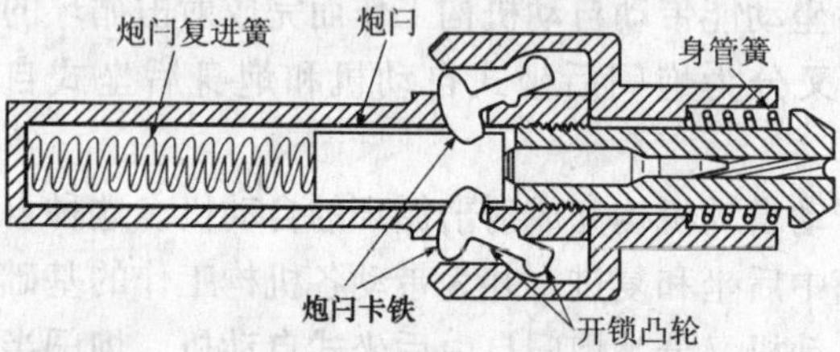

图 2.2 炮闩半自由后坐式自动机示意图

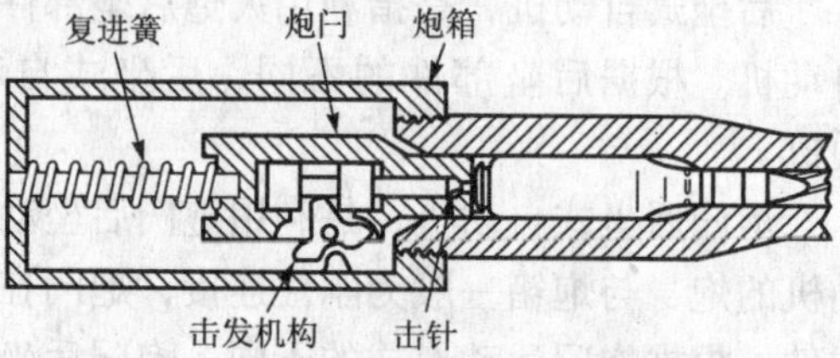

图 2.3 炮闩前冲式自动机示意图

炮身后坐式自动机又称管退式自动机，它是利用炮身后坐能量带动自动机构完成射击循环的自动机。这种自动机的炮身在炮箱或摇架内后坐与复进。炮身是带动各机构工作的基础构件。按炮身后坐行程的不同，炮身后坐式自动机又分为炮身长后坐式自动机和炮身短后坐式自动机。

炮身长后坐式自动机，是指炮身与炮闩在闭锁状态一同后坐，其后坐行程略大于一个炮弹全长的自动机。在后坐结束后，炮闩被发射卡锁卡在后方位置，炮身在炮身复进机作用下复进，并完成开锁、开闩、抽筒动作。炮身复进终了前，解开发射卡锁，炮闩在炮闩复进机作用下推弹入膛，完成闭锁和击发，如图 2.4 所示。这种自动机的优点是后坐力小，结构简单，但是循环时间长，射速低。炮身长后坐自动机现在已较少采用，主要应用于像步兵战车这类对射速要求不高的场合。如俄罗斯 БМП－3 步兵战车和铠甲－С1 轮式弹炮结合防空系统上安装的 2A72 式 30 mm 自动炮就是炮身长后坐式自动机。

炮身短后坐式自动机，是指炮身与炮闩在闭锁状态下一同后坐一个较短行程后（少于一个炮弹全长），利用专门加速机构（开闩机构），完成开锁、开闩和抽筒动作的自动机。炮身后坐到位后（行程小于一个炮弹全长），炮身在炮身复进机作用下复进；在加速机构作用下，炮闩完成开锁、开闩、抽筒后被发射卡锁卡住。待供弹后，在炮闩复进机作用下，完成输弹、关闩、闭锁、击发动作，如图 2.5 所示。这种自动机的优点是可以控制开闩时机，后坐力较小，射速较高，但是结构较复杂，在中、小口径自动炮中得到较广泛应用，如：瑞典博福斯 L/70 式 40 mm 高炮、俄罗斯 НР－23 航炮、俄罗斯 С－60 式 57 mm 高炮等。

2. 导气式自动机

导气式自动机，是指利用从身管炮膛导入气室的部分火药燃气能量带动自动机构工作而完成射击循环的自动机，又称气退式自动机。击发后，当弹丸越过身管壁上的导气孔后，高压的火药燃气就通过导气孔进入导气装置的气室，推动气室中的活塞运动，通过活塞杆使自动机活动部分向后运动，进行开锁、开闩、抽筒等，并压缩复进机储存复进能量。后坐终了

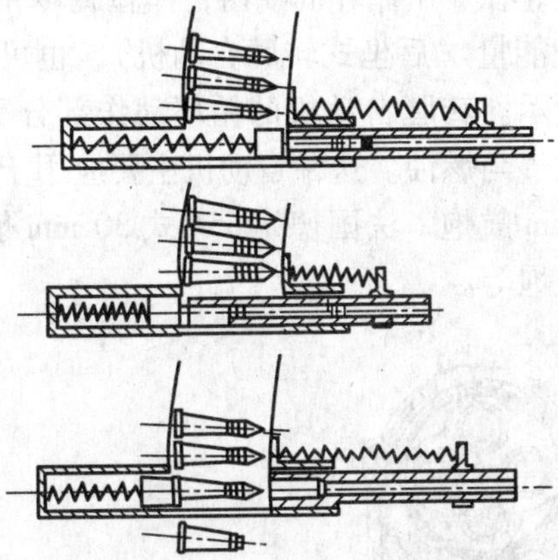

图 2.4　炮身长后坐自动机示意图

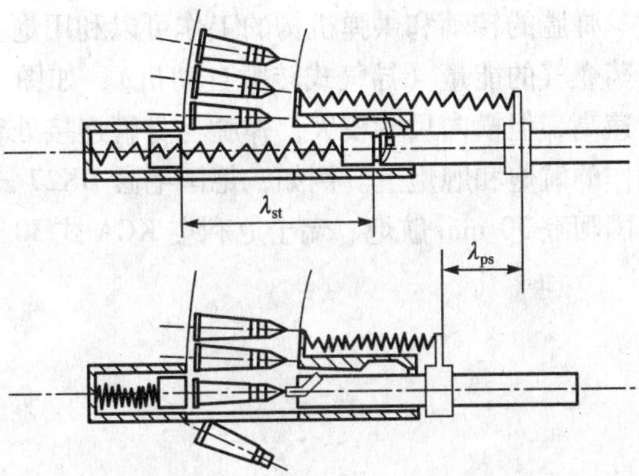

图 2.5　炮身短后坐自动机示意图

后，在复进机作用下，活塞杆及自动机的活动部分复进，并完成输弹、关闩、闭锁、击发等。导气式自动机结构比较简单，活动部分质量较小，射速较高，并且可以通过调节导气孔的位置或/和大小来大幅度地改变火药气体对活塞作用冲量的大小来调节射速；但是活动部分质量较小，速度和加速度较大，易产生剧烈撞击，并且导气孔处易燃蚀。导气式自动机在小口径自动机中得到广泛应用。口径越小，导气式自动机的优点越显著。例如，德国 Rh 202 式 20 mm 高炮、法国 KAD－B 式 20 mm 高炮、瑞士 GDF 双管 35 高炮等。根据炮身与炮箱的运动关系不同，导气式自动机又分为炮身不动的导气式自动机和炮身运动的导气式自动机。

炮身不动的导气式自动机，指的是自动机的炮身与炮箱为刚性连接，不能产生相对运动，但是为了减小后坐力，通常在炮箱与炮架之间设有缓冲装置，使整个自动机产生缓冲运动，如图 2.6 所示。例如：俄罗斯 3У－23 式 23 mm 高炮、俄罗斯 AM－23 式 23 mm 航炮、德国 HBS202 式 20 mm 航炮、法国 M621 式 20 mm 航炮等。

炮身运动的导气式自动机，指的是炮身可沿炮箱后坐与复进，而炮箱与炮架之间为刚性连接，如图 2.7 所示。这种自动机的工作情况与炮身短后坐式自动机有些相似，不过，这时起加速机构作用的是导气装置，它带动炮闩进行开锁、开闩并使供弹机构工作。

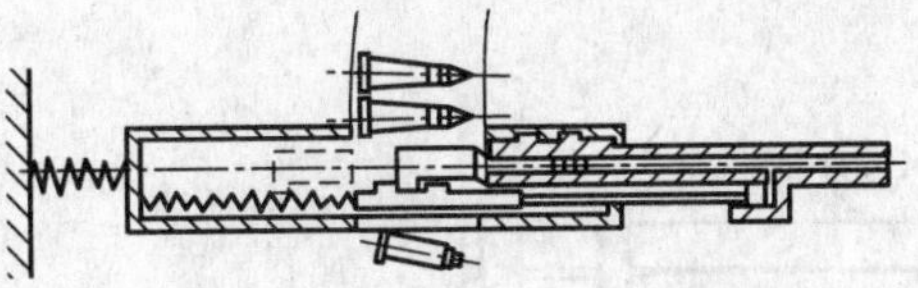

图 2.6　炮身不动的导气式自动机示意图

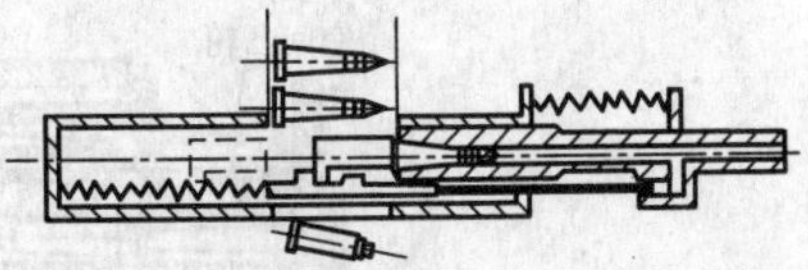

图 2.7　炮身运动的导气式自动机示意图

如果供弹机构由炮身运动来带动，而自动机其他工作由导出的火药燃气来完成，这样既利用了导气的能量，又利用了后坐能量，这样的自动机称为混合式自动机。德国 41 式 50 和德国 43 式 37 自动机就是混合式自动机。

3. 转膛式自动机

转膛式自动机，是指以多个弹膛（药室）回转完成自动工作循环的自动机。在射击循环过程中，弹膛旋转，每一个弹膛处在一个工作位置，在一个循环周期内，弹膛旋转一个位置。弹膛的转动和供弹机构的工作可以利用炮身后坐能量（后坐式转膛自动机），也可利用火药燃气的能量（导气式转膛自动机），如图 2.8 所示。转膛自动机的循环动作部分重合，射速高，但横向尺寸较大，弹膛与身管连接处容易漏气与燃蚀。这种自动机主要应用于遥控操作的航炮和舰炮上。例如，德国毛瑟 BK27 式 27 mm 航炮、法国德发 554 式 30 mm 航炮、英国阿登 30 mm 航炮、瑞士厄利空 KCA 式 30 mm 航炮等。

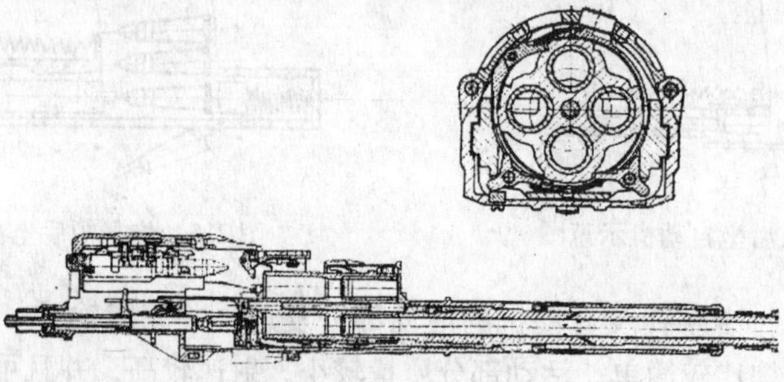

图 2.8　转膛式自动机示意图

4. 转管式自动机

转管式自动机，是指以多个身管回转完成自动工作循环的自动机。多根身管固连在一个回转的炮尾上，每根身管对应本身的炮闩，各个炮闩由一条固定于炮箱的闭合凸轮槽依次带动。在射击循环过程中，每根身管与其炮闩处在一个工作位置，在一个循环周期内，身管旋转一个位置。一次只有一根身管发射，而其余的身管则分别进行装填、闭锁和抽筒等动作，如图 2.9 所示。转管自动机多用电机或液压电机等外能源驱动，也有用内能源驱动的。转管式自动机射速高且可以调节，故障率低，使用寿命较长，但是迟发火时有一定危险，需要一定的启动时间。转管式自动机现在广泛应用于高射速小口径自动炮，例如美国火神 M61A1 式 20 mm 6 管航炮、美国复仇者 GAU－8/A 式 30 mm 7 管航炮、荷兰守门员 SGE－30 式 30 mm 7 管舰炮、俄罗斯 AK－630 式 30 mm 6 管舰炮等。

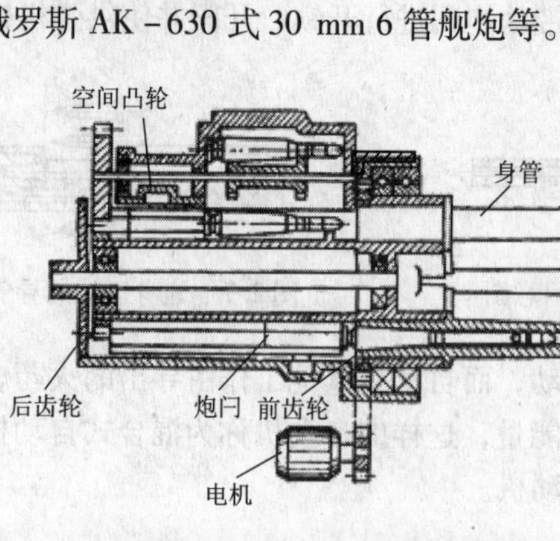

图 2.9　转管式自动机示意图

5. 链式自动机

链式自动机，是指利用外能源通过闭合链条带动闭锁机构工作，完成自动工作循环的自动机。链式自动机的核心是一根双排滚柱闭合链条与四个链轮组成的矩形传动转道，链条上固定一个 T 形炮闩滑块，与炮闩支架下部滑槽相配合。当链条转动带动炮闩滑块前后移动时，炮闩支架也同时被带动在纵向滑轨上做往复运动。炮闩支架到达前方时，迫使闩体沿炮闩支架上的曲线槽做旋转运动而闭锁炮膛。炮闩支架向前运动时，完成输弹、关闩、闭锁、击发动作；炮闩支架向后运动时，完成开锁、开闩、抽筒动作。炮闩滑块横向左右移动时，将在炮闩支架 T 形槽内滑动，炮闩支架保持不动；炮闩支架在前面时的停留过程为击发短暂停留时间，炮闩支架在后面时的停留过程为供弹停留时间，如图 2.10 所示。链式自动机简化了自动机本身结构尺寸，紧凑，质量小；运动平稳，无撞击，射击密集度好；易于实现射频控制，可靠性好，寿命长。但是链式自动机为外能源自动机，要解决好迟发火引起的安全问题，要有供弹系统的动力机构和控制协调机构，射速不很高。链式自动机主要用于要求射速不高但可调，并且对射击精度要求高的场合，如武装直升机、步兵战车等。例如，美国 M230A1 式 30 mm 链式航炮、美国 M242 式 25 mm 链式车载炮等。

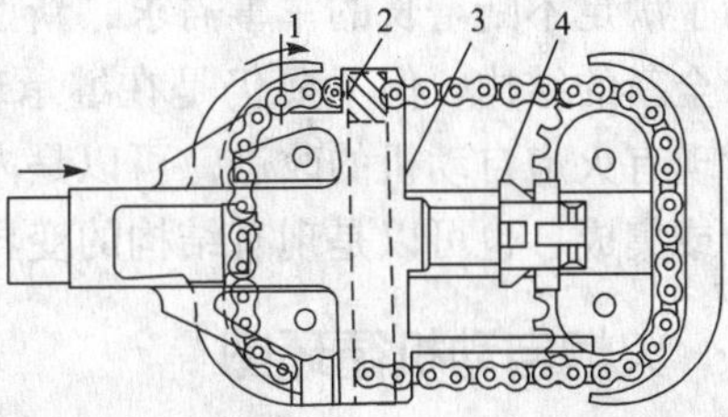

图 2.10　链式自动机示意图

1—驱动轮；2—驱动滑块；3—炮闩座；4—炮闩

6. 双管联动式自动机

双管联动式自动机，是指两个身管互相利用膛内火炮燃气的能量（导气式）或后坐能量（后坐式）协调动作，完成射击循环，实现轮番射击的自动机，又称盖斯特式自动机。利用导气原理时，两个活塞与各自滑板相连并安装在同一炮箱内，两个滑板又由联动臂及连杆连接在一起，协调运动。当一个身管射击时，从膛内导出两路火药燃气，一路作用在本身自动机的活塞前腔，推动滑板向后运动，另一路同时作用于另一自动机的活塞后腔，推动滑板向前运动，这样，在连发射击时，就可以保证两个滑板交替做前后运动，完成各自的开锁、开闩、抽筒、输弹、关闩、闭锁、击发等循环动作，如图 2.11 所示。利用后坐原理时，主要是通过联动杠杆作用，联动杠杆的一端使一身管推弹入膛，同时另一端使另一身管抽筒抛筒。双管联动自动机的复进也是利用火药燃气能量或后坐

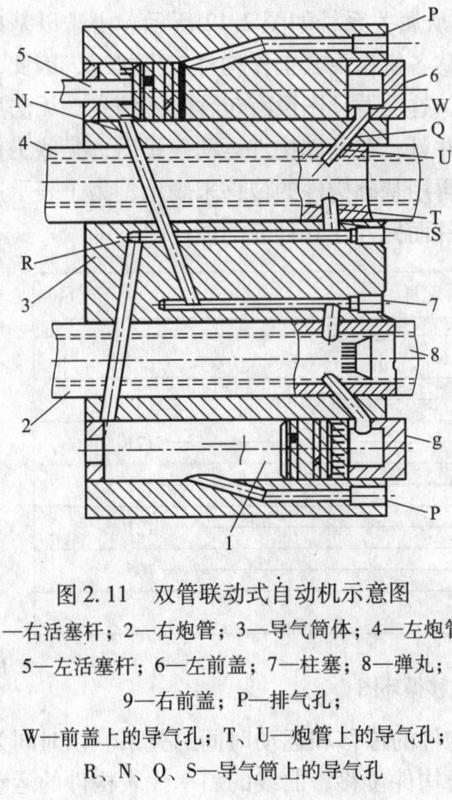

图 2.11　双管联动式自动机示意图

1—右活塞杆；2—右炮管；3—导气筒体；4—左炮管；5—左活塞杆；6—左前盖；7—柱塞；8—弹丸；9—右前盖；P—排气孔；W—前盖上的导气孔；T、U—炮管上的导气孔；R、N、Q、S—导气筒上的导气孔

能量，射速大大提高，结构很紧凑，但是结构较复杂，对缓冲装置要求较高。双管联动自动机主要用于对射速和质量都要求较严的场合。例如，美国 GE225 式 25 mm 双管航炮、俄罗斯 ГШ－23 式 23 mm 双管航炮、俄罗斯 ГШ－23 式 23 mm 双管舰炮、俄罗斯通古斯卡 2C6 弹炮结合防空系统和铠甲 C1 履带式弹炮结合防空系统上安装的 2A38M 式 30 mm 双管自动炮等。

随着科学技术的发展和进步，各种新概念、新原理、新结构的火炮自动机仍将不断出现。为了满足不断增长的军事需求，新型火炮自动机的研制，可能是全新的概念、全新的原理或者全新的结构，但主要仍是在继承现有火炮自动机的基础上，对现有火炮自动机的改进。对现有火炮自动机的改进，可以是内涵的拓展，也可以是外延的拓宽；可以是现有结构的组合或集成，也可以是现有结构的变异或重构。

2.2.2 火炮自动机循环图

火炮自动机工作循环过程中，各构件是按一定规律运动的，构件的参与退出的时机是不相同的。如果不考虑炮箱的运动，自动机构中存在一个起主导作用，带动整个机构各构件运动，完成自动动作的构件，该构件即为机构的基础构件，如炮身后坐自动机的炮身等。基础构件的运动状态一经确定，则工作构件的运动状态也就随之确定，即机构为单自由度机构。描述火炮自动机在一个完整的自动循环或某一运动阶段内，基础构件及主要从动件的运动规律及其相互运动联系的图表或曲线称为自动机循环图。通常自动机循环图有两种形式，一种是以基础构件位移为自变量的循环图，另一种是以时间为自变量的循环图。

以基础构件位移为自变量的循环图，标出了工作构件工作时基础构件的位移，表明自动机各机构的相互作用和工作顺序以及基础构件位移的从属关系，如图 2.12 所示。由于以基础构件位移为自变量的循环图表明了对应基础构件的位移各机构及其工作构件工作状况，因此，这类循环图常用于建立自动机构运动微分方程。但是，这类循环图没有包含时间信息，无法用于分析自动机及其主要构件的动态特性和工作特点。并且，在基础构件运动停止后，某些工作构件可能仍在继续运动，这些工作构件的运动便不能再用基础构件的位移来表示，为了表示这些工作构件的运动，只能将某工作构件再看做基础构件而另外建立补充的循环图。

运动特征段		0　　基础构件：炮身　　140
后坐运动	拨回击针	24 ——— 61
	强制开闩	61 ——— 95.5
	活动梭子上升	26 ——— 121
复进后坐	输弹器被卡住	25 ——— 121.5
	活动梭子下降	26 ——— 121
	压弹	42 ——— 105
	开始输弹	25·

图 2.12　自动机位移循环图

以时间为自变量的循环图，表明自动机主要构件的位移和运动时间的关系。以时间为自变量的循环图中，横坐标为时间，纵坐标为各主要构件位移，曲线的斜率代表构件的运动速度。当循环图上某段曲线为特殊的水平直线时，则表明该构件在这段特殊时间段内处于静止状态，即速度等于零。这类循环图包含有时间信息，可用于分析自动机及其主要构件的动态特性。这类循环图应用较广泛。

以时间为自变量的循环图，又可分为概略循环图和精确循环图。概略循环图是设计自动机时依据方案设想而拟制的，用以指导各机构设计，或者根据现有自动机的运动规律概略制成，用以指导对自动机进行动力分析，建立自动机运动微分方程。概略循环图只是大概反应自动机主要构件的位移和运动时间的关系，图中构件的运动规律都以直线表示，如图 2.13 所示。精确循环图是在设计完成之后，根据动力分析计算结果绘制的，或者是根据实际自动机试验结果绘制的。精确循环图使自动机主要构件位移和运动时间的关系得到真实反映，图中构件的运动规律一般都是曲线。

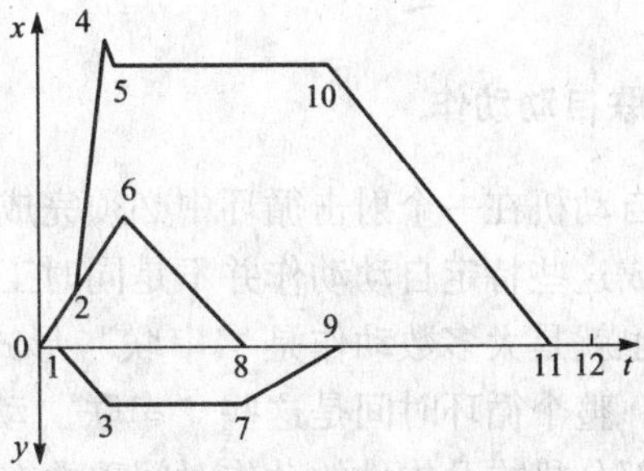

图 2.13　自动机时间循环图

0—炮身开始后坐运动；1—拨弹板开始空回；2—炮闩开始加速运动；3—拨弹板空回到位；4—炮闩后坐运动到位并开始复进；5—炮闩反跳后被自动发射卡锁卡住；6—炮身后坐到位；7—拨弹板开始拨弹；8—炮身复进到位；9—拨弹板拨弹到位；10—炮闩开始复进运动并输弹；11—炮闩复进运动到位、输弹到位并击发底火；12—点火延迟后开始下一发自动循环

根据自动机循环图以及结构几何尺寸及装配关系，可以建立第 i 个工作构件位移 x_i 与基础构件位移 x 之间的函数关系 $x_i = f(x)$。

2.2.3　提高射速的主要技术途径

射速是火炮自动机的一项重要战技指标。火炮的射速高，火力密度大，对目标毁伤的概率和开火的突然性大，既增加了命中目标的可能性，也使敌方来不及采取机动的防御措施，从而增大了对目标毁伤的效果。尤其是在现代战争中，自动炮作为防空反导的最后一道屏障，火炮的射速高，火力密度大，就意味着自我生存能力的增强。因此，提高火炮自动机的射速是火炮自动机技术发展的永恒主题。

提高射速，就是减少发射一发炮弹所需要的循环时间。提高射速，主要是在设计火炮自动机结构时，合理设计火炮自动机运动循环图，合理设计各机构及其构件，尽可能减少自动机整个循环时间。提高射速的主要技术途径有如下几个方面。

1. 减小构件运动行程

减小构件运动行程，可以有效减少各个构件的运动时间，从而减少自动机整个循环时间。由于火炮自动机必须完成许多特定自动动作，减小构件运动行程是比较困难的，主要是通过优化设计，从几何学角度，合理设计机构及其构件的运动线路。

2. 提高构件运动速度

提高火炮自动机每个构件的运动速度，可以减少各个构件的运动时间，从而减少自动机整个循环时间。提高构件的运动速度，可以从如下几个方面着手：① 在运动距离和作用力都一定时，尽可能减小构件质量，可以提高构件加速度及速度；② 在运动距离和构件质量都一定时，尽可能提高作用于构件上的作用力的作用强度，可以提高构件加速度及速度；③ 在运动距离、构件质量和作用力都一定时，提高初始运动速度，可以提高构件平均运动速度。

3. 并联自动动作

火炮自动机在一个射击循环中必须完成许多特定的自动动作，但是火炮自动机的各机构及构件完成这些特定自动动作并不是同时工作，大多是只有一个动作完成之后才能进行下面的动作，也就是大多数动作是“串联”形式。例如，药筒没有从药室抽出之前就无法进行输弹入膛。整个循环时间是这些“串联”动作所需时间的叠加。尽可能将自动动作“并联”起来，使部分机构及构件的动作时间重叠在其他机构及构件的动作时间之中，而不单独占用整体循环时间，最大限度地减小自动机的整个循环时间。“并联”火炮自动机的自动动作，主要是从自动原理和结构上进行创新，采用新型的自动原理和新型的结构。例如，转膛原理、转管原理等就是将许多自动动作“并联”起来，同时进行。

4. 减少自动动作

火炮自动机的整个循环时间是各机构及构件的自动动作所需时间的叠加。如果能减少火炮自动机的自动动作，将从根本上解决减小自动循环时间问题。火炮自动机的自动动作是由自动机功能决定的，要完成同样功能又要减少自动动作，必须从概念和原理上创新，设计全新概念、全新原理的火炮自动机，甚至颠覆“自动机”概念。例如，“金属风暴”是一种全新的全电发射“自动炮”，根本没有运动部件，也就没有“自动机”的意思。

2.3 火炮自动机的典型结构分析

航空自动武器为了适应航空作战的特殊要求，在战斗使用和维护上形成了其特点，比海军自动武器及陆军自动武器更具有代表性。在技术上航空自动武器具有如下特点。

（1）射速高。随着现代航空科学技术的发展，飞机的速度很高，因此，空战时可杀伤敌机的瞄准射击时间很短，为了在很短的时间内杀伤敌人，就要求武器有较高的射速，以提高命中敌人目标的概率。目前，有的航炮射速可达6 000发/分以上。

（2）口径小。航空自动武器杀伤的主要对象是空中目标，其防护能力较弱，容易破坏，往往不需要威力很大的炮弹，因此，航空自动武器的口径也不需要很大。目前，航空自动武器的口径一般为20 ~ 30 mm。

（3）质量轻，体积小。若航空自动武器质量和体积都很大，就会造成在飞机上的安装困难，并影响飞机的飞行性能，同时维护也不方便。这样，就要求在设计航空自动武器时，尽可能使构件精、巧，一件多用。

（4）工作可靠性高。空战时，进行攻击的机会不多，射击时间又很短。为了保证不贻误战机，航空自动武器必须工作可靠。这不仅要保证结构的完善性和坚固性，对零件的加工精度和配合性质要求较严，而且还要保证在不同飞行条件下能可靠工作。

（5）武器操纵要尽可能自动化。空战时，飞行员不仅要进行瞄准射击，还要进行驾驶飞机等其他工作。在空中进行装弹、射击等都应当很简便、迅速。

自动机是航空自动武器的核心部分。典型火炮自动机主要有身管短后坐式自动机、导气式自动机、转膛式自动机、转管式自动机、双管联动式自动机等。下面分别以俄罗斯 HP－23航空自动炮、AM－23 航空自动炮和 ГШ－23 航空自动炮为例，分析身管短后坐式自动机、导气式自动机和双管联动式自动机的结构。

2.3.1　身管短后坐式自动机

1. 概述

HP－23 航炮，主要安装在歼击机、轰炸机等固定翼飞机上，用于空对空作战和自我防卫，也用于攻击地面目标。该炮配备杀伤燃烧曳光弹和穿甲燃烧弹。

HP－23 航炮的主要性能指标：

- 口径　23 mm
- 初速　680 m/s
- 理论射速　800～950 发/分
- 全炮质量　390 N
- 炮身质量　133 N
- 后坐部分质量　170 N
- 寿命　6 000 发
- 最大后坐力不大于　26 000 N

HP－23 航炮自动机为身管短后坐式自动机。其主要由炮身、炮闩、供弹机构、发射机构、人工装填机构、反后坐装置等组成。炮闩为纵动旋转式，供弹机构采用开口可散弹链阶层供弹。

2. 结构分析

航空自动武器的最大结构特点是，结构紧凑，一件多用。HP－23 航炮也不例外，在下面将可以看到。HP－23 航炮自动机为身管短后坐式，其基础构件是炮身，因此，可以从炮身的结构开始分析 HP－23 航炮自动机各机构的构造特点，分析自动机实现自动连续射击的动作和措施。

1）炮身

作为自动机基础构件的炮身，其功用除了赋予弹丸一定的弹道性能之外，还带动整个自动机其他机构和构件运动，完成整个自动循环动作。

HP－23 航炮炮身由身管和炮尾组成（航炮设计中称炮身为身管机心匣）。身管与炮尾用螺纹连接，并用身管锁键锁住，防止它们的相对转动，在工作中，它们作为一个整体运动。

身管的作用是使弹头获得一定的初速与旋转速度。身管内有 10 条右旋膛线，身管的构造如图 2.14 所示。

炮身作为该炮的基础构件，在射击过程中，它带动和引导炮闩运动并直接带动供弹机构、加速机构、发射机构和反后坐装置等。炮身与其他构件的传动关系如图 2.15 所示。

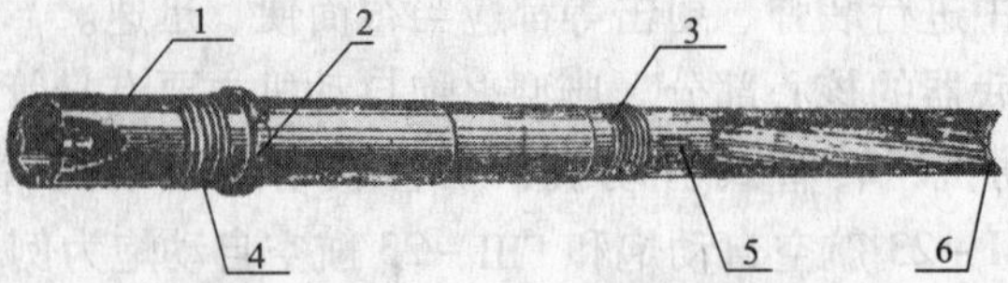

图 2.14　身管的构造

1—身管；2—环形凸部；3—身管螺帽连接螺纹；
4—炮尾连接螺纹；5—锁键槽；6—炮口斜面

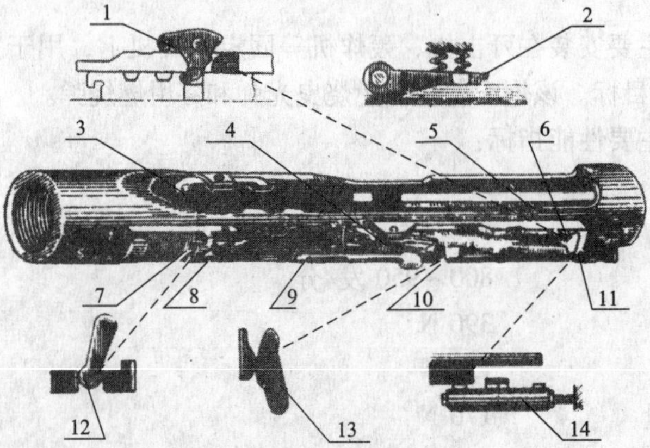

图 2.15　炮身与其他构件的传动关系

1—前冲加速臂；2—撞击凸部；3—保险臂；4—制退卡锁；5—操作斜面；
6—前冲加速臂垫板；7—传动凹部；8—身管锁键；9—托弹板；
10—后坐加速臂垫板；11—后凸部；12—传动臂；13—后坐加速臂；14—液压缓冲器

炮尾内有炮闩运动导槽、闭锁齿（锁膛凸部）、击针操纵臂让开缺口等。此外还装有制退卡锁（反跳锁键）、托弹板、加速臂垫板、身管锁键和保险臂等。

制退卡锁的功用是，防止炮闩撞击身管尾端面后，炮闩反跳过多而提前开锁，造成事故。此外，在人工装填时，制退卡锁还用来传递运动和力。HP－23 航炮的制退卡锁为弹簧卡锁式。HP－23 航炮的制退卡锁铰于炮身，作用于闩座（炮闩支座）。

托弹板的功用是，当药筒抛出后，迅速张开托住到达输弹线的当前炮弹。托弹板受炮箱（相当于高射炮中的摇架）上操纵面控制，动作时机取决于炮身的运动。

加速臂垫板的作用是保护炮尾相应作用部位。同时，更换加速臂垫板，可以改变加速时机和调整加速规律，保证航炮工作正常。

保险臂的功用是，当炮膛内有炮弹或药筒时，使当前炮弹不能进入输弹线（见图 2.16）。保险臂铰于炮身，在弹簧作用下，平时后端收回，让开进弹窗口。一旦炮膛内有炮弹或药筒，则炮弹或药筒压顶保险臂，使其前端收回，后端伸出，挡住进弹窗口，这样就能阻止当前炮弹的进入，保证炮膛及输弹线上只有一发炮弹或药筒。

2）炮闩（机心组）

HP－23 航炮的炮闩，为纵动旋转式炮闩，其功用是接收压弹机压下的炮弹，并将炮弹保持在输弹线上，将输弹线上的炮弹输入炮膛，闭锁炮膛并击发底火，打开炮膛并抽出药筒。

炮闩由输弹关闩机构、闭锁击发机构、开闩抽筒机构等组成，其构造如图2.17所示。

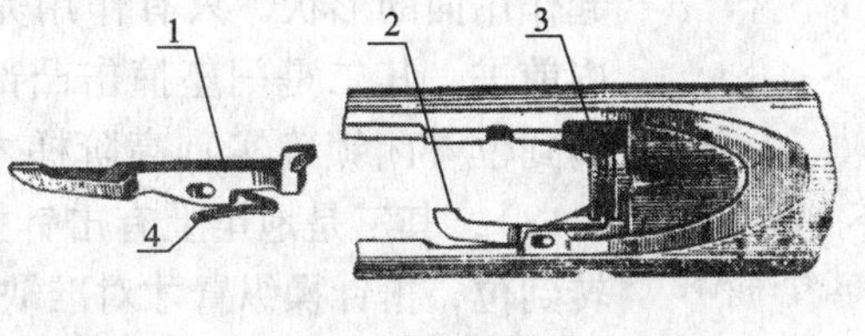

图2.16　保险臂的功用

1—保险臂；2—保险臂挡住进弹窗；3—炮弹；4—弹簧片

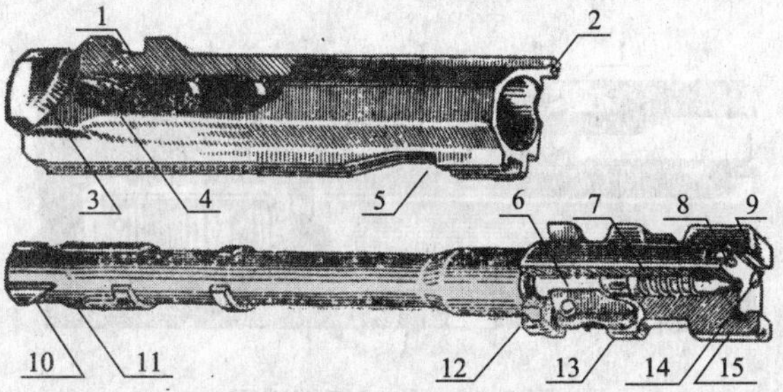

图2.17　炮闩构造

1—传动凹部；2—击发撞击凸部；3—后坐加速臂凸部；4—菱形凸部；5—反跳锁键凹部；6—击针；7—击针簧；8—上卡弹销；9—闩体抓手；10—开锁斜面；11—闭锁斜面；12—复进加速臂凸部；13—击针操纵臂；14—下卡弹销；15—闭锁凸部

接收压弹机压下的炮弹，并将其保持在输弹线上，由闩体（锁膛机）卡弹销、复进加速臂等共同完成。发射卡锁确定了闩座（也称炮闩支座或撞击器）的轴向位置，炮尾内炮闩导向槽确定了闩座的周向位置，复进加速臂及闩体凸起部确定了闩体相对闩座的轴向位置，炮尾内炮闩导向槽确定了闩体相对闩座的周向位置，炮弹依靠闩体镜面、闩体抓手、卡弹销、托弹板等使之保持在输弹线上。

用于将炮弹输入炮膛并完成关闩动作的输弹关闩机构，由闩座、闩体、输弹器、复进加速臂等组成。输弹能量为后坐过程中炮闩压缩输弹弹簧所储存的能量。输弹器由多股钢丝拧成的输弹弹簧和输弹滑筒组成。在解脱发射卡锁之后，在输弹弹簧作用下，闩座带动闩体强制输弹入膛。为提高输弹速度，采用了冲击式的复进加速臂，在炮闩复进开始时，炮身撞击铰于炮箱的复进加速臂，应用杠杆原理，使炮闩获得一定复进速度。炮弹在药室中以肩部定位。

闭锁击发机构，由闩体、闩座、击针操纵臂、击针、击针簧、制退卡锁等组成。用以关闩后确实闭锁炮膛，并且击发底火。

输弹到位时，闩体停止前进，而闩座继续前进，其内腔之菱形凸部作用于闩体上的闭锁斜面，使闩体旋转，进行闭锁，闩体上的两排闭锁齿分别与炮尾内闭锁齿对应啮合。闩座继续前进，其上菱形凸部沿闩体上闭锁斜面后直线段前进，同时，闩座上撞击凸部作用装于闩体内的击针操纵臂，带动闩体内的击针突出镜面击发底火。最后，闩座内腔弧形凸起与闩体上弧形凸起相撞，炮闩支架到达最前方位置。

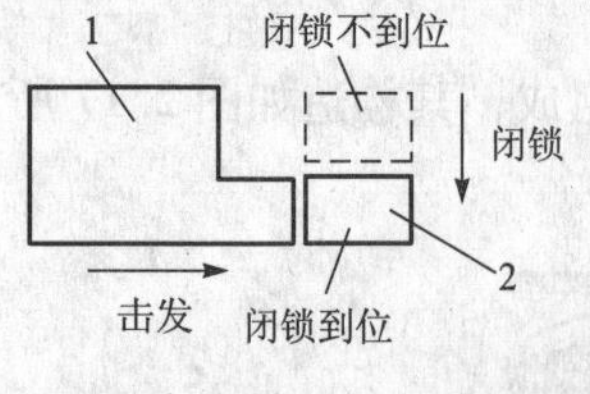

图 2.18　闭锁不确实不能击发

1—击发撞击器（闩座）；2—击针操纵臂

HP－23 航炮在保证闭锁确实后才能击发方面，主要采用了三个措施。其一是控制闩体上与闩座菱形凸起作用面的形状，只有作用完闭锁斜面才能在直线段内前进，其二是闩座撞击凸部为阶梯形，只有闩体旋转到位（闭锁确实）高阶梯才作用击针操纵臂（见图 2.18），其三是炮尾上有击针操纵臂缺口，只有闩体旋转到位，击针操纵臂才对准缺口，从而可以进行击发。

防止击发后提前开锁的制退卡锁（也称反跳卡锁），铰于炮身，在闩座复进快要到位前，在弹簧作用下弹出，伸进闩座制退卡锁凹部，可顶住闩座上的制退卡锁支撑面，这样，闩座虽然可反跳一段距离，但不能开锁（见图 2.19）。

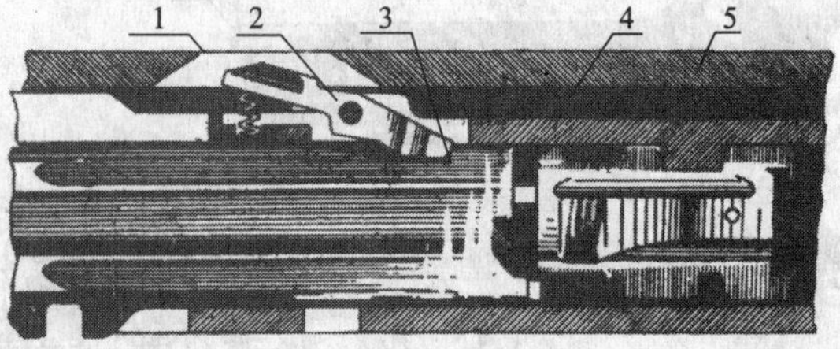

图 2.19　炮闩组锁膛图

1—开放孔；2—制退锁键；3—制退锁键凹部；4—炮闩匣；5—炮身

开闩机构的作用，是使闩座产生相对炮身的运功，完成开锁、开闩、抽出药筒等动作。开闩机构由加速臂垫板，后坐加速臂、加速凸部等组成。

击发后，在火药气体作用下，炮闩随炮身一起后坐，并通过输弹滑筒压缩输弹弹簧。后坐到一定距离，炮箱内壁压平制退卡锁，让开闩座。随后，炮身上加速臂垫板与铰于炮箱的后坐加速臂相作用，而加速臂则与闩座上的加速凸部相作用，使闩座产生相对炮身的运动。闩座走完自由行程，击针在击针弹簧作用下收回，同时，闩座则通过其内部菱形凸部作用闩体上的开锁斜面，使闩体旋转而开锁。闩座继续后坐，通过连接凸部带动闩体一起后坐，利用闩体上刚性抓钩抽出药筒。加速臂作用完毕后，炮闩依靠惯性继续后坐，直至撞击后挡螺盖而返回，被自动发射卡锁扣住。在压弹的同时，炮弹将药筒挤出炮箱。在炮闩输弹过程中，闩座上加速凸部将后坐加速臂带回到原位。

3）供弹机构

HP－23 航炮供弹机构，用以完成将弹链上的炮弹拨到炮身进弹窗口正上方（进弹口），然后与其他机构协调地除去弹链并将进弹口处的炮弹准确地压到输弹线上。它主要由传动臂、传动轮、联动臂、联动座、拨弹板、引导板、压弹机等组成（见图 2.20）。

传动臂、传动轮和联动臂的功用是，当炮身运动时，炮身带动传动臂，使其摆动，而传动臂则通过其轴上的凸键带动传动轮转动，传动轮上的曲线槽带动联动臂摆动，联动臂带动拨弹板作往复运动，其传动关系如图 2.21 所示。

联动座安装在拨弹板上，在运动过程中，它们作为一个整体运动。联动座受联动臂操纵。联动座的功用有二，其一是带动拨弹板运动，其二是通过其上的调整螺钉改变拨弹间隙（拨弹板操纵凸部与压弹臂横梁间的间隙），用以协调压弹时机和确保压弹到位。

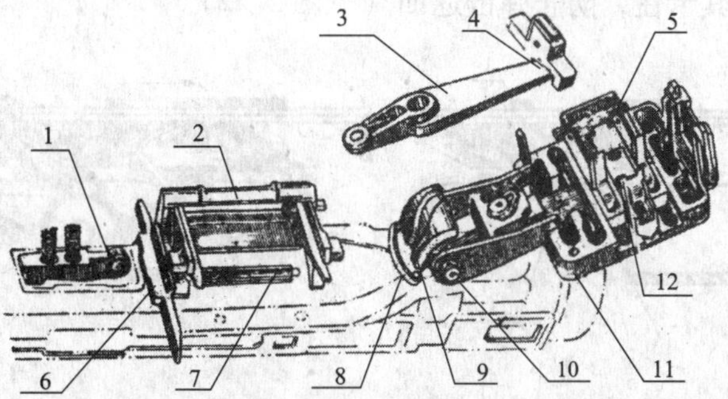

图 2.20　供弹机构

1—自动扣机；2—除链压弹机；3—联动臂；4—联动座；5—拨弹板；6—引导板；
7—托弹板；8—顶弹簧片；9—传动轮；10—传动臂；11—供弹机体；12—卡链簧板

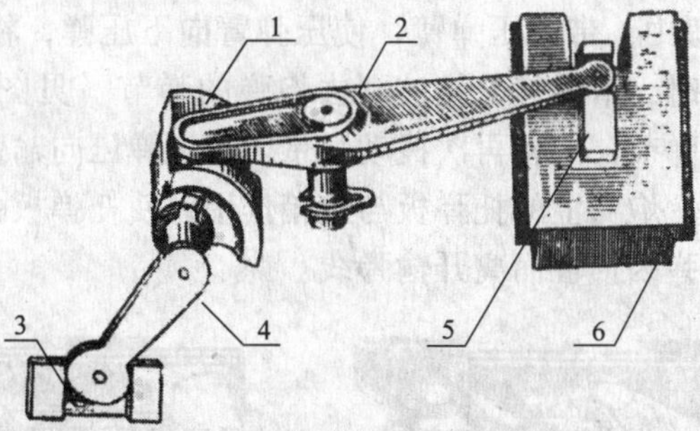

图 2.21　供弹机构传动关系

1—传动轮；2—联动臂；3—炮闩匣上的传动凹部；4—传动臂；5—联动座；6—拨弹板

拨弹板上有拨弹齿，用以抓住弹链最前面的空链节，将当前炮弹拨到进弹机内，对正进弹窗口，即拨到进弹口。卡链齿安装在进弹机体上，用以卡住进弹机内的弹链，防止弹链返回。

引导板用以引导炮弹正确进入进弹口和闩体抓钩，顶弹簧片用以顶住炮弹前端使炮弹底缘沿引导板运动，从而限制了炮弹的运动轨迹，使炮弹在拨弹过程中的运动是严格确定的。

压弹机由压弹臂和阻弹臂（除链器）等组成，用以将当前炮弹从弹链的链节上剥离，压送到闩体抓钩。压弹机受拨弹板操纵。

炮弹在进弹口处的定位，由引导板、顶弹簧片、阻弹臂及卡链齿来保证。引导板和顶弹簧片限制了炮弹前后方向的运动，阻弹臂和引导板限制了炮弹上下方向的运动，阻弹臂和卡链齿限制了炮弹左右方向的运动。

HP－23 航炮采用弹链供弹，阻力较大，因此要在不影响射速的前提下，尽可能延长拨弹时间，为此，采用阶层供弹方式的供弹机构，同时采用专门的压弹机，以保证必要的射速。

供弹机构工作前，弹链最前端的弹节被卡链齿卡住。炮身后坐时，其上的传动凹部带动传动臂以及传动轮、联动臂运动，使拨弹板向里拨弹，同时，拨弹板将压弹臂抬起，拨弹齿通过弹链最前端的弹节拉弹链运动，将一发炮弹拨到压弹臂下，对正进弹窗口，此时，次弹节已越过卡链齿，被其卡住，防止弹链返回（见图 2.22）。

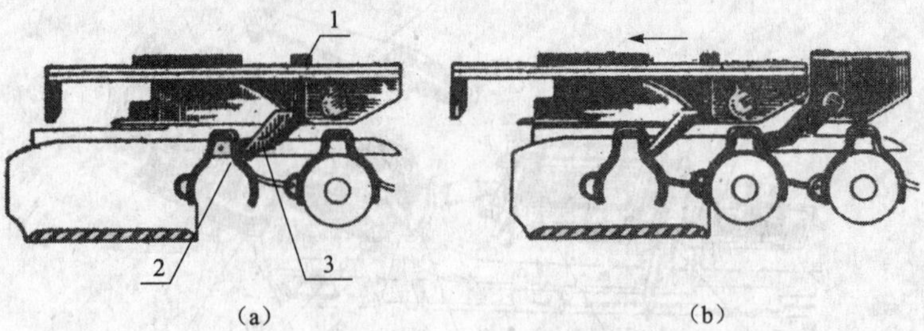

图 2.22　拨弹

（a）拨弹板在右面时；（b）拨弹板到左面时

1—拨弹板；2—卡链簧齿；3—卡链簧板

炮身复进时，带动传动臂向前摆动，传动臂通过传动轮、联动臂带拨弹板返回（向外空回）。在拨弹板返回过程中，带动压弹臂，使压弹臂向下压弹，将炮弹剥离弹节，沿进弹引导板进入闩体抓钩，此时，卡链齿卡住被剥去炮弹的弹节（见图 2.23）。拨弹板返回时，拨弹齿越过刚剥去炮弹的弹节，准备再次拨动弹带。当炮弹压向输弹线的同时，挤出闩体抓钩中的药筒。药筒挤出后，炮身上的托弹板与炮箱作用，使托弹板张开，托住压下的运动着的炮弹于输弹线，以防炮弹因惯性而离开输弹线。

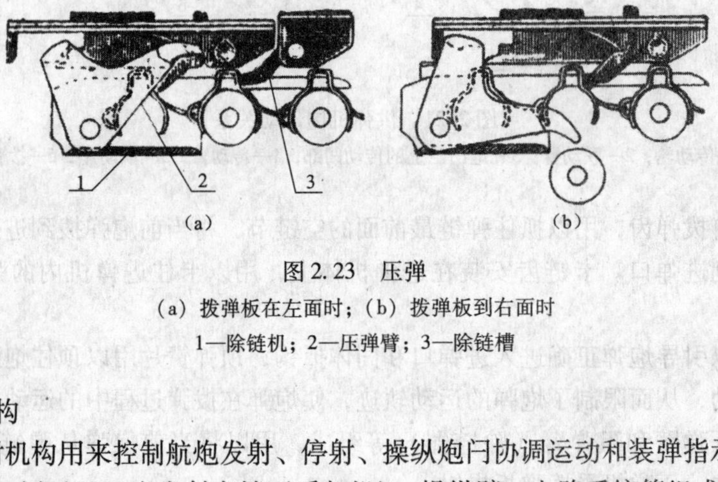

图 2.23　压弹

（a）拨弹板在左面时；（b）拨弹板到右面时

1—除链机；2—压弹臂；3—除链槽

4）发射机构

航炮的发射机构用来控制航炮发射、停射、操纵炮闩协调运动和装弹指示。它主要由自动发射卡锁（自动扣机）、电发射卡锁（手扣机）、操纵臂、电路系统等组成（见图 2.24）。

电发射卡锁的作用是控制发射与停射。电发射卡锁受操纵臂控制，操纵臂顶住电发射卡锁凸齿时，则扣住炮闩而停射。当操纵臂转动离开卡锁凸齿时，则释放炮闩。在输弹弹簧作用下，炮闩复进。

电发射卡锁下装有减摩筒，其功用是帮助电发射卡锁收起，保护卡锁工作面。减摩筒之所以能起保护作用，是因为减摩筒内装的弹簧的弹力比卡锁的弹簧的弹力大得多。在连射中，炮闩在后位复进时，闩体上的凸部推减摩筒向上，减摩筒就通过弹簧力作用使卡锁收起，如图 2.25 所示。这样，卡锁工作面就不与闩座相应工作面接触，避免了在连射过程中炮闩复进时对卡锁工作面的撞击和磨损。

停射时，由于操纵臂顶住了电发射卡锁的凸齿，因而炮闩复进时要顶减摩筒向上，消耗

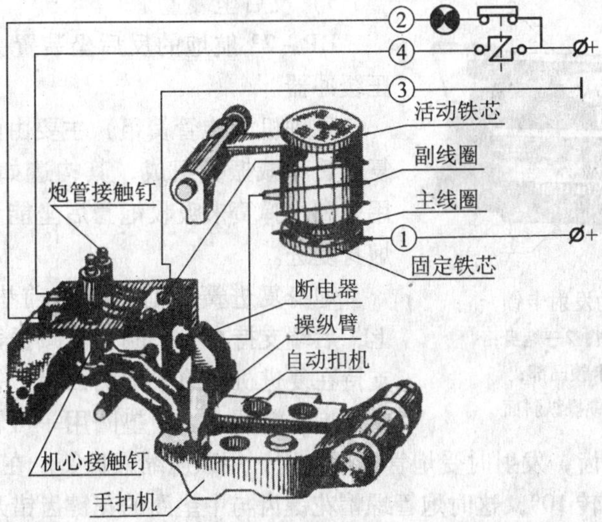

图 2.24　发射机构

一部分炮闩的复进能量，从而减少了对卡锁工作面的撞击，也起到保护卡锁工作面的作用。

闩体上部有一凹部，是停射时让开减摩筒的。当放开射击按钮后，炮闩后退到位时，减摩筒就伸进此凹部内，如图 2.26 所示。此时，电发射卡锁能自由伸出，当卡锁伸出后，操纵臂转动，顶住卡锁凸齿；炮闩撞击后挡螺盖返回时，被卡锁扣在后位。此时，减摩筒又被闩体凸部顶起，压缩减摩筒弹簧。

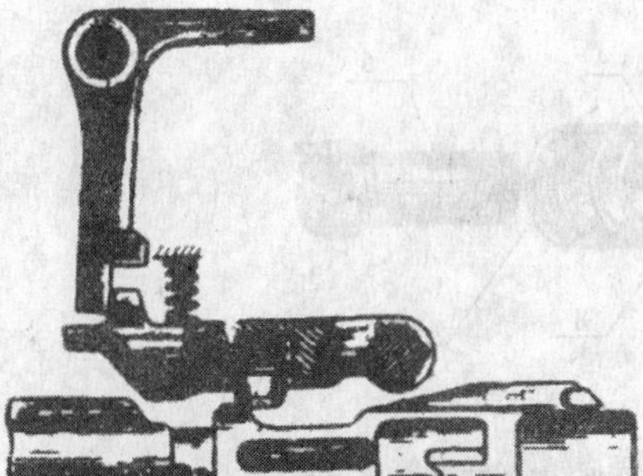

图 2.25　减摩筒工作时

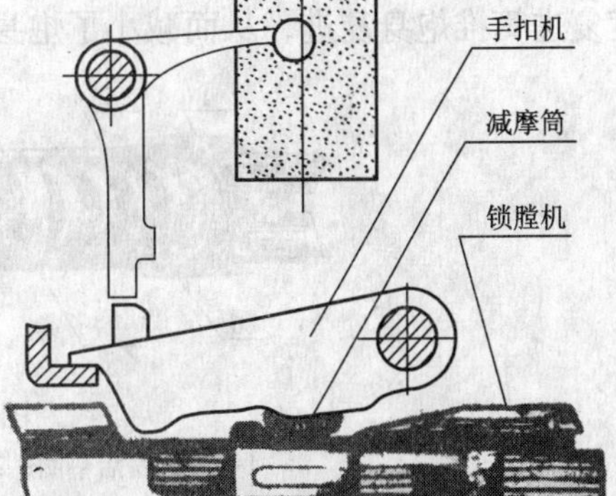

图 2.26　减摩筒非工作时

自动发射卡锁的作用是控制压弹时机、协调动作。在压弹前扣住炮闩，使闩体镜面与供弹机引导板的引导面对齐，保证炮弹顺利地进入闩体抓钩内。自动发射卡锁受炮身操纵，当炮身在后位时，炮身上的卡锁操纵斜面让开自动发射卡锁侧面的凸部，自动发射卡锁在弹簧力作用下伸出，扣住炮闩等待压弹；当炮弹压到输弹线后，在炮身复进快要到前位时，炮身上的卡锁操纵斜面作用自动发射卡锁侧面的凸部，使卡锁收起，释放炮闩，炮闩在输弹弹簧作用下复进（见图 2.27）。

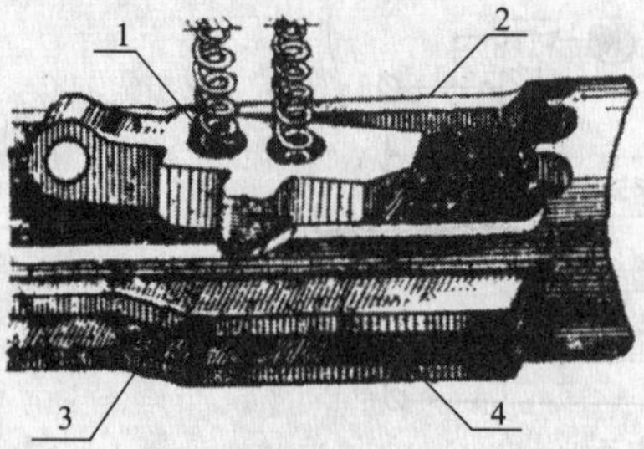

图 2.27 自动发射卡锁

1—自动发射卡锁；2—炮身；

3—自动发射卡锁凸部；

4—炮身上的卡锁操纵斜面

5）反后坐装置

HP－23 航炮的反后坐装置主要包括复进机和液压缓冲器。

复进机（炮管簧组）主要由两节不同刚度的炮身复进簧和减振簧组成，其构造如图 2.28 所示。其功用是利用弹簧来吸收炮身后坐能量，并用此能量推动炮身复进。

炮身复进簧的前端通过前垫圈支持在身管螺帽上，后端支持在中垫圈上。减振簧的前端通过中垫圈支持在复进机套筒中部的凸缘上，后端通过后垫圈支撑在炮身螺帽上。中垫圈用一可轴向移动的单向锁与套筒相连。内有花键齿，发射时受炮管螺帽作用，用以压缩减振簧。在人工装弹时，中垫圈随复进机套筒一起旋转 10°，这时炮管螺帽花键齿与中垫圈的花键齿错开，不压缩减振簧。

复进机由小刚度的炮身复进簧和大刚度的减振簧组成，其主要目的是提高炮身平均速度（可提高射速）和减小撞击。由复进机的结构可以看出，复进机的工作分为两个阶段：炮身后坐到 64 ~ 70 mm 以前为第一阶段，在这期间，炮身要带动自动机各机构工作，此时只有小刚度复进簧参加工作，吸收的后坐能量较少，使炮身保持较大的后坐速度；在炮身后坐到 64 ~ 70 mm 以后，自动机的主要工作机构基本上工作完毕，此时，炮身继续后坐，身管螺帽与中垫圈相抵而压缩减振簧，吸收较多的剩余能量，使炮身很快停止后坐。炮身停止后坐之后，减振簧释放其弹性势能，保证炮身开始以较大速度复进，从而保证炮身有足够的复进能量带动其他机构可靠工作。炮身复进距前位 64 ~ 70 mm 以后，减振簧不参加工作，只有小刚度复进簧推炮身复进，从而减小了炮身复进到位时的撞击。

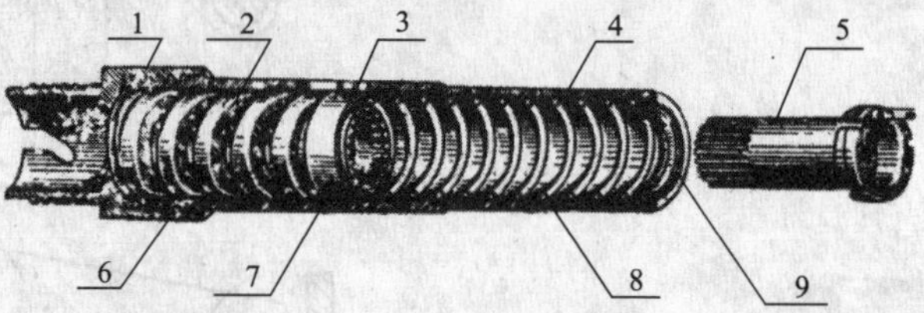

图 2.28 复进机

1—减振簧后垫圈；2—减振簧；3—导向销；4—套筒；

5—身管螺帽；6—炮身螺帽；7—中垫圈；8—复进簧；9—前垫圈

液压缓冲器（油压减冲筒）的功用是吸收炮身后坐时的剩余能量，限制其后坐距离，减小撞击。其构造如图 2.29 所示。

该炮的液压缓冲器是筒后坐式。在炮身后坐距后位 13.5 ~ 15 mm 时起作用。

6）人工装填机构

射击之前，必须利用人工装填机构把第一发炮弹装入炮闩抓钩，使火炮处于待发状态。航炮大多都采用冷气来完成首发装填任务。

HP－23 航炮的供弹机构是由炮身直接带动的，并且是双面约束。要进行首发装填，势必要使炮身后坐并复进，并且要使炮闩后坐到被电发射卡锁扣住的位置。HP－23 航炮的人

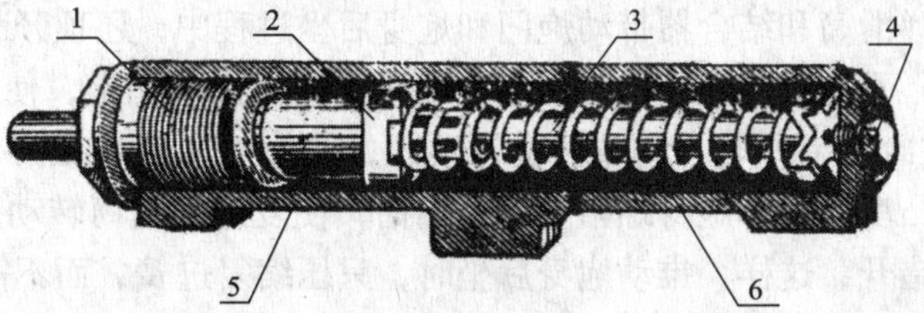

图2.29　液压缓冲器

1—密封座；2—缓冲套；3—活塞杆；4—注液螺帽；5—筒体；6—弹簧

工装填机构就是利用冷气来完成这些任务的。

人工装填机构由装弹气压筒和结合器组成。

结合器的构造如图2.30所示。装弹气压筒的构造如图2.31所示。

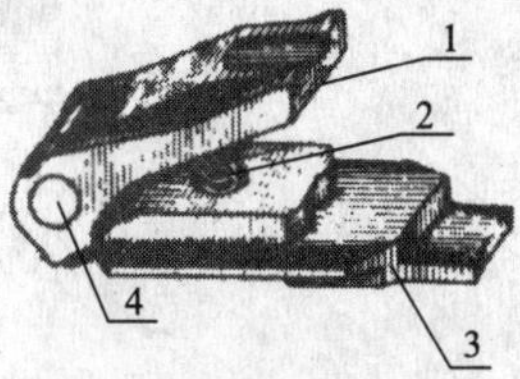

图2.30　结合器

1—结合器体；2—弹簧；3—结合器座；4—轴

结合器安装在炮尾上，在弹簧作用下，其前端伸入装弹气压筒体内。当冷气进入装弹气压筒时，活塞筒通过结合器带动炮身后坐（见图2.32（a））。当结合器带动炮身后坐70.5～71.5 mm时，装弹气压筒体的操纵斜面挤结合器使之脱离活塞筒，炮身在复进簧作用下复进，如图2.32（b）所示。

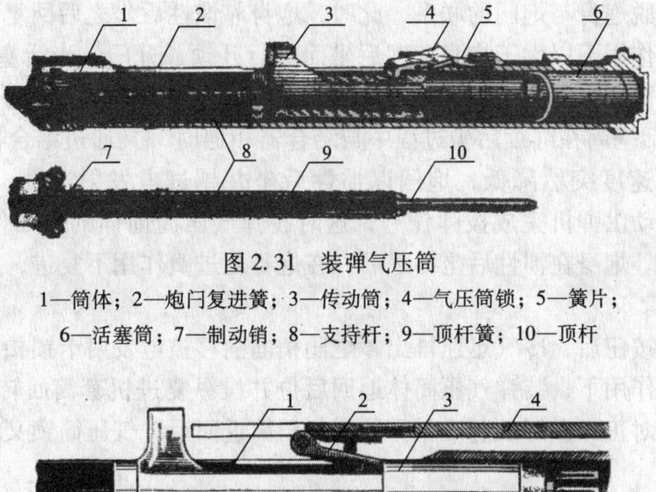

图2.31　装弹气压筒

1—筒体；2—炮闩复进簧；3—传动筒；4—气压筒锁；5—簧片；6—活塞筒；7—制动销；8—支持杆；9—顶杆簧；10—顶杆

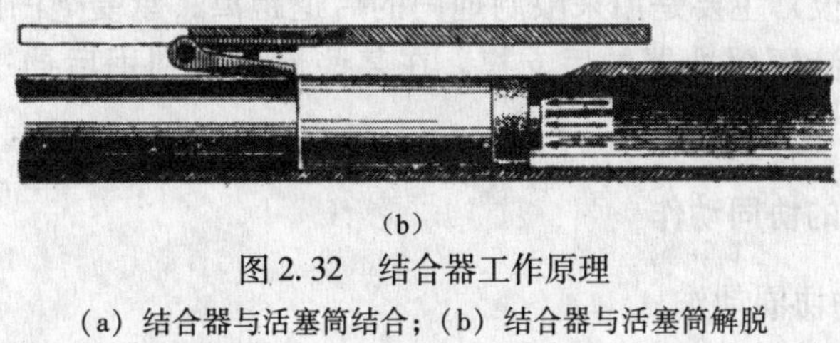

图2.32　结合器工作原理

（a）结合器与活塞筒结合；（b）结合器与活塞筒解脱

1—操纵斜面；2—结合器；3—活塞筒；4—炮尾

活塞筒在推输弹滑筒和结合器带动炮闩和炮身后坐过程中，还顶开装弹气压筒锁。装弹气压筒锁的功用是：不进行冷气装弹时，它将气压筒体锁在炮箱上，使筒体不能向前移动，如图 2. 33 所示。在冷气装弹时，它被活塞筒顶开，使筒体在气体压力作用下能向前移动，使筒体前端的传动凸块作用于炮身螺帽上的引导槽，使复进机套筒转动 10°，炮身螺帽就与中间垫圈的花键齿错开，这样，推动炮身后坐时，只压缩复进簧，而不需要很高的压力冷气来压缩大刚度减振簧。

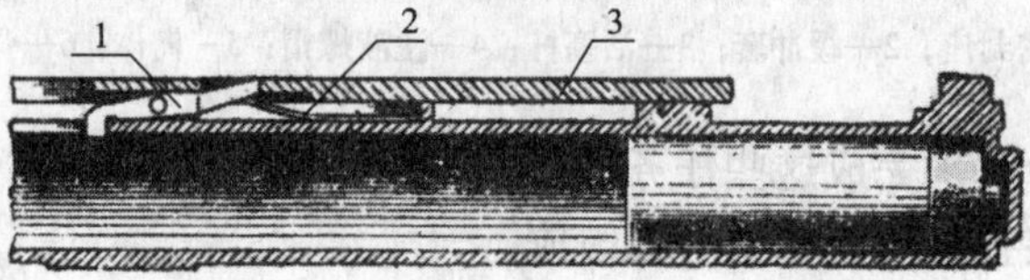

图 2. 33　装弹气压筒工作原理

1—气压筒锁；2—弹簧片；3—炮身

下面讲述装弹气压筒工作情况。

按下冷气装弹按钮后，冷气进入装弹气压筒，通过活塞筒作用输弹滑筒进而带动闩座后坐。闩座后坐 5 ~6 mm 时，又通过制退卡锁带动炮身后坐。在炮身后坐到 28 ~30 mm 之前，炮身与炮闩以相同速度后坐，仍处于闭锁状态。当炮身后坐到 28 ~30 mm 时，制退卡锁被炮箱内壁压平，解脱炮身与炮闩的联系，此时，炮身靠惯性后坐之后回复到原位。炮闩不再带动炮身，在冷气作用下以大于炮身速度后坐而进行开锁、开闩。当活塞筒后坐约 140 mm 时，顶开装弹气压筒锁。气压筒锁、气压筒筒体在冷气作用下向前移动约 10 mm，使复进机套筒旋转 10°。当活塞筒在继续后坐过程中与结合器相遇时，又通过结合器来带动炮身继续后坐。此时活塞筒速度突然降低，炮闩以惯性后坐并越过电发射卡锁。炮身后坐 70. 5 ~71. 5 mm 时，已带动供弹机完成拨弹任务，这时装弹气压筒筒体的斜面作用结合器使之收回，与活塞筒脱开。炮身在惯性后坐终了后，在炮身复进簧作用下复进，完成压弹、收起自动发射卡锁等任务。

放开冷气装弹按钮后，冷气迅速排出，炮闩稍向前移被电发射卡锁扣住，炮身复进到最前位。在输弹弹簧作用下，装弹气压筒体返回后位并操纵复进机套筒回转 10°，使炮管螺帽与中垫圈的花键齿对正，做好发射准备。装弹气压筒返回后，气压筒锁又将气压筒筒体锁在炮箱上。

7）炮箱与后挡螺盖

炮箱用以结合自动机的各机构和构件作为全炮支撑体并为炮身的运动导向。

后挡螺盖（后挡板）主要是用来限制炮闩的后退距离，承受炮闩的撞击，同时为装弹气压筒、输弹弹簧、液压缓冲器的后支撑。在某些炮架上利用后挡螺盖作为航炮的后固定点。

3. 自动机各机构的协同动作

1）连续射击时的协同动作

处于待发状态的 HP－23 航炮，炮身处于最前位，炮身复进簧及减振簧处于预压状态，炮闩被电发射卡锁扣住（自动发射卡锁已解脱），闩体抓钩中有一发炮弹，输弹弹簧处于压缩状态，拨弹板处于最外位置，做好拨弹准备。

按下射击按钮，电发射卡锁收起，在输弹弹簧作用下炮闩复进，输弹入膛。在闩座距前位约20 mm时，闩体抓钩前端面撞击药室底而停止前进，闩座继续复进，通过菱形凸部使闩体旋转闭锁。闩座距前位5～6 mm，制退卡锁弹出，准备制止闩座反跳。闩座继续复进，撞击凸部作用击针操纵臂，强迫击针伸出击发底火。

击发后，在火药气体作用下，炮身与炮闩一起后坐，闩座供弹滑筒压缩输弹弹簧。炮闩后坐约3 mm时，炮身上自动发射卡锁操纵斜面让开自动发射卡锁，后坐约5 mm时，托弹板开始收回，后坐约10 mm，托弹板完全收回。此时，后坐加速臂开始作用闩座，后坐约29 mm，制退卡锁被炮箱内壁压平让开闩座，后坐约36 mm，闩座开始作用闩体旋转开锁，后坐约52 mm，开锁完毕，后坐约58 mm，加速完毕，炮闩惯性后坐。

炮身后坐约10 mm，通过传动臂、传动轮、联动臂带动拨弹板开始向里拨弹，拨弹同时，拨弹板将压弹臂抬起，炮身后坐快到后位时，拨弹板将炮弹拨到进弹口。

炮身后坐时，炮管螺帽压缩炮身复进簧，后坐64～70 mm后，炮管螺帽通过中垫圈压缩减振簧。炮身后坐距后位13.5～15 mm时，炮尾侧面凸部撞击液压缓冲器筒体的“T”形凸部，液压缓冲器开始工作，在减振簧和液压缓冲器的缓冲下，炮身后坐终了，炮身最大后坐位移为84.5～85 mm。

在减振簧作用下，后坐终了的炮身开始复进，带动供弹机构工作，使拨弹板返回。当炮身复进距前位约35 mm时，拨弹板开始带动压弹臂压弹，并把空药筒从闩体抓钩中挤出，排到炮箱之外，炮身复进距前位约26 mm时，炮尾作用复进加速臂，使其顶住闩体，消除闩体与闩座之间的轴向松动间隙，保证闩体处于正确受弹位置，炮身复进距前位约10 mm时，托弹板完全张开，托住刚压下的炮弹，炮身复进距前位约3 mm时，自动发射卡锁抬起，距前位约2 mm时，炮尾作用复进加速臂，使炮闩加速复进，完成输弹入膛、闭锁、击发等工作，这时炮身已到前位，击发后又开始下一个新的自动循环。

放开射击按钮，当炮闩后坐到电发射卡锁下时，电发射卡锁立即张开，操纵臂转动顶住卡锁凸齿，将炮闩扣在后位而停止射击。

2）冷气装弹（首发装弹）时的协同动作

在冷气装弹时，炮闩的后坐运动与连续射击时有所不同。连续射击时，开始后坐是火药气体作用闩体，由闩体通过闭锁齿带动炮身后坐，通过闩体和闩座上的弧形凸起带动闩座后坐，闩座带动输弹滑筒压缩输弹弹簧，并且通过后坐加速臂作用闩座进行开锁。冷气装弹时，由冷气推动输弹滑筒压缩输弹弹簧，由输弹滑筒带动闩座，闩座通过制退卡锁带动炮身及闩体后坐，通过解脱制退卡锁而开锁。此外，冷气装弹时，在炮身后坐过程中，不必压缩减振簧。在后坐过程中，其他机构的协同动作，冷气装弹和连续射击时基本相同。

复进时的协同动作，冷气装弹时与连续射击时有如下几点不同，其他基本相同。

① 连续射击时，炮身后坐是在减振簧和液压缓冲器的作用下而停止的，后坐位移约85 mm，并且在减振簧作用下复进。冷气装弹时，炮身后坐是以装弹气压筒活塞筒与结合器的解脱为停止点，后坐位移约71 mm，复进的动力是炮身复进簧。

② 炮身复进距前位约2 mm时，连续射击时，炮身作用复进加速臂使炮闩加速复进；而冷气装弹时，炮身受复进加速臂和炮闩的限制而停止运动。

当放开装弹按钮后，冷气迅速排出，炮闩向前被电发射卡锁扣住，炮身复进到位。

3） 自动机自动工作循环图

HP－23 航炮自动机的自动循环图如图 2. 34 所示。

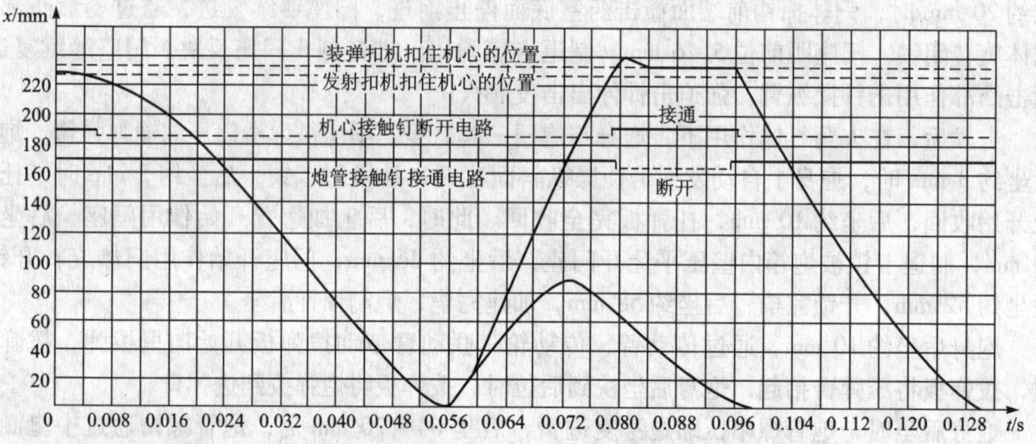

图 2. 34 HP－23 航炮自动机的自动循环图

从 HP－23 航炮自动机自动工作循环图，可以分析以下几个问题：

① 各主要构件位移随时间变化规律，以及各机构与各构件之间的协同动作关系，如特征点和特征段。

② 各主要构件速度随时间变比规律。因为位移曲线的陡直与平缓，反映了速度的大小，而曲线的陡直与平缓变化，则反映了速度变化规律。这间接反映了各构件的作用特性，例如，从炮身的后坐曲线可以看出，开始后坐时速度较小，中间的速度大，后坐结束前一段，特别是在减振簧开始压缩及液压缓冲器工作后，炮身的速度减小很多。这就看出减振簧和液压缓冲器的作用。又如，后坐加速臂对闩座作用之前，炮身与炮闩的运动曲线重合，表示它们速度相等，且作为一个整体运动，在后坐加速臂对闩座作用之后，闩座运动曲线比炮身运动曲线要高且陡直，这说明闩座的运动位移比炮身位移大，且闩座运动速度比炮身运动速度大。这就是加速臂的作用。

③ 进弹过程的协调关系，以及压弹机的作用。炮闩从被扣在自动发射卡锁上到开始压弹，为炮闩等待压弹时间，该时间约为 0. 001 5 s，如此短促时间，可以看出保证自动机的运动协调是何等重要！压弹时间约为 0. 01 s，并且压弹过程重叠在炮身复进过程中，减小了总的循环时间。

④复进加速对提高射速的作用。从循环图中可以看出，第一次发射时，因复进加速臂不起作用，此时，炮闩复进时间约为 0. 054 s，发射一发炮弹所用时间为 0. 096 s。此时，理论射速为 625 发/分。从第二发炮弹之后自动连续发射起，复进加速臂对炮闩进行加速，此时，炮闩复进时间约为 0. 032 s，发射一发炮弹所用时间约为 0. 074 s，此时，理论射速约为 811 发/分。显然，HP－23 航炮在安装了复进加速臂之后，射速显著提高了。

4. 小结

HP－23 航炮自动机，主要由一主（炮身）二从（供弹机构、炮闩）三弹簧（炮身复进簧、减振簧、输弹弹簧）组成，是身管短后坐式自动机。炮身是基础构件，在炮身后坐过程中带动炮闩和供弹机构工作。复进时，炮身在复进弹簧及减振簧作用下复进，带动供弹机构工作。炮闩在输弹弹簧及复进加速臂作用下复进。

HP－23 航炮自动机有如下 3 个主要结构特点：

（1）采用了复合弹簧，提高了炮身平均运动速度，有利于提高射速和减小撞击。

（2）采用了复进加速臂，提高了炮闩复进速度（输弹速度），有利于提高射速。

（3）采用了阶层供弹，并且压弹时间与炮身复进时间重叠，有利于提高射速。

2.3.2　导气式自动机

1. 概述

AM－23 航炮（见图 2.35）是性能较好、威力较大的一种航炮，是固定翼飞机和武装直升机装备的主要射击武器之一，安装于强击机、轰炸机以及教练机，主要用于空对地攻击、空对空防卫以及打靶训练。我国研制的 25 高射炮和俄罗斯 ЭУ－23 高射炮等自动机与 AM－23 同类型。

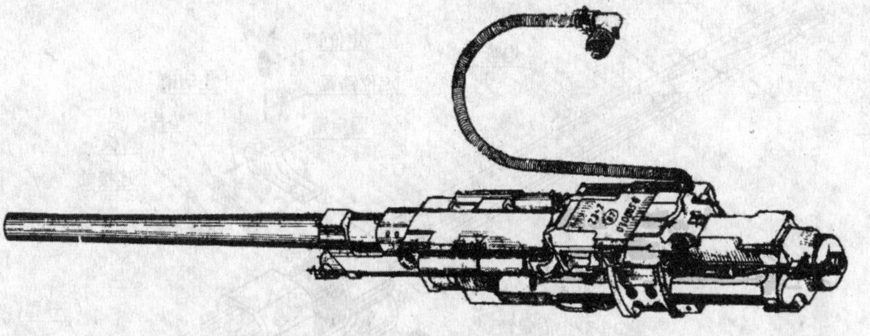

图 2.35　AM－23 航炮外形图

该炮配备杀伤燃烧曳光弹和穿甲燃烧弹。

AM－23 航炮的主要性能指标：

• 口径	23 mm
• 初速	705 ±10 m/s
• 理论射速	1 200 ~1 350 发/分
• 全炮质量	430 N
• 后坐部分质量	29 N
• 最大后坐阻力不大于	26 000 N
• 最大前冲阻力不大于	20 000 N
• 寿命	6 000 发

AM－23 航炮自动机为身管不动的导气式自动机。为减小后坐力，AM－23 航炮采用了全炮缓冲装置。该炮主要由炮身、传动框组、炮闩、供弹机构、输弹机构、发射机构、人工装填机构等组成。

2. 结构分析

航炮为了适应航空作战的特殊需要及其性能上的特殊要求，在结构上必然具备其特殊性。结构紧凑，一件多用以及设计思想都值得我们借鉴。

AM－23 航炮自动机为身管不动的导气式自动机，其基础构件不是炮身而是专门的传动框组，从而为自动机结构带来了一系列特殊问题，也形成了自动机分析与设计的一些特殊方法。

1）炮身

炮身的功用是赋予弹丸一定的弹道性能，导出火药气体作用在气室活塞上，以此作为自动机的自动工作能量，导出火药气体到后挡盖内腔，以此作为传动框组后坐缓冲和加速复进。

炮身安装在炮箱上，用炮身固定销定位、防转、固定，它由身管、气室、气体调节器、炮身固定销等组成，其结构如图 2.36 所示。

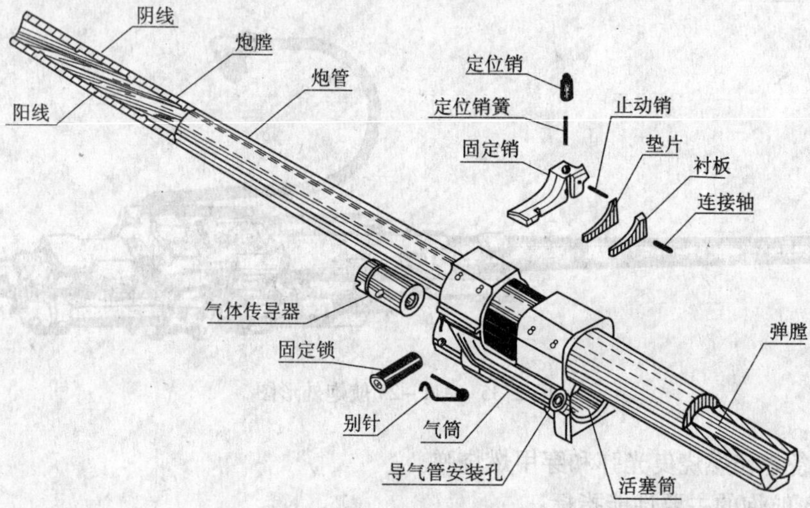

图 2.36 炮身

身管为单筒身管，管壁有直径为 6.5 mm 的导气孔，将火药气体导入气室，管壁还有直径为 4 mm 的导气孔，将火药气体导入后挡盖内腔，身管后部是与炮箱配合的较长配合面，并有炮身固定销的固定槽，以便用炮身固定销牢固地将炮身与炮箱连成一体。

气室上有两个连接套，将其与身管固定在一起，前端用于安装气体调节器，后端有反跳锁定位斜面，其后部有四个椭圆形排气孔，侧有导气管安装孔，其内腔用于与活塞配合。

气体调节器用固定销固定在气室前端，用以将火药气体导入气室内腔，并堵塞气室前端使之不能向外漏气。其上有一直径为 5.5 mm 的导气孔，与身管上直径为 6.5 mm 的导气孔对正。身管上导气孔大于调节器导气孔的目的在于：考虑制造公差的影响，保证气孔有效面积。此外，还可以通过选用不同直径的导气孔（小于 6.5 mm）的调节器，来改变和调整气体流量，使火炮达到一定的性能。

炮身不动的导气式自动机的炮身，与身管后坐式自动机的炮身相比一个显著差别在于，前者与炮箱固连，在发射过程中，只随炮箱一起在全炮缓冲器作用下做缓冲运动，不能像后者那样与炮箱产生相对运动并带动自动机工作。

2）传动框组

传动框组是导气式自动机的基础构件，用以带动自动机各机构协同动作，它主要由传动框和活塞组成。其结构如图 2.37 所示。

传动框本身为一个长方形框架。其前端有安装活塞用的圆孔，圆孔两侧有操纵反跳锁的特形凸部，前侧还有装弹气压筒活门锁操纵斜面。

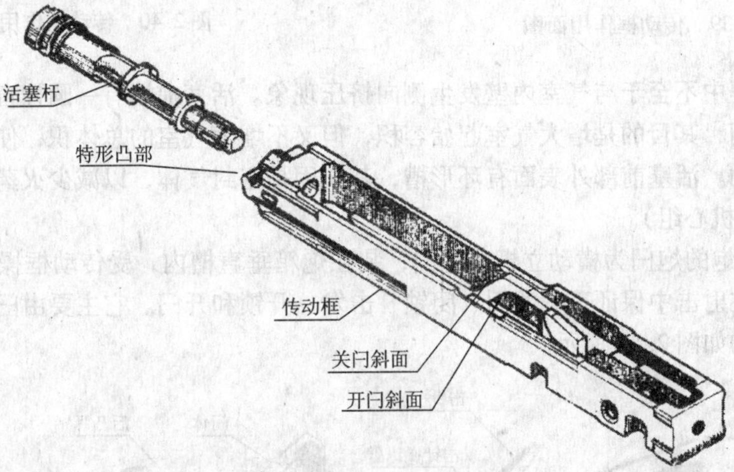

图 2.37　传动框组

传动框内壁有一对凸棱，凸棱的上斜面称为关闩斜面，下斜面称为开闩斜面，通过它们操纵炮闩上下运动进行关闩或开闩。凸棱的水平部分可将炮闩支撑在最上方或最下方位置，如图 2.38 所示。凸棱的下水平部分前段有炮闩安装缺口，用以安装炮闩或拆卸炮闩之用。

传动框内侧中部有实心连接部分（见图 2.39），除了用以加强传动框的刚度之外，抛筒斜面 a 用以继续引导脱离了抛筒引导器之后的药筒从火炮下方抛出，推弹臂引导斜面 b 为加速过程中的推弹臂定位，并且在后坐时还兼有加强引导向下抛筒作用，使之不妨碍当前炮弹向输弹线运动；限制平面 c 的功用是限制加速臂向前的极限转角，使运动协调。

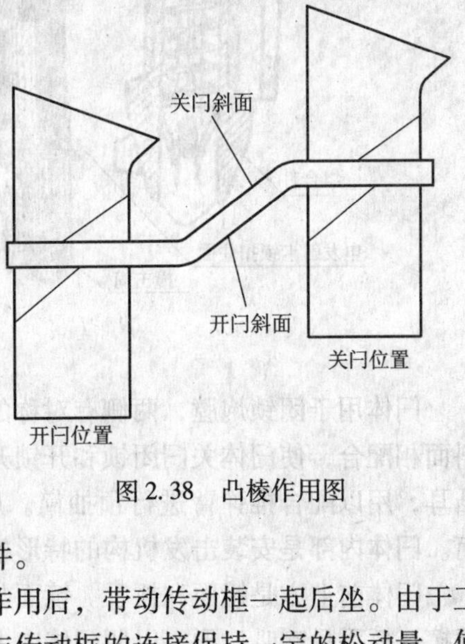

图 2.38　凸棱作用图

传动框两侧有供弹滑筒和装弹气压筒的传动筒凸部安装缺口，以及加速臂轴安装孔。

传动框后端实心部分（见图 2.40），除了将传动框连成一个框架之外，限制平面 a 用以限制加速臂向后的极限转角，使运动协调，后端面有螺孔，用于装拆时的工具用孔，也可用于实验时安装测试零件。

活塞用扁销连接在传动框前部。活塞受火药气体作用后，带动传动框一起后坐。由于工艺上不易保证活塞轴线与气室轴线完全重合，将活塞与传动框的连接保持一定的松动量，使

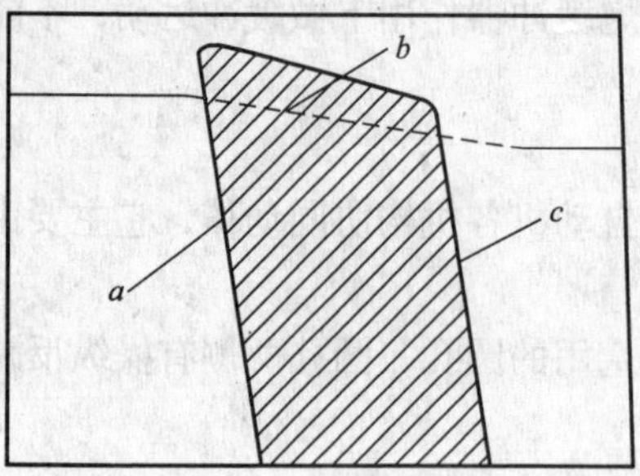

图 2.39　传动框作用面图

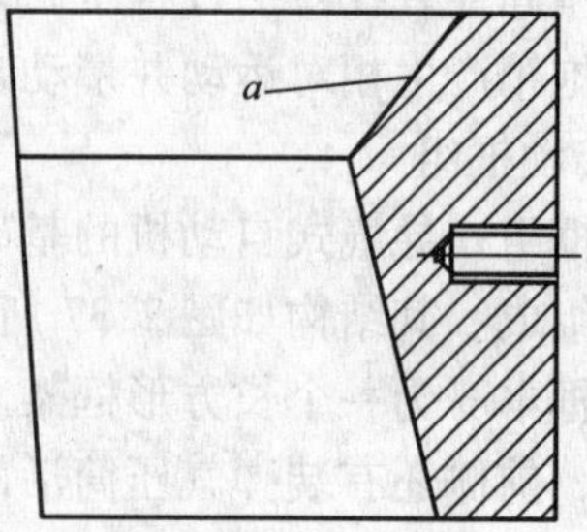

图 2.40　传动框作用面

活塞在运动过程中不至于与气室内壁发生侧向挤压现象。活塞前端有一圆柱盲孔，形成了活塞中的较大空间，其目的是增大气室起始容积，但又不增大气室的总体积，使活动构件获得较好的平稳运动。活塞前部外表面有环形槽，其功用是密封气体，以减少火药气体外漏。

3）炮闩（机心组）

AM－23 航炮的炮闩为横动立楔式炮闩，装在炮箱垂直槽内，受传动框操纵，在槽内上下运动，用以在射击中保证正确关闩、闭锁、击发、开锁和开闩。它主要由闩体和击发机构等组成，其结构如图 2.41 所示。

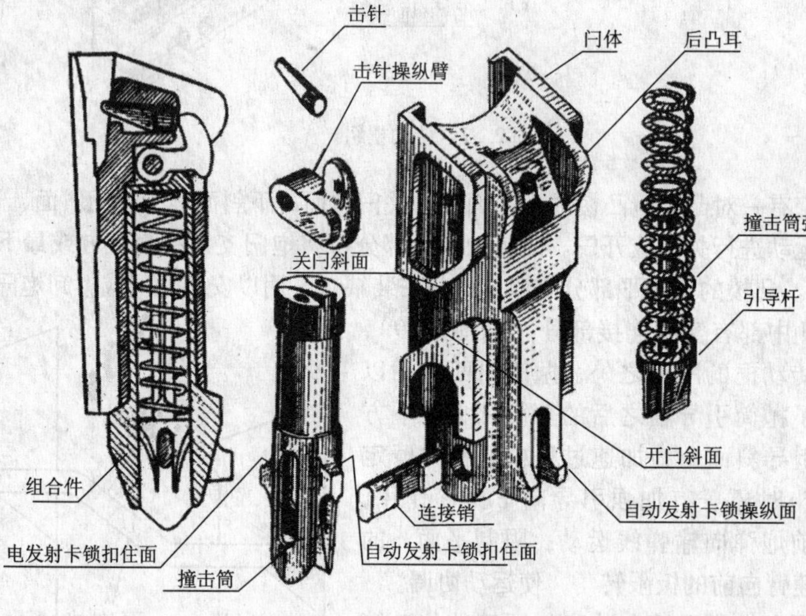

图 2.41　炮闩

闩体用于闭锁炮膛，两侧有对称的关闩斜面和开闩斜面，与传动框上的关闩斜面和开闩斜面相配合，使闩体关闩闭锁和开锁开闩。闩体后端面有较大的闭锁支撑面。闩体后上方有凸耳，用以配合推弹臂进行预抽筒。后下方有凸出部，用以解脱自动发射卡锁，释放撞击筒。闩体内部是安装击发机构的特形槽。

闩体前上方是镜面和抓手。镜面与炮膛轴线垂直，且有较高的光洁度，以减小与弹底的摩擦。抓手呈喇叭口形，以便闩体向上运动时能顺利抓住炮弹。闩体上部还有一横向通孔，用以排除因击穿底火所流入的气体。

闩体前后导向支撑面与镜面形成约 5°倾角，从而形成楔形。

击发机构为击锤回转弹簧式击发机构，用于适时击发底火。它由击针、击针操纵臂、撞击筒、撞击筒弹簧等组成。击针和击针操纵臂，受撞击筒操纵击发底火。撞击筒上部有撞击凸部，用以操纵击针操纵臂，撞击筒下部两侧有电发射卡锁和自动发射卡锁扣住面，受电发射卡锁和自动发射卡锁操纵，控制火炮的发射时机。撞击筒弹簧用以在闩体闭锁后，推动撞击筒向上，撞击击针操纵臂，使击针凸出镜面而击发底火。击针为自由击针，在关闩过程中，由弹底将击针压回。

当传动框复进时，传动框上的关闩斜面作用闩体上的关闩斜面，使闩体沿炮箱上的闩体导槽向上运动，进行关闩。在闩体向上关闩的过程中，闩体抓手抓住炮膛中的炮弹底缘，由于支撑面有 5°倾角，所以镜面会向前做微小移动，使炮弹进一步装填确实，同时，撞击筒被自动发射卡锁扣住，压缩撞击筒弹簧，为击发储存能量。闩体向上运动快到位时，闩体上自动发射卡锁操纵凸部挤压自动发射卡锁，释放撞击筒，于是在撞击筒弹簧作用下，撞击筒向上运动。在撞击筒向上运动过程中，闩体上升到位，并且被传动框内侧凸棱水平部分支撑在最上位（闭锁），闭锁确实之后，撞击筒凸部撞击击针操纵臂，使击针伸出击发底火。

反跳锁（制退卡锁）用以吸收传动框到达前位时的剩余复进能量，减小撞击并防止传动框反跳而造成提前开锁。

当传动框复进即将到位时，传动框前端的特形凸部撞击反跳锁凹部的斜面，使反跳锁绕其本身的轴线转动，从而消耗传动框复进时的部分能量，此外，在传动框推动反跳锁转动过程中，产生很大摩擦，也消耗传动框部分复进能量。反跳锁旋转完毕，反跳锁的动能被摩擦消耗，并且其特形凹部锁住传动框的特形凸部，防止传动框反跳（如图 2. 42 所示）。

反跳锁以前端锥面抵在气室内腔的相应锥面上，使反跳锁受到撞击时不能向前移动。反跳锁侧面的前后凸棱，限制其不能向后移动。传动框开始后坐时，其上特形凸部作用反跳锁的特形凹部，使反跳锁转回到原位，这时，由炮箱限制反跳锁，使其不能再继续转动。

传动框复进快要到位时，撞击反跳锁，使反跳锁旋转，卡入传动框的特形凸部，防止传动框后退，避免提早开锁。

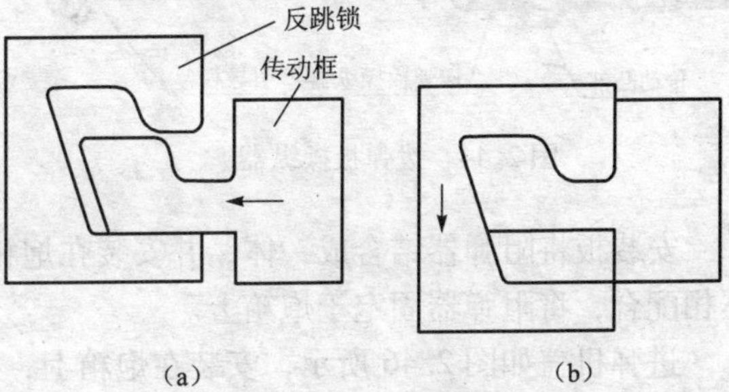

图 2. 42 反跳锁

（a）传动框前端的特形凸部撞击反跳锁凹部斜面；

（b）反跳锁的凹部锁住传动框的特形凸部

击发后，火药气体作用活塞及传动框，使其后坐。传动框使反跳锁复位后，其上开闩斜面作用闩体上的开闩斜面，使闩体沿闩体导槽向下运动，完成开锁开闩任务。在闩体开闩过程中，击发机构随闩体一起向下运动，并越过自动发射卡锁和电发射卡锁。

4）供弹机构

供弹机构用以完成有节奏地将炮弹拨到进弹口及输弹线上，以保证自动机连续工作。本炮采用弹链供弹，供弹方式为推式供弹。供弹机构由供弹机盖、进弹套、拨弹板、拨弹板操纵器（进弹滑筒）、阻弹器等组成。

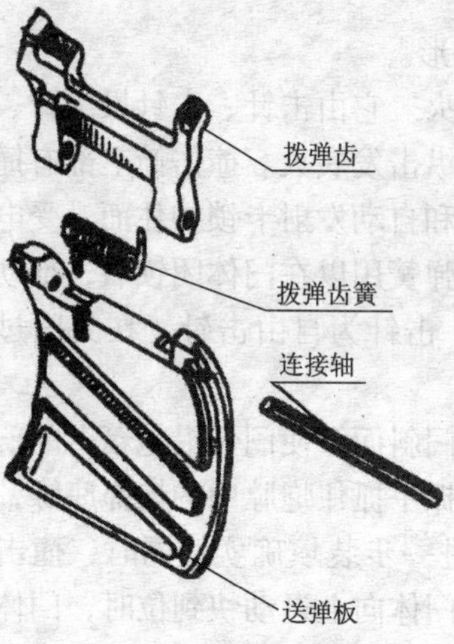

图 2.43 拨弹板

拨弹板如图 2.43 所示，其上安装有拨弹齿。拨弹板内侧有两条斜槽，工作时受拨弹板操纵器上的两条斜形凸棱的操纵，使其沿炮箱上的弧形导槽上下运动，拨弹齿便有节奏地将炮弹拨到进弹口。

拨弹板操纵器如图 2.44 所示，其上的传动凸部与传动框的相应凹部相连，使之与传动框固连成一体，当传动框后坐时，带动拨弹板操作器后坐，操纵拨弹板向上运动，把炮弹拨到进弹口；同时，压缩复进簧为传动框复进储存能量。传动框后坐终了，复进簧伸张，拨弹板操纵器及传动框复进，操纵拨弹板向下运动返回原位。

阻弹器如图 2.45 所示，用以限制炮弹的惯性运动，将炮弹阻止在进弹口，并且引导弹带，限制炮弹的运动路线，挡住弹链以便把炮弹从弹链上除去。阻弹器由导链器、阻弹器座、安装板等组成。

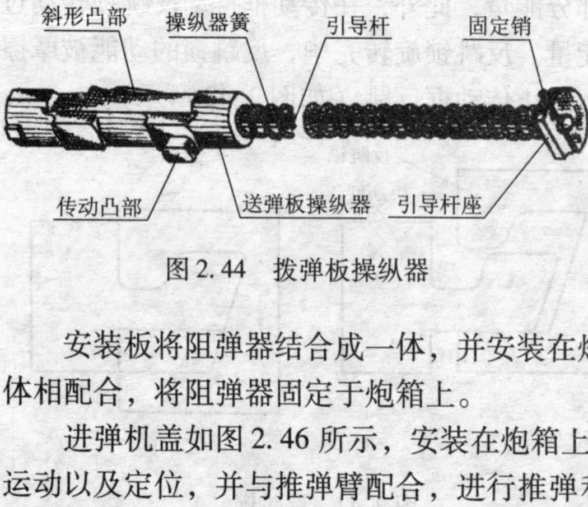

图 2.44 拨弹板操纵器

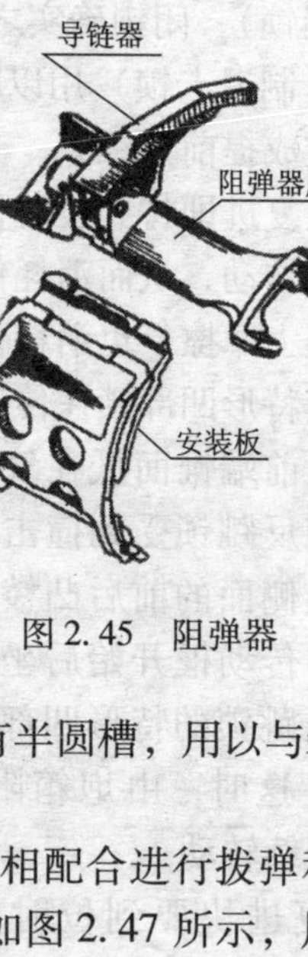

图 2.45 阻弹器

安装板将阻弹器结合成一体，并安装在炮箱上，其内侧有半圆槽，用以与装弹气压筒筒体相配合，将阻弹器固定于炮箱上。

进弹机盖如图 2.46 所示，安装在炮箱上，用于与拨弹板相配合进行拨弹和限制炮弹的运动以及定位，并与推弹臂配合，进行推弹和抽筒。进弹套如图 2.47 所示，用于与外供弹系统相连，引导弹带进入进弹机盖和防止弹带返回。

安装在进弹机盖上的卡弹齿，用来卡住准确对正进弹口的炮弹。安在进弹套上的卡链齿，用来卡住弹带前端第二发炮弹的弹链。这两个构件配合工作，防止拨弹板向下运动时，弹带脱出。压弹板的功用是压住进弹口上的炮弹，使其有正确的位置。

拨弹前，传动框及拨弹板操纵器在前位，进弹口上方为一空弹链，卡链齿卡住弹带前端第一发炮弹的弹链，拨弹板处于下方，拨弹板上的拨弹齿停在第一发炮弹的后边，等待拨弹，如图 2.48 所示。

传动框后坐时，拨弹板操纵器随之后坐，其上斜形凸棱与拨弹板上斜形凹槽相作用，使拨弹板沿炮箱弧形导槽向上运动，拨弹板上的拨弹齿便推动弹带沿导链轨运动，直至第一发炮弹到达进弹口为止。弹带向进弹口运动的过程中，顶压进弹机盖上的卡弹齿、压弹板和进

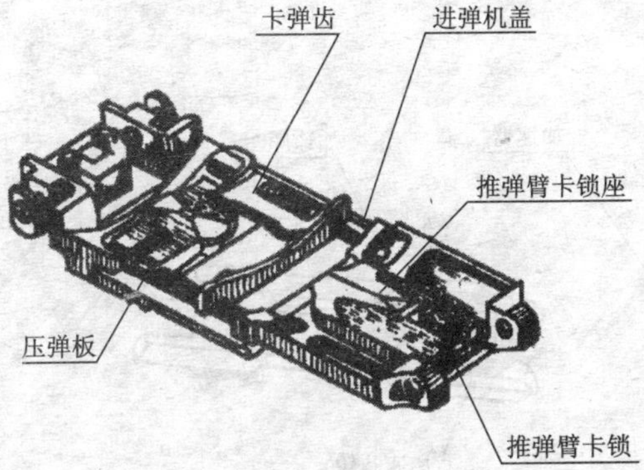

图 2.46　进弹机盖

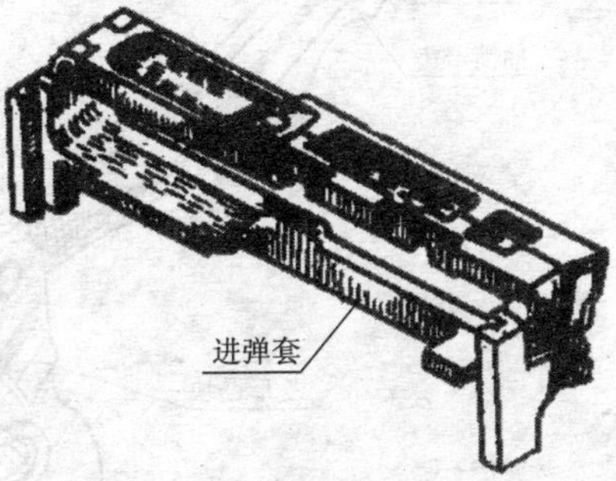

图 2.47　进弹套

弹套上的卡链齿。当炮弹位于进弹口时，卡弹齿和卡链齿分别在自身弹簧作用下弹出，分别卡在第一发炮弹和第二发炮弹的弹链后面，与阻弹器一起限制了炮弹的侧向运动，压弹板在弹簧作用下，将第一发炮弹压在导链轨和导链器上，限制了炮弹的上下运动，导链轨和导链器限制了进弹口上弹链及炮弹的前后运动。这样，既保证了炮弹在进弹口上的正确位置，又保证了炮弹向进弹口运动的确定性，还保证了弹带只进不出。炮弹在拨到进弹口时，供弹机构的位置如图 2.49 所示。

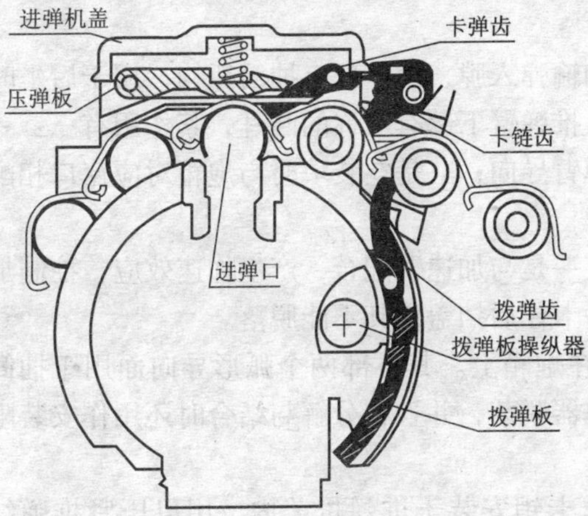

图 2.48　拨弹前

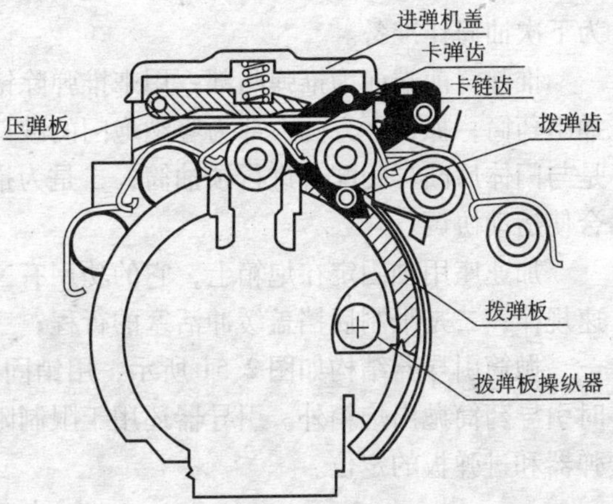

图 2.49　拨弹到位

在传动框带动拨弹板操纵器复进时，使拨弹板向下运动，拨弹齿从被卡链齿卡住的炮弹下滑过。拨弹齿从炮弹下滑出后，在弹簧作用下伸张，处于该炮弹后面，等待传动框后坐时再次将当前炮弹拨到进弹口。

此时机构恢复到拨弹前状态。

5）输弹机构

对于横动式炮闩通常都有专门的输弹机构。本炮的输弹机构也称作加速机构，用于开闩后尽快完成抽筒和抛筒任务，在关闩前尽快完成输弹入膛任务。它由加速臂、加速座、推弹臂、推弹臂卡锁、抛筒引导器、炮弹止退器等组成。

加速臂、加速座和推弹臂的结构如图 2.50 所示。

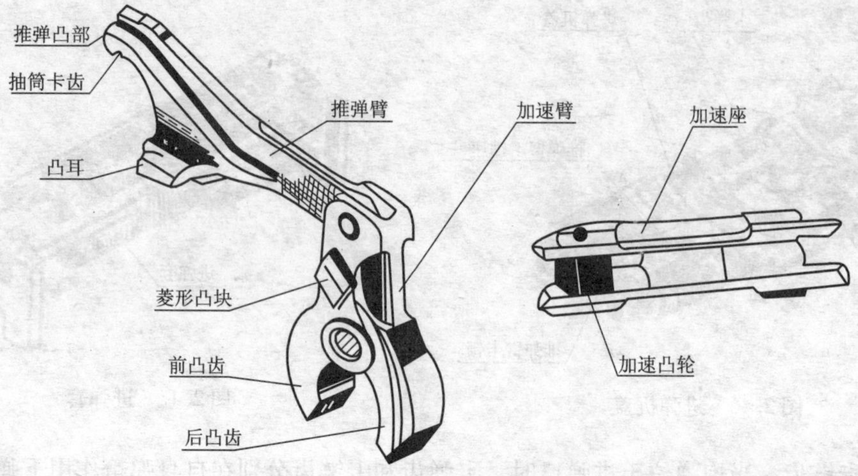

图 2.50　加速臂、加速座和推弹臂

推弹臂与加速臂用轴连接在一起，不可拆。加速臂通过连接轴与传动框铰链在一起，它是一叉形构件，前凸齿用于后坐时与加速座配合产生相对传动框的转动，而使推弹臂加速抽筒，后凸齿用于复进加速。加速臂两侧有对称的菱形凸块，其功用有三：其一是限制加速臂前倾极限转角；其二是协调各构件之运动；其三是复进时与炮箱相配合使推弹臂上爬前伸，为下次抽筒作准备。

推弹臂前端面为推弹凸部，用来推弹除链和输弹入膛，前下部有抽筒抓钩，用于后坐时抽出药筒，抓钩下方圆弧部为容纳炮闩的缺口。推弹臂下部有对称的凸耳，其作用有三：一是与闩体后凸耳相配合进行预抽筒；二是为推弹臂导向；三是空装填时与炮箱对应窗口相配合使运动协调。

加速座用轴固定在炮箱上，它的功用有三：一是与加速臂配合，产生加速效应，控制加速规律；二是限制后挡盖缓冲活塞的行程；三是卡住后挡盖使其不能脱落。

抛筒引导器结构如图 2.51 所示，用销固定在炮箱上。其下部两个弧形导向面用于抽筒时引导药筒抛出炮箱外。引导器还用于限制阻弹器脱落，并且在分解与结合时还用作安装阻弹器和进弹板的定位。

图 2.51　抛筒引导器

推弹臂卡销安装于进弹机盖内，用以压紧推弹结束时的推弹臂，使其有确定的位置；在抽筒前和抽筒初期压住推弹臂，使抽筒抓钩抓住药筒底缘，保证可靠抽筒。

炮弹止退器的结构如图 2.52 所示，用固定销固定在炮箱上。在推弹入膛开始时，用以托住弹头，以防弹头撞击药室，在推弹入膛后，用以卡住炮弹底缘的环形槽，防止炮弹反跳，使炮弹停在正确位置，保证闩体抓手在关闩时可靠抓住炮弹。

输弹机构的工作过程如下所述。

① 传动框复进时，通过加速臂使推弹臂从弹链中推出炮弹，如图 2.53 所示。开始时，

推弹臂、加速臂以与传动框相同速度推弹，当加速臂后凸耳与加速座接触后，加速臂产生相对传动框的转动，使推弹臂加速推动炮弹向前，当加速臂前倾受到菱形凸块的限制而停止转动后，推弹臂、加速臂又以与传动框相同速度推弹入膛。在推弹过程中，炮弹在向前运动的同时，略向下运动，此时由炮弹止退器托住弹头，防止弹头与药室撞击。输弹到位，炮弹在药室内以肩部定位，炮弹止退器卡入炮弹底缘槽内，防止炮弹反跳。

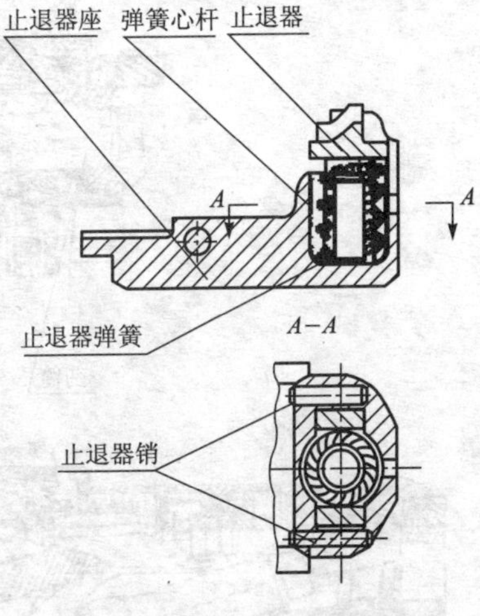

图 2. 52　炮弹止退器

② 传动框继续前进，加速臂菱形凸部与炮箱上相应斜面作用，使推弹臂的前端面沿弹底上滑，并顶压推弹臂卡锁。使推弹臂卡锁与推弹臂一起向前，压缩卡锁簧。当推弹臂卡锁的前方斜面与身管尾端相应斜面相作用时，卡锁向上运动，推弹臂抓钩卡入炮弹底缘环形槽，在卡锁簧作用下，卡锁返回并压在推弹臂上部，保证抽筒时推弹臂抓钩可靠抓住药筒。

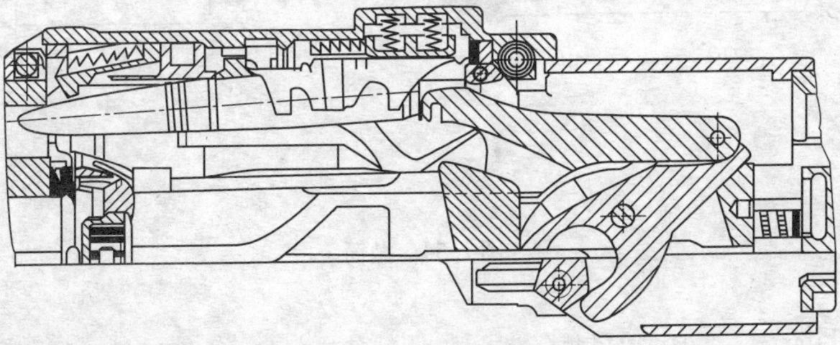
图 2. 53　推弹入膛

③ 在传动框后坐时，加速臂开始前倾，推弹臂尾部下落，保证开闩前推弹臂不抽筒。当闩体开闩快结束时，闩体后凸耳作用推弹臂下凸耳，使药筒缓慢后移（预抽筒过程）为抽筒做好准备，以防突然抽筒抽断药筒。开闩完毕，传动框带动加速臂和推弹臂以相同速度后坐，同时抽出药筒。当加速臂前凸齿与加速座接触后，加速臂相对传动框转动，使推弹臂加速抽筒。药筒在向后运动过程中，底缘沿抛筒引导器向下运动，按弧形轨迹从后下方抛出，如图 2. 54 所示。

6）发射机构

发射机构由电发射机构和自动发射机构组成。

自动发射机构主要构件是自动发射卡锁，用于控制击发机构的击发时机，并减小撞击筒对电发射卡锁作用面的撞击，其结构如图 2. 55 所示。

炮闩开闩后，撞击筒上自动发射卡锁作用面越过自动发射卡锁，当关闩时，自动发射卡锁卡住撞击筒，并压缩撞击筒弹簧。当闩体关闩快到位时，闩体后下方凸耳挤压自动发射卡锁，释放撞击筒，使击针凸出击发底火。

电发射机构用于控制火炮的发射和停射等。它由控制射击部分及传感器部分等组成，其结构如图 2. 56 所示。

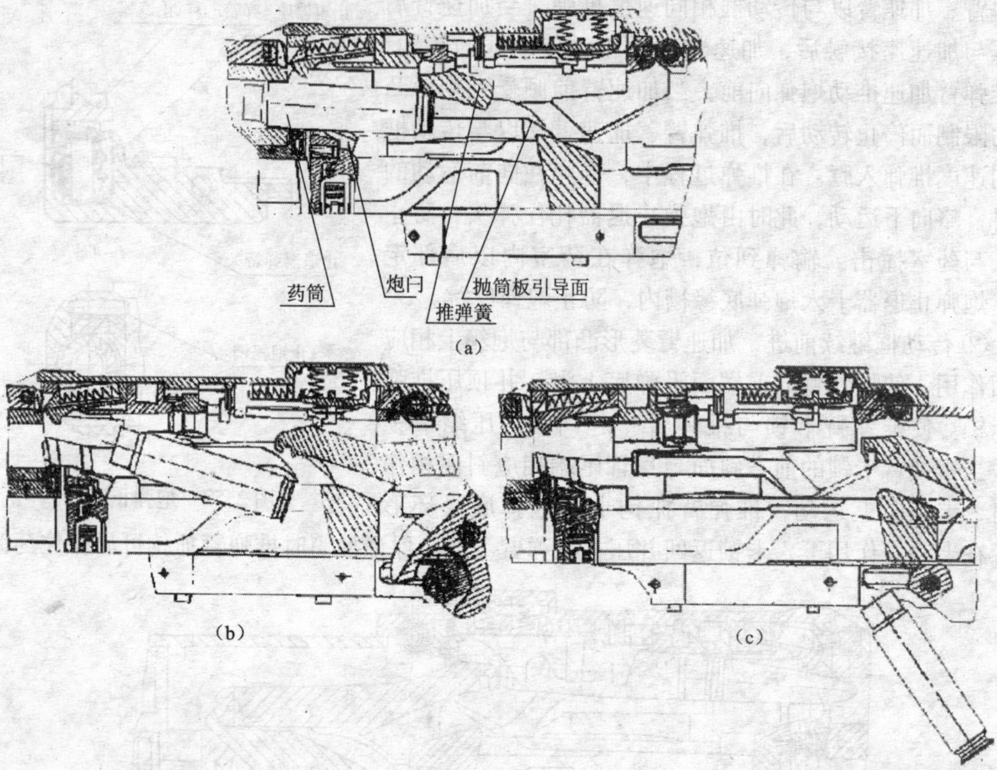

图 2.54 抛筒

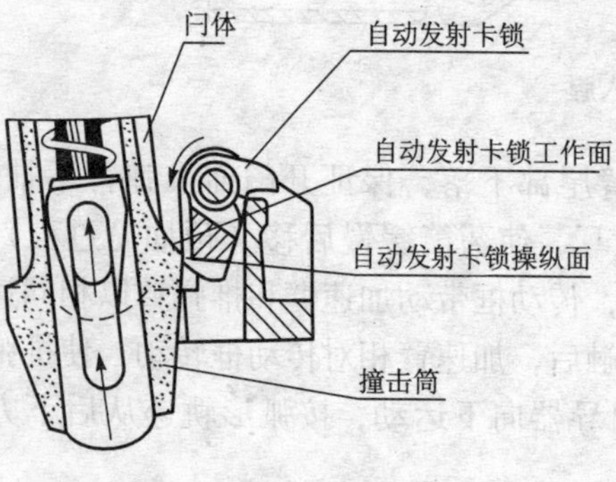

图 2.55 自动发射机构

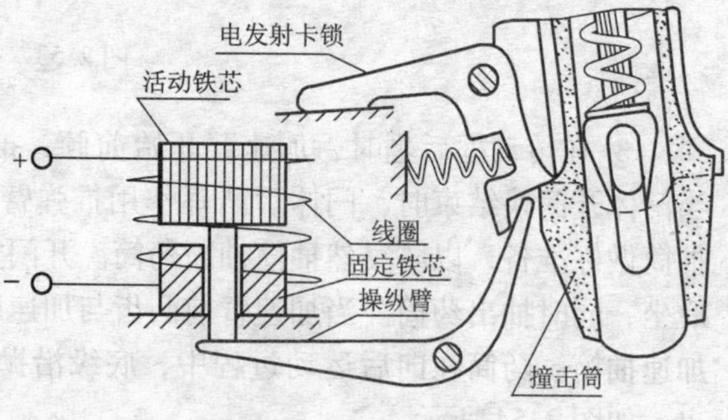

图 2.56 电发射机构

控制射击部分由电发射卡锁等组成。火炮在待发状态，传动框处于最前位，炮闩处于闭锁状态，膛内有一发炮弹，拨弹板处于最下位置，撞击筒被电发射卡锁扣住。按下电发射按钮，电发射卡锁释放撞击筒，在撞击筒弹簧作用下，撞击筒上升撞击击针操纵臂，使击针伸出击发底火。当放开射击按钮后，在卡锁簧作用下，电发射卡锁伸出，当撞击筒上升碰到电发射卡锁时被扣住而停射。

7）人工装填机构

人工装填，主要由装弹气压筒来完成。第一发装填时，带动传动框后坐和复进，从而带动其他机构工作，使火炮处于待发状态，连续射击时，装弹气压筒内的复进簧是传动框复进的主要动力。装弹气压筒主要由筒体、接头、活门、活门锁、内筒、衬杆、传动筒、活塞头、支撑筒、引导杆、复进簧等组成，结构如图 2.57 所示。

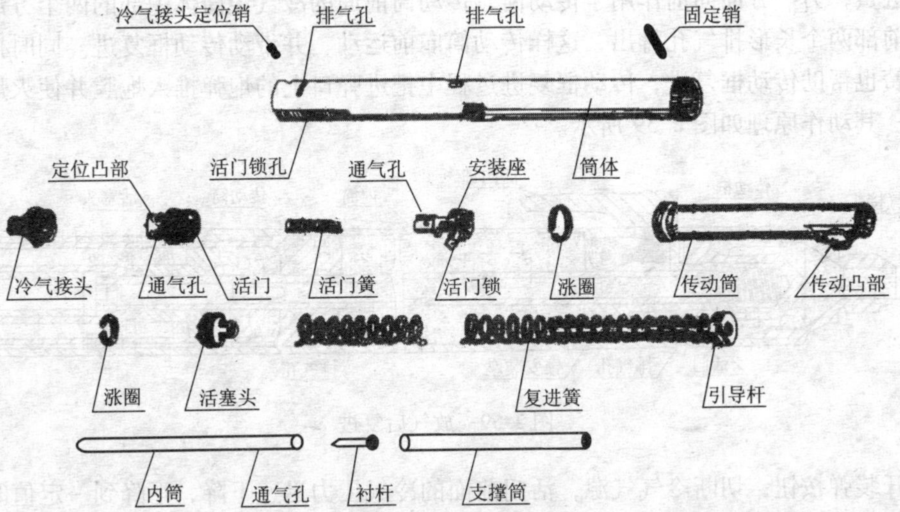

图 2.57　装弹气压筒

平时，传动框处于最前位置，炮闩处于闭锁状态，膛内无弹，撞击筒在最上位置，击针凸出镜面，拨弹板处于最下位置，进弹口上既没有炮弹也没有弹链，第一发炮弹卡在卡链齿上，输弹机构处于最前位置，推弹臂卡锁压在推弹臂上方。装弹气压筒的活门处于前位，其前部四个凸部顶在冷气接头上，其后部被活门锁顶住，使其不能后移。

按下装弹按钮后，冷气经过接头内孔、活门锥面凸缘与筒体之间的间隙、两个长椭圆形斜孔和活门锁安装座上的六个通气孔而到达传动筒的前端面，作用传动筒使其后退，传动筒通过其后部的传动凸部带动传动框后坐。在传动框后坐过程中，操纵自动机各机构工作，并将一发炮弹拨到进弹口，压缩复进簧和拨弹板操纵器弹簧（也叫复进簧）。其动作原理如图 2.58 所示。

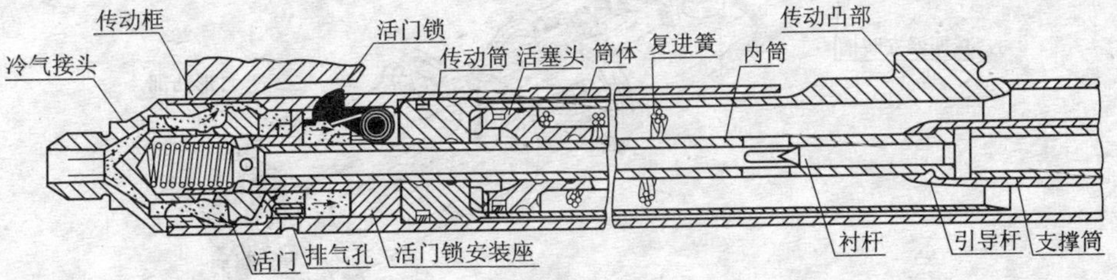

图 2.58　在冷气作用下后坐

当传动框后坐，带动推弹臂使其前端面已越过进弹口上炮弹底缘，处于准备推弹位置。这时，传动框侧面凹槽的斜面将活门锁凸齿压入筒体，使活门锁不再顶住活门，则活门在冷气作用下后退，其锥面凸缘抵在筒体的锥面凸缘上，从而堵死了通向传动筒的冷气通路，使冷气不再继续推传动筒后退。

当活门移到后位时，其中部的四个斜孔与活门安装座的四个斜孔完全对正，因而构成了另一条冷气通道，此时，冷气经此通道进入内筒的内腔，并经内筒后部的三个气孔流入传动筒内腔前端面与活塞头之间的空间，冷气压力一方面作用于活塞头使其后退到最后位并继续压缩复进簧，另一方面向前作用于传动筒，传动筒前面的冷气经筒体中部的两个方形排气孔和筒体前部两个长形排气孔排出，这样传动筒向前运动，并带动传动框复进。同时拨弹板操纵器弹簧也帮助传动框复进，传动框复进过程中把进弹口上的炮弹推入炮膛并使火炮处于待发状态。其动作原理如图 2. 59 所示。

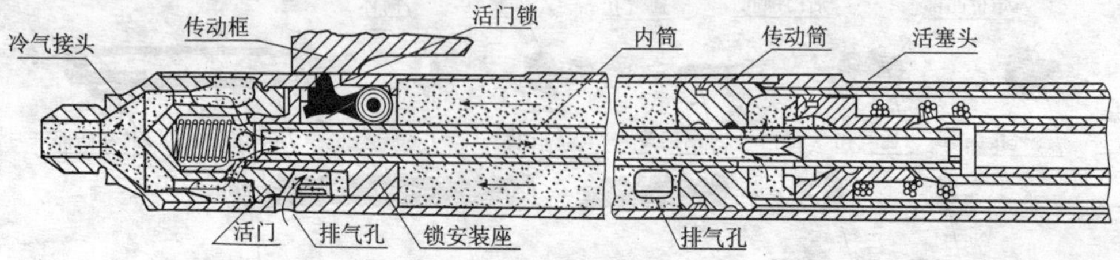

图 2. 59　放气后复进

放开装弹按钮，切断冷气气源，活门前面的冷气压力迅速下降，下降到一定值时，活门弹簧将活门推回原位，活门锁也在弹簧作用下返回原位，再次处于顶住活门后端的位置，活塞头则在复进簧作用下回到前位，活塞头与传动筒内腔前端面之间的冷气从缝隙缓慢排出。

8）固定缓冲机构

固定缓冲机构由炮箱、后挡盖（也称气体缓冲器）和弹簧减振器（也称弹簧缓冲器）组成。

炮箱是火炮的主体，用于将自动机各机构结合成一个整体，引导活动构件运动，其结构如图 2. 60 所示。

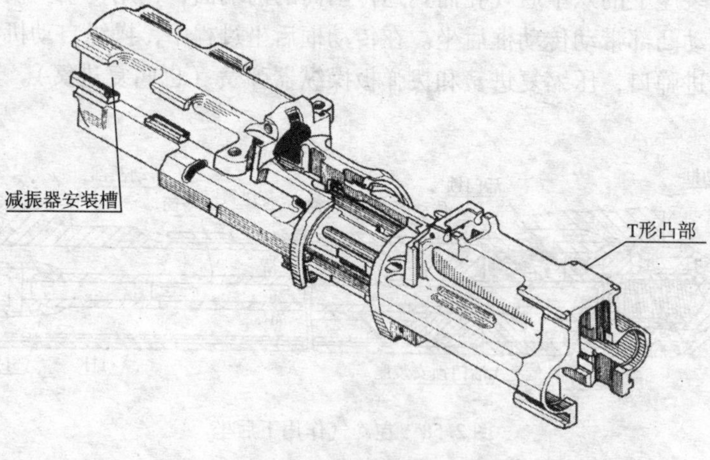

图 2. 60　炮箱

炮箱后部上、下方各有一组 T 形凸部，是该炮在炮架上的后支撑点。前面有弹簧减振器安装槽和安装凸耳。炮箱上有许多各式各样槽、孔、凸部和凹部等，它们的作用有三个：一是起到安装、固定、导向等作用；二是作为加工时需要的工艺孔；三是为了减轻质量。

后挡盖的作用有：限制传动框后坐行程，吸收其后坐到位时的剩余能量，并起到缓冲作用；当传动框后坐终了后，后挡盖活塞则推动传动框复进，以提高传动框复进时的起始速度；此外，后挡盖还是装弹气压筒和拨弹板操纵器的后支撑点，其结构如图 2. 61 所示。

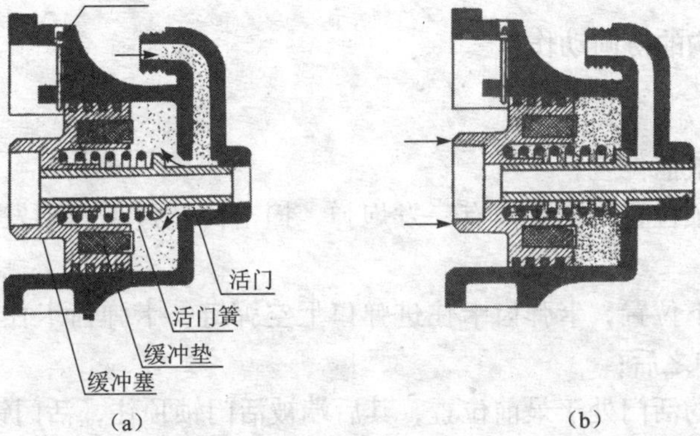

图 2. 61 后挡盖

(a) 火药气体进入；(b) 火药气体缓冲

后挡盖由体部、活门、活门簧、缓冲活塞等组成。射击中，当弹丸越过导气孔时，火药气体经导气管推开活门进入缓冲器。当膛压下降后，活门在活门簧作用下复位，关闭进气口。在传动框撞击缓冲活塞时，便压缩火药气体，起到缓冲作用。当传动框后坐终了，火药气体膨胀，通过缓冲活塞推动传动框复进。

弹簧减振器用来吸收全炮后坐和复进能量，起减振作用。它由体部、减振簧、拉杆等组成，其结构如图 2. 62 所示。

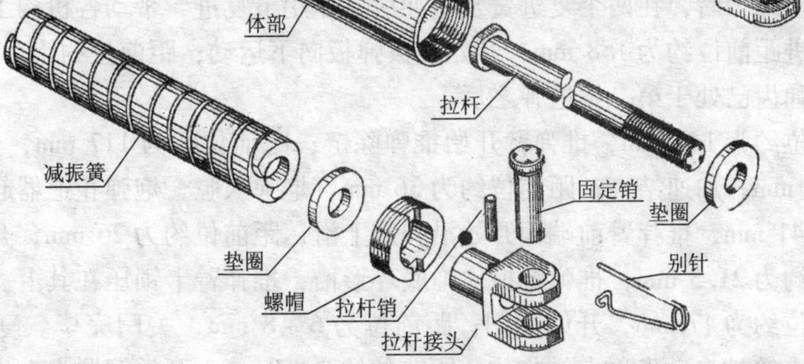

图 2. 62 弹簧减振器

在射击过程中，全炮在火药气体作用下后坐，通过固定销带动拉杆接头、拉杆、前垫圈一起后坐，因而压缩减振簧，吸收全炮后坐能量，减小后坐力。后坐完毕，减振簧伸张，带全炮复进，当越过发射时的平衡位置，并靠惯性前冲时，又通过拉杆接头和前垫圈，从相反方向压缩减振簧，从而吸收前冲能量。

3. 自动机各机构的协同动作

1）待发状态

① 传动框处于最前位置；

② 炮闩处于闭锁位置，抓手内有一发炮弹，撞击筒越过了自动发射卡锁，被电发射卡锁扣住；

③ 拨弹板在最下位置，卡弹齿卡住进弹口上空弹链，卡弹齿卡住进弹口外的第一发炮弹，拨弹齿处于该弹之后；

④ 装弹气压筒的活门处于最前位置，其后端被活门锁顶住，活门锁处于向外伸出状态。

2）连续射击时的协同动作

按下射击按钮，电发射卡锁释放撞击筒，使击针伸出击发底火。

在火药气体作用下，全炮后坐。同时，弹丸向前运动，当过了导气孔之后，气体一部分流向后挡盖，另一部分进入气室，作用于活塞，使传动框后坐。传动框后坐时带动自动机各机构工作。后坐约为 78 mm，气室内气体从排气孔排出，活塞不再受火药气体推动，传动框靠惯性后坐。

传动框后坐 6 ~ 8 mm 的自由行程，通过其开闩斜面操纵炮闩开闩，在开闩快结束时，闩体后凸耳配合推弹臂进行预抽筒，后坐约为 40 mm，开闩完毕。

传动框后坐约为 58 mm，加速机构加速抽筒；后坐约为 83 mm，药筒开始受抛筒引导器作用进行抛筒；后坐约为 104 mm，药筒依惯性抛出。

传动框后坐约为 2 mm，开始带动拨弹板向上运动；后坐约为 34 mm，拨弹板开始拨弹；后坐约为 158 mm，拨弹完毕。炮弹处于进弹口，卡弹齿卡住其弹链，拨弹板停止运动，卡弹齿卡住下一发炮弹。

传动框后坐约为 148. 5 mm，其后端面与缓冲活塞相撞，并开始压缩火药气体而缓冲；后坐到约为 164. 5 mm 而终止。

传动框后坐终了后，在两个复进簧及缓冲活塞作用下复进，带动各机构工作。

传动框复进距前位约为 158 mm，开始使拨弹板向下运动；距前位约为 2 mm，拨弹板到达最下位，拨弹齿已处于第二发炮弹之后。

复进距前位约为 143 mm，推弹臂开始推弹除链；距前位约为 117 mm，开始加速推弹；距前位约为 56 mm，加速结束；距前位约为 36 mm，炮弹入膛，炮弹止退器起止退作用。复进距前位约为 41 mm，推弹臂前端面开始沿弹底上滑；距前位约为 26 mm，开始解脱推弹臂卡锁；距前位约为 21. 5 mm，推弹臂抓住弹底环形槽，推弹臂卡锁压在其上。

复进距前位约为 47 mm，开始关闩；距前位为 6 ~ 8 mm，关闩完毕。复进距前位约为 23 mm 时，撞击筒被自动发射卡锁扣住；距前位约为 14 mm，开始解脱自动发射卡锁；距前位约为 11 mm，自动发射卡锁释放撞击筒。

复进快到前位，撞击反跳锁，吸收复进剩余能量，复进到位之后，撞击筒上升到位，击针进行击发，开始下一个自动循环。

放开射击按钮，若撞击筒的电发射卡锁作用面处于电发射卡锁之下则可立即停射；若撞击筒上电发射卡锁工作面已越过卡锁，则要待击发后传动框再次复进时才停射。

3）首发装填时的协同动作特点

首发装填前（平时状态），各机构的状态同待发状态，不同之处只是炮膛内没有炮弹。

首发装填过程中，各机构的状态与连续射击时基本相同，不同之处如下：

① 传动框后坐和复进的动力是冷气，且复进时，装弹气压筒内的复进簧不起作用；

② 传动框后坐开始，输弹机构依靠推弹臂下凸耳与炮箱相应方窗作用而协调运动，且没有预抽筒动作；

③ 传动框后坐到位，依靠缓冲垫缓冲。

4）自动机工作循环图

为了更清楚地表示出 AM－23 航炮自动机在整个自动工作循环过程中各主要构件的相互关系，可以借助于自动机工作循环图（见图 2. 63 和图 2. 64）。

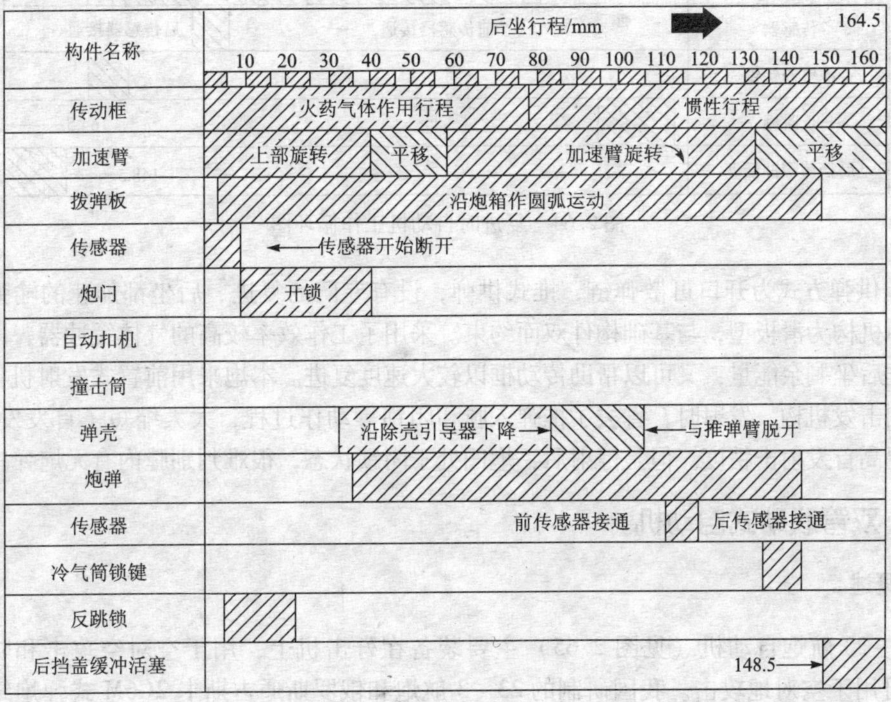

图 2. 63　后坐时自动机工作循环图

这种以表格形式的循环图，简单明了地表明了自动机各机构的相互作用和工作顺序，以及对基础构件的从属关系，有利于建立考虑了工作构件影响的基础构件运动微分方程，但是没有反映时间关系，不便于同其他自动机进行比较，对基础构件停止运动后的构件的运动也没法表示。

4. 小结

AM－23 航炮自动机为导气式自动机，传动框为基本构件，其质量较轻，射速较高，并且通过调节导气孔，可以改变火药气体作用。炮闩为横动立楔式且支撑面倾角较大，采用双

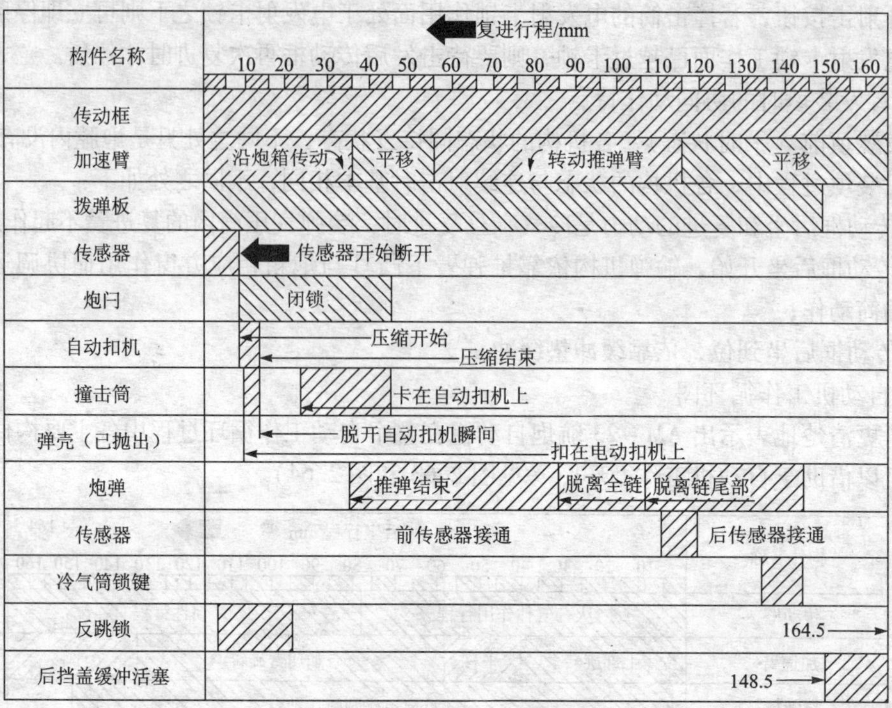

图 2.64　复进时自动机工作循环图

向闭锁。供弹方式为开口可散弹链，推式供弹，设有专门的复进、后坐都加速的输弹抽筒机构。供弹机构为滑板型，与基础构件双面约束。采用了工作效率较高的气体缓冲器，既可以吸收传动框后坐剩余能量，又可以帮助传动框以较大速度复进。本炮采用前置式发射机构，发射机构控制击发机构，发射时，省去了推弹入膛和闭锁等动作过程，大大缩短了首发发射时间，有利于提高首发射击精度。但是停射后，炮闩处于闭锁状态，很难判别膛内有无炮弹。

2.3.3　双管联动式自动机

1. 概述

ГШ－23 航炮自动机（见图 2.65）主要装备在歼击机上，用于空对空攻击和防卫，必要时也可用于空对地攻击。我国研制的 23－3 航炮和俄罗斯通古斯卡 2С6М 式弹炮结合防空系统 30 mm 高炮等自动机与 ГШ－23 是同类型。

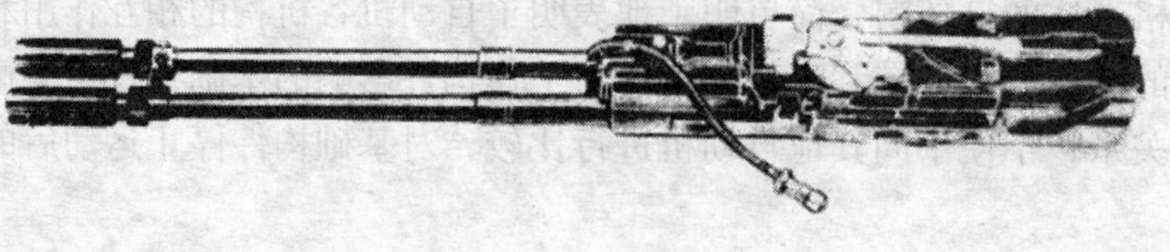

图 2.65　ГШ－23 航炮自动机

ГШ－23 采用的弹药是带有杀伤爆破燃烧弹和穿甲燃烧弹弹丸的炮弹（同 АМ－23 航炮用的炮弹）。采用弹链供弹，炮弹装入弹带内就锁住弹链的连接钩，从而防止它们的脱开。

航炮通过缓冲器导杆安装在炮架的后固定点上，在后坐和前冲时炮箱导向部和炮管连接器圆柱孔在炮架的相应导向部上滑动。后固定点为承力点。

ГШ－23 航炮用电操纵射击。该航炮地面可用手工装弹工具进行手工装弹，空中用火药弹装弹，火药弹室一次可装填三发火药弹，可装弹三次。火药弹为电底火，用电操纵，装弹一次用一发火药弹。

在扣机组里有电传感器，其作用是：指示航炮已做好了射击准备，把电流脉冲传送到炮弹计数器，控制火药弹装弹线路及记录射速。

ГШ－23 的主要性能指标：

• 口径	23 mm
• 平常条件下的射速	3 000～3 400 发/分
• 初速	715±15 m/s
• 最大后坐力	35 000 N（不带炮口装置时）
	29 000 N（带炮口装置时）
• 全炮重	505±10 N（不带炮口装置时）
	520±10 N（带炮口装置时）
• 寿命	4 000 发

ГШ－23 航炮自动机，有两根炮管，在射击过程中轮流工作，为导气式双管联动自动机。为减小后坐力，采用了全炮缓冲装置。

2. 结构分析

ГШ－23 航炮自动机主要由炮身、联动机构、炮闩、供弹机构、输弹机构、发射机构、火药装填机构等组成。供弹机构装于炮身的后部上方，缓冲器则装于炮身的后部下方，炮闩则装于炮身的中部下方。

1）炮身

炮身由炮管、气室、炮箱等部件及击发转轴、前控制器等组成，如图 2.66 所示。

（1）炮管。炮管的功用是使弹头获得一定的初速，并沿预定的方向旋转，炮管还导出一部分火药气体给气室，这是航炮自动工作的动力来源。

炮管组由左、右两根炮管组成，炮管尾端压配在炮箱里，并用销子固定。炮管的构造如图 2.67 所示。

炮膛内有 10 条等齐右旋膛线，其缠度为 575±20 mm（25 倍口径）。炮管后部有与炮弹形状相似的弹膛。

每根炮管在距离其尾端 279.2 mm 处，有两个直径为 5 mm 的导气孔，其作用是使火药气体导入气室体相应的孔里，然后进入气室气缸。

炮管尾端面有两个凸台，其功用是限制炮闩向前运动。

炮管联结器的作用是使炮管互相联结，并可调整炮管的轴线距离以便获得最佳散布。其构造如图 2.68 所示。

炮管联结器固定在左炮管上，右炮管装入联结器的大孔中，并用三个螺钉固定。固定好后，三个螺钉用锁环固定。

联结器在航炮的整个寿命期间只在制造厂调整一次，维护时不许拆卸锁环，也不许拧动联结器螺钉。

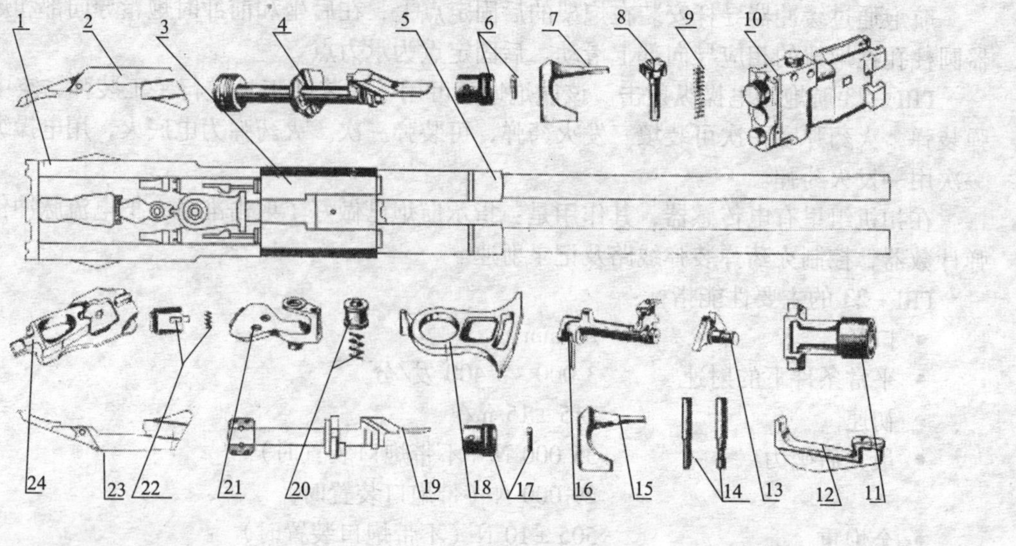

(a)

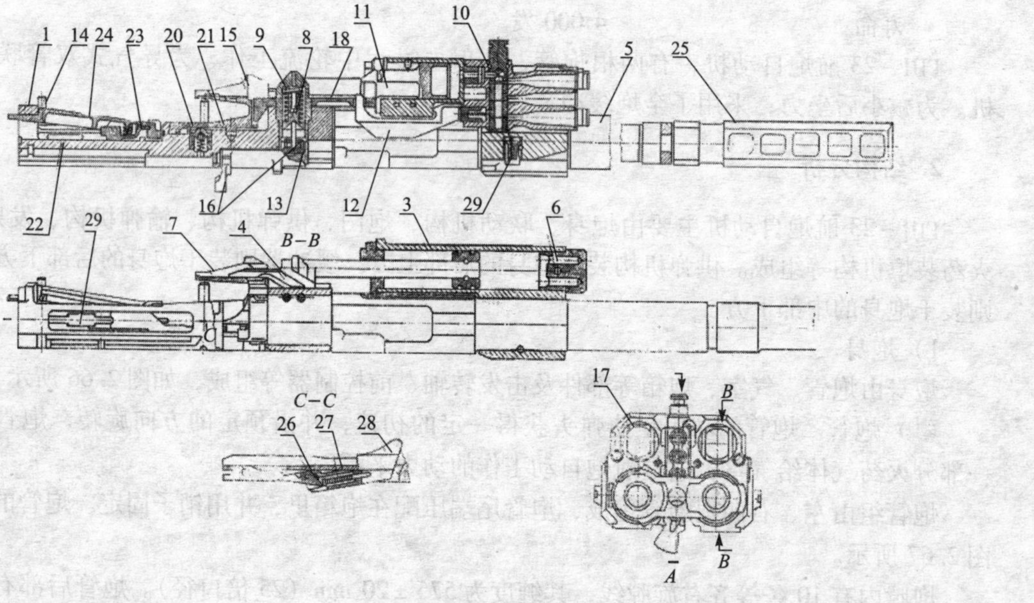

(b)

图 2.66 炮身

(a) 炮身组成；(b) 炮身构造

1—炮箱；2—左托弹板；3—气室；4—左活塞杆；5—炮管；6—左前盖及销；7—左前控制器；8—击发转轴操纵杆；9—击发簧；10—火药弹室；11—火药装弹活塞；12—止动器；13—击发转轴支架；14—止动销；15—右前控制器；16—击发转轴；17—右前盖及销；18—选择器；19—右活塞杆；20—定位器柱及簧；21—定位器；22—右托弹板；23—卡锁及簧；24—抛筒器；25—炮口装置；26—托弹杠杆；27—引导杆及簧；28—托弹爪；29—击发卡锁及簧

（2）气室。气室的功用是利用从炮管导入的火药气体推动活塞杆运动，使航炮完成自动工作。气室的构造如图 2.69 所示。

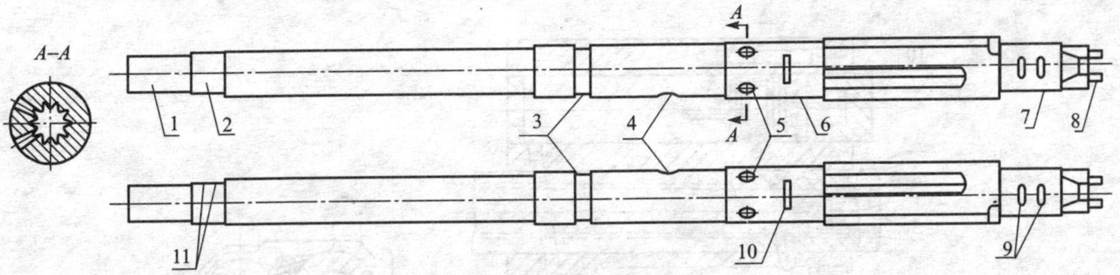

图 2.67　炮管构造

1—安装炮口装置部位；2—安装炮管联结器部位；3—航炮前固定座安装凹环；
4—让开接触器盒凹部；5—导气孔；6—安装气室体部位；7—插入炮箱部位；
8—限制炮闩向前的凸台；9—炮箱联结销槽；10—气室联结销槽；11—炮管联结器销槽

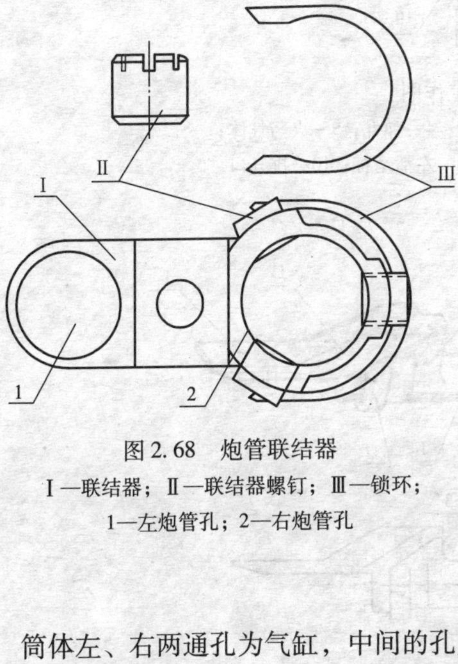

图 2.68　炮管联结器

Ⅰ—联结器；Ⅱ—联结器螺钉；Ⅲ—锁环；
1—左炮管孔；2—右炮管孔

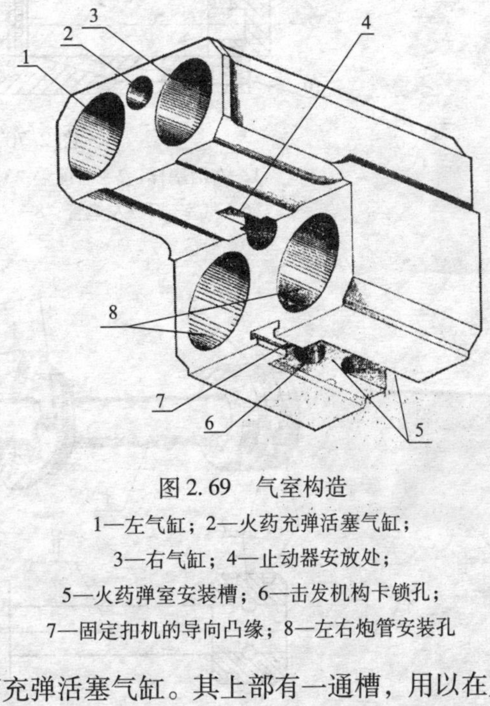

图 2.69　气室构造

1—左气缸；2—火药充弹活塞气缸；
3—右气缸；4—止动器安放处；
5—火药弹室安装槽；6—击发机构卡锁孔；
7—固定扣机的导向凸缘；8—左右炮管安装孔

筒体左、右两通孔为气缸，中间的孔为火药充弹活塞气缸。其上部有一通槽，用以在火药装弹时排出火药气体。前部有一安装火药弹室的凹槽。筒体下部有安装扣机组的凹槽及凸台，其下部还装有扣机组卡锁。

左、右气缸前端有前盖，并用销子固定。后端有后盖，后盖前端由筒体定位，后端靠供弹机体顶住。气缸内有活塞及活塞杆，活塞杆通过后盖伸出。

左、右气缸内各有三个孔，前后部位的为进气孔，中部的为排气孔（见图 2.70）。

气室的工作情况（以右炮管发射为例）：每根炮管内有两个孔分别通到气室的左、右气缸内。右炮管发射炮弹后，当弹头越过导气孔时，右炮管内的一部分火药气体从右炮管的导气孔流进气室的右气缸前部，推动右活塞向后运动，与此同时，另一部分火药气体则从右炮管的另一导气孔流进气室的左气缸后部，推动左活塞向前运动。

活塞杆与滑板一起是航炮联动机构的主动件（基础构件），受气室内的火药气体操纵，其构造如图 2.71 所示。左、右活塞杆有标记，不能换位。

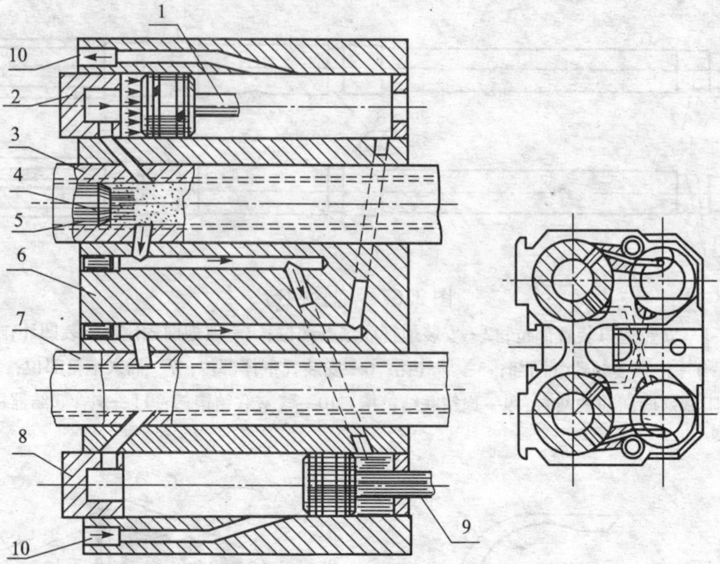

图 2.70　气室工作图

1—右活塞杆；2—右前盖；3—右炮管；4—弹丸；5—火药气体；
6—气室；7—左炮管；8—左前盖；9—左活塞杆；10—排气口

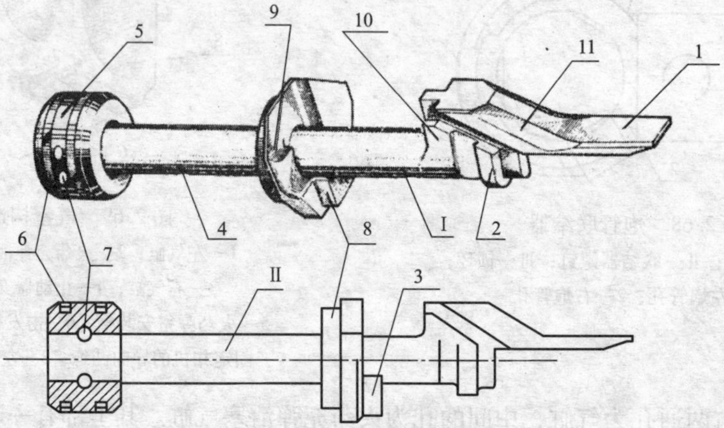

图 2.71　活塞杆部件

Ⅰ—左活塞杆部件；Ⅱ—右活塞杆部件；
1—前控制器导向部；2—连接滑板凸缘；3—滑板到位撞击凸台；4—活塞杆；5—活塞；
6—活塞环；7—活塞销；8—后盖；9—限位凹部；10—活塞杆凸缘；11—导向斜槽

活塞杆部件由活塞杆、后盖、活塞及活塞销和活塞环组成。左、右活塞杆对称。

活塞杆后部的凸缘 10 用来连接滑板，后部的斜槽 11 用来与前控制器啮合。当活塞杆后退时，作用于前控制器使其向下运动，将炮弹从弹带上压下；当活塞杆复进时，作用于前控制器使其上升。

(3) 炮箱部件。炮箱部件包括炮箱、选择器、定位器、抛筒器、托弹爪等。

炮箱的功用：联结或结合航炮各机构。炮箱的前部联结左、右炮管。炮箱中线附近装有选择器、定位器、抛筒器。炮箱后部两侧装有托弹板。炮箱上还装有供弹机止动器（不拆卸）。炮箱的构造如图 2.72 和图 2.73 所示。

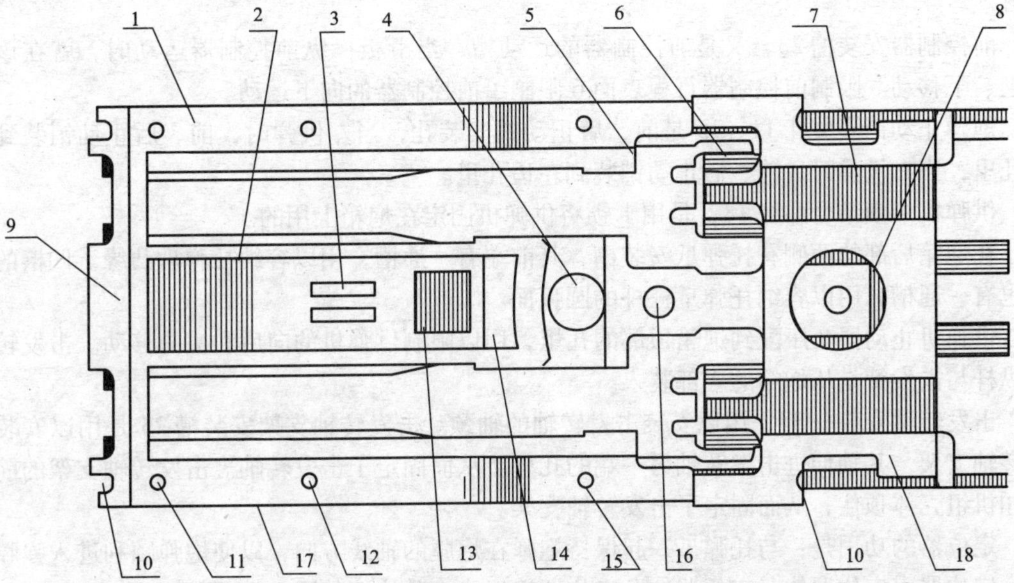

图 2.72　炮箱俯视图

1—弹带通过凹槽；2—安装抛筒器凹部；3—抛筒器卡锁凸齿限位槽；4—定位器柱及簧的安装孔；5—闭锁支撑面；6—限制前控制器行程表面；7—活塞杆滑动面；8—供弹机止动器；9—安装抛筒器体柄部方孔；10—固定口颈及排链导槽；11，15—炮弹止动销安装孔；12—托弹爪轴安装孔；13—限制抛筒器转动槽；14—定位器导向槽；16—定位器轴颈安装孔；17—安装托弹爪槽；18—供弹机卡锁结合凸缘

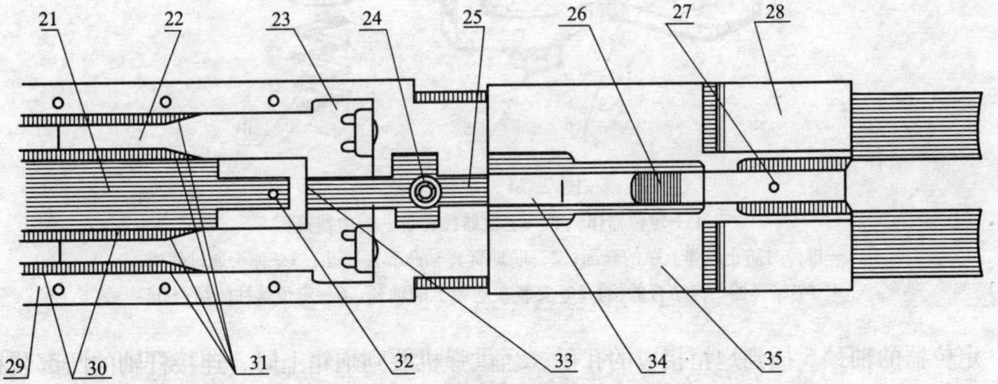

图 2.73　炮箱仰视图

21—安装缓冲器部位；22—炮闩运动槽；23—前控制器安装槽；24—击发转轴操纵杆及簧的安装孔；25—击发转轴支架安装槽；26—装止动器部位；27—击发卡锁安装孔及卡锁；28—气室；29—炮箱；30—炮闩导向凸部；31—抛筒凸缘；32—定位器拆装孔；33—击发转轴安装孔；34—止动器通过孔；35—炮管

抛筒器卡锁凸齿限位槽有两个，是用来给卡锁定位的。当左炮闩作用于抛筒器时，卡锁凸齿进入右边的槽，抛筒器前端摆到右边；当右炮闩作用于抛筒器时，卡锁凸齿进入左边的槽，抛筒器摆到左边。

定位器导向槽是确保定位器的连接与转动，定位器柱及簧的安装孔 4 用来安装定位器柱及簧。炮闩运动槽 22 是炮闩运动的导向槽，炮闩导向凸部和下部与抛筒器一起把药筒导向下方。

前控制器安装槽 23，又是前控制器的运动槽，当滑板操纵前控制器运动时，就在该槽内上、下移动。限制前控制器行程表面 6 限制了前控制器的向下运动。

炮弹止动销安装孔 11、15 是前、后止动销安装孔，当左供弹时，前、后止动销装到右边孔里，当右供弹时，前、后止动销装到左边孔里。

供弹机卡锁结合凸缘 18，是用卡锁将供弹机固定在炮箱上用的。

在炮箱后部的两侧有托弹爪安装槽，其前端有一通槽，用以容纳托弹爪凸缘。凹槽的后端也有一通槽，用以容纳托弹爪杠杆的圆弧面。

供弹机止动器 8 压配到炮箱顶部的孔里，用以限制供弹机的向后和横向移动。击发转轴操纵杆与击发簧是从炮箱的底部装入。

击发转轴安装孔 33，用以安装击发转轴的轴颈。击发转轴支架安装槽 25 是用以安装击发转轴支架，其轴伸进击发转轴另一端的孔里，从而固定了击发转轴。击发转轴支架的前端由扣机组壳体顶住，从而固定了击发转轴支架。

定位器的功用是：与托弹爪一起保持炮弹在炮膛的轴线方向，以使炮弹顺利进入弹膛。

定位器由定位器体、定位器柱及定位器簧组成，其构造如图 2.74 所示。

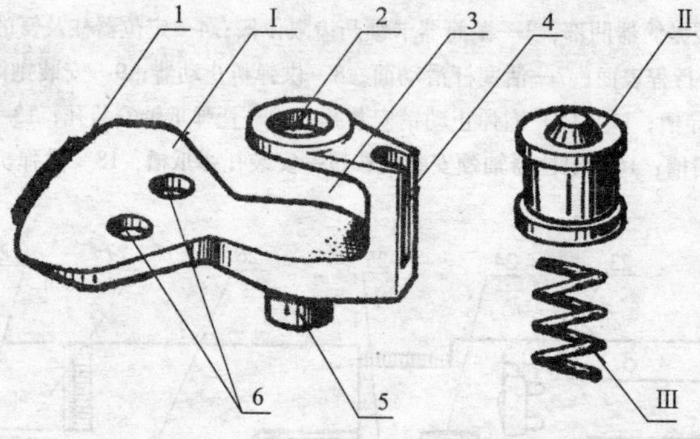

图 2.74　定位器

Ⅰ—定位器体；Ⅱ—定位器柱；Ⅲ—定位器簧；
1—推弹时防止炮弹上跳的弧面；2—联动臂转轴凸部安装孔；3—弹头通过的槽；
4—与选择器凸齿结合的槽；5—安装在炮箱上的轴颈；6—定位器柱的结合孔

定位器的轴颈 5 插到炮箱相应的孔里，当供弹机装到炮箱上时，连接杆轴的凸部装在联动臂转轴凸部安装孔 2 里，这时定位器可绕轴左、右摆动。

与选择器凸齿结合的槽 4 容纳选择器的凸齿，选择器通过凸齿操纵定位器左、右摆动。当选择器后部右摆时，定位器后部则向左摆动，并使定位器柱的锥形部进入定位器柱的左结合孔中，这时定位器的弧面 1 限制左边入膛的炮弹上跳；当选择器后部左摆时，定位器后部则向右摆动，定位器柱的锥形部进入定位器柱的右结合孔中，定位器的弧面 1 限制右边入膛的炮弹上跳，使炮弹保持在弹膛轴线上。

选择器的功用是操纵定位器工作，其构造如图 2.75 所示。

选择器的安装孔 2 装到进机止动器上，其凸齿 1 插到定位器槽 4 中，这时，选择器可绕供弹机止动器转动来操纵定位器工作。选择器受瓦斯活塞杆控制。当右活塞杆复进时，通过活塞的凸缘 10 作用于选择器的工作棱边 3，使选择器后部向右摆动，在左活塞杆复进时，选择器后部则向左摆动。

抛筒器的功用是引导药筒或炮弹沿一定轨道抛出。其构造如图 2. 76 所示。

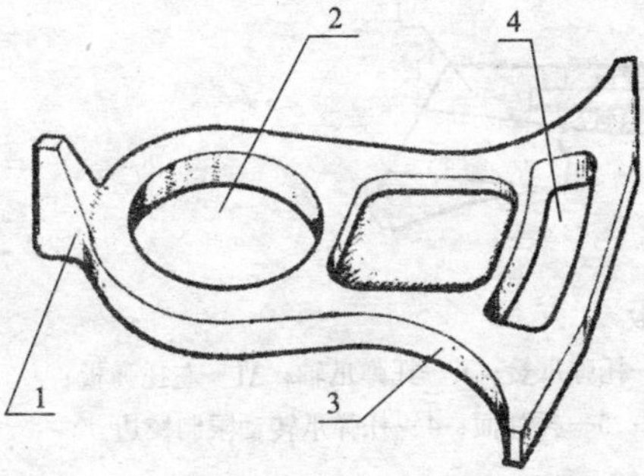

图 2. 75　选择器

1—选择器凸齿；2—安装孔；
3—选择器工作棱边；4—装止动器的孔

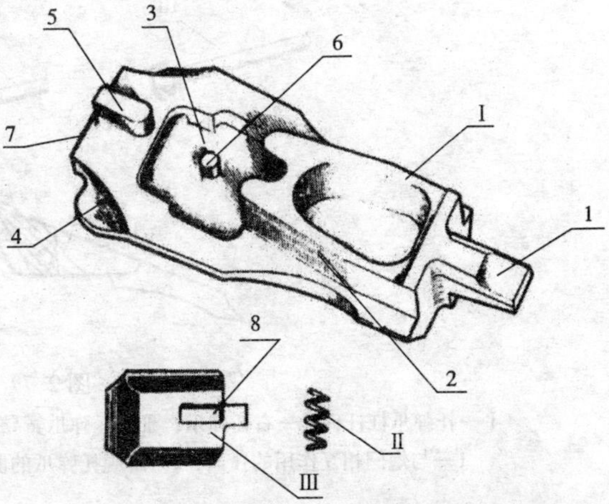

图 2. 76　抛筒器

Ⅰ—抛筒器体；Ⅱ—卡锁簧；Ⅲ—卡锁；
1—抛筒器柄部；2—抛筒器换向凸棱；3—装卡锁的槽；
4—抛筒壳弧面；5—限制抛筒器转动的凸部；
6—卡锁簧定位柱；7—弧形凸部；8—卡锁凸齿

抛筒器由抛筒器体、卡锁及卡锁簧组成。抛筒器柄部 1 插进炮箱的孔 9 中，卡锁及卡锁簧一起安装在抛筒器的槽 3 里。抛筒器凸部 5 抵在炮箱槽 13 的侧面上以限制抛筒器转动，并且卡锁的弧形凸部 7 进入炮箱的槽 3 里（左或右）。抛筒器通过弧面 4 抛出药筒或炮弹。抛筒器受炮闩的操纵。当左炮闩作用于抛筒器时，炮闩首先作用于卡锁，压缩卡锁簧，然后作用于抛筒器的凸棱 2，将抛筒器转换到右边，即卡锁凸齿进入炮箱右边的槽中，当右炮闩作用于抛筒器时，抛筒器则由右转换到左，卡锁凸齿进入炮箱左边的槽中。

托弹板的功用是：托住从弹带上压下的炮弹，以防炮弹掉出。托弹板有左、右之分。托弹板由托弹爪杠杆、托弹爪、托弹爪簧导杆、托弹爪簧及轴组成，其构造如图 2. 77 所示。左、右托弹板的托弹爪不同，其他零件相同。

托弹爪簧导杆与托弹爪簧一起装在托弹爪的孔内，并使托弹爪与托弹爪杠杆保持在确定的位置上。托弹爪簧的作用是使托弹爪的工作协调。托弹爪可绕其轴转动，当炮闩后退时，炮闩作用于托弹爪杠杆的弧面 1，托弹爪的托弹面 3 则向里转动，托住炮弹，使炮弹保持在输弹线上。托弹爪的解脱，是通过入膛的炮弹作用于托弹爪的曲线棱边 2，使托弹爪向外转动。当炮闩不带炮弹时，则靠炮闩复进时作用于托弹爪的曲线棱边，使托弹爪收回。

2）联动机构

联动机构是全炮完成协同工作的主动机构，它由左、右两个滑板，左、右两个连接杆及联动臂等组成，如图 2. 78 所示。联动机构的主动件滑板直接与左、右气室活塞杆连接。左、右滑板通过左、右连接杆与联动臂连接在一起。

(1) 滑板。滑板是联动机构的主动件。它带动全炮各机构协同工作，完成供弹、输弹

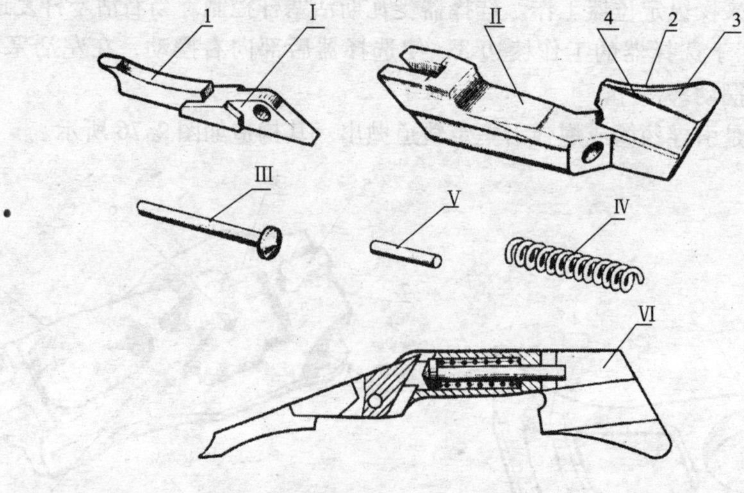

图 2.77 托弹板

Ⅰ—托弹爪杠杆；Ⅱ—右托弹爪；Ⅲ—托弹爪簧导杆；Ⅳ—托弹爪簧；Ⅴ—托弹爪轴；Ⅵ—左托弹板；
1—与炮闩相互作用的弧面；2—解脱托弹爪的曲线棱边；3—托弹面；4—托弹爪转动限制棱边

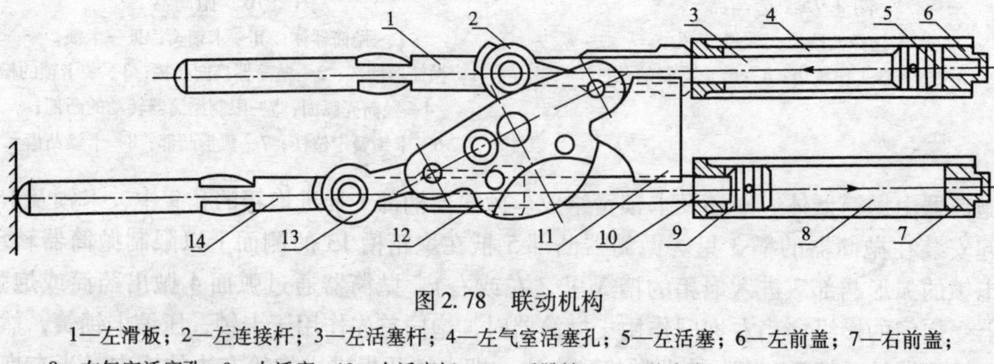

图 2.78 联动机构

1—左滑板；2—左连接杆；3—左活塞杆；4—左气室活塞孔；5—左活塞；6—左前盖；7—右前盖；
8—右气室活塞孔；9—右活塞；10—右活塞杆；11—反跳锁；12—联动臂；13—右连接杆；14—右滑板

入膛、闭锁、击发、开膛、抽筒等动作。受滑板直接传动的构件有连接杆、联动臂、反跳锁、前控制器、后控制器等。滑板构造如图 2.79 所示。

滑板的侧表面 7 和 9、上表面 8 及滑板的导向凸起限制了滑板在供弹机槽中向侧面和向上方的运动。孔 14 是用加速器轴Ⅲ连接加速器的。滑板受活塞杆操纵。当活塞杆向后时滑板向后，操纵后控制器和前控制器下落。而滑板斜槽 12 是操纵前控制器及炮闩向下开膛的，当活塞杆前冲时，滑板向前，操纵后控制器和前控制器抬起，而滑板斜槽 12 是操纵前控制器和炮闩向上锁膛的。连接杆配合凹面 6 用来连接连接杆，滑板运动时带动连接杆运动，使联动臂转动。

（2）连接杆。连接杆用于连接滑板和联动臂，有左、右两根连接杆，其构造如图 2.80 所示。

连接杆凸齿装在滑板槽内，以防止连接杆向上脱开。两头的圆孔用于与滑板和联动臂连接。

（3）联动臂。联动臂是联动机构的主要构件，它通过连接杆与左、右滑板相连，并使

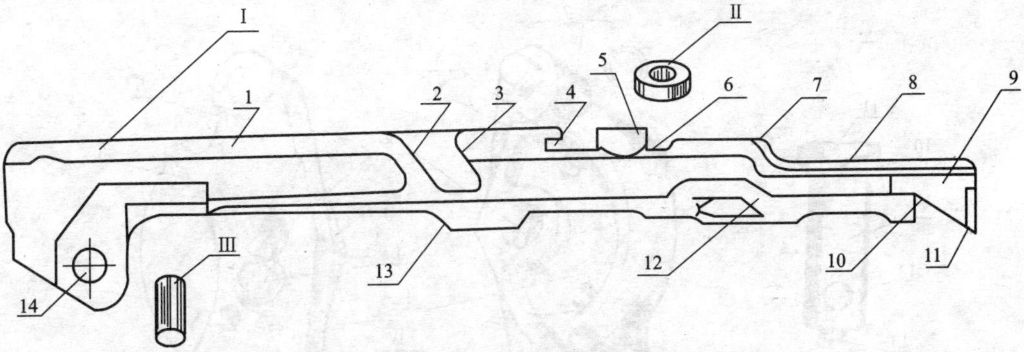

图 2.79　滑板构造图

Ⅰ—滑板；Ⅱ—滑板轴套；Ⅲ—加速器轴；

1—滑板导向凸起；2—后控制器抬起控制面；3—后控制器落下控制面（行程终了时）；4—连接杆凸齿槽；
5—滑板轴颈；6—连接杆配合凹面；7—侧表面；8—上表面；9—侧表面；10—前控制器落下操纵斜面；
11—活塞杆连接部；12—前控制器抬起或落下的斜槽；13—后控制器下落控制面（行程起始时）；14—加速器轴孔

左、右滑板工作协调。联动臂还操纵供弹机构和反跳锁工作。

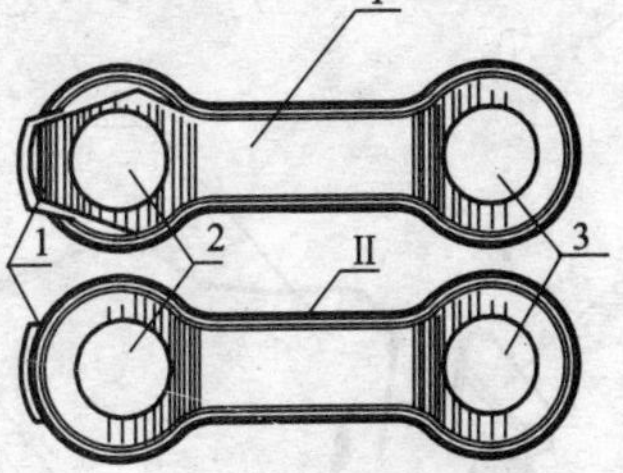

图 2.80　连接杆

Ⅰ—左连接杆；Ⅱ—右连接杆；
1—连接杆凸齿；2—与滑板连接的孔；
3—和联动臂连接的孔

联动臂轴的用途是将联动臂固定在供弹机体上。联动臂由联动臂及两个轴套组成，联动臂及联动臂轴如图 2.81 所示。

联动臂轴颈Ⅳ压配于联动臂上并用销子固定。联动臂轴颈通过轴套与连接杆相连接。供弹杆轴颈 4 用于与供弹杆相连接，凹部 9 用于与供弹杆配合，孔 8 连接联动臂和供弹机的联动臂轴，凹部 7 用来安放反跳锁的凸块 7，其反跳锁作用面 5 与反跳锁上的斜面 5 相作用，使反跳锁的凸齿 6 与联动臂凹部 1 结合。联动臂的连接杆凹槽 6 用来安装连接杆。联动臂孔 2 与 3 是用于手工装弹，装弹手柄的两个圆凸部可插入该两孔内进行装弹。联动臂轴的凹部 10 是用于让开供弹杆，连接孔 12 是销钉孔，用来使联动臂轴与供弹机互相固定，装定位器轴颈 13 是安装定位器用的，凸缘 11 用于防止联动臂从供弹机上脱开。

（4）反跳锁。反跳锁用于卡住到达极限位置的联动臂，以防止运动件反跳。其构造如图 2.82 所示。

反跳锁的导向凸起、导向侧面用来固定反跳锁，并引导反跳锁到供弹机的凹面和槽里。

反跳锁的三个弹簧孔用来安装反跳锁压柱、垫圈和弹簧。

当运动件到达极限位置时，反跳锁凸块与联动臂相互作用，作用的结果是使凸齿与联动臂的凹部相啮合，从而防止运动件的反跳。

联动机构工作情况（以左供弹为例）：起始位置是左滑板在前，右滑板在后，如图 2.78 所示。左炮管击发后，当炮弹越过左炮管的导气孔时，火药气体通过导气孔进入气室，气体分两路同时进入左活塞前腔和右活塞后腔。在火药气体作用下左活塞带动左滑板后退，右活塞带动右滑板前冲。左滑板带动左加速机构后退，右滑板带动右加速机构前冲。左、右滑板

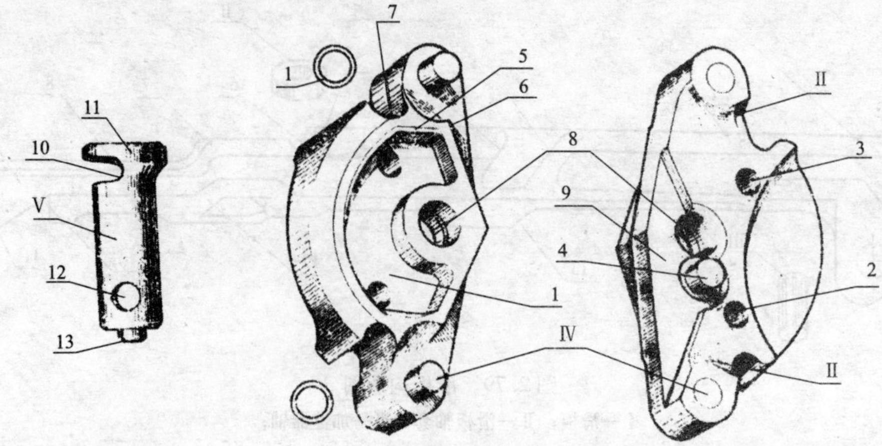

图 2.81 联动臂及联动臂轴

Ⅰ—联动臂轴套；Ⅱ—联动臂；Ⅲ—轴颈销；Ⅳ—联动臂轴颈；Ⅴ—联动臂臂轴；
1—与跳锁凸齿作用的凹部；2，3—手工装弹手柄插入孔；4—供弹杆轴颈；5—反跳锁凸部作用面；6—连接杆凹槽；
7—与反跳锁配合的凹部；8—联动臂轴孔；9，10—与供弹杆配合凹部；11—凸缘；12—连接孔；13—装定位器轴颈

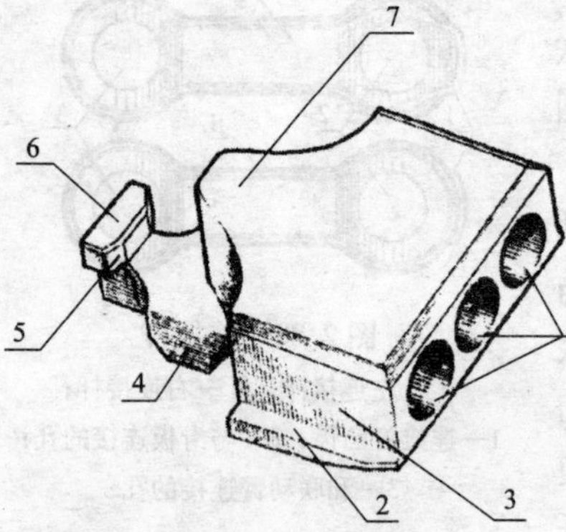

图 2.82 反跳锁

1—弹簧孔；2—导向凸起；3，4—导向侧面；
5—斜面；6—凸齿；7—凸块

分别通过左、右连接杆同时带动联动臂工作，联动臂带动供弹机构工作。供弹机构在联动臂带动下完成供弹工作。左加速机构在后退时完成开膛、抽筒与抛筒的工作，右加速机构在前冲时完成输弹入膛、锁膛、打火的工作。

3）炮闩与加速器

ГШ-23 航炮有两个炮闩、两套加速器，每个炮闩通过一个连杆和一个加速器连接到一个滑板上。用凸轮机构机械地控制炮闩的推弹与抽筒动作，如图 2.83 所示。

炮闩与加速器的功用是：在联动机构与供弹机构的协助下完成加速输弹入膛、闭锁、击发、开膛、抽筒与抛筒等工作。

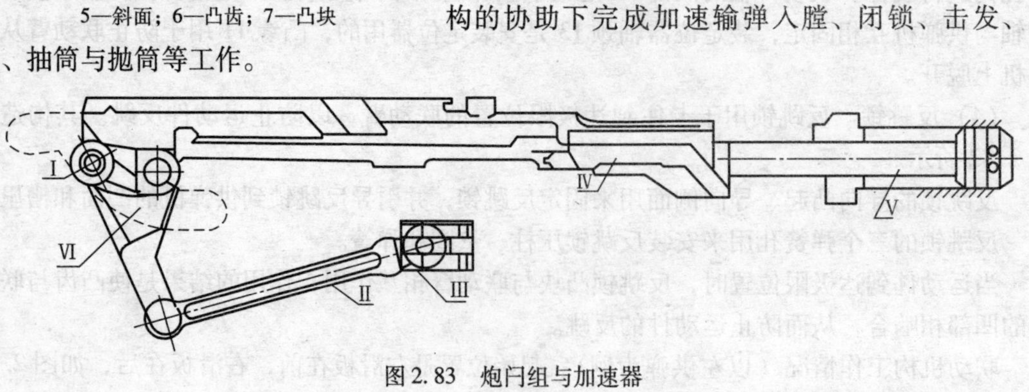

图 2.83 炮闩组与加速器

Ⅰ—加速臂；Ⅱ—连杆；Ⅲ—炮闩；Ⅳ—滑板；Ⅴ—活塞杆；Ⅵ—加速器滚轮槽

加速器是通过滚轮在供弹机体的曲线槽中运动，以完成给炮闩组加速前冲或后退的工

作。加速器由加速臂、连杆、连杆轴、加速器滚轮等组成。其组成如图 2. 84 所示。

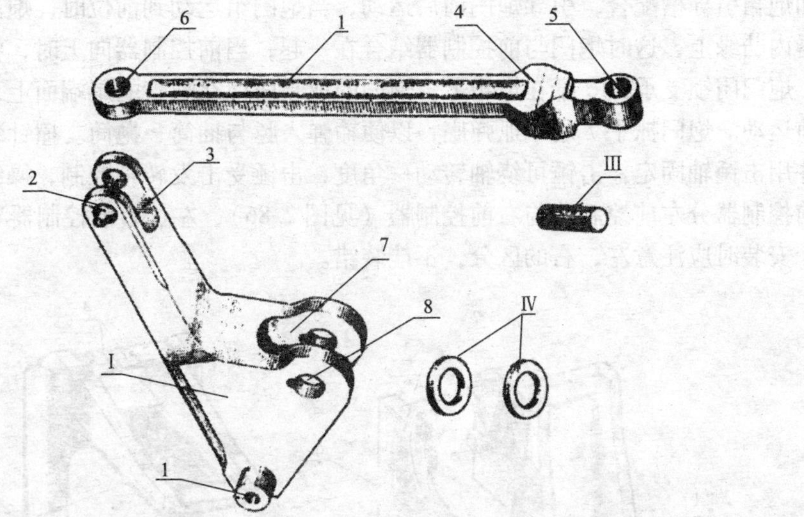

图 2. 84　加速器

Ⅰ—加速臂；Ⅱ—连杆；Ⅲ—连杆轴；Ⅳ—加速器滚轮；

1—滚轮轴颈；2—连杆轴孔；3—连杆连接槽；4—限制托弹爪位置的加厚部位；

5—连杆与炮闩的连接孔；6—连杆与加速器结合的连接孔；7—滑板槽；8—加速器轴孔

加速器上有两个孔，加速器轴孔 8 通过加速器轴与滑板相连，连接轴孔 2 与连杆连接。连杆的另一端孔 5 与炮闩连接，加速器上的轴颈 1 通过滚轮与供弹机体的曲线槽相配合，见图 2. 82。连杆前部的加厚部位 4 是后退时防止托弹爪的凸缘和炮闩发生干涉。

炮闩要完成的工作是输弹入膛、闭锁、击发、开膛、抽筒、抛筒等。炮闩由闩体、撞针、击锤与击锤轴组成，如图 2. 85 所示。

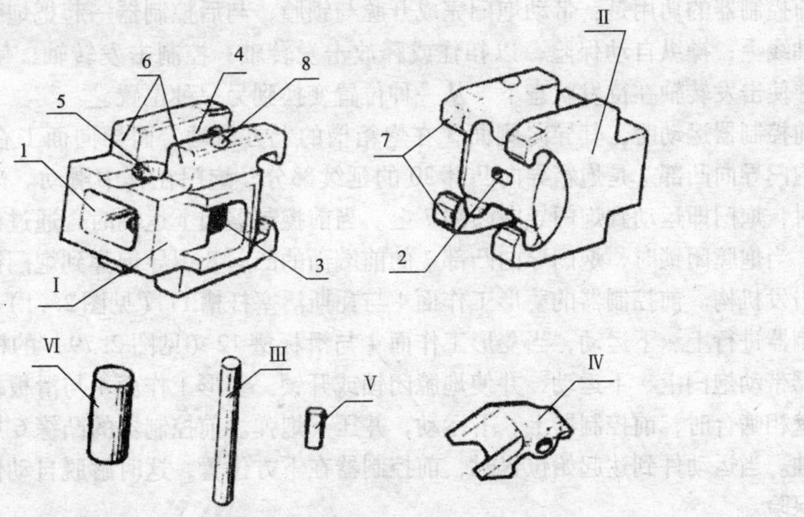

图 2. 85　炮闩

Ⅰ—右炮闩；Ⅱ—左炮闩；Ⅲ—击锤轴；Ⅳ—击锤；Ⅴ—撞针；Ⅵ—炮闩铰链销；

1—连杆安装槽；2—撞针孔；3—击锤槽；4—炮闩运动导槽；5—炮闩铰链销孔；

6—炮闩闭锁支承面；7—炮闩抓手；8—击锤轴孔

炮闩的孔5通过铰链销与连杆连接，炮闩在连杆的带动下做前后运动。炮闩运动导槽4用于和炮箱引导槽配合，引导炮闩前后运动，当炮闩组运动到前位时，炮闩运动导槽进入前控制器内凸缘上，这时炮闩与前控制器结合在一起，当前控制器向上时，将提起炮闩组进行锁膛，炮闩闭锁支承面6抵在炮箱上。炮闩的前端面撞在炮管的尾端面上，从而限制了炮闩的向前运动。炮闩抓手7用来抓弹底，以便输弹入膛与抽筒、抛筒。撞针装于炮闩后，装入击锤并用击锤轴固定，击锤可绕轴转动一角度，击锤受击发转轴控制，操纵撞针撞击底火。

前控制器分左前控制器与右前控制器（见图2.86），左、右前控制器导向侧面3的宽度不同。安装时应注意左、右的区分，不能装错。

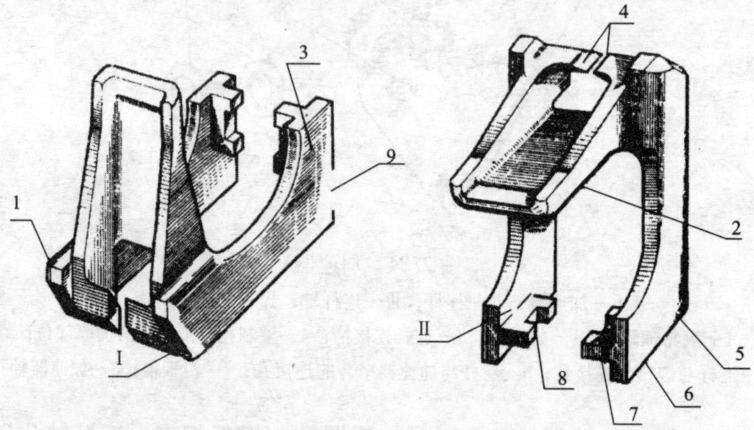

图2.86　前控制器

Ⅰ—右前控制器；Ⅱ—左前控制器；

1—导向面；2—压弹面；3—导向侧面；4—菱形工作面；5—解脱自动保险工作面；

6—作用击发转轴的凸缘；7—炮闩导向凸部；8—引导炮弹对正炮闩镜面的凸起；9—侧端面

前控制器的功用是：带动炮闩完成开膛与锁膛；与后控制器一起把炮弹从弹带压下到炮膛的轴线上；操纵自动保险，以扣住或释放击发转轴；控制击发转轴，使击发转轴离开击锤，并使击发转轴在待发状态下，从一种位置变换到另一种位置。

前控制器运动时，其导向侧面3在炮箱槽的上方滑动，而导向面1在供弹机的槽里滑动。炮闩导向凸部7是炮箱导向凸部30的延续部分，炮闩在其中滑动。当炮闩运动到最前位置时，炮闩即运动到炮闩导向凸部7上。当前控制器向上运动时，通过该凸部带炮闩向上锁膛。当炮膛闭锁时，炮闩导向凸部7的前端面的凸起8引导炮弹到炮闩镜面，以便可靠地操纵击发机构。前控制器的菱形工作面4与瓦斯活塞杆槽11（见图2.71）的槽壁相啮合时，前控制器进行上、下运动，当菱形工作面4与滑板槽12（见图2.79）的槽壁相啮合时，前控制器带动炮闩上、下运动，并使炮膛闭锁或开锁。菱形工作面4与滑板槽10（见图2.79）的槽壁相啮合时，前控制器上、下运动，并压下炮弹。前控制器的凸缘6用来锁住或放开击发转轴。当运动件到达起始位置时，前控制器在下方位置，这时解脱自动保险工作面5解脱自动保险。

前控制器的工作情况（炮闩处于闭锁状态，击发转轴在击发位置作为起始位置）：活塞杆与滑板后退距前位8 mm时，开始作用于前控制器的菱形工作面，使前控制器向下、向后运动，并带动炮闩向下、向后运动，使炮膛开锁。当滑板后退距前位24.5 mm时前控制器第一次向下运动完毕。前控制器在第一次向下运动过程中，还作用于击发转轴使其转动，使击发转轴离开击锤，转到被自动保险扣住的位置。滑板继续后退，当后退距前位 73 mm 时，滑板第二次作用于前控制器的菱形工作面，前控制器第二次向下运动，前控制器在向下运动过程中压炮弹向下，滑板后退 104 mm 时，前控制器第二次向下运动结束，炮弹进入炮闩抓手。前控制器在第二次向下运动过程中，滑板距前位 73 ~ 85 mm 时，第二次作用击发转轴，使击发转轴从一侧转到另一侧被自动保险扣住。当滑板距前位 94.5 ~ 103 mm 时，前控制器作用自动保险向下转动，释放击发转轴。当滑板复进距前位 103 mm 时，滑板开始作用于前控制器，前控制器第一次上升，滑板复进距前位 69 mm 时，前控制器第一次上升结束。在前控制器上升过程中，当复进的滑板距前位 103 ~ 87 mm 时，另一前控制器作用于击发转轴转动，击发转轴离开击锤，并转至被自动保险扣住的位置。当复进的滑板距前位 30.5 ~ 22 mm 的过程中，另一前控制器第二次作用于击发转轴。当复进距前位 20 ~ 8 mm 的过程中滑板第二次作用于前控制器使其上升，并带动炮闩向上运动而锁膛。

炮闩工作情况（以左供弹为例）：炮已装弹完毕，左滑板在最前位置。滑板将左后控制器和带着炮闩的左前控制器抬到最上面位置。左炮闩抓手抓住一发炮弹，处于闭锁位置。活塞杆将定位器和选择器转移到右边。连杆的加厚部位将左托弹爪解脱并确定在一定的位置上。右滑板处在最后位置。右炮闩抓手抓住一发炮弹的药筒底缘。后控制器和定位器从上面对炮弹限位。炮箱的导向凸缘和右托弹爪从下方给炮弹限制，右炮闩将右托弹爪保持在托住状态。接通发射电路后，由于线圈通电，释放了击发转轴，击发转轴通过击锤撞击撞针，撞针向前击发左炮闩抓手的炮弹底火，炮弹击发。击发后，左滑板向后，右滑板向前。左滑板向后运动，当滑板走完 8 mm 的开膛自由行程后，左滑板作用于左前控制器与左炮闩一起下落开膛，开膛终了时，左炮闩开始后退并从弹膛里抽出药筒。在加速器的作用下，炮闩加速后退抽筒，直到其行程的中段，中段后与滑板同速后退。炮闩抓手抓住空药筒，并通过抛筒器的抛筒弧面和炮箱的抛筒凸缘作用，使药筒下落一距离，这时药筒仍保持在炮闩抓手里，直到炮闩到后位。当滑板后退 73 mm 和 87.5 mm 时，它分别与前后控制器啮合。控制器使下一发炮弹从弹带上压到炮膛轴线上，即压到右炮闩抓手里。注意，刚压下的炮弹下方有一空药筒。后退终止时，炮闩的连杆加厚部位同托弹爪啮合，将托弹爪保持在托住炮弹的状态。左滑板后退的同时，火药气体作用于右滑板使其复进。右滑板复进时，右炮闩带着炮弹在加速器的作用下复进，并抛出药筒（若有药筒时），且均匀加速到最大速度，然后逐渐慢下来。滑板作用于前后控制器使其抬起，被炮闩推着复进的炮弹解脱托弹爪。当炮闩输弹入膛后滑板复进距前位 24.8 mm 时，右前控制器和炮闩一起开始抬起。炮闩闭锁弹膛。当滑板距前位小于 8 mm 时，右前控制器停止上升。此时右炮闩处于锁膛待发状态。右滑板在前位时，左滑板操纵左前控制器释放击发转轴，于是第 2 炮管（右管）射击。

4）供弹机构

供弹机构的功用是将弹带拉到炮管的轴线上。当滑板完成一个前冲或后退行程时，供弹机构拉进弹带一个弹链节距。连接于滑板上的前、后控制器将炮弹压入左或右炮闩抓手，准备输弹入膛。该炮一个弹带供左、右两炮管用。

供弹机构由供弹机体、供弹臂、供弹杆、供弹凸轮组、供弹轴、弹链导板和拨弹轮等组成。

供弹机体构造如图 2.87 所示。供弹机体用于结合供弹机各零件，供弹机体还为安装其他机构的零件提供运动槽、孔等。

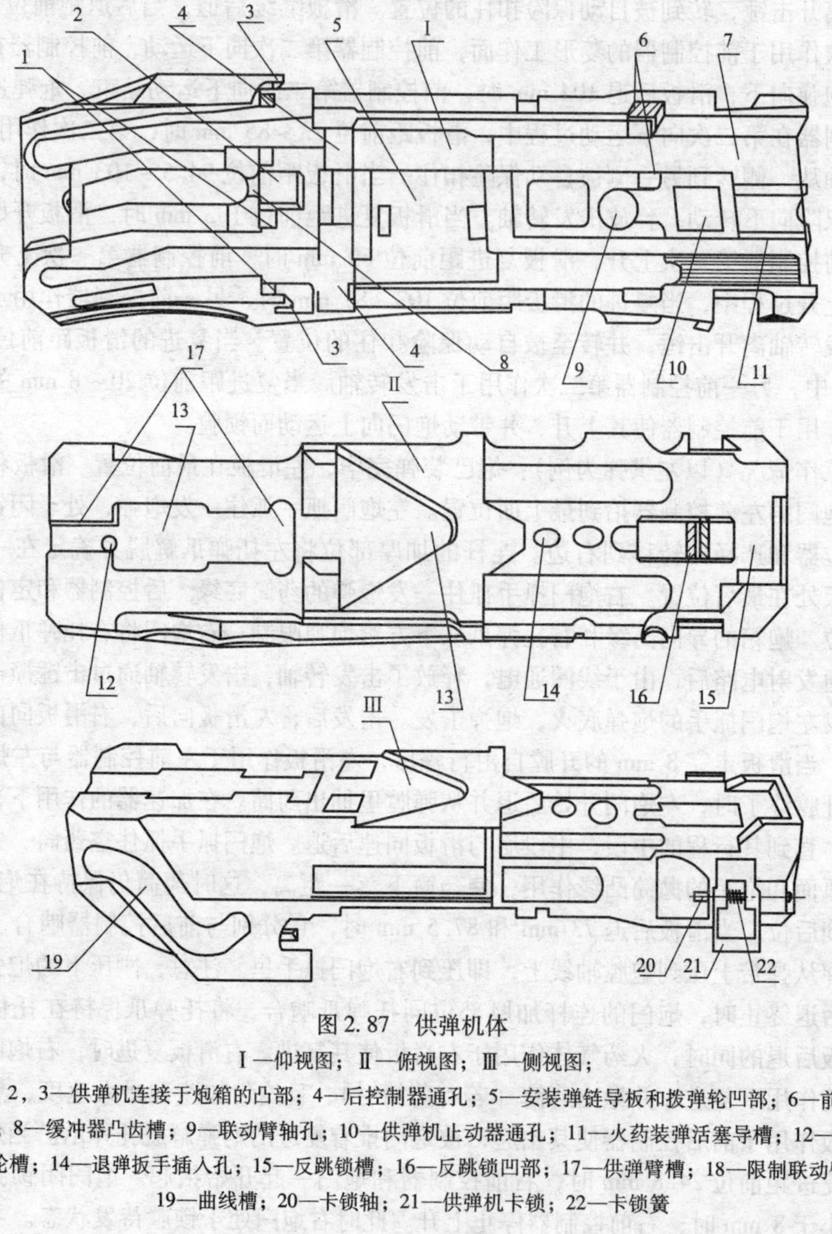

图 2.87 供弹机体

Ⅰ—仰视图；Ⅱ—俯视图；Ⅲ—侧视图；

1—定位柱；2，3—供弹机连接于炮箱的凸部；4—后控制器通孔；5—安装弹链导板和拨弹轮凹部；6—前控制器槽；7—滑板槽；8—缓冲器凸齿槽；9—联动臂轴孔；10—供弹机止动器通孔；11—火药装弹活塞导槽；12—衬套销孔；13—供弹凸轮槽；14—退弹扳手插入孔；15—反跳锁槽；16—反跳锁凹部；17—供弹臂槽；18—限制联动臂转动凸部；19—曲线槽；20—卡锁轴；21—供弹机卡锁；22—卡锁簧

在图 2.87 中两个滑板槽 7 是与滑板相配合的纵向槽。两个曲线槽 19 用来与加速器滚轮相配合。通孔 10 用来与供弹机止动器相配合。联动臂轴孔 9 是安装并固定联动臂的。在供弹孔中部有一纵向的阶梯孔，该孔用来安装联动臂轴孔 8 的凸缘 11，并连接拨弹轮和供弹凸轮的供弹轴及衬套。衬套和供弹轴一起作为供弹凸轮的转轴。供弹机体的凸部 2 与 3 用来将供弹机固定在炮箱上，四个定位柱 1 是压配在供弹机体上的，用来限制炮闩后退时的行程，两个槽 17 用来将供弹臂连接在供弹机上，凸部 18 是用来限制联动臂转动的。

供弹臂由供弹臂体、供弹杆、供弹杆轴及销等组成，如图 2.88 所示。

供弹臂的凸部 1 与凸肩 2 用来引导供弹臂在供弹机槽中滑动。菱形块 7 与供弹凸轮的曲

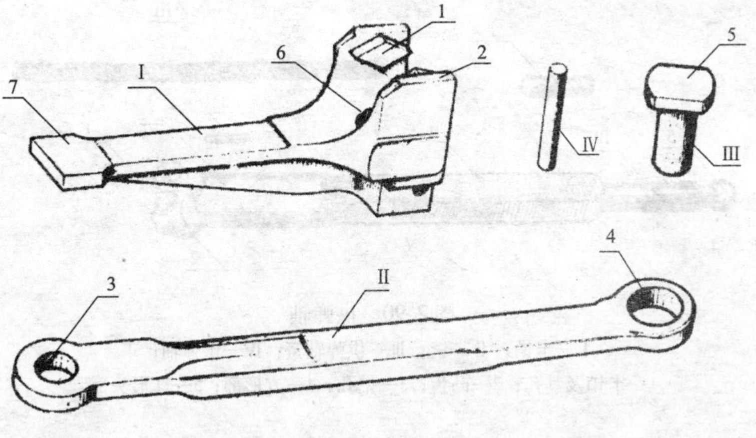

图 2.88　供弹臂

Ⅰ—供弹臂体；Ⅱ—供弹杆；Ⅲ—供弹杆轴；Ⅳ—销；

1—导向凸部；2—导向凸肩；3—轴孔；4—联动臂轴孔；5—定位部；6—轴孔；7—菱形块

线槽相互作用时，操纵凸轮转动。供弹杆的轴Ⅲ将供弹杆与供弹臂体（通过轴孔）连成一体。注意：装入供弹杆孔 3 中的供弹杆轴Ⅲ的圆柱部分相对于装在供弹臂中的圆柱部分是偏心的，该偏心距可以调整供弹臂的菱形块超越供弹凸轮卡荀的瞬间使各运动件处在极限位置。这种调整在制造厂装配过程中完成。

供弹凸轮组的功用是使供弹臂的往复运动变为自身的旋转运动，并通过与供弹轴连接来带动拨弹轮拨动弹带。供弹凸轮组由供弹凸轮、卡荀、卡荀簧和卡荀销组成，如图 2.89 所示。

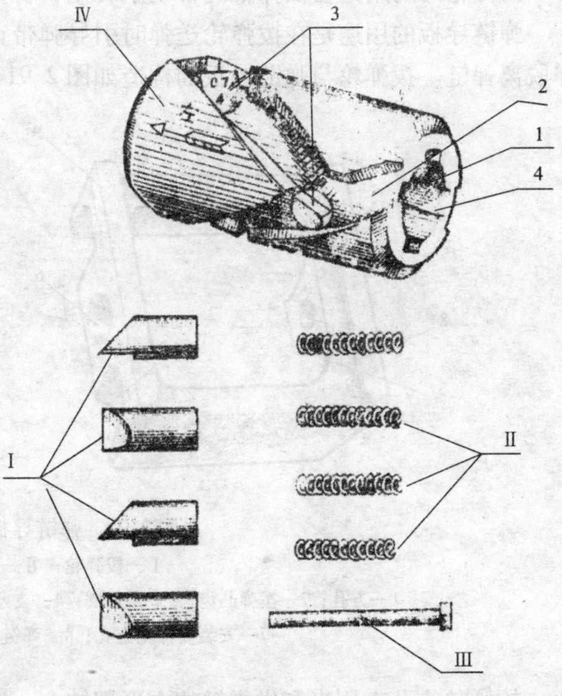

图 2.89　供弹凸轮组

Ⅰ—卡荀；Ⅱ—卡荀簧；Ⅲ—卡荀销；Ⅳ—供弹凸轮；

1—花键槽；2—曲线槽；3—卡荀及孔；4—供弹轴连接孔

图 2.89 中花键槽与供弹轴连接孔是用来连接供弹轴和衬套的。曲线槽用来与供弹臂的菱形块配合，当菱形块沿曲线槽前后运动时，将使供弹轮转动。卡荀孔共有四个，每孔装一卡荀和卡荀簧，四个卡荀由卡荀销固定。卡荀的用途是保证供弹凸轮朝一个方面转动。

注意：左、右供弹的供弹轮是有区别的。

供弹轴的功用是：将供弹凸轮的旋转运动传递给拨弹轮，以使拨弹轮拉动供弹带。其组成与构造如图 2.90 所示。

方形部用来与拨弹轮结合，当供弹轴转动时，通过方形部带动拨弹轮转动。销Ⅱ用于固定卡销和供弹轴簧。卡销的

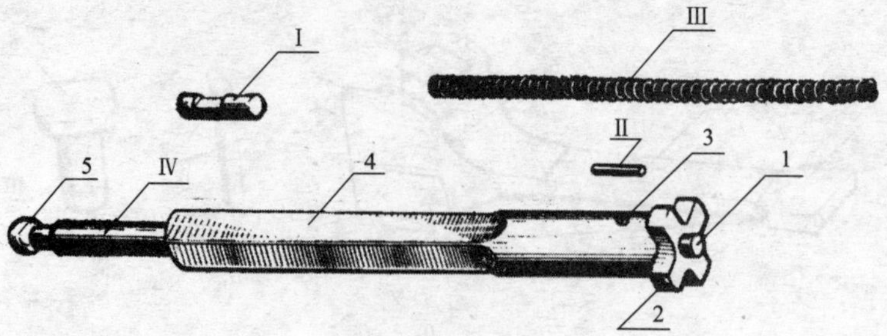

图 2.90　供弹轴

Ⅰ—卡销；Ⅱ—销；Ⅲ—供弹轴簧；Ⅳ—供弹轴；

1—卡销及其孔；2—凸齿；3—销孔；4—方形部；5—球形头部

用途是控制供弹轴与供弹凸轮的啮合与脱开。在完全装好的炮上，卡销在供弹轴簧的作用下伸出，使供弹轴的凸齿与供弹凸轮的槽相互啮合，供弹凸轮转动时，通过凸齿带动供弹轴转动。但当压缩卡销和供弹轴簧时，能使供弹轴向后移动 7 mm，这时，供弹轴的凸齿与供弹凸轮的槽脱开，拨弹轮与供弹轴一起自由旋转，即解脱供弹机构。供弹轴的球形头部用于退弹时解脱供弹机构。当需要退弹时，将退弹扳手插入供弹机孔内，并往下压到位，使槽对准供弹轴的球形头部，用手反时针方向旋转退弹扳手并使之到位，这时供弹轴卡销与供弹轴簧被压缩，供弹轴位移，供弹轴与供弹凸轮脱开，这时即可拉出弹带。

拨弹轮的功用是在供弹轴的带动下转动，将弹带送入炮膛轴线。

弹链导板的用途是在拨弹轮送弹时引导弹带正确进入炮内。在压弹时，卡住弹链，使炮弹脱离弹链。拨弹轮与弹链导板的构造如图 2. 91 所示。

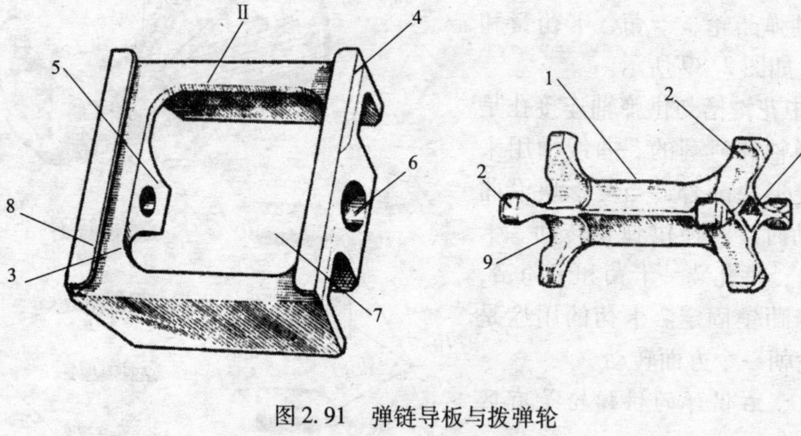

图 2. 91　弹链导板与拨弹轮

Ⅰ—拨弹轮；Ⅱ—弹链导板；

1—方孔；2—拨弹凸齿；3—滑板槽；4—支承凸筋；5—定位凸部；6—供弹轴孔；

7—安装拨弹轮方孔；8—弹链导板槽；9—让位凹部

拨弹轮方孔 1 用来和供弹轴的方形部结合，结合好后，拨弹轮随供弹轴转动而转动。四个拨弹凸齿及四个让位凹部是为了拨弹轮拨弹的。拨弹轮安装在弹链导板的方孔 7 中，通过供弹轴结合在一起。定位凸部 5 是给拨弹轮定位的。弹链导板槽 8 是引导弹链正确进入的。支承凸筋 4 是将弹链导板安装在供弹机上时支承用的。

后控制器的功用是和前控制器一起将弹带上的炮弹向下压到炮膛的轴线上，其构造如图 2.92 所示。槽底斜面 2 是后控制器下落时，滑板控制面的相互作用面。菱形块 3 用于与滑板控制面互相作用使后控制器抬起，凸块 1 用来限制后控制器的下落位置。滑板后退时操纵后控制器落下，同时使炮弹下落。当滑板前冲时操纵后控制器抬起。

供弹机构的传递关系：联动臂转动时，供弹杆后端前后运动，供弹杆带动供弹臂前后运动，如图 2.93 所示，供弹臂的菱形块在供弹凸轮的斜槽中滑动，使供弹凸轮朝一个方向转动，供弹凸轮带动供弹轮转动，供弹轴带动拨弹轮转动。

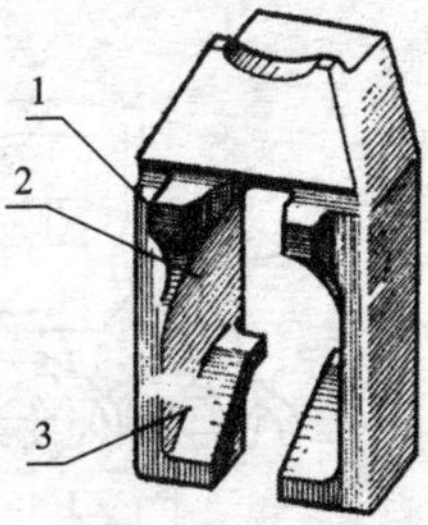

图 2.92　后控制器
1—限制凸块；2—槽底斜面；3—菱形块

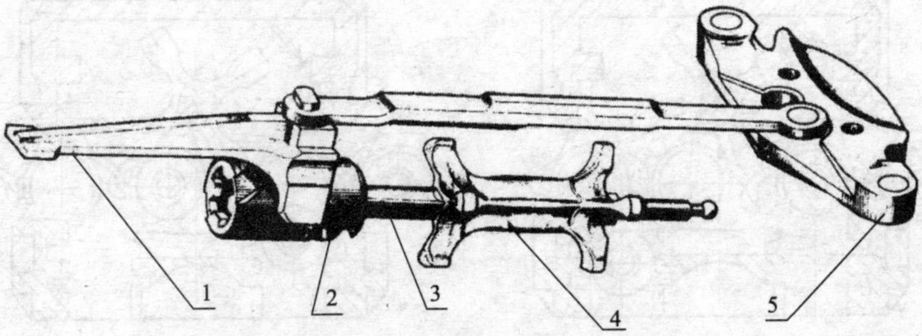

图 2.93　供弹机构传递关系
1—供弹臂；2—供弹凸轮；3—供弹轴；4—拨弹轮；5—联动臂

供弹机构的工作情况：装弹前，运动构件处于起始位置，使供弹一边的滑板和炮闩处于最前位置，另一边在最后位置。图 2.94 为左供弹图。

装弹前，将炮弹装入供弹道内，推到拨弹轮能拨到的位置，如图 2.94（a）所示。

第一次手工装弹时，操纵装弹手柄使运动构件从一个极端位置转到另一个极端位置，即联动臂通过左连接杆作用于左滑板使其向后，通过右连接杆作用于右滑板使其向前。右滑板向前的同时，联动臂通过供弹杆、供弹臂带动供弹凸轮转动。供弹凸轮通过供弹轴带动拨弹轮反时针方向转动（从后向前看），拨弹轮拨弹。当左滑板到达最后位置时，右滑板到达最前位置，这时，第一发炮弹被拨弹轮钩住，而在供弹一边的第二发炮弹就被前后控制器压入左炮闩抓手里。弹带和炮弹第一次落下位置如图 2.94（b）所示。

第二次手工装弹时，操纵装弹手柄，将运动件恢复到第一次手工装弹前的位置，即左滑板由后位转到最前位置，右滑板由最前位置转到最后位置。落入左炮闩抓手的炮弹送入左弹膛，弹带上的第一发炮弹被压落到右炮闩抓手里。此时，炮已装好弹，如图 2.94（c）所示。第三发炮弹已推到拨弹轮的边上。

第三次装弹可以用火药装弹机构来完成。射击时炮的供弹方法与上述相同。

在此，应该注意到所有偶数炮弹进到第一个炮管（即左炮管），而所有的奇数炮弹进入第二个炮管（即右炮管）。还可以看到是左炮管先射击，即第二发射击后才是第一发射击。

第一次打响后，供弹机构重复第一次手工装弹时动作，其位置见图 2.94（d），第二次打响后供弹机重复第二次手工装弹的动作。

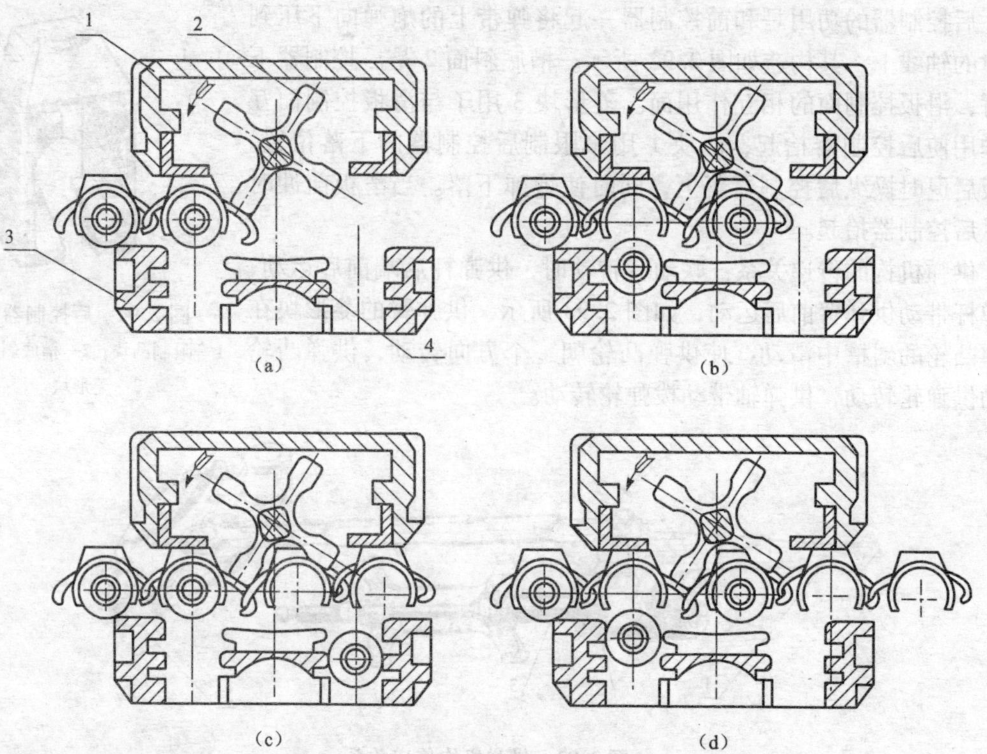

图 2.94 供弹机工作图

1—供弹机体；2—拨弹轮；3—炮箱；4—抛筒器

5）击发机构

击发机构包括自动击发机构和电发射机构。

自动击发机构的功用是：在击发簧的作用下，撞击炮闩上的击锤，击发炮弹底火，使火炮发射。自动击发机构由击发转轴、击发转轴接杆、击发簧及击发转轴操纵杆组成，其构造如图 2.95 所示。

击发转轴以其圆柱形轴颈 6 安装在炮箱的孔 33 里，而在击发转轴另一端的孔中插入击发转轴支架，以使击发转轴固定在炮箱槽中。击发转轴接杆用销与击发转轴相连接。凸部 4 是前控制器的作用部位，前控制器对它起作用时，将击发转轴扳起离开击锤，并将击发转轴从一边转换到另一边。

击发转轴的凸部 3 卡在自动保险的孔里。而凹槽 10 将击发转轴扣在电扣机上。击发转轴支架上的槽 7 是让开电扣机的，电扣机的凸缘通过该凹部扣住击发转轴，通电时才释放击发转轴。

自动击发机构工作情况：击发前，因线圈不通电，电发射机构的制动器顶住电发射机构的电扣机，电扣机的凸部通过击发转轴保险，扣住击发转轴；击发开始瞬间，即按下击发按钮瞬间，电磁线圈通电，电发射机构的制动器让开电扣机，电扣机释放击发转轴，击发转轴在击发簧的作用下撞击击锤，击发底火；右边第一发炮弹击发后，活塞杆及滑板带动右前控制器向下运动，前控制器作用于击发转轴使其转动，使击发转轴离开击锤，左前控制器上升，放开自动保险（如图 2.96（a）所示）；当右前控制器继续作用于击发转轴时，击发转

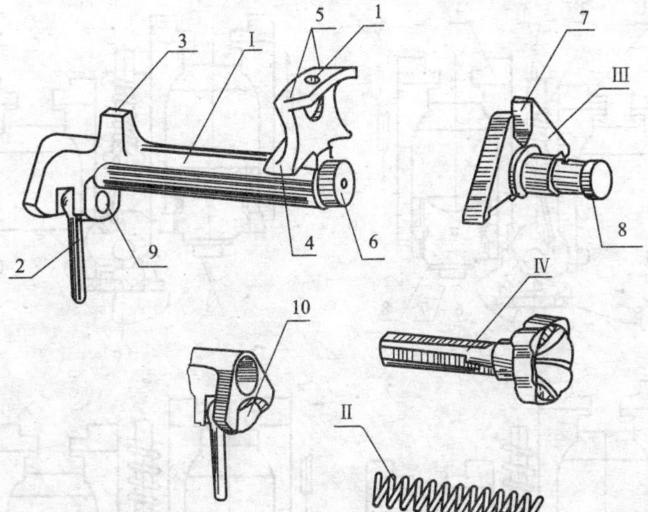

图2.95 自动击发机构

Ⅰ—击发转轴；Ⅱ—击发簧；Ⅲ—击发转轴支架；Ⅳ—击发转轴操纵杆；
1—冲子孔；2—击发转轴接杆；3—自动保险扣住凸部；4—前控制器作用凸部；5—撞击炮闩击锤的凸肩；
6—轴颈；7—让开电扣机的槽；8—插入击发转轴部位；9—接杆轴销；10—凹槽

轴转至被自动保险扣住的位置，随后击发转轴转至左方，被自动保险扣住（如图2.96（b）所示），左前控制器继续上升；滑板继续后退，当后退距前位94.5~103 mm时，右前控制器向下作用于自动保险，自动保险释放击发转轴，击发转轴继续向左转动，撞击左边炮闩的击锤，左炮闩抓手的炮弹击发（如图2.96（c）所示），这时左前控制器早已带动炮闩向上锁膛；左边的炮弹击发后，左活塞杆及左滑板后退，后退8~24.5 mm时，带动左前控制器向下开膛，作用于击发转轴离开左炮闩击锤，右前控制器向上，并放开自动保险（如图2.96（d）所示）；滑板继续后退，当后退距前位73~85 mm时，左前控制器向下运动作用于击发转轴，使击发转轴从左方转至右方，并被自动保险扣住（如图2.96（e）所示），右前控制器继续上升；当左滑板继续后退距前位94.5~103 mm时，左前控制器向下作用于自动保险，释放击发转轴，击发转轴撞击右炮闩的击锤，这时右前控制器早已带动炮闩向上锁膛（如图2.96（f）所示）；停射时，即放开击发按钮，电磁线圈断电，电发射机构的制动器顶住电扣机，电扣机扣住击发转轴，击发转轴离开击锤而停射，击发转轴的位置同击发前的位置（如图2.96（a）所示），摆到左方或右方。

电发射机构的功用是远距离操纵击发和火药装弹。它由电扣机、传感器及自动保险、接触控制盒、联动杆及壳体等组成，其构造如图2.97所示。

扣机组安装在航炮的底部，炮箱的凸起和气室的凸部上。气室上的扣机组卡锁27限制了扣机组的向前移动，炮箱的前端面限制了它的向后移动。

电扣机的功用是控制发射与停射。它由电扣机、电扣机限制器及簧、铁芯及铁芯推杆、线圈扣环及线圈、铁芯盖等组成。电扣机装在靠近扣机壳体后端面的轴上。带联动杆簧的联动杆与带制动器簧的制动器用同一轴销固定在扣机壳体上。在制动器簧的作用下，制动器的前端顶在铁芯推杆的端面上，当磁铁工作时，在铁芯推杆的作用下，制动器可绕轴摆动。电

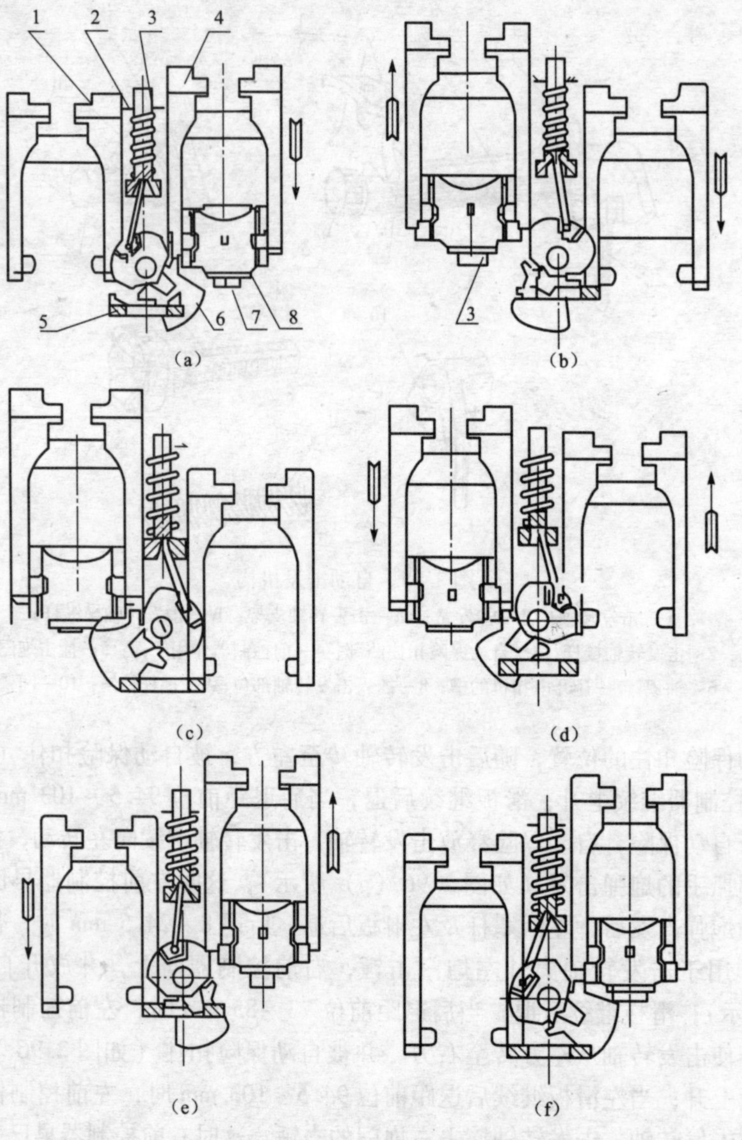

图 2.96 击发机构工作过程

1—左前控制器；2—击发簧；3—击发转轴操纵杆；4—右前控制器；5—自动保险；
6—击发转轴；7—击锤；8—右炮闩；9—左炮闩

扣机的前端面顶在制动器后端面上（当线圈通电时制动器才让开电扣机）。电扣机的侧面（靠近后端面）是扣住击发转轴的支承面。

线圈装于扣机壳体的中部，线圈中心孔内装有铁芯与铁芯推杆，推杆的一端固定在铁芯内，而另一端突出于扣机壳体。铁芯推杆与扣机壳体之间有密封圈，以防线圈受潮。铁芯盖将铁芯封闭在扣机壳体的下面，铁芯盖拧到线圈扣环内使之到位，并用压簧固定，以防松动。

当线圈通电工作时，铁芯带动铁芯推杆向上运动，顶电扣机制动器转动，制动器让开电扣机，电扣机可向前转动，以释放击发转轴。

联动杆的作用是防止排除瞎火弹时走火。

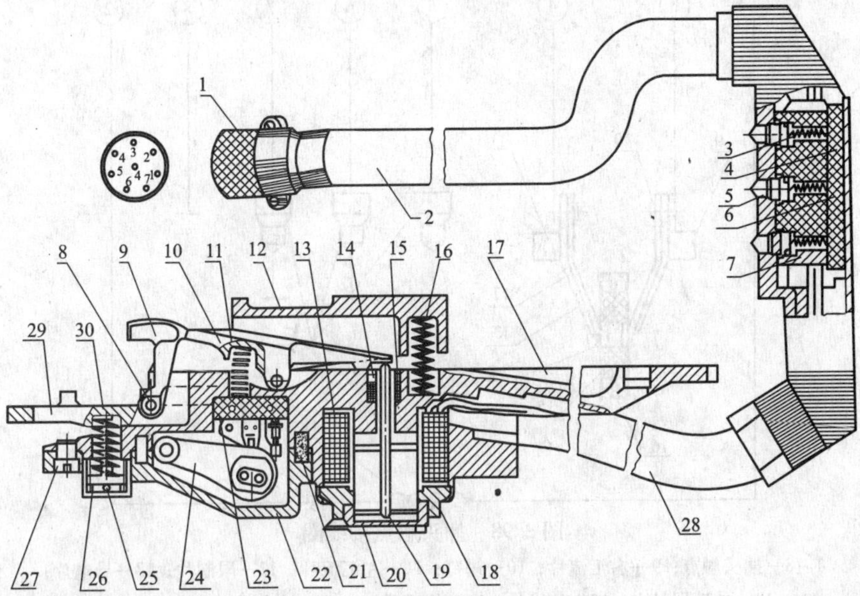

图 2.97　电发射机构

1—插座；2—长铠装电缆；3—触头簧；4—插板；5—触头；6—挡板；7—触头簧座；8—电扣机轴；9—电扣机；10—制动器；11—限制器簧；12—联动杆；13—线圈；14—密封螺母；15—密封垫；16—联动杆簧；17—扣机体；18—线圈扣环；19—铁芯；20—铁芯盖；21—密封圈；22—传感器盖；23—传感器座；24—传感器；25—开口销；26—限制器；27—传感器盖螺钉；28—短铠装电缆；29—自动保险；30—保险簧

传感器的功用是接通或断开指示航炮状态的电路。它由传感器杆、接触片、导电片、限制片、传感器座、传感器盖以及密封垫等组成，见图 2.97 和图 2.98。

传感器与自动保险同轴固定在扣机壳体的后部，自动保险并带有弹簧，当弹簧作用于自动保险使其转动时，传感器也一同转动，在弹簧作用下，自动保险在极根位置时，传感器触点与导电片断开。

传感器的两个导电片通过汇流片铆接在传感器接触器座上。传感器座用两个销钉固定在扣机壳体凹槽的底部。传感器杆可绕轴摆动，前端往上摆动时，使传感器触点与导电片接通，返回时断开。

两根导线分别焊接在传感器左右汇流片上，引出线穿过相对应的孔，进入电磁线、圈座，最后焊接在插头 3、4 号触头上。传感器盖与扣机壳体之间有石棉橡胶密封圈，并用三个螺钉将传感器盖固定在扣机壳体上，以防受潮。

自动保险的作用是：连发时在每发炮弹之间保持击发转轴在扳起状态（当电扣机被解脱时）。其目的在于保证炮闩不锁膛就不击发。

当击发时，滑板后退，作用于前控制器使其向下，前控制器作用于自动保险使其转动（见图 2.99），解脱击发转轴。

当炮闩未锁膛时，即前控制器未带动炮闩向上锁膛，另一前控制器则未到下方去作用于自动保险，自动保险在弹簧的作用下，在上方位置扣住击发转轴，击发转轴离开击锤。

接触器盒的功用是接通或断开火药装弹电路，从而通过它来操纵火药装弹。

接触器盒装在扣机壳体与插头之间，盒中装着三个用弹簧压紧的触头（电底火触头），

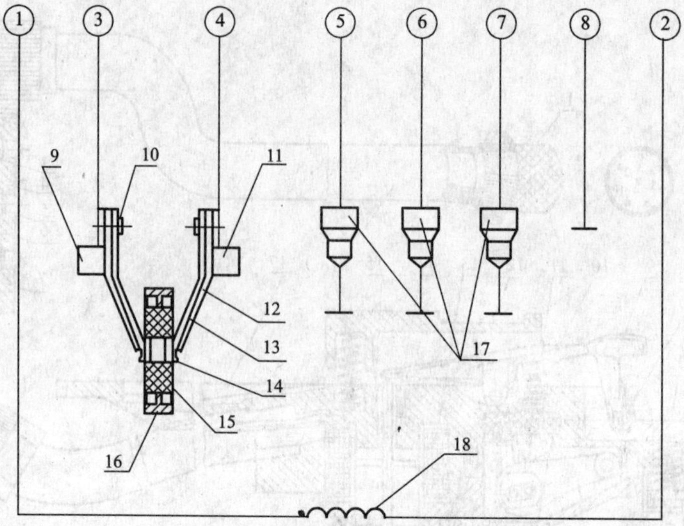

图 2.98 插头触点接线圈

1～8—插头触点；9—右汇流片；10—铆钉；11—左汇流片；12—限制片；13—导电片；14—传感器触点；15—绝缘体；16—传感器杆；17—触头；18—扣机组线圈

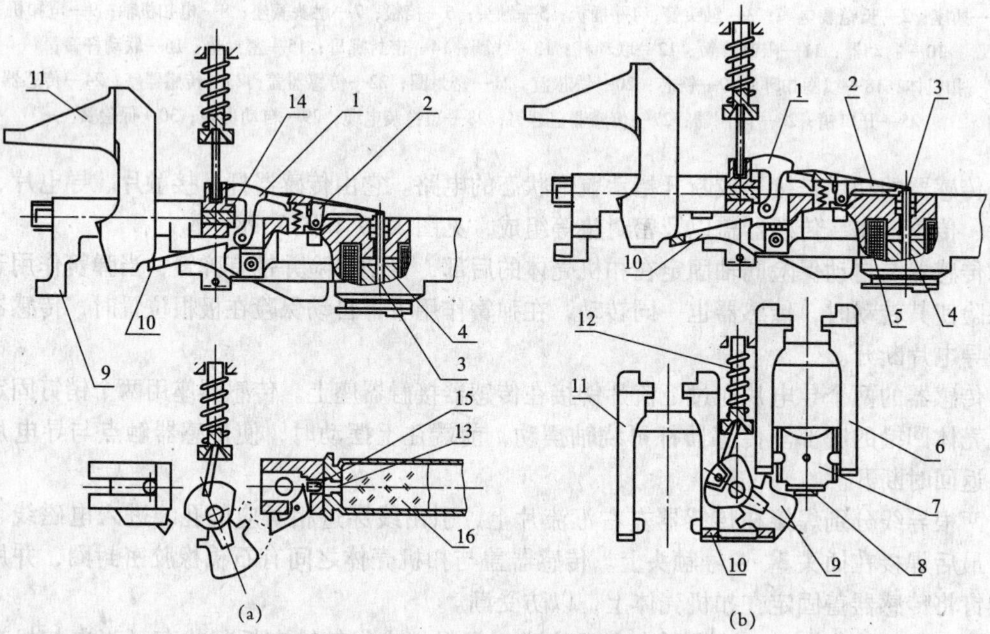

图 2.99 电扣机工作过程

1—电扣机；2—发制动器；3—铁芯推杆；4—铁芯；5—线圈；6—右前控制器；7—炮闩；8—击锤；9—击发转轴；10—自动保险；11—左前控制器；12—击发簧；13—底火；14—击发转轴支架；15—击针；16—炮弹

并用绝缘体、触头簧和触头簧挡板将触头与接触器分开。

触头被弹簧压紧的目的是确保火药弹电底火可靠击发。

接触器盒内的插板用于将触头、触头簧、触头簧座及其挡板密封在接触器盒内。

接触器盒的导线从触头经过长铠装电缆的导管连接到插头上，见图 2.98，其中 8 号触点为负极。

电发射机构的工作：击发前，电扣机的工作受铁芯推杆的控制，击发前线圈未通电，铁芯及铁芯推杆在下方；推杆未推电扣机制动器，电扣机制动器的后端顶住电扣机的前端，如图2.99（a）所示；电扣机不能转动，其后端侧面通过击发转轴的扣机扣住槽扣住击发转轴；当电扣机扣住击发转轴时，在下方的前控制器早已作用于自动保险，自动保险已释放击发转轴。当自动保险转动时，传感器杆一起转动，接通导电片与传感器触点，射击准备指示灯亮（注意：只要有一滑板在前位，射击准备指示灯就亮）；当按下击发按钮时，线圈通电，在磁场作用下，铁芯向上运动，使推杆顶电扣机制动器；当制动器转动时，解脱电扣机，释放击发转轴，如图2.99（b）；在击发簧的作用下，击发转轴撞击击锤，击锤撞击撞针，撞针撞击炮弹底火。

6）缓冲器

缓冲器用来减小后坐力对炮架的影响，即吸收航炮后坐和前冲的能量，从而起缓冲作用。缓冲器由缓冲器体、缓冲器导杆、缓冲簧、螺帽及垫圈等组成，如图2.100所示。

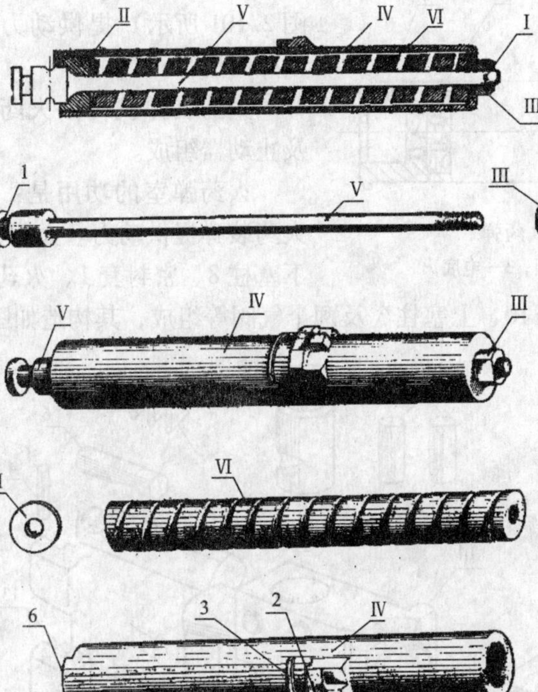

图2.100　缓冲器

Ⅰ—销；Ⅱ—垫圈；Ⅲ—螺母；Ⅳ—缓冲器体；Ⅴ—缓冲器导杆；Ⅵ—缓冲簧；
1—用来将炮固定在炮架上的槽；2，3—用来将缓冲器装在炮箱上的弧形凸块；
4—将缓冲器装在炮箱上的凹槽；5—当安装在炮上后防止缓冲器转动的凸齿；6—半圆弧部

缓冲簧用螺母固定在缓冲器导杆上，螺母用销子定位，以防松动。缓冲簧的预压力用垫圈的厚度来调整，由制造厂进行调整。

在缓冲器体的前端，缓冲簧的预压力通过垫圈作用在缓冲器导杆头上。在其后端，弹簧支撑在缓冲器体底部和螺母上。

缓冲器通过弧形凸块和凹槽与炮箱连接，并通过凸齿5与炮箱啮合，防止缓冲器转动。

缓冲器导杆头部的环槽，用来与炮架固定。有时通过中间零件（支承座），再固定在炮架上。

在射击过程中，当整个航炮在火药气体作用下产生后坐时，通过炮箱与缓冲器的连接凹凸部，作用缓冲器体和垫圈后坐，垫圈压缩缓冲簧，缓冲簧的后端支撑在螺母上，螺母作用在缓冲器导杆上，由导杆头传给炮架。在这过程中，缓冲簧吸收了航炮后坐的大量能量，从而起到缓冲作用。

当航炮后坐终止时（最大后坐量不超过14 mm），缓冲簧伸张，释放能量，作用于整个航炮使其前冲，当回到起始位置时，由于惯性要从另一方向压缩缓冲簧（最大前冲量不超过9 mm）。这时缓冲器体的后端压缩缓冲簧，缓冲簧的前端支撑在垫圈上，垫圈通过导杆传到固定座上，因而前冲时起缓冲作用。

7）火药装弹机构

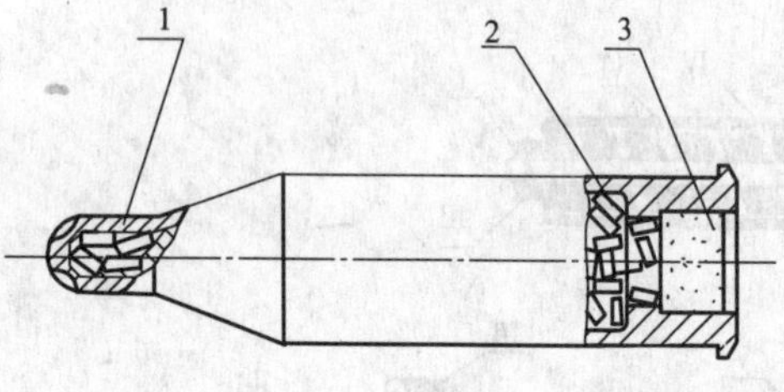

图2.101　火药弹

1—药筒；2—发射药；3—电底火

火药装弹机构的功用是：利用火药弹（如图2.101所示）提供动力，给航炮装弹或排除故障时退弹。

火药装弹机构由火药弹室、火药装弹活塞及止动器组成。

火药弹室的功用是：供装火药弹，为航炮火药装弹提供动力。火药弹室由火药弹室体12、下塞柱8、密封套1、火药弹室止动销6及止动销簧5、卡销9及卡锁簧10、上塞柱3及两个气阀等组成，其构造如图2.102所示。

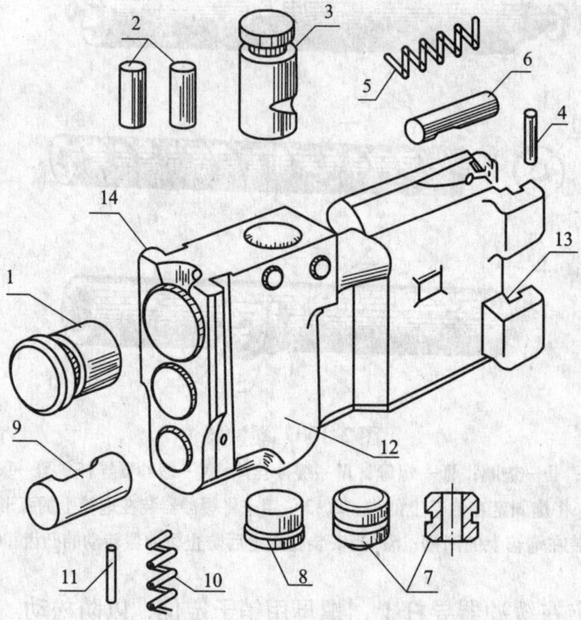

图2.102　火药弹室组成图

1—密封套；2—销；3—上塞柱；4—圆头销；5—止动销簧；6—火药弹室止动销；7—气阀；8—下塞柱；9—卡锁；10—卡锁簧；11—销；12—火药弹室体；13—断隔槽；14—凸缘

火药弹室体的凸缘14用来将火药弹室固定在气室的槽里，并被火药弹室卡锁固定。断隔槽13用来连接接触器盒。火药弹室止动销用来固定接触器盒。火药弹室体有三个弹膛，每一弹膛可容纳一枚火药弹。为了密封，火药弹室必须装满（三发）。若火药弹数量不够，就要用空药筒塞到空位上，以起密封作用。火药弹室有两个气阀，气阀中心有通孔，是用来通火药气体的，每个气阀中部还有一环形槽，是用来密封火药气体的。气阀间与塞柱间彼此压着，起到封闭任意两个弹膛口的作用，使火药气体与另外的火药弹隔开。

火药弹室的工作过程：若中间弹膛的火药弹发火后，火药气体推上气阀往上（见图2.103），堵住上弹膛口，火药气体则通过上气阀的中心孔进入上塞柱的孔，然后进入密封套的中心孔，最后进入气室的火药装弹活塞气缸，推火药装弹活塞向后。若上弹膛的火药弹发火，则在火药气体作用下，两个气阀都在下面位置，堵住下面两个弹膛口，若下弹膛的火药弹发火，则两个气阀在火药气体作用下，都在上面位置，堵住上面两个弹膛口。

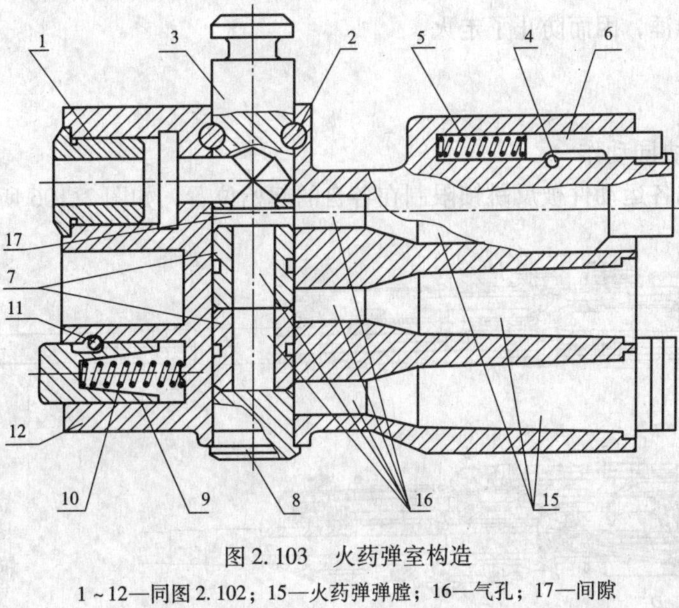

图2.103 火药弹室构造

1~12—同图2.102；15—火药弹弹膛；16—气孔；17—间隙

火药装弹活塞用于完成航炮的装弹，以及在航炮故障状态下保证航炮的装弹。火药装弹活塞的构造如图2.104所示。

火药装弹活塞的前端圆柱部分2是活塞本身。后端有两个凸肩1，两个肩部中的一个在火药装弹时作用于活塞杆带动滑板向后。当另一滑板与活塞杆复进时，作用于火药装弹活塞的另一肩部，使火药装弹活塞回到原位。

活塞前端面的盲孔3是气室所需的初始容积，同时也为了减轻质量。

火药弹击发所产生的火药气体迫使气室内的火药装弹活塞向后，从而带动右边的或左边的滑板后退。活塞强制活塞杆与滑板后退39 mm，然后各运动件在其自身的动量作用下，继续运动。当作用一个活塞杆与滑板向后运动时，另一活塞杆与滑板则向前运动，最后将火药装弹活塞推回到起始位置。

止动器的构造如图2.105所示。

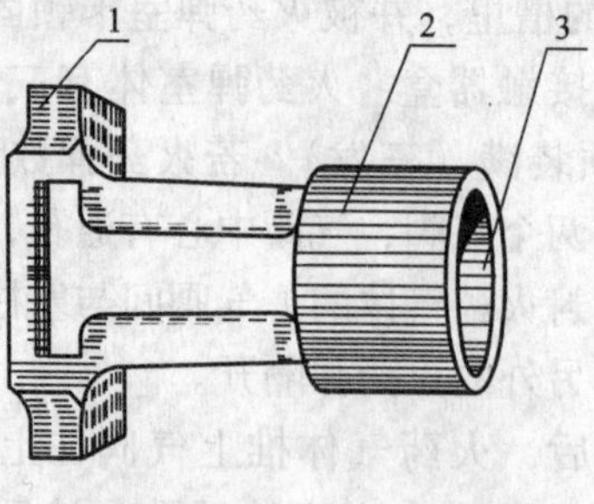

图 2.104　火药装弹活塞

1—凸肩；2—圆柱部分；3—盲孔

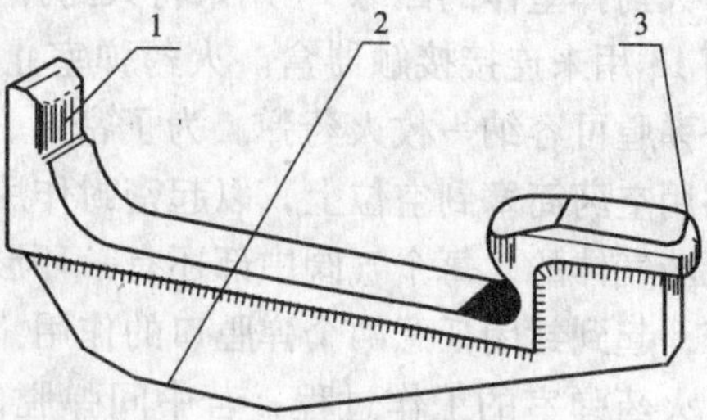

图 2.105　止动器

1—止动器尾杆；2—止动器下平面；3—止动器头部

止动器的功用是排除瞎火弹和弹药基数没消耗完要进行手工装弹时，防止走火。

止动器的工作原理：火药装弹或用杠杆操纵火药装弹活塞后退时，活塞作用于止动器尾杆，而止动器下平面向下作用于联动杆使其转动，联动杆后部往上转动，作用于击发转轴，使击发转轴离开击锤，因而防止了走火。

3. 协同动作

1）连射时的协同动作

射击前，航炮各运动件被反跳锁限制在各自的起始位置，如图 2.106 所示。

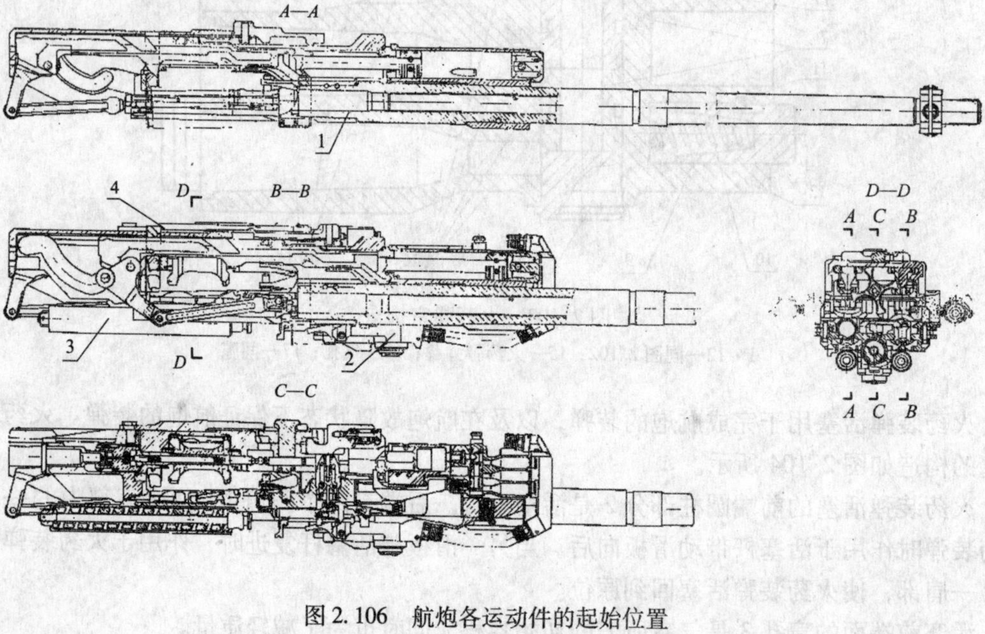

图 2.106　航炮各运动件的起始位置

1—炮身；2—电发射机构；3—缓冲器；4—供弹机构

航炮右供弹时，右滑板处于最前位置，右滑板将右后控制器和带着炮闩的右前控制器抬到最上位置；右炮闩带着一发炮弹处于锁膛位置，右瓦斯活塞杆将定位器和选择器转到左边；用右连杆的加厚部位将右托弹爪解脱并限制在一定的位置上；左滑板转换到最后位置，左炮闩在最后位置被定位柱挡住，左炮闩爪抓住炮弹底缘；左后控制器和定位器从上面对炮弹限位，左托弹爪从下方托住炮弹，托弹爪受炮闩作用保持在托住状态；左前控制器处于最下方位置，将自动保险压在最下位置，并将击发转轴转到右方，被电扣机扣住成待发状态；传感器杆接通传感器电路，射击准备指示灯亮；抛筒器转向右方；拨弹轮将弹带保持在一定的位置上，供弹臂处于最前位置。航炮左供弹时，在射击前各运动件处于上述相反的位置上。

航炮开始射击时，接通电源并按下射击按钮，将 27 ± 10% V 的直流电加在扣机组线圈上，电流通过扣机组线圈产生磁通，铁芯被吸动，铁芯推杆转动扣机制动杆，释放电扣机。在击发簧作用下，击发转轴转动，撞击击锤，击锤撞击击针，击针向前撞击炮弹底火，击发炮弹。

当炮弹通过炮管上的气孔时，弹底火药气体通过气孔及气室上的孔同时进入右活塞的前腔和左活塞的后腔。在火药气体的作用下，右滑板后坐，左滑板前冲。左、右滑板通过联动臂协调工作，进而带动各运动件工作。

右滑板与右活塞杆后坐，经 8 mm 自由行程结束后，滑板使前控制器与炮闩一起开始下落，并开膛。同时，右前控制器扳起击发转轴，使击发转轴扣在自动保险上。开膛结束时，右炮闩开始向后运动，并从弹膛内抽出药筒。在右加速机构作用下，右炮闩均匀加速后退，至中段后速度逐渐地慢下来。在炮闩抓手抓住药筒后退过程中，药筒通过抛筒器的抛筒弧面和炮箱的抛筒凸缘时，药筒被引导下落。药筒下落之后，它保留在炮闩抓手里，直到炮闩后退到位。药筒下落终了时，炮闩解脱抛筒器卡锁，并操纵抛筒器转移到另一方。当右滑板后退 73 ~ 87.5 mm 时，它分别作用于右前、后控制器使其工作。前、后控制器使下一发炮弹从弹带上压到炮膛轴线上，这时，炮闩抓手抓住炮弹底缘，炮弹下方有一空药筒。当炮弹下落时，右前控制器使击发转轴转换到另一方，并且解脱自动保险，通过传感器杆接通传感器电路。炮闩后退快到位时，操纵右托弹爪托住炮弹。

右滑板后退时，左滑板前冲。当左滑板距前位 52 ~ 91 mm 时，带有炮弹的左炮闩在加速机构的作用下，均匀加速前冲，到最大速度后，逐渐地慢下来。当滑板距前位 93 ~ 103 mm时，抬起前控制器。当击发转轴的凸部进入自动保险的方孔中后，在自动保险簧作用下，自动保险返回，断开传感器电路。炮闩抓手内的炮弹向前运动，推开托弹爪。当滑板前冲距前位 60.5 ~ 90 mm 时，后控制器抬起。当滑板距前位小于 24.5 mm 时，左炮闩与左前控制器一起抬起。当滑板距前位小于 8 mm 时，左前控制器停止上升，炮闩锁膛完毕。在左滑板前冲终了时，左活塞杆通过选择器把定位器转换到另一方。

在滑板运动的同时联动臂转动。当滑板运动的距离大于 4 mm 时，解脱反跳锁。在滑板行程终了时，反跳锁凸部在弹簧的作用下进入联动臂凹部。在滑板的全行程上，联动臂通过供弹杆把供弹臂从一个极限位置带到另一个极限位置，供弹臂的菱形块在供弹凸轮的曲线槽中滑动，使进凸轴和拨弹轮转动，于是传送供弹带，在滑板的单行程内，弹带送进一个链距。

当复进的滑板快到最前位置时，后退的滑板带动前控制器从自动保险上释放击发转轴，撞击另一个炮管里炮弹底火而射击。射击持续到电扣机扣住击发转轴为止。

放开射击按钮，线圈断电，电扣机制动器顶住电扣机，电扣机扣住击发转轴，击发转轴离开击锤而停射。

注意：航炮射击，当弹药未耗完时，一炮管的膛内有炮弹，另一炮管的后方炮闩抓手内有一炮弹，等待入膛。

2）火药弹装弹时的动作

航炮可以用手工装弹或火药装弹机构装弹。

手工装弹是用装弹扳手通过联动臂和联动机构的各零件进行的。在航炮的寿命期间，手工装弹的次数是不受限制的。

火药装弹机构是用来在空中给航炮装弹的（完成装弹或排除故障），即只有当需要远距离控制装弹时才使用。

由于航炮的整个寿命期间，火药装弹的次数不能超过 200 次，因此在地面一般不允许使用火药装弹机构装弹。在 200 次装弹中，为查明空中射击后是否留有炮弹，许可空装弹 80 次。

火药装弹是通过装在火药弹室里的火药弹来完成的。火药装弹是由射击控制板来操纵的。航炮装弹时，按下装弹按钮，27 ± 10% V 的直流电通过传感器的闭合触点到火药弹的电底火，然后回路。

由火药弹的火药燃烧产生的火药气体顶开火药弹室里的气阀，通过导气孔进入气室并且推动装弹活塞向后运动。装弹活塞的凸肩强制推动处于前位的滑板向后运动 39 mm，并且给予联动机构各零件以足够的速度，此后，联动机构在惯性作用下完成一个工作行程。装弹活塞在另一个滑板复进到位时，被带回原位。

在火药装弹时，联动机构的动作与射击时相同。

为了保证航炮各零件的使用寿命，只有当联动机构各零件处在起始位置（在滑板的自由行程范围内）时，才能使用火药装弹。这时，供给火药弹电底火的电流必须通过扣机组传感器回路。同时，只准接通一个火药弹的触头。

为了安全地抛出瞎火弹，航炮配备了一个由火药装弹活塞带动的联动机构，如图 2.107 所示。

图 2.107（a）表示火药装弹前联动机构各零件的位置（击发转轴被释放时）。图 2.107（b）表示火药装弹活塞开始运动时联动机构各零件的位置。

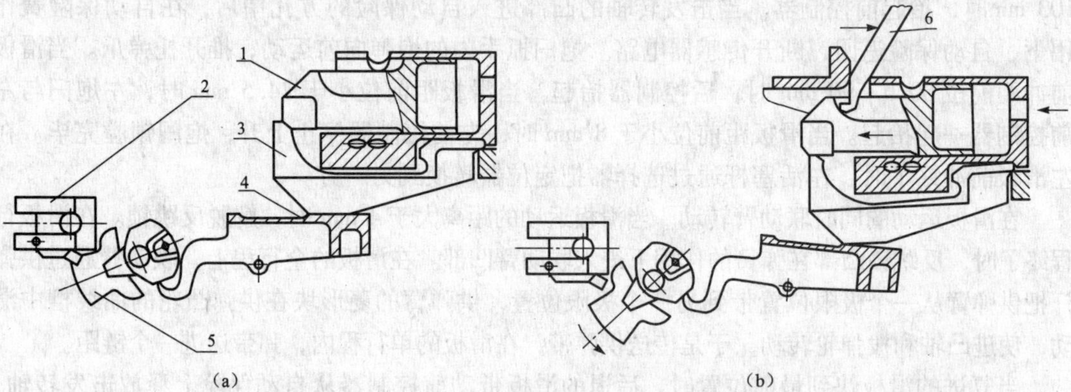

图 2.107 联动机构

1—火药装弹活塞；2—炮闩；3—止动器；4—联动杆；5—击发转轴；6—杠杆

在装弹活塞从最前位后退 4 ~ 6 mm 时，装弹活塞作用在止动器和联动杆上，强迫已释放的击发转轴离开闭锁的炮闩的击锤，由于击针被击发转轴和击发簧止住，所以当炮闩开始运动（开膛）时击针不撞击瞎火弹的底火。

在每次火药装弹时，联动机构的动作和故障无关。手工装弹时，如果底火没有打响或炮弹没有消耗完而必须退弹时，要用杠杆扣住联动机构。

注意：当底火未击发需排除故障，弹药未消耗完而退弹或在其他情况下要装弹时，若这时不知道击发转轴的准确位置，也没有用杠杆扣住联动机构，使击发转轴离开击锤，在此之前严禁开始手工装弹。

3）自动循环图

ГШ－23 航炮工作自动循环图如图 2.108 所示。

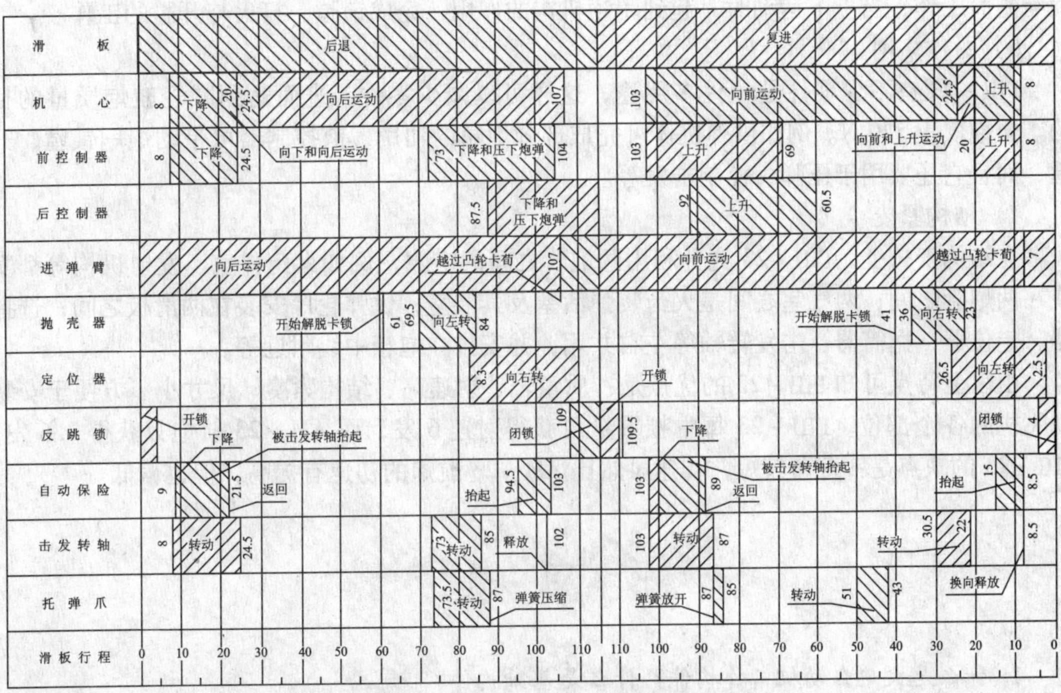

图 2.108　ГШ－23 航炮工作自动循环图

4. 小结

ГШ－23 航炮是导气式自动机，与 AM－23 航炮比较，其主要特点如下。

1）采用火药弹装弹

ГШ－23 取消了航炮通常采用的冷气装弹机构，而采用火药弹机构进行装弹。火药装弹机构结构简单，质量轻，在飞机上外挂就显得很方便，因为不用飞机上的冷气系统。

2）活动件（传动板等）后坐和复进均由火药气体推动

航炮甲管发射后，火药气体进入甲管对应的气室，作用甲滑板后坐。火药气体同时进入乙管对应的气室，作用乙滑板复进，甲、乙滑板一并通过联动机构，使后坐和复进运动协调。因滑板的后坐和复进都靠火药气体，所以取消了制退复进机构。

3）全炮只有一个缓冲器

该缓冲器是为了减小后坐力的。由于左、右滑板质量小，相互协调，因而活动件就不用缓冲器缓冲，这样有利于射速的提高。

4）采用轮式供弹

采用轮式供弹机构供弹，一个供弹机构为两个炮闩（炮管）供弹。拨弹轮及其操纵机构由联动臂带动，只要滑板运动，拨掸轮就工作，充分利用了射击周期来供弹，而且压弹的时候，也没有停止拉进弹带，这样相对地降低了供弹速度，有利于供弹的可靠性和稳定性的提高，有利于射速的提高。

5）小炮闩

ГШ－23 的炮闩质量小、尺寸小，当前后运动时，起到推弹臂作用，完成输弹入膛、抽筒与抛筒工作，当上下运动时，起到闭锁机构的作用，完成锁膛、打火与开膛的工作。

6）一件多用

ГШ－23 有不少零件是一件多用途，这样可以减少零件，进而达到减轻航炮质量的目的。全炮仅重 520 N。例如供弹机体可完成部分炮箱的功用，前控制器可带动炮闩锁膛、开膛，而且它还要用于压弹、控制击发等。

7）结构紧凑

在结构安排上，ГШ－23 充分利用两炮管之间的空隙，例如火药弹室、发射机构等都安装在两炮管之间；两气室之间是火药装弹活塞及其气室；供弹轮等安装在两滑板之间；选择器、定位器、抛筒器、击发转轴等左右共用，并安排在炮箱中线附近等。

由以上特点可知 ГШ－23 的优点是：质量轻、射速高、结构紧凑、尺寸小、方便于安装到飞机的各个部位。ГШ－23 每牛顿重量可获得射速 6 发，而 AM－23 航炮只获得 3.6 发。ГШ－23 的缺点是：寿命较短，初速虽然比 AM－23 航炮的初速有提高，但也偏低。

习 题

1. 什么是火炮自动机工作构件？什么是基础构件？
2. 什么是火炮自动机的炮闩？炮闩一般包括哪些机构？
3. 什么是闭锁？什么是火炮自动机的闭锁机构？
4. 什么是火炮自动机的关闩机构？
5. 什么是火炮自动机的开闩机构？
6. 什么是进弹口？
7. 什么是火炮自动机的拨弹机构？
8. 什么是火炮自动机的压弹机构？
9. 什么是火炮自动机的供弹机构？
10. 什么是火炮自动机的输弹机构？
11. 什么是火炮自动机的协同动作（联合动作）？
12. 简述火炮自动机结构分析的含义。
13. 火炮自动机结构分析的主要内容包括哪些？
14. 从利用能源上现代火炮自动机主要可以分为哪几类？
15. 从工作原理上火炮自动机主要可分为哪几类？

16. 什么是炮身后坐式自动机？炮身后坐式自动机有哪些特点？
17. 什么是导气式自动机？导气式自动机有哪些特点？
18. 什么是转膛自动机？转膛自动机有哪些特点？
19. 什么是转管自动机？转管自动机有哪些特点？
20. 什么是链式自动机？链式自动机有哪些特点？
21. 什么是双管联动自动机？双管联动自动机有哪些特点？
22. 什么是自动机循环图？自动机循环图有哪几种形式？
23. 提高射速有什么意义？提高射速有哪些主要技术途径？
24. HP－23 自动机各机构是如何协同动作的？
25. HP－23 自动机的结构特点有哪些？
26. AM－23 自动机各机构是如何协同动作的？
27. AM－23 自动机的结构特点有哪些？
28. ГШ－23 自动机各机构是如何协同动作的？
29. ГШ－23 自动机的结构特点有哪些？

第3章

火炮自动机动力学仿真

3.1 概　　述

3.1.1 计算机仿真技术

1. 计算机仿真的概念

仿真的基本思想是利用物理的或数学的模型来类比、模仿现实过程，以寻求对真实过程的认识。仿真所遵循的基本原则是相似性原理。因此，系统仿真可以理解为运用物理模型或数学模型代替实际系统进行的实验和研究。

从20世纪40年代末开始，系统仿真开始兴起并逐步发展起来。随着计算机技术的发展，利用计算机对系统进行仿真越来越受到人们的重视，尤其是数字电子计算机已成为系统仿真的主要工具，对仿真的理论方法和应用技术的研究也逐步深入，应用的领域越来越广。

计算机仿真技术是一门利用计算机软件模拟实际环境进行科学实验的技术。它具有经济、可靠、实用、安全、灵活、可多次重复使用的优点，已经成为对许多复杂系统（工程的、非工程的）进行分析、设计、试验、评估的必不可少的手段。

计算机仿真技术是以多种学科和理论为基础，以计算机软硬件和各种物理设施为工具，利用系统模型对实际的或设想的系统进行虚拟试验，通过虚拟试验的方法来分析和解决问题的一门综合技术。计算机仿真是基于所建立的系统仿真模型，利用计算机对系统进行分析与研究的方法。

计算机仿真所关心的三个主要组成部分称为计算机仿真的三要素，即系统、模型和计算机。系统是研究的对象，是我们所关注的实际世界的某个部分。这个系统可能是自然的或人工的，现在存在的或未来计划与设计的。仿真是将系统转化为被关注变量的行为。对于需要研究的对象，计算机一般是不能直接认知和处理的，这就要求为之建立一个既能反映所研究对象的实质，又易于被计算机处理的模型。模型是对系统的抽象，是依据系统数据源由人工建立的一种描述。这种描述能够产生与系统相似的行为数据。计算机是仿真的工具与手段，是模型实时运行的环境。一般科学计算问题有通用数字计算机或微型计算机就可以满足计算要求，但对大型过程系统仿真必须具备特殊的仿真机、实时操作系统及专用仿真软件环境，才能逼真地模拟动态过程现象。

关于系统、模型和计算机之间的关系，可以用图3.1来表示。计算机仿真所关心的三个部分由三个关系沟通。系统与模型之间的关系，称为建模；模型和计算机之间的关系，称为编程；计算机和系统之间的关系，称为仿真实验。对仿真实验结果进行分析，并“翻译”回到实际问题，与实际的现象、数据比较，检验模型及仿真过程及方法的合理性和适用性。如果结果与实际不符，问题常常出在模型假设上，应该修改、补充假设，重新建模和仿真实验。这一步对于仿真是否真的有用非常关键，要以严肃认真的态度对待。模型要经过几次反复，不断完善，直到检验结果获得某种程度上的满意。由此看出，计算机仿真包括三个基本的内容：建模、仿真实验和结果分析。

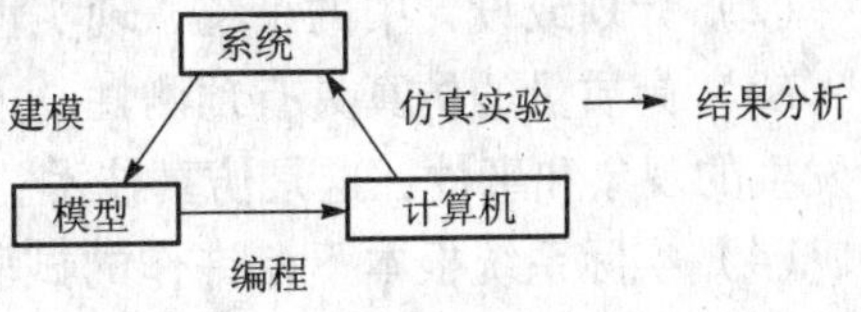

图3.1　计算机仿真的三要素之间的关系

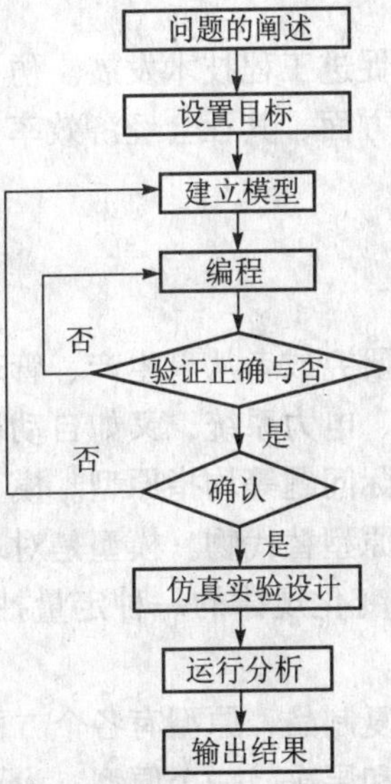

图3.2　计算机仿真的基本步骤

计算机仿真的基本步骤，可以用图3.2来表示。

按模型不同，仿真可以分为物理仿真与计算机仿真。物理仿真，采用物理模型，有实物介入，具有效果逼真、精度高等优点，但造价高或耗时长，大多在一些特殊场合下采用，具有实时性、在线的特点。计算机仿真，采用数学模型，在计算机上进行，具有非实时性、离线的特点，经济、快速、实用。

按计算机类型不同，仿真可以分为模拟仿真、数字仿真、混合仿真和虚拟样机技术。

• 模拟仿真，采用数学模型，在模拟计算机上进行的实验研究。其描述连续物理系统的动态过程比较自然、逼真，具有仿真速度快、失真小、结果可靠的优点，但受元器件性能影响，仿真精度较低，对计算机控制系统的仿真较困难，自动化程度低。

• 数字仿真，采用数学模型，在数字计算机上借助于数值计算方法所进行的仿真实验。数字仿真的计算与仿真的精度较高，理论上计算机的字长可以根据精度要求来“随意”设计，因此其仿真精度可以是无限，但是由于受到误差积累、仿真时间等因素影响，其精度也不宜定得太高；数字仿真的仿真实验的自动化程度较高，可方便地实现显示、打印等功能；但是数字仿真的计算速度比较低，在一定程度上影响到仿真结果的可信度，不过随着计算机技术的发展，“速度问题”会在不同程度上有所改进与提高；数字仿真没有专用的仿真软件支持，需要设计人员用高级程序语言编写求解系统模型及结果输出的程序。

• 混合仿真结合了模拟仿真与数字仿真。

• 虚拟样机技术，采用先进的微型计算机，基于专用的仿真软件、仿真语言来实现，其数值计算功能强大，使用方便，易学。例如MATLAB仿真软件，具有强大的数值计算能力，包含各种工具箱，其程序不能脱离MATLAB环境而运行；MATLAB附带的SIMULINK模块，构建出基于模型化图形组态的动态仿真环境。

仿真技术具有其他技术很难达到或者无法取代的特殊作用，主要表现在以下几个方面。

(1) 对于大型系统，其流程复杂、投资巨大、生产连续性强，从经济利益和安全性出发，一般不允许在真实系统上进行试验研究，即必须借助于仿真手段。

（2）计划或设计中的系统，现实世界中尚不存在，只有通过仿真手段进行试验研究。

（3）高质量的仿真具有预测性，人们可以在短时间内预测实际系统在未来较长时间内所发生的现象和事件，这是仿真技术“超时空”的优点。

（4）实际系统根本不允许作的试验，如超极限运行、破坏性试验、事故分析等，利用仿真技术不会造成任何损失，它是最安全的试验研究方法。

（5）与真实系统试验相比，仿真试验除了安全以外还能大大节省原材料、能源消耗和人力资源等。

（6）仿真技术可以辅助工程技术人员全面认识和分析系统，防止人为思维惯性所导致的试验、研究或设计中的重大失误。

（7）仿真技术具有便于传播推广的优势。

先进工程技术的最大价值在于实际应用，实际应用又反过来促进工程技术发展。仿真技术的应用已涉及教育与训练、工程设计、辅助生产和辅助研究等方面，其社会经济效率日趋显著。

2. 计算机仿真模型

原型与模型是一对对偶体。原型指人们在现实世界里关心、研究或者从事生产、管理的实际对象。在科技领域通常使用系统、过程等词汇，如机械系统、电力系统，又如自动机工作过程、导弹飞行过程等。一般所说的现实对象、研究对象、实际问题等均指原型。模型则指为了某个特定目的将原型的某一部分信息简缩、提炼而构造的原型替代物。模型是对现实系统有关结构信息和行为的某种形式的描述，是对系统的特征与变化规律的一种定量抽象，是人们认识事物的一种手段或工具。

这里特别强调构造模型的目的性。模型不是原型原封不动的复制品，原型有各个方面和各种层次的特征，而模型只要求反映与某种目的有关的那些方面和层次。一个原型，为了不同的目的可以有许多不同的模型。

模型有各种形式。按照模型替代原型的方式不同，模型可以分为物质模型（形象模型）和理想模型（抽象模型）。物质模型包括直观模型、物理模型等；理想模型包括思维模型、符号模型、数学模型等。

物理模型指不以人的意志为转移的客观存在的实体，主要指科技工作者为一定目的，根据相似原理构造的形象模型，它不仅可以显示原型的外形或某些特征，而且可以用来进行模拟实验，间接地研究原型的某些规律。应注意验证原型与模型间的相似关系，以确定模拟实验结果的可靠性。物理模型常可得到实用上很有价值的结果，但也存在成本高、时间长、不灵活等缺点。

数学模型是对现实世界的一个特定对象，为了一个特定目的，根据特有的内在规律，做出一些必要的简化假设，运用适当的数学工具，得到的一个数学结构。数学模型是从一定的功能或结构上进行相似，用数学的方法来再现原型的功能或结构特征。系统仿真所要求的数学模型，应能反映整个系统的宏观动力学特性。

数学模型具有逼真性和可行性、渐进性、强健性、可转移性、非预制性、条理性、技艺性、局限性等特点。

数学模型的逼真性和可行性包含两个方面：一方面，一般来说总是希望模型尽可能逼近研究对象，但是一个非常逼真的模型在数学上常常是难以处理的，因而不容易达到对现实对象进行分析、预报、决策或者控制的目的，即在实用上不可行；另一方面，越逼真的模型常常越复杂，即使数学上能处理，这样的模型应用时所需要的“费用”也相当高，而高“费用”不一定与复杂模型取得的“效益”相匹配。所以建模时往往需要在模型的逼真性与可行性，“费用”与“效益”之间做出折中和抉择。

稍微复杂一些的实际问题的建模通常不可能一次成功，要经过建模过程的反复迭代，包括由简到繁、删繁就简，以获得越来越满意的模型。在科学发展过程中随着人们认识和实践能力的提高，各门学科中的数学模型也存在着一个不断完善或者推陈出新的过程。

模型的结构和参数常常是由模型假设及对象的信息（如观测数据）确定的，而假设不可能太准确，观测数据也是允许有误差的。一个好的模型应该具有下述意义的强健性：当模型假设改变时，可以导出模型结构的相应变化；当观测数据有微小改变时，模型参数也只有相应的微小变化。

模型是现实对象抽象化、理想化的产物，它不为对象的所属领域所独有，可以转移到另外的领域。模型的可转移性显示了它的应用的极端广泛性。

虽然已经发展了许多应用广泛的模型，但是实际问题是各种各样、变化万千的，不可能要求把各种模型做成预制品以供在建模时使用。模型的这种非预制性使得建模本身常常是事先没有答案的问题。在建立新的模型的过程中甚至会伴随着新的数学方法或数学概念的产生。

从建模的角度考虑问题可以促使人们对现实对象的分析更全面、更深入、更具条理性，这样即使建立的模型由于种种原因尚未达到实用的程度，对问题的研究也是有利的。

在建模的方法上我们无法归纳出若干条普遍适用的建模准则和技巧。建模目前与其说是一门技术，不如说是一种艺术，是技艺性很强的技巧。经验、想象力、洞察力、判断力以及直觉、灵感等在建模过程中起的作用往往比一些具体的数学知识更大。

模型的局限性有几方面的含义：① 由数学模型得到的结论虽然具有通用性和精确性，但是因为模型是现实对象简化、理想化的产物，所以一旦将模型的结论应用于实际问题，就回到了现实世界，那些被忽视、简化的因素必须考虑，于是结论的通用性和精确性只是相对的和近似的；② 由于人们认识能力和科学技术包括数学本身发展水平的限制，还有不少实际问题很难得到有着实用价值的数学模型，如一些内部机理复杂、影响因素众多、测量手段不够完善、技艺性较强的过程，常常需要开发专家系统，与建立数学模型相结合才能获得较满意的应用效果；③ 还有些领域中的问题今天尚未发展到用建模方法寻求数量规律的阶段。

系统的数学模型根据时间关系可划分为静态模型、连续时间动态模型、离散时间动态模型和混合时间动态模型；根据系统的状态描述和变化方式可划分为连续变量系统模型和离散事件系统模型；根据是否考虑随机因素的影响可划分为确定性模型和随机性模型。虽然从本质上讲大多数实际问题是随机性的、动态的、非线性的，但是由于确定性、静态、线性模型容易处理，并且往往可以作为初步的近似来解决问题，所以建模时常先考虑确定性、静态、线性模型。连续模型便于利用微积分方法求解析解，作理论分析，而离散模型便于在计算机上作数值计算，所以用哪种模型要看具体问题而定。在具体的建模过程中将连续模型离散化，或将离散变量视作连续的，也是常采用的方法。按照对模型结构的了解程度，还有所谓白箱模型、灰箱模型、黑箱模型。这是把研究对象比喻成一只箱子里的机关，要通过建模来揭示它的奥妙。白箱主要包括用力学等一些机理相当清楚的学科描述的现象以及相应的工程技术问题，这方面的模型大多已经基本确定，还需深入研究的主要是优化设计和控制等问题了。灰箱主要指机理尚不十分清楚的现象，在建立和改善模型方面都还不同程度地有许多工作要做。至于黑箱则主要指一些机理（数量关系方面）很不清楚的现象。有些工程技术问题虽然主要基于物理、化学原理，但由于因素众多、关系复杂和观测困难等原因也常作为灰箱或黑箱模型处理。当然，白、灰、黑之间并没有明显的界限，而且随着科学技术的发展，箱子的“颜色”必然是逐渐由暗变亮的。

3. 数学模型的建立

数学模型将研究对象的实质抽象出来，计算机再来处理这些经过抽象的数学模型，并通过输出这些模型的相关数据来展现研究对象的某些特质。通过对这些输出量的分析，就可以更加清楚地认识研究对象。通过这个关系还可以看出，数学建模的精准程度是决定计算机仿真精度的最关键因素。从模型这个角度出发，可以将计算机仿真的实现分为三个大的步骤：模型的建立、模型的转换和模型的仿真实验。

（1）模型的建立（简称建模），就是对于所研究的对象或问题，根据仿真所要达到的目的抽象出一个确定的系统，并且要给出这个系统的边界条件和约束条件，需要利用各种相关学科的知识，把所抽象出来的系统用数学的表达式描述出来。描述的内容就是所谓的“数学模型”。这个模型是进行计算机仿真的核心。

（2）模型的转换，即是对抽象出来的数学表达式通过各种适当的算法和计算机语言转换成为计算机能够处理的形式。这种形式所表现的内容，就是所谓的“仿真模型”。这个模型是进行计算机仿真的关键。实现这一过程，既可以自行开发一个新的系统，也可以运用现在市场上已有的商业通用仿真软件。

（3）模型的仿真实验，就是将仿真模型载入计算机，按照预先设置的实验方案来运行仿真模型，得到一系列的仿真结果。

作为用数学方法解决实际问题的第一步，数学建模具有重要意义。

数学建模面临的实际问题是多种多样的，建模的目的不同、分析的方法不同、采用的数学工具不同，所得模型的类型也不同，我们不能指望归纳出若干条准则，适用于一切实际问题的数学建模方法。

一般说来建模方法大体上可分为机理分析和测试分析两种。机理分析建模方法，是根据对客观事物特性的认识，找出反映内部机理的数量规律，建立的模型常有明确的物理或现实意义。测试分析建模方法，将研究对象看做一个“黑箱”系统（意思是它的内部机理看不清楚），通过对系统输入、输出数据的测量和统计分析，按照一定的准则找出与数据拟合得最好的模型。面对一个实际问题用哪一种方法建模，主要取决于人们对研究对象的了解程度和建模目的。如果掌握了一些内部机理的知识，模型也要求具有反映内在特征的物理意义，建模就应以机理分析方法为主；而如果对象的内部规律基本上不清楚，模型也不需要反映内部特性（例如仅用于对输出作预报），那么建模就可以用测试分析方法。对于许多实际问题还常常将两种方法结合起来建模，即用机理分析建立模型的结构，用测试分析确定模型的参数。机理分析建模方法主要针对具体问题来做，不可能有统一的方法。测试分析建模方法有一套完整的数学方法，如统计回归、系统辨识等。

数学建模要经过哪些步骤并没有一定的模式，通常与问题的性质、建模的目的等有关。

机理分析方法建模的一般过程，包括模型准备、模型假设、模型构成、模型求解、模型分析、模型检验与校正、模型应用等。

（1）模型准备。了解问题的实际背景，明确建模目的，搜集必要的信息如现象、数据等，尽量弄清对象的主要特征，形成一个比较清晰的“问题”，由此初步确定用哪一类模型。情况明了才能方法对。在模型准备阶段要深入调查研究，虚心向实际工作者请教，尽量掌握第一手资料。

（2）模型假设。根据对象的特征和建模目的，抓住问题的本质，忽略次要因素，作出必要的、合理的简化假设。这对于建模的成败是非常重要和困难的一步。假设作得不合理或太简单，会导致错误的或无用的模型；假设做得过分详细，试图把复杂对象的众多因素都考虑进去，会很难或无法继续下一步的工作。常常需要在合理与简化之间作出恰当的折中。通常，作假设的依据，一是出于对问题内在规律的认识，二是来自对现象、数据的分析，以及二者的综合。想象力、洞察力、判断力以及经验，在模型假设中起着重要作用。

（3）模型构成。根据所作的假设，用数学的语言、符号描述对象的内在规律，建立包含常量、变量等的数学模型。这里除了需要一些相关学科的专门知识外，还常常需要较为广阔的应用数学方面的知识。要善于发挥想象力，注意使用类比法，分析对象与熟悉的其他对象的共性，借用已有的模型。建模时还应遵循的一个原则是：尽量采用简单的数学工具，因为所做的模型总是希望更多的人了解和使用，而不是只供少数专家欣赏。

（4）模型求解。可以采用各种数学方法，特别是数学软件和计算机技术来求解模型。

（5）模型分析。利用专业知识对求解结果进行定量和定性的分析，如结果的误差分析、统计分析、模型对数据的灵敏性分析、对假设的强健性分析等。

（6）模型检验与校正。把求解和分析结果“翻译”成实际问题，与实际的现象、数据比较，检验模型的合理性和适用性。如果结果与实际不符，分析所出现的问题及其原因。如果问题出在模型假设上，应该修改、补充假设，重新建模。如果问题出在模型参数上，应该根据实际数据进行校正。这一步对于模型是否真的有用非常关键，要以严肃认真的态度对待。有些模型要经过几次反复，不断完善，直到检验结果获得某种程度上的满意。

（7）模型应用。理论来源于实践，理论高于实践，理论的目的是指导实践。只有经过检验的模型才可以用于指导实践。建立模型的目的主要是预测研究对象的行为，探索其内在规律。

应当指出，并不是所有问题的建模都要经过这些步骤，有时各步骤之间的界限也不那么分明，建模时不要拘泥于形式上的按部就班，应采取灵活的表述形式。

从建模一般步骤的分析，可以将数学建模的过程分为表述、求解、解释、验证几个阶段，并且通过这些阶段完成从现实对象到数学模型，再从数学模型回到现实对象的循环，如图3.3所示。

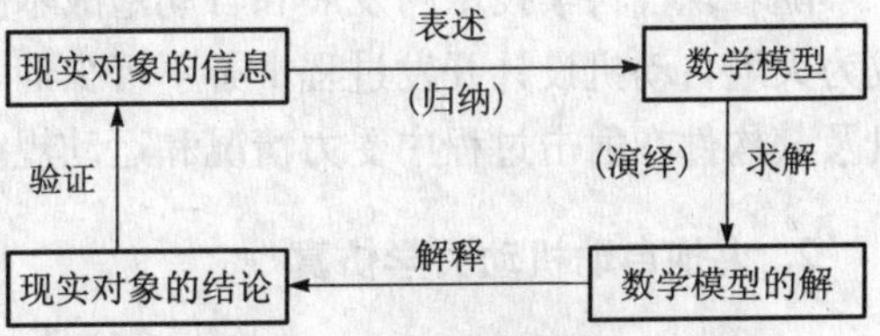

图3.3　数学建模的过程

表述是将现实问题“翻译”成抽象的数学问题，属于归纳法。数学模型的求解则属于演绎法。归纳是依据个别现象推出一般规律；演绎是按照普遍原理考察特定对象，导出结论。因为任何事物的本质都要通过现象来反映，必然要透过偶然来表露，所以正确的归纳不是主观、盲目的，而是有客观基础的，但也往往是不精细的、带感性的，不易直接检验其正确性。演绎利用严格的逻辑推理，对解释现象、作出科学预见具有重要意义，但是它要以归纳的结论作为公理化形式的前提，只能在这个前提下保证其正确性。因此，归纳和演绎是辩证统一的过程：归纳是演绎的基础，演绎是归纳的指导。

解释是把数学模型的解答“翻译”回到现实对象，给出分析、预报、决策或者控制的结果。作为这个过程的重要一环，这些结果需要用实际的信息加以验证。

数学建模的过程也揭示了现实对象和数学模型的关系。一方面，数学模型是将现象加以归纳、抽象的产物，它源于现实，又高于现实；另一方面，只有当数学建模的结果经受住现实对象的检验时，才可以用来指导实际，完成实践—理论—实践这一循环。

3.1.2 火炮自动机动力学仿真

1. 火炮自动机动力学

火炮自动机工作过程具有显著动态特性。火炮自动机的受力是复杂的，有随时间变化的带脉冲性质的火药燃气压力和由零件间撞击产生的冲击力，有随零件位移变化的弹簧力，还有随运动产生的摩擦力等。火炮自动机的运动也是复杂的，在一个射击循环内，各机构工作时机不同；有些构件在启动、停止或改变运动方向时，与基础构件发生剧烈撞击。复杂机构在复杂受力状态下的高速运动和撞击，这就是自动机动力学的特点。自动机动力学主要研究自动机在不同工作阶段，在不同性质的力的作用下的运动规律，计算自动机的射击循环时间和武器的射击频率，判断自动机在各工作阶段的运动学动态特性。

由于火炮自动机主要机构的运动有质量大、加速度大、惯性力大的特点，对它们进行动力学的分析是特别重要的。分析时，不仅要考虑到力的作用，而且还要考虑机构各构件的全部运动诸元（时间、位移、速度、加速度和质量等）。只有对机构作动力学的分析，才能及时发现机构所存在的问题、正确地分析火炮自动机的性能、正确地确定构件的强度、正确地选定反映各机构运动特性的基本示性数（如复进簧的刚度和火药气体的作用等），以满足对火炮自动机所提出的要求。

火炮自动机各机构的运动是非稳定的、断续的，并且还具有前述其他特点，因而，在普通机械原理中所用的机械动力学的分析方法，很难直接用来解决火炮自动机各机构的动力学分析问题。因此，研究和发展火炮自动机各机构分析和综合的方法，特别是动力学分析的方法，仍然是目前迫切需要完成的一项任务。

随着现代科学技术的发展和自动炮战术技术性能指标的提高，火炮自动机动力学分析已成为火炮自动机设计开发过程中必不可少的一个环节。火炮自动机动力学主要研究火炮自动机及其构件在射击过程中受力情况和运动规律及其他相关问题。

2. 火炮自动机动力学仿真

随着现代计算机技术的发展，利用计算机软硬件，对火炮自动机进行动力学仿真是火炮自动机动力学的重要内容。

对火炮自动机进行动力学仿真，就是利用计算机对现有的或虚拟的火炮自动机进行动力学分析计算，给出其性能、特征参数以及各种影响因素及其规律等。尤其是让设计人员在火炮自动机物理样机加工之前对其进行仿真模拟，并对其进行修改，寻求最优设计方案，或者在自动机研制的全过程，通过动力学仿真，进一步提高自动机性能和可靠性。相反，如果不进行动力学仿真，那么，研制人员就会沿用传统的“画、加、打”方法，它不仅浪费时间，还会使自动机研制经费大幅度上升。

火炮自动机动力学仿真常用的方法有两种：数学模拟（数值仿真）与虚拟样机技术。

1）数学模拟

数学模拟是数学模拟试验的简称，主要指在应用数学模型方法研究复杂系统或过程时，建立数学模型并确定模型参数后，运用数字式计算机对数学模型进行求解，以获得不同条件下过程特性的计算结果。它根据实际系统或过程的特性，按照一定的数学规律用计算机程序语言模拟实际运行状况，并依据大量模拟结果对系统或过程进行定量分析。这种模拟试验代替了用实物进行的试验，从而大大节约试验工作的时间和费用。数学模拟通常在电子计算机上进行，根据已建立的数学模型，选用或创造合适的模型求解方法，编制相应的计算程序，然后在不同的规定条件下进行运算。计算机模拟有明显的优点：成本低、时间短、重复性高、灵活性强。数学模拟方法是先对原型进行分析、简化、抽象、建立起各种概念的或经验的数学分析模型，然后进行随时间变化的计算机模拟试验，并以原型资料作校核。

数学模拟通常是对研究对象作出直接的数学描述或建立数学模型以后，即可进行数值模拟计算，通过改变各种条件，可以获得该研究对象在各种条件下的性能和行为。应用这种数学模拟方法，试验工作归结为模型的建立和检验。性能分析和寻优试验都是通过数值模拟计算进行的。

火炮自动机数学模拟，针对具体火炮自动机，应用多体系统动力学方法，建立火炮自动机数学模型，运用计算机高级语言（如 VB、VC 等）自行编制数学模拟程序，进行特定武器的仿真分析计算。

这种方法比较适合机构少、机构关系和运动简单的系统。如果简化合理，程序编写无误的话，可以达到事半功倍的效果。但是这种方法的缺点是通用性差、工作量大，还要求分析人员熟悉结构和编程技巧。

火炮自动机数学模拟的一般步骤如图 3.4 所示。

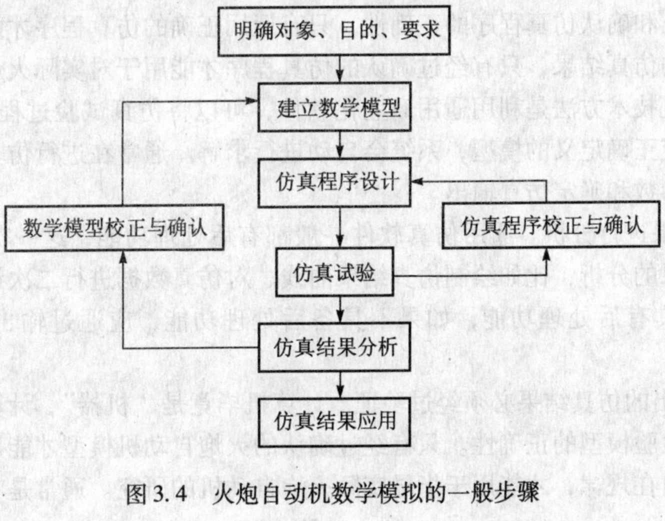

图 3.4　火炮自动机数学模拟的一般步骤

2）虚拟样机技术

火炮自动机虚拟样机技术，是指应用成熟的通用多体系统动力学仿真软件，建立火炮自动机三维实体模型，并进行计算机仿真分析。这种方法目前应用最多。由于通用商业仿真软件的设计是面向用户，采用通用化图形界面设计，使分析人员可以将精力放在模型建立上，而不用去考虑怎样解算复杂的动力学公式，使得仿真工作得到大大的简化，提高了设计效率。

火炮自动机动力学仿真包括三个基本的内容：建模、模拟和结果分析。

火炮自动机虚拟样机技术的一般分析步骤如图 3.5 所示。

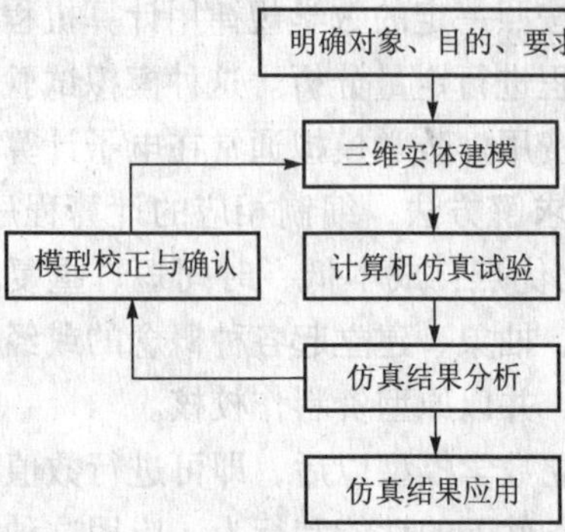

图 3.5　火炮自动机虚拟样机技术的一般分析步骤

① 明确仿真的对象、目的及要求，是任何仿真必不可少的环节。只有在对所研究对象具有充分了解的基础上，才可能建立符合实际的模型，才有可能进行仿真研究，得出满意的仿真结果。尤其是对专业性非常强的火炮自动机进行仿真，必须对火炮自动机具有足够的认识和理解。尽量弄清研究对象是自动机整体或者某个方面，或者是自动机的某个部分，明确研究对象的主要特征，从而形成一个比较清晰的概念和轮廓。建模和仿真是具有目的性的。对不同目的和要求所建立的模型是不同的，自然仿真结果和效果是不一样的。情况明了才能方法对路。明确火炮自动机动力学仿真的对象、目的及要求，是进行火炮自动机动力学仿真的前提。

② 建立火炮自动机动力学仿真模型，是仿真的核心。数学模拟方法建立的是数学模型，通过数学描述火炮自动机的行为和特性。虚拟样机技术方法建立的是三维实体模型，在通用分析软件中不需要建立数学公式，所建立的模型是数学模型的图形界面化模型，它符合操作习惯，建立过程简单，而且模型形象直观，与实际的物理模型相似。建模工作通常包括几何模型的建立、约束的定义、载荷的定义、参数的确定等。

③ 对火炮自动机进行仿真试验（仿真模型的求解）。数学模拟方法需要根据所建立的数学模型，选用合适的计算方法，采用相应计算机高级语言，自行编制仿真程序。仿真试验过程，首先就是校正和确认仿真程序的正确性。只有运用正确的仿真程序才能进行正确的仿真试验，给出正确的仿真结果，只有经过确认的仿真程序才能用于对实际火炮自动机进行数学模拟。而虚拟样机技术方法是利用通用商业化软件，可以将仿真试验过程看作一个黑匣子，分析人员只需提交正确定义的模型，系统会自动进行求解。通常在进行仿真试验之前，需要定义仿真的输入参数和确定仿真输出。

④ 对仿真结果进行分析。通用仿真软件一般都有后处理功能，这一功能可以协助分析人员进行仿真结果的分析，比如绘制仿真结果曲线、对仿真数据进行二次计算等。自行编制的仿真程序可以具有后处理功能，如果不具备后处理功能，应通过输出信息，进行人工分析。

⑤ 计算机给出的仿真结果必须经过验证。计算机毕竟是“机器”，计算结果的正确性需要检验，主要是检验模型的正确性。只有经过确认的火炮自动机模型才能用于说明实际火炮自动机的行为和内在规律，才能用于指导实际火炮自动机的研究。通常是将试验结果与仿真

结果进行比较和判断。计算结果不可避免与实际情况有误差，主要看误差程度是否可以接受。实际上，火炮自动机动力学仿真过程是不断对火炮自动机模型及仿真程序反复校正和确认的过程。

⑥ 仿真结果应用。进行火炮自动机动力学仿真的目的，一方面是认识火炮自动机的行为和内在规律，另一方面是探索各种因素对火炮自动机的行为和特性的影响规律，用于指导实际火炮自动机的研究工作。经过校正和确认的火炮自动机模型、仿真程序以及仿真结果，可以用于火炮自动机性能预测和结构优化设计。

3.2　火炮自动机动力学仿真模型

3.2.1　火炮自动机建模方法

1. 自动机建模

模型是进行火炮自动机仿真的基础。

模型的建立首先与所研究的对象密切相关。火炮自动机可以是简单的，也可以是复杂的。进行火炮自动机动力学仿真时，常将参加运动的各个构件看作为刚体，研究在火药气体作用下各个构件的动力学特性。因此，自动机可以看作是由许多刚体组成的，其中，部分刚体相对于另一部分刚体相对运动。在建立自动机动力学模型时应充分掌握与所研究自动机有关的信息，如先验知识信息、试验数据和运行数据等。

模型的建立与所研究目的和要求密切相关。一个模型仅是所研究对象的一种描述，这种描述的形式不是唯一的。同一个对象，对不同的建模目的有不同的含义和不同的模型。例如，为了简化，只研究自动机主要构件的运动性能，可以将构件简化为质点，并运用质量替换方法，建立质点模型；为了考虑构件形状对自动机性能影响，必须建立刚体模型；为了简化，有时将自动机的运动简化到一个平面上而建立的是平面模型；为了全面，有时必须考虑建立空间模型等。一般情况下，在仿真问题的阐述与动力学系统的定义阶段就确定了建模的目的。

建模非常重要和困难的一步是简化假设。自然界的现象绝大多数都是不封闭的，建立模型时必须做出序列假设。建立自动机模型时，应根据所研究自动机的特征和建模目的，抓住问题的本质，忽略次要因素，做出必要的、合理的简化假设。对于假设做得不合理或太简单，会导致模型错误或无用，尤其是假设错误，它是根本性的错误，具有“颠覆性”；假设做得过分详细，试图把复杂自动机的众多因素都考虑进去，会无法继续下一步的工作。常常需要在合理与简化之间做出恰当的折中。通常，作假设的依据，主要是对自动机内在规律的认识，以及对所关心问题、现象、数据的分析。只有专业人员，在一定经验积累上才可能做出合理的假设。

根据所作的假设，运用物理、力学等定理、定律的基本公式，用数学的语言、符号来描述自动机的内在规律，建立包含常量、变量等的数学计算式，这就构成自动机数学模型。建立数学模型除了需要一些相关学科的专门知识外，还常常需要较为广阔的应用数学方面的知识。要善于发挥想象力，注意使用类比法，借用已有的模型。

根据所作的假设，可以直接应用通用商业软件，先建立自动机各构件实体模型，然后确定构件之间的连接与约束关系，最后确定构件的驱动，可以是输入载荷，也可以是规定的运动轨迹，载荷包括载荷作用位置、大小、方向等，运动轨迹包括运动的方向、大小等，这就构成自动机实体模型。建立自动机实体模型最关键的是确定构件之间的连接与约束关系。对自动机来说，为了保证可靠性，运动要求是确定的，因此，自动机实体模型不能非协调的过约束。对欠约束情况，必须特别注意，可能产生附加运动。

建立火炮自动机动力学模型主要有三种技术途径：一种是经典火炮自动机建模，根据火炮自动机运动确定性，运用替换法，将火炮自动机简化成单自由度机构，从而建立单自由度机构动力学模型；有时考虑炮箱运动则采用二自由度机构动力学模型。另一种多刚体动力学建模，根据火炮自动机力学特性，通过一定假设把自动机看成是由若干刚体、弹簧和阻尼器构成的多刚体多自由度系统，采用多刚体动力学理论，建立多刚体多自由度动力学模型。第三种是现代火炮自动机计算机三维实体建模，根据火炮自动机结构特征、几何特征、约束条件、载荷条件等，建立三维实体模型。

2. 模型的简化

在自动机建模过程中，期待自动机模型能包含所有信息，是不太可能，也是不现实的。因为自动机是一个非常复杂的多体动力学系统，考虑过多的构件和相互关系，不仅在建模中难以处理，不可能获得理想模型，而且在模型的求解中也难以处理。一方面，模型“简单”，计算可以“精确”，减小计算误差，模型误差成为主要矛盾；另一方面，模型“精确”，不仅计算量大，容易出错，由于涉及细节太多，模型数值有可能不准确，也给计算带来误差，计算误差会成为主要矛盾。在建立自动机模型时，应正确处理“简单化”和“精确性”两个相互矛盾的因素。

模型简化时，必须确定哪些非本质、次要的因素可以忽视，哪些本质、主要的因素对于模型的精度有决定性作用。合理确定对系统模型准确度有决定性影响的物理变量及其相互作用关系，适当舍弃对系统性能影响微弱的物理变量和相互作用关系。一个因素是不是重要，在某些情况下可能是清楚的，而在另一些情况下则可能需要从其物理意义上去理解和观察。对所研究自动机进行深入的分析、研究是很必要的，同时应注意平时经验的积累。建立模型时，必须作模型简化与分析，并将所得精度进行比较。值得注意的是，分析得到的结果，只是在模型近似给定物理系统的范围内是正确的。

火炮自动机模型的简化通常包括如下几个方面的内容。

（1）系统简化。按简化原则将自动机进行模块的划分，分别进行建模。各模块解决各自主要问题，将系统复杂问题分解为若干个单独问题解决，然后将各模型进行合并，得到整个自动机的模型。

（2）构件简化。根据研究的目的不同，确定自动机哪些构件是可以忽略的，只考虑影响自动机性能的构件。

（3）结构简化。对于必须考虑的构件，可对其结构进行简化。不必过分追求构件几何形体的细节部分，主要关注构件的质量、质心位置、惯性矩等物理特性，以及对运动有直接影响的部分几何形体。

（4）载荷简化。发射过程中，载荷条件是相当复杂的，不可能完全考虑，进行载荷简化是很必要的。

（5）参数简化。模型中包含诸多参数，对这些参数，不可能一视同仁，根据其重要性分别处理，该“精”必“精”，该“粗”应“粗”。

当解决一个新问题时，通常的做法是，先建立一个简化的模型，得到关于这个解的一般概念，然后再建立更详细的模型，以便进行更复杂的分析。

3. 模型参数的获取

不论是实体模型还是数学模型，都包含诸多参数。火炮自动机模型参数主要有如下。

（1）物理参数。物理参数是指在所建立的自动机模型中，各构件物理特征量，如构件质量、转动惯量等参数。

（2）结构参数。结构参数是指在所建立的自动机模型中，确定构件之间连接关系时需要的参数，如构件尺寸、质心、装配尺寸等参数。

（3）运动参数。运动参数是指在所建立的自动机模型中，确定构件运动时需要的参数，如初始状态、约束等参数。

（4）载荷参数。载荷参数是指在所建立的自动机模型中，确定构件及自动机所受载荷需要的参数，如炮膛合力、各种阻力等参数。

作为模型的一部分，模型中各项参数的准确性就决定了火炮自动机动力学仿真的可用性。一个模型如果没有准确的、完整的参数数据，也不会得出正确的仿真结果，也不可能有效地解决工程中的实际问题。

模型参数获取方法主要有以下 3 种。

（1）借用法。根据各种资源直接查找和借用相同结构的相关参数，或者查找相似结构的相关参数通过比拟估算借用。

（2）计算法。通过工程图纸进行计算获取相关参数。目前常用的通用商业软件都具有一定计算相关参数的功能，可以直接计算得到相关参数。

（3）实验法。通过静态或动态试验，测出相关参数。

3.2.2　火炮自动机数学模型

火炮自动机工作具有明显的动态特性。研究火炮自动机的动态特性，首先面临的是运用动力学理论来描述火炮自动机工作过程，建立火炮自动机数学模型。对于动态系统，运动过程通常分为渐变过程和突变过程。研究渐变过程一般来说需要运用运动微分方程作为工具来描述；研究突变过程一般来说采用撞击计算的方法来解决。建立火炮自动机动力学模型，也是通过建立火炮自动机运动微分方程来研究自动机的渐变过程，通过自动机特征点处的撞击计算的方法来解决自动机的突变过程。

在研究火炮自动机运动规律时，由于各构件的弹性很小，可以把自动机看作由刚性构件组成。因此，一般应用多刚体动力学来研究火炮自动机动力学问题。为了简便起见，有时用集中于若干点的质点代替原有构件，而不考虑构件本身的尺寸大小，一般称替换点的质量为构件的替换质量。进行构件质量替换时，应注意保证替换点的运动特性尽可能接近原有构件的运动特性。

火炮自动机工作循环过程中，各构件是按一定规律运动的，构件的参与退出的时机是不相同的。如果不考虑炮箱的运动，自动机构中存在一个起主导作用，带动整个机构各构件运动，完成自动动作的构件，该构件就称为机构的基础构件，如炮身后坐式自动机的炮身等。

由基础构件带动的其他构件称为工作构件。基础构件的运动状态一经确定，则工作构件的运动状态也就随之确定，即机构为单自由度机构。

1. 火炮自动机运动微分方程

火炮自动机的运动，就是基础构件在后坐时依靠火药燃气赋予的能量，复进时依靠后坐时储存的能量克服工作阻力，完成后坐和复进中的各个自动循环动作的运动。基础构件通过机械约束带动工作构件运动，而工作构件也通过机械约束反过来影响基础构件的运动。确定了基础构件的运动之后，工作构件的运动也就随之确定了。要确定基础构件的运动规律，首先是描述它。对动力系统，描述其运动规律的一般是运动微分方程，即首先是建立基础构件的运动微分方程，并且是考虑了工作构件影响的基础构件的运动微分方程，有时亦称为自动机运动微分方程。

对于图 3.6 所示的简单凸轮机构，假设作用于基础构件 0 上的给定力的合力在其速度方向的分量为 F，作用于工作构件 1 上的给定力的合力在其速度反方向的分量为 F_1，基础构件的质量、位移、速度及加速度分别为 m、x、$\dot{x}$、$\ddot{x}$，工作构件的质量、位移、速度及加速度分别为 m_1、x_1、$\dot{x}_1$、$\ddot{x}_1$。根据动静法，分别假想地加上构件的惯性力，则机构处于平衡状态，如图 3.7 所示。

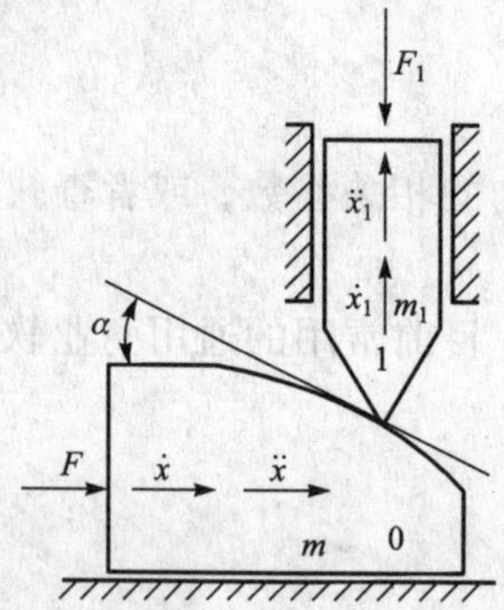

图 3.6　简单凸轮机构

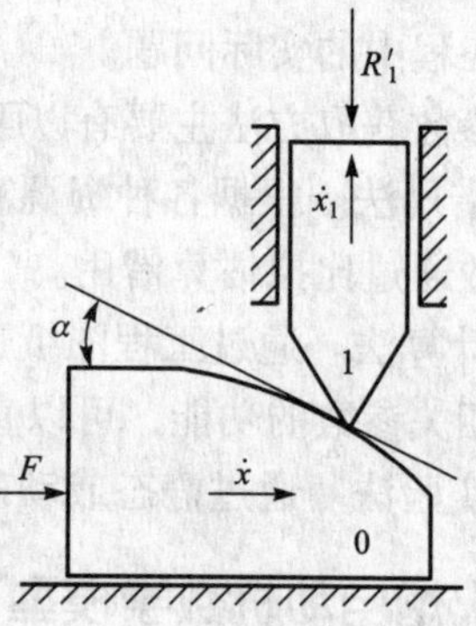

图 3.7　力系简化图

将作用在构件上的给定力分量与惯性力的合力称为有效力。通常作用在基础构件上的有效力的作用相当于推力，故称为有效推力，其表达式为

$$R' = F - m\ddot{x} \tag{3.1}$$

作用在工作构件上的有效力的作用相当于阻力，故称为有效阻力，其表达式为

$$R_1' = F_1 + m_1\ddot{x}_1 \tag{3.2}$$

根据虚功原理，在理想约束下，在系统任何虚位移上，作用在系统的主动力的元功之和等于零，即作用于由构件 0 和 1 构成的系统上的有效推力和有效阻力的元功之和等于零，则

$$R'\delta x - R_1'\delta x_1 = 0$$

在定常约束下，实位移是虚位移之一，因此有

$$R'\mathrm{d}x - R_1'\mathrm{d}x_1 = 0$$

即

$$R' = R_1' \frac{\mathrm{d}x_1}{\mathrm{d}x}$$

定义两构件间运动速度之比为传速比（有时简称速比），则基础构件传动到工作构件 1 的传速比（简称构件 0 到构件 1 的传速比，更简单称为构件 1 的传速比）K_1 为

$$K_1 = \frac{\mathrm{d}x_1}{\mathrm{d}x} \tag{3.3}$$

根据式（3.3）有

$$R' = R_1'K_1$$

考虑到传动中约束之间有摩擦，存在能量损耗，将构件 1 所获得的元功与构件 0 所消耗的元功之比用传递效率（简称效率）或能量传递系数 η_1 表示，则有

$$\eta_1 = \frac{R_1'\mathrm{d}x_1}{R'\mathrm{d}x} \tag{3.4}$$

$\eta_1(0<\eta_1<1)$ 通常称为由基础构件 0 传动到工作构件 1 的效率，简称为构件 0 到构件 1 的效率。传动效率 η_1 是考虑到约束处的摩擦力（约束反力的切向分量）做功后引入的，而这些摩擦力是由有效力引起的，而已知外力的摩擦力则已包含在给定力中。

由式（3.4），得

$$\eta_1 R'\mathrm{d}x - R_1'\mathrm{d}x_1 = 0$$

即得推广了的虚位移原理

$$R' = \frac{1}{\eta}R_1'\frac{\mathrm{d}x_1}{\mathrm{d}x} = \frac{K_1}{\eta_1}R_1' \tag{3.5}$$

将式（3.1）和式（3.2）代入式（3.5），得

$$m\ddot{x} + \frac{K_1}{\eta_1}m_1\ddot{x}_1 = F - \frac{K_1}{\eta_1}F_1$$

由于

$$\dot{x}_1 = K_1\dot{x}$$

因此

$$\begin{aligned}\ddot{x}_1 &= K_1\ddot{x} + \frac{\mathrm{d}K_1}{\mathrm{d}t}\dot{x} \\ &= K_1\ddot{x} + \frac{\mathrm{d}K_1}{\mathrm{d}x}\cdot\frac{\mathrm{d}x}{\mathrm{d}t}\dot{x} \\ &= K_1\ddot{x} + \frac{\mathrm{d}K_1}{\mathrm{d}x}\dot{x}^2\end{aligned}$$

即工作构件加速度是由基础构件加速度和基础构件对工作构件的速度比及其变化综合作用的结果。亦

$$\left(m + \frac{K_1^2}{\eta_1}m_1\right)\ddot{x} + \frac{K_1}{\eta_1}m_1\frac{\mathrm{d}K_1}{\mathrm{d}x}\dot{x}^2 = F - \frac{K_1}{\eta_1}F_1 \tag{3.6}$$

简写为

$$m'\ddot{x} = F' \tag{3.7}$$

这就是考虑了工作构件影响的基础构件的运动微分方程，即自动机运动微分方程。

式中　$\frac{K_1^2}{\eta_1}m_1$ ——工作构件转换到基础构件上的相当质量；

$\dfrac{K_1^2}{\eta_1}$——工作构件转换到基础构件上的质量换算系数；

$\dfrac{K_1}{\eta_1}F_1$——工作构件转换到基础构件上的相当阻力；

$\dfrac{K_1}{\eta_1}$——工作构件转换到基础构件上的力换算系数；

$\dfrac{K_1}{\eta_1}m_1\dfrac{dK_1}{dx}\dot{x}^2$——由于传速比变化引起的附加惯性阻力；

$m' = m + \dfrac{K_1^2}{\eta_1}m_1$，$m'$——基础构件的相当质量；

$F' = F - \dfrac{K_1}{\eta_1}F_1 - \dfrac{K_1}{\eta_1}m_1\dfrac{\mathrm{d}K_1}{\mathrm{d}x}\dot{x}^2$，$F'$——作用在基础构件上的相当力；

$T = \dfrac{K_1}{\eta_1}F_1 + \dfrac{K_1^2}{\eta_1}m_1\ddot{x} + \dfrac{K_1}{\eta_1}m_1\dfrac{dK_1}{dx}\dot{x}^2$，$T$——由于自动机的基础构件要带动工作构件的工作，工作构件作用在基础构件上的附加阻力，简称自动机的附加阻力。

由于传速比 K_1 和传动效率 η_1 是随基础构件的位移而变化的，尽管基础构件本身质量在运动过程中是不变的，但是考虑了工作构件影响之后的基础构件运动微分方程中的基础构件的相当质量是随基础构件的位移而变化的（相当于变质量微分方程），并且作用在基础构件上的相当力也是变化的，即考虑了工作构件影响的基础构件运动微分方程，也就是自动机运动微分方程（3.7）是一个变系数微分方程。

上面导出的自动机运动微分方程是最简单的工作构件的运动为绝对平动的情况，对于工作构件为定轴转动情况，如图 3.8 所示，假设作用于基础构件 0 上的给定力的合力在其速度方向的分量为 F，作用于工作构件 1 上的给定力矩的合力矩在其角速度反方向的分量为 F_1，基础构件的质量、位移、速度及加速度分别为 m、x、$\dot{x}$、$\ddot{x}$，工作构件对转轴的转动惯量、角位移、角速度及角加速度分别为 J_1、x_1、$\dot{x}_1$、$\ddot{x}_1$。根据动静法，分别假想地加上构件 0 的惯性力和构件 1 的惯性力矩，则机构处于平衡状态，如图 3.9 所示。

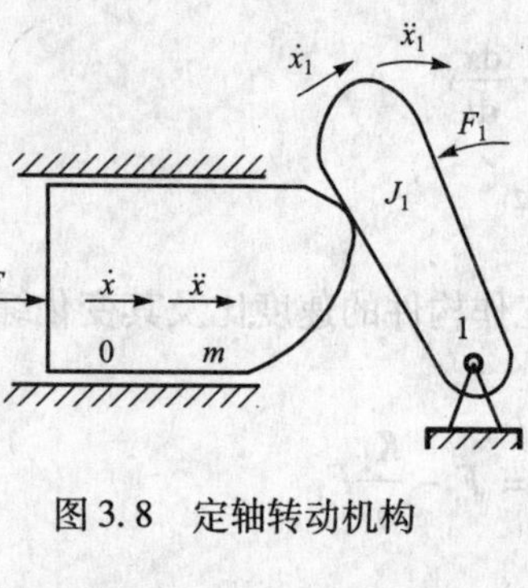

图 3.8　定轴转动机构

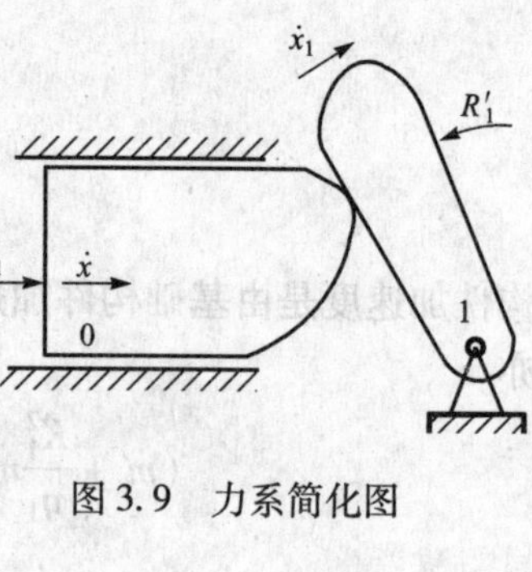

图 3.9　力系简化图

作用在基础构件上的有效推力为

$$R' = F - m\ddot{x}$$

作用在工作构件上的有效阻力矩为

$$R_1' = F_1 + J_1\ddot{x}_1$$

根据推广了的虚位移原理式（3.5）有

$$R' = \frac{K_1}{\eta_1}R'_1$$

得

$$\left(m + \frac{K_1^2}{\eta_1}J_1\right)\ddot{x} + \frac{K_1}{\eta_1}J_1\frac{\mathrm{d}K_1}{\mathrm{d}x}\dot{x}^2 = F - \frac{K_1}{\eta_1}F_1 \tag{3.8}$$

简写为

$$m'\ddot{x} = F'$$

这就是考虑了工作构件影响的基础构件的运动微分方程，即自动机运动微分方程。

由上可以看出，对于工作构件为定轴转动情况，将传速比定义为工作构件的角速度与基础构件的速度之比（此时，速比是带量纲的），作用在工作构件上的给定力用力矩表示，工作构件的质量用转动惯量表示，则可得出与式（3.6）相类似的方程。如果把 m_1 看做是广义质量（包括转动惯量），x_1、$\dot{x}_1$、$\ddot{x}_1$ 看作广义位移（包括角位移）、广义速度（包括角速度）及广义加速度（包括角加速度），F_1 看作广义力（包括力矩），K_1 看做是广义传速比，则式（3.8）与式（3.6）有相同的形式，即式（3.6）也适用于工作构件为定轴转动情况。因此，可以认为式（3.6）是一种单构件运动普遍方程。

当基础构件同时带动多个工作构件（包括平动和定轴转动情况）工作时，有两种传动形式：其一是串联，如 HP－23 自动机，炮身（基础构件）带动加速臂，加速臂又带动炮闩等；其二是并联，如炮身带动加速机构工作的同时，又带动供弹机构工作，无论何种传动形式，只要机构只有一个自由度，就可以按前面所述的方法导出基础构件带动多个工程构件的自动机运动微分方程。

设自动机由基础构件 0 及 n 个工作构件组成，根据动静法，对基础构件可写出有效推力公式为

$$R' = F - m\ddot{x}$$

对工作构件可写出有效阻力（广义有效阻力）公式为

$$R'_i = F_i + m_i\ddot{x}_i \qquad (i = 1,2,\cdots,n)$$

式中　F——作用于基础构件上的给定力的合力在其速度方向的分量；

F_i——作用于工作构件 i 上的给定力（矩）的合力（矩）在其速度方向的分量，是广义力；

m——基础构件质量；

m_i——工作构件 i 的质量（转动惯量），是广义质量；

x、$\dot{x}$、$\ddot{x}$——基础构件的位移、速度、加速度；

x_i、$\dot{x}_i$、$\ddot{x}_i$——工作构件 i 的（角）位移、（角）速度、（角）加速度，它们是广义的。

引入传速比 K_i（$i=1$，2，…，n）和传动效率 η_i（$i=1$，2，…，n），根据虚功原理可以写出

$$R' = \sum_{i=1}^{n} R'_i \frac{K_i}{\eta_i} \tag{3.9}$$

可以认为式（3.9）是一种单自由度自动机运动微分方程的普遍形式。

将有效力的表达式代入，整理后得

$$\left(m+\sum_{i=1}^{n}\frac{K_i^2}{\eta_i}m_i\right)\ddot{x}+\sum_{i=1}^{n}\frac{K_i}{\eta_i}m_i\frac{\mathrm{d}K_i}{\mathrm{d}x}\dot{x}^2=F-\sum_{i=1}^{n}\frac{K_i}{\eta_i}F_i \tag{3.10}$$

或简写成

$$m'\ddot{x}=F'$$

这就是基础构件带动多个工作构件工作时，自动机运动微分方程。

式中 $\sum_{i=1}^{n}\frac{K_i^2}{\eta_i}m_i$ ——工作构件转换到基础构件上的相当质量；

$\sum_{i=1}^{n}\frac{K_i}{\eta_i}F_i$ ——工作构件转换到基础构件上的相当阻力；

$\sum_{i=1}^{n}\frac{K_i}{\eta_i}m_i\frac{\mathrm{d}K_i}{\mathrm{d}x}\dot{x}^2$ ——由于传速比变化引起的附加惯性阻力；

$m'=m+\sum_{i=1}^{n}\frac{K_i^2}{\eta_i}m_i$，$m'$ ——基础构件的相当质量；

$F'=F-\sum_{i=1}^{n}\frac{K_i}{\eta_i}F_i-\sum_{i=1}^{n}\frac{K_i}{\eta_i}m_i\frac{\mathrm{d}K_i}{\mathrm{d}x}\dot{x}^2$，$F'$ ——作用在基础构件上的相当力；

$T=\sum_{i=1}^{n}\frac{K_i^2}{\eta_i}m_i\ddot{x}+\sum_{i=1}^{n}\frac{K_i}{\eta_i}m_i\frac{\mathrm{d}K_i}{\mathrm{d}x}\dot{x}^2+\sum_{i=1}^{n}\frac{K_i}{\eta_i}F_i$，$T$ ——自动机的附加阻力。

应该注意的是，当基础构件同时带动多个工作构件（包括平动和定轴转动情况）工作时，所引入的传速比 K_i（$i=1, 2, \cdots, n$）和传动效率 η_i（$i=1, 2, \cdots, n$）是从基础构件 0 传动到第 i（$i=1, 2, \cdots, n$）个工作构件的传速比和传动效率，传动关系包括从基础构件 0 传动到第 i 个工作构件之间的实际包含的所有有传动关系的工作构件，而不包含其他没有传动关系的工作构件。

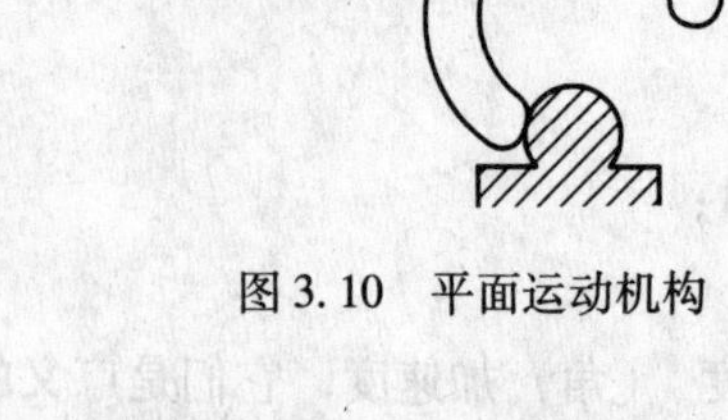

图 3.10 平面运动机构

在火炮自动机中，还有一种较为典型的机构，即平面运动机构。在这种机构中，基础构件一般为平动，而工作构件在随基础构件一起平动的同时，还相对基础构件作定轴转动，如图 3.10 所示。

基础构件 0 在给定力 F（给定力的合力在其速度方向的分量）的推动下，沿 x 方向运动，并带动作用于给定力矩（阻力矩）F_1（给定力的合力在其角速度反方向的分量）的工作构件 1 作平面运动，工作构件 1 的转轴在基础构件 0 上。假设基础构件 0 的质量、位移、速度及加速度分别为 m、x、$\dot{x}$、$\ddot{x}$，工作构件 1 的质量为 m_1，工作构件 1 的角位移、角速度及角加速度分别为 x_1、$\dot{x}_1$、$\ddot{x}_1$，工作构件 1 的质心 C_1 至转轴 O_1 的距离为 l_1，l_1 与 x 方向的夹角为 φ_1，工作构件 1 对其质心 C_1 的转动惯量为 J_{c_1}，工作构件 1 对其转轴 O_1 的转动惯量为 J_1。根据动静法，分别假想地加上构件的惯性力，并将作用在构件 1 上惯性力向转轴 O_1 简化，得作用于转轴 O_1 的惯性力系主矢

$$\boldsymbol{G}_1 = \boldsymbol{G}_{e1} + \boldsymbol{G}_{r1}^{\tau} + \boldsymbol{G}_{r1}^{n}$$

及惯性力系主矩

$$M_1 = G_{e1} l_1 \sin \varphi_1 + J_1 \ddot{x}_1$$

式中　$G_{e1} = m_1 \ddot{x}, G_{e1}$ ——由基础构件 0 运动引起的工作构件 1 的牵连惯性力；

$G_{r1}^{\tau} = m_1 l_1 \ddot{x}_1, G_{r1}^{\tau}$ ——由工作构件 1 的质心 C_1 偏离其转轴 O_1 引起的工作构件 1 相对基础构件 0 的切向惯性力；

$G_{r1}^{n} = m_1 l_1 \dot{x}_1^2, G_{r1}^{n}$ ——由工作构件 1 的质心 C_1 偏离其转轴 O_1 引起的工作构件 1 相对基础构件 0 的法向惯性力。

将惯性力系主矢向 x 方向及其垂直方向投影，得

$$G_1^x = G_{e1} + G_{r1}^n \cos \varphi_1 + G_{r1}^{\tau} \sin \varphi_1$$

$$G_1^y = G_{r1}^n \sin \varphi_1 - G_{r1}^{\tau} \cos \varphi_1$$

将作用在构件上的给定力分量与惯性力合并为有效力，则有效推力为

$$\begin{aligned} R' &= F - m\ddot{x} - G_1^x - fG_1^y \\ &= F - (m + m_1)\ddot{x} - m_1(\alpha_1 \ddot{x}_1 + \beta_1 \dot{x}_1^2) \end{aligned}$$

式中　$\alpha_1 = l_1(\sin \varphi_1 - f\cos \varphi_1)$；

$\beta_1 = l_1(\cos \varphi_1 + f\sin \varphi_1)$。

不计转轴 O_1 处的摩擦阻力矩，则有效阻力矩为

$$\begin{aligned} R_1' &= F_1 + M_1 \\ &= F_1 + J_1 \ddot{x}_1 + \lambda_1 m_1 \ddot{x} \end{aligned}$$

式中　$\lambda_1 = l_1 \sin \varphi_1$。

力系简化如图 3.11 所示。

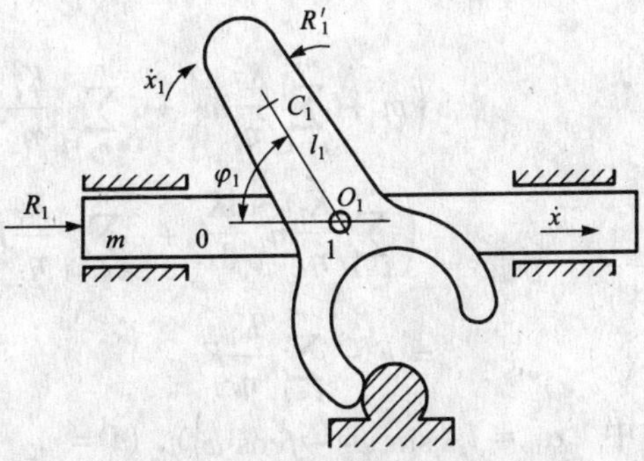

图 3.11　力系简化图

根据推广了的虚位移原理式（3.6），有

$$R' = \frac{K_1}{\eta_1} R_1'$$

将有效推力 R' 和有效阻力矩 R'_1 的表达式代入，整理后得

$$\left(m + m_1 + \frac{K_1^2}{\eta_1} J_1 + \lambda_1 \frac{K_1}{\eta_1} m_1 + \alpha_1 K_1 m_1\right)\ddot{x} + \left(\frac{K_1}{\eta_1} J_1 \frac{\mathrm{d}K_1}{\mathrm{d}x} + \alpha_1 m_1 \frac{\mathrm{d}K_1}{\mathrm{d}x} + \beta_1 K_1^2 m_1\right)\dot{x}^2 = F - \frac{K_1}{\eta_1} F_1 \tag{3.11}$$

简写为

$$m'\ddot{x} = F'$$

式中　$m' = m + m_1 + \frac{K_1^2}{\eta_1} J_1 + \lambda_1 \frac{K_1}{\eta_1} m_1 + \alpha_1 K_1 m_1, m'$ ——基础构件的相当质量；

$F' = F - \frac{K_1}{\eta_1} F - \left(\frac{K_1}{\eta_1} J_1 \frac{\mathrm{d}K_1}{\mathrm{d}x} + \alpha_1 m_1 \frac{\mathrm{d}K_1}{\mathrm{d}x} + \beta_1 K_1^2 m_1\right)\dot{x}^2, F'$ ——作用在基础构件上的相当力。

这就是考虑了工作构件影响的基础构件的运动微分方程，即自动机运动微分方程。

如果 $l_1=0$，即工作构件 1 的质心与转轴重合，则 $\alpha_1=0$、$\beta_1=0$、$\lambda_1=0$，式（3.11）简化为

$$\left(m+m_1+\frac{K_1^2}{\eta_1}J_1\right)\ddot{x}+\frac{K_1}{\eta_1}m_1\frac{\mathrm{d}K_1}{\mathrm{d}x}\dot{x}^2=F-\frac{K_1}{\eta_1}F_1 \tag{3.12}$$

式（3.12）与工作构件为定轴转动时的运动微分方程相比较，除基础构件的相当质量中增加了工作构件的质量 m_1 之外，其余各项内容都相同。一般实际问题中，工作构件 1 的质心与转轴近似重合，即 l_1 很小，为了简便起见，通常取 $l_1=0$，而将工作构件的质量 m_1 直接增加在基础构件的质量 m 中，这样一来，平面运动构件就可以作为定轴转动构件处理。

综合以上几个方面，可以导出含平面运动构件的单自由度多工作构件的自动机动力学普遍微分方程。

为了叙述方便起见，设自动机由基础构件 0 及 n 个工作构件组成，在 n 个工作构件中，工作构件 $1\sim n_1$ 为平动构件，工作构件 $n_1+1\sim n_2$ 为定轴转动构件，工作构件 $n_2+1\sim n$ 为转轴在基础构件上的平面运动构件。

通过引入传速比 K_i（$i=1, 2, \cdots, n$）和传动效率 η_i（$i=1, 2, \cdots, n$），根据单自由度自动机运动微分方程的普遍形式

$$R'=\sum_{i=1}^{n}R_i'\frac{K_i}{\eta_i}$$

有

$$\begin{aligned}&\left(m+\sum_{i=1}^{n_1}\frac{K_i^2}{\eta_i}m_i+\sum_{i=n_1+1}^{n}\frac{K_i^2}{\eta_i}J_i+\sum_{i=n_2+1}^{n}\left(1+\alpha_iK_i+\lambda_i\frac{K_i}{\eta_i}\right)m_i\right)\ddot{x}+\\&\left(\sum_{i=1}^{n_1}\frac{K_i}{\eta_i}m_i\frac{\mathrm{d}K_i}{\mathrm{d}x}+\sum_{i=n_1+1}^{n}\frac{K_i}{\eta_i}J_i\frac{\mathrm{d}K_i}{\mathrm{d}x}+\sum_{i=n_2+1}^{n}\left(\alpha_i\frac{\mathrm{d}K_i}{\mathrm{d}x}+\beta_iK_i^2\right)m_i\right)\dot{x}^2\\&=F-\sum_{i=1}^{n}\frac{K_i}{\eta_i}F_i\end{aligned} \tag{3.13}$$

式中 $\alpha_i=l_i(\sin\varphi_i-f\cos\varphi_i),\ (i=n_2+1,\cdots,n)$；

$\beta_i=l_i(\cos\varphi_i+f\sin\varphi_i),\ (i=n_2+1,\cdots,n)$；

$\lambda_i=l_i\sin\varphi_i,\ (i=n_2+1,\cdots,n)$。

或简写成

$$m'\ddot{x}=F'$$

式中 $m'=m+\sum_{i=1}^{n_1}\frac{K_i^2}{\eta_i}m_i+\sum_{i=n_1+1}^{n}\frac{K_i^2}{\eta_i}J_i+\sum_{i=n_2+1}^{n}\left(1+\alpha_iK_i+\lambda_i\frac{K_i}{\eta_i}\right)m_i$，$m'$——基础构件的相当质量；

$$F'=F-\left(\sum_{i=1}^{n_1}\frac{K_i}{\eta_i}m_i\frac{\mathrm{d}K_i}{\mathrm{d}x}+\sum_{i=n_1+1}^{n}\frac{K_i}{\eta_i}J_i\frac{\mathrm{d}K_i}{\mathrm{d}x}+\sum_{i=n_2+1}^{n}\left(\alpha_i\frac{\mathrm{d}K_i}{\mathrm{d}x}+\beta_iK_i^2\right)m_i\right)\dot{x}^2-\sum_{i=1}^{n}\frac{K_i}{\eta_i}F_i,$$

F'——作用在基础构件上的相当力。

这就是基础构件带动多个工作构件工作时，自动机运动微分方程。

如果 $l_i=0$（$i=n_2+1, \cdots, n$），即工作构件 i（$i=n_2+1, \cdots, n$）的质心都与转轴重合，则 $\alpha_i=0$、$\beta_i=0$、$\lambda_i=0$，（$i=n_2+1, \cdots, n$），式（3.13）简化为

$$\left(m+\sum_{i=1}^{n_1}\frac{K_i^2}{\eta_i}m_i+\sum_{i=n_1+1}^{n}\frac{K_i^2}{\eta_i}J_i+\sum_{i=n_2+1}^{n}m_i\right)\ddot{x}+\left(\sum_{i=1}^{n_1}\frac{K_i}{\eta_i}m_i\frac{\mathrm{d}K_i}{\mathrm{d}x}+\sum_{i=n_1+1}^{n}\frac{K_i}{\eta_i}J_i\frac{\mathrm{d}K_i}{\mathrm{d}x}\right)\dot{x}^2$$
$$=F-\sum_{i=1}^{n}\frac{K_i}{\eta_i}F_i \tag{3.14}$$

如果将平面运动构件的质量 m_i（$i=n_2+1$，…，n）直接增加在基础构件的质量 m 中，则平面运动构件就可以作为定轴转动构件处理；把 m_i（$i=1$，…，n）看做是广义质量（包括转动惯量），x_i、$\dot{x}_i$、$\ddot{x}_i$（$i=1$，…，n）看作广义位移（包括角位移）、广义速度（包括角速度）及广义加速度（包括角加速度），F_i（$i=1$，…，n）看作广义力（包括力矩），K_i（$i=1$，…，n）看做是广义传速比，则式（3.14）可以进一步简化成

$$\left(m_0+\sum_{i=1}^{n}\frac{K_i^2}{\eta_i}m_i\right)\ddot{x}+\sum_{i=1}^{n}\frac{K_i}{\eta_i}m_i\frac{\mathrm{d}K_i}{\mathrm{d}x}\dot{x}^2=F-\sum_{i=1}^{n}\frac{K_i}{\eta_i}F_i \tag{3.15}$$

为了减小作用于炮架上的力，通常为自动机设置缓冲装置，即自动机的炮箱将沿炮架上的导轨作平移缓冲运动，而自动机的基础构件带动工作构件相对于炮箱运动。炮箱的缓冲运动与自动机构的运动既是相互独立，又是相互影响的两个运动。因此，在建立自动机系统的运动微分方程时，建立的是运动微分方程组，既考虑炮箱的缓冲运动对自动机运动影响的基础构件带动工作构件运动微分方程，又考虑自动机构运动影响的炮箱的缓冲运动微分方程（或者考虑各自动机构运动的全自动机运动微分方程），或称二自由度自动机运动微分方程。

建立二自由度自动机运动微分方程的方法与单自由度自动机运动微分方程相似。在建立考虑炮箱的缓冲运动对自动机构运动影响的基础构件带动工作构件运动微分方程时，主要是将炮箱的缓冲运动引起的各构件的牵连惯性力作为外力加以考虑。在建立考虑各自动机构运动的全自动机运动微分方程时，主要是将所有惯性力都作为外力加以考虑。

以简单平动凸轮机构为例，炮箱、基础构件和工作构件都为平动，如图3.12所示。取固定于地面的惯性直角坐标系 $o\xi\zeta$ 和随炮箱平动直角坐标系 $o'xy$。设炮箱的质量、位移、速度、加速度分别为 M、ξ、$\dot{\xi}$、$\ddot{\xi}$，作用于炮箱运动方向上的合力为 F_ξ，基础构件的质量、位移、速度、加速度分别为 m、x、$\dot{x}$、$\ddot{x}$，作用于基础构件运动方向上的合力为 F，工作构件的质量、位移、速度、加速度分别为 m_1、x_1、$\dot{x}_1$、$\ddot{x}_1$，作用于工作构件运动方向上的合力为 F_1。为通用起见，设工作构件的运动方向与基础构件运动方向夹角为 ψ_1。

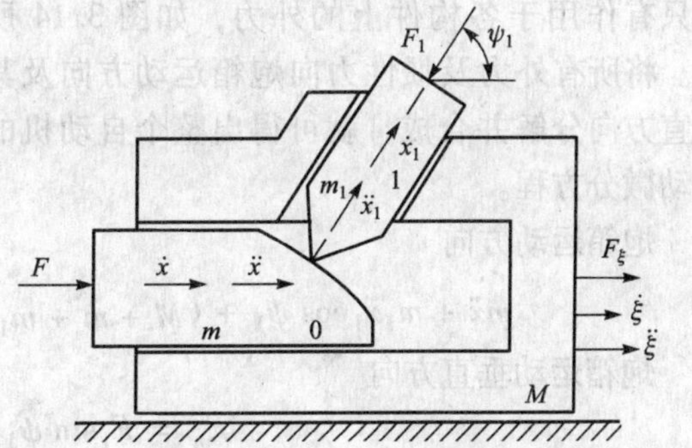

图3.12　带简单平动凸轮机构的自动机工作原理图

先建立基础构件带动工作构件相对炮箱运动的运动微分方程。根据动静法，在基础构件和工作构件的质心上加上炮箱牵连运动引起的牵连惯性力，并将牵连惯性力作为外力处理，这样就将两个自由度运动转化为单自由度运动，如图3.13所示。应该注意的是，外力引起的附加摩擦力也是外力，在计算有效力时必须考虑在内。图3.13中，将作用于工作构件的

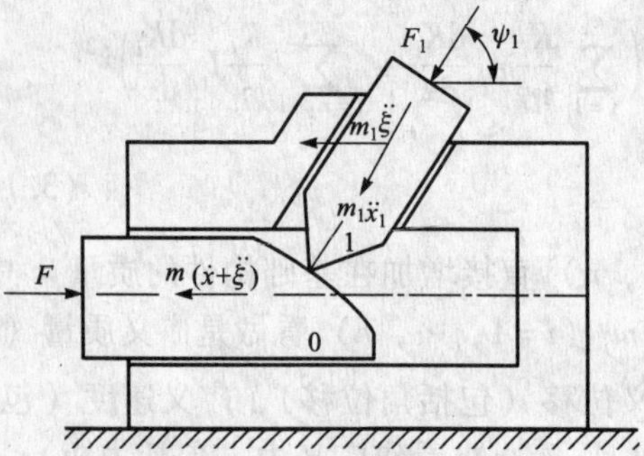

图 3.13 简单平动凸轮机构工作原理图

牵连惯性力 $m_1\ddot{\xi}$ 向工作构件运动方向及其垂直方向分解，垂直方向分量 $m_1\ddot{\xi}\sin\psi_1$ 引起工作构件与炮箱贴合面有分离的趋势，其结果会减小该贴合面的摩擦力，即牵连惯性力 $m_1\ddot{\xi}$ 引起的附加摩擦力为 $-f m_1\ddot{\xi}\sin\psi_1$。

对基础构件，有效推力为

$$R' = F - m(\ddot{x} + \ddot{\xi})$$

对工作构件，有效阻力为

$$R_1' = F_1 + m_1(\ddot{x} + \ddot{\xi}(\cos\psi_1 - f\sin\psi_1))$$

根据推广了的虚位移原理式（3.5），整理得

$$\left(m + \frac{K_1^2}{\eta_1}m_1\right)\ddot{x} + \left(m + \frac{K_1}{\eta_1}m_1\delta_1\right)\ddot{\xi} = F - \frac{K_1}{\eta_1}F_1 - \frac{K_1}{\eta_1}m_1\frac{\mathrm{d}K_1}{\mathrm{d}x}\dot{x}^2 \tag{3.16}$$

式中 $\delta_1 = \cos\psi_1 - f\sin\psi_1$。

与式（3.6）相比，式（3.16）中只多出一项炮箱牵连运动引起的作用，或者说是附加惯性力作用。

再来建立包括炮箱、基础构件和工作构件的整个自动机的运动微分方程。根据动静法，在所有构件的质心上加上所有惯性力，使整个自动机处于平衡状态。所有构件之间的作用力都是内力，不必考虑。作用于整个自动机上的力只有作用于各构件上的外力，如图 3.14 所示。将所有外力及惯性力向炮箱运动方向及其垂直方向分解并合成，就可得出整个自动机的运动微分方程。

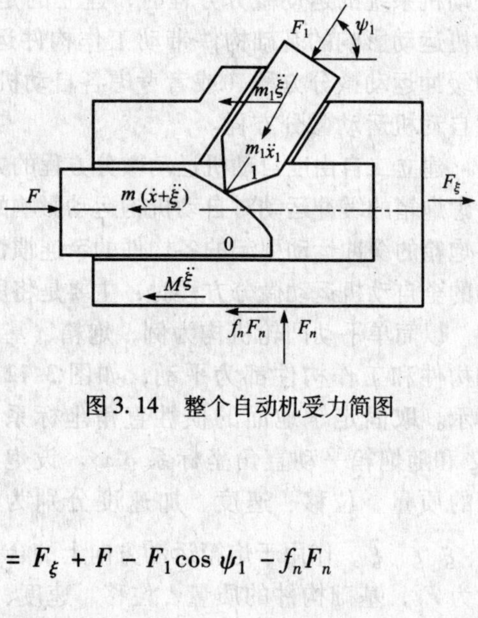

图 3.14 整个自动机受力简图

炮箱运动方向

$$m\ddot{x} + m_1\ddot{x}_1\cos\psi_1 + (M + m + m_1)\ddot{\xi} = F_\xi + F - F_1\cos\psi_1 - f_nF_n$$

炮箱运动垂直方向

$$F_n = F_1\sin\psi_1 + m_1\ddot{x}_1\sin\psi_1$$

整理后得

$$(m + K_1m_1\delta_1')\ddot{x} + (M + m + m_1)\ddot{\xi} = F_\xi + F - \left(F_1 + m_1\frac{\mathrm{d}K_1}{\mathrm{d}x}\dot{x}^2\right)\delta_1' \tag{3.17}$$

式中 $\delta_1' = \cos\psi_1 + f_n\sin\psi_1$。

可以合并式（3.16）和式（3.17），将得到的运动微分方程组写成矩阵的形式

$$\boldsymbol{M}\ddot{\boldsymbol{X}} = \boldsymbol{F} \tag{3.18}$$

式中

$$M = \begin{bmatrix} m_{11} & m_{12} \\ m_{21} & m_{22} \end{bmatrix};$$

$$\ddot{X} = \begin{Bmatrix} \ddot{x} \\ \ddot{\xi} \end{Bmatrix};$$

$$F = \begin{Bmatrix} F_x \\ F_\xi \end{Bmatrix};$$

m_{11}——基础构件的相当质量；

m_{12}——炮箱运动引起的动力耦合项的相当质量；

m_{21}——基础构件及工作构件相对炮箱运动引起的动力耦合项的相当质量；

m_{22}——自动机的质量；

$\ddot{x}$——基础构件的运动加速度；

$\ddot{\xi}$——炮箱的运动加速度；

F_x——作用于基础构件的相当力；

F_ξ——作用于炮箱的相当力。

对于其他类型的自动机，用相同方法可以建立如式（3.18）相同的两个自由度自动机运动微分方程。

建立火炮自动机运动微分方程的方法有多种多样。理论上，理论力学、机械原理、刚体动力学、系统动力学等其他学科的基本理论和方法都可用来建立火炮自动机运动微分方程，例如牛顿力学的矢量法、动静法、虚功原理、拉格朗日方程、多刚体动力学方法、系统动力学方法等，但是，每种方法都有其本身的特点，应用何种方法应根据具体结构特点，方法的难易程度、前期处理及后续工作量的大小来确定，无论应用什么方法，所建立的火炮自动机运动微分方程都应客观反映火炮自动机本身的运动规律。

火炮自动机是一种非理想约束的机构，在其工作过程中，各构件间进行运动及能量传递时，存在着能量损耗，这主要表现为摩擦损耗。考虑摩擦损耗成为火炮自动机动力学区别于其他刚体动力学的一个重要特征。在火炮自动机动力学中，通过引入传动效率来考虑摩擦的影响，引入传速比来考虑工作构件的影响，使得火炮自动机动力学研究可以不必涉及具体结构就可以用规范的方法得出规范形式的火炮自动机运动微分方程，而将研究具体结构归结为结构参数（传速比 K 及传动效率 η 等）的确定，由具体机构的结构参数来确定具体机构的运动规律，这样，对具体的较复杂的自动机构动力学问题，分解成几个较为简单的问题来解决。

对于具体的自动机构，建立了自动机运动微分方程（规范化的方法和规范化的自动机运动微分方程）之后，关键问题是确定具体机构的结构参数（传速比 K 和传动效率 η）及其变化规律。

2. 传速比的计算

对于由 n 个工作构件和基础构件组成的单自由度自动机构，只要基础构件的位形一经确定，其他构件的位形均可相应确定，因此，在研究自动机构运动规律时，没有必要去研究 $n+1$ 个构件的 $6\times(n+1)$ 个自由度的多构件运动规律，而只要研究基础构件运动规律，然后再根据各工作构件对基础构件的关系求出工作构件的运动规律。工作构件与基础构件之间的运动关系主要通过传速比来联系。

设基础构件的速度为 $\dot{x}$，第 i 个工作构件的速度为 $\dot{x}_i$（$i=1, 2, \cdots, n$），定义两构件间运动速度之比为传速比，即基础构件传动到工作构件 i（$i=1, 2, \cdots, n$）的传速比（简称构件 0 到构件 i 的传速比，或构件 i 的传速比）定义为

$$K_i = \frac{\dot{x}_i}{\dot{x}} \quad (i = 1, \cdots, n) \tag{3.19}$$

亦

$$K_i = \frac{\dfrac{\mathrm{d}x_i}{\mathrm{d}t}}{\dfrac{\mathrm{d}x}{\mathrm{d}t}} = \frac{\mathrm{d}x_i}{\mathrm{d}x} \quad (i = 1, \cdots, n) \tag{3.20}$$

即基础构件对第 i 个工作构件的传速比也可视为第 i 个工作构件位移对基础构件位移的导数。

当第 i 个构件为转动构件时，$\dot{x}_i$ 可理解为角速度。

这里的传速比是瞬时传速比，是随着基础构件运动而变化的。对于给定的机构和结构，传速比仅取决于基础构件及机构的位形，与时间没有直接关系，即传速比是机构的结构参数，在基础构件运动规律确定之前就可以确定。

确定传速比的方法有微分法（根据工作构件位移与基础构件位移的函数关系直接进行微分运算）、速度多边形法（极速度图法）和力法（通过力的关系求解）等。

如已知 $x_1 = f(x)$，K_1 就是曲线 $x_1 = f(x)$ 的斜率，基础构件行程 $x = a$ 时的传速比 $K_1 = \tan\alpha(a)$，如图 3.15 所示。

以简单凸轮机构为例，说明用速度多边形法（极速度图法）求传速比的方法。图 3.16 所示为简单凸轮机构，构件 0 为基础构件，构件 1 为工作构件，其位移和速度分别为 x、x_1 及 $\dot{x}$、$\dot{x}_1$，构件 0 上的凸轮曲线为凸轮理论轮廓曲线。

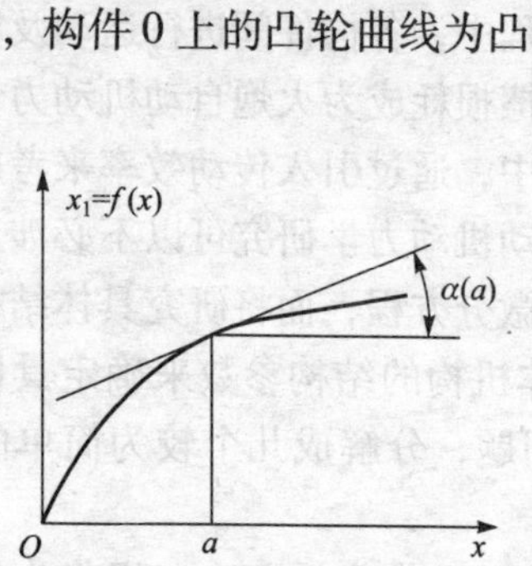

图 3.15 构件的相对位移曲线

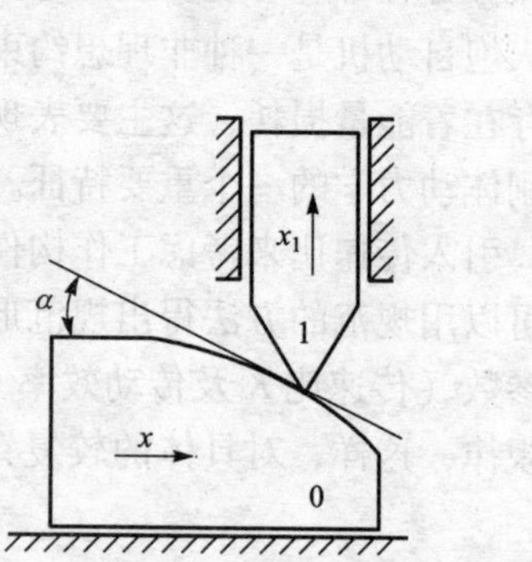

图 3.16 简单凸轮机构的原理图

从基础构件 0 传动到工作构件 1 的传速比为

$$K_1 = \frac{\mathrm{d}x_1}{\mathrm{d}x} = \frac{\dot{x}_1}{\dot{x}}$$

由理论力学知

$$\dot{x}_1 = \dot{x} + \dot{x}_{01}$$

其中，$\dot{x}$ 和 $\dot{x}_1$ 的方向均已知，相对速度 $\dot{x}_{01}$ 的方向沿构件 0 和构件 1 接触点的切线方向。任取一点 p 作为速度多边形的极点（速度零点），过 p 点沿 $\dot{x}$ 方向取一方便长度 pa 代表 $\dot{x}$，过 a 点作构件 0 和构件 1 接触点的切线方向 ab（$\dot{x}_{01}$ 的方向），过 p 点作 $\dot{x}_1$ 方向，两方向直线交于 b 点，如图 3.17 所示，则 pb 代表 $\dot{x}_1$，ab 代表 $\dot{x}_{01}$，$\triangle pab$ 即为速度多边形，传速比为

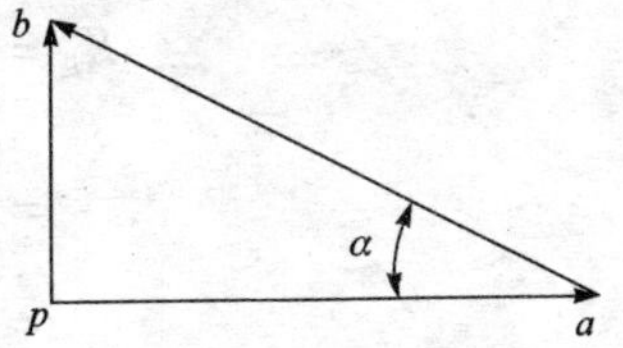

图 3.17　极速度图

$$K_1 = \frac{\dot{x}_1}{\dot{x}} = \frac{pb}{pa} = \tan\alpha$$

这就是传速比 K_1 的解析式，若已知 α 随 x 的变化规律，则可求得 K_1 随 x 的变化规律。

仍以简单凸轮机构为例，说明用力法求传速比的方法。图 3.16 所示的简单凸轮机构中，构件 0 为基础构件，构件 1 为工作构件，其位移和速度分别为 x、x_1 及 $\dot{x}$、$\dot{x}_1$，构件 0 上的凸轮曲线为凸轮理论轮廓曲线，作用于基础构件运动方向上的力为 F，作用于工作构件运动反方向上的力为 F_1。根据虚功原理，不考虑摩擦，在平衡状态下，在系统任何虚位移上，作用在系统的主动力的元功之和等于零，即作用于由构件 0 和构件 1 构成的系统上的推力和阻力的元功之和等于零。即

$$F\delta x - F_1\delta x_1 = 0$$

在定常约束下，实位移是虚位移之一，因此有

$$F\mathrm{d}x - F_1\mathrm{d}x_1 = 0$$

即

$$\frac{F}{F_1} = \frac{\mathrm{d}x_1}{\mathrm{d}x} = K_1$$

分别以基础构件和工作构件为对象，如图 3.18 所示，建立力平衡多边形，并且可以导出推力和阻力的关系式，即传速比表达式为

$$K_1 = \frac{F}{F_1} = \tan\alpha$$

对于多个构件串联传动情况，如图 3.19 所示，若求基础构件对 i 构件的传速比，则

图 3.18　力平衡多边形

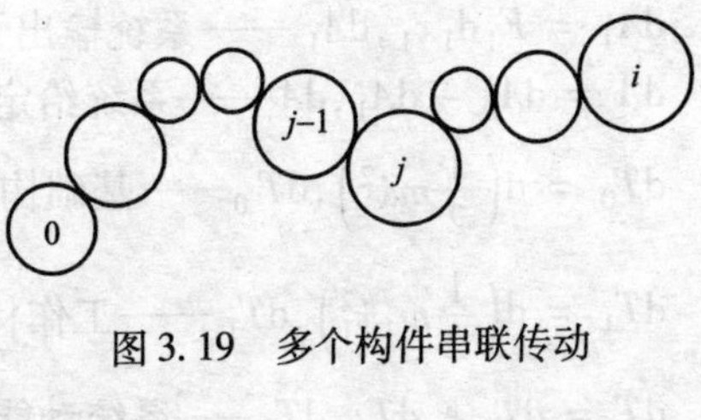

图 3.19　多个构件串联传动

$$
\begin{aligned}
K_i &= \frac{\mathrm{d}x_i}{\mathrm{d}x} \\
&= \frac{\mathrm{d}x_1}{\mathrm{d}x} \cdot \frac{\mathrm{d}x_2}{\mathrm{d}x_1} \cdot \frac{\mathrm{d}x_3}{\mathrm{d}x_2} \cdot \cdots \cdot \frac{\mathrm{d}x_{i-1}}{\mathrm{d}x_{i-2}} \cdot \frac{\mathrm{d}x_i}{\mathrm{d}x_{i-1}} \\
&= K_1 \cdot K_{1,2} \cdot K_{2,3} \cdot \cdots \cdot K_{i-2,i-1} \cdot K_{i-1,i} \\
&= \prod_{j=1}^{i} K_{j-1,j}
\end{aligned}
$$

式中 $K_{j-1,j} = \dfrac{\mathrm{d}x_j}{\mathrm{d}x_{j-1}}(j = 1, \cdots, i)$，$K_{j-1,j}$——相邻构件 $j-1$ 与 j 之间的传速比，即串联传动机构的传速比等于相邻两构件间传速比的连乘积。

3. 传动效率

由传动效率的定义可知

$$\eta_1 = \frac{R_1' \mathrm{d}x_1}{R' \mathrm{d}x}$$

得

$$R' \mathrm{d}x = \frac{1}{\eta_1} R_1' \mathrm{d}x_1$$

即

$$(F - m\ddot{x})\mathrm{d}x = \frac{1}{\eta_1}(F_1 + m_1 \ddot{x}_1)\mathrm{d}x_1$$

亦

$$m\ddot{x}\mathrm{d}x + m_1 \ddot{x}_1 \mathrm{d}x_1 + \left(\frac{1}{\eta_1} - 1\right) m_1 \ddot{x}_1 \mathrm{d}x_1 = F\mathrm{d}x - F_1 \mathrm{d}x_1 - \left(\frac{1}{\eta_1} - 1\right) F_1 \mathrm{d}x_1$$

记为

$$
\begin{aligned}
\mathrm{d}T &= m\ddot{x}\mathrm{d}x + m_1 \ddot{x}_1 \mathrm{d}x_1 \\
&= \mathrm{d}\left(\frac{1}{2} m\dot{x}^2\right) + \mathrm{d}\left(\frac{1}{2} m_1 \dot{x}_1^2\right) \\
&= \mathrm{d}T_0 + \mathrm{d}T_1
\end{aligned}
$$

$$\mathrm{d}A = F\mathrm{d}x - F_1 \mathrm{d}x_1 = \mathrm{d}A_0 - \mathrm{d}A_1$$

$$\mathrm{d}W = \left(\frac{1}{\eta_1} - 1\right) m_1 \ddot{x}_1 \mathrm{d}x_1 + \left(\frac{1}{\eta_1} - 1\right) F_1 \mathrm{d}x_1 = \left(\frac{1}{\eta_1} - 1\right) \mathrm{d}T_1 + \left(\frac{1}{\eta_1} - 1\right) \mathrm{d}A_1$$

式中 $\mathrm{d}A_0 = F\mathrm{d}x$，$\mathrm{d}A_0$——系统输入元功；

$\mathrm{d}A_1 = F_1 \mathrm{d}_1 x_1$，$\mathrm{d}A_1$——系统输出元功（有用功）；

$\mathrm{d}A = \mathrm{d}A_0 - \mathrm{d}A_1$，$\mathrm{d}A$——系统给定力（外力）元功；

$\mathrm{d}T_0 = \mathrm{d}\left(\dfrac{1}{2} m\dot{x}^2\right)$，$\mathrm{d}T_0$——基础构件的动能增量；

$\mathrm{d}T_1 = \mathrm{d}\left(\dfrac{1}{2} m_1 \dot{x}_1^2\right)$，$\mathrm{d}T_1$——工作构件的动能增量；

$\mathrm{d}T = \mathrm{d}T_0 + \mathrm{d}T_1$，$\mathrm{d}T$——系统动能增量；

$\left(\dfrac{1}{\eta_1} - 1\right)\mathrm{d}T_1$——工作构件惯性力的作用所产生的摩擦损耗，即基础构件为增加工作构件动能消耗于约束之间摩擦所必需的附加功；

$\left(\frac{1}{\eta_1}-1\right)\mathrm{d}A_1$ ——工作构件给定阻力的作用所产生的摩擦损耗，即基础构件为使工作构件做有用功而消耗于约束之间摩擦所必需的附加功；

$\mathrm{d}W=\left(\frac{1}{\eta_1}-1\right)\mathrm{d}T_1+\left(\frac{1}{\eta_1}-1\right)\mathrm{d}A_1$，$\mathrm{d}W$ ——系统摩擦损耗功。

对于系统而言，则有

$$\mathrm{d}A=\mathrm{d}T+\mathrm{d}W \tag{3.21}$$

式（3.21）表明系统给定力系所做元功 $\mathrm{d}A$ 等于系统动能增量 $\mathrm{d}T$ 与系统损耗元功 $\mathrm{d}W$ 之和（能量守恒）。

由上述分析可知，传动效率的引入，实质上是考虑了在构件的传动过程中消耗于约束摩擦的摩擦损耗。在机械原理中，效率定义为有效阻力功与输入功之比，并且一般指的是稳态过程，可以理解为“平均效率”；而在火炮自动机动力学中所引入的效率，是“瞬态”过程中的传动效率，可理解为“瞬态效率”，它是包括构件运动的惯性力在内的输出功与输入功之比，具有更广泛的应用意义。

根据火炮自动机运动微分方程，还可以看出能量的传递关系。基础构件上的给定力（运动方向分量）所做的功（相当于输入功）在自动机传动过程中分配为四个部分，即：克服基础构件本身的惯性力做功 $m\ddot{x}\mathrm{d}x$，而转化为基础构件本身的动能增量 $m\ddot{x}\mathrm{d}x=\mathrm{d}\left(\frac{1}{2}m\dot{x}^2\right)=\mathrm{d}T_0$；通过基础构件与工作构件之间的机构约束传递到工作构件，克服工作构件的惯性力做功 $m_1\ddot{x}_1\mathrm{d}x_1$，并转化为工作构件的动能增量 $m_1\ddot{x}_1\mathrm{d}x_1=\mathrm{d}\left(\frac{1}{2}m_1\dot{x}_1^2\right)=\mathrm{d}T_1$；传递到工作构件，克服工作构件上有效阻力（运动方向分量）做功（相当于有效输出功）$F_1\mathrm{d}x_1$；损耗于约束之间摩擦的功 $\left(\frac{1}{\eta}-1\right)\mathrm{d}T_1+\left(\frac{1}{\eta}-1\right)F_1\mathrm{d}x_1$。

建立火炮自动机运动微分方程的目的是描述火炮自动机各构件的运动规律，这还需要通过求解运动微分方程来实现。上面所建立的火炮自动机运动微分方程，是考虑了工作构件影响的基础构件运动微分方程，工作构件对基础构件的影响在运动微分方程中表现为相关的结构参数，如传速比和传动效率等，这些结构参数只取决于火炮自动机在各时刻的位形，而整个自动机系统的位形由基础构件的位形唯一确定，因此，结构参数仅为基础构件的位移的函数，在求解运动微方程之前就可以确定。在这些结构参数中，传速比和传动效率是两个重要的结构参数，传速比的确定方法前面已经介绍，下面介绍传动效率的确定方法。

以简单面凸轮机构为例，应用动静法，加上惯性力之后，系统处于平衡状态。加上约束反力而去掉约束，应用隔离体法进行受力分析。作用在基础构件上有有效推力 R' 及约束反力，作用在工作构件上有有效阻力 R'_1 及约束反力。基础构件 0 带动工作构件 1 是依靠它们之间的机构约束来实现的，其间的约束反力（法向约束反力）为 N，由于约束非理想，从而产生摩擦力（切向约束反力），假定摩擦力为库仑摩擦力，与法向约束力成正比，比例系数（摩擦系数）为 f，即切向约束反力为 fN，由于 N、fN 的存在，将引起导轨处产生法向约束反力 N_0 和 N_1，又由于约束非理想，从而产生切向约束反力（摩擦力）f_0N_0 和 f_1N_1，如图 3.20 所示。传动效率是用来考虑在传动过程中，由于约束非理想，由约束反力 R 所引起的摩擦损耗（即切向约束反力 fR、f_0N_0 和 f_1N_1 所引起的能量损耗），但不是全部的摩擦损耗，由外力引起的导轨的反力所产生的摩擦力属于外力，只在外合力中考虑，不在传动效率中考虑。

根据传动效率的概念，由基础构件 0 传动到工作构件 1 的传动效率为

$$\eta_1 = \frac{R_1' \mathrm{d}x_1}{R' \mathrm{d}x} = \frac{R_1'}{R'} K_1$$

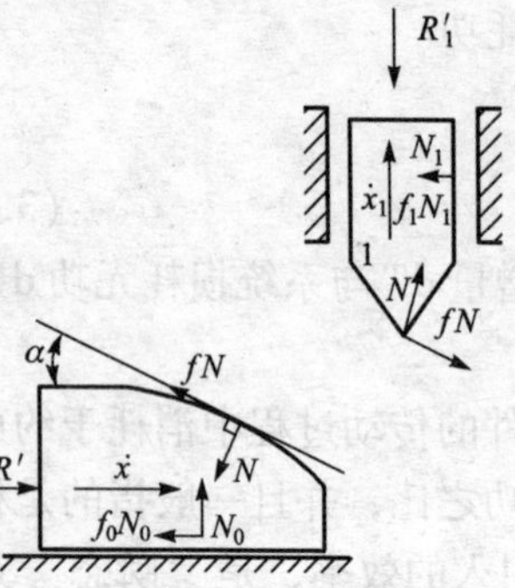

图 3.20 简单凸轮机构受力分析

由简单凸轮机构的受力隔离体（如图 3.20 所示），以各构件为示力对象列出力平衡方程，对工作构件 1，有

$$N_1 = N(\sin\alpha + f\cos\alpha)$$

$$\begin{aligned} R_1' &= N(\cos\alpha - f\sin\alpha) - f_1N_1 \\ &= N[\cos\alpha - (f+f_1)\sin\alpha - ff_1\cos\alpha] \end{aligned}$$

对基础构件 0，有

$$N_0 = N(\cos\alpha - f\sin\alpha)$$

$$\begin{aligned} R' &= N(\sin\alpha + f\cos\alpha) + f_0N_0 \\ &= N[\sin\alpha + (f+f_0)\cos\alpha - ff_0\sin\alpha] \end{aligned}$$

$$\eta_1 = \frac{R_1'}{R'}K_1 = \frac{\cos\alpha - (f-f_1)\sin\alpha - ff_1\cos\alpha}{\sin\alpha + (f+f_0)\cos\alpha - ff_0\sin\alpha}K_1 \tag{3.22}$$

由前面推导知，简单凸轮机构传速比 $K_1 = \tan\alpha$，则

$$\eta_1 = \frac{1 - (f+f_1)\tan\alpha - ff_1}{1 + (f+f_0)\cot\alpha - ff_0} \tag{3.23}$$

实际上，当不考虑摩擦时，即可令所有摩擦系数等于 0，则 $\eta_1 = 1$，由式（3.5）知

$$K_1 = \left(\frac{R'}{R_1'}\right)\bigg|_{f=0} \tag{3.24}$$

也就是说，通过力分析可以直接确定传速比，而不必专门进行分析计算（特殊情况除外）。

从自动机运动微分方程中还可以看出，传动效率并不单独存在，总是与传速比配对出现。因此，在实际计算中，往往不单独计算传动效率，而只是将传速比与传动效率之比（称为力换算系数）作为一个复合结构参数计算，即

$$\frac{K_1}{\eta_1} = \frac{R'}{R_1'} \tag{3.25}$$

而质量换算系数为

$$\frac{K_1^2}{\eta_1} = \frac{R'}{R_1'}\left(\frac{R'}{R_1'}\right)_{f=0} \tag{3.26}$$

不管机构多么复杂，按照上面的方法，从受力分析入手，在约束处用法向约束力及摩擦力代替约束，经过代换，最终导出有效推力与有效阻力之间的关系，即求出机构力换算系数的表达式。然后令其中的所有摩擦系数为 0，可得到机构传速比的表达式，继而可求得构件质量换算系数的表达式。由此可见，力换算系数的求解方法是最基本又最重要的方法，必须牢牢掌握。

在利用式（3.25）求力换算系数时，根据前面的定义知，R' 和 R'_1 中含惯性力，是未知的，似乎这种方法是行不通的。其实，利用式（3.25）只是一种手段，并不要求计算 R' 和

R'_1的实际值，而只是求得R'和R'_1的比例关系，这个比值（力换算系数）只是机构位置的函数，与运动无关，机构位置给定则该比值是唯一确定的。

对于基础构件带动多个工作构件运动的情况，可以采用同样方法，先在系统所有构件上加上有效力，然后进行受力分析，解出各有效力之间的关系，由

$$R' = \sum_{i=1}^{n} \frac{K_i}{\eta_i} R'_i$$

可以同时给出各构件对应的力换算系数$\frac{K_i}{\eta_i}$的表达式。

也可以只在基础构件和所关心的某个构件上加上有效推力R'和有效阻力R'_1，而其他构件上没有有效阻力作用，只是起传递力的作用，对系统进行受力分析，同样可以得出相应构件对应的力换算系数。

自动机工作过程中，在一般情况下，都是基础构件通过与工作构件之间的约束将能量传递给工作构件，从而带动工作构件运动，所以基础构件也是主动构件，工作构件是从动构件，这种传动形式称为正传动。但是，在运动的某一特定阶段，在特定条件下，基础构件可能会变为从动构件，而工作构件变为主动构件，工作构件反过来带动基础构件，这种传动形式称为逆传动。在逆传动中，各构件的运动方向虽然与正传动时相同，但是工作构件却把原来从基础构件上获取的能量反传给基础构件。由正传动转为逆传动称为传动换向。

在正常传动过程中，由于基础构件与工作构件之间的约束存在，一方面工作构件阻碍着基础构件的运动；另一方面基础构件推动工作构件运动，两构件间的运动存在速度关系（传速比）为

$$\dot{x}_1 = K_1 \dot{x}$$

当在运动过程中，由于某种原因，传速比K_1或基础构件速度$\dot{x}$突然减小时，在此时刻t_0的前后，工件构件的运动可能出现两种情况。其一，当两构件间的约束为单面约束时，工作构件将会因惯性而以$\dot{x}_1(t_0)$（突变前工作构件速度）惯性脱离；其二，当两构件间约束为双面约束时，工作构件因惯性脱离的趋势受到基础构件的限制，约束面换向，形成逆传动。由此可知，双面约束是出现传动换向，形成逆传动的必要条件。当出现传动换向，形成逆传动时，传动约束的约束面换向，即约束反力换向，因此，传动构件间约束反力换向是出现传动换向，形成逆传动的充分条件。由于运动是连续的，约束反力的变化也是连续的，约束反力换向必然要经过零点，所以当$R=0$时，传动构件互不作用，这就是传动换向的时间。

在$R=0$的瞬时，基础构件与工作构件互不影响，它们各自的运动微分方程为

$$m\ddot{x} = F \tag{3.27}$$

$$m_1\ddot{x}_1 = -F_1 \tag{3.28}$$

或

$$m_1\left(K_1\ddot{x} + \frac{\mathrm{d}K_1}{\mathrm{d}x}\dot{x}^2\right) = -F_1 \tag{3.29}$$

上述公式称为机构传动换向时机的判别式。

要精确地确定传动换向时机（在单面约束情况下，就是工作构件脱离基础构件，二者开始互不作用的时机），须知构件运动加速度和给定力的合力，但是，在运动分析之前，这些通常是未知的，因此，预先很难确定传动换向时机。确定传动换向时机，通常是在求解基

础构件运动微分方程的过程中，用求得的构件加速度和给定力代入判别式中逐步探求。不过，在两种特殊情况下，在运动分析之前，可以预先确定传动换向时机。其一是当传速比 K_1 为常数时，因为此时有

$$\dot{x}_1 = K_1\ddot{x}$$

由式（3.27）和式（3.28）得

$$-\frac{F_1}{F} = \frac{m_1}{m}K_1$$

因此，满足上式的瞬时，就是传动换向时机。由上式看出，此时作用在两构件上的给定力在运动方向上的合力必须同为推力或同为阻力。其二，当传速比 $K_1 = K_1(x)$ 出现最大值的情况，尤其是 $K_1(x)$ 在出现最大值之后突然减少，或 $\frac{\mathrm{d}K_1}{\mathrm{d}x}<0$ 并且 $\left|\frac{\mathrm{d}K_1}{\mathrm{d}x}\right|$ 较大的时候，在 K_1 出现最大值处可能产生传动换向。在 $K_1(x)$ 达到最大值之前，工作构件的速度继续增加，即动能连续增加；当 $K_1(x)$ 达到最大值之后，则其速度和动能均骤然下降，亦即工作构件要输出能量，在双面约束时，将改变约束工作面，改变传动约束反力的方向，此时工作构件的能量将通过约束反传给基础构件。因此，作为粗略估计，可以近似地取 $K_1(x)$ 达到最大值时作为传动换向时机。

在单面约束时，判别出工作构件脱离时机之后，从该时刻起，该工作构件将脱离系统，不参与运动。在双面约束时，判别出传动换向时机之后，将如何在自动机运动微分方程中考虑逆传动带来的影响呢？

以简单凸轮机构为例，逆传动时，工作构件 1 带动基础构件 0。工作构件 1 到基础构件 0 的传速比 K'_1 为

$$K_1' = \frac{\dot{x}}{\dot{x}_1} = \frac{1}{\frac{\dot{x}_1}{\dot{x}}} = \frac{1}{K_1}$$

即工作构件 1 到基础构件 0 的传速比等于基础构件 0 到工作构件 1 的传速比的倒数。此时，作用于主动构件（此时为工作构件 1）上的有效推力为 R''_1，而作用于从动构件（此时为基础构件 0）上的有效阻力为 R''。根据传动效率的定义，逆传动时的传动效率 η'_1（由工作构件 1 传动到基础构件 0 的传动效率）为

$$\eta_1' = \frac{R''\mathrm{d}x}{R_1''\mathrm{d}x_1} = \frac{R''}{R_1''}K_1'$$

逆传动力换算系数 $\frac{K_1'}{\eta_1'}$ 为

$$\frac{K_1'}{\eta_1'} = \frac{R_1''}{R''}$$

由于传动换向，有效力和法向约束反力也换向，但是运动速度和摩擦力未换向，而传动效率考虑的正是约束间摩擦力的损耗，因此，逆传动时的传动效率并不能简单地表示成正传动时的传动效率的倒数，而应由力系平衡方程，求出逆传动时的有效力之比以及传动效率及力换算系数。

在工作构件 1 的运动方向上加上有效力推力 R''_1，在基础构件 0 的运动反方向上加上有

效阻力 R''，并去掉约束，用约束反力代替，得到工作构件及基础构件的受力隔离体，如图 3.21 所示。

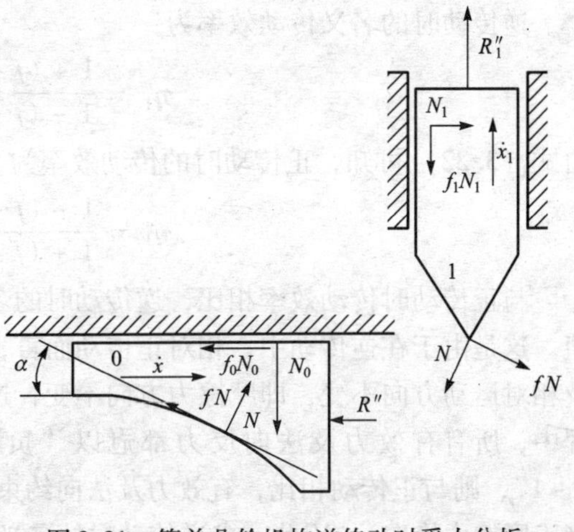

图 3.21　简单凸轮机构逆传动时受力分析

对基础构件 0 有

$$N_0 = N(\cos\alpha + f\sin\alpha)$$

$$\begin{aligned} R'' &= N(\sin\alpha - f\cos\alpha) - f_0N_0 \\ &= N[\sin\alpha - (f+f_0)\cos\alpha - ff_0\sin\alpha] \end{aligned}$$

对工作构件 1 有

$$N_1 = N(\sin\alpha - f\cos\alpha)$$

$$\begin{aligned} R'' &= N(\cos\alpha + f\sin\alpha) + f_1N_1 \\ &= N[\cos\alpha + (f+f_1)\sin\alpha - ff_1\cos\alpha] \end{aligned}$$

逆传动时的力换算系数为

$$\frac{K_1'}{\eta_1'} = \frac{\cos\alpha + (f+f_1)\sin\alpha - ff_1\cos\alpha}{\sin\alpha - (f+f_0)\cos\alpha - ff_0\sin\alpha}$$

逆传速时的传速比为

$$K_1' = \cot\alpha$$

逆传动时的传动效率为

$$\eta_1' = \frac{1 - (f+f_0)\cot\alpha - ff_0}{1 + (f+f_1)\tan\alpha - ff_1}$$

以工作构件为主动构件，考虑到基础构件运动影响的自动机构运动微分方程为

$$R_1'' = \frac{K_1'}{\eta_1'}R''$$

然而，为了运算方便和习惯，在出现逆传动之后，考虑到基础构件还可能仍带动其他构件工作，可仍以基础构件运动诸元为依据，故应设法推导出出现逆传动后，基础构件的运动微分方程。由逆传动时工作构件的运动微分方程可得

$$\begin{aligned} R'' &= \frac{\eta_1'}{K_1'}R_1'' \\ &= K_1\eta_1'R_1'' \end{aligned}$$

逆传动时的名义传动效率为

$$\eta_1'' = \frac{1}{\eta_1'}$$

则

$$R'' = \frac{K_1}{\eta_1''}R_1''$$

与正传动相比，逆传动时，基础构件运动微分方程与正传动有相同形式。在传动换向前后，构件运动方向不变，其坐标方向不改变，作用在构件上的给定力的合力也不改变，只是有效力的方向改变了。因此，出现逆传动前后基础构件运动微分方程与正传动的差别仅为传动效率的含义有所不同。

逆传动时的名义传动效率为

$$\eta_1'' = \frac{1+(f+f_1)\tan\alpha - ff_1}{1-(f+f_0)\cot\alpha - ff_0} \tag{3.30}$$

由式（3.22）可知，正传动时的传动效率为

$$\eta_1 = \frac{1-(f+f_1)\tan\alpha - ff_1}{1+(f+f_0)\cot\alpha - ff_0}$$

与正传动时传动效率相比，逆传动时的名义传动效率公式中只是把所有摩擦系数变为负值。这是由于在逆传动中，相对正传动而言，有效力及法向约束反力都换了向，而运动方向及相对运动方向不变，即摩擦力方向不变，这样，相对正传动而言，受力分析的对应平衡方程中，所有有效力及法向反力都冠以“负”号，而摩擦力不变，对平衡方程两侧同乘“-1”，则与正传动相比，有效力及法向约束反力不变，仅摩擦力都冠以“负”号了（即相当于摩擦力换向）。因此，求逆传动时的名义传动效率，只需将正传动时的传动效率的表达式中所有摩擦系数冠以“负”号即可。

由于 $0<\eta'_1<1$，因此 $\eta''_1>1$，它的实际含义是，出现逆传动之后，考虑了摩擦损耗之后，工作构件对基础构件有能量输入，或者说，正传动时工作构件从基础构件获得能量，逆传动时工作构件将从基础构件获得的部分能量反过来输送给基础构件。

综上所述，双面约束是传动换向、出现逆传动的必要条件；传动构件间改变约束工作面，约束反力换向是传动换向、出现逆传动的充分条件。在判明出现逆传动后，可不改变基础构件的运动微分方程，并继续求解，但必须把正传动中相关力换算系数和质量换算系数表达式中所有有关摩擦系数以负值代入作为逆传动中的力换算系数和质量换算系数。对于单面约束机构，传动换向时机就是单面约束时工作构件脱离基础构件的时机。

4. 机构间的撞击

当具体自动机结构确定之后，就可以确定自动机结构参数，也就是说可以确定基础构件的相当质量和相当力随时间（或基础构件位移）的变化规律。这些变化使基础构件在微小时间间隔内只产生微小动量变化，即基础构件处于渐变过程，自动机各机构的运动是连续的。但是，在射击过程中，自动机各机构和构件并不是同时工作的，而是依次工作的，不断有机构和构件加入或退出，在机构和构件加入或退出时，描述自动机运动规律的运动微分方程中的各项将发生突变。此外，由于运动构件突然受阻或构件间传速比突然改变，也会引起机构运动微分方程中各项的突变。从物理意义上说，在突变点上，位移是连续的，而速度可能连续也可能不连续。一般称这种机构在运动过程中因突然受阻或受到外界冲击或传速比突变等情况运动速度发生跳跃式改变（急剧变化）的现象为撞击（碰撞）。

撞击是自动机构件间能量急剧传递的现象。其作用时间极短（只有零点几毫米甚至更短），在撞击过程中，撞击构件的加速度（瞬时加速度）和撞击构件间的作用力（撞击力）特别大，但是速度的变化却为有限值。

撞击的存在，使自动机运动微分方程中各项突变，大大增加了求解方程的困难，求解方程时，通常进行分段，将方程中各项突变点作为分界点，在分界点前后注意方程中各项的改变，计算出撞击对运动的影响，即计算出撞击后运动诸元，尤其是速度，以作为下段继续求解的初始条件。

撞击对自动机，以及对整个自动炮都存在一定影响。撞击引起自动机运动不平衡，影响射击精度；撞击力影响构件的强度，加剧构件表面磨损，影响机构工作可靠性及寿命。在自动机设计中，应尽量避免或减少撞击对自动机的不利影响。然而，合理地利用撞击，则可以改善武器系统的性能，例如 23 - 1 自动机，采用了撞击式前冲加速臂，利用复进快到位时具有较大剩余速度的炮身撞击加速臂，并使之作用于刚解脱发射卡锁的炮闩，这样，一方面减轻了炮身复进到位时对炮箱的撞击，另一方面给炮闩一个较大的复进起始速度，提高了炮闩复进速度及发射速度。

构件间的撞击过程大致可以分为变形阶段和恢复阶段。当相撞击的两个构件开始接触时，沿接触面方法线方向具有相对速度。由于这个速度，相撞构件因惯性相互挤压，从而引起构件相撞点周围发生变形，直到法向相对速度为零为止。由于此阶段主要是构件产生变形，因此称为变形阶段。此后，构件借助其弹性部分或全部地恢复原型，直到两构件脱离接触为止，这一阶段称为恢复阶段。此后，两构件按其脱离接触瞬时的各自速度继续运动。撞击过程中，不仅在两构件间进行能量传递，而且伴随有声、热、波等能量损耗。根据牛顿撞击定律，材料给定的两构件发生撞击时，不论撞击前后的运动速度如何，两构件撞击点法向方向撞击前后的相对速度的比值不变，称该比值为恢复系数。

自动机构件间的撞击是一个复杂的过程，而研究撞击的主要目的是确定撞击对机构运动速度的影响，为此在应用撞击理论的基本原理，需要对自动机构做些特殊简化处理，通常采用如下两条基本假设。

- 刚性假设：假定构件间的撞击为刚体间的撞击，不计撞击瞬时的构件局部变形与恢复，认为构件整体是不变形的。
- 瞬时假设：假设撞击是瞬时完成的，撞击时构件的位移不变，只有速度发生突变，且作用在构件上的外力（平常力）比撞击力（构件间相互作用力）小得多，可以忽略不计，并且可以用冲量来度量撞击强度。

为了研究方便起见，把自动机构件间的撞击分为三种类型：正撞击、斜撞击和多构件的撞击。

根据撞击理论，两构件撞击时，作用于两构件撞击接触面的撞击冲量方向为撞击接触面在撞击点处的正法向方向。若撞击前后构件的速度方向与撞击冲量方向一致，则这种撞击称为正撞击，若不一致则称为斜撞击。由多构件参与的撞击称为多构件撞击。

在自动机各机构运动中，很多构件沿同一方向作直线运动。如图 3.22 所示，构件 A、B 发生正撞击，构件质量分别为 m_A 和 m_B，撞击前各有速度 v 和 v_1，撞击后各有速度 v' 和 v'_1。撞击时，两构件间的压力（撞击力）是内力，略去非撞击力的外力，则可认为构件 A、B 的总动量在撞击前后不变。这样，就可运用动量守恒定理的表达式，将撞击前后的动量表示为

图 3.22　两构件正撞击

$$m_A v + m_B v_1 = m_A v' + m_B v'_1 \tag{3.31}$$

实验证明，撞击后和撞击前，在冲量方向上两构件的相对速度之比是个常数，其大小主要取决于撞击构件的材料性质。其关系式可写为（$v > v_1$时）

$$b = \frac{v_1' - v'}{v - v_1} \tag{3.32}$$

式中，比值 b 为取决于撞击构件材料性质的系数，称为恢复系数（法向恢复系数）。恢复系数 b 之值由实验测定，在 0～1 的范围内变化。两绝对塑性构件撞击时恢复系数 $b=0$，撞击后变形完全不恢复，两构件不能分开，而有相同的速度，由机构的结构保证在撞击后两构件不分开的情况，可当作 $b=0$ 的情况来计算。两绝对弹性构件撞击时，恢复系数 $b=1$，撞击后变形完全恢复，在撞击前后的相对速度的绝对值相等，但符号相反，当两个构件通过弹性很大的中间构件（如质量小刚度小的弹簧）相撞击时，撞击构件的变形相对于中间弹性构件的变形来说可略去不计，在此情况下，可近似地按 $b=1$ 来计算。通常，$0<b<1$，对自动机的钢制零件间的撞击，可取 $b=0.3 \sim 0.55$。实际上，考虑到自动机零件间撞击的复杂性，恢复系数 b 一般作为实验符合系数来使用，为了方便起见，通常可取 $b=0.4$。

在两构件质量 m_A 和 m_B 及撞击前速度 v 和 v_1 已知时，两构件撞击后的速度 v' 和 v'_1 可由式（3.31）和式（3.32）解出，即

$$v' = v - \frac{m_1}{m + m_1}(1 + b)(v - v_1)$$

$$v_1' = v_1 + \frac{m}{m + m_1}(1 + b)(v - v_1) \tag{3.33}$$

两个绝对塑性构件撞击时，恢复系数 $b=0$，两构件撞击后的速度 v' 和 v'_1 相同，且为

$$v' = v_1' = \frac{mv + m_1 v_1}{m + m_1} \tag{3.34}$$

两个绝对弹性构件撞击时，恢复系数 $b=1$，即

$$v_1' - v' = v - v_1$$

两个构件撞击后的速度 v' 和 v'_1 为

$$v' = v - \frac{2m_1}{m + m_1}(v - v_1)$$

$$v_1' = v_1 + \frac{2m}{m + m_1}(v - v_1) \tag{3.35}$$

除绝对弹性的撞击外，撞击构件在撞击过程中，恢复阶段的冲量总是小于变形阶段的冲量，即总是有部分变形没有恢复和部分机械能（动能）转化为热能、声能而散失了，所以，撞击总是伴随有动能的损耗。撞击损耗的动能 ΔE 应为撞击前后系统总动能之差，或撞击前后构件 A 的动能减少量与构件 B 的动能增量之差，即

$$\Delta E = \frac{1}{2}m(v^2 - v'^2) - \frac{1}{2}m_1(v_1'^2 - v_1^2) \tag{3.36}$$

按式（3.33），将两构件撞击后的速度 v' 和 v'_1 代入此式，整理后可得

$$\Delta E = \frac{1}{2}\frac{mm_1}{m + m_1}(1 - b^2)(v - v_1)^2 \tag{3.37}$$

上述正撞击公式，可运用来研究自动机各构件间的正撞击。但在运用时，应考虑构件撞击时的具体情况，选取适当的恢复系数，以求计算结果符合实际情况。

自动机构中，绝大多数构件间的撞击都不是简单的正撞击，而是斜撞击。

现仍以简单凸轮机构为例（见图 3.23），分析斜撞击后速度的确定方法。

撞击前，构件0和构件1分别在外力 F 和 F_1 的作用下，各以无关的速度 v 和 v_1 运动，撞击的必要条件是 $v > v_1/K_1$，其中 K_1 为撞击瞬时对应位置构件0对构件1的传速比。当 $v = v_1/K_1$ 时，为构件0带动构件1运动的正常传动状态；当 $v < v_1/K_1$ 时，构件将惯性脱离或产生逆传统；当 $v > v_1/K_1$ 时，构件0的速度大于构件1的速度，并且构件0将赶上并撞击构件1。

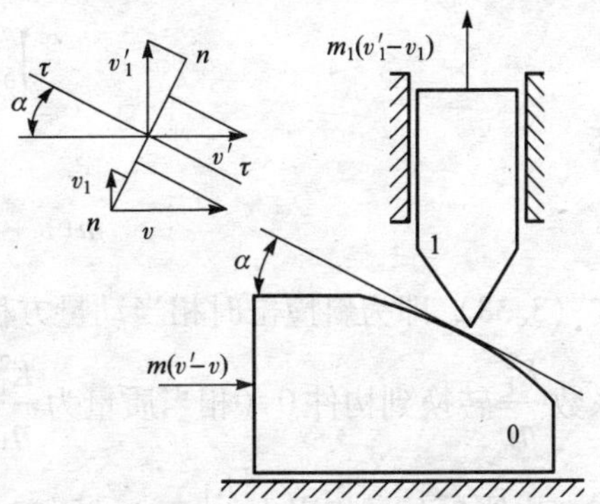

图3.23　两构件斜撞击

根据冲量和力的相似性，可以像建立自动机运动微分方程那样，建立自动机构间斜撞击时的动量方程。在撞击过程中，经历的时间很短，可以对动量方程在撞击过程上积分。先对作用在撞击构件0上的有效力在撞击过程上积分，即

$$\int_0^\tau R'\mathrm{d}t = \int_0^\tau (F - m\ddot{x})\mathrm{d}t$$

$$= \int_0^\tau F\mathrm{d}t - \int_0^\tau m\ddot{x}\mathrm{d}t$$

由于撞击过程很短，给定外力 F 有限，上式中第一项为零，而

$$\int_0^\tau m\ddot{x}\mathrm{d}t = m\int_0^\tau \frac{\mathrm{d}v}{\mathrm{d}t}\mathrm{d}t$$

$$= m(v' - v)$$

式中，v' 为撞击后构件0的速度。即有

$$\int_0^\tau R'\mathrm{d}t = m(v - v')$$

再对作用在被撞击构件1上的有效力在撞击过程上积分，即

$$\int_0^\tau R'_1\mathrm{d}t = \int_0^\tau (F_1 + m_1\ddot{x}_1)\mathrm{d}t$$

$$= \int_0^\tau F_1\mathrm{d}t + \int_0^\tau m_1\ddot{x}_1\mathrm{d}t$$

由于撞击过程很短，给定外力 F_1 有限，上式中第一项为零，同理有

$$\int_0^\tau m_1\ddot{x}_1\mathrm{d}t = m_1\int_0^\tau \frac{\mathrm{d}v_1}{\mathrm{d}t}\mathrm{d}t$$

$$= m_1(v'_1 - v_1)$$

式中，v'_1 为撞击后构件1的速度，即有

$$\int_0^\tau R'_1\mathrm{d}t = m_1(v'_1 - v_1)$$

对自动机运动微分方程式（3.5）在撞击过程上积分，即

$$\int_0^\tau R'\mathrm{d}t = \int_0^\tau \frac{K_1}{\eta_1}R'_1\mathrm{d}t$$

由于撞击过程很短，撞击位形不变，而 $\frac{K_1}{\eta_1}$ 仅取决于系统位形，因此，在撞击过程中（0 ~ τ），$\frac{K_1}{\eta_1}$ 不变（为正常传动时对应位置的 $\frac{K_1}{\eta_1}$）即

$$\int_0^{\tau} R' \mathrm{d}t = \frac{K_1}{\eta_1}\int_0^{\tau} R_1' \mathrm{d}t$$

亦

$$m(v - v') = \frac{K_1}{\eta_1} m_1 (v_1' - v_1) \tag{3.38}$$

式（3.38）即为斜撞击时相当动量方程。在正常传动时，将构件1的质量 m_1 通过质量换算系数 $\frac{K_1^2}{\eta_1}$ 转换到构件0（相当质量为 $\frac{K_1^2}{\eta_1}m_1$），作用在构件1上的力 F_1 通过力换算系数 $\frac{K_1}{\eta_1}$ 换算到构件0上（相当力 $\frac{K_1}{\eta_1}F_1$）。同理，还可以定义速度换算系数，将构件1的速度换算到构件0速度方向上，其实，传速比的倒数 $\frac{1}{K_1}$ 就是速度换算系数。这样相当动量方程式（3.38）可以改写成

$$m(v - v') = \frac{K_1^2}{\eta_1} m_1 \left(\frac{v_1'}{K_1} - \frac{v_1}{K_1}\right) \tag{3.39}$$

记为

$$m^*{}_1 = \frac{K_1^2}{\eta_1} m_1$$

$$v^*{}_1 = \frac{v_1}{K_1}$$

$$v^*{}'_1 = \frac{v_1'}{K_1}$$

则有

$$m\ (v - v') = m^*{}_1 (v^*{}'_1 - v^*{}_1) \tag{3.40}$$

式（3.40）相当于正撞击时的动量方程，只不过其中被撞击构件1的质量为转换质量，速度为转换速度，即斜撞击可以看做是将被击构件转换到撞击构件运动方向上的正撞击。

有了动量方程，仍不能解决撞击后速度计算问题，还须补充一个方程，这就是恢复系数表达式。根据牛顿撞击定律，撞击前后，撞击点法向的相对速度之比为一常数（恢复系数），该常数仅取决于材料，而与运动无关。现在分析斜撞击前速度及恢复系数表达式。如图3.23所示简单机构及其所示速度关系可知，撞击前法向相对速度为 $v\sin\alpha - v_1\cos\alpha$，撞击后法向相对速度为 $v'_1\cos\alpha - v'\sin\alpha$，即恢复系数为

$$b = \frac{v_1'\cos\alpha - v'\sin\alpha}{v\sin\alpha - v_1\cos\alpha} \tag{3.41}$$

对于图3.23所示简单凸轮机构，其传速比为 $K_1 = \frac{\sin\alpha}{\cos\alpha}$，即

$$b = \frac{\dfrac{v_1'}{K_1} - v'}{v - \dfrac{v_1}{K_1}} \tag{3.42}$$

联解式（3.39）和式（3.42）得撞击后速度计算式

$$v' = v - \frac{\frac{K_1^2}{\eta_1}m_1}{m + \frac{K_1^2}{\eta_1}m_1}(1+b)\left(v - \frac{v_1}{K_1}\right)$$

$$\frac{v_1'}{K_1} = \frac{v_1}{K_1} + \frac{m}{m + \frac{K_1^2}{\eta_1}m_1}(1+b)\left(v - \frac{v_1}{K_1}\right) \tag{3.43}$$

与正撞击的撞击后速度计算式相比可知，斜撞击相当于将被撞击构件向撞击构件运动方向上转化后的正撞击。因此，斜撞击计算相当于转换后的正撞击计算，相当正撞击中被撞击构件的质量为转换质量 $\frac{K_1^2}{\eta_1}m_1$ 、速度为转换速度 $\frac{v_1}{K_1}$ 的情况。

当 $K_1=1$，并且 $\eta_1=1$ 时，斜撞击计算与正撞击计算完全相同，反过来说，正撞击是斜撞击中 $K_1=1$ 和 $\eta_1=1$ 的特殊情况。

对完全弹性撞击，即 $b=1$，则

$$\frac{v_1'}{K_1} - v' = v - \frac{v_1}{K_1}$$

$$v' = v - \frac{2\frac{K_1^2}{\eta_1}m_1}{m + \frac{K_1^2}{\eta_1}m_1}\left(v - \frac{v_1}{K_1}\right) \tag{3.44}$$

在火炮自动机机构间的撞击中，$b=1$ 的情况并不多见，多见的是 $b=0$ 的情况（相当于完全塑性撞击），即撞击后，参与撞击的两构件在撞击点的法向速度相等（或有机构保证两构件不分离），即

$$\frac{v_1'}{K_1} = v'$$

$$v' = \frac{mv + \frac{K_1^2}{\eta_1}m_1\frac{v_1}{K_1}}{m + \frac{K_1^2}{\eta_1}m_1} \tag{3.45}$$

火炮自动机的工作过程中，基础构件通常同时带动多个构件工作。通常遇到的撞击是，基础构件带动一组构件与另一组构件之间发生撞击，多个构件参与，撞击点只有一个。为了计算撞击的影响，可以应用力与冲量的相似性进行冲量分析，但是，对于多构件系统，冲量分析过于烦琐，通常采用替换法，先以撞击点为界，将系统分为两组，即撞击构件组和被撞击构件组，将多构件撞击问题转化为两组构件的撞击，再应用斜撞击处理方法进行处理，导出撞击计算式。

设某机构由 $n+1$ 个构件组成，如图3.24所示，由构件 $0\sim k-1$ 组成一组，被构件0带动，通过构件 $k-1$ 和 k 之间的约束，撞击由构件 $k\sim n$ 组成的一组构件。设：

m、m_i——构件0和构件 i 的质量；

v、v_i——构件0和构件 i 在撞击前的速度；

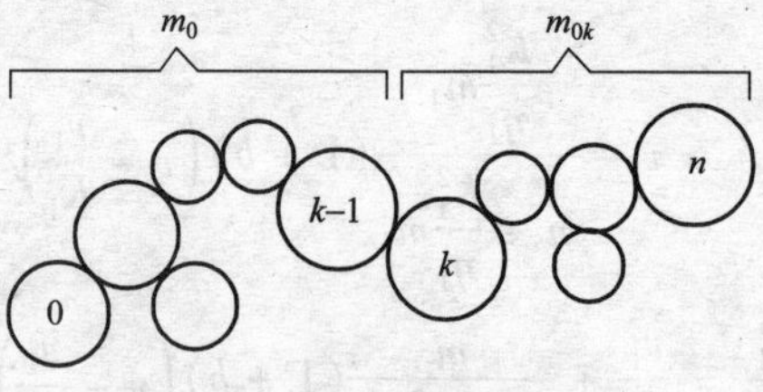

图 3.24　多构件撞击示意图

v'、v_i'——构件 0 和构件 i 在撞击后的速度；

K_i、η_i——由构件 0 传动到构件 i 的传速比和效率；

K_{ki}、η_{ki}——由构件 k 传动到构件 i 的传速比和效率。

将由构件 $0 \sim k-1$ 组成的构件组看作撞击构件组，并将构件 $1 \sim k-1$ 转换到构件 0 上，由构件 $0 \sim k-1$ 组成的构件组换算到构件 0 的相当质量为 m_0，称为撞击构件组相当质量，其中

$$m_0 = m + \sum_{i=1}^{k-1} \frac{K_i^2}{\eta_i} m_i$$

将由构件 $k \sim n$ 组成的构件组看作被撞击构件组，并将构件 $k \sim n$ 转换到构件 k 上，由构件 $k \sim n$ 组成的构件组换算到构件 k 的相当质量为 m_{0k}，称为被撞击构件组相当质量，其中

$$m_{0k} = m_k + \sum_{i=k+1}^{n} \frac{K_{ki}^2}{\eta_{ki}} m_i$$

这里的质量、速度、传速比是广义的，所以适用于定轴回转构件。

以全系统为对象，类似于斜撞击计算，对自动机普遍运动微分方程在撞击过程上对时间积分，可以得到系统在构件 0 速度方向上的动量守恒表达式

$$m(v - v') = \sum_{i=1}^{n} \frac{K_i}{\eta_i} m_i (v_i' - v_i)$$

上式可改写为

$$m(v - v') = \sum_{i=1}^{k-1} \frac{K_i}{\eta_i} m_i (v_i' - v_i) + \sum_{i=k}^{n} \frac{K_i}{\eta_i} m_i (v_i' - v_i) \tag{3.46}$$

假设撞击前与撞击后，两组构件均保持正常传动关系，撞击后构件 $0 \sim k-1$ 之间不分离，构件 $k \sim n$ 之间也不分离，但构件 $k-1$ 与 k 之间允许分离。由构件 $0 \sim k-1$ 组成的撞击构件组中，各构件撞击前与撞击后的速度关系式

$$\left.\begin{aligned} v_i &= K_i v \\ v_i' &= K_i v' \end{aligned}\right\} \quad (i = 1, \cdots, k-1)$$

由构件 $k \sim n$ 组成的被撞击构件组中，各构件撞击前与撞击后的速度关系式为

$$\left.\begin{aligned} v_i &= K_{ki} v_k \\ v_i' &= K_{ki} v_k' \end{aligned}\right\} \quad (i = k+1, \cdots, n)$$

在撞击位置，$K_i = K_k K_{ki} (i = k+1, \cdots, n)$。将各构件撞击前与撞击后的速度关系式代入到系统在构件 0 速度方向上的动量守恒表达式中，整理后得

$$\left(m + \sum_{i=1}^{k-1} \frac{K_i^2}{\eta_i} m_i\right)(v - v') = \sum_{i=k}^{n} \frac{K_i^2}{\eta_i} m_i \left(\frac{v_k'}{K_k} - \frac{v_k}{K_k}\right)$$

$$= \frac{K_k^2}{\eta_k}\left(m_k + \sum_{i=k+1}^{n} \frac{K_{ki}^2}{\eta_{ki}} m_i\right)\left(\frac{v_k'}{K_k} - \frac{v_k}{K_k}\right)$$

即

$$m_0(v - v') = \frac{K_k^2}{\eta_k} m_{0k}\left(\frac{v_k'}{K_k} - \frac{v_k}{K_k}\right) \tag{3.47}$$

式（3.47）相当于斜撞击时的动量方程，只不过式中，撞击构件的质量为由构件 $0 \sim k-1$ 组成的撞击构件组换算到构件0的相当质量，被撞击构件的质量为由构件 $k \sim n$ 组成的被撞击构件组换算到构件 k 的相当质量，撞击构件组的速度为构件0的速度，被撞击构件组的速度为构件 k 转换速度，即多构件单点撞击可以看做是两组构件之间的斜撞击。

撞击发生在构件 $k-1$ 与构件 k 之间，可以定义恢复系数为撞击前后构件 $k-1$ 与构件 k 撞击点法向的相对速度之比，类似斜撞击恢复系数计算式可以用撞击前后构件 $k-1$ 与构件 k 的速度及速度换算系数来表示

$$b = \frac{\dfrac{v_k'}{K_{k-1,k}} - v_{k-1}'}{v_{k-1} - \dfrac{v_k}{K_{k-1,k}}} \tag{3.48}$$

注意到

$$v_{k-1} = K_{k-1} v$$
$$v_{k-1}' = K_{k-1} v'$$
$$K_{k-1} = K_{k-1,k} K_k$$

则有

$$b = \frac{\dfrac{v_k'}{K_k} - v'}{v - \dfrac{v_k}{K_k}} \tag{3.49}$$

联解式（3.47）和式（3.49），得撞击后速度计算式为

$$\left.\begin{aligned} v' &= v - \frac{\dfrac{K_k^2}{\eta_k} m_{0k}}{m_0 + \dfrac{K_k^2}{\eta_k} m_{0k}}(1+b)\left(v - \frac{v_k}{K_k}\right) \\ \frac{v_k'}{K_k} &= \frac{v_k}{K_k} + \frac{m_0}{m_0 + \dfrac{K_k^2}{\eta_k} m_{0k}}(1+b)\left(v - \frac{v_k}{K_k}\right) \end{aligned}\right\} \tag{3.50}$$

将撞击构件组和被撞击构件组的相当质量代入，整理后得

$$v' = v - \frac{\displaystyle\sum_{i=k}^{n} \frac{K_i^2}{\eta_i} m_i}{m + \displaystyle\sum_{i=1}^{n} \frac{K_i^2}{\eta_i} m_i}(1+b)\left(v - \frac{v_k}{K_k}\right)$$

$$\frac{v_k'}{K_k}=\frac{v_k}{K_k}+\frac{m+\sum_{i=1}^{k-1}\frac{K_i^2}{\eta_i}m_i}{m+\sum_{i=1}^{n}\frac{K_i^2}{\eta_i}m_i}(1+b)\left(v-\frac{v_k}{K_k}\right) \tag{3.51}$$

与斜撞击时的撞击后速度计算式相比可知，多构件单点撞击相当于被撞击构件组与撞击构件组之间的斜撞击。因此，多构件单点撞击后速度计算可以分两步：先将多构件从撞击点分为被撞击构件组与撞击构件组，并进行质量转化，再将被撞击构件组与撞击构件组之间的撞击按被撞击构件组与撞击构件组之间的斜撞击进行计算，相当撞击中，撞击构件组的质量为相当质量 m_0、速度为构件 0 的速度 v，被撞击构件组的质量为转换质量 $\frac{K_k^2}{\eta_k}m_{0k}$、速度为转换速度 $\frac{v_k}{K_k}$ 的情况。

如果构件 $k-1$ 与构件 k 之间的约束为双面约束，或者撞击后在结构上能保证两构件不分离，则可以取 $b=0$，故撞击后速度计算式可简化为

$$\frac{v_k'}{K_k}=v'$$

$$v'=\frac{\left(m+\sum_{i=1}^{k-1}\frac{K_i^2}{\eta_i}m_i\right)v+\sum_{i=k}^{n}\frac{K_i^2}{\eta_i}m_i\frac{v_k}{K_k}}{m+\sum_{i=1}^{n}\frac{K_i^2}{\eta_i}m_i} \tag{3.52}$$

从导出撞击后的速度表达式的过程中可以看出，对撞击构件组之间各构件之间的速度关系式及被撞击构件组之间各构件之间的速度关系式的假设起着极其主要的作用。假设条件不同，将会得到不同的撞击后的速度表达式。

此外，传速比 K_k 的突变，是自动机机构中撞击的一种特殊情况，这种撞击相当于 $b=0$ 的撞击。把传速比突变的构件作为被撞构件 k，设机构在某一位置由构件 0 传动到构件 k 的传速比由 K_k' 突变为 K_k，则突变前存在关系式

$$v_k=K_k'v$$

将此关系式代入 $b=0$ 的多构件单点撞击后速度计算式，可得传速比突变后的速度表达式为

$$\frac{v_k'}{K_k}=v'$$

$$v'=\frac{m+\sum_{i=1}^{k-1}\frac{K_i^2}{\eta_i}m_i+\sum_{i=k}^{n}\frac{K_i^2}{\eta_i}m_i\frac{K_k'}{K_k}}{m+\sum_{i=1}^{n}\frac{K_i^2}{\eta_i}m_i}v \tag{3.53}$$

自动机的撞击公式，是引用理论力学撞击理论的公式得到的。在应用这些公式计算自机机构件撞击后的速度时，应考虑到自动机的具体条件与撞击理论的条件不同。自动机的撞击不像撞击理论中以圆球撞击圆球那样简单，而是复杂形状的构件间实际接触面的撞击，这与撞击理论的假设条件不同。对正撞击来说，除特殊情况外，一般不能满足对心撞击的条件，因此，撞击可能使构件歪斜，实际的撞击会在几个面上同时发生，在此情况下，又假设为理

想约束，即不考虑撞击约束反作用力所引起的摩擦冲量的影响，这在某些情况下，会与实际极为不符。对于斜撞击和多构件撞击，考虑到约束的非理想性，引入了冲量效率，也就是机构传动的效率，用此效率来考虑机构副中产生的撞击约束反作用力引起的摩擦冲量的影响。但是，由于求解效率时的简化处理，所以此效率也只能近似地考虑摩擦冲量对撞击的影响。总之，由于自动机的撞击条件与撞击理论的条件不同，因此，在应用前述正撞击、斜撞击和多构件撞击计算公式时，如果引用撞击理论中由实验得到的圆球撞击圆球的恢复系数 b 来计算撞击后的速度，就会与实际情况不符，产生较大的或不能接受的误差。因此，必须选择恢复系数 b 的值，使计算符合或接近自动机构件撞击后运动速度的真实值。这样一来，选择合适的恢复系数 b 值，就成为一个重要的问题。前面给出的恢复系数 $b=0.3\sim0.55$，是自动机钢制零件间撞击时的经验数据，使用时应具体问题具体分析。对于多构件撞击，即中间有弹性构件的撞击，由于情况比较复杂，应根据对结构相类似的机构构件撞击的实验研究数据来选取恢复系数 b。

5. 构件间作用力的计算模型

为了验算构件的强度，需要计算构件间的作用力。由于构件间的作用力是在外力给定力和惯性力作用下产生的构件间的约束反力，因此称为动力反作用力，简称动反力。构件的运动就是依靠动反力的传递来实现的。

仍以图3.6所示简单凸轮机构为例，其受力如图3.20所示。工作构件1对基础构件0的作用，包括直接作用的法向约束反力 N 和切向约束反力（摩擦力）fN，以及由其引起的导轨处产生的法向约束反力 N_0 和切向约束反力（摩擦力）f_0N_0。工作构件1对基础构件0的这些作用在基础构件0运动方向的分量（综合作用力）$R_{0,1}^{\tau}$，可以由基础构件0的运动微分方程求出

$$R_{0,1}^{\tau} = R' = F - m\ddot{x}$$

并且可以计算出工作构件1与基础构件0之间直接作用的法向约束反力

$$N = \frac{R_{0,1}^{\tau}}{\sin\alpha + (f+f_0)\cos\alpha - ff_0\sin\alpha} = \frac{F - m\ddot{x}}{\sin\alpha + (f+f_0)\cos\alpha - ff_0\sin\alpha}$$

进而计算出工作构件1与基础构件0之间的动反力 R 为

$$R = \sqrt{1+f^2}N$$

由此可知，通过给定力和惯性力，以及具体结构，就可以计算出构件间动反力。在计算出工作构件1对基础构件0的作用力后，不难计算出工作构件1和基础构件0对不动构件（炮箱）的作用力。

为了导出动反力计算的普遍计算式，现考虑基础构件带动 n 个构件运动时，相邻构件间动反力的计算。将全部构件分为 $0\sim k$ 和 $k+1\sim n$ 两部分，$k+1$ 构件对 k 构件的综合作用可以用 k 构件运动方向的综合作用力 $R_{k,k+1}^{\tau}$ 来表示。以 $0\sim k$ 构件为研究对象，$k+1$ 构件对 k 构件的综合作用力 $R_{k,k+1}^{\tau}$ 正是 $k+1$ 构件作用在 k 构件运动方向的阻力（相当于 k 构件运动反方向的“附加”给定力），因此 $0\sim k$ 构件的运动微分方程为

$$\left(m + \sum_{i=1}^{k}\frac{K_i^2}{\eta_i}m_i\right)\ddot{x} + \sum_{i=1}^{k}\frac{K_i}{\eta_i}m_i\frac{\mathrm{d}K_i}{\mathrm{d}x}\dot{x}^2 = F - \sum_{i=1}^{k}\frac{K_i}{\eta_i}F_i - \frac{K_k}{\eta_k}F_{k,k+1}^{\tau}$$

于是得到 $R^{\tau}_{k,k+1}$ 为

$$R^{\tau}_{k,k+1}=\frac{\eta_k}{K_k}\left(F-\sum_{i=1}^{k}\frac{K_i}{\eta_i}F_i-\left(m+\sum_{i=1}^{k}\frac{K_i^2}{\eta_i}m_i\right)\ddot{x}-\sum_{i=1}^{k}\frac{K_i}{\eta_i}m_i\frac{\mathrm{d}K_i}{\mathrm{d}x}\dot{x}^2\right) \tag{3.54}$$

若将整个自动机运动微分方程从构件 k 构件与 $k+1$ 构件之间分开，有

$$\begin{aligned}F-\sum_{i=1}^{k}\frac{K_i}{\eta_i}F_i-\left(m+\sum_{i=1}^{k}\frac{K_i^2}{\eta_i}m_i\right)\ddot{x}-\sum_{i=1}^{k}\frac{K_i}{\eta_i}m_i\frac{\mathrm{d}K_i}{\mathrm{d}x}\dot{x}^2\\ =\sum_{i=k+1}^{n}\frac{K_i^2}{\eta_i}m_i\ddot{x}+\sum_{i=k+1}^{n}\frac{K_i}{\eta_i}m_i\frac{\mathrm{d}K_i}{\mathrm{d}x}\dot{x}^2+\sum_{i=k+1}^{n}\frac{K_i}{\eta_i}F_i\end{aligned}$$

代入式（3.54），可以得到 $R^{\tau}_{k,k+1}$ 的另一种形式

$$R^{\tau}_{k,k+1}=\frac{\eta_k}{K_k}\left(\sum_{i=k+1}^{n}\frac{K_i}{\eta_i}F_i+\left(\sum_{i=k+1}^{n}\frac{K_i^2}{\eta_i}m_i\right)\ddot{x}+\sum_{i=k+1}^{n}\frac{K_i}{\eta_i}m_i\frac{\mathrm{d}K_i}{\mathrm{d}x}\dot{x}^2\right) \tag{3.55}$$

这样，当 k 构件以后的构件较多时用式（3.53）较省事，当 k 构件以后的构件较少时用式（3.55）较省事。

值得注意的是，$k-1$ 构件对 k 构件的综合作用力 $R^{\tau}_{k,k-1}$，并不是 k 构件对 $k-1$ 构件的综合作用力 $R^{\tau}_{k-1,k}$ 的反作用力。也就是说，计算 $R^{\tau}_{k,k-1}$ 时，并不能简单地仅仅将式（3.54）或式（3.55）中的下标 k 变为 $k-1$。实际上，取 k 构件为研究对象，有

$$\begin{aligned}R^{\tau}_{k,k-1}&=m_k\ddot{x}_k+F_k+R^{\tau}_{k,k+1}\\&=\frac{\eta_k}{K_k}\left(\frac{K_k}{\eta_k}F_k+\frac{K_k^2}{\eta_k}m_k\ddot{x}+\frac{K_k}{\eta_k}m_k\frac{\mathrm{d}K_k}{\mathrm{d}x}\dot{x}^2+\frac{K_k}{\eta_k}R^{\tau}_{k,k+1}\right)\\&=\frac{\eta_k}{K_k}\left(\sum_{i=k}^{n}\frac{K_i}{\eta_i}F_i+\sum_{i=k}^{n}\frac{K_i^2}{\eta_i}m_i\ddot{x}+\sum_{i=k}^{n}\frac{K_k}{\eta_k}m_k\frac{\mathrm{d}K_k}{\mathrm{d}x}\dot{x}^2\right)\end{aligned} \tag{3.56}$$

或

$$R^{\tau}_{k,k+1}=\frac{\eta_k}{K_k}\left(F-\sum_{i=1}^{k-1}\frac{K_i}{\eta_i}F_i-\left(m+\sum_{i=1}^{k-1}\frac{K_i^2}{\eta_i}m_i\right)\ddot{x}-\sum_{i=1}^{k-1}\frac{K_i}{\eta_i}m_i\frac{\mathrm{d}K_i}{\mathrm{d}x}\dot{x}^2\right) \tag{3.57}$$

由于 k 构件的任意性，因此式（3.54）或式（3.55）是计算 $k+1$ 构件对 k 构件的综合作用力的普遍计算式，式（3.56）或式（3.57）是计算 $k-1$ 构件对 k 构件的综合作用力的普遍计算式。当 k 构件为转动构件时，构件间的综合作用力就是力矩而不是力。

在计算出 $k+1$ 构件对 k 构件的综合作用力 $R^{\tau}_{k,k+1}$ 之后，根据具体结构就不难计算出 $k-1$ 构件与 k 构件之间的法向约束反力和动反力。

6. 导气式自动机气室压力的计算模型

室内压力及其作用决定了导气式自动机的自动循环。因此，对导气式自动机，首要问题是掌握气室内压力的变化规律，掌握了气室内压力变化规律就可以对其实施控制。

确定气室内压力变化规律的方法较多，一般分为两类：一类是应用气体动力学和热力学理论，建立气室压力变化规律计算模型，称为理论计算法；另一类是在实验基础上给出经验公式，进行近似计算，称为经验计算法。

用理论计算法计算气室压力，首先假设，在 $\mathrm{d}t$ 时间内，经导气孔进入气室的气体能量为 $\mathrm{d}Q$，同时经泄漏面积流出损失为 $\mathrm{d}Q_l$，热散失为 $\mathrm{d}Q_s$，活塞做功为 $\mathrm{d}A$，气室内气体内

能增加为 dE，如图 3.25 所示。

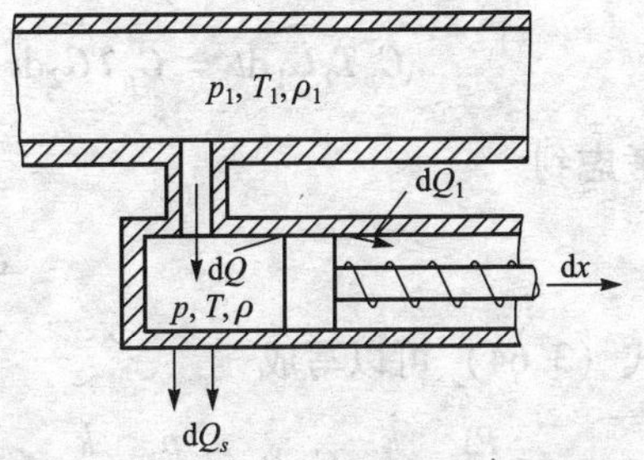

图 3.25　气室压力理论计算结构模型

根据能量守恒原理，气室内气体能量守恒，即

$$dQ = dQ_l + dQ_s + dA + dE \tag{3.58}$$

流进能量为

$$dQ = C_p T_1 G_1 dt \tag{3.59}$$

式中　G_1——流入气室内气体的秒流量；

T_1——膛内火药气体温度；

C_p——定压比热。

流出能量为

$$dQ_l = C_p T G_2 dt \tag{3.60}$$

式中　G_2——流出气室的气体秒流量；

T——气室火药气体温度。

热散失能量为

$$dQ_s = \alpha\rho(T - T_2) S_q dt \tag{3.61}$$

式中　α——传热系数；

ρ——气体密度；

T_2——筒壁温度；

S_q——散热面积。

活塞做功为

$$dA = pS_h dx \tag{3.62}$$

式中　S_h——活塞面积；

x——活塞位移；

p——气室压力。

气体内能为

$$E = em = C_V T\rho W$$

式中　W——气体体积（气室容积）；

C_V——定容比热。

根据气体状态方程

$$\frac{p}{\rho} = RT$$

及

$$R = C_p - C_V$$

$$k = \frac{C_p}{C_V}$$

得

$$E = C_V \frac{p}{R} W = \frac{1}{k-1} pW$$

即气体内能增量为

$$dE = \frac{1}{k-1} d(pW) \tag{3.63}$$

能量守恒方程可以写成

$$C_pT_1G_1\mathrm{d}t = C_pTG_2\mathrm{d}t + \alpha\varphi(T - T_2)S_q\mathrm{d}t + pS_h\mathrm{d}x + \frac{1}{(k-1)}\mathrm{d}(pW) \tag{3.64}$$

考虑到

$$C_pT = C_p\frac{p}{\rho R} = \frac{k}{k-1}\frac{p}{\rho}$$

式（3.64）可以写成

$$\frac{p_1}{\rho_1}\frac{k}{k-1}G_1\mathrm{d}t = \frac{p}{\rho}\frac{k}{k-1}G_2\mathrm{d}t + \alpha\left(\frac{p}{R} - T_2\rho\right)S_q\mathrm{d}t + pS_h\dot{x}\mathrm{d}t + \frac{1}{(k-1)}\mathrm{d}(pW) \tag{3.65}$$

由于

$$W = W_0 + S_hx$$

将其代入式（3.65）并整理，则有

$$\frac{\mathrm{d}p}{\mathrm{d}t} = \frac{1}{W}\left[\frac{kG_1p_1}{\rho_1} - \frac{kG_2p}{\rho} - \alpha(k-1)S_q\left(\frac{p}{R} - T_3\rho\right) - kpS_h\dot{x}\right] \tag{3.66}$$

根据气室中气体质量守恒，得

$$(G_1 - G_2)\mathrm{d}t = \mathrm{d}(\rho W)$$

即

$$G_1 - G_2 = \frac{\mathrm{d}}{\mathrm{d}t}(\rho W) = W\frac{\mathrm{d}\rho}{\mathrm{d}t} + \rho S_h\dot{x}$$

亦

$$\frac{\mathrm{d}\rho}{\mathrm{d}t} = \frac{1}{W}(G_1 - G_2 - \rho S_h\dot{x}) \tag{3.67}$$

式中 x、$\dot{x}$——活塞位移和速度，即自动机基础构件的位移和速度。

对于导气式自动机，只有将能量守恒方程和质量守恒方程与自动机运动方程联解，才能得出气室压力和自动机基础构件的位移和速度。

要求解气室压力，必须解决方程中气体秒流量 G_1、G_2的计算问题。射击时，当弹丸越过导气孔以后，膛内的火药气体开始流入气室，直至气室压力 p 与膛内压力 p_1相等，该流动过程称为正流阶段（$p_1>p$）。当气室压力 p 大于膛内压力 p_1时，气室内的气体将由气室向炮膛流动，该流动过程称为反流阶段（$p_1<p$）。

正流时，若将膛内压力看作滞止压力，根据气体动力学理论可知，当 $\frac{p_1}{p} = \left(\frac{k+1}{2}\right)^{\frac{k}{k-1}}$ 时，流动处于临界流动。若取比热比 $k=1.25$，则 $\left(\frac{k+1}{2}\right)^{\frac{k}{k-1}} \approx 1.8$。即当 $p_1/p=1.8$ 时，流动处于临界流动，当 $p_1/p<1.8$ 时，流动为亚临界流动，当 $p_1/p>1.8$ 时，流动为超临界流动。

根据气体动力学理论，当流动为亚临界流动时，气体秒流量 G_1的计算公式为

$$G_1 = \mu_1S_\phi\left[\frac{2kp_1\rho_1}{k-1}\left[\left(\frac{p}{p_1}\right)^{\frac{2}{k}} - \left(\frac{p}{p_1}\right)^{\frac{k+1}{k}}\right]\right]^{\frac{1}{2}} \tag{3.68}$$

当流动为超临界流动，气体秒流量 G_1的计算公式为

$$G_1 = \mu_1 S_\phi \left(\frac{2}{k+1}\right)^{\frac{k+1}{2(k-1)}} \sqrt{k p_1 \rho_1} \tag{3.69}$$

同理，反流时，当 $p/p_1 < 1.8$ 时，流动为亚临界流动，气体秒流量 G_1 的计算公式为

$$G_1 = -\mu_1 S_\phi \left[\frac{2kp\rho}{k-1}\left[\left(\frac{p_1}{p}\right)^{\frac{2}{k}} - \left(\frac{p_1}{p}\right)^{\frac{k+1}{k}}\right]\right]^{\frac{1}{2}} \tag{3.70}$$

当 $p/p_1 > 1.8$ 时，流动为超临界流动，气体秒流量 G_1 的计算公式为

$$G_1 = -\mu_1 S_\phi \left(\frac{2}{k+1}\right)^{\frac{k+1}{2(k-1)}} \sqrt{kp\rho} \tag{3.71}$$

G_2 是由气室经泄漏面积流向大气的气体秒流量，不可能产生反向流动，只有正向流动。设大气压力为 p_0，当 $p/p_0 < 1.8$ 时，亚临界流动的气体秒流量 G_2 的计算公式为

$$G_2 = \mu' \Delta S \left[\frac{2p\rho}{k-1}\left(\left(\frac{p}{p_0}\right)^{-\frac{2}{k}} - \left(\frac{p}{p_0}\right)^{-\frac{k+1}{k}}\right)\right]^{\frac{1}{2}} \tag{3.72}$$

当 $p/p_0 > 1.8$ 时，超临界流动的气体秒流量 G_2 的计算公式为

$$G_2 = \mu' \Delta S \left(\frac{2}{k+1}\right)^{\frac{k+1}{2(k-1)}} \sqrt{kp\rho} \tag{3.73}$$

计算中应注意如下问题。

（1）在计算中及时判断 G_1 的正反流，以及 G_1 和 G_2 的流动状态，应用不同计算式进行计算，如图 3.26 所示。

（2）μ_1、μ' 为实验符合系数，通常，$\mu_1 < 1$、$\mu' < 1$，有时为了简化，不计热散失，而用增大 μ' 的方法，此时 μ' 可以大于 1。

（3）可以通过改变不同结构参数（S_ϕ、ΔS、S_k、W_0 等）研究结构对气室压力以及自动机的影响，采用优化设计的方法获得结构参数。

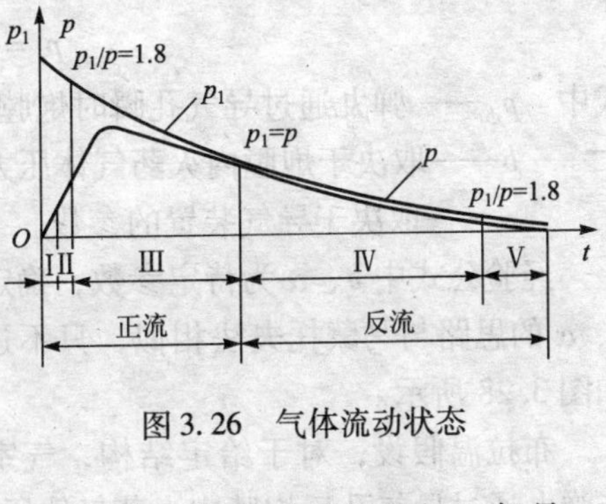

图 3.26　气体流动状态

上述是应用零维气体动力学理论计算气室压力，还可以应用一维气体动力学理论、二维气体动力学理论、三维气体动力学理论以及多维多相流气体动力学理论计算气室压力。理论计算能比较好地反映内部细节以及规律性。但是，在建立理论计算模型时，不可避免地要进行一些假设，是一种近似，其计算结果应经过实验验证。

除了理论计算法外，还有经验法。经验法是在实验的基础上，得出气室压力变化规律的经验公式。经验法比较简单实用，但误差较大，只能从总体上给出大致变化规律。计算气室压力的经验法主要有马蒙托夫法和布拉温法。

马蒙托夫法，主要是假设气室压力变化规律的经验公式为

$$p = p_m Z e^{1-Z} \tag{3.74}$$

式中　$Z = t/t_m$——相对时间；

p_m——气室最大压力；

t_m——气室最大压力出现的时间。

经验公式中 p_m、t_m 为待定参数，确定了 p_m、t_m，也就确定了气室压力计算经验公式。

马蒙托夫假设：对于给定结构，气室压力全冲量I与弹丸通过导气孔后炮膛内火药气体压力全冲量I_0之比$\eta = I/I_0$（称为比冲量效率）为一常数，该常数取决于导气装置的结构参数（可以事先对不同结构进行实验，得出不同结构对比冲量效率的影响规律），如图 3.27 所示。

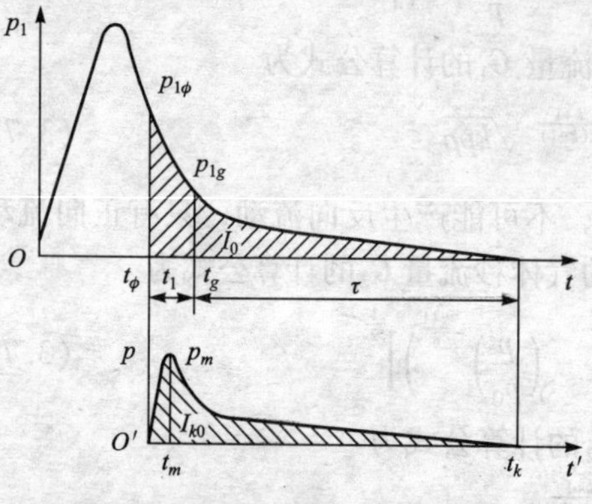

图 3.27　膛压与气室压力之间的关系

具体计算过程如下。

（1）由内弹道计算弹丸通过导气孔后炮膛内火药气体压力全冲量$I_0 = \int_0^{t_1+\tau} p_1 \mathrm{d}t$。

（2）根据结构参数得出比冲量效率η。

（3）再由比冲量效率得出气室压力全冲量$I = \eta I_0$，且$I = \int_0^{t_k} p\mathrm{d}t \approx p_m e t_m$。

为了使方程封闭求解，应建立补充方程。设气室压力对活塞的作用结束时（$t = t_k$），气室压力为 0.1 MPa（一个大气压），即

$$p_k = p_m Z_k \mathrm{e}^{1-Z_k} = 0.1$$

联解可以得到p_m、t_m，及气室压力计算经验公式。

布拉温法的基本思想与马蒙托夫法的基本思想相同，只是假设气室压力变化规律的经验公式为

$$p = p_\phi \mathrm{e}^{-\frac{t}{b}}(1 - \mathrm{e}^{-\alpha\frac{t}{b}}) \tag{3.75}$$

式中　p_ϕ——弹丸通过导气孔瞬时炮膛内火药气体压力；

b——取决于炮膛内火药气体压力变化规律的参数；

α——取决于导气装置的参数。

经验公式中b、α为待定参数，确定了b、α，也就确定了气室压力计算经验公式。确定b、α的思路与马蒙托夫法相似，只不过具体计算应用布拉温法相关的计算式和实验参数，如图 3.28 所示。

布拉温假设，对于给定结构，气室压力全冲量I_{k0}与弹丸通过导气孔后炮膛内火药气体压力全冲量I_0的损失之比$\alpha = I_{k0}/(I_0 - I_{k0})$为一常数，该常数取决于导气装置的结构参数。其表达式为

$$\alpha = \frac{I_{k0}}{I_0 - I_{k0}} = \frac{\frac{I_{k0}}{I_0}}{1 - \frac{I_{k0}}{I_0}} = \frac{\eta}{1-\eta} \tag{3.76}$$

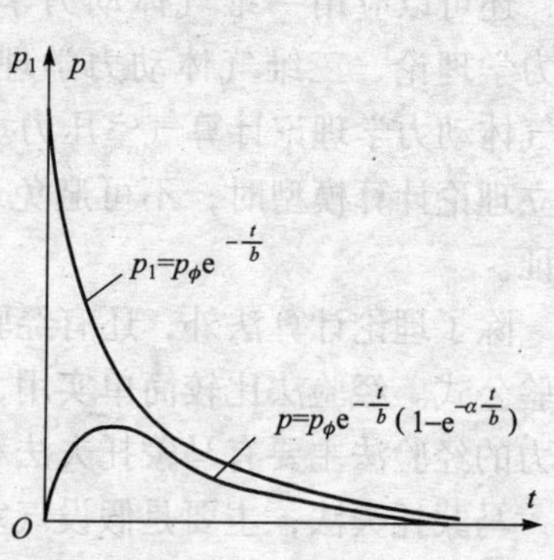

图 3.28　膛压与气室压力之间的关系

由内弹道计算弹丸通过导气孔后炮膛内火药气体压力全冲量为

$$I_0 = \int_0^{t_k} p_1 \mathrm{d}t = p_\phi B(1 - \mathrm{e}^{-\frac{t_k}{B}}) \approx p_\phi B$$

即

$$B \approx \frac{I_0}{p_\phi} \approx \left(1 + \frac{p_g}{p_\phi}\right)\frac{t_1}{2} + \frac{p_g}{p_\phi}b \tag{3.77}$$

7. 弹链供弹时弹链阻力的计算模型

对于弹链供弹，射击时，依靠拨弹齿依次拨动弹带，将炮弹依次带到进弹口。拨弹过程中，弹带受到拨弹齿很大的拉力，同时弹带对拨弹齿的运动产生很大的阻力，即对自动机产生很大的阻力，称此阻力为弹带阻力。弹带阻力的数值较大，变化迅速。弹带阻力直接影响自动机的运动，影响供弹机构和弹链的强度，因此需要计算弹带阻力。

由于弹带的运动是非常复杂的，拨弹是间歇性的，且组成弹带的各弹链节（一发炮弹和一个链节）之间存在间隙，作用力偏心，炮弹之间以及炮弹与供弹机之间存在撞击等因素，因此很难对弹带的运动进行精确描述，一般需要做一些简化，建立模型。根据简化假设的不同，可建立不同的弹带阻力计算模型。

1）简化模型

• 等截面弹性带模型（均匀弹性带模型）：不计弹链节之间的间隙，认为炮弹和链节的质量沿弹带的全长均匀分布，弹带的弹性沿弹带的全长均匀分布，力的作用线与炮弹质心的连线相重合，这样弹带就简化成等截面弹性带，如图3.29所示。

• 变截面弹性带模型：不计弹链节之间的间隙，认为炮弹和链节的质量沿弹带的长度按某种周期函数有规律分布，弹带的弹性也沿弹带的长度按某种周期函数有规律分布，力的作用线与炮弹质心的连线相重合，这样弹带就简化成有规律变化的变截面弹性带，如图3.30所示。

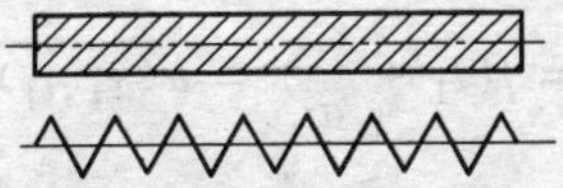

图3.29　等截面弹性带模型

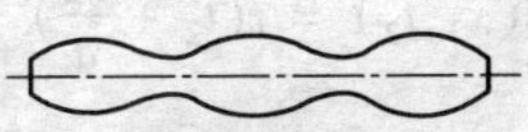

图3.30　变截面弹性带模型

• 弹性铰多刚体模型：不计弹链节之间的间隙，认为炮弹是刚体，链节的质量集中在刚体的质心上，链节的弹性则用一个无质量弹簧来代替，力的作用线与刚体质心的连线相重合，并与弹簧轴线相重合，这样弹带就简化成由弹性铰连接的多刚体系统，如图3.31所示。

• 复杂铰多刚体模型：考虑弹链节之间的间隙，认为炮弹是刚体，刚体间由弹簧和间隙，以及并联的等效阻尼器相连接（以便考察内摩擦和撞击产生的能量损耗），这样弹带就简化成由复杂铰连接的多刚体系统，如图3.32所示。

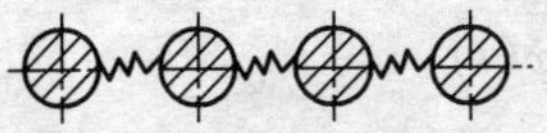

图3.31　弹性铰多刚体模型

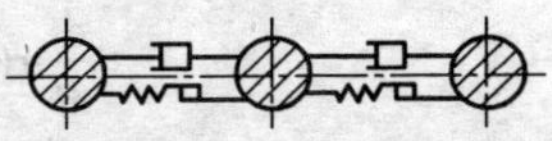

图3.32　复杂铰多刚体模型

2）弹带阻力计算

（1）等截面弹性带模型。均匀弹性带运动微分方程

$$\frac{\partial^2 u}{\partial t^2} = a^2 \frac{\partial^2 u}{\partial x^2} \tag{3.78}$$

此方程为波动方程，式中，$a^2 = \frac{E}{\rho}$，a 为波速；E 为弹性带弹性模量；ρ 为弹性带的线密度。

波动方程的通解为

$$u(x,t) = f(t + \frac{x}{a}) + f_1(t - \frac{x}{a}) \tag{3.79}$$

式中 $f(t + \frac{x}{a})$ ——入射波，表示由主动段以等速 a 向自由端传播的波，该波产生张力，又称为张力波；

$f_1(t - \frac{x}{a})$ ——反射波，表示由自由端以等速 a 向主动端传播的波，该波产生压缩，又称为压缩波，使入射波产生的张力减小。

因此当弹带各断面中仅有入射波作用时内力最大。

先看入射波，设 $f_1(t - \frac{x}{a}) = 0$，则方程的解变为

$$u(x,t) = f(t + \frac{x}{a})$$

在 t_1 时刻，x_1 断面的位移为

$$u(x_1,t_1) = f(t_1 + \frac{x_1}{a})$$

在 $t_2 = t_1 + \frac{x_1 - x_2}{a}$ 时刻，x_2 断面的位移为

$$u(x_2,t_2) = f(t_2 + \frac{x_2}{a}) = f(t_1 + \frac{x_1 - x_2}{a} + \frac{x_2}{a}) = f(t_1 + \frac{x_1}{a}) = u(x_1,t_1)$$

此式说明，x_2 断面重复了 x_1 断面的运动，只是时间滞后了 $\frac{x_1 - x_2}{a}$。

假设拨弹开始时，弹带是静止的，弹带所有断面上的位移和速度都为零，即

$$u(x,0) = 0 \qquad x \in (0,1)$$

$$\frac{\partial}{\partial t}u(x,0) = 0 \qquad x \in (0,1)$$

认为弹带主动端的位移与拨弹板的位移和速度（为时间的已知函数）相同，即

$$u(l,t) = f\left(t + \frac{l}{a}\right) = \varphi(t)$$

$$\frac{\mathrm{d}}{\mathrm{d}t}u(l,t) = \frac{\mathrm{d}}{\mathrm{d}t}f\left(t + \frac{l}{a}\right) = \dot{\varphi}(t)$$

认为弹带的另一端为自由状态，不受外界影响，即

$$\frac{\partial}{\partial x}u(0,t) = 0$$

对开始处于静止状态的弹带，只有主动端运动产生的入射波到达各断面时，相应的断面才开始运动。当入射波到达自由端后，才出现反射波。入射波到达自由端的时间为 $t = l/a$，主动端开始运动到反射波返回主动端的时间为 $t = 2l/a$。

在 x 断面，位移将重复主动端的位移变化，但时间滞后（$l-x$）/a，即 x 断面的位移变化规律为

$$u(x,t) = \varphi\left(t - \frac{l-x}{a}\right)$$

弹带 x 断面的内力为

$$P_x = E\frac{\partial u}{\partial x} = \frac{E}{a}\varphi'\left(t - \frac{l-x}{a}\right)$$

对于主动端（$l = x$），则有

$$P_l = \frac{E}{a}\varphi'(t) = \frac{E}{a}v_p \tag{3.80}$$

式中　v_p——拨弹板的速度。

将波速 a、弹性带弹性模量 E、弹性带的线密度 ρ 用弹链刚度 k、一个弹链节（包括炮弹）的质量 m 来表示，则作用在拨弹板上的力，称为弹链阻力，可以表示为

$$P = \sqrt{km}v_p \tag{3.81}$$

如果弹带倾斜放置，则弹带阻力还应包括炮弹和链节的重力分量及摩擦力，通常用如下近似公式计算

$$P = \sqrt{km}v_p + Nmg(\sin\theta + f\cos\theta) \tag{3.82}$$

式中　N——悬挂部分的炮弹数；

θ——弹带的倾角；

f——摩擦系数。

（2）多刚体模型。如图 3.32 所示，多刚体弹带模型考虑的因素较全面，比较接近实际情况，可用于研究连发射击时弹带的动力学特性。

多刚体弹带模型假设：炮弹为刚体；链节之间的弹性用一无质量弹簧来代替；链节之间的作用力通过炮弹质心；链节之间有一定间隙；结构阻尼及撞击引起的能量损失用阻尼系数来表示；弹带水平放置在弹带导引中，只能做水平运动。

设弹带系统由 $n+1$ 个炮弹和链节组成，链节的质量计入炮弹质量 m 中，无质量弹簧的刚度系数为 k，相邻弹节之间的间隙为 δ，相邻弹节之间的等效阻尼系数为 c。用广义坐标 q_0、q_1、…、q_n表示各弹节的水平位移。拨弹板的拨弹速度为 v。单个弹节模型如图 3.33 所示。

单个弹节运动微分方程

$$m\ddot{q}_i = F_{k,i-1} - F_{k,i} + F_{c,i-1} - F_{c,i} - F_{f,i} \tag{3.83}$$

弹性力在间隙消除前等于零，在间隙消除后与相对位移成正比，则有

$$F_{k,i} = \begin{cases} k\left(q_i - q_{i+1} - \dfrac{\delta}{2}\right), q_i - q_{i+1} \geqslant \dfrac{\delta}{2} \\ 0 \qquad\qquad , -\dfrac{\delta}{2} < q_i - q_{i+1} < \dfrac{\delta}{2} \\ k\left(q_i - q_{i+1} \geqslant \dfrac{\delta}{2}\right), q_i - q_{i+1} \leqslant -\dfrac{\delta}{2} \end{cases} \tag{3.84}$$

弹带与导引之间的摩擦力与弹节的重力成正比，即

$$F_{f,i} = fmg\ \text{sgn}(\dot{q}_i) \tag{3.85}$$

式中 f——摩擦系数；

g——重力加速度；

sgn( )——符号函数。

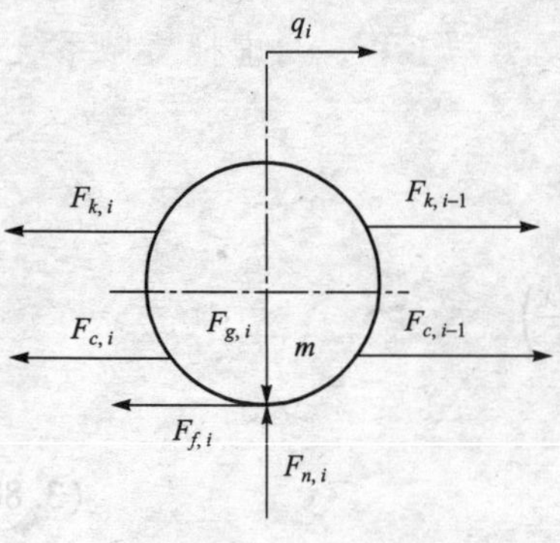

图 3.33 单个弹节模型

阻尼力用来考虑弹带内摩擦和撞击引起的能量损失，等效阻尼系数为 c（由实验得到）。对于具有粘性阻尼的单自由度振动系统，相邻两个振幅的比值的自然对数称为对数衰减率 λ。根据对数衰减率可以计算出粘性阻尼系数 ζ 以及等效阻尼系数 c，则有

$$\lambda = \ln \frac{x_1}{x_2}$$

$$\zeta = \frac{\lambda}{\sqrt{4\pi^2 + \lambda^2}}$$

$$c = 2\zeta\omega_n$$

式中 ω——单个弹节固有频率。阻尼力与相对速度成正比，有

$$F_{c,i} = c(\dot{q}_{i-1} - \dot{q}_i) \tag{3.86}$$

弹带系统运动微分方程可以写成矩阵形式

$$M\ddot{q} = F + SX \tag{3.87}$$

式中 M——质量矩阵；

$\ddot{q}$——广义加速度列阵；

F——外力列阵；

S——关联矩阵；

X——内力列阵（由铰中弹性力和阻尼力组成的列阵）。

应用计算机求解弹带系统运动微分方程，可以得到弹带中各铰处的运动和内力。关键在于确定铰中弹性力和阻尼力。求得弹带中各铰处的运动和内力，也就得到作用在拨弹板上的力（即弹链阻力）

$$P = k_1(q_0 - q_1) + c_1(\dot{q}_0 - \dot{q}_1) \tag{3.88}$$

3.2.3 火炮自动机实体模型

火炮自动机实体模型的建立方法与所使用的仿真软件密切相关，需按照软件要求进行。常用实体建模软件有 ADAMS、Solidworks、Pro/E、I - DEAS、UG 等。一般来说，通常首先建立构件模型，确定构件的质量、质心、转动惯量等属性，然后确定构件之间的连接关系副，包括连接副的类型、位置和方向等，最后确定构件的驱动，可以是输入载荷，也可以是规定的运动轨迹，载荷包括载荷作用的位置、大小、方向等，运动轨迹包括运动的方向、大小等。

1. 基于 ADAMS 建立实体模型

下面以 ADAMS 为例，介绍应用通用商业软件建立实体模型的方法。

ADAMS 软件是美国 MDI 公司开发的机械系统动力学仿真分析软件，它使用交互式图

形环境和零件库、约束库、力库，创建完全参数化的机械系统几何模型，求解器采用多刚体系统动力学理论中的拉格朗日方程方法，建立系统动力学方程，对虚拟机械系统进行静力学、运动学和动力学分析，输出位移、速度、加速度和反作用力曲线。ADAMS 软件的仿真可用于预测机械系统的性能、运动范围、碰撞检测、峰值载荷以及计算有限元的输入载荷等。

ADAMS 软件包括 3 个最基本的解题程序模块：ADAMS/View（基本环境）、ADAMS/Solver（求解器）和 ADAMS/Post Processor（后处理）。另外还有一些特殊场合应用的附加程序模块，例如：ADAMS/Car（轿车模块）、ADAMS/Rail（机车模块）、ADAMS/Drive（驾驶员模块）、ADAMS/Tire（轮胎模块）、ADAMS/Linear（线性模块）、ADAMS/Flex（柔性模块）、ADAMS/Controls（控制模块）、ADAMS/FEA（有限元模块）、ADAMS/Hydraulics（液压模块）、ADAMS/Exchange（接口模块）、Mechanism Pro（与 Pro/E 的接口模块）、ADAMS/Animation（高速动画模块）等。

ADAMS/View 提供了一个直接面向用户的基本操作对话环境和虚拟样机分析的前处理功能，其中包括机械系统的建模和各种建模工具、模型数据的输入与编辑、与求解器和后处理等程序的自动连接、虚拟样机分析参数的设置、各种数据的输入和输出、同其他应用程序的接口等。自 ADAMS 10.0 版本开始，ADAMS/View 采用了 Windows 风格的操作界面和各种操作习惯，使得 ADAMS/View 10.0 版以后的程序操作界面非常友好。

应用通用商业软件 ADAMS 建立实体模型的一般步骤如下所述。

1）设置工作环境

在 ADAMS/View 中创建模型时，首先要设置工作环境。在启动对话窗中，首先选择工作性质：创建一个新模型（Create a new model），或打开一个存在的数据库（Open an existing database）或输入文件（Import a file），或退出操作（Exit）等命令。在选择了创建一个新模型之后，选择工作目录（Start in）、模型名称（Model name）、重力（Gravity）和单位（Units）。重力选项（Gravity）用于设置重力的有无及其方向，如选择重力方向为大地坐标系 y 轴的负向（Earth Normal（ - Global Y））。单位选项（Units）用于设置模型的单位，如长度、质量、力、时间和角度的单位分别为毫米（mm）、千克（kg）、牛顿（N）、秒（s）和度（deg）。

注：除了在开始菜单可以设置重力和模型的单位外，使用 ADAMS/View 中的设置（Settings）菜单，可以更全面地设置模型的工作环境，如：设置工作网格、单位、重力及方向、图标的大小等。

2）创建物体

设置了工作环境以后，就可以开始创建构成模型的物体（Part）。

ADAMS/View 可以产生 4 种类型的几何体：刚性形体、柔性形体、点质量和地基形体。

刚性形体的几何形状在任何时候都不会产生变化，在机械系统中将刚性形体称为刚性构件。刚性形体有质量和惯性矩。柔性形体在力的作用下会发生变形，与刚性形体类似，柔性形体也有质量和惯性矩。点质量的体积为零，它仅有质量而没有惯性矩。地基形体没有质量和速度，其自由度为零，在任何时候都保持静止。地基形体定义了地面坐标系的位置，在默认状态下，地基形体具有所有构件的速度和加速度的惯性参考坐标。

ADAMS/View 提供有零件库，可以创建各种基本形状的物体。对于复杂形状的物体，一种方法是使用 ADAMS/Exchange 模块从其他 CAD 软件中输入零件模型，另一种方法是使用 ADAMS/View 创建出包含零件特征点的简单物体，然后重新定义物体的质心、质量、转动惯量等物理特性。

绘制基本几何形体的步骤如下：

① 在几何建模工具集中选取有关基本几何形体工具图标；

② 选择有关绘图参数；

③ 按照屏幕下方状态栏的提示，绘制几何图形。

3）创建约束

创建了构成模型的物体之后，需要使用约束副将它们连接起来，以定义物体之间的相对运动。ADAMS/View 可以处理以下 4 种类型的约束。

① 常用运动副约束，例如：转动副、平移副。

② 方向约束，限制某个运动方向，例如：限制一个构件总是沿着平行于另一个构件的方向运动。

③ 接触约束，定义两构件在运动中发生接触时，是怎样相互约束的。

④ 运动约束，例如：规定一个构件遵循某个时间函数按指定的轨迹规律运动。

运动副施加的方法如下所述。

① 在连接工具集或者在连接对话框中，选择连接工具图标。

② 在设置栏选择连接构件的方法，有以下 3 种情况：

• 1 个位置（1 location）。选择一个连接的位置，由 ADAMS/View 确定连接的构件。此时，ADAMS/View 自动选择最靠近所选连接位置的构件进行连接。如果所选连接点附近只有一个构件，则该构件将同地面连接。

• 2 个构件 1 个位置（2 Bodies - 1 location）。选择需连接的两个构件和一个连接位置。此时，连接件固定在构件 1（先选择的构件）上，构件 1 相对构件 2 而运动。

• 2 个构件 2 个位置（2Bodies - 2 location）。选择需连接的两个构件，以及这两个构件的连接点。

③ 选择连接方向，有两种方法：

• 栅格方向（Normal to Grid）。当显示工作栅格时，连接方向垂直于栅格平面。否则，连接方向垂直于屏幕。

• 选取方向（Pick Feature）。通过一个在栅格或屏幕平面内的方向矢量确定连接方向。

④ 根据屏幕底部状态栏的提示，依次选择相互连接的构件 1、构件 2、连接位置和方向等。

4）施加载荷

ADAMS/View 可以考虑 4 种类型的力：作用力、柔性连接力、特殊力和接触力。

ADAMS 中常用的载荷有：单作用力、单力矩、组合作用力、组合力矩、普通作用力、轴套力、拉压弹簧、扭转弹簧、无质量梁、力场等。

2. 建立自动机实体模型

减小后坐力（峰值）是自动机设计的一项主要任务，“理想”的情况是后坐力变化规律为常数。为此，构思出一种机构以实现此目标。对构思的机构，建立自动机实体模型，并进行仿真试验，观察机构是否能达到预期目的。

1）零件实体模型的建立

由于是初步构思，零件的局部细节可以暂时不考虑。该机构包含六种零件：炮箱、炮身、转筒、滚轮、承力轴、弹簧。由于弹簧可在ADAMS中单独定义，故只建立前五种零件的实体模型。

现以炮身为例简要介绍其建模过程：启动ADAMS/View，选择几何建模工具集。由于炮身为旋转体，利用选中建模方法选择炮身的特征点坐标，利用绘制点工具，在$x-y$平面上绘制出特征点。在几何建模工具集中，选择旋转形体工具，沿x轴绘制一条直线作为旋转轴，然后将上一步中绘制的若干个特征点连成一个封闭的多边形后，对旋转轴旋转，即可完成炮身的建模，如图3.34所示。

图3.34 通过旋转命令得到的炮身实体模型

类似的，可完成承力轴和滚轮的建模，但炮箱和转筒带有较复杂的曲线槽，使用ADAMS难以完成其建模工作。为此，可以使用具有较强曲面造型能力的三维建模软件SolidWorks完成炮箱和转筒的建模。图3.35～图3.37为使用SolidWorks建立的炮箱、承力轴、转筒实体模型。

2）装配体模型的建立

为了进一步减小工作量，也可以使用SolidWorks完成所有零件的建模后建立装配体，并将装配体另存为Parasolid格式，文件名为linggdth.xmt_txt，然后将模型导入ADAMS。图3.38为使用SolidWorks建立的装配体模型。

为了充分利用ADAMS仿真软件的优势进行机构的动力学仿真试验，将在SolidWorks完成的实体模型导入ADAMS。其操作过程如下所述。

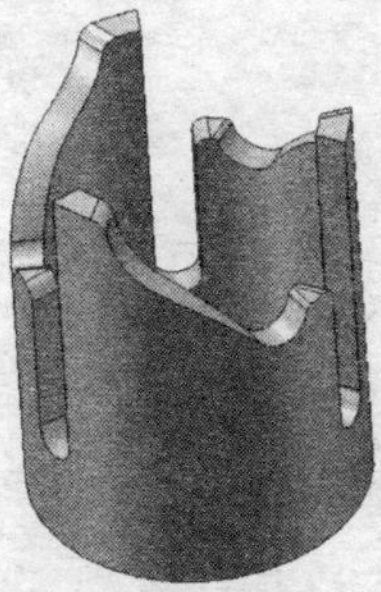

图3.35 炮箱

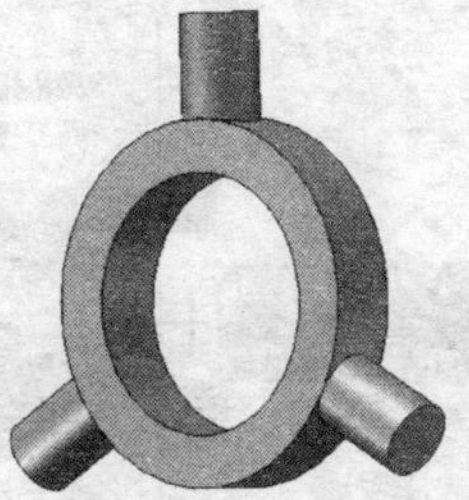

图3.36 承力轴

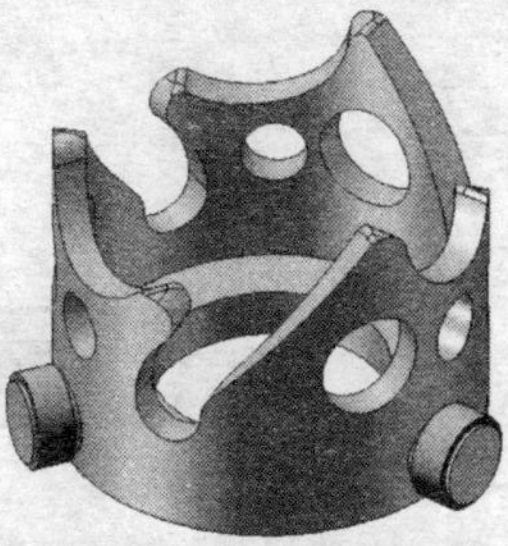

图3.37 转筒（带有滚轮）

① 启动ADAMS后，选择新建一个模型，并选择输入文件（File/Import），将原先在SolidWorks建立的实体模型文件（linggdth.xmt_txt）输入，并在模型名称（Model Name）后的空格处单击右键，选择创建模型（Model/Create），输入新模型名称（linggdth_1）。

② 对导入的模型进行必要的修改，赋予零件具体特征（如材料等），如图 3. 39 所示。

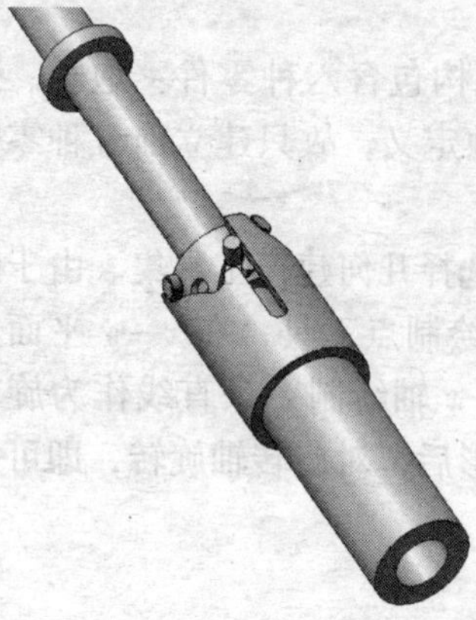

图 3. 38　装配体

3）约束的添加

为了进行仿真试验，对模型添加必要的约束。如在炮箱与大地之间创建固连副，在身管与炮箱以及承力轴与炮箱之间创建移动副，在转筒与炮箱之间以及滚轮与转筒上的滚轮轴之间创建四个圆柱副，在滚轮端面与滚轮轴端面之间创建三个平面副。

4）外力的添加

在滚轮与炮箱之间，转筒与承力轴之间，承力轴与身管之间以及身管与炮箱之间添加六处接触力，添加时要首先选择施力物体，再选择受力物体，设置接触参数。例如，将接触参数取为 $k=10^5$ N/mm，$e=1.5$，$c=50$ N · s/mm，$d=$ 0. 1 mm。

图 3. 39　修改后的模型

在身管与转筒之间添加弹簧。完成添加后，在弹簧处单击右键，设置弹簧参数。例如，将弹簧刚度设置为 250 N/mm，弹簧初力设置为 14 000 N。

对炮膛合力的输入，可以将一组膛内时期及后效期的相对于时间的炮膛合力数据保存在 . txt 格式文件中。选择文件输入形式（在 File Type 栏中选择 Test Data；选中 Create Splines；在 File To Read 文本框中输入炮膛合力数据所在的路径；在 Independent Column Index 文本框中输入 1），完成炮膛合力插值函数的创建。选择工具栏中的单作用力，选中身管轴线上的某点，沿后坐方向添加炮膛合力。必要时可以对作用力进行修改。

完整的机构仿真模型如图 3. 40 所示。

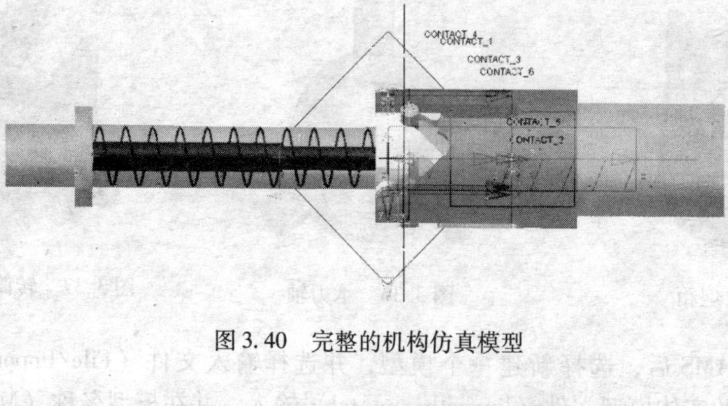

图 3. 40　完整的机构仿真模型

3.3　火炮自动机动力学仿真技术

3.3.1　火炮自动机数值仿真

建立了火炮自动机微分方程及相关结构参数的求解表达式之后，解决了自动机连续运动状态的动力学描述问题；而撞击后的速度计算又解决了自动机突变运动状态的动力学描述问题。动力分析的目的在于确定自动机运动诸元及受力的变化规律，而机构的受力取决于运动状态。因此，火炮自动机动力分析的最终目标是要确定自动机运动诸元的变化规律，这可以由求解自动机运动微分方程来实现。

求解运动微分方程主要有解析法和数值法。解析法只能求解一些特殊形式的微分方程，而数值法可以近似求解各种形式的微分方程。火炮自动机运动微分方程具有变系数和不连续的特点，并且特征点必须较精确地求得，只有在某些特殊阶段，机构或构件的运动微分方程的形式较简单，如构件在弹簧作用下的运动，才可以用解析法求解，通常只能用数值方法求解。用数值法求解自动机构运动微分方程，是一项复杂而烦琐的工作，通常利用计算机进行，以提高计算速度和精度。

1. 火炮自动机数值仿真程序设计

火炮自动机数值仿真程序，除了对特定结构火炮自动机进行数值模拟计算外，还应进行预测。因此，在功能上，除了保证基本的主要模拟计算功能外，应尽可能增强人机对话功能及参数修改功能（人机界面友好）；在程序结构方面，程序应尽可能模块化、规范化，程序由若干相对独立、功能单一的模块组成，模块之间的接口统一规范；程序设计中，尽可能有利节省用机时间；程序要尽可能通用化、适应性强、使用方便。一般火炮自动机构数值仿真程序由主控模块、数据准备模块、运动计算模块及后处理模块等组成（见图3.41）。

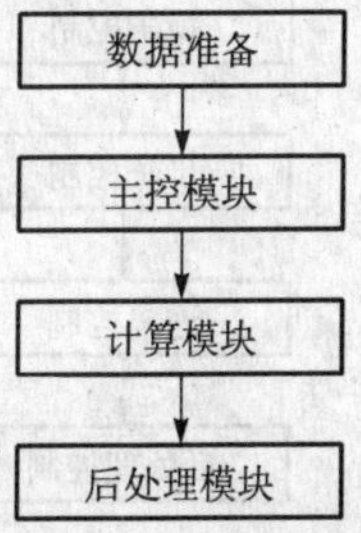

图3.41　火炮自动机数值仿真程序结构

数据准备模块的主要功能包括基本参数的准备、给定力的准备和结构参数准备等。基本参数主要是指系统的质量、转动惯量、特征点及初始化数据等。给定力主要指作用在基础构件及工作构件运动方向上的合外力，例如管退式的炮膛合力、导气式的气室压力、驻退机力、复进机力、输弹力、供弹阻力等。结构参数主要指各机构（主要是加速机构和供输弹机构）和各构件对应的参与工作时期传速比及传动效率（包括力换算系数、质量换算系数）随基础构件位移变化的规律。数据准备就是将动力分析中将要用到的各种数据表和曲线图在程序设计时根据要求处理成便于查找和选取的形式。

对于数据处理的方法主要有以下几种：① 离散数据离散处理法，即原数据本身是离散的，使用时也是离散的，则可以不作处理或略作处理，程序中可用简单变量或数组形式存放，如构件的质量、转动惯量、特征点等。② 离散数据连续化处理法，即原始数据是通过实验得到的离散型数据，可以用插值或拟合方法处理成连续函数形式，在程序中编成子程序进行计算。③ 连续数据离散处理法，即原数据是有理论计算公式的，但计算很复杂，同时，为了避免程序过大，事先将这一部分编成子程序模块并计算出一组离散型数据，作为参数输入，程序中应用时再用插值方法去计算所需值。如内弹道计算，虽然有理论公式，并可以与自动机构方程联立求解，但是考虑到膛内过程很短，膛内热力学过程又较复杂，可以将内弹道计算作为独立模块先计算，将得到的膛压及弹丸运动随时间变化规律作为离散型数据以数组形式输入，在计算炮膛合力（或气室压力）时，再插值计算不同时刻的使用值。④ 连续数据连续化处理法，即原数据有理论计算式，可以直接按理论计算式编成子程序计算，当原理论计算式较复杂时，可以先进行离散化处理，再将离散化处理的离散型数据应用插值或拟合法处理成简单连续函数形式，在程序中用子程序来计算。如结构参数计算时，可以根据具体结构的类型和尺寸，导出结构参数计算表达式（随基础构件位移变化），但是该表达式常常是分段的且较复杂，为简便起见，在数据处理时，可以用单独模块计算所有结构参数，并将计算出的离散型数据，用最小二乘法拟合成简单连续函数形式（如多项式等）。在数据处理过程中，以数据处理简单明了为主，适当注意处理精度和适用范围。

主控模块的功能主要是为用户提供本程序的有关信息，通过人机交互作用获取用户的意愿指令，控制整个程序的操作流向。可以是菜单式也可以是提问式。

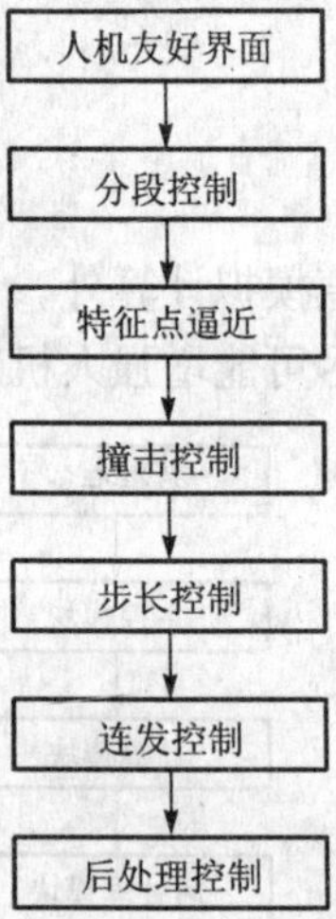

图 3.42　火炮自动机数值仿真程序主控模块功能

自动机动力分析，一方面是模拟自动机的运动，用计算机演示发射过程，自动机发射过程不仅有单发，还有连发，模拟连发，射击时，还有连发之间的衔接问题以及发射发数控制问题等；另一方面是进行预测，借助计算机运算速度高、存储信息容量大和具有逻辑判断功能等性能，通过改变系统结构或数据，预测自动机性能方面的变化及其趋势，为改进自动机性能提供参考依据。因此，主控模块中要有相应功能（见图 3.42）。

火炮自动机在工作过程中，机构或构件不是同时工作的，构件的工作是间歇性的。火炮自动机在工作过程中，机构或构件进入或退出工作点称为特征点；特征点与特征点之间的自动机工作过程称为特征段。

火炮自动机运动的阶段性导致了微分方程的阶段性，循环不连续是火炮自动机运动微分方程的特殊性。在进行自动机微分方程求解之前，必须要进行微分方程的分段处理，确定各特征段中参与运动的构件数、构件序号以及相应结构参数等。在分段时，还要分析各特征点是否产生撞击，若存在撞击，则要适时给计算机以处理撞击的信息，以便计算撞击影响，确定下段求解的初值条件。

在求解自动机运动微分方程时，通常需根据外力和构件参与运动的情况分成若干段进行。为后处理方便，通常选取等时间间隔作为步长。由于所有分段点（特征点）对应的时间不可能都是预定步长的整数倍，因此，如在分段点处不调整步长，就会出现因步长选取不合适而形成的误差，甚至误差的积累和扩散会造成对物理本质的认识错误，所以需要研究在特殊点处步长调整问题，以减小因步长不当造成的误差，即特殊点的逼近问题。由于特征点前后两个特征段中，参与工作的构件数目及结构参数都不相同，因此，当积分步长跨越特征点时，这一步计算是无效的（误差太大），必须返回到前一点，减小步长进行重新计算，这称为“过头回头”，直到计算点离特征点足够近为止（满足一定精度要求）。特征点逼近方法通常采用对分逼近（不断对分步长逐渐逼近特征点）和插值逼近（利用插值方式确定逼近步长逐渐逼近特征点）。

运动计算模块，主要功能是选择适当的数值计算方法，根据数据准备模块提供的数据以及主控模块规定的任务进行自动机运动微分方程的求解计算，给出自动机运动规律等相关性能参数。

求解微分方程的数值方法多种多样、各具特色，常用的方法有欧拉法、龙格-库塔法、阿当姆斯法、线性多步法等。数值方法的选取，主要是根据微分方程的特色，既要保证一定的计算精度，又要有利于节省用机时间。通常在求解火炮自动机运动微分方程时，采用标准四阶龙格-库塔法，有标准的子程序可以借用。

在求解自动机运动微分方程时，为了适应数值方法的需要，将二阶微分方程转化为一阶微分方程组的形式

$$\frac{\mathrm{d}v}{\mathrm{d}t}=\ddot{x}=f_1$$

$$\frac{\mathrm{d}x}{\mathrm{d}t}=v=f_2$$

为了方便，有时将时间（自变量）也作为一个变量，即有补充微分方程

$$\frac{\mathrm{d}t}{\mathrm{d}t}=1=f_0$$

写成矩阵形式

$$\{\dot{x}\}=\{F\}$$

当有附加运动或计算气室压力时，还须补充相应微分方程。在程序中，矢量 $\{\dot{x}\}$、$\{X\}$、$\{F\}$ 都用数组表示。$\{F\}$ 称为右函数，在程序中用专用右函数子程序来计算。

程序设计及程序结构因设计者的不同而异，如图 3.43 所示框图仅为火炮自动机数值仿真程序结构的一个例子。

后处理模块的主要功能是将动力学计算结果以适当的形式表现出来，以便进行分析。计算结果的表现形式主要有数据表和图表，甚至多媒体、动画等。为了提高计算精度，应用计算机进行计算时，计算步长一般取得比较小，因此计算结果的数据量比较大，故计算结果的输出应根据需要有选择地输出那些能说明所关心问题的相关结果。

以数据表的形式输出时，应注意数据以规范化的（或习惯化的）形式输出，要有表头、量纲单位，而且一定要输出重要特征点的相关数据，必要时还要附加说明。

以图表的形式输出时，一般选用比较直观的曲线图，也可以选用直方图等。输出也应注意数据以规范化的（或习惯化的）形式输出，要有量纲单位和标题，必要时还要附加说明。以曲线图的形式输出时，一般选用时间或基础构件的位移为自变量，选用一个或几个重要特征数据（运动参数、性能参数等）作为因变量，作出曲线图，曲线以能分辨清楚为限。以曲线图的形式输出时，坐标轴的起点和规模应以能清晰反映所表述的规律性为前提。

以动画的形式输出时，首先要既形象化又抽象化地表述自动机构特征的结构原理，并做出若干关键帧，再根据动力学计算出各构件的运动规律，应用动画技术产生动画效果，以形象、直观的动态画面表现自动机构的运动规律，反映自动机构特性等。

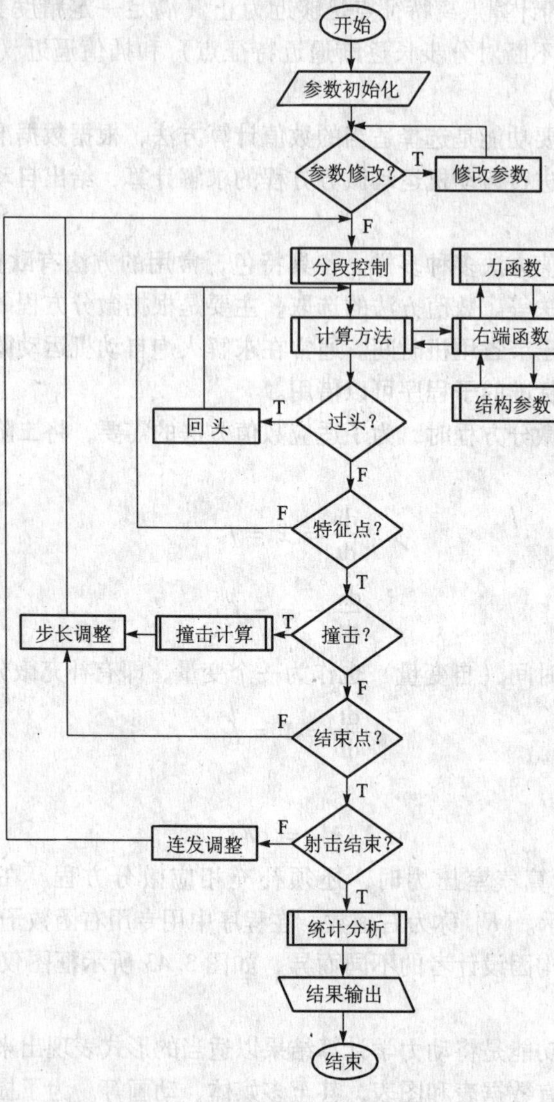

图 3.43　火炮自动机数值仿真程序结构实例

火炮自动机数值仿真程序的编制，依赖于所采用的计算机语言。目前，常用的计算机语言有 VB、VC、MATLAB 等。

2. 基于 MATLAB/Simulink 数学模型仿真

MATLAB/Simulink 是 Math Works 公司推出的产品，用于在 MATLAB 下建立系统框图式模型和进行仿真的环境。下面结合某自动机输弹过程的数值仿真，介绍基于 MATLAB/Simulink 数学模型仿真方法。

1）建立系统框图式模型

创建模型的第一步是确定模型中包含哪些模块，然后使用模块库浏览器，查找到所需要的模块，将需要的模块从模块库中复制到模型中。

Simulink 模块库由各个模块组构成，包括信号源模块组、输出模块组、连续模块组、数学运算模块组、非线性模块组、函数与表格模块组、信号与系统模块组和子系统模块组等，用户还可以将自己编写的模块组挂靠到整个模型库浏览器下。信号源模块组包括各种各样的常用输入信号，主要模块有输入端口模块、信号源发生器、读文件模块、时钟信号模块等。输出模块组包含那些能显示计算结果的模块，主要模块有输出端口模块、示波器模块、写文件模块等。连续模块组包括常用的连续模块，主要模块有数值积分模块、数值微分模块、传递函数模型、时间延迟模块等。函数与表格模块组实现各种一维、二维或高维函数的查表，另外用户可以自己编写更复杂的函数。数学运算模块组实现了各种各样的数学函数模块，主要的模块有增益函数、求和模块、一般数学函数模块（如绝对值函数、符号函数、三角函数、取整运算等）、数字逻辑模块等。

某自动机的输弹过程，先是在输弹簧作用下强制输弹，在强制输弹行程后，炮弹获得一定输弹速度，依靠惯性输弹入膛。

设输弹器相当质量 $m_1=3$ kg，炮弹质量 $m=2$ kg，强制输弹行程 $x_1=0.1$ m，全输弹行程 $x_m=0.56$ m，输弹簧初力 $F_0=900$ N，输弹簧刚度 $k=3\ 000$ N/m，输弹阻力 $F_r=20$ N。

在强制输弹过程中，输弹器及炮弹的运动满足运动微分方程

$$(m+m_1)\frac{\mathrm{d}^2x}{\mathrm{d}t^2}=F_0-kx-F_r$$

在惯性输弹过程中，炮弹的运动满足运动微分方程

$$m\frac{\mathrm{d}^2x}{\mathrm{d}t^2}=-F_r$$

综合起来，输弹过程的运动满足运动微分方程（数学模型）

$$\frac{\mathrm{d}x}{\mathrm{d}t}=v$$

$$\frac{\mathrm{d}v}{\mathrm{d}t}=\begin{cases}\dfrac{1}{m+m_1}(F_0-kx-F_r), & x\leqslant x_1\\[2ex] -\dfrac{1}{m}F_r, & x>x_1\end{cases}$$

利用 Simulink 建立输弹框图式模型。运行 MATLAB，打开 Simulink，创建一个新模型，将模型中所有包含的模块从模块库中复制到模型中，这里包含的模块有常数模块、数值积分模块、增益函数（放大）模块、求和模块、逻辑运算模块、开关模块以及输出模块（这里输出采用曲线显示和数据文件两种方式）和结束模块等。初值和常数输入直接在各模块中设定。所有模块复制到新模型中后，按数学模型的逻辑关系，利用信号线将各模块连接起来。

2）模型参数设定

几乎所有的模块都有可以进行参数设置的对话框。在模型窗口中选中一个模块，用鼠标双击该模块，Simulink 将打开模块基本属性对话框。根据数学模型的实际情况，设置各模块参数。例如，速度积分器设置初始速度为“0”；位移积分器设置初始位移为“0”；求和模块设置“＋ － －”；输弹簧刚度系数对应的增益函数模块设置输弹簧刚度系数为“3000”，分别将质量的倒数作为系数用增益函数模块来处理，在对应的增益函数模块设置质量的倒数；分别将各常数在各常数模块中设定；对分段函数用开关模块，利用逻辑运算模块来控制，逻辑运算模块设置为“$x\leqslant 0.1$”；用逻辑运算模块来控制仿真结束，逻辑运算模块设置

为“$x \geqslant 0.56$”，其他可按“默认”设置。设置好的输弹框图式模型如图3.44所示。

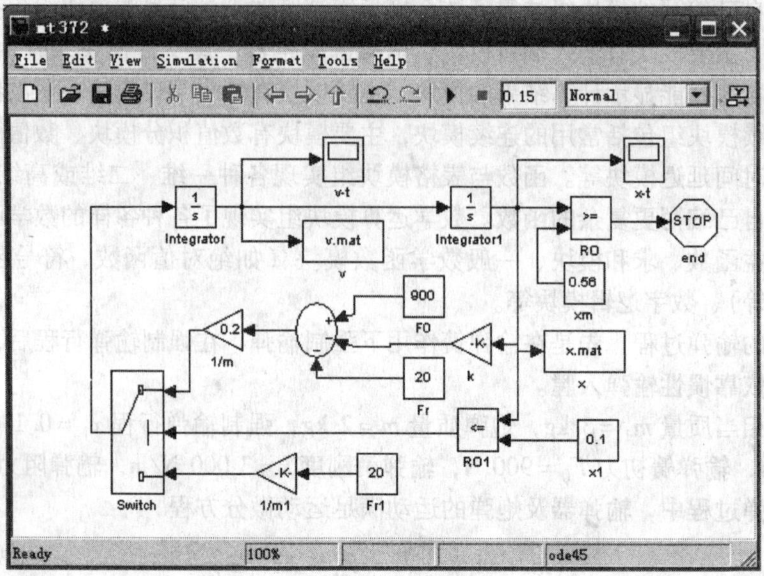

图3.44　输弹框图式模型

3）仿真参数设置

利用Simulink建立的输弹框图式模型进行仿真，先要在Simulink模型窗口中选中Simulation：Configuration Parameters菜单，进行仿真参数设置。主要设置仿真时间(Simulation Time)、选择求解器（Solvers Options）等。

（1）仿真时间设置。可以修改仿真的开始和结束时间，默认时仿真从0.0 s开始，在10.0 s处结束。注意：这里的仿真时间与实际时钟时间是不同的，后者是仿真计算所花费的实际时间，它的长短与许多因素有关，如模型的复杂程度、仿真的最大步长及计算机的时钟频率等。

由于输弹过程很短，这里仿真结束时间设置为“0.15”。

（2）求解器的设置。求解器的设置是完成求解器类型及相关输出选项的设置。Simulink模型的仿真一般需要采用微分方程或微分方程组的数值解法。Simulink为用户提供了各种不同的求解算法，这些算法的使用范围和计算速率各不相同，为了保持仿真的高效性，用户应该根据仿真模型的特点，选择最合适的求解算法。另外，用户还可以在可变步长或固定步长之间选择。可变步长（Variable-Step）提供了误差控制机制，而固定步长不论每步仿真的误差有多少，总是采用相同的仿真步长。

在Simulink中，可变步长类（Variable-Step）包括以下求解方法。

• ode45为4阶或5阶Runge-Kutta算法，属于一步求解法，即计算当前值只需要前一步的结果，是大多数问题的首选求解算法。

• ode23为2阶或3阶Runge-Kutta算法，属于一步求解法，在较大的容许误差和中度刚性系统模型下比ode45方法更加有效。

• ode113是变阶的Adams-Bashforth-Moulton PECE方法，属于多步预测算法，也就是说计算当前值需要前几步的结果。

• ode15 s 为数值微分公式（Numerical Differentiation Formula）的变阶算法，属于多步预测算法，如果系统刚度很大或 ode45 求解效率不高，可以采用这种算法。

• ode23 s 为改进二阶公式的算法，属于一步求解算法，在较大容许误差情况下，比 odel5 s 更加有效。因此，如果在求解某些刚性系统时 ode15 s 计算效果不佳，可改用此法。

• ode23 t 一般用来解决中等刚性系统的求解。

• ode23 tb 在较大容许误差情况下可能比 ode15 s 方法有效。

• 可变步长离散系统求解算法（Discrete Variable-Step）适用于当前系统中没有连续状态变量时可选择的方法。

在 Simulink 中，固定步长类（Fixed-Step）包括以下求解方法。

• ode5 采用固定步长的 ode45 方法。

• ode4 采用 4 阶 Runge-Kutta 算法。

• ode3 采用固定步长的 ode23 方法。

• ode2 采用改进的 Euler 公式。odel 即 Euler 方法。

• 固定步长离散系统求解算法（Discrete Fixed-Step），尤其适用于不存在状态变量的系统。

在变步长方式中，Simulink 中的最大步长（Max Step Size）一般设置成自动（Auto）方式，这时最大步长约是仿真时间的 1/50；如果仿真时间很长，也可以设为其他值（对于周期系统可以设定为周期的 1/4）。最小步长（Min Step Size）一般设置成自动（Auto）方式。如果需要了解某段时间内系统动态特性的细节，可将这些值调小些。Simulink 中的初始步长（Initial Step Size）默认为自动（Auto）方式，这时系统会根据初始状态导数的大小计算初始步长。如果初始步长选择过大，可能会忽略系统启动时的某些性状。这里的初始步长并不是实际计算步长，而是系统第一次选择的步长，如果该步长计算结果超出了系统容许误差，系统将自动减小步长并重新计算。

在 Simulink 中，对于离散系统或混合系统（Tasking Mode for Periodic Sample Times），如果选用固定步长方式进行计算，有如下三种工作方式进行选择。

• 单任务方式，主要用于单任务系统，运行中不检查模块间是否存在速率突变。

• 多任务方式，用于多速率或混合系统，运行时检查各模块的工作速率有无冲突。

• 自动方式，固定步长算法的默认工作方式，自动进行系统检测（如果整个系统采用同一采样速率则以单任务方式运行，否则以多任务方式运行）。

Simulink 中的零点穿越控制（Zero-Crossing Control）使 Simulink 在进行变步长积分计算时能够进行零点穿越检测。对于大多数模型，让求解器采取更大的时间步长能够加快仿真速度，但如果模型动态变化比较大，应将该项设置为"Disable All"，此时虽然能够提高仿真速度，却降低了仿真精度。

Simulink 中的容许误差（Relative Tolerance 和 Absolute Tolerance）起到控制计算精度的作用。Simulink 中的微分方程求解器，使用标准局部误差控制算法监测每一步仿真计算误差。每个仿真步骤中，求解器计算所有的状态值和误差大小并同容许误差进行比较，如果计算误差超过了容许误差限制，则取消本次仿真步骤，并减少仿真步长重新计算。容许误差由相对误差（rtol）和绝对误差（atol）共同决定，即 $e_i \leqslant \max(\text{rtol} \times |x_i|, \text{atol}_i)$。当 x_i 本身的绝对值较大时，计算精度主要由相对误差控制；当 x_i 本身的绝对值较小时，计算精度主

要由绝对误差进行控制。一般情况下，用户只需指定容许误差为默认值（此时绝对误差初始值为 10^{-6}），之后绝对误差将随着仿真过程进行调整。如果用户想人为指定容许误差值，需要多次仿真才能最终确定合适数值；如果需要为不同状态分别指定不同容许误差，可以在相应的积分模块中进行设置。

（3）数据输入/输出设置。使用 Simulink 进行动态系统仿真时，用户可以直接将仿真结果输出到 MATLAB 基本工作空间中，也可以在仿真启动时从基本工作空间中载入模型的初始状态，这些数据输入/输出的设置都可在工作空间属性对话框中完成。

工作空间属性对话框中各参数的含义如下。

- 从基本工作空间中输入数据（Load From Workspace）。Simulink 在运行过程中可以将基本工作空间的数据载入到仿真模型当中，为此，用户需要选择 Load From Workspace 中的 Input 项，并在相应 Input 文本框中输入需要的数据变量名（例如 [t, u]），向量第一列为仿真时间，第二至第 n 列分别对应于模型的第一至第 n 个输入。Simulink 仿真过程中，每行还要输入数据进行插补或跳转以满足仿真步长的需要。选择初始状态（Initial State），模型将从基本工作空间中获取模型所有内部状态变量初始值，不论模块本身是否设置了初始值，该文本框中应输入基本空间中已经存在的变量，变量的次序应与模块中各个状态的次序一致。
- 保存到工作空间（Save to Workspace）。在 Save to Workspace 对话框中选择 Time 文本框，模型将把时间变量以指定的变量名输出到基本工作空间中，其默认名为“tout”。选择 States 文本框，模型将把其所有状态变量以指定的变量名输出到基本工作空间中，其默认名为“xout”。如果模型窗口中使用输出模块 Out，必须选择 Output 文本框，并填写基本工作空间中的输出数据变量名。数据的存放方式与输入情况相同。选择 Final state 文本框，模型将最终状态值输出到基本工作空间，如果最终状态向量在该模型的新一轮仿真中又被用作初值，那么这新一轮仿真是前一轮仿真的继续。
- 变量存放选项（Save Options）。在 Save Options 对话框中 Limit Rows to Last 文本框可以设定保存变量的数据长度（默认值为 1 000），如果输出数据超过设定值，则最早的历史数据将被“冲掉”。Decimation 文本框设置解点保存频率，如果取值为 n，则每隔 $n-1$ 个点保存一个解点，默认值为 1。Format 文本框用于设置保存数据的格式。
- 输出选项（Output Options）。输出选项让用户控制仿真产生输出的数目，用户可以在弹出菜单中选择下列选项之一。Refine Output 选项表示在仿真结果太差时提供更多的输出点，该参数是两个仿真步骤之间额外输出点的个数（该默认值为 1）。例如，对于调整因子为 2 的情况，仿真时将在相邻两步仿真中间时刻额外进行一次计算。采用增大调整因子的方法，可以使仿真曲线更加光滑。额外输出通过连续插值完成、仿真步长并不发生改变，仿真速度要比采用减小仿真步长的方法快得多。仿真步长过大会使系统仿真曲线不光滑，可通过增大调整因子获得更好的仿真结果。Produce Additional Output 选项可让用户直接指定需要增加的额外输出时间，可以在相应时间域中输入具体时间向量，额外增加的输出通过连续插值实现。值得注意的是，该选项会根据额外输出调整仿真步长。Produce Specified Output Only 选项只输出指定时刻仿真结果，通过改变仿真步长来适应指定的输出时刻。

（4）优化属性的设置。优化属性用于设置某些高级选项，这些选项可以影响 Simulink 仿真的环境。优化属性设置中各参数的含义如下所述。

● 在产生仿真和代码（Simulation and Code Generation）对话框中，In line Parameters 选项在默认情况下，表示模块许多参数可以在仿真过程中实时调整。如果选择该选项，所有模块参数将不能实时调整（用户专门指定除外），Simulink 将这些不能实时调整的参数视为常数，从而提高仿真计算速度。如果勾选该项，但又要指定某些参数保持实时调整的性质，可以在弹出的模型参数配置（Model Parameter Configuration）对话框中进行设置。方法是单击 Configure 按钮，下面几种参数在仿真过程中实时改变：MATLAB 基本工作空间中定义的变量，在模型参数配置对话框中设置为全局（Global）变量的参数；Simulink 为加快仿真将常值信号移到仿真循环之外。如果要改变上述参数值，可以修改相应工作空间中的变量值，然后在模型窗口中选择“Edit：Update Diagram”菜单来更新模型方框图。选择 Block Reduction Optimization 选项，Simulink 将尽量用一个综合模块替代一组模块值，从而加快模型的执行。选择 Implement Logic Signals as Boolean Data 选项，Simulink 将能接收布尔类型信号的模块只接收布尔信号，如果不选该项，则模块不仅接收布尔信号，同时也能够接收双精度型信号。如果不选择 Signal Storage Reuse 选项，则 Simulink 为每一个模块分配独立的内存缓冲区，这样会极大地增加系统内存的消耗，一般只在调试模型、调试 CMEX 文件形成的 S 函数时才设置该选项成 off 状态。

● 在模型参数配置（Model Parameter Configuration：Configure）对话框中，Source list 选项显示工作空间中变量的列表，其包括以下两项：MATLAB Workspace，列出 MATLAB 工作空间中具有数值量的所有变量；Referenced Workspace Variables，只列出该模型中引用的变量。Refresh list 选项表示如果在参数配置之后修改了工作区间中的变量，则单击该按钮可以更新变量列表的显示。Add to Table 选项将 Source list 中选中的变量添加到右边的可调参数列表中。New 选项定义一个新的变量，并且将它添加到可调参数列表中，注意该按钮不会在 MATLAB 工作空间中创建相应变量，用户必须手动创建。Storage Class 和 Storage Type Qualifier 选项用于模型的代码生成。

（5）诊断页的设置。用户在仿真过程中常常会遇到各种各样的错误或报警消息，错误消息会中止仿真过程，而警告消息则不会。用户可以通过适当设置诊断属性页，来定义是否需要显示相应的错误或报警消息。

Simulink 通过内部一致性检测，专门用来调试用户定制模块编程的正确性，对于由 Simulink 标准模块组成的系统一般不需要进行一致性检查。对于各种异常，Simulink 通过设置对话框右侧选项，提供了三种处理方式：None 表示 Simulink 忽略这种异常；Warning 表示 Simulink 遇到这种异常时发出相应警告消息，但不中止仿真过程；Error 表示 Simulink 遇到这种异常时发出相应错误消息，并中止仿真过程。

下面为 5 种常见异常。Algebraic Loop（代数环）：代数环的存在将大大影响模型的仿真速度，对于这种异常，一般采用 Warning 的处理方式，如果用户可以忍受代数环所导致的仿真速度减缓，则可以忽略这种警告，否则可以采取适当措施消除代数环。Min Step Size Violation：出现这种异常表明，微分方程求解器为达到指定的精度要求而需要更小的计算步长，但这又是求解器不允许的，解决的方法是采用更高阶的求解算法，对于这种异常通常采用 Error 或 Warning 方式。Unconnected Block Input Ports：出现这一异常表明，模型当中存在未被使用的输入端，可以将该输入端接到 Groud 模块的输出端来消除这种异常，处理这种异常一般采用 Error 或 Warning 方式。Unconnected Block Output Ports：出现该异常表明，模型当中存在未被使用的输出端，这种异常对仿真过程无大的影响，只要将该输出端接到 Terminator 模块就可消除这种异常，对于这种异常一般选 Error 或 Warning 方式。Unconnected Line：这种异常的出现表明，模型中存在一端未被使用的信号线，这往往是建模疏忽造成的，因此这种异常可选择 Error 方式进行处理。

4）仿真

（1）仿真过程的启动。完成仿真参数配置后，在模型窗口中选择 Simulation：Start 菜单项，仿真开始。而系统发出哗的声音则提示用户仿真结束。

由于模型复杂程度和仿真时间跨度大小的不同，每个模型的实际仿真时间不同，不同机器对同一模型进行仿真所需时间也不相同。用户可以在仿真过程中单击 Simulation：Stop 菜单项，人为中止模型的仿真。如果模型中包含向数据文件或工作空间输出结果模块或在仿真配置中进行了相关设置，则仿真过程结束时会将结果写入数据文件或工作空间中。

（2）仿真过程的诊断。如果仿真过程中出现错误，仿真一般会自动停止，并弹出一个仿真诊断对话框来显示错误的相关信息，该对话框分为上下两个部分，上面部分是每个错误消息的基本情况，下面部分是对相应错误的详细描述。仿真诊断对话框将显示如下的错误信息：Message，错误类型，诸如模块错误或警告等；Source，发生错误的模块名称；Fullpath，导致错误的对象的完整路径；Summary，错误的简单说明；Reported by，报告错误的组件，如是 Simulink、Stateflow 还是 Real-Time Workshop 检测到该错误。

Simulink 除了弹出诊断对话框显示错误信息外，必要时还会弹出模型方框图，并采用高亮方式显示引发该项错误的相关模块，用户可在诊断对话框中双击相关错误弹出的方框图。

（3）仿真过程的模式。仿真过程有正常模式（Normal）和加速模式（Accelerator）两种。在模型窗口中，Simulation 菜单中的 Accelerator 菜单项提供了仿真加速器功能，使得仿真速度可能有本质的提高。

用户在加速模式下启动仿真后，加速器会自动生成 C 语言代码，并放置在 modelname_accel_rtw 的子目录下（model name 为具体的模型名称），然后将生成的代码编译成可执行文件 mex，mex 文件则放在 MATLAB 当前工作目录下，最后运行编译后的模型。

如果用户改变了模型的结构，例如增加或删除模型中的模块，加速器会自动修改对应的 C 语言代码，并重新进行编译。下面的操作将会影响模型的结构：改变积分的算法、增减模块或改变模块之间的连接、改变模块输入/输出端口的数目、改变模型当中状态变量的数目、改变 Trigonometric Function 模块中的函数、改变 Sum 模块中所用的符号、加入 Target Language Compiler^{TM}（TLC）文件来产生某个内建的 S 函数等。

在模型仿真过程中，如果用户对模型的修改影响到模型的结构，Simulink 将忽略这种改变，并且出现警告信息。如果用户想要使修改生效，必须停止仿真过程，待修改完成后，重新开始。

需要注意的是，加速器不会显示仿真过程本身产生的警告信息，如被零除和数据溢出等，这点与前面所讲的情况不大一样。在加速模式下，不允许采用单步跟踪的调试步骤。

（4）仿真结果的观察。在仿真进行当中，用户一般需要随时绘制仿真结果的曲线，以便观察信号的实时变化。在模型当中使用示波器（Scope 模块）是其中最为简单和常用的方式，其操作方法如下：在模型窗口选中示波器（Scope 模块）后，用鼠标左键双击 Scope 模块，将显示出示波器窗口，在示波器窗口的显示范围内单击鼠标右键，将弹出一个菜单，选择 Axes properties 菜单项，在弹出的纵坐标设置对话框相应的文本框中输入所希望的纵坐标上下限，可以调整示波器实际纵坐标显示的范围。在示波器窗口单击工具按钮，弹出 Scope 模块的参数设置窗口：Number of Axes 默认值为 1，此时 Scope 模块只有一个输入口，示波器模块只有一个信号显示区，如果输入值为 2，Scope 模块有两个输入口，示波器窗口有两个信号显示区，依此类推。Time range 默认值为 10，表示显示数据的区间在［0，10］内，如果数据的实际范围超出设定的区间，则超出的部分不显示。Sampling 包含两个下拉菜单，Decimation 表示显示频度（默认值为 1），如果取 n，则每隔 $n-1$ 个数据点给予显示；Sampling time 表示信号的采样时间步长（默认值为 0），取 -1 表示显示方式取决于实际输入信号，取大于零的整数则表示显示离散信号的时间间隔。Floating Scope 设置示波器是否以浮动窗口的形式出现。Limit Rows to Last 设定缓冲区接收数据长度（默认为选中状态、数据长度为 5 000），如果数据长度超过设定值，则最早的历史数据将被冲掉。Save Data to Workspace 将示波器缓冲区中保存的数据送入 MATLAB 基本工作空间中，变量名可以修改。

对输弹过程进行仿真，仿真结束后，可以从数据文件、工作空间等看到仿真结果。例如，双击显示输出模块，可以得到速度及行程位移随时间变化曲线，如图 3.45 和图 3.46 所示。打开数据文件 v. mat 和 x. mat 可以看到速度及位移随时间变化规律的数据表。

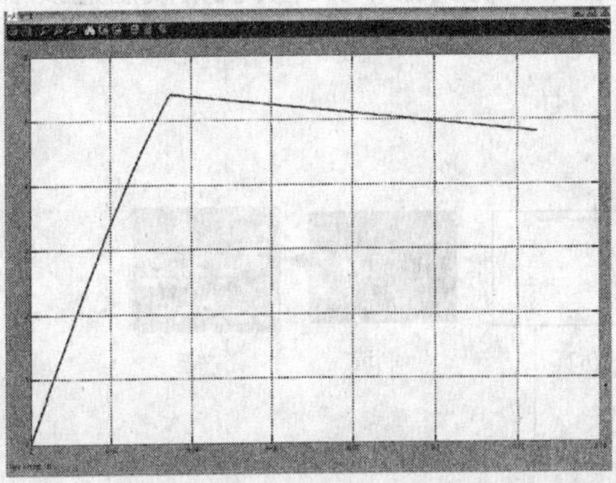

图 3.45　输弹速度随时间变化曲线

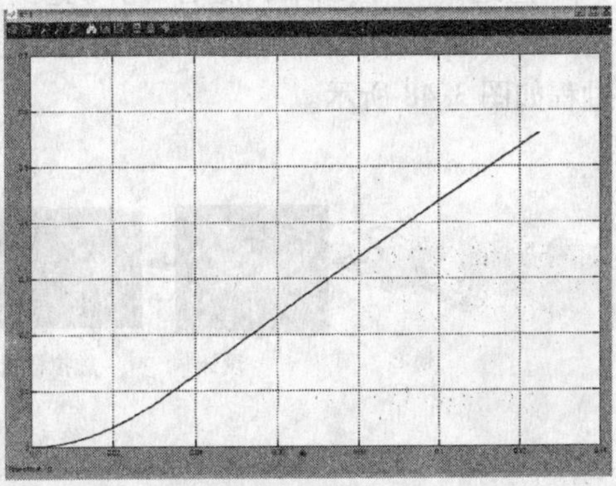

图 3.46　输弹行程随时间变化曲线

3.3.2　火炮自动机虚拟样机及其实验

在火炮自动机设计中，许多先进的 CAD/CAE 软件得到广泛的应用，CAD/CAE 软件应用为提高火炮自动机设计自动化水平，提高设计效率和设计质量起到积极推动作用。但对火炮自动机总体设计效率的提高并没有预期的那么显著，其原因在于：在火炮自动机设计领域，工程师所利用的应用工具及相应计算模型和数据模型极其复杂，加上设计流程本身固有的复杂性，使得应用之间的交互及对整体设计过程的控制非常困难，设计者之间难以交流设计情况，使得整个系统总体设计效率低下。因此，有必要在火炮自动机总体设计过程中引入虚拟样机等现代设计理念，以期获得更高安全性、可靠性，更短设计周期、更少设计花费的设计。

1. 虚拟样机技术

虚拟样机技术是指在产品设计开发过程中，将分散的零部件设计（在某一系统中零部件的CAD技术等）和分析技术（在某一系统中零部件的有限元分析技术等）糅合在一起，在计算机上建造出产品的整体模型，并针对该产品在投入使用后的各种工况进行仿真分析，预测产品的整体性能，进而改进产品设计，提高产品性能的一种新技术。

传统的产品设计过程，从新产品研制到产品批量生产，需制作多个产品物理样机（原型），但是物理样机，特别是具有产品内在功能的样机，其设计周期长、成本高。典型的机械产品开发过程如图3.47所示。

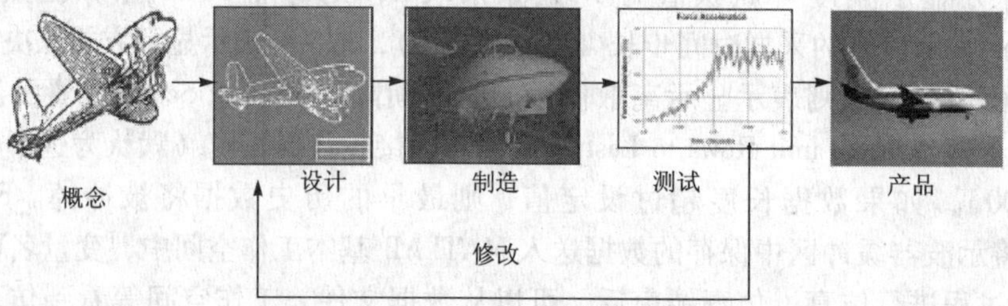

图3.47 典型的机械产品开发过程

20世纪90年代以来，随着计算机技术、信息技术、仿真技术和计算机集成制造技术的迅速发展，虚拟样机在产品设计和制造中显示出越来越重要的作用。基于虚拟样机的产品开发过程如图3.48所示。

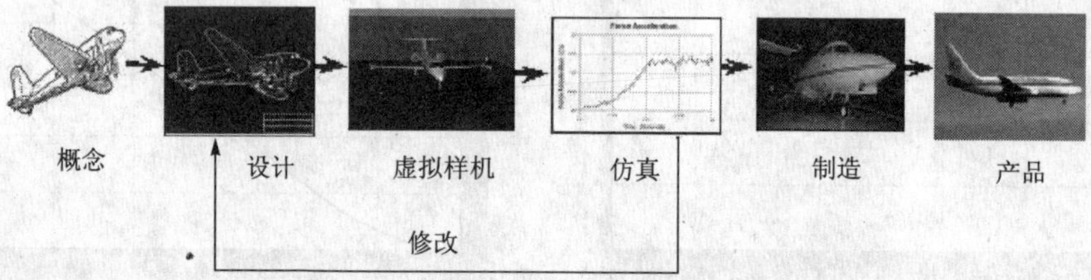

图3.48 基于虚拟样机的产品开发过程

虚拟样机，有时也称数字化模型，是产品物理样机的计算机仿真，是根据产品设计信息或概念描述产生的在功能、行为，甚至感官（视觉、听觉、触觉等）特性方面与实际产品尽可能相似的可仿真数字模型。

虚拟样机技术是建立和应用虚拟样机的过程，包括虚拟样机建模与仿真、虚拟样机设计评价及其他支撑技术如集成设计环境技术、信息集成技术、网络通信技术等。

虚拟样机技术是一门综合多学科的技术，它是在制造第一台物理样机之前，以机械系统运动学、多体动力学、有限元分析和控制理论为核心，运用成熟的计算机图形技术，将产品各零部件的设计和分析集成在一起，建立机械系统的数字模型，从而为产品的设计、研究、优化提供基于计算机虚拟现实的研究平台。因此虚拟样机亦被称为数字化功能样机。

虚拟样机技术是从分析解决产品整体性能及其相关问题的角度出发，解决传统的设计与制造过程弊端的高新技术。在该技术中，工程设计人员可以直接利用CAD系统提供的各零部件的物理信息及其几何信息，在计算机上定义零部件间的连接关系并对机械系统进行虚拟装配，从而获得机械系统的虚拟样机，使用系统仿真软件在各种虚拟环境中真实地模拟系统的运动，并对其在各种工况下的运动和受力情况进行仿真分析，观察并试验各组成部件的相互运动情况。利用虚拟样机技术可以在计算机上方便地修改设计缺陷、仿真试验不同的设计方案，进而对整个系统进行不断改进，直至获得最优设计方案后，再制造出物理样机。

虚拟样机技术可使产品设计人员在各种虚拟环境中真实地模拟产品整体的运动及受力情况，快速分析多种设计方案，进行对物理样机而言难以进行或无法进行的试验，直到获得系统级的优化设计方案。虚拟样机技术的应用贯穿在整个设计当中，它可以用在概念设计和方案论证中，设计师可以把自己的经验与想象结合在计算机内的虚拟样机里，让想象力和创造力得到充分发挥。当虚拟样机用来代替物理样机验证设计时，不但可以缩短开发周期，而且设计质量和效率也得到了提高。在传统开发模式中，机构设计工程师与控制设计工程师的设计过程是分离的，而虚拟样机开发模式中机构设计工程师与控制设计工程师可以共享一个模型。

虚拟样机技术生成的前提是虚拟部件的“制造”。成熟的CAD三维几何造型软件能快速、便捷地设计和生成三维造型。虚拟部件必须包含颜色、材质、外表纹理等外在特征以显示真实的外观，同时还必须包含质量、重心位置、转动惯量等内在特征，用来进行精确的机械系统动力学仿真运算。CAD生成的三维造型数据必须导入虚拟样机环境，在虚拟环境中能测量和装配，并能显示出三维的外观造型后才能成为真正意义上的虚拟部件。CAD三维造型还是实现最终从虚拟部件“制造”到现实部件制造的基础。

虚拟样机的生产经历三个阶段：第一阶段，描述虚拟部件的CAD数据必须产生，并且作针对实时应用的预处理；第二阶段是针对动态仿真的需要对CAD几何造型进行后处理；第三阶段是将处理好的CAD三维模型连接到虚拟样机内核上，使之与定义好运动联结、运动约束的机构系统以及其他子系统有机联系在一起，最后在虚拟样机仿真环境下生成虚拟样机。

复杂机械系统虚拟样机具有如下特点。

1）以数字化模型为基础

传统的建模方法，如二维几何建模、三维几何建模、特征建模、集成建模等，主要集中在几何信息的描述上，对虚拟样机这样的复杂系统，模型信息已经大大拓宽了，包含了许多非几何信息，尤其是系统的动态行为信息。这就要求对这些模型进行有效描述、组织和管理，使不同设计人员可基于它获得相应的信息，并可对其进行创新性开发设计活动。

虚拟样机主要强调采用数字化模型技术，对产品各种性能如外形结构、功能、可装配性、可靠性等进行仿真，从而加快开发速度，缩短产品开发周期。虚拟样机对产品建模和模型描述提出了更高的要求：虚拟样机需要综合考虑产品设计中的几何、材料、力学及结构等信息，还需要考虑设计过程中的约束信息等；基于虚拟样机的设计过程是一个多领域协同和多过程并行活动，需要具有独立于领域和过程的中性描述模型和语言；基于虚拟样机的设计过程是一个进行并行设计和仿真的过程，要求模型是产品结构、功能和行为的统一体；虚拟样机是一个多领域、多学科的统一体，要求模型支持多视图统一描述和多视图映射。

2）系统集成是关键

对一个复杂机械系统设计，其全寿命周期设计包括了需求分析、概念设计、详细设计、制造、维护等阶段，每个阶段都涉及动力学、材料科学、结构有限元分析、机械设计等多个学科，涉及的学科领域跨度较大，各种计算模型及数据模型较为复杂，并且模型之间具有异构性。设计在不同过程之间反复迭代反馈，设计变量之间互为因果。基于虚拟样机的复杂机械系统设计从信息集成、模型集成到应用集成都有一定困难。

信息集成是指将原来分散的各自依据设计经验及工具进行的分系统设计，通过计算机支持协同工作集成到一个分布设计环境中，各分系统设计者之间通过网络和数据库维护一个统一产品模型，其中一个分系统设计者对产品的设计更改可以被其他分系统设计者迅速感知，并做出相应更改。各参与系统设计人员可根据自身权限，通过网络访问或修改数据库中的各种资源。

模型集成包括产品数据模型集成及产品设计过程模型集成。数据模型集成指多领域产品视图模型应能有效集成，构建虚拟样机。设计过程模型集成指能够构建系统设计过程模型，实现设计过程管理，主要强调在正确的时间、以正确的方式把正确的信息传递给正确的人。

应用集成是指不同的设计工具、分析算法、商业软件及仿真系统能够交互，包括底层模型和应用间的互操作。这些工具封装在一个集成环境中，使系统设计工作主要集中于收集实际系统信息，构建设计过程。

基于产品模型的信息集成定义了数据的形式和内容，以面向对象模型和关系数据库的形式表现设计对象；设计过程模型定义了数据应在什么情况下分发给合适的对象，过程模型将设计数据模型与设计活动集成起来，利用数据模型在设计活动之间交换信息；信息集成和应用集成是过程集成的前提和基础。

3）以集成化设计环境为支撑

基于虚拟样机的复杂机械系统设计涉及大量数据、模型、工具、流程及人员，集成设计环境支持对其进行高效组织和管理，使其优化运行，实现信息集成与过程集成，支持分布式协同工作，实现异构数据交换，并通过工作流程管理实现版本控制、冲突协调、约束管理及产品开发流程管理。

4）以协同仿真为目标

协同仿真技术是指异地、分布的建模和仿真分析人员可在一个协同、互操作的环境中方便、快捷、友好地采用各自领域的专业分析工具对构成系统的各子系统进行建模与仿真分析，并透明地支持他们参与整个系统的联合仿真，协作完成对系统仿真的一种复杂系统仿真方法。协同仿真既包括时间上对产品生命周期的单点仿真分析，亦强调同一时间点上，基于不同人员/工具对同一产品对象在系统层面上的联合仿真分析。

国外虚拟样机相关技术的软件化过程已基本实现，目前有许多家公司在这个领域上竞争。比较有影响的产品包括美国机械动力公司的 ADAMS，美国计算机辅助设计软件公司的 DADS，以及德国航天局的 SIMPACK。其中美国机械动力公司的 ADAMS 占据了 70% 的市场份额。

当前国际上对虚拟样机技术研究主要集中在以下 4 个方向。

(1) 面向虚拟现实的虚拟样机。强调数字模型在感观特性方面与实际产品的一致性，可以通过数据手套、头盔等对虚拟样机进行实际操作，验证样机外在特性和内部功能及性能等，主要应用在消费类电子、通信产品及医学等领域。

(2) 面向行为、结构仿真的虚拟样机，或称为机械系统仿真。强调数字模型在行为及结构方面与实际产品的一致性，主要是利用虚拟样机仿真产品的几何和运动特性，通过原型可视化进行产品外形设计、布局设计、可达性设计、运动和动力学仿真、装配仿真等，主要应用于机械设计领域。

(3) 面向并行工程的虚拟样机。强调从概念、设计、分析到可制造性等阶段连续的计算机仿真，目的是减少设计反复，缩短产品研制周期，降低成本，主要应用在航空航天、船舶等领域，有代表性的实例是波音公司波音777客机和西克斯基飞机公司的科曼奇武装直升机研制。波音777客机研制，采用虚拟样机技术后，比以往客机研制减少了94%的花费，减少了93%的设计更改。科曼奇武装直升机研制，采用虚拟样机技术后，比以往武装直升机研制减少了11 590 h的飞行测试时间，节约经费总计67 300万美元，获得巨大的经济效益。

(4) 面向国防工业虚拟采办的虚拟样机。强调虚拟样机在虚拟环境中的功能与实际产品的功能一致性，如美国国防部联合建模和仿真系统，体现了对新型武器系统研制进行全寿命周期管理的思想，是协同虚拟样机技术在虚拟采办领域的一个典型应用。

虚拟样机技术的发展，使产品设计可摆脱对物理样机的依赖，体现了一种全新的研发模式，它在工程领域的迅速发展，必将给企业带来重大的影响。

(1) 高效的研发手段加快产品的更新换代，降低产品开发风险，使企业的生产效率大大提高。"最快者生存"将成为企业市场竞争的法则。

(2) 虚拟产品的销售。虚拟样机技术和柔性制造技术已经使虚拟产品销售成为可能，即企业先通过虚拟样机找到客户，再组织生产。因此企业在产品制造和市场竞争方面更具灵活性。

(3) 企业间的动态联盟。产品的数字化使企业能够通过Internet进行产品信息的快速交流，克服单个企业资源的局限性，将具有开发某种新产品所需的知识和技术的不同组织或企业组成一个临时的企业联盟，即企业间的动态联盟，以适应瞬息万变的市场需求和激烈竞争。

(4) 对技术人员提出更高要求。基于虚拟样机技术的并行工程是一门综合多学科的技术，是对产品相关过程进行并行、一体化设计的一种系统技术。它组织多学科的产品开发小组协同工作，因此各子系统设计员必须了解虚拟样机技术相关专业的知识，专业分析员也必将转变为产品设计者。协同工作能力将成为企业技术人员最重要的素质。

可以预见，在21世纪虚拟样机技术必将成为工程机械领域产品研发的主流。国内各企业应加强对它的应用研究，使产品更具市场竞争力，以迎接全球经济一体化的挑战。

2. 火炮自动机虚拟样机及其实验

1) 设置仿真模型

针对图3.40所示的仿真模型，进行仿真参数设置。例如，将仿真结束时间设置为0.05 s，将步长设置为100。

2) 开始仿真

单击开始仿真工具按钮即可开始仿真。

3) 观看动画

单击工具栏中的动画图标，可以观看仿真动画，也可前进、后退或按帧播放。

4) 查看测试结果

单击工具栏中的曲线图标，打开后处理（ADAMS/PostProcessor）模块窗口。通过右下方的控制面板，可输出想查看的曲线。

如图3.49所示，在后坐质量和后坐长相同的前提下（后坐质量同为28 kg，后坐长同为62 mm），采用该机构可明显减小炮箱受力的峰值。经仿真试验，采用该机构时，炮箱所受的最大力为11 847 N，而未采用该机构时（即弹簧一端固联在身管上，另一端固联在炮箱上时），炮箱所受的最大力为18 596 N，最大后坐力减小了36%。然而，凡事有利必有弊，该机构在减小后坐力的同时也增加了后坐和复进时间，后坐和复进时间共增加23%左右。

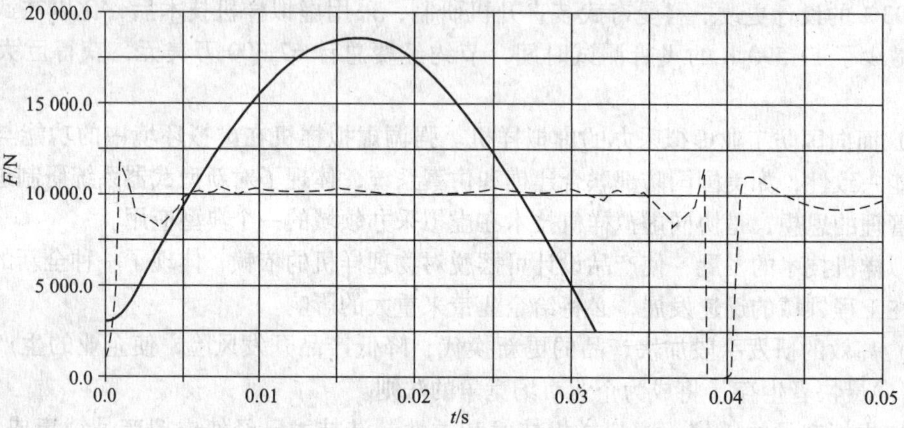

图3.49 有无该机构时炮箱受力对比图

5）仿真分析

将后坐质量分别设置为23 kg，25 kg，28 kg，可以得到不同条件下炮身位移、速度和后坐力对比图，以对比分析该机构的性能，如图3.50~图3.52所示。

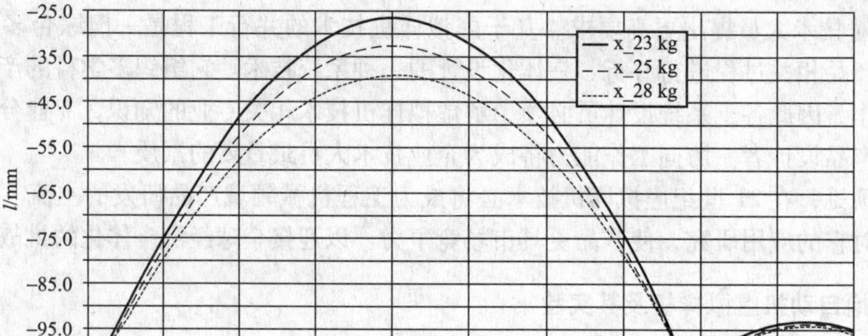

图3.50 炮身位移对比图

由这三幅图可看出：后坐质量越小，其后坐位移越大，但后坐时间变化不大；在炮膛合力衰减之后，复进到位冲击之前，三种情况下的速度曲线几乎是一组直线，且后坐质量越小，直线斜率的绝对值越大，说明其加速度值越大；三种情况下的炮箱受力随时间的变化情况几乎相同，都稳定在10 000 N左右，说明该机构工作稳定，炮箱受力不会因后坐质量变化而发生较大变化。由分析可知，该机构可保证炮箱在后坐速度和后坐位置不同时受到一个相对恒定的力，这达到了设计目的。

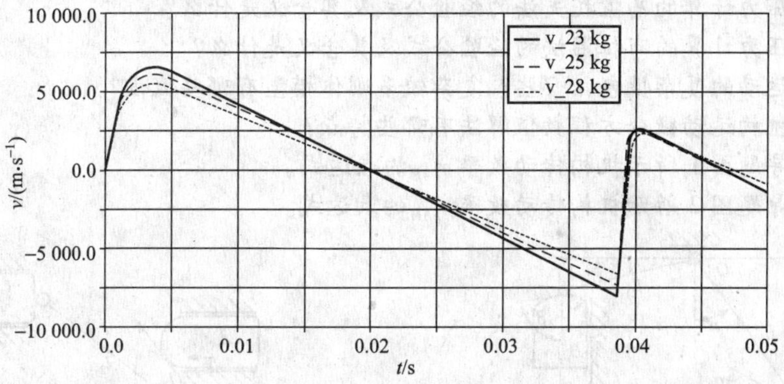

图 3.51 炮身速度对比图

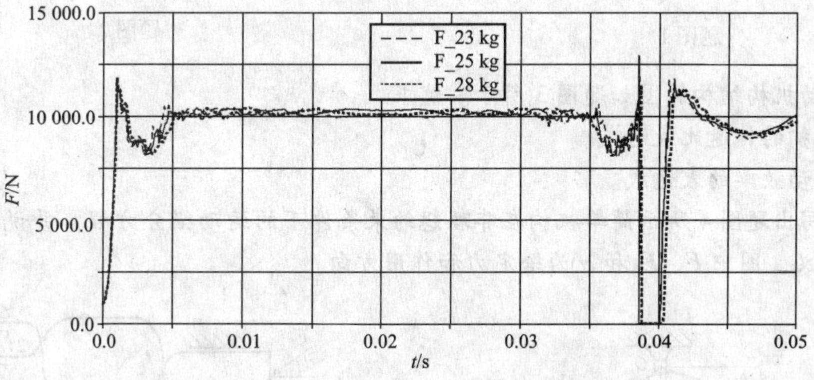

图 3.52 炮身加速度对比图

习 题

1. 什么是火炮自动机动力学？什么是火炮自动机动力学仿真？什么是火炮自动机数学模拟？

2. 什么是火炮自动机的有效力？

3. 什么是火炮自动机动力学的重要特征？

4. 什么是基础构件的相当质量？

5. 引入结构参数的意义是什么？

6. 为什么引入传动效率？传动效率的实质是什么？传动效率是如何确定的？

7. 确定传速比有哪些方法？

8. 基础构件上的给定力所做的功在自动机传动过程中分配为哪几个部分？

9. 什么是逆传动？什么是逆传动条件？什么是传动换向时机？逆传动时的名义传动效率如何计算？

10. 自动机构件间的撞击分为哪几类？什么是恢复系数？如何确定？

11. 导气式自动机的膛内与气室之间的气体流动有哪几种流动状态？

12. 影响气室压力有哪些结构参数？

13. 气室压力计算的马蒙托夫法的经验公式及其含义是什么？
14. 气室压力计算的布拉温法的经验公式及其含义是什么？
15. 弹带运动的复杂性包括哪些？复杂铰多刚体模型有哪些假设？
16. 自动机构运动微分方程数值解法有哪些特点？
17. 试推导题图 1 所示机构传动效率 η_{AB} 的表达式。
18. 试推导题图 2 所示机构传动效率 η_{AB} 的表达式。

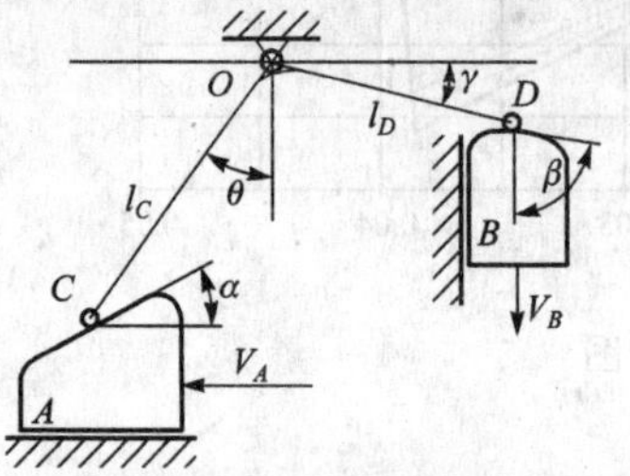

题图 1

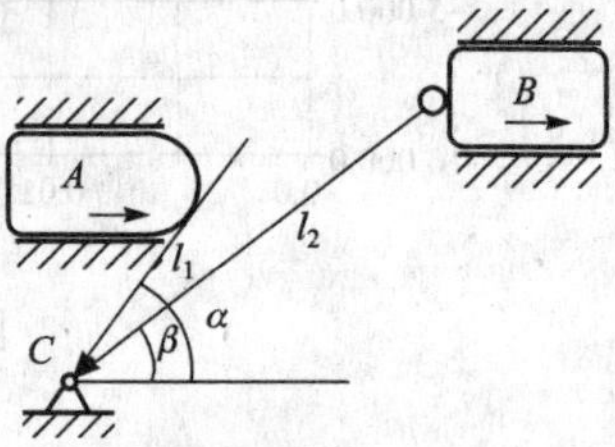

题图 2

19. 自动机构结构简图如题图 3 所示。试求
(1) 机构的传速比表达式。
(2) 传动效率的表达式。

20. 试写出题图 4 所示简单机构在非理想约束条件下的运动微分方程，并说明所用符号和各项的意义。图中 F、F_2 和 α 为给定力和作用方向。

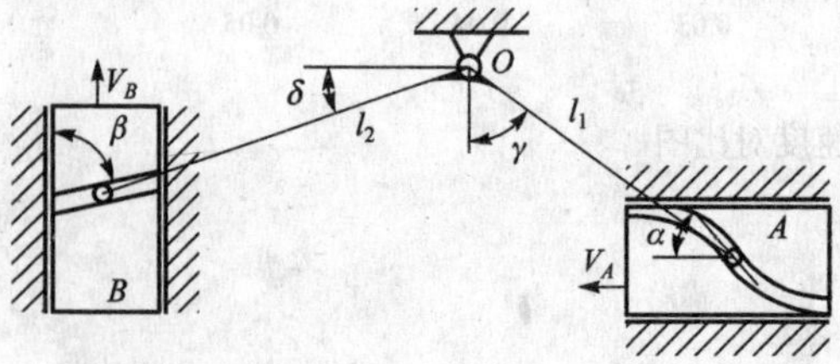

题图 3

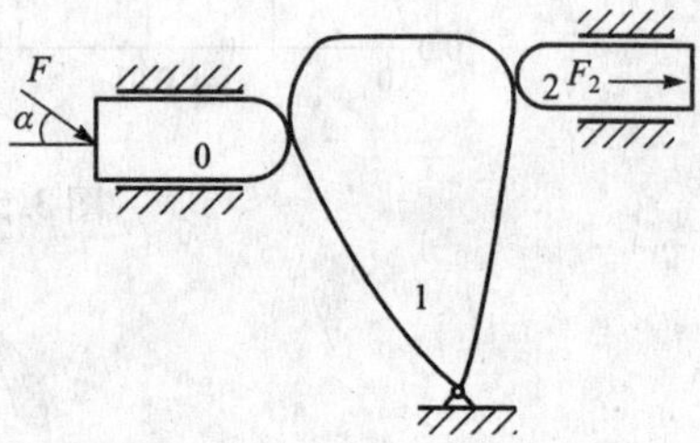

题图 4

21. 试写出题图 5 所示简单机构在非理想约束条件下的运动微分方程，并说明所用符号和各项的意义。

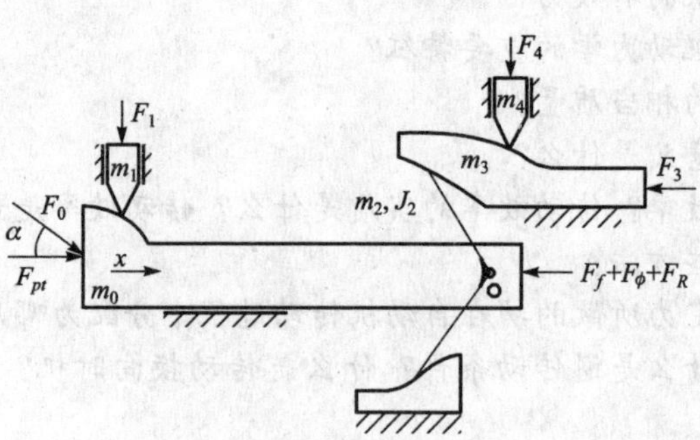

题图 5

22. 试推导 57 高闭锁开始时的撞击计算式，说明所用符号的意义。
23. 试写出 57 高开锁开始时的撞击计算式，说明所用符号的意义。

第4章

火炮自动机结构设计

4.1 概述

4.1.1 结构设计

火炮自动机是一种特殊的机械结构，其结构设计也遵从机械结构设计的普遍规律，一般机械结构设计的方法和技巧在火炮自动机结构设计中也可以运用和借鉴。

1. 结构设计的含义

机械结构设计，简称结构设计，就是将抽象的工作原理变成技术图样的过程。若把结构设计过程当作一个黑箱，那么它的输入是工作原理，输出则是结构设计方案。结构设计是工作原理在技术上的具体化。在结构设计过程中，除了功能设计（为满足主要机械功能要求而进行的设计）外，还要兼顾各种技术、经济和社会的要求和限制，提高产品的质量和性价比（质量设计），并且应设计出尽可能多的可能性方案，从中优选或归纳出经济合理的方案。在现代机械设计中，质量设计越来越重要，并直接关系到产品的质量，往往决定了产品的竞争力。因此综合考虑各种要求、提高产品的质量，是现代机械设计的关键所在。与考虑工作原理相比，考虑各种要求似乎只是设计细节上的问题，然而，细节的总和是质量，提高质量应始于设计。

结构设计的任务就是依据所确定的原理方案，在总体设计的基础上绘出具体的结构图，以体现所要求的功能。在选择零件的材料，确定零件的几何形状、尺寸、公差、加工工艺等时，必须考虑其加工工艺、强度、刚度、精度以及与其他零件之间的相互关系等问题，为此，常常需要进行必要的设计计算和实验。所以，结构设计是机械设计中涉及问题最多、工作量最大的一个重要步骤。

2. 结构设计的基本特征

1）约束性

结构设计是在多种因素的限制和约束下进行的，其中包括科学、技术、经济等发展状况和水平的限制，也包括生产厂家所提出的特定要求和条件，同时还涉及环境、法律、社会心理、地域文化等因素。这些限制和要求构成了一组边界条件，形成了设计师进行谋划和构思的“设计空间”。设计师要想高水平地完成设计工作，就要善于协调各种关系、灵活处置、合理取舍、精心构思，而这只有充分发挥自己的创造力才能做到。

2）多解性

解决同一个技术问题的办法是多种多样的，要满足一定目的的设计方案通常也并不是唯一的。任何设计对象本身都是包括多种要素构成的功能系统，其参数的选择、尺寸的确定、结构形式的设想等都有很强的可选择性，因此，结构设计的思维活动空间仍是很大的。

3）相对性

设计结论或结果都是相对准确的，而不是绝对完备的。设计者经常处于相互矛盾之中。例如，既要降低成本，又要增加安全性、可靠性；既要能满足近期需要，又要照顾到长远发展；既要功能全，又要体积小，如此等等。这种相互矛盾的要求给设计工作增加了难度，加上事先难以预料的一些不确定因素的影响，使得设计者在对设计方案的选择和判定时只能做到在一定条件下的相对满意和最佳。工程设计的这种相对性特点一方面要求设计者必须学会辩证思考；另一方面也给设计者提供了显示和发挥自己创造才能的机会。同样的设计要求，不同的人可以做出水平不同的设计成果。

3. 结构设计的性质

1）结构设计不是简单重复的操作性工作而是创造性的工作

设计是创造性劳动，设计的本质是创新，其目的是实现产品的功能，建立性能好、成本低、价值高的系统和结构，以满足人类社会不断增长的物质和文化需要。在结构设计这一具有创造性的过程中，需要的是创造才能和综合技巧。设计开始先提出各种设想而暂不考虑最终的价值，然后根据经验和通过简单的可行性计算，鉴别出不可取的部分，并将其及早摒弃，一般会产生几种设计结果，从中选出最有希望的一种，按所选的结构形式确定尺寸和材料等。

工程知识是从事结构设计工作的前提，巧妙组合是结构设计创造性的核心。创造设计是通过对过去的经验和知识的分解与综合，使之成为新事物的过程。在工程设计过程中，不仅要充分了解现实主体，而且要通过想象创造出新的事物，善于观察、善于思考是创造性思维的核心。

2）结构设计是一种细节性工作

细节不是无关大局的小节，它的差别能导致整个产品技术和经济性能的显著差异。在实际运行中，绝大多数机械故障或质量问题，不是因为工作原理有问题，而是错误或不合理的结构细节所致。结构上的细节缺陷可能导致整个构件难以制造和实现其功能。

3）结构设计具有巨大的方案空间

结构设计所涉及的知识面广，其面对的是一个复杂系统。能用数学模型有效描述的工程实际问题实在有限，根本原因在于数学模型太片面地反映了实际。然而，用丰富的工程知识来指导结构设计，往往大有成效。提出新的结构设计方案是一种从无到有的创造性思维，它需要想象、联想、灵感。提出大量可能性的供选择的结构设计新方案，是结构设计创造发明及结构优化设计的关键，也是最难的工作，仅凭设计者个人的经验是很难提出很多可能性结构方案的，往往是先想到什么，就采用什么，显然这具有很大的偶然性和局限性。结构设计空间是结构优化设计的前提，通过优化设计，从众多方案中寻找一个符合具体条件的最优方案。

4. 结构设计的要求

结构设计过程要统筹兼顾多种技术、经济和社会的要求，即结构设计有很多实际限制。正是对这些要求的满足程度决定了该机械的性能和市场竞争能力。这里将结构设计众多要求概括为下列几类：功能和性能要求、和市场有关的要求、和环境有关的要求、和社会有关的要求、和生产有关的要求、和故障有关的要求。

1）功能和性能要求

结构设计首先应该满足功能和性能要求。功能和性能要求主要包括：设计的机械结构应具有规定的功能，各主要部分（部件）也应具有规定的分功能；设计的机械结构的总体和各部分应具有规定的性能参数（指标）；对结构输入及输出（能量、材料或信号）的具体要求；对结构本身的具体要求，如尺寸和质量的限制、寿命和可靠性要求等。

2）和市场有关的要求

市场的要求是最高要求，是结构设计、产品开发的最终归宿。结构设计者首先要弄清所设计的产品是为什么样的市场准备的，因为工业化国家和发展中国家，个人消费和集团消费所要求的重点是很不相同的。技术现状、竞争对手状况和市场需求是市场要求的重点。结构设计者需要考虑诸多市场要求，例如：当前市场上有无类似产品，情况如何，设计、生产该产品我们有什么优势；当前市场容量和今后的市场预测，该产品今后发展的展望；设计、生产的进度能否满足要求等；使用者的技术水平和熟练程度，保养、维护和修理的情况及技术水平等；使用者的经济条件，如购置费、维护费用、材料和各项开支费用及使用本机械系统的经济效果；使用者的特殊情况，如某些国家、地区对不同颜色、造型的特殊爱好或禁忌等。

3）和环境有关的要求

在结构设计过程中环境要求将受到越来越多的重视。这一要求有两方面含义：其一是产品对环保的影响；其二是环境对产品的干扰。技术产品在生产、使用、报废的全过程应对环境（人、动物、植物、空气、大地）不产生负担和损害。产品对环境的影响有：噪声、发射（热、光、无线波、放射线）、振动、有害物质排放等。而环境对技术产品的干扰可能是物理、化学或生物式的。物理式的干扰可能有：湿度、温度、气候（雨、雪、风、暴风等）、电场、磁场、辐射、重力变化等。化学式的干扰可能有：腐蚀、氧化等。产品要满足安全的条件，如人身和健康的安全要求，噪声和污染（排污）的允许界限。

4）和社会有关的要求

技术产品是为满足人类社会的要求而开发生产的，因此，它不能和社会的其他要求相违背。这些要求通常以规范、标准、规定、法律、专利等形式加以确定。产品设计时要注意这些方面的要求和限制，例如：本产品涉及的技术是否有专利，是否已有其他人掌握了有关的专利，对本产品的开发和设计有什么影响；国家对本产品的生产和使用有什么限制或要求等；标准化、系列化的情况如何等问题都是必须注意的。

5）和生产有关的要求

技术产品要开发、加工、储藏、运输、销售，这一系列过程有很多要求必须在设计过程中考虑到。这些要求统称为生产要求。生产要求可分为下列几方面：物质保障条件、开发要求、加工要求、装配要求、检测要求、储存和运输要求、使用要求、保养要求、修理要求、回收要求、报废要求等。

• 物质保障条件指动力、燃料、原材料、润滑剂及各种辅料的供应情况等。

• 开发要求指产品开发部门要有对应的能力、经验和试制手段。

• 加工要求首先指产品可以通过现有的加工方法被加工出来，其次，这种加工方法要方便、可靠，特别是要尽量利用本企业的加工条件。加工要求可进一步分为：工艺要求、公差要求和易被加工的材料要求。其中工艺要求又可分为：冲压工艺要求、切削工艺要求、焊接工艺要求、锻造工艺要求、热处理工艺要求等。加工技术和设备的水平，大型、精密设备的情况，关键工艺的掌握情况，掌握新工艺、新材料、新技术的情况等也是需要考虑的加工要求。

• 装配、检测、储存、运输要求就是要求结构设计使这些过程成为可能，尽量使这一过程方便。

• 使用要求首先考虑到任何机械产品都不是孤立的系统，它必须和其他系统相联系，即有接头和交界面问题。这种交界面既可能是技术系统之间，也可能是人机之间。例如：机械连接、插头、离合器、管道等，功能数据如转矩、力、转速、电流强度、电压、频率等，人体生理数据（假如它由人操作）。使用要求还包括使用方便、使用安全、使用愉快。

• 保养、修理要求指结构设计应使保养、修理的要求尽量低，即次数少、间隔长、可维修和方便维修以及方便得到配件的情况。

• 回收、报废要求是指产品不能作为原用途使用时，还可用于其他要求较低的场合，或其中部分系统可继续在其他场合利用。在完全丧失了功能以后，即报废以后，其材料应便于回收再利用，毫无利用价值的材料应便于处理成对环境无负担的形式。

6）和故障有关的要求

这一要求是指在结构设计阶段，应采取适当的防范措施，避免一些消极因素的产生，至少尽量避免这些消极因素的影响，例如摩擦、磨损、内应力、材料疲劳、老化、腐蚀、发热和热膨胀、蠕变、自振和共振、自重等消极因素。避免消极因素的影响的关键是在结构设计阶段要能准确认识到可能发生的故障及其原因，因此，了解该机械的使用经验非常有益。

5. 结构设计的基本过程

结构设计过程的基本原则是：从内到外、从重要到次要、从局部到总体、从粗略到精细、统筹兼顾、权衡利弊、反复检查、逐步改进。

结构设计的基本步骤可归纳为：

(1) 明确待设计构件或部件的主要任务和限制。

(2) 粗略估算构件的主要尺寸。

(3) 寻找标准件、常用件、通用件等，并在设计中尽量采用。

(4) 画出基本结构草图。

(5) 用变元的方法，系统地产生新方案，按技术、经济和社会指标评价，选择最佳方案。

(6) 寻找所选方案中的缺陷和薄弱环节，对照各种要求、限制，反复改进。

(7) 对强度、刚度以及各种功能指标进行验算。

(8) 绘制装配图和零件图。

(9) 编制技术文件。

结构设计中各种具体情况差别很大，基本步骤需要灵活掌握。

6. 结构设计的基本原则

为了设计出最佳的机械结构，即在保证实现产品的预期功能的前提下，最大限度地降低成本，延长使用寿命，确保产品本身、操作者或使用者及环境的安全等，掌握和运用设计的基本原则是非常必要的。

结构设计时应遵循三项基本原则：明确、简单和安全可靠。

1) 明确原则

所谓明确原则是指对产品设计中所应考虑的问题都应在结构设计中获得明确的体现。

① 功能明确。所确定的结构应能明确地体现产品所要求的各种功能情况，既不能遗漏，也不应重复。对于每个具体构件来说，应能明确、可靠地实现所分担的功能。

② 工作原理明确。所依据的工作原理应预先考虑到可能出现的各种物理效应，以免出现使载荷、变形或磨损超出允许范围而破坏的正常工作状态的有害情况。

③ 使用工况及应力状态明确。材料选择和尺寸计算要依据实际载荷情况进行，不应盲目采用保险措施而造成新的困难。

④ 其他方面。凡与结构设计有关的其他方面也都应在图纸或技术文件中予以明确体现。例如人－机－环、制造、检验、运输、安装调试、使用及保养诸方面的要求等。

2) 简单原则

简单原则是指在确定结构方案时，应使其所含零件数目和加工工序类型尽可能少，零件的几何形状尽可能简单，尽量减少零件的机械加工面、机械加工次数及热处理程序，减少或简化与相关零件的装配关系及调整措施。简单原则不仅可以降低产品的制造成本，而且还可以提高产品工作的可靠性。例如，由平面、圆柱、圆锥、圆球或其他对称形状所构成的零件很容易加工、检验，因此，可用较少的工时获得较高的精度，以便确保其功用的实现。又如，规则形体便于计算，不但节省计算时间和试验费用，而且计算结果接近实际，从而提高了零件的工作可靠性。

3) 安全可靠原则

安全技术可分为直接的、间接的和提示性的三种类型。在结构中直接满足安全要求，使用中不存在危险性的称为直接安全技术。通过采用防护系统或保护装置来保证安全的称为间接安全技术。既不能直接保证安全可靠，又没有保护或防护措施，仅能在发生危险之前进行预报和报警的则称为提示性安全技术。在结构设计中应根据产生不安全情况的危害性大小、技术的难易程度和成本等因素按直接的、间接的和提示性的这样的优先顺序来选择。

安全可靠主要从构件的可靠性、功能的可靠性、工作安全性和环境安全性等方面来衡量。在规定的载荷下，在规定的使用条件和时间内，构件不产生过度变形、过度磨损，不丧失稳定或不发生破坏，机器在规定的条件下不丧失其功能，不产生对人及环境的危害。同时，在可能出现的条件或环境变化时也不致产生对机器自身和环境的破坏。

① 直接安全技术。首先要确保构件的可靠性。正确分析和计算，必要时通过试验确定构件受力情况和应力状态，避免出现应力过于集中，防止出现断裂。还应充分估计辐射、腐

蚀、老化、温度、介质、表面涂层及加工过程对材料的影响。当破坏无法避免时，应将破坏引导到特定的次要部位，比如采用特定的功能元件。当出现危险时该元件首先破坏，从而避免了整机或其重要部位的损坏，更不致造成人身事故。这种元件应装在对机器影响最小的位置上，而且一旦破坏，便于发现，便于更换。对于在发生事故时会造成重大损失的系统，可采用冗余配置来保证系统的安全可靠。一旦主功能载体失效，便可启用备用装置。

② 间接安全技术。间接安全技术的主要方式是采用防护系统和防护装置。防护系统应能防止机器在超负荷下工作，可自动脱险。例如液压、气动系统或锅炉系统中的安全阀，电动机驱动系统的热继电器，机床中的安全离合器等就是这种在系统出现超负荷时自动降低或切断负荷的防护装置。还有一类防护装置是在机器正常工作时防止操作者触及高速运动机件或进行误操作而造成事故。例如防护罩、不应同时工作的两套机构之间的互锁机构等。

7. 结构设计原理

在结构设计中常应用下述各项原理。

1）等强度原理

按等强度原理设计的结构，材料可以得到充分的利用，从而减轻质量、降低成本。所以，只要可能，就应采用等强度结构。有时，因故不便采用等强度结构时，可以采取一些结构措施来降低高应力区的应力或提高低应力区的应力，以使应力趋于均匀，接近于等强度。

2）合理力流原理

可以认为力在其传递路线上形成所谓力线，这些力线汇成力流。力流在构件中不会中断，任一条力线都不会突然消失，必然是从一处传入，从另一处传出。在若干个构件所构成的结构中，力流可以是穿过的，也可以是封闭的。力流的另一个特性是它倾向于沿最短路线传递，从而在最短路线附近力流密集，形成高应力区，其他部位力流稀疏，甚至没有力流通过，从应力的角度讲，材料未能充分利用。因此，应该尽可以按力流最短路线来设计零件的形状，以使材料得到有效的利用。当力流方向急剧转折时，力流在转折处会过于密集，从而引起应力集中，设计中应在结构上采取相应措施，使力流转向平缓。

3）变形协调原理

所谓变形协调，就是使相连接的两零件在外载荷的作用下产生变形的方向相同，并且使其相对变形尽可能小。当变形方向相反时，往往力流急剧转弯，使应力分布不均。

4）力平衡原理

在机器工作时，常产生一些无用的力，也称为无功力，如惯性力等。这些力不但增加了零件的负荷，降低其精度和寿命，同时也降低了机器的传动效率。所谓力平衡就是指采取结构措施部分或全部平衡掉无功力，以减轻或消除其不良影响。这些结构措施主要有采用平衡元件、采取对称布置等。

5）任务分配原理

结构设计中必须根据所要求的功能合理地选择载体，即选择零件以承担功能。任务分配也就是功能与载体之间关系的确定。分配有三种可能：一载体承担多种功能，一载体承担一种功能，多载体共同承担一种功能。简而言之，功能集中于一载体，可以简化结构、降低成本；功能与载体一一对应，便于做到明确、可靠，便于实现结构优化及准确计算；多载体承担同一功能可以减轻零件负荷，延长使用寿命，设计时应根据具体情况进行任务分配。

在同一零件中，可在不同位置采用不同材料，分别承担不同的功能。实际上，同一零件采用同样的材料时，也可在不同部位进行不同的热处理以承担不同的功能，如表层淬火以增加耐磨性，而中间调质以保证较高的韧性，提高疲劳强度。

同一功能也可以进行任务分配。当功率和尺寸大到一定限度时，就需要把同一功能分配给若干个相同的功能载体来承担。

相同功能任务分配应保证各功能载体均匀地分担任务。否则，不仅可能使个别功能载体超载，而且还可能在两功能载体之间出现功率循环现象，增大损耗。这一问题通常靠严格控制各载体的制造误差来解决。另外，采用柔性结构或调节元件也可以改善刚性传动系统中各功能载体间的力平衡状态。

6）自补偿原理

通过选择系统元件及其在系统中的配置来自行实现加强功能的相互支持作用，称为自补偿。自补偿在正常情况（额定载荷）下有加强功能、减载和平衡的含义，而在紧急情况（超载）下有保护和救援的含义。

在自补偿结构中，所要求的总效应是由初始效应和辅助效应共同构成的。初始效应是结构本身产生的，应保证初始状态可靠，通常在没有辅助效应时也能保证机构的正常功能。辅助效应则是机构或机器工作时从决定功能的主参数（圆周力、扭矩、轴向力）或由它产生的辅助参数（离心力、热膨胀力、斜齿轮产生的轴向力等）得到的。

常见的自补偿原理的应用形式有：自增强、自平衡和自保护。

① 自增强。当辅助效应与初始效应的作用方向相同时，使得总效应加强，就是所谓自增强。

② 自平衡。自平衡通常是使正常载荷下的辅助效应同初始效应相反并达到平衡或部分平衡状态，以克服不利影响。离心式调速器可以认为是自平衡的典型例子。此外，预应力强化方法也属于自平衡。

③ 自保护。超载时，特别是超载有可能反复出现时，采取自动防止破坏的措施同采取保护性破坏或采用特殊的防护装置相比更为合理些。有时，采取一定的结构措施就可实现自动保护。例如，摩擦式离合器、带传动在过载时通过打滑实现自保护。对零件结构进行适当改变也可以实现这一目的。

7）稳定性原理

所谓系统的结构稳定是指当出现干扰使系统状态发生改变的同时，会产生一种与干扰作用相反的、使系统恢复稳定的效应。

在机械结构中，除了力学上的稳定性外，还有热稳定性问题。当工作时，因受热变形会使工作间隙变小，丧失正常工作条件，使结构处于不稳定状态。

有时，要求系统在某种极限情况下有可能迅速转变为另一种新的、界限明确的状态，即利用其不稳定状态，液力系统的安全阀就是一个典型实例。

8. 机械结构设计的技巧

进行结构设计有两个重要步骤：一是结构方案设计，即为了实现某一原理方案可以采用多种结构方案；二是由这些方案中选定最优方案。为了得到好的设计结果，第一阶段的思路要广，要尽可能多地思考有可能实现原理方案的各种结构，第二阶段判断要准确，要能深入分析和比较各方面的因素，选出最优方案，这一步骤称为综合评判决策。

1）利用形态变换

靠变换结构本身形态，例如形状、位置、数目、尺寸，可以得到不同的结构形式。

① 形状变换。通过改变零件的形状，特别是改变零件工作表面的形状而得到不同的结构形式。

② 位置变换。通过改变零件特征元素间的位置，以及改变各零件间的装配位置，而得到不同的结构形式。

③ 数目变换。通过变换零件数目或有关几何形状的数目，可以改变其结构形式。

④ 尺寸变换。通过改变零件或表面的尺寸，使之增大或减小而产生形态变化。

上述各种变换不但可以用于零部件结构设计，而且可以用于机器的整体方案设计。

2）利用相互关系变换

在机械结构中，各种零件之间的关系可以基本上归纳为三种：静止件与静止件或无相对运动的零件（或称静连接如螺钉、铆、焊）；静止件与运动件，如轴、轴承、导轨；运动件与运动件，如齿轮、连杆、凸轮。

① 运动形式的变换。机械的零件或部件的运动方式主要有平动、转动和一般运动。对于某一工作要求，可以采用不同的运动形式实现，因而可设计出不同的结构形式。

② 结合方式的变换。对于静止件与运动件之间的相互关系称为结合方式，常采用的是相互滑动或相互滚动，此外还可以采用空气垫或油膜隔开运动物体表面，磁场也可以作为分隔运动零件相对运动表面的手段等。

③ 锁合的变换。两个互相连接的零件可以利用不同的原理使它们连接起来称为锁合，如力锁合、材料锁合和形状锁合是三种常用的锁合原理。力锁合是靠两零件接合面之间的摩擦力或附加零件产生的摩擦力把两个零件连接起来的，如过盈配合连接等。形状锁合是利用零件的形状进行连接，如花键连接、销钉连接等。材料锁合是利用中间材料实现连接，如钎焊。在设计中可以按不同的情况选用不同的锁合原理和不同锁合的连接方式，也可以设计出各种新颖的连接结构。

④ 物理原理的变换。各种机械结构必须依照某一或某些物理原理来实现某些要求的功能。实现机械传动的物理原理，常用的有：依靠传动件的几何形状传动（如齿轮、凸轮、连杆、斜面、链传动等）、依靠传动件间的摩擦力传动（如带传动、摩擦轮等）、依靠中间物质传动（如利用空气、液体等）、依靠电场或磁场作用传动（如电磁铁等）、依靠某些物质在电、热、力等物理参量的作用下的尺寸改变传动（常用于作为测量用的敏感元件，也可以作为控制元件）。

4.1.2 火炮自动机的主要结构及其特点

火炮自动机进行一个射击循环需要完成一系列自动动作，为了完成这些自动动作，需要一定的结构来执行。自动机包含主要的结构有炮身、反后坐装置、炮闩、开闩机构、装填机构、发射机构、缓冲器、保险装置等。在结构设计中，往往存在一种所谓“二八法则”，即在设计中对20%的最重要部分进行了妥善设计，就可以达到80%设计目的。火炮自动机的结构设计，也属类似情况，主要是妥善设计主要机构，有些比较简单的结构可以归并到其他结构设计中。火炮自动机主要结构设计包括闭锁机构设计、开关闩机构设计、供输弹机构设计等。

在自动机总体设计的基础上，进一步明确自动机主要结构设计要求。

发射时使闩体与身管、炮尾呈刚性连接，以关闭炮膛防止火药燃气外泄，并承受膛底合力作用的机构，称闭锁机构。由此可以得知，闭锁机构的主要作用是：关闭炮膛防止火药燃气外泄；承受膛底合力的作用。因此，闭气性设计和强度设计是闭锁机构设计的主要内容。

闭锁机构设计，就是选定闭锁机构的结构形式，设计相关零件的结构形状和尺寸以满足强度和刚度要求，同时保证闭锁安全等。闭锁机构设计还应包括闭锁支承体（炮尾或炮箱）上的闭锁部位相应尺寸的确定等。

将炮闩由关闩位置相对炮尾移动一定距离，以便装填炮弹的机构，称开闩机构；反之，将炮闩由开闩位置移动到封闭炮膛位置的机构，称关闩机构；通常开闩和关闩由同一机构完成，一般将开闩机构和关闩机构合称为开关闩机构。由此可以得知，开关闩的主要作用是：将炮闩相对炮尾移动一定距离。因此，几何设计、运动学设计和动力学设计是开关闩机构设计的主要内容。

开关闩机构设计，就是选择开关闩机构的结构形式，拟订开关闩线路，确定炮闩的最大运动行程和速度，设计相关零件的形状和尺寸，保证开关闩运动平稳、受力小、效率高、工艺性好。

用来依次向自动机内供给炮弹，并把最前面一发炮弹输入炮膛的机构，称为供输弹机构。由此可以得知，供输弹机构的主要作用是：依次向自动机内供给炮弹，并将一发炮弹输入炮膛。因此，几何设计、运动学设计和动力学设计是供输弹机构设计的主要内容。

供输弹机构设计，就是选择供弹机构和输弹机构的结构形式，拟订供弹和输弹过程中炮弹的运动线路，确定供弹机构和输弹机构的主要构件的最大运动行程和速度，设计相关零件的结构形状和尺寸以满足强度和刚度要求，设计阻弹装置实现对炮弹的可靠限位以防弹带越位或倒回。对弹链供弹，还要计算弹链阻力，设计除链机构等。

4.1.3 火炮自动机的主要结构设计方法

火炮自动机是一种特殊的机构，其结构设计与一般机械结构设计既有相同的地方又有其特殊的方面。火炮自动机结构设计的主要任务是解决创造新机构时所面临的问题，主要包括几何学设计、运动学设计和动力学设计几个方面。

几何学设计是确定能满足给定几何条件（如某些特殊位置、构件上某些特殊点的轨迹、不干涉条件等）的结构。由于火炮自动机可靠性和重要性的要求，各机构及其构件的运动轨迹一般是严格限制的，因此在火炮自动机设计中，首先考虑的是满足几何约束条件。

运动学设计是确定能满足给定运动条件（除满足几何条件之外，还应满足对速度或传速比、加速度等要求）的结构。

动力学设计是确定能满足给定动力条件（除满足几何条件和运动条件之外，还应满足对受力、惯性、强度、刚度等方面的要求）的结构。自动机最终完成的是动力学设计，但是，在实际设计过程中，除特殊要求外，往往是先进行几何学或运动学设计，再进行动力校核。

由于火炮自动机各机构有不同的作用和要求，因而对不同机构研究的深度和广度也有所不同。对一些机构，由于构件的质量和加速度小，其动力学特性对火炮自动机的性能影响不大，只要求其动作协调、作用可靠、强度足够，因此只需要进行几何学设计。例如，保险机构、辅助机构等。对火炮自动机的主要机构，如闭锁机构、开关闩机构、供输弹机构等，由于这些机构性能决定了火炮自动机的基本性能，并且其构件质量大，受力大，运动的位移、速度和加速度都较大，运动具有明显的动态特征，因此除进行几何学设计和运动学设计之外，还必须进行动力学设计。

结构设计是一项创造性工作，设计师不但要具备强烈的创新意识和巧妙的创新构思，而且要能掌握和熟练运用各种设计方法，才能更快、更好地设计出所需要的结构。

火炮自动机结构设计中，部分仍采用传统经验设计法。因为，经验是通过对事物的直接观察或参与而获得的知识、技能或者实践，经验提供了丰富的知识，因此经验是产生设计概念的最佳方法。设计不只是知识的演算，而是经验、知识、智慧的重合叠加的产物。如果没有经验，可以通过阅读、聆听、观察、思索、研究等途径获取经验，从传统的理性化方法出发来解决结构设计问题。

火炮自动机结构设计中除部分采用传统经验设计法外，还应根据不同情况研究并运用一些其他设计方法。

对具有成熟参考对象的结构设计，可以采用相似设计法。相似设计法包括几何相似、运动相似和动力相似。由于火炮自动机具有明显动力特性，所以相似设计法用于火炮自动机结构设计时，尽可能采用动力相似。

对复杂结构和复杂受力情况下的结构刚强度设计，可以采用有限元法。传统材料力学方法主要处理简单结构和简单受力情况的结构刚强度设计问题。用传统材料力学方法主要处理复杂结构和复杂受力情况下的结构刚强度设计问题时，进行的简化往往使结果失去意义。

此外，对动态特性要求较高的可采用动态设计法，对具有明显优化效果的可采用优化设计法，对可靠性及寿命有严格要求的要采用可靠性设计法，对零部件造型与装配有要求的要采用工艺设计法，对经济性有要求的要进行价值工程设计法。

火炮自动机结构设计是一项创造性工作，火炮自动机结构设计应采用创新设计法。创新是要有一定技术基础的。要根据所设计的结构，研究现有类似结构设计，归纳出这些类似结构设计的基本拓扑特性。应用联想类比法、变换法、组合法等创新设计方法，对一些基本结构、典型结构、常用结构进行简化、转化、引申、变动、放大、缩小、颠倒、替代、重组、组合（性能组合、原理组合、功能组合、模块组合）等，以获得新型结构，更好地满足设计要求。

4.2 闭锁机构设计

炮闩是承受火药燃气压力，具有闭锁、击发、开锁、开闩、抽筒等功能的机构，一般由闭锁机构、击发机构、开锁机构、抽筒机构、保险机构等组成。

闩体是直接承受火药燃气并为炮闩各零部件所依附的核心零件（主要零件）。狭义上也把闩体称为炮闩。

按开关闩时，炮闩相对炮身运动方向不同，炮闩可以分为纵动式炮闩、横动式炮闩、起落式炮闩和摆动式（卡口式）炮闩。纵动式炮闩，是指炮闩的运动方向沿炮膛轴线方向。横动式炮闩，是指炮闩运动方向与炮膛轴线方向垂直（或近似垂直），其又分为横楔式炮闩和立楔式炮闩。起落式炮闩，是指炮闩的运动是绕与炮膛轴线方向垂直的轴转动，一般是绕与炮膛轴线方向垂直的水平轴转动，如旋转式炮闩等。摆动式炮闩，是指炮闩的运动是绕与炮膛轴线方向平行的轴转动，如转膛式炮闩和卡口式炮闩等。如果将平动看做是转轴在无限远的转动的特例，则纵动式炮闩可以看做是起落式炮闩的特例，横动式炮闩可以看做是摆动式炮闩的特例。

炮闩设计最主要的是闭锁机构设计。

4.2.1 闭锁机构

发射时，使炮闩与炮尾、身管成为暂时刚性连接的过程称为闭锁。发射时使闩体与身管、炮尾呈刚性连接，以关闭炮膛防止火药燃气外泄，承受膛底火药燃气压力并把它传给炮尾、身管或炮箱，完成闭锁炮膛的机构称为闭锁机构。闭锁机构的主要作用是关闭炮膛防止火药燃气外泄；承受火药气体作用于膛底的合力。

闭锁机构是火炮自动机的核心部分，其主要任务是发射时闭锁炮膛，以防止火药燃气后泄，并适时开锁以备下一发射击。不少闭锁机构还肩负送弹入膛、抽筒以及击发底火等任务。

闭锁机构中的闩体是直接执行闭锁和开锁任务的部件，由于其完成上述任务的方法不同，会引起自动机结构和性能上较大的差异，其质量与尺寸对自动机的射速及总体尺寸都有显著影响，因此，闩体应是研究闭锁机构的主要对象。闩体类型的选择和结构设计是自动机设计中一项重要的工作。

按照闭锁后炮闩与炮尾的连接性质，可把闭锁机构分为惯性闭锁与刚性闭锁两大类。闭锁时炮闩与炮尾没有扣合，或虽然有扣合但在膛底合力作用下能自行开锁的闭锁方式称之为惯性闭锁。其中，单纯靠炮闩质量的惯性确保闭锁可靠性的闭锁机构，叫做自由闭锁机构；通过增大传速比或降低传动效率以提高炮闩转化质量，从而保证惯性闭锁可靠性的闭锁机构，叫做半自由闭锁机构。闭锁时炮闩与炮尾有牢固的扣合，射击时膛底合力不能直接使炮闩开锁，必须在基础构件强制作用下才能开锁的闭锁方式称为刚性闭锁。由于这类闭锁机构工作可靠，可以根据自动机的设计要求安排结构尺寸与质量，所以被广泛采用。以下主要以刚性闭锁机构为例，介绍闭锁机构设计方法。

刚性闭锁机构应有以下各作用部分：闭锁支承面、闭锁工作面与开锁工作面；而机构的组成包括闩体、炮尾等。

闭锁机构设计的主要内容是闭气性设计和强度设计。

闭锁机构闭气性设计，主要是合理选定闭锁机构的结构形式，确定相关零件的结构形状和尺寸，以满足闭锁安全性。

闭锁机构强度设计，主要是分析发射过程中闭锁机构的受力，分析闭锁机构的强度和刚度，并根据强度和刚度要求确定闭锁支承体（炮尾或炮箱）上的闭锁部位的相应尺寸等。

4.2.2 对闭锁机构的要求

闭锁机构是火炮自动机的主要工作机构，它的设计质量直接关系到自动炮的安全和自动循环动作的可靠完成。为了可靠地完成其功能，保证安全射击，闭锁机构一般必须满足以下要求：

（1）闭锁机构各组成部分必须有足够的强度和韧性，以承受发射时火药气体压力的作用，以及开锁、闭锁和运动到极限位置时产生的撞击，避免在膛底合力作用下产生塑性变形和断裂破损，并保证在循环载荷作用下结构的疲劳强度能满足规定的寿命要求。

（2）闭锁机构各承载部分必须有足够的刚度，以保证射击时产生的弹性变形（弹性间隙）较小，避免因闭锁机构弹性间隙过大而引起抽筒困难和药筒横断故障。

（3）闭锁机构动作必须确实可靠，保证闭锁确实后才能击发、保证击发后不能因火药气体压力作用而自行开锁、保证不会因闩体或闩座反跳而提前开锁以及保证当闭锁机构零件损坏时不能击发等。

（4）闭锁机构各运动部分应有足够的耐磨性，减小具有相对运动的表面在运动过程中的磨损，尤其是减小固磨损所形成的弹底间隙增量。

（5）闭锁机构动作应灵活，保证特种使用条件下（风沙、泥水、高温等）可靠闭锁。

（6）闭锁机构结构应简单、紧凑、操作方便，以便减小体积和质量，提高可靠性。

（7）闭锁机构结构尺寸及质量应尽可能小，以便提高射速。

（8）闭锁机构结构形状应尽管简单，以便于加工。

4.2.3 闭锁机构的设计步骤

闭锁机构的设计步骤如下。

（1）确定闭锁机构的结构形式。

根据战术技术要求进行总体方案设计的同时就要决定闭锁机构采用什么样的结构形式。各种结构形式有其不同的优点，也有各自的不足之处，具体采用哪种结构形式，与总体结构的安排及与其他各机构的协调、配合有关。

（2）进行结构的具体设计，并初步确定各部位的形状和尺寸。

具体的设计工作主要如下：

① 根据药筒尺寸确定闩体上与弹底连接部尺寸。

② 根据确定的击发机构，设计闩体上有关结构及尺寸。

③ 根据已选定的抛筒方向及抽筒机构的结构，设计抽筒机构的安装位置与结构等。

④ 根据输弹机构的形式，设计与输弹有关的结构及尺寸。

⑤ 设计保险机构。

⑥ 设计复进装置的相关结构。

⑦ 设计开闭锁工作面。

⑧ 设计闭锁支承面。

⑨ 设计运动导向结构。

⑩ 设计极限位置的防撞防跳结构。

⑪ 设计首发装填的相关结构。

以上这些结构的具体设计工作，一般是结合作图进行，随着计算机的广泛应用，也可用计算机绘图进行。这样能够方便地看出各部位是否有干涉，某些部位的强度是否明显地过于薄弱等问题，以便进行修改。

（3）进行计算。具体的数据计算主要有：

① 闭锁支承面的强度计算：按初步选定的尺寸进行强度验算，再根据计算结果调整有

关尺寸，或根据受力情况进行优化设计，确定闭锁支承面的有关尺寸。

② 对开锁、闭锁工作面进行优化设计，进一步确定开锁、闭锁工作面的结构尺寸。

③ 估算相关构件的质量。

④ 进行运动计算。

⑤ 对开闭锁凸齿及其他部位进行强度验算。

⑥ 进行尺寸链计算。

以上这些数据互相关联，计算工作量很大，计算结果的误差也较大，故很少在设计一开始就全面地进行计算。许多尺寸开始只是凭经验或参考同类型自动机暂定，加工出样机后进行试验，再作必要的调整和计算、修改设计以后才作全面的分析计算，最后确定各部位的尺寸。随着计算机辅助设计和结构优化设计工作的开展，"画加打"的状况将逐步改变。

(4) 绘制工作图，包括零件图、部件图和组件图，以及提出有关的技术要求。

4.2.4　闭锁机构的结构设计

1. 闭锁机构的结构及其特点

合理选择闭锁机构结构是闭锁机构设计的最主要工作之一，是建立在对现有典型闭锁机构结构分析基础之上的。

开关闩时，炮闩的运动方向及闭锁方式，对闭锁机构的结构影响很大。

按闭锁方式的不同，通常有如下几种类型的闭锁机构。

1) 炮闩纵动式闭锁机构

对于纵动式炮闩，炮闩的运动方向与炮膛轴线方向一致，为了使闭锁确实可靠，通常要采用专门的闭锁机构，称这类专门的闭锁机构为炮闩纵动式闭锁机构，如图4.1所示。

根据闭锁过程的不同，炮闩纵动式闭锁机构又分为回转闭锁机构、卡铁闭锁机构、倾斜闭锁机构等。

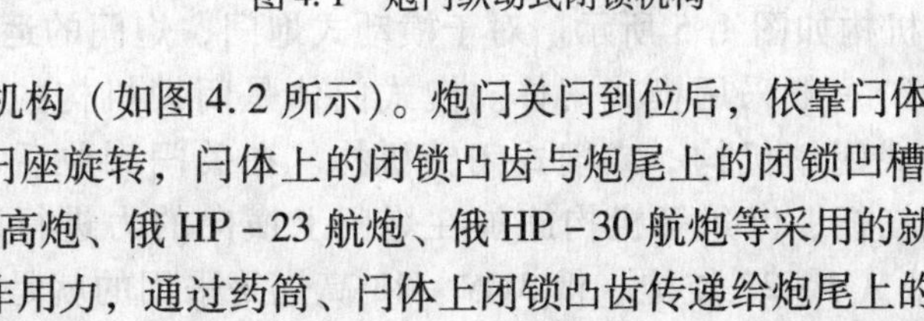

图4.1　炮闩纵动式闭锁机构

(1) 回转闭锁机构（如图4.2所示）。炮闩关闩到位后，依靠闩体或闩座上的螺旋槽或凸轮槽使闩体相对闩座旋转，闩体上的闭锁凸齿与炮尾上的闭锁凹槽扣合，完成闭锁。例如，俄C-60式57高炮、俄HP-23航炮、俄HP-30航炮等采用的就是回转闭锁机构。击发后，火药燃气的作用力，通过药筒、闩体上闭锁凸齿传递给炮尾上的闭锁凹槽，再通过炮尾传递给炮箱。这种机构作用确定可靠，受力情况较好，零件强度好，结构紧凑，但机械加工较困难。

(2) 卡铁闭锁机构（如图4.3所示）。炮闩关闩到位后，闩体上的闭锁卡铁或楔铁在闩座等构件的作用下，进行张开、横向移动、摆动或旋转等动作，卡铁或楔铁的一部分进入炮尾相应凹槽处，与炮尾凹陷部分啮合，完成闭锁。例如，瑞士35 mm高炮和俄E-20航炮等采用的就是卡铁闭锁机构。击发后，火药燃气的作用力，通过药筒、闩体上闭锁卡铁或楔铁传递给炮尾上的闭锁凹槽，再通过炮尾传递给炮箱。这种闭锁机构的结构形式很多，结构简单，闭锁可靠、机械加工容易，但是支承接触面压力大，易磨损，影响零件寿命和射击精度。

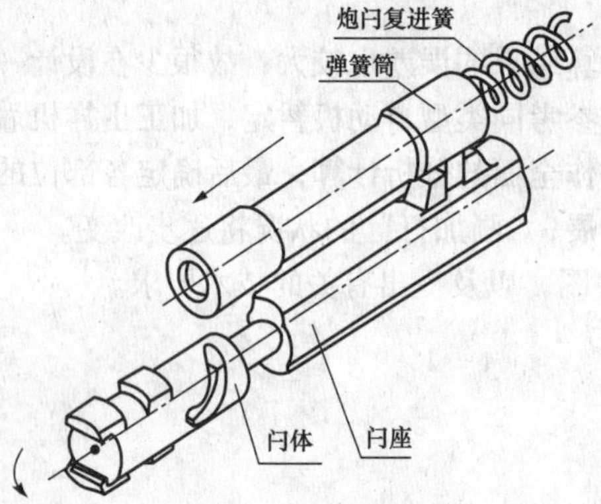

图4.2　回转闭锁机构

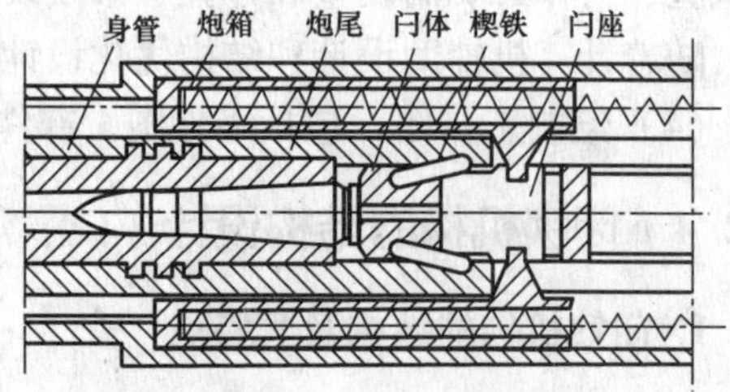

图4.3　卡铁闭锁机构

（3）倾斜闭锁机构（如图4.4所示）。炮闩关闩到位后，在闩座作用下，闩体相对运动导槽倾斜一定角度，并以其后端面的下部支承在炮尾的垫板上，完成闭锁。例如，俄Шщ BAK-20航炮等采用的就是倾斜闭锁机构。击发后，火药燃气的作用力，通过药筒、闩体直接传递给炮尾上的垫板，再通过炮尾传递给炮箱。这种闭锁机构结构简单，机械加工容易，但是受力不对称，闭锁支承面小，支承接触面压力大，易磨损，影响零件寿命和射击精度。

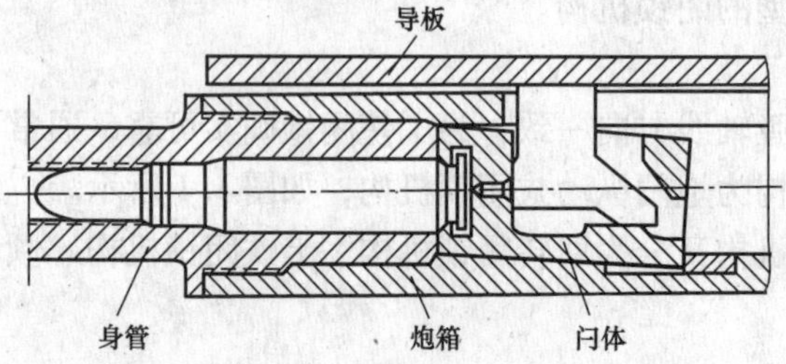

图4.4　倾斜闭锁机构

此外，还有节套闭锁机构、凸轮闭锁机构、杠杆闭锁机构、惯性闭锁机构、无药筒闭锁机构等，但都应用较小。

2）炮闩横动式闭锁机构

炮闩横动式闭锁机构如图4.5所示。对于横动式炮闩，炮闩的运动方向与炮膛轴线方向（近似）相垂直，一般采用楔式闩体。楔式闩体是闭锁机构的主要构件，称这种闭锁机构为炮闩横动式闭锁机构，或楔式闭锁机构。在关闩到位后，利用楔式闩体的楔角、曲柄、凸轮、杠杆、齿条等机构施加在炮闩上横向的力进行闭锁和开锁。如俄C-60式57高炮、俄AM-23航炮、俄3CY-23高炮等采用的就是楔式闭锁机构。击发后，火药燃气的作用力，通过药筒、闩体直接传递给炮尾，再通过炮尾传递给炮箱。这种机构的强度好，受力均匀，应用较广，但是这种炮闩不能完成输弹动作，必须另设专门的输弹机构，使得结构较复杂。

对于转膛式自动机，由于药室是旋转运动的，且发射在固定位置进行，只要装填了炮弹

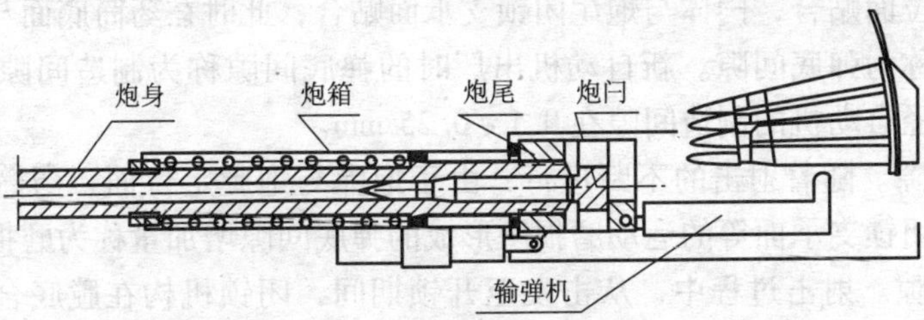

图4.5 炮闩横动式闭锁机构

的药室（炮膛）转到击发位置，炮弹便会抵住闭锁板（炮箱的一部分）而自然关闭炮膛，当转过该位置时便自然开膛，因此，不需要专门的闭锁机构。

闭锁机构设计主要包括结构设计和闭锁确实性设计。首先要全面分析对整个火炮的战术技术要求及总体结构对部件结构的要求，很好地熟悉现有火炮同类机构的结构及其特点，依照“古为今用，洋为中用”的思想，吸取其精华，创造性地设计出先进的结构。其次，在选择闭锁方式时，既要从系统总体角度全面考虑，又要善于分析，抓住主要矛盾。闭锁方式的选择与自动机的工作方式有关，还与药筒在炮膛内的定位方式以及其他有关机构有紧密联系，如以药筒底缘定位时，闭锁时药筒不产生压缩量，采用炮闩横动式闭锁机构就较协调；当以药筒肩部定位时，闭锁时药筒要产生压缩量，有利于密闭膛内火药气体，采用炮闩纵动式闭锁机构较为协调。为了保证各机构动作协调，设计时应从系统出发，不能孤立进行。在机构设计时，对机构的要求很多，特别是涉及总体方面的重要要求往往互相矛盾，要同时满足有很大困难，因此必须分析这些矛盾，抓住其中的主要矛盾及矛盾的主要方面，找出解决的措施。

2. 闭锁间隙设计

1）闭锁间隙的构成

火炮自动机为了使开锁、闭锁动作灵活，能够在风沙、泥水和高温等特种条件下可靠闭锁，对新装配的自动机，在输弹入膛并完全闭锁之后，在药筒与炮膛定位面、药筒底平面与闩体镜面或者闩体与炮尾闭锁支承面等的某一配合部位存在轴向间隙。考虑到闭锁方便与连发射击时因温度升高引起身管的轴向膨胀等，要求炮闩闭锁凸部与炮尾闭锁支承面间有一定轴向间隙。

如果轴向间隙过大，在击发瞬间，药筒底端面与闩体镜面间可能出现间隙，而导致击针不能击发底火。如果为此加大击针突出量，则又可能在击发后，药筒底端面紧贴闩体镜面时击针刺穿底火而使火药燃气后泄，甚至导致药筒产生过大变形而断裂。由此可见，轴向间隙的合理选择，是影响自动机能否正常工作的重大问题，不能当作一般结构间隙来对待。

输弹到位时药筒底面和最大膛压时闩体镜面之间的间隙称为闭锁间隙Δ。或者说，闭锁间隙是射击过程中，在最大膛压瞬间使药筒可能产生最大伸长量的轴向间隙。闭锁间隙主要包括制造间隙、磨损间隙、弹性间隙等。

（1）制造间隙。组成闭锁机构的有关构件不可避免地存在制造公差，为了保证炮闩能顺利闭锁，必定存在一定范围的轴向间隙。在输弹入膛和闭锁过程中，由于炮弹与闭锁机构各相关构件间存在着撞击与反跳，轴向间隙可能出现在不同部位等。为了方便研究问题，假设炮弹与炮膛定位面贴合，闩体与炮尾闭锁支承面贴合，此时在药筒底面与闩体镜面之间所形成的轴向间隙称为弹底间隙。新自动机出厂时的弹底间隙称为制造间隙 Δ_z，或称为初始间隙。现有小口径自动机的制造间隙在 0.1 ~ 0.25 mm。

(2) 磨损间隙。随着射击的不断进行，由于炮弹与炮膛定位面、药筒底面与闩体镜面以及闩体与炮尾闭锁支承面等的运动磨损所形成的弹底间隙增加量称为磨损间隙 Δ_m。

(3) 弹性间隙。射击过程中，从击发至开锁期间，闭锁机构在膛底合力作用下，各承载部分所产生的弹性变形量称为弹性间隙 Δ_t。

此外，在输弹入膛时，炮弹的速度一般为 7 ~ 9 m/s，有的可高达 15 m/s，当炮闩到达最前位停止运动时，炮弹因惯性前冲，甚至压缩药筒，可能会形成附加轴向间隙；连发射击时，身管因受热膨胀而使轴向间隙变化。

一般闭锁间隙主要等于制造间隙、磨损间隙与弹性间隙之和，即

$$\Delta = \Delta_z + \Delta_m + \Delta_t \tag{4.1}$$

2) 合理控制闭锁间隙

由以上分析可以看出，闭锁间隙是保证闭锁机构工作可靠性的重要参量。但闭锁间隙太小时，影响闭锁和开锁的顺利进行。当闭锁间隙较大时，射击过程中药筒的轴向伸长量就大，药筒壁内的轴向应力也大。当闭锁间隙大于药筒的极限伸长量时，则药筒将发生横向破断。因此，设计时，需要从结构上全面考虑，将闭锁间隙控制在允许的范围内。在开始射击时留有一定的轴向间隙，轴向间隙的最小值应保证开锁、闭锁动作灵活，同时尽可能地减小闭锁间隙，保持闭锁间隙不超出正常值，确保药筒不产生横向破断。

制造间隙、磨损间隙和弹性间隙的大小直接影响闭锁间隙的数值。闭锁间隙值的大小又影响药筒不产生横向破断条件。因此，必须从严控制各部分间隙的大小。

制造间隙的值应根据开锁、闭锁动作的灵活性、炮弹在炮膛内的定位方式、炮弹入膛惯性力及药筒不横断条件等综合因素确定。

从开锁、闭锁动作灵活及可靠闭锁的角度，一般应设计出适当制造间隙。炮弹和闭锁机构各构件的加工和互换装配需要一定的间隙。制造间隙过小将使炮弹与闭锁机构各构件加工精度提高、成本增加，并给互换装配带来不便。在炮膛、闩体镜面及闭锁支承面间有火药残渣或泥沙污垢时，要确保可靠闭锁，应当留有一定的间隙。当身管因连续射击受热膨胀使其尾端面后移时，欲可靠闭锁，也应留出一定间隙。

在设计闭锁机构时，应当根据所设计自动机的炮弹在炮膛内的定位方式和炮弹入膛惯性力的大小作具体分析。对于底缘定位和入膛惯性力较小的斜肩定位自动机，应留出适当正间隙；对于入膛惯性力较大的斜肩定位自动机，考虑到斜肩和体部长度会因到位撞击力作用而压缩，在设计闭锁机构时就应缩小制造间隙数值，甚至可以采用负间隙（即过盈）。

制造间隙是闭锁机构的初始弹底间隙，也是闭锁间隙的最小值，其设计出发点是保证开锁、闭锁动作灵活。当然，考虑到炮弹与闭锁机构各构件加工装配的随机性，其值也应有个最小与最大的范围。

利用现有炮弹设计新型自动机时，因为该弹及与之配套的自动机已经过各种射击考验，此时新闭锁机构的制造间隙可参照同类已有自动机的制造间隙初定，然后再根据自动机样机试验情况最后确定。

当研制新型自动机的同时研究新弹时，由于没有可借鉴的数据，此时闭锁间隙可按初定

和试验调整确定两步进行。首先，概略计算出药筒的极限伸长量和闭锁机构弹性间隙，参照相近闭锁机构估计一个磨损间隙，可以初步得到闭锁间隙，用尺寸链原理把初定的闭锁间隙分配给炮弹与闭锁机构各构件作制造公差；在自动机样机研制出来之后，进行各种规定的实弹射击试验，其次根据试验考核情况，经过调整，最后把闭锁间隙确定下来。

自动机在使用过程中，身管定位面、闩体镜面、炮闩与炮尾闭锁支承面等处的运动磨损会使弹底间隙增加。由于磨损间隙的存在，设计闭锁机构时，应采用减小磨损和调隙措施，还可采用垫片或选用耐磨性能较好的材料以减小闭锁支承面的磨损。

减小磨损措施：① 增加支承面积减小磨损面单位面积压力；② 在自动机总体设计允许的范围内，尽量在膛压较小时进行开锁，减小磨损面单位面积压力；③ 磨损面采用耐磨损耐冲击材料，如闭锁支承面镶嵌衬铁；④ 采用相应热处理与表面强化工艺，以提高磨损部分材料性能。

调隙措施：① 调整身管固定栓，对于楔栓连接方式，可将栓体做成可调式，当弹底间隙增大时，通过调节楔栓使身管向后移动来减小或消除磨损间隙；② 更换中间零件，对于通过小型中间零件闭锁的武器，当磨损间隙增大时，可采用更换中间零件的办法调整间隙。

从击发到开锁前，身管与炮尾连接部位至闭锁支承面之间的闭锁机构承载部分，因受到膛底合力的作用将产生弹性变形（不允许出现塑性变形），由此而引起弹底间隙增加。

弹性间隙计算，一般采用建立三维实体模型利用有限元方法进行。在初步估算时，可以运用材料力学方法，考虑到闭锁机构承载部分断面的变化，应采取分段计算代数和的办法进行。

闭锁机构弹性间隙大，可能导致药筒横断，并使抽筒发生困难。因为随着膛压的升高，闭锁机构弹性变形量将加大，药筒向后移动使暴露在炮膛外的部分将增加，外露部分在药筒内很高的火药气体压力作用下将随着径向塑性变形而胀大；当膛压下降时，闭锁机构的弹性恢复又把胀大部分的药筒压进炮膛，使药筒与炮膛之间的紧缩量增加使抽筒阻力加大。

增大闭锁机构及其构件的刚度是减小闭锁间隙最常用的措施。增大闭锁机构及其构件的刚度可减小构件因弹性变形构成的间隙，设计闭锁机构时，应将闭锁支承面尽量安排靠近镜面并与炮膛轴线对称，以减小其承载部分的变形长度。增大有关构件尺寸可以增大刚度，由于受到质量与结构的制约，应用范围较小。

压缩药筒是减小和控制闭锁间隙最有利和最有效的措施。在输弹入膛和闭锁过程中，利用闩体镜面压缩药筒，使之产生一定的压缩变形，除了可以解决所有炮弹的底端面能紧贴闩体镜面，防止射击时药筒横断、瞎火外，还可起到缓冲闩体与身管后端的撞击，达到提高闩体寿命的目的。这种措施主要用于以弹肩定位的药筒。

身管与炮箱或炮尾的连接部应尽量靠近尾端，以减小身管受热后的膨胀，也是减小闭锁间隙的技术措施之一。

3. 闭锁倾角设计

为了闭锁和开锁容易，减小闭锁支承面与闩体镜面的磨损，通常闭锁支承面与炮膛轴线的垂直面有一倾角 γ，称为闭锁支承面倾角（简称闭锁倾角）。为了闭锁确定可靠，保证在火药气体作用下不能自行开锁，闭锁倾角 γ 的选择就应满足一定条件，即闭锁支承面要保证自锁的条件。

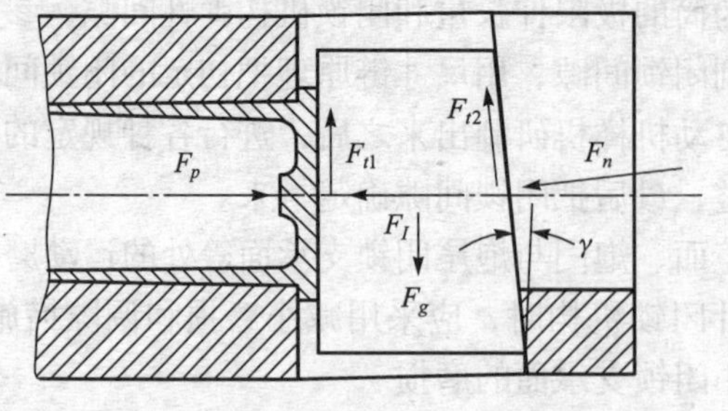

图4.6 发射时炮闩的受力

对于炮闩横动式闭锁机构，发射时炮闩的受力如图4.6所示。图中，F_p 为发射时作用于闩体镜面的法向力；F_{t1} 为闩体镜面与药筒底的摩擦力，设摩擦系数为 f_1，则 $F_{t1}=f_1F_p$；F_I 为闩体随后坐加速运动时的惯性力；F_g 为闩体的重力，设闩体的质量为 m，重力加速度为 g，则 $F_g=mg$；F_n 为炮尾闭锁支承面的法向反力；F_{t2} 为闩体闭锁支承面的摩擦力，设摩擦系数为 f_2，则 $F_{t2}=f_2F_n$。

设闩体呈闭锁状态，则力系平衡，有

$$\sum X=0,\text{即 } F_p-F_I-F_n\cos\gamma-F_{t2}\sin\gamma=0$$

$$\sum Y=0,\text{即 } F_g-F_{t1}+F_n\sin\gamma-F_{t2}\cos\gamma=0$$

可得出

$$F_n=\frac{F_p-F_I}{\cos\gamma+f_1\sin\gamma}$$

及

$$F_g+F_n\sin\gamma=f_1F_p+F_nf_2\cos\gamma$$

显然，等式左边为将闩体推出的力，等式右边为阻止闩体被推出的力，为保证自锁，必须使等式左边小于等式右边，即

$$F_g+F_n\sin\gamma<f_1F_p+F_nf_2\cos\gamma$$

将 N 的表达式代入并整理，得

$$F_p(\sin\gamma-f_1\cos\gamma-f_2\cos\gamma-f_1f_2\sin\gamma)<F_I(\sin\gamma-f_2\cos\gamma)-mg(\cos\gamma+f_2\sin\gamma)$$

由于 f_1、f_2 及 γ 都较小，并且 F_p 比 F_I、F_g 大得多，因此可以简化为

$$\sin\gamma-f_1\cos\gamma-f_2\cos\gamma<0$$

即自锁条件可以近似表示成

$$\tan\gamma<f_1+f_2 \tag{4.2}$$

也可以用摩擦角 $\rho=\arctan f$ 近似表示为

$$\gamma<\rho_1+\rho_2 \tag{4.2$'$}$$

当自锁条件不满足时，应该在机构设计时利用机构来保证闭锁可靠。

对于炮闩纵动式闭锁机构，一般为旋转闭锁，在最不利情况下，闭锁倾角 γ（即为闭锁齿螺旋角）应满足的自锁条件为

$$\tan\gamma<f \tag{4.3}$$

式中 f——摩擦系数，或

$$\gamma<\rho \tag{4.3$'$}$$

式中 ρ——摩擦角。

4. 开/闭锁工作面设计

操纵炮闩完成开/闭锁动作的面称为开/闭锁工作面。横动式炮闩的开/闭锁工作面一般

设计在炮闩上。回转闭锁式炮闩开闭锁曲线槽通常开在闩体上，并且是内外相通的，如俄 C－60 式 57 高炮自动机，这样结构简单，但对闩体强度不利。开/闭锁曲线槽也可设计在闩体上与闩座内，如俄 HP－23 航炮自动机，这样可以不削弱闩体或闩座的强度，但结构复杂，制造较困难。

1）对开/闭锁工作面的要求

① 工作可靠，能保证闭锁机构可靠地完成开/闭锁动作。

② 从结构上保证开/闭锁过程中消耗的能量尽可能地小，以便合理地、有效地利用火药燃气的能量。

③ 尽量减小开/闭锁时的撞击，以提高射击精度。

④ 尽量减小工作面上的摩擦阻力，以提高自动机工作的一致性。

⑤ 保证工作面和有关构件有足够的强度。

⑥ 尽量消除或减轻运动中的楔紧作用。

2）开/闭锁曲线槽各部分的作用

一般开/闭锁曲线槽内，除了有开/闭锁工作面以外，常有允许闩座不带动闩体而单独运动的部分（自由行程）和带动闩体复进或后坐的带动面。现以俄 C－60 式 57 高炮自动机的开/闭锁曲线槽为例，说明开/闭锁曲线槽的结构和各部分的作用。该开/闭锁工作面为螺旋面，螺旋槽开在闩体上，一般按开/闭锁工作面到中心的平均半径 r 展开（见图 4.7），进行有关计算。

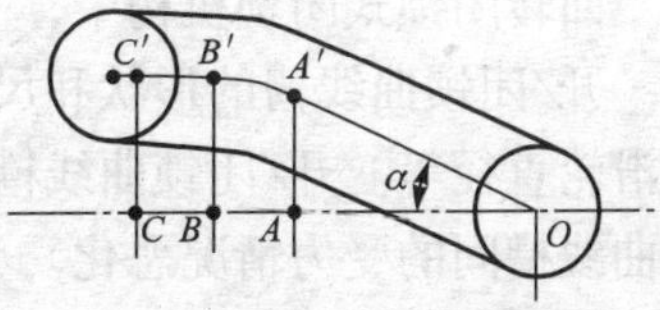

图 4.7 开/闭锁曲线槽展开图

当炮闩处于闭锁状态时，闩座上的锁膛销滚轮中心位于图 4.7 中 C 的位置（对应开/闭锁曲线槽理论曲线上 C'）。发射后，炮身带动炮闩一起后坐，闩座与闩体之间没有相对运动。当加速机构开始工作时，炮身通过加速机构首先带动闩座加速后坐，闩座上的锁膛销滚轮中心由图 4.7 中 C 的位置运动到 B（对应开/闭锁曲线槽理论曲线上 C'到 B'，自由行程），此时，闩体相对炮身没有运动，仍处于闭锁状态。当炮身通过加速机构继续带动闩座加速后坐，闩座上的锁膛销滚轮中心由图 4.7 中 B 的位置经 A 运动到 O（对应开/闭锁曲线槽理论曲线上 B'经 A'到 O，开锁行程），此时，闩体相对炮身转动，完成开锁。开锁后，闩座通过其上的锁膛销滚轮继续带动闩体后坐，闩体相对炮身作平移运动，完成开闩。炮闩复进开始阶段，闩座与闩体一起运动，直到输弹到位，闩体停止运动。闩体停止运动后，闩座继续运动，闩座通过其上的锁膛销滚轮作用于闩体开/闭锁曲线槽，闩座上的锁膛销滚轮中心由图 4.7 中 O 的位置经 A 运动到 B（对应开/闭锁曲线槽理论曲线上 O 经 A'到 B'，闭锁行程），此时，闩体相对炮身转动，完成闭锁。完成闭锁后，闩座继续运动，闩座上的锁膛销滚轮中心由图 4.7 中 B 的位置运动到 C（对应开/闭锁曲线槽理论曲线上 B'到 C'），击针伸出，进行击发，此时，闩体相对炮身不动，处于闭锁状态。

3）开/闭锁工作面的设计

回转式闭锁机构的开/闭锁工作面，实质上是圆柱凸轮。圆柱凸轮展开后，开/闭锁曲线槽的轮廓线转化为平面曲线。这样，在开/闭锁过程中，闩座与闩体的传动就可简化成直动式凸轮机构的传动。为了保证开/闭锁动作可靠，开/闭锁工作面的传动效率应有合理的数值，更不允许产生自锁现象。

回转闭锁式闭锁机构中，常采用螺旋面做开/闭锁工作面。开/闭锁工作面到炮闩中心的平均半径 r 确定后，按半径为 r 的圆柱面展开，螺旋槽的理论轮廓线是一条与炮闩轴线倾斜 α 角的直线。开/闭锁工作面为螺旋面时的特点是传速比为常数。在螺旋槽的两端，形状有突变，传速比也有突变，这会使机构产生撞击和振动。

回转闭锁式闭锁机构中，也有采用抛物线型曲线槽做开/闭锁工作面。开/闭锁工作面到炮闩中心的平均半径 r 确定后，按半径为 r 的圆柱面展开，螺旋槽的理论轮廓线是一条抛物线。开始时传速比很小，以后逐渐上升。抛物线的坐标可以适当地选取和安排，以满足开/闭锁要求。

回转闭锁式闭锁机构中，也有采用简谐运动型曲线槽做开/闭锁工作面。开/闭锁工作面到炮闩中心的平均半径 r 确定后，按半径为 r 的圆柱面展开，螺旋槽的理论轮廓线是一条简谐运动的曲线。当闩座做匀速运动时，闩体的速度呈正（余）弦曲线变化，闩体的速度从零开始，达到最大值后又逐步减小到零。这样，不仅可以使开/闭锁开始时动作平稳，而且可以减小自动机的能量消耗。

回转闭锁式闭锁机构中，一般采用上述曲线组合形式的曲线槽做开/闭锁工作面。

开/闭锁曲线槽的形状和尺寸，取决于开闭锁转角 θ、闩体相对闩座的轴向位移、锁膛销滑轮直径等。开/闭锁曲线槽倾角通常为 $25°\sim35°$。若倾角过大，则开锁和闭锁时锁膛销与曲线槽间的受力情况恶化。为了减小工作时的撞击，一般用圆弧与直线段平滑连接。随着数控技术的发展与普及，可以应用优化设计方法来进行曲线槽设计，曲线槽可以设计成更加复杂的曲线形式，以满足高性能要求。

闩体的运动速度和加速度不仅与凸轮曲线的形状有关，而且还与闩座的速度和加速度有关。因此，要想得到理想的结构，必须将开/闭锁曲线槽的设计与闩座的运动联系起来，统一考虑，进行优化设计。

5. 保险装置

为了满足闭锁机构的一般要求，考虑到闭锁机构的工作特点，通常都要设置保险装置。保险装置的主要任务是：

（1）除炮闩处于完全闭锁位置外的其他任何位置均应保证没有击发底火的可能性。

（2）闭锁机构有零件损坏而不能闭锁时，不允许击发。

（3）操纵闭锁的构件反跳时，不允许开锁。

6. 自由行程

闭锁构件在开锁前与闭锁后均有一段自由行程，其目的是：

（1）带动击发机构。在闭锁确实后，利用自由行程带动击发机构工作。

（2）防止闭锁构件反跳开锁。一般自由行程大于闭锁构件可能反跳的最大值，即使闭锁构件可能反跳也不会自行开锁。

（3）使防反跳构件工作正常。利用自由行程保证反跳锁键能充分张开弹出。

（4）保证膛压降至安全压力之下才能开锁。击发后，操纵开锁的构件往往就开始运动，利用自由行程，以保证膛压未降至安全压力前不能开锁。

4.2.5　闭锁机构强度设计

闭锁机构强度性设计主要是设计满足强度要求的闭锁支承面，即闭锁机构的主要构件——闩体上的闭锁支承面设计。

1. 作用在闭锁支承面上的力

击发后，火药燃气的作用力通过药筒底部、炮闩传给炮尾或炮箱的闭锁支承面。显然，为了牢固地闭锁炮膛，闭锁支承面必须有足够的强度。现以纵动式回转闭锁的闭锁机构为例，来分析闭锁支承面上的作用力。

在计算闭锁支承面受力时，由于火药燃气作用在膛底的合力比药筒在药室中的摩擦力大得多，为了简明起见，通常忽略药筒的影响，这样，发射时垂直作用在闩体镜面上的力可以按下式计算

$$F_j = p_t \frac{\pi}{4} d_1^2 \tag{4.4}$$

式中　p_t——药室底部火药气体的压强；

d_1——药筒底部内径。

若不考虑闭锁倾角的影响，也不考虑惯性力影响，则作用在闭锁支承上的力 F_z 就等于作用在闩体镜面上的力 F_j。

实际上，闭锁支承面是运动的，对身管后坐式自动机的闭锁支承面是随炮身一起后坐，对导气式自动机的闭锁支承面一般是在缓冲装置上运动。这样，闭锁支承面所受的力比将其考虑成固定的情况要小。炮闩运动微分方程式为

$$m_1 \ddot{x}_1 = p_t \frac{\pi}{4} d_1^2 - F_z$$

式中　m_1——随炮闩一起运动构件的质量；

$\ddot{x}_1$——炮闩的加速度（也就是后坐部分加速度）；

F_z——闭锁支承面的作用力。

如果忽略缓冲装置的阻力，炮闩的加速度可由下式求得

$$\ddot{x}_1 = \frac{Ap}{m_h}$$

式中　m_h——后坐部分的质量；

A——考虑阴线深度时的炮膛横断面积；

p——膛压。

为简便起见，不考虑膛压与膛底压力之间的差别，也不考虑闭锁支承面闭锁倾角的影响，可得

$$F_z = p\left(\frac{\pi}{4} d_1^2 - A\frac{m_1}{m_h}\right) \tag{4.5}$$

在强度计算时，往往考虑最大压力情况，此时

$$F_{z\max} = p_{\max}\left(\frac{\pi}{4} d_1^2 - A\frac{m_1}{m_h}\right) \tag{4.5'}$$

2. 闭锁支承面设计

闭锁支承面设计的主要内容是确定闭锁支承面面积。通常，开始时运用材料力学危险截面方法，初步设计闭锁支承面面积，当结构设计完成后，建立三维实体模型，应用有限元方法进行详细分析计算，校核强度。

当选定闭锁支承面许用挤压应力 $[\sigma]_{jy}$之后，按作用在闭锁支承面上的最大力 $F_{z\max}$（暂不考虑惯性力影响），计算闭锁支承面总面积 A，即

$$A=\frac{F_{z\max}}{[\sigma]_{jy}} \tag{4.6}$$

$[\sigma]_{jy}$的选定，取决于闭锁零件的材料及热处理情况。在火炮自动机设计中，考虑到工作环境的恶劣性，为了提高可靠性，$[\sigma]_{jy}$比一般机械的取值要小，通常对于优质合金钢，经过良好的热处理，取 $[\sigma]_{jy}\leqslant(0.7\sim0.8)\sigma_s$。有的自动机的闭锁支承面由几排齿接触面组合而成，考虑到组合效应变形的作用不均匀性，$[\sigma]_{jy}$取得更小些。

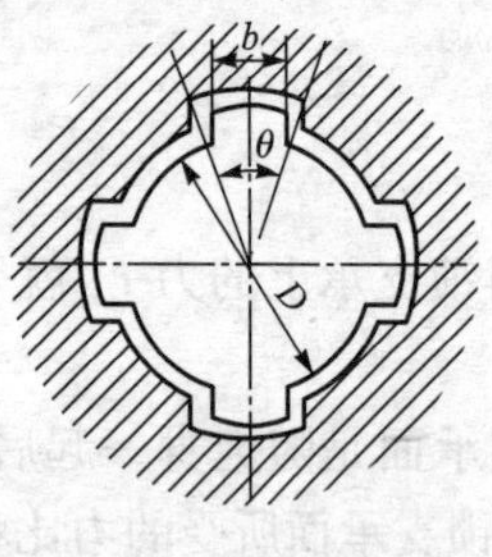

图 4.8　回转式闭锁机构闭锁凸齿的主要尺寸

初步确定了闭锁支承面总面积 A 之后，就可以进行闭锁支承面结构设计。

对于炮闩横动式闭锁机构，闭锁支承面结构设计比较简单，除去输弹槽面积之外，就可以确定炮闩和炮尾的闭锁支承面的宽和高的具体尺寸。

对于回转式闭锁机构，主要是确定闭锁凸齿的尺寸及数量，回转式闭锁机构闭锁凸齿的主要尺寸如图 4.8 所示。炮闩闭锁凸齿的数量和尺寸间存在相互制约关系，而且还影响到自动机的总体安排。

闩体最小外径 D 应略大于药筒底缘外径。闭锁凸齿的外径 D_1（或高度 h）、宽度 b，以及沿周向和轴向布置的行数和列数（排数），应根据结构布置的合理性来确定。

闭锁凸齿的外径直接影响炮闩的径向尺寸（即横向尺寸），进而影响炮尾和炮箱的横向尺寸以及全炮的尺寸和质量。

闭锁凸齿的宽度，直接影响开/闭锁转角 θ 及工作行程。当闭锁凸齿的宽度确定之后，闩体开/闭锁转角 θ 为

$$\theta=2\arcsin\frac{b}{D}$$

在确定开/闭锁转角 θ 时应考虑到，减小开/闭锁转角 θ 可以得到倾角较小的开/闭锁曲线槽，这就可以改善开/闭锁曲线槽的受力状态。

如果以增加同一排闭锁凸齿的数量来减小其宽度，虽能减小开/闭锁转角，但每一闭锁凸齿都需有一定的倒角，使有效总支承面积大为减小。

在总支承面积不变的条件下，增加闭锁凸齿的排数，可以减小高度，但这将增加炮闩的长度和降低刚度。如果闭锁凸齿沿轴向的排数较多，则在射击时，由于闩体等构件产生弹性变形的影响，后排齿的受力将逐渐减小，并且排数越多，受力不均匀的现象越严重。因此，在确定闭锁凸齿的分布时，应尽可能减少沿轴向的排数。对于多排闭锁凸齿分布情况，必须在设计上和加工上保证，以使各排支承面均匀受力，或者采用各排闭锁凸齿的齿距不相等的

措施。

因此，闭锁支承面的设计，要全面分析研究构件间的相互关系后，从总体作出较为合理的结构安排。

对每一种考虑到的结构方案，都必须校核闭锁凸齿的弯曲和剪切强度。

每个闭锁凸齿的弯矩 M_1 为

$$M_1 = \frac{F_{z\max} h}{2n}$$

式中　n——闭锁凸齿的个数。弯曲应力为

$$\sigma_w = \frac{M_1}{W} \tag{4.7}$$

式中　W——闭锁凸齿的截面系数，对边长为 a 和 b 的长方形截面，有

$$W = \frac{ab^2}{6}$$

剪切应力为

$$\tau = \frac{F_{z\max}}{nab} \tag{4.8}$$

合成应力为

$$\sigma_{xd} = \sqrt{\sigma_w^2 + 4\tau^2} \tag{4.9}$$

实际安全系数

$$n_s = \frac{\sigma_s}{\sigma_{xd}} \geqslant [n]$$

显然，这种强度计算是比较粗糙的，设计时可以参考受过射击考验的类似结构，比较其闭锁凸齿的强度及安全系数，以确定闭锁凸齿结构尺寸。

闭锁凸齿的外径、宽度、个数，以及形状和尺寸可以应用优化设计方法来进行设计。

3. 闩体强度设计

回转闭锁式闭锁机构中，作为主要闭锁构件的闩体，直接承受火药燃气膛底压力的作用，其内部往往是空心的，加上贯穿型开/闭锁曲线槽的存在，其强度设计是一个很重要的方面。

回转闭锁式闭锁机构闩体强度设计，主要是确定闩体的底厚 h。

为了简便，不计药筒的影响，并将闩体的底看做是周围固定且承受均匀分布载荷的圆板，如图 4.9 所示。

根据薄板理论，在固定圆周的单位长度上的最大弯矩为

$$M_1 = \frac{pr^2}{8}$$

式中　p——均匀作用于圆板上的最大压力；

R——圆板的半径。

固定圆周处的弯曲应力为

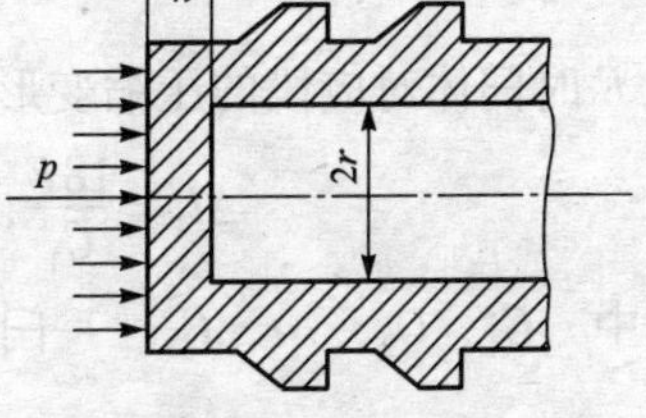

图 4.9　回转闭锁式闭锁机构闩体简化图

$$\sigma_w = \frac{M_1}{W} = \frac{3r^2}{4h^2}p \tag{4.10}$$

式中 W——圆板在固定圆周处单位长度上的截面抗弯模数；

h——圆板的厚度。

固定圆周处的剪应力为

$$\tau = \frac{r}{2h}p \tag{4.11}$$

合成应力为

$$\sigma_{xd} = \sqrt{\sigma_w^2 + 4\tau^2} \tag{4.12}$$

给定安全系数 $n = 1.35 \sim 2.0$，选定材料及其屈服极限 σ_s，强度条件为

$$\sigma_{xd} \leqslant [\sigma] = \frac{\sigma_s}{n}$$

即

$$h \geqslant \frac{rp}{2[\sigma]}\sqrt{2 + \sqrt{4 + 9\frac{[\sigma]^2}{p^2}}} \tag{4.13}$$

4. 多排闭锁凸齿均匀受力分析

俄 C－60 式 57 高炮自动机的闭锁机构中，闩体上沿轴向有六排闭锁凸齿，沿周向有四列。第一排中被抽筒抓钩占用了 2 个，第二排中抽筒抓钩后面的 2 个又比同排另两个距镜面的距离小 0.6 mm，所以，发射时只有 20 个闭锁凸齿能承受闩体镜面上的推力 F_j。如果平均受力，则每个闭锁凸齿承担的力为 $F = F_j/20$。

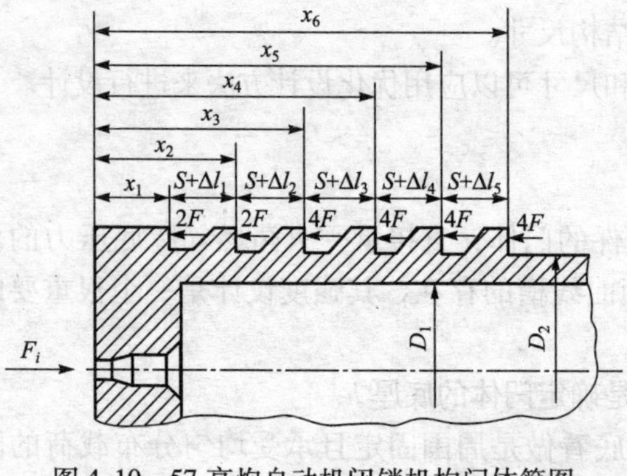

图 4.10 57 高炮自动机闭锁机构闩体简图

由于炮尾刚度比闩体刚度大得多，为了简化计算，认为炮尾是刚体，只把闩体看做是弹性体。设炮尾闩室各排闭锁齿的齿距相等且为 S，为了使其承受最大力时受力均匀，而将闩体各排闭锁齿的齿距设计为不相等，如图 4.10 所示。这样，在 F_j 作用下闩体变形后，闩体各闭锁齿与闩室相应各闭锁齿紧密接触，变形后的闩体各排闭锁齿的齿距相等且也为 S，这时各闭锁齿受力为 F。卸载后，闩体各闭锁齿的齿距将因闩体各段弹性恢复而增大。闩体齿的增大量应等于各齿受力 F 时闩体对应段的压缩变形。各段压缩变形可以表示为

$$\Delta l_1 = \frac{18F}{C_1},\ \Delta l_2 = \frac{16F}{C_2},\ \Delta l_3 = \frac{12F}{C_3},\ \Delta l_4 = \frac{8F}{C_4},\ \Delta l_5 = \frac{4F}{C_5}$$

式中 $C_1, C_2, \cdots, C_5$——闩体各段的刚度。

$$C_1 = \frac{EA}{l_1},\ C_2 = \frac{EA}{S},\ C_3 = C_4 = C_5 = \frac{EA_1}{S}$$

式中 E——闩体材料的弹性模量；

A——闩体横断面积；

A_1——考虑闭锁曲线槽影响的闩体横断面积；

S——齿距；

l_1——闩体第一段长度。

各齿受力 F 作用后，闭锁齿本身也要产生剪切和弯曲变形，由于各排齿的外形尺寸基本相同，可以认为各排齿本身的变形相同，而不影响齿距计算。

将闩体各排齿设计成不等距，即将各段的压缩变形预先加在其齿距上。这样，当炮闩受力 F_j 作用时，各排齿变形后，齿距刚好都是 S，各齿受力都是 F。

由于第一段压缩变形 Δl_1 将使第一排以后各排齿向前移动 Δl_1，第二段压缩变形 Δl_2 将使第二排以后各排齿向前移动 Δl_2，依此类推。这样，第二排齿向前移动 Δl_1，第三排齿向前移动 $\Delta l_1+\Delta l_2$，依此类推。

第一排齿的轴向尺寸 x_1 可以根据结构需要选定，其他各排齿的轴向尺寸分别为

$$x_2 = x_1 + S + \Delta l_1$$

$$x_3 = x_2 + S + \Delta l_2 = x_1 + 2S + \Delta l_1 + \Delta l_2$$

$$x_4 = x_3 + S + \Delta l_3 = x_1 + 3S + \Delta l_1 + \Delta l_2 + \Delta l_3$$

$$x_5 = x_4 + S + \Delta l_4 = x_1 + 4S + \Delta l_1 + \Delta l_2 + \Delta l_3 + \Delta l_4$$

$$x_6 = x_5 + S + \Delta l_5 = x_1 + 5S + \Delta l_1 + \Delta l_2 + \Delta l_3 + \Delta l_4 + \Delta l_5$$

闭锁后，闩体与闩室的配合关系如图4.11所示，此时，若闩体与闩室的第六排齿相接触，则其余各排齿之间都有间隙，第五排齿之间的间隙为 Δl_5，第四排齿之间的间隙为 $\Delta l_4+\Delta l_5$，依此类推。

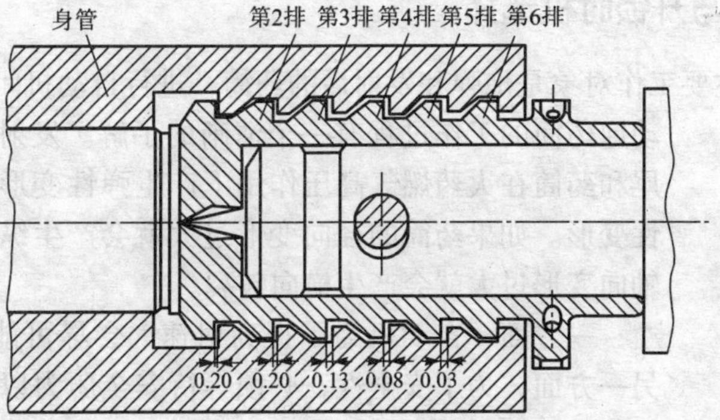

图4.11 闩体与闩室的配合关系

发射时，火药燃气压力逐渐增大，第六排齿首先受力，闩体产生压缩变形，各排齿之间的间隙开始变小。当镜面上的推力增大到4 F 时，闩体第五段变形为 Δl_5，因此第五排齿开始接触，参与受力。当镜面上的推力增大到8 F 时，闩体第四排齿开始接触，参与受力，依此类推。当镜面上的推力增大到18 F 时，闩体第一排齿开始接触，参与受力。直到镜面上的推力增大到20 F 时，闩体各齿受力均为 F，从而达到各齿均匀受力的要求。

当然，由于制造时有公差，实际受力仍然存在受力不均匀现象。要减小这种受力不均匀现象，必须采取合理的工艺措施，提高制造精度。

5. 保证结构合理受力的措施

为了保证承力构件的强度，在设计中进行必要的强度计算是必不可少的。使结构受力合理，则是构件的结构设计所要求的。下面提出使结构合理受力的一般措施。

1）尽可能使构件受力均匀

在可能的条件下，闭锁构件的结构和受力应尽量对称于炮膛轴线。对于共同承受力的工作面，应考虑到它们在受力变形后，能均匀负担。例如同一排闭锁支承面，应有相同的贴合要求，不同排的闭锁支承面之间，应根据其工作时的变形情况，有不同的贴合要求，还可调整几个同时受力部分的刚度，使其受力均匀。

2）使尽可能多的结构材料同时参与撞击变形

这是一种使构件上的各部分受力尽量均匀、分散的措施。

3）开/闭锁工作面尽可能避免在工作时承受撞击

为此应使操纵斜面在自由行程与开锁、闭锁行程之间圆滑过渡。此外，应尽可能避免在闩体沿炮膛轴线作往复运动时，将操纵斜面作为传动工作面。

4）尽可能避免和缓和应力集中

在工作中容易发生断裂的部位，在结构允许的条件下，应尽可能增大其过渡圆弧和降低其粗糙度，甚至对加工的刀痕方向也提出相应要求。

5）采用局部强化措施

对于受撞击、易磨损的部位，应在结构允许的条件下，采用镶嵌高硬度、高强度的垫块，以提高构件的寿命。有的闭锁构件，为了提高疲劳强度，采用喷丸强化处理。

4.2.6 抽筒条件与开锁时机选择

火炮自动机的主要工作对象是炮弹和发射后的药筒，进行自动机闭锁机构设计必须对自动炮药筒的工作过程有一个清晰的了解。发射时，身管、闩体、炮尾和药筒在火药燃气高压作用下产生弹性变形，而药筒还会产生塑性变形。如果药筒的径向变形过大就会产生纵向破裂，如果药筒的轴向变形过大就会产生横向破裂。

一方面，自动机为了提高射速，会尽可能缩短开锁等待时间；另一方面，为了安全性，必须等待安全压力以下才开锁。开锁时机如何把握？随着自动机技术发展，已经出现利用膛压帮助开锁的抽筒，此时安全性如何？下面将对这些问题进行讲述。

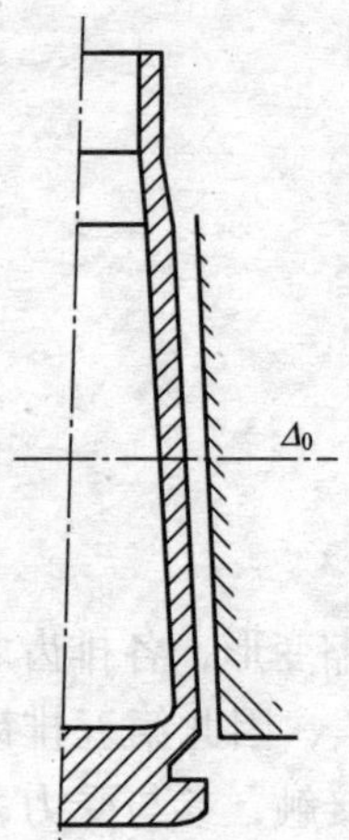

图 4.12　炮膛与药筒之间的间隙

1. 射击时药筒的工作状态

发射前，为了装填方便，通常炮膛与药筒之间存在一定间隙 Δ_0，如图 4.12 所示。

发射时，在内压作用期间，药筒壁内将产生径向应力、切向应力和轴向应力，同时发生径向变形、切向变形和轴向变形，并且这些应力与变形是互有影响的。

发射时，在内压作用期间，一般药筒壁首先进行弹性变形和塑性变形，使药筒与炮膛贴合；药筒与炮膛贴合后，药筒与炮膛共同承担内压作用，并且药筒继续发生塑性变形，而炮膛发生弹性变形，直到膛压达到最大值；在内压下降过程，药筒与炮膛共同承担内压作用，并且药筒和炮膛都将弹性恢复，直到内压消失。依照药筒与炮膛材料弹性模量值的差异程度以及初始间隙和最大膛压的大小，药筒与炮膛之间最终可能出现间隙，亦可能出现过盈，如图 4.13 所示。

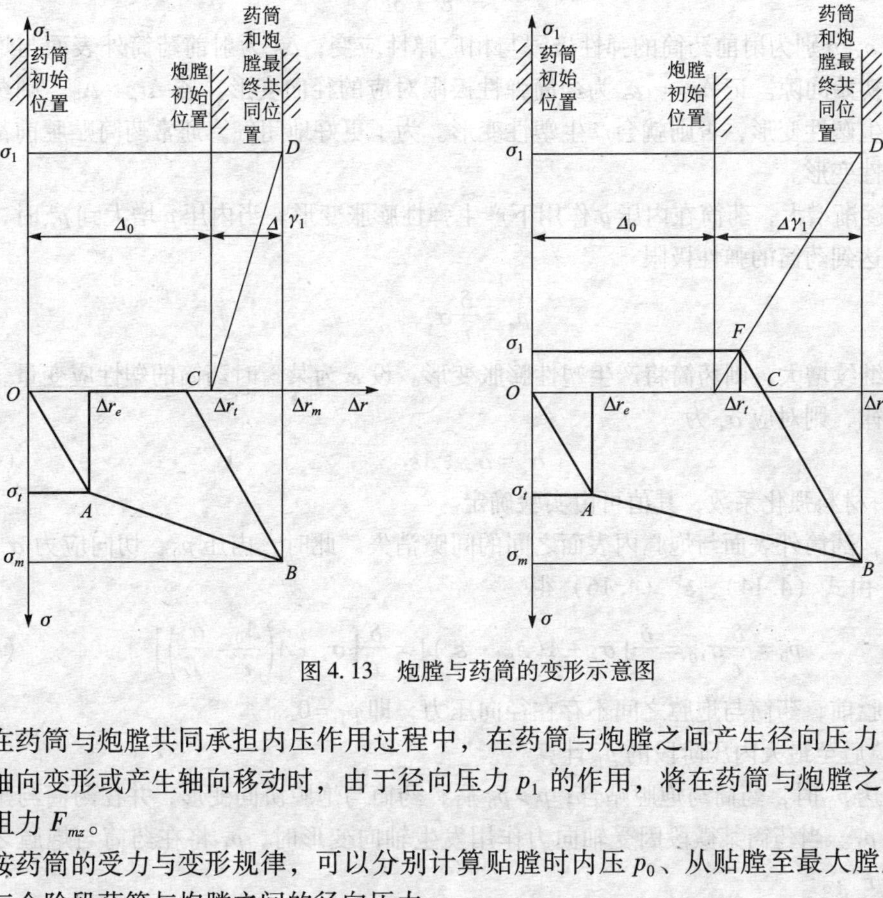

图 4.13　炮膛与药筒的变形示意图

在药筒与炮膛共同承担内压作用过程中，在药筒与炮膛之间产生径向压力 p_1。当药筒产生轴向变形或产生轴向移动时，由于径向压力 p_1 的作用，将在药筒与炮膛之间产生轴向摩擦阻力 F_{mz}。

按药筒的受力与变形规律，可以分别计算贴膛时内压 p_0、从贴膛至最大膛压以及膛压下降三个阶段药筒与炮膛之间的径向压力 p_1。

1）基本假设

在内压作用期间，药筒壁内的应力 - 应变关系为复杂应力状态，并发生弹、塑性变形。为了建立径向压力 p_1 和膛底作用力 F_j 的计算公式，需要进行如下一些基本假设。

① 药筒一般由软钢或黄铜冷冲压而成，可用看做是薄壁壳体。

② 炮膛看作厚壁圆筒，泊松比 $\mu = 1/3$。

③ 材料出现塑性后的应力 - 应变关系为线强化规律。

④ 不考虑强化现象，认为压缩拉伸过程相同。

⑤ 计算中不考虑变形对尺寸的影响，采用名义尺寸。

2）药筒贴膛时的内压计算

由承受内压的薄壁圆筒理论可知，内压 p、内半径 r、壁厚 δ 和切向应力 σ_t 有如下关系

$$p = \frac{\delta}{r}\sigma_t \tag{4.14}$$

药筒的径向变形为

$$\Delta r = r\varepsilon_t$$

在弹性变形阶段，应变与应力之间服从虎克定律。设药筒的材料弹性模量为 E，药筒的径向变形为

$$\Delta r = r\varepsilon_t = r\frac{\sigma_t}{E} = \frac{r^2}{\delta E}p \tag{4.15}$$

设 σ_e、ε_e 分别为射前药筒的弹性极限与相应弹性应变；Δ_0 为射前药筒外表面与炮膛内表面之间的初始间隙。记 $\Delta r_e = r\varepsilon_e$ 为药筒弹性极限对应的径向变形，若 $\Delta r_e > \Delta_0$，则药筒贴膛前不会产生塑性变形，否则就会产生塑性变形。为了更好地闭气，通常药筒贴膛前都会产生一定的塑性变形。

内压 p 由 0 逐渐增大，药筒在内压 p 作用下产生弹性膨胀变形。当内压 p 增大到 p_e 时，药筒的切向应力达到药筒的弹性极限

$$p_e = \frac{\delta}{r}\sigma_e$$

内压 p 继续增大，则药筒将产生塑性膨胀变形。设 ε 为某瞬时药筒的塑性应变量，若采用线强化规律，则对应 σ_t 为

$$\sigma_t = \sigma_e + A\varepsilon \tag{4.16}$$

式中 A——材料强化系数，其值可由实验确定。

贴膛时，药筒外表面与炮膛内表面之间的间隙消失。此时，内压 p_0、切向应力 σ_{t0}、切向应变 ε_{t0}，由式（4.14）、式（4.16）得

$$p_0 = \frac{\delta}{r}\sigma_{t0} = \frac{\delta}{r}[\sigma_e + A(\varepsilon_{t0} - \varepsilon_e)] = \frac{\delta}{r}\left[\sigma_e + A\left(\frac{\Delta_0}{r} - \frac{\sigma_e}{E}\right)\right] \tag{4.17}$$

药筒贴膛前，药筒与炮膛之间不存在径向压力，即 $p_1 = 0$。

3）贴膛后至最大内压阶段的 p_1 计算

当膛压达 p_0 时，药筒与炮膛贴合；$p > p_0$ 后，药筒与炮膛协同变形，并在药筒与炮膛之间产生压力 p_1。当药筒某微段因受轴向力作用发生轴向变形时，p_1 将在药筒与炮膛之间引起摩擦阻力 F'_{z1}。

将炮膛看作厚壁圆筒，发射过程炮膛处于弹性变形状态。根据厚壁圆筒理论，炮膛在内压（即药筒与炮膛之间径向压力）p_1 作用下发生弹性变形，炮膛内表面切向应变为

$$\varepsilon_{t1} = \frac{2}{3E_1}p_1\frac{2r_2^2 + r_1^2}{r_2^2 - r_1^2} = Bp_1 \tag{4.18}$$

$$B = \frac{2}{3E_1}\frac{2r_2^2 + r_1^2}{r_2^2 - r_1^2} \tag{4.19}$$

式中 E_1——炮膛材料弹性模量；

r_1、r_2——炮膛内、外半径。

炮膛内表面径向变形为

$$\Delta r_1 = r_1\varepsilon_{t1} = \frac{2r_1}{3E_1}p_1\frac{2r_2^2 + r_1^2}{r_2^2 - r_1^2} = r_1 Bp_1 \tag{4.20}$$

不考虑药筒锥度及药筒与炮膛之间摩擦阻力的影响，药筒在内压 p 和外压（即药筒与炮

膛之间径向压力）p_1 作用下，药筒壁内产生切向应力 σ_t，由薄壁圆筒平衡方程可以得到

$$p_1(r+\delta)+\delta\sigma_t=pr \tag{4.21}$$

由于药筒塑性变形符合线强化规律，因此药筒壁内应变 ε_t 为

$$\varepsilon_t=\varepsilon_{e1}+\frac{1}{A}(\sigma_t-\sigma_{e1}) \tag{4.22}$$

药筒径向变形为

$$\Delta r=r\varepsilon_t=\Delta r_e+\frac{r}{A}(\sigma_t-\sigma_{e1}) \tag{4.23}$$

考虑到药筒与炮膛协同变形，即炮膛内表面径向变形等于药筒径向变形增加量

$$\Delta r=\Delta r_e+\frac{r}{A}(\sigma_t-\sigma_{e1})=\Delta_0+\Delta r_1$$

$$\sigma_t=\sigma_{e1}+\frac{A}{r}(\Delta_0-\Delta r_e+\Delta r_1)=\sigma_{t0}+ABp_1=\frac{r}{\delta}p_0+ABp_1 \tag{4.24}$$

联解式（4.20）、式（4.23），得

$$p_1=\frac{r(p-p_0)}{r+\delta+\delta AB} \tag{4.25}$$

由式（4.24）可以看出，当 $p=p_0$ 时，$p_1=0$，这说明 p_0 是计算 p_1 的起始膛压；当 $p=p_m$时，$p_1=p_{1m}$。令式（4.25）中 $p=p_m$，则得 p_{1m}

$$p_{1m}=\frac{r(p_m-p_0)}{r+\delta+\delta AB} \tag{4.25'}$$

此时，炮膛内表面最大径向变形为

$$\Delta r_{1m}=\frac{2r_1}{3E_1}p_{1m}\frac{2r_2^2+r_1^2}{r_2^2-r_1^2}=r_1Bp_{1m}$$

药筒最大径向变形为

$$\Delta r_m=\Delta_0+\Delta r_{1m}$$

药筒最大切向应变为

$$\varepsilon_{tm}=\varepsilon_{t0}+\varepsilon_{t1m}=\varepsilon_{e1}+\frac{1}{A}\left(\frac{\Delta_0}{r}-\sigma_{e1}\right)+\varepsilon_{t1m}$$

药筒纵向不破裂的条件：最大膛压时药筒的切向应力不应大于药筒材料的强度极限 σ_b，即

$$\sigma_{tm}=\varepsilon_{e1}+A(\varepsilon_{tm}-\varepsilon_{e1})\leqslant\sigma_b \tag{4.26}$$

4）膛压下降段的 p_1 计算

当 $p=p_m$ 时，$p_1=p_{1m}$，炮膛内表面径向变形和药筒径向变形均为最大值。此后，随着膛压 p 的下降，炮膛与药筒开始弹性恢复。

对于任意时刻，内压降至 p，药筒与炮膛间的压力为 p_1，炮膛内表面切向应变仍为

$$\varepsilon_{t1}=Bp_1$$

炮膛内表面径向变形仍为

$$\Delta r_1=r_1Bp_1$$

炮膛内表面径向变形和药筒径向变形应协调，即

$$\Delta r=\Delta_0+\Delta r_1$$

药筒按线性弹性恢复，其应力应变规律为

$$\sigma_t = \sigma_{tm} + E(\varepsilon_t - \varepsilon_{tm}) = \frac{r}{\delta}p_0 + ABp_{1m} + E\left(\frac{\Delta_0 + \Delta r_1}{r} - \frac{\Delta_0 + \Delta r_{1m}}{r}\right)$$

$$= \frac{r}{\delta}p_0 + (A - E)Bp_{1m} + EBp_1$$

代入薄壁圆筒平衡方程，得药筒与炮膛间的压力 p_1 随内压 p 的变化规律为

$$p_1 = \frac{r(p - p_0) + \delta B(E - A)p_{1m}}{r + \delta + \delta EB} = \frac{rp + \delta(E\varepsilon_{t1m} - \sigma_{tm})}{r + \delta + \delta EB} \tag{4.27}$$

依照药筒与炮膛材料弹性模量 E 与 E_1 值的差异程度以及初始间隙和最大膛压的大小，当膛压等于大气压力时，药筒与炮膛之间最终可能出现间隙，亦可能出现过盈。当 $\varepsilon_{t1m} < \sigma_{tm}/E$ 时，炮膛先弹性恢复到初始状态，而药筒继续恢复，药筒与炮膛之间最终将出现间隙，此时，药筒与炮膛间的径向压力为 $p_1 = 0$；当 $\varepsilon_{t1m} > \sigma_{tm}/E$ 时，药筒的弹性恢复先完成，但炮膛仍作弹性恢复，迫使药筒做弹性压缩，当内压完全消失，炮膛与药筒达到平衡，炮膛保留部分弹性膨胀变形，药筒保留部分弹性压缩变形，药筒与炮膛之间最终将出现过盈，此时，药筒与炮膛之间存在径向压力 p_{1s}。

$$p_{1s} = \frac{\delta(E\varepsilon_{t1m} - \sigma_{tm})}{r + \delta + \delta EB} \tag{4.28}$$

抽筒时，若 $p_1 = 0$，称为松抽筒；若 $p_1 \neq 0$，称为紧抽筒。大多数自动炮为紧抽筒。

2. 抽筒力的计算

为了便于导出能满足工程应用的、简便的计算抽筒力的公式，需要对复杂的抽筒现象进行一些简化。为此，作以下几点假设。

① 药筒为一等壁厚的薄壁圆筒。

② 在抽筒瞬间，起始紧缩量与膛压无关。

③ 起始紧缩量沿药筒长度为常数。

④ 在抽筒过程中，不考虑药室的变形。

⑤ 抽筒时药筒所有断面的位移相等。

设药筒的工作长度为 l，膛底火药燃气推力为 F_t，药筒与炮膛之间的轴向摩擦力为 F_{mz}，抽筒力为 F_{ch}，如图 4.14 所示，则有

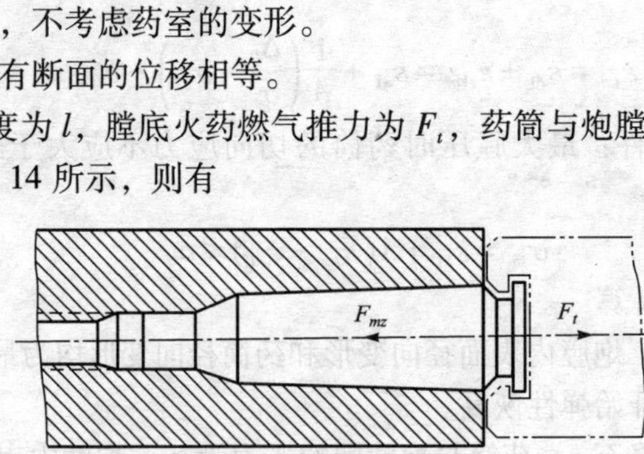

图 4.14　抽筒力简图

$$F_{ch} = F_{mz} - F_t$$

设药筒的外径为 d_1，药筒的内径为 d，抽筒时膛内压力为 p，药筒与炮膛之间的径向压力为 p_1（由式（4.26）计算），药筒与炮膛之间的摩擦系数为 f，药筒与炮膛之间的接触面积为 S，则有

$$S = \pi d_1 l$$

$$F_{mz} = fp_1 S = fp_1 \pi d_1 l$$

$$F_t = \frac{\pi}{4} d^2 p$$

$$F_{ch} = F_{mz} - F_t = \pi\left(fp_1 d_1 l - \frac{1}{4} d^2 p\right) \tag{4.29}$$

当膛压消失时，一般药筒与炮膛之间最终出现过盈，炮膛压缩药筒，使药筒内处于压缩应力状态。设相对紧缩量为 ε_{t1}，则有

$$F_{ch} = \pi f l E \varepsilon_{t1} (d_1 - d) = 2\pi f l \delta E \varepsilon_{t1} \tag{4.30}$$

药筒不横断条件为

$$\frac{F_{ch}}{\pi d \delta} \leqslant \sigma_b \tag{4.31}$$

3. 开锁时机控制

在抽筒开始时，一般仍有一定的膛压，而膛压的大小会直接影响抽筒力的值，为了防止因抽筒力过大而拉断药筒，对任何一种自动机都必须限制抽筒时膛压的大小。抽筒时机选择主要通过开锁时机来控制。

开锁时机的选择，主要是确定开锁时的膛压。目前采用的控制开锁时机的方法，主要是选择不同的开锁自由行程。

对于如何选择适当的开锁时机，目前存在两种观点。一种是选择较晚的开锁时机，即所谓迟开锁。此种观点认为，在这种情况下，开锁结束时，膛压已经不大，为 10 ~ 20 MPa，抽筒较为容易，开锁动作对自动机工作的影响也不大。但是，这种情况下的开锁动作的动能由后坐的活动构件传来，这就使得有关构件在工作过程中产生撞击，从而影响构件的寿命，对射击精度也有不良影响。

另一种观点是选择较早的开锁时机，即所谓早开锁。此种观点认为，开锁结束时，仍有较高的膛压，一般在 40 MPa 以上，火药燃气作用在药筒底部的力，通过炮闩成为自动机工作的部分动力，从而减轻了有关构件在工作过程中产生的撞击，也提高了活动部分的运动速度，从而有利于提高射速。但是，在较高膛压情况下开锁，会使开锁过程受到较大的阻滞，导致闭锁支承面与开锁操纵面的磨损加剧。在这种情况下，为了减小抽筒力，必须采取一些专门措施，如在药室壁上刻纵向槽（图 4.15），使火药燃气流入纵向槽中，使药筒承受外压，从而减小了药室与药筒间的摩擦力，以改善抽筒条件。

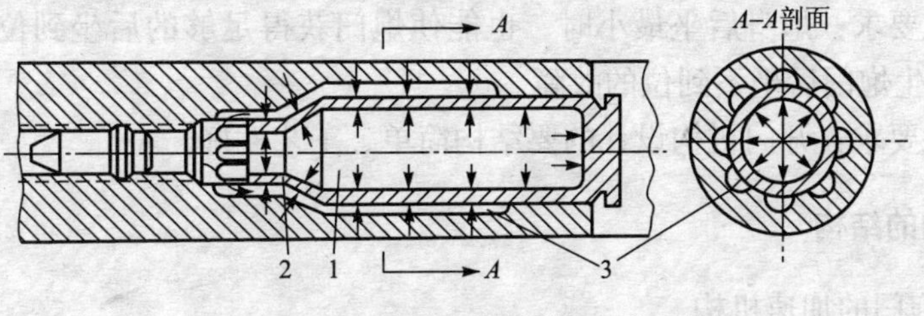

图 4.15　刻有纵向槽的药室示意图

4.3 开/关闩机构设计

4.3.1 开闩机构设计

开闩机构是使炮闩与身管产生相对运动的机构。对纵动式炮闩而言，产生相对运动，意味着对炮闩加速，故纵动式开闩机构又称为加速机构。

开闩机构的作用是使闩体从身管尾端移开一定距离，以便进行抽筒和输弹。对纵动式炮闩，闩体从身管尾端移开的距离略大于一个弹长；对横动式炮闩，闩体从身管尾端移开的距离略大于一个弹底直径。通常闩体移动的距离可分为强制运动段和惯性运动段。开始开闩时，自动机通过开闩机构强制使闩体相对身管运动，直到闩体达到最大速度，此后，闩体及随其运动的构件依靠惯性克服阻力运动，直到移动到其极限位置。

对身管短后坐式武器纵动式炮闩的开闩机构（加速机构），其主要作用有：当身管在后坐运动时，通过加速机构使炮闩加速后坐，以完成开锁、抽筒等自动动作，并保证所需的后坐长度以满足供弹的要求，实现身管短后坐式工作原理；在后坐总能量一定的条件下，通过加速机构按自动工作的要求重新对能量加以合理分配，让炮闩加大后坐速度确保后坐到位的要求；在满足进弹等工作要求的前提下，尽量减少炮身在后坐的撞击，以免影响射击精度和零件的强度，同时缩短了炮身的行程，使基本构件后坐和复进的时间大大减少，因而有利于提高武器的射速。

1. 对开闩机构的要求

开闩机构的设计，应以安全可靠，确保实现自动机的自动工作要求为依据。具体要求如下所述。

（1）安全性要求：开始工作时自动机要满足开锁压力要求。加速机构带动炮闩体移动时，进行开锁、开闩和抽筒。如果开锁时膛压太高，则闭锁支承面的磨损加快、药筒容易产生横向破裂；如果开锁时膛压太低，则影响理论射速的提高。一般开锁压力可在 40 ~ 60 MPa 选取。

（2）动力特性要求：传速比的大小要合理。传速比大，开闩快，受力大；传速比小，受力小，开闩慢。开始时炮身到闩座的传速比要小，以便保证平稳地开锁、开闩、抽筒。当抽动药筒以后，应使传速比迅速平稳增大，以保证强制运动段结束时炮闩获得预定的最大速度。

（3）可靠性要求：炮身后坐最小时，也能使炮闩获得足够的后坐到位的能量，保证能开闩，不允许发生炮闩后坐不到位的故障。

（4）工艺性要求：开闩机构设计的要结构简单、工艺性好。

2. 开闩机构的结构

1）纵动式炮闩的加速机构

按动作特性，纵动式炮闩的加速机构可以分为撞击作用式、平稳作用式和混合作用式。

- 撞击作用式加速机构，通过撞击使炮闩突然加速，炮闩的传速比产生突变，炮闩和基础构件的速度都产生突变，如图4.16（a）所示。

● 平稳作用式加速机构，使炮闩平稳加速，炮闩的传速比逐渐增大，不产生突变，炮闩和基础构件的速度也都逐渐变化，不产生突变，如图4.16（b）所示。

● 混合作用式加速机构，介于撞击作用式加速机构与平稳作用式加速机构之间，速度突变很小，主要是由于机构设计时，开始加速时的传速比变化引起的，如图4.16（c）所示。图4.16中，K为基础构件传动到炮闩的传速比，v_A、v_B分别为基础构件和炮闩的速度，t_1、t_2分别为加速机构开始工作和结束工作的时间。

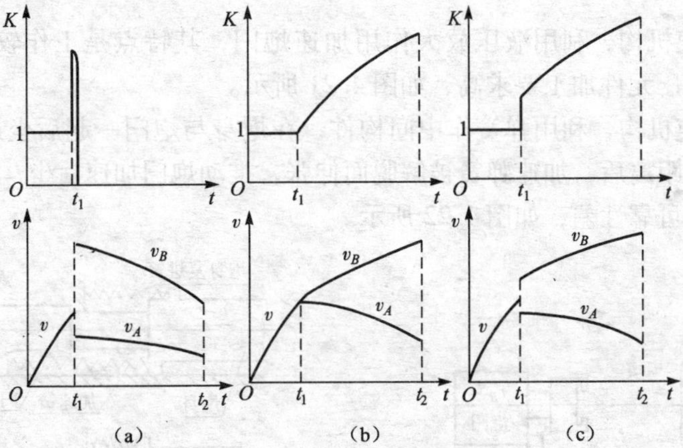

图4.16 加速机构传速比变化

按中间构件不同，纵动式炮闩的加速机构可以分为杠杆式、凸轮式、杠杆－卡板式、齿轮式、液压式、弹簧式、混合式等。

● 杠杆式加速机构，利用撞击作用加速炮闩，其结构简单，作用时间短暂，能量交换激烈，受力很大，工作的平稳性较差，工作可靠性也较差，如图4.17所示。

● 凸轮式加速机构，在力臂连续变化过程中使炮闩平稳加速，其特点是工作平稳可靠，但强制开闩行程较短，凸轮形状比较复杂，加工较困难，如图4.18所示。

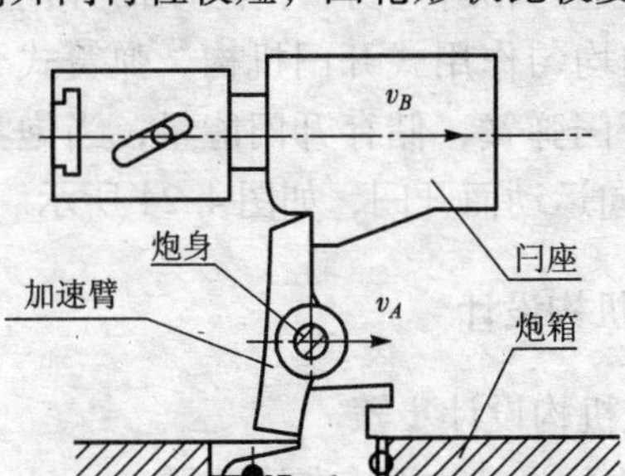

图4.17 杠杆式加速机构简图

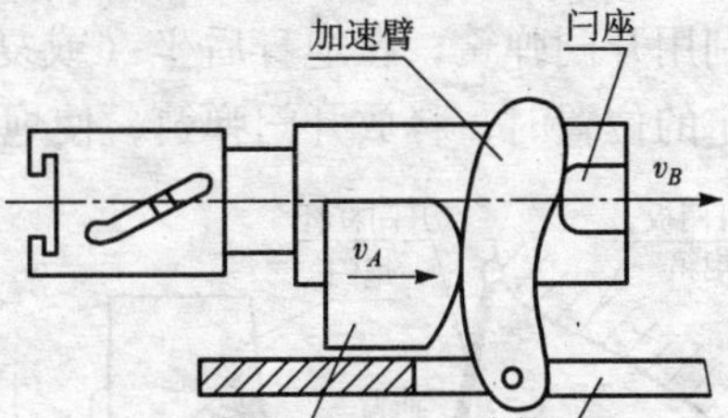

图4.18 凸轮式加速机构简图

● 杠杆－卡板式加速机构，利用杠杆和卡板（凸轮）的联合作用加速炮闩，其特点是工作较平稳可靠，强制开闩行程较长，但卡板形状比较复杂，如图4.19所示。

● 齿轮式加速机构，利用齿轮作中间构件，在炮身复进（或后坐）过程中使炮闩加速，其结构比较复杂，传速比为一常数，在开始工作时有撞击，如图4.20所示。

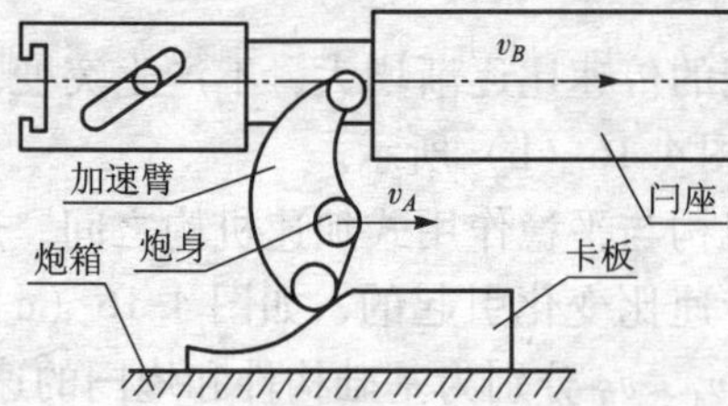

图 4.19　杠杆－卡板式加速机构简图

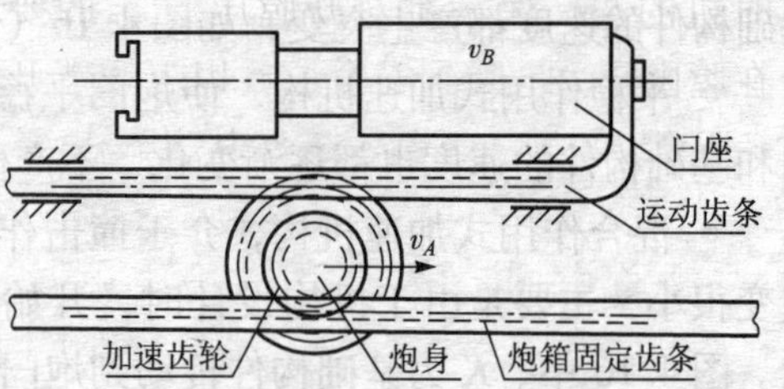

图 4.20　齿轮式加速机构简图

• 液压式加速机构，利用液压放大作用加速炮闩，其特点是工作较平稳，结构紧凑，但传速比不变，液压元件加工要求高，如图 4.21 所示。

• 弹簧式加速机构，利用弹簧作中间构件，在炮身与炮闩一起后坐过程中压缩加速弹簧，当后坐到一定距离后，加速弹簧被解脱而伸张，推动炮闩加速后坐，其工作平稳，但结构比较复杂，工作可靠性差，如图 4.22 所示。

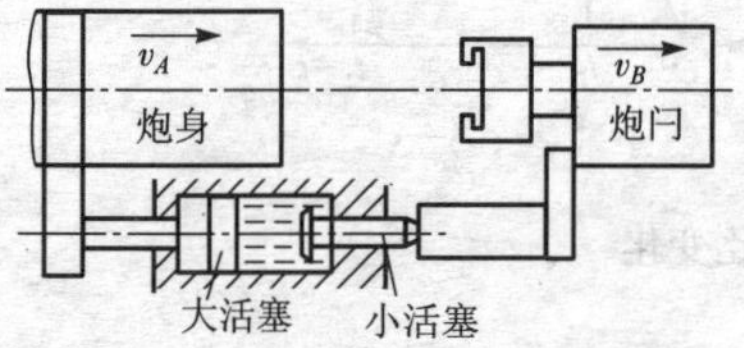

图 4.21　液压式加速机构简图

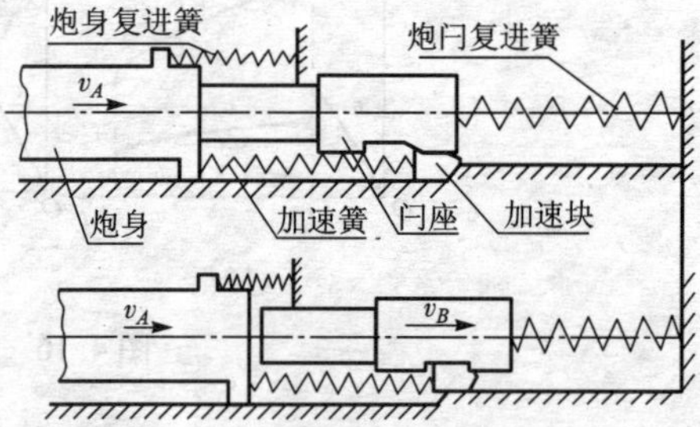

图 4.22　弹簧式加速机构简图

• 混合式加速机构，是以上各种加速机构的相互组合，取长补短。

2）横动式炮闩开闩机构（包括半自动机）

横动式炮闩开闩机构主要有卡板式开闩机构和弹簧式开闩机构等。

卡板式开闩机构，利用杠杆和卡板的联合作用使炮闩相对炮身横向运动而开闩，如图 4.23 所示。卡板式开闩机构又分为冲击式开闩机构和均匀作用式开闩机构。弹簧式开闩机构，利用开闩弹簧，在炮身后坐（或复进）时压缩开闩弹簧，储存开闩能量，当炮身运动到一定的位置时，释放开闩弹簧，使炮闩相对炮身横向运动而开闩，如图 4.24 所示。

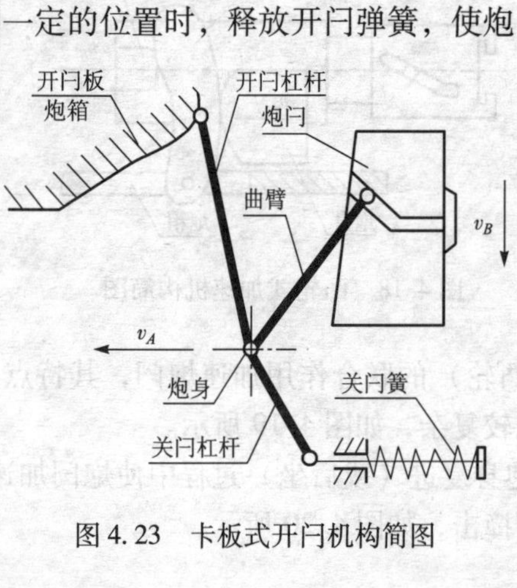

图 4.23　卡板式开闩机构简图

3. 加速机构设计

1）加速机构设计步骤

加速机构的设计主要有如下步骤。

（1）炮身运动规律的初步确定。在暂不考虑加速机构工作影响时，可以根据选取的后坐阻力的变化规律，计算出炮身制退后坐运动诸元，即炮身后坐速度 $v(t)$ 和后坐位移 $x(t)$。

（2）加速机构开始工作时机 t_0 的选择。对于炮身后坐式武器的后坐加速机构，加速机构开始工作时机的选择应满足对开膛压力 p_0 的要求。应在膛内压力下降到安全压力以下才能开锁，以免开锁和抽筒发生困难，甚至损坏零件。一般 p_0 可在 40～60 MPa 选取。选择了加速机构开始工作时机 t_0，即选定了加速机构开始工作时炮身行程 $x_0 = x(t_0)$ 和炮身速度 $v_0 = v(t_0)$。

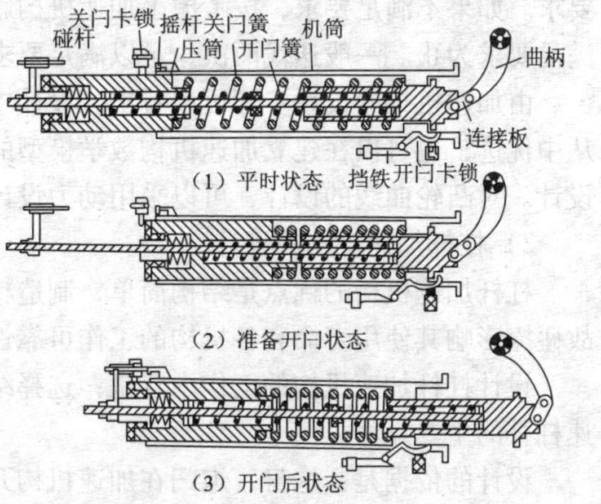

图4.24　弹簧式开闩机构简图

（3）加速机构结束工作时机 t_j 的选择。选择加速机构结束工作时机 t_j 主要是通过选择加速机构结束工作时炮身行程 x_j 来进行。加速过程结束时应保证闭锁机构获得足够的能量，在最不利的条件下也能后坐到位。为了满足最短后坐长时加速机构也能正常工作，一般取 $x_j \leqslant 0.85\lambda$（$\lambda$ 为常温正装药时炮身最大后坐长度）。选择了加速机构结束工作时炮身行程 x_j，即选定了加速机构结束工作时机 $t_j = t(x_j)$ 和炮身速度 $v_j = v(t_j)$。

（4）加速过程中工作构件行程的确定。对于炮身后坐式自动机，后坐加速器工作结束时，工作构件（炮闩）相对基础构件（炮身）的行程，一般由三部分组成：自由行程、开锁行程和为确保加速工作可靠的附加行程。自由行程、开锁行程决定于开锁时机及开锁机构，附加行程一般取 5～10 mm。

（5）加速机构运动规律的合理选择。加速机构运动规律的确定，主要通过合理选择传速比 $k(t)$ 来实现。一般以工作构件的惯性力尽量小为依据。采用等加速规律可以达到这个目的，但在加速起始点有撞击发生。为了避免撞击，开始时，为了保证平稳地开锁和开闩抽筒，传速比应小一点，一般取 $k_0 = k(t_0) = 1$。当抽动药筒之后，传速比应迅速平稳增大，以保证强制开闩结束时炮闩能获得预定的最大速度，以保证加速机构结束工作时炮闩能依靠惯性及时后坐到位。

（6）加速机构结构形式的选择。根据加速特性和总体要求，合理选择加速机构结构形式。

（7）加速机构主要结构参数的选择。根据总体结构布置需要，合理选择加速机构主要结构参数。注意加速机构开始工作时的压力角不宜过大。

（8）加速规律控制面轮廓曲线的设计。对于任意给定的时刻 t，由炮身运动位移 $x(t)$ 和炮闩运动位移 $x_1(t)$ 及炮闩相对炮身运动的相对位移 $\xi_1(t)$，可以计算出加速机构加速规律控制面理论轮廓曲线特征点对应位置。由于给定时刻 t 的任意性，故得到加速机构加速规律控制面理论轮廓曲线。为了形象直观，可以利用辅助作图法进行。出于对加速规律控制面实现的可能性以及工艺性要求，可以对理论轮廓曲线进行调整，如用简单曲线的组合代替复杂理论轮廓曲线。

（9）加速机构结构的设计。根据刚强度等要求，设计具体加速机构结构，绘制装配图及相关零件图。

（10）加速机构影响性能的计算。考虑加速机构的影响，计算加速性能，分析是否满足要求。如果不满足要求，按考虑了加速机构影响得到的炮身运动规律，重新开始设计，直到满足要求为止。一般迭代两次，足以满足要求。

由加速机构的设计步骤可以看出，设计中经验性选择比较多。一般可以设计多种方案，从中优选，也可以在建立加速机构数学模型的基础上，应用优化设计理论和方法，进行优化设计。对凸轮曲线的设计，可以采用动力设计方法。

2）杠杆加速机构的设计

杠杆加速机构的优点是结构简单，制造精度要求低。但由于它是靠碰撞来传递能量的，故碰撞影响其使用寿命和各机构的工作可靠性。

设计杠杆加速机构的工作内容是：选择结构和传速比，并在保证传速比的情况下确定加速杠杆的主要尺寸。

设计的依据是：炮身、炮闩在加速机构开始工作前的共同后坐速度 v_{AB}；炮身、炮闩的质量 m_A、m_B；为保证武器各机构正常工作，炮闩在加速后应具有的速度 v_B。

假定，撞击时的传速比为 k，传动效率 $\eta=1$，应用撞击理论（见第5章），可得炮身通过加速机构撞击炮闩后，炮身和炮闩的速度分别为

$$v_A=\left(1-\frac{(1+b)k^2m_B}{m_A+k^2m_B}\left(1-\frac{1}{k}\right)\right)v_{AB} \tag{4.32}$$

$$v_B=\left(1+\frac{(1+b)km_A}{m_A+k^2m_B}\left(1-\frac{1}{k}\right)\right)v_{AB} \tag{4.33}$$

将炮闩的速度看作传速比 k 的二次方程式，记炮闩速度增量为

$$\Delta v_B=v_B-v_{AB}$$

可解出传速比 k，得到

$$k=\frac{(1+b)m_Av_{AB}+\sqrt{(1+b)^2m_A^2v_{AB}^2-4m_Am_B\Delta v_B((1+b)v_{AB}+\Delta v_B)}}{2m_B\Delta v_B} \tag{4.34}$$

有了传速比 k，就可选择结构形式，并按所选结构形式推导出传速比与杠杆尺寸关系，进而确定加速杠杆的主要尺寸。

杠杆式加速机构的主要结构形式有两种，一种是加速杠杆轴在炮身上的加速机构（如图4.25所示）；另一种是加速杠杆轴在炮箱上的加速机构（如图4.26所示）。

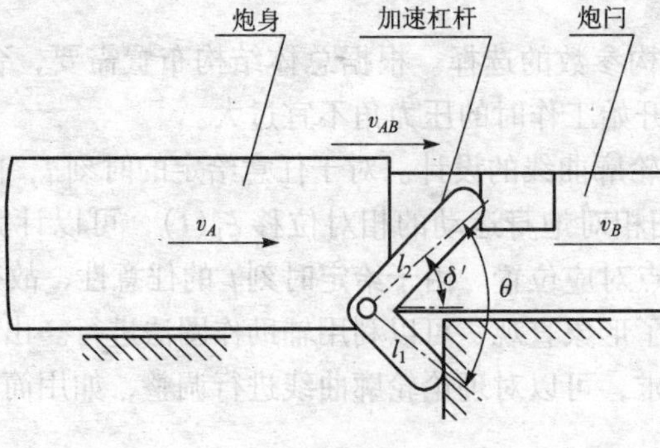

图4.25 加速杠杆轴在炮身上的加速机构

对加速杠杆轴在炮身上的加速机构，传速比与杠杆尺寸的关系为

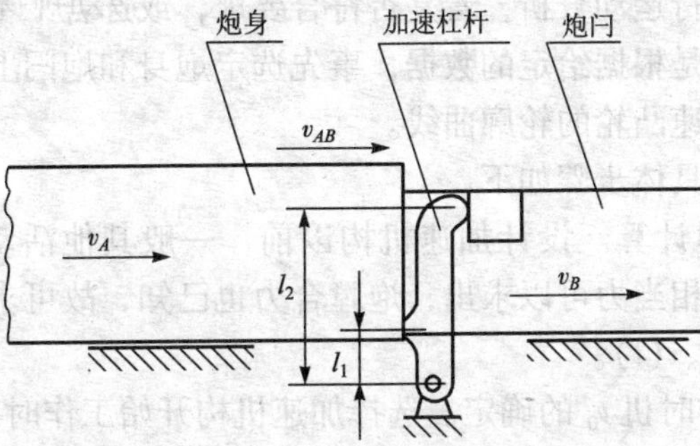

图 4.26　加速杠杆轴在炮箱上的加速机构

$$k = 1 + \frac{l_2 \sin \delta}{l_1 \sin(\theta - \delta)}$$

式中　l_1、l_2——加速杠杆的两臂长度；

θ——加速杠杆的两臂的夹角；

δ——在碰撞位置加速臂对运动方向的倾角。

根据具体结构空间的限制，合理选择满足传速比要求的结构尺寸 l_1、l_2、θ、δ，就得到要求的加速机构。

对于加速杠杆轴在炮箱上的加速机构，一般加速杠杆为一直杆，传速比与杠杆尺寸的关系为

$$k = \frac{l_2}{l_1}$$

式中　l_1、l_2——加速杠杆的两臂长度。

根据具体结构空间的限制，合理选择满足传速比要求的结构尺寸 l_1 和 l_2，就得到要求的加速机构。

3）凸轮加速机构的设计

凸轮加速机构的结构一般为杠杆式凸轮机构。炮身和炮闩上的凸起与加速凸轮之间都是凸轮高副，由凸轮高副的接触点到加速凸轮轴的连线构成杠杆机构的两臂。机构的传速比除决定于杠杆机构的臂长外，还与各凸起与加速凸轮之间的工作面的形状有关。

凸轮加速机构的外形尺寸虽然稍大，但工作比较平稳，所以仍得到广泛的应用。

凸轮加速机构的设计依据是：加速机构开始工作前炮身和炮闩的共同速度为 v_0；炮身和炮闩的质量为 m_A、m_B；为保证机构工作可靠，加速终了炮闩应具有的速度为 v_{1j}；此外，还应选择一定的结构形式和确定加速机构工作期间炮身的位移 $x(t)$。$x(t)$ 的确定要兼顾炮闩运动平稳性和结构尺寸尽可能小两方面的要求。

凸轮加速机构的设计工作包括三个方面：凸轮结构形式的选择、凸轮曲线的拟制、机构的运动分析和强度验算。

在现有炮身后坐式自动机的凸轮加速机构中，加速凸轮与炮身和炮闩所构成的凸轮高副采取了若干不同形式。运动副可以由一垂直平面或斜平面与一圆弧或其他曲线组成。在设计新结构时，第一步工作为选择合适的凸轮工作面的形式。

设计凸轮加速机构可以采取机构分析法或机构综合法。前一种方法系先选定凸轮工作面

及有关结构尺寸，然后进行运动分析，看是否符合要求，或选若干不同方案加以比较，最后再确定方案；后一种方法是根据给定的数据，事先选定炮身和炮闩上的作用凸起后，根据对机构的工作要求来拟制加速凸轮的轮廓曲线。

加速凸轮曲线拟制的具体步骤如下。

① 炮身后坐运动规律计算。设计加速机构以前，一般其他活动机构的设计均已完成，因此基本构件相当质量和相当力可以求出，炮膛合力也已知，故可求出暂时不考虑加速机构影响的炮身运动规律 $v(t)$、$x(t)$。

② 加速机构开始工作时机 t_0 的确定。选择加速机构开始工作时的膛压 p_0（一般 p_0 可在 40 ~ 60 MPa 选取），膛压 p_0 对应时间 t_0 即为加速机构开始工作时机。选择了加速机构开始工作时机 t_0，即选定了加速机构开始工作时炮身行程 $x_0 = x(t_0)$ 和炮身速度 $v_0 = v(t_0)$。

③ 加速机构结束工作时机 t_j 的确定。选择加速机构结束工作时机 t_j 主要是通过选择加速机构结束工作时炮身行程 x_j 来确定。为了满足后坐长度最短时加速机构也能正常工作，一般取 $x_j \leqslant 0.85\lambda$（$\lambda$ 为常温正装药时炮身最大后坐长度）。选择了加速机构结束工作时炮身行程 x_j，即选定了加速机构结束工作时机 $t_j = t(x_j)$ 和炮身速度 $v_j = v(t_j)$。

④ 加速机构结束工作时闩座相对行程的确定。对于炮身后坐式自动机，后坐加速机构工作结束时，闩座相对炮身的行程，一般由三部分组成：自由行程 l_0，开锁行程 l_1 和为确保加速工作可靠的附加行程 Δ。前两项决定于开锁时机及开锁机构，对小口径自动机，一般取 $l_0 = 10 \sim 15$ mm，$l_1 = 10 \sim 20$ mm，$\Delta = 5 \sim 10$ mm。加速机构工作结束时，闩座总行程 $x_{1j} = x_j + l_0 + l_1 + \Delta$。当闩座总行程为 λ_1 时，则闩座的惯性行程为 $x_{1g} = \lambda_1 - x_{1j}$。

⑤ 加速机构结束工作时闩座速度的确定。炮闩（包括药筒）在惯性后坐过程中，除了要克服炮闩复进簧阻力外，还要求在后坐到位时应具有一定的剩余能量。惯性后坐阶段，炮闩克服的炮闩复进簧阻力功 A 为

$$A = \left(F_0 + \frac{1}{2}k(\lambda_1 + x_{1j})\right)x_{1g} \tag{4.35}$$

式中 F_0——炮闩复进簧预压力；

k——炮闩复进簧刚度。

加速完毕时，炮闩应具有的速度 v_{1j} 为

$$v_{1j} = \sqrt{v_{1g}^2 + \frac{2A}{m_1}} \tag{4.36}$$

式中 v_{1g}——炮闩后坐到位时的剩余速度（一般为 5 ~ 10 m/s）；

m_1——炮闩（包括药筒）的质量。

⑥ 炮闩运动规律的确定。由运动学可知，如已知曲线 $x = f(t)$，则曲线上任一点切线的斜率就是该点的速度。加速开始瞬间炮闩速度已知（与炮身速度相同），由此可知该点炮闩位移曲线的斜率。加速完毕瞬间炮闩速度也已计算出，由此可知该点炮闩位移曲线的斜率。知道两点及其斜率，可以做出无数条曲线。利用两点三次埃尔米特插值可以构造出唯一的最简单的三项式曲线，即炮闩位移变化规律。

$$\begin{aligned} x_1(t) = {} & x_{10}\left(1 + 2\frac{t - t_0}{t_j - t_0}\right)\left(\frac{t - t_j}{t_0 - t_j}\right)^2 + x_{1j}\left(1 + 2\frac{t - t_j}{t_0 - t_j}\right)\left(\frac{t - t_0}{t_j - t_0}\right)^2 + \\ & v_0(t - t_0)\left(\frac{t - t_j}{t_0 - t_j}\right)^2 + v_{1j}(t - t_j)\left(\frac{t - t_0}{t_j - t_0}\right)^2 \end{aligned} \tag{4.37}$$

将炮闩位移对时间求导，可得炮闩速度变化规律

$$v_1(t) = x_{10}\frac{6(t-t_j)(t_0-t)}{(t_0-t_j)^3} + x_{1j}\frac{6(t-t_0)(t_j-t)}{(t_j-t_0)^3} + v_0\frac{(t-t_j)(3t-2t_0-t_j)}{(t_0-t_j)^2} + v_{1j}\frac{(t-t_0)(3t-2t_j-t_0)}{(t_j-t_0)^2} \tag{4.38}$$

⑦ 加速机构结构形式的选择。根据加速特性和总体要求，合理选择加速机构结构形式。根据总体结构布置需要，大致确定加速凸轮轴的位置及炮身、闩座与凸轮接触的凸起或平面的位置。在确定凸起或平面的位置和形状时，应保证在加速机构工作前，凸轮应能自由运动，不被卡住，工作面之间不应以尖锐的棱角相接触。例如，选择结构形式如图 4.27 所示加速机构，固定于炮身的凸起（垫板）工作面选择为圆弧形，固定于闩座的凸起（垫板）工作面选择为直线形，加速臂与闩座凸起相互作用的工作面选择为圆弧形，加速臂与炮身凸起相互作用的工作面为加速凸轮轮廓曲线，由运动规律确定。

⑧ 加速凸轮轮廓曲线的拟制。拟制加速凸轮轮廓曲线，一般用借助作图分析法，如图 4.28 所示。

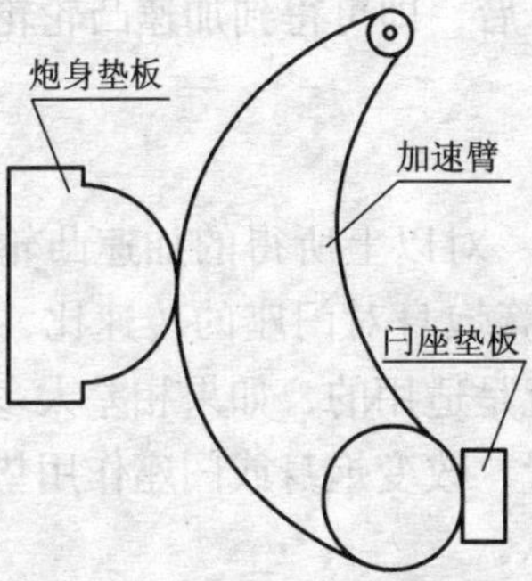

图 4.27　加速机构结构形式

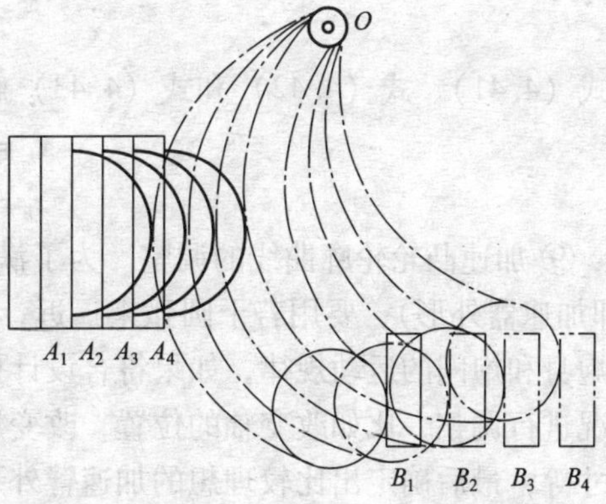

图 4.28　不同时刻加速机构位置

根据确定的各时刻炮身与闩座的相对位置关系，画出炮身凸起（垫板）从开始作用于加速臂至作用完成的各点位置 A_1、A_2、…、A_n，并画出闩座凸起（垫板）对应的位置 B_1、B_2、…、B_n。

根据自动机结构要求，定出加速臂轴 O 的位置。取一张透明描图纸，定出 O 点的位置，并与原来 O 轴的位置重合。在透明纸上作一圆弧（代表加速臂与闩座凸起相互作用的工作面），转动描图纸，使其依次与位置 B_1、B_2、…、B_n 对应的代表闩座凸起的直线相切。依次求出相协调的加速凸轮轮廓曲线与位置 A_1、A_2、…、A_n 对应的代表炮身凸起的圆弧相切的切点，即为加速凸轮轮廓曲线。

设炮身的凸起圆弧半径为 r_1（不变），加速臂的圆弧半径为 r_2（不变），加速臂的转轴中心水平坐标为 x_a（不变），任意时刻 t，炮身的凸起圆心水平坐标为 x，炮身的凸起圆心铅垂坐标为 z（不变），闩座的凸起与加速臂接触点的水平坐标为 x_1，闩座的凸起与加速臂接触点的铅垂坐标（也是加速臂圆弧圆心的铅垂坐标）为 z_c，加速臂圆弧圆心的水平坐标为 x_c，求出炮身凸起的圆弧与加速臂接触点的水平坐标为 x_k 和铅垂坐标 z_k，即为加速凸轮轮廓

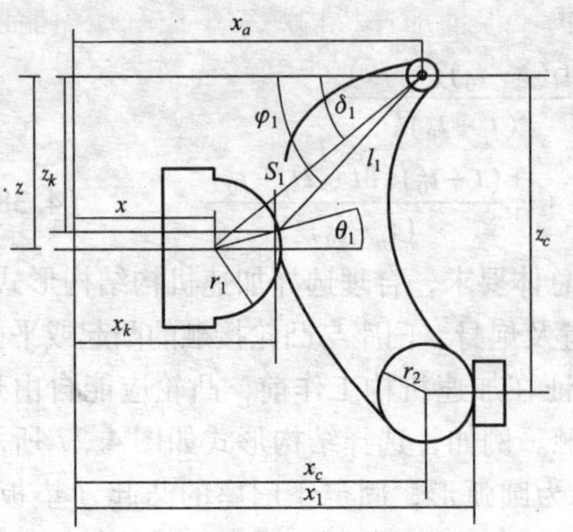

图 4.29 加速机构任意时刻位置关系示意图

曲线。图 4.29 为加速机构任意时刻位置关系示意图。

由图 4.29 得

$$s_1=\sqrt{(x_a-x)^2+z^2} \tag{4.39}$$

$$\delta_1=\arcsin\frac{z}{s_1} \tag{4.40}$$

由正弦定理得

$$\frac{r_1}{\sin(\varphi_1-\delta_1)}=\frac{s_1}{\sin(\varphi_1-\theta_1)} \tag{4.41}$$

及

$$\frac{l_1}{\sin(\delta_1-\theta_1)}=\frac{r_1}{\sin(\varphi_1-\delta_1)} \tag{4.42}$$

根据运动协调性要求，此位置必须满足传速比

$$\frac{\dot{x}_1}{\dot{x}}=K=\frac{z_c}{l_1}\sin(\varphi_1-\theta_1) \tag{4.43}$$

由式（4.41）、式（4.42）和式（4.43）解出 l_1、φ_1、θ_1 后，即可得到加速凸轮轮廓曲线

$$x_k=x+r_1\cos\theta_1 \tag{4.44}$$

$$z_k=z-r_1\sin\theta_1 \tag{4.45}$$

⑨ 加速凸轮轮廓曲线的调整。为了满足工艺的要求，对以上所得的加速凸轮轮廓曲线（即加速器外形），要用若干圆弧来逼近，随后再正式计算炮身对闩座的传速比，并重新计算炮身和炮闩的运动规律，如果符合设计要求，加速臂就是适用的，如果相差太多，再根据情况进行调整，比如改变轴的位置，改变炮身的起始位置，改变炮身或闩座作用垫板形状或尺寸等，最后确定出比较理想的加速臂外形和尺寸。

显然，在规定的运动条件下，由于所选定的凸轮轴位置、工作面的形状和位置不同，可以得到许多不同的方案，其中最好的方案应该是使机构运动平稳、结构紧凑，同时加速机构本身又有足够的强度。

4）杠杆－卡板式加速机构

加速机构设计，关键在于合理选择传速比。下面以身管后坐式自动机的杠杆－卡板式加速机构设计为例，说明加速机构设计的方法和步骤。

① 在暂不考虑加速机构工作影响时，可以根据选取的后坐阻力变化规律，计算出炮身制退后坐运动诸元，即炮身后坐速度 $v(t)$ 和后坐位移 $x(t)$。

② 选择加速机构开始工作时机 t_0。加速机构开始工作时机应满足对开锁压力 p_0 的要求，一般 p_0 可在 40～60 MPa 选取。选择了加速机构开始工作时机 t_0，即选定了加速机构开始工作时炮身行程 $x_0=x(t_0)$ 和炮身速度 $v_0=v(t_0)$。

③ 选择加速机构结束工作时机 t_j。选择加速机构结束工作时机 t_j 主要是通过选择加速机构结束工作时炮身行程 x_j 来确定。为了满足后坐长度最短时加速机构也能正常工作，一般取 $x_j\leqslant0.85\lambda$（λ 为常温正装药时炮身最大后坐长度）。选择了加速机构结束工作时炮身行程 x_j，即选定了加速机构结束工作时机 $t_j=t(x_j)$ 和炮身速度 $v_j=v(t_j)$。

④ 选择加速机构结束工作时炮闩最大速度 v_{1j}。为了保证加速机构结束工作时炮闩能依靠惯性及时后坐到位，根据炮闩后坐结束速度、惯性行程长度和炮闩复进簧参数，可以计算出加速机构结束工作时炮闩最大速度 v_{1j}，一般 $v_{1j} \approx 10 \sim 15$ m/s。

⑤ 合理选择传速比 $K_1(t)$。开始时，为了保证平稳地开锁、开闩和抽筒，传速比应小一点，一般取 $K_0 = K_1(t_0) = 1$。当抽动药筒之后，传速比应迅速平稳增大，以保证强制开闩结束时炮闩能获得预定的最大速度 v_{1j}，即强制开闩结束时传速比$K_{1j} = K_1(t_j) = v_{1j} / v_j$。选择了传速比 $K_1(t)$之后，即可计算出炮闩运动速度

$$v_1(t) = K_1(t)v(t)$$

和炮闩运动位移

$$x_1(t) = x_0 + \int_{t_0}^{t} v_1(t)\,\mathrm{d}t$$

以及炮闩相对炮身运动的相对位移

$$\xi_1(t) = x_1(t) - x(t)$$

⑥ 选择杠杆结构尺寸及初始位置。杠杆结构尺寸 l_1、l_2、φ_0的选择主要是根据总体结构布置来确定。选定了杠杆结构尺寸 l_1、l_2、φ_0，就确定了代表杠杆结构的 A、B、C 三点，A 代表炮身，B 代表炮闩，C 代表卡板理论轮廓曲线。为了不使加速机构开始工作时的压力角过大，通常取 $\theta_0 = 10° \sim 15°$。给定了初始位置 θ_0，根据加速机构开始工作时炮身位移 x_0就确定了杠杆的位置 $A_0B_0C_0$，过 A 作水平线代表炮身运动方向。

⑦ 卡板理论轮廓曲线设计。对于任意给定的时刻 t，可得炮身运动位移 $x(t)$和炮闩运动位移 $x_1(t)$及炮闩相对炮身运动的相对位移 $\xi_1(t)$，由此可以计算出杠杆对应位置，可得到杠杆上滚轮中心对应位置，即为卡板理论轮廓曲线上对应点。由于给定时刻 t 的任意性，故得到卡板理论轮廓曲线。如图 4.30 所示，对于任意给定的时刻 t，可得炮身运动位移 $x(t)$和炮闩运动位移 $x_1(t)$，即可确定代表炮身的 A_i 点，以及代表炮闩的 B_i点的水平位移（可作垂线），以 A_i点为中心，以 l_1 为半径画弧交过 B_i点的垂线于 B_i点，过 A_i点作与$A_i B_i$ 成夹角 φ_0 的射线，以 A_i点为中心，以 l_2 为半径画弧交射线于 C_i点，C_i点的轨迹即为所求卡板理论轮廓曲线。

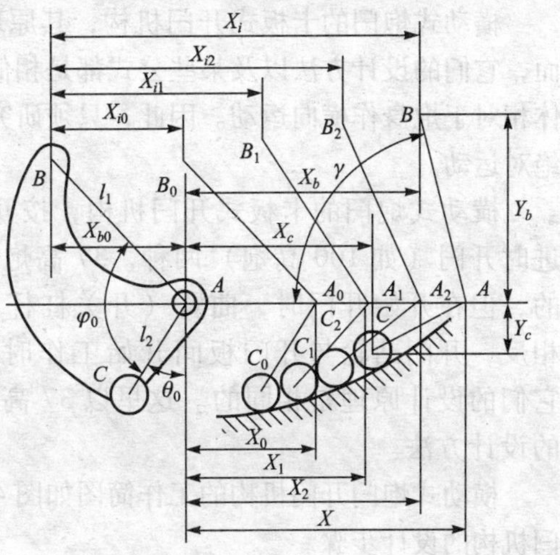

图 4.30　卡板理论轮廓曲线设计

由尺寸链计算得

$$x_a = x(t) \tag{4.46}$$

$$y_a = 0 \tag{4.47}$$

$$x_b = x_i(t) - x_{b0} \tag{4.48}$$

$$\gamma = \arccos\left(\frac{x_{b0} - x_b + x_a}{l_1}\right) \tag{4.49}$$

$$x_b = l_1 \sin \gamma \tag{4.50}$$

$$x_c = x_a - l_2 \cos(\varphi_0 - \gamma) \tag{4.51}$$

$$y_c = -l_2 \sin(\varphi_0 - \gamma) \tag{4.52}$$

⑧ 卡板理论轮廓曲线的调整。为了便于加工，可用直线或圆弧等简单曲线作为卡板理论轮廓。为了开始工作时不发生撞击，卡板理论轮廓曲线的初始倾角 $\alpha = 0$，但是为了避免由于制造误差引起的不稳定性影响，卡板理论轮廓曲线的初始段做成有初始倾角 α_0 的直线段，一般 $\alpha_0 = 3° \sim 10°$。再以理论轮廓为中心，以滚轮半径作圆，其包络即为卡板实际轮廓。

⑨ 进行反面计算。考虑修改后卡板理论轮廓与原卡板理论轮廓之间的差异，应对修改后的卡板理论轮廓计算相应的传速比（实际传速比）；考虑加速机构工作对炮身运动的影响，应反算炮闩与炮身相应运动关系；考虑了加速机构工作影响的炮身运动规律，应校核开闩性能。

4. 横动式炮闩开闩机构设计

横动式炮闩的卡板式开闩机构，其原理与杠杆－卡板式加速机构有许多相似之处，因而，它们的设计方法以及某些公式都是相似的。它们的差别仅在于，横动式炮闩工作时是闩体相对于炮身作横向运动。因此，只须研究炮闩相对于炮身的横向运动，而不必研究闩体的绝对运动。

横动式炮闩的卡板式开闩机构，按开闩时机可分为后坐时开闩（如 37 高炮）和复进时开闩（如 100 高炮）两种。37 高炮开关闩轴滑轮与开闩板（模板）间是平稳作用的，但在开始开闩时，曲臂（开关杠杆）将与闩体水平滑槽间产生撞击。100 高炮则相反，开闩凸轮与开闩板间开始工作时有撞击，但曲臂与闩体间始终是平稳作用的，它们的设计原理是相同的。这里以 37 高炮开闩机构为例，讨论横动式炮闩的开闩机构的设计方法。

横动式炮闩开闩机构的工作简图如图 4.31 所示。下面具体讲述横动式炮闩的卡板式开闩机构的设计步骤。

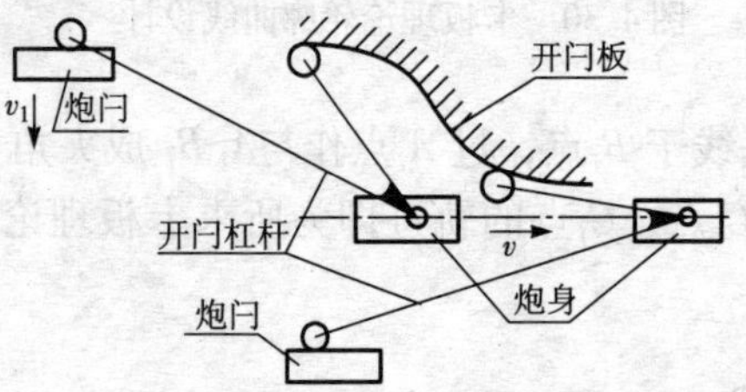

图 4.31　横动式炮闩开闩机构的工作简图

① 在暂不考虑开闩机构工作影响时，可以根据选取的后坐阻力变化规律，计算出炮身驻退后坐运动诸元，即炮身后坐速度 $v(t)$ 和后坐位移 $x(t)$。

② 根据开闩机构开始工作时应满足对开膛压力 p_0 的要求，选择开闩机构开始工作时机 t_0，即选定了开闩机构开始工作时炮身行程（自由行程）$x_0 = x(t_0)$ 和炮身速度 $v_0 = v(t_0)$。

③ 根据开闩过程结束时应保证抽筒、抛筒机构和输弹机构具有足够的工作时间和距离，一般开闩行程只占炮身后坐行程中除自由行程外的 1/3，即 $x_j \approx x_0 + (\lambda - x_0)/3$。选择了开闩机构结束工作时炮身行程 x_j，即选定了开闩机构结束工作时机 $t_j = t(x_j)$ 和炮身速度 $v_j = v(t_j)$。

④ 对于炮身后坐式横动炮闩，炮闩相对炮身的行程，一般略大于药筒底缘直径，附加行程一般取 5 ~ 10 mm。

⑤ 根据开闩特性和总体要求，合理选择开闩机构结构形式。

⑥ 根据总体结构布置需要，合理开闩机构主要结构参数。

⑦ 合理选择传速比 $k(t)$，可以得出炮闩相对炮身的速度 $v_1(t)$ 和炮闩相对炮身的位移 $x_1(t)$。

⑧ 对于任意给定的时刻 t，由炮身运动位移 $x(t)$ 和炮闩相对运动位移 $x_1(t)$，可以计算出开闩机构的卡板理论轮廓曲线特征点对应位置。由于给定时刻 t 的任意性，故得到卡板理论轮廓曲线，如图 4.32 所示。

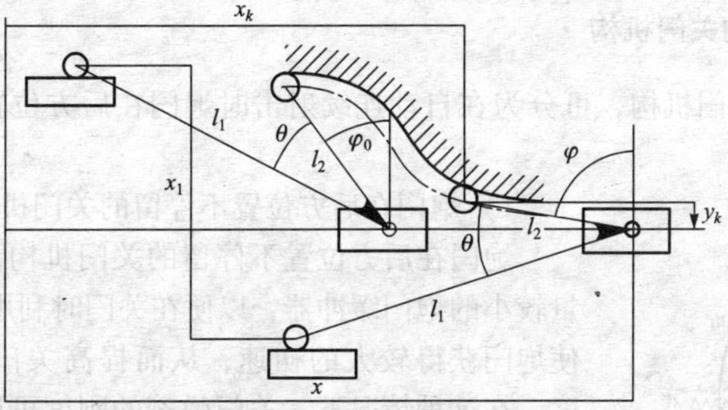

图 4.32　横动式炮闩开闩机构的位置关系图

由图 4.32 可得

$$x_1 = l_1(\cos(\varphi_0 + \theta) - \cos(\varphi + \theta)) \tag{4.53}$$

即

$$\varphi = \arccos\left(\cos(\varphi_0 + \theta) - \frac{x_1}{l_1}\right) - \theta \tag{4.54}$$

以及卡板理论轮廓

$$x_k = x - l_2 \sin \varphi \tag{4.55}$$

$$y_k = l_2 \cos \varphi \tag{4.56}$$

出于对卡板轮廓实现的可能性以及工艺性要求，可以对理论轮廓曲线进行调整，如用简单曲线的组合代替复杂理论轮廓曲线。为了避免在开闩起始点有撞击发生，卡板理论轮廓曲线的初始倾角 $\alpha_0 = 0$，但是为了避免由于制造误差引起的不稳定性影响，卡板理论轮廓曲线的初始段做成有初始倾角 α_0 的直线段，一般 $\alpha_0 = 3° \sim 10°$。在开闩结束段，为了避免撞击，卡板理论轮廓曲线的倾角 $\alpha_0 = 0$。

⑨ 开闩机构结构设计。在以理论轮廓为中心，以滚轮半径作圆，其包络即为卡板实际轮廓。根据刚强度等要求，设计具体开闩机构结构，绘制装配图及相关零件图。

⑩ 开闩机构影响性能的计算。考虑开闩机构的影响，计算开闩性能，分析是否满足要求。如果不满足要求，按考虑了开闩机构影响得到的炮身运动规律，重新开始设计，直到满足要求为止。一般迭代两次，足以满足要求。

4.3.2 关闩机构设计

发射时，炮闩依靠关闩机构完成自动关闩和闭锁动作。纵动式炮闩的关闩机构同时完成输弹的动作，它的主要零件是炮闩复进簧。横动式炮闩的关闩机构由关闩弹簧、杠杆和曲臂等组成。

对关闩机构的要求是：尽可能提高关闩平均速度，以缩短关闩时间，但关闩终了不应发生过大的撞击。

关闩机构的动作原理即是构件在弹簧作用下的运动。炮闩的最大速度通常是发生在关闩终了，可根据关闩末炮闩必须具有的动能来设计关闩弹簧。

1. 纵动式炮闩的关闩机构

纵动式炮闩的关闩机构，可分为在自动连续射击时炮闩在后方位置不停留的和停留的两种。

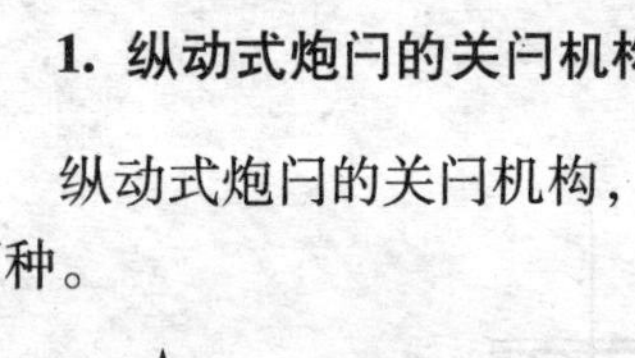

图 4.33 炮闩关闩简图
k_1，k_2—炮闩关闩簧和缓冲簧的刚度系数；
λ—关闩行程

1）炮闩在后方位置不停留的关闩机构

炮闩在后方位置不停留的关闩机构，都配有一个消耗能量较小的炮闩缓冲器，以便在关闩时利用缓冲器放出的能量，使炮闩获得较大的初速，从而提高关闩（输弹）的平均速度。在这种情况下，关闩弹簧的刚度可取得较小，以减小人工开闩时的最大力和提高弹簧的寿命。炮闩撞击缓冲器后将有反跳速度，当停射时会对发射卡锁产生剧烈撞击，影响发射卡锁的寿命和停射的可靠性。必要时可设计成带缓冲簧的发射机构。在连续射击时，弹簧力和炮闩速度的变化曲线如图 4.33 所示。

设给定射角 $\varphi=0°$ 时的关闩（输弹）末速 v_2，则可写出功能方程为

$$\frac{1}{2}mv_2^2=K\left(\frac{1}{2}mv_1^2+\frac{1}{2}(F_0+F_\lambda)\lambda\right)$$

式中 m——炮闩、炮弹和 1/3 关闩弹簧的质量；

v_1、v_2——关闩时炮闩的初速和末速；

F_0、F_λ——关闩弹簧的初力和末力，通常取弹簧压缩比 $F_\lambda/F_0=2\sim2.8$；

λ——关闩时炮闩的行程；

K——考虑关闩过程中撞击和摩擦等能量损失而引入的修正系数，通常 $K=0.9\sim0.97$。

选择 F_0 时，应使关闩簧在最大射角时能保证炮闩和炮弹保持在前方位置，因此 F_0 值不应小于炮闩和炮弹质量的两倍。同时应保证在最大射角第一次装填（$v_1=0$）时，能顺利地推弹、输弹到位并可靠地闭锁、击发。

初步确定 F_0 值后，即可计算出 F_λ，并求出关闩簧的刚度系数 K_1。设计出弹簧后，即可根据弹簧作用下的构件运动方程计算炮闩运动诸元。如果发生开闩手柄上的最大力超过允许值而不能接受时，可相应增大 F_0，以降低 F_λ。当计算所得 F_λ 大于 F_0 三倍以上时，为了弹

簧设计的合理性也应增大 F_0 减小 F_λ。

2）炮闩在后方位置停留的关闩机构

射击时，炮闩每发都被自动发射卡锁卡在后方位置。这又有两种情况：其一是压弹后炮闩复进时进行复进加速，此时炮闩复进具有初速 v_1，因此它的复进簧设计方法与上面讲的自动射击时，炮闩在后方不停留的情况相似；其二是炮闩复进初速等于零。此时关闩弹簧可按下式计算

$$\frac{1}{2}mv_2^2 = \left(\frac{1}{2}(F_0 + F_\lambda)\eta - mg(\sin\varphi_{\max} + f\cos\varphi_{\max})\right)\lambda$$

式中　m——炮闩、炮弹和 1/3 关闩弹簧的质量；

F_0、F_λ——关闩簧的初力和末力；

λ——关闩时炮闩的行程；

v_2——关闩到位时炮闩速度；

η——考虑弹簧工作时能量损失而引入的系数（$\eta = 0.7 \sim 0.9$）；

f——摩擦系数；

$\varphi_{\max}$——最大射角。

设计时，同样是初步确定 F_0 值，然后计算出 F_λ，并求出关闩簧的刚度系数 C_1。设计出弹簧后，即可根据弹簧作用下的构件运动方程计算炮闩运动诸元，并检验是否满足要求。

设计关闩弹簧时应注意关闩弹簧的最大变形量，除预压变形量之外，还应加上关闩时炮闩的行程 λ，炮闩越过自动卡锁到接触缓冲器前的行程 Δ（一般取 2.5 ~ 10 mm），以及缓冲器工作行程 λ_1。

2. 横动式炮闩的关闩机构

横动式炮闩的关闩弹簧力是通过闭锁杠杆和曲臂（开关杠杆）传递到闩体的。但是设计关闩弹簧的基本原理和纵动式炮闩的关闩弹簧的设计相同。设计的起始数据仍是关闩末速 v_2，通常 $v_2 = 3.0 \sim 3.5$ m/s，关闩弹簧可根据下式计算

$$\frac{1}{2}mv_2^2 = \eta\left(\frac{1}{2}(F_0 + F_\lambda)\lambda - mgz\right)$$

式中　m——炮闩的质量；

F_0、F_λ——关闩弹簧的初力和末力，通常取弹簧压缩比 $F_\lambda / F_0 = 2 \sim 2.8$；

λ——关闩弹簧的工作行程；

η——考虑弹簧工作时能量损失而引入的系数（$\eta = 0.85 \sim 0.9$）；

z——关闩时炮闩的行程。

关闩时炮闩的行程 z 值一般稍大于药筒的最大直径，可预先给定。根据关闩机构的结构尺寸和 z 值，可以确定 λ 的值。

选择 F_0 时，应使其能可靠地保持闩体在上方位置。一般不小于闩体质量换算到弹簧上的力的两倍，即

$$F_0 \geqslant 2mg\frac{K}{\eta}$$

式中　K、η——关闩弹簧传到闩体的传速比和效率。

确定 F_0 值后，即可计算出 F_λ。当设计出关闩弹簧后，即可进行关闩运动的计算。通常

将闩体和连接构件的质量换算到关闩弹簧杆上，然后计算此相当质量在关闩弹簧作用下的运动。得到关闩弹簧杆的运动诸元后，就可按机构具体情况算出闩体的运动诸元。

4.4 供/输弹机构设计

4.4.1 概述

1. 供/输弹机构

自动炮所用炮弹，都是定装式炮弹。自动炮要实现自动连发射击，必要条件之一就是自动实现炮弹的自动装填，即自动实现将炮弹依次从弹箱或炮弹储存器中送到炮膛中。

自动炮的炮弹自动装填过程中，炮弹必须经过三个严格确定的位置（简称为三大位置），即进弹口、输弹出发位置和药室。进弹口，是指炮弹在等待压向输弹出发位置时所占据的位置。输弹出发位置，是指在等待输弹入膛时炮弹所占据的位置。药室，是指输弹到位时，炮弹所占据的位置。

上述三大位置将自动炮的炮弹自动装填过程分为相应三大阶段，即拨弹、压弹和输弹。拨弹，是指把炮弹前移一个炮弹节距，并依次将当前一发炮弹拨到进弹口的运动过程。压弹，是指把进弹口上的炮弹压到输弹出发位置的运动过程。输弹，是指把输弹出发位置的炮弹输入药室的运动过程。有时又把拨弹和压弹合称为供弹。大口径舰炮，一般将炮弹储藏在甲板之下的弹药舱内，需要将炮弹从弹药舱输送到甲板之上，一般称这种输送过程为扬弹。

完成动作就有相应机构，完成拨弹的机构称为拨弹机，完成压弹的机构称为压弹机，完成供弹的机构称为供弹机，完成输弹的机构称为输弹机，供弹机和输弹机合称为供/输弹机构。

2. 供弹方式

自动炮的供弹方式主要有无链供弹与有链供弹之分。

目前，37 mm 以下小口径自动炮广泛采用有链供弹，如 HP－23 航炮、AM－23 航炮、25 高炮等。弹链由弹节组成。装有炮弹的弹链称为弹带（这里所说的弹带，与弹丸上的弹带不是一个概念，弹丸上的弹带是用于在膛线作用下使弹丸产生旋转）。

根据结构不同，弹节可分为开口式弹节和封闭式弹节。开口式弹节依靠弹节的大半个圆弧夹持炮弹，剩余的小半个圆弧开口用于炮弹从弹节上向前推出（如 AM－23 航炮）或向侧方挤出（如 HP－23 航炮）。这种弹节经射击使用后容易产生塑性变形，一般使用 5 ~ 8 次就需更换。封闭式弹节依靠弹节的整个圆弧夹持炮弹，炮弹只允许从弹节后方抽出，这就限制了封闭式弹节的广泛应用。从弹链上取出炮弹所需的最大力称为脱链力，封闭式弹节脱链力较小，开口式弹节脱链力较大。脱链力应满足一定要求，脱链力过小容易引起窜弹，脱链力过大需消耗较大自动机能量，降低射速，影响强度。弹带长度可以在较大范围内变化，因而便于实现较长的连射。弹链供弹的自动机的轮廓尺寸比较小，但是更换弹带的时间较长，将炮弹装入弹链和弹箱较麻烦，当弹箱不随起落部分起落时，还应考虑采用软导引将弹链和炮弹顺利地引入自动机。

无链供弹又可分为弹夹供弹、弹鼓（舱）供弹、弹槽供弹、传送带供弹、智能式供弹

（机械手）等。

37 mm 以上小口径自动炮广泛采用弹夹供弹，如57高炮、37高炮等。为了便于操作，一般每夹炮弹不大于30 kg，因此弹夹上的炮弹数量是极其有限的，一般只有4~5发。为了保证能连续射击，需要人工及时地供给炮弹，因此容易产生“卡弹”等故障，还会因炮手来不及供给炮弹而造成停射等。

弹鼓（舱）供弹应用于30 mm 以上小口径自动炮。弹鼓（舱）内炮弹的容量比较大，因此可以实现较长的连射。弹鼓（舱）供弹主要是采用外能源供弹，自动机的结构比较简单，故障率小，更换弹鼓（舱）容易，尤其适用高射速自动炮。

弹槽供弹、传送带供弹、智能式供弹（机械手）主要用于中大口径自动炮。

输弹方式主要有强制输弹与惯性输弹之分。强制输弹，是指输弹过程在外力作用下进行的，炮弹的运动是强制的。惯性输弹，是指输弹过程在炮弹获得一定速度之后依靠惯性进行的，炮弹的运动是惯性的。

3. 对供/输弹机构的要求

供/输弹机构是自动机中最复杂的部分，也是最容易出现故障的部分。为了保证供输弹的可靠性，在设计时考虑如下要求。

1）保证装填动作可靠

① 弹夹供弹时，供弹台在射击过程中固定不动或运动很小，以便装填手能迅速而准确地补弹。

② 弹链供弹时，设计可靠的硬、软导引，以便弹带运动顺畅，尤其是对于为了减小后坐力而采用全炮缓冲的自动机，应特别注意弹带运动的顺畅性，采取切实有效的措施予以保证。

2）保证供/输弹过程中炮弹的确定性

① 运动轨迹的确定性。设置炮弹（弹链或弹夹等）运动导向面、导向槽等，使炮弹（弹链或弹夹等）只能在规定的运动方向上运动，从而使炮弹（弹链或弹夹等）具有确定的运动轨迹。

② 三大位置的确定性。在供/输弹过程的三大位置，应该设置对炮弹的定位和约束，严格保证炮弹位置的确定性，以便顺利地完成机构动作的交接，犹如接力赛跑过程中的“交接棒”必须十分准确一样。

③ 运动的强制性。在供/输弹过程中，应采用强制手段，利用足够的动力使炮弹的运动是强制的，不能依靠重力、惯性等进行供/输弹。在特殊情况下，万不得已采用惯性运动时，也应将惯性行程缩短到最小限度。对于惯性输弹，在强制输弹结束时应使炮弹具有足够速度，以满足输弹到位的速度要求。

④ 动作的确实性。应设置阻弹装置，保证每次必须向自动机内供输一发炮弹，并且每次只能向自动机内供输一发炮弹，阻止后续炮弹由于惯性运动的“提前”进入。

3）保证足够的强度和刚度

① 供/输弹机构必须满足强度要求，机构各零件在正常工作时不能断裂，不能产生塑性变形。

② 供/输弹机构必须满足刚度要求，机构各零件在正常工作时不能产生过大变形而影响

运动和受力。

③ 供/弹机构中应设置保险装置，以便当炮弹运动的阻力过大时，自动中断供弹，以免因供弹负荷过大而损坏机构或相关零件。

4）保证工作平稳性

① 供/输弹机构工作应平稳，尽量避免撞击。

② 供/输弹机构传速比变化应平稳，尽量减小加速度。

③ 供/输弹机构传动效率应高，耗能小。

5）保证经济性

① 供/输弹机构的结构应尽量简单，提高可靠性，降低成本。

② 供/输弹机构的结构工艺性应好。

4. 供/输弹机构设计的主要内容

供/输弹机构设计的好坏，直接影响自动机的射速和工作可靠性，因此供/输弹机构设计时主要考虑以下问题：合理增大供弹机构的容弹量、方便射击过程中续弹、合理缩短供弹时间、保障动作可靠性、减小故障率等。

（1）供/输弹机构总体设计。供/输弹机构总体设计主要是结构类型选择（包括供弹路数、供输弹方式、供弹量、供/输弹机构类型、供/输弹机构工作原理等）、结构布置、关键结构尺寸确定（如工作行程等）等。

（2）供/输弹线路设计。供/输弹机构结构设计的重点是设计四条确定的线路，即供弹线路、输弹线路、排链线路、抛筒线路。供弹线路是指把炮弹运送到输弹出发位置时炮弹的运动轨迹。对于供弹线路，要采取规正、导引、定位等强制措施，保证炮弹运动线路畅通。输弹线路是指把输弹出发位置的炮弹输送到药室时炮弹的运动轨迹。对于输弹线路，不允许有阻碍炮弹引信运动的现象存在。排链线路是指弹链供弹的自动机，在脱链之后，弹链沿一定轨迹排出自动机之外，即指在自动机内弹链的运动轨迹。对于排链线路，要求排链畅通。抛筒线路是指，自动机射击之后把药筒沿一定轨迹排出自动机之外，即指在自动机内药筒的运动轨迹。对于抛筒线路，在满足闭锁机构要求前提下，应计算抽筒速度、轨迹，保证药筒能被抛到要求的位置。

（3）几何分析。在设计完四条确定的线路之后，根据这四条确定的线路，布置供/输弹机构，并进行干涉计算和分析，确保四条线路的畅通。

（4）结构设计。结构设计主要指运动规律的选取、结构形状的确定、结构尺寸的确定及强度设计。

（5）动力分析。根据设计的结构及其工作环境和条件，进行动态特性分析。

4.4.2 供弹机构设计

1. 供弹机构的结构类型

供弹机构是自动机中比较复杂的机构，结构形式多种多样。

1）按利用能量来源分类

按能量来源的不同可把供弹机构分为两类，即内能源供弹机构和外能源供弹机构。

把发射时利用火药燃气能量进行工作的供弹机构称为内能源供弹机构。现有自动炮的供弹机构大多数采用内能源供弹机构，利用能源的方式可以是后坐动能，也可以是直接利用火药燃气。内能源供弹机构的工作稳定性将直接影响自动机的工作稳定性，比如，随着射击的持续，弹带越来越短，弹带阻力会发生变化，而弹带阻力变化将引起自动机运动变化，导致射速变化。

把利用外部能量进行工作的供弹机构称为外能源供弹机构。利用能源的方式可以是事先储存的势能（弹簧储能、气体储能等），也可以是直接利用电能等外部能源。外能源供弹机构的工作对自动机工作影响小，但额外能源的加入，将使机构设计复杂，尤其是内、外协调性应特别注意，必须采取确实有效的措施。

为了扬长避短，现在越来越多地采用内、外能源相结合的混合能源供弹机构。一般采取利用外能源拨弹，利用内能源压弹的方式。

2）按工作原理分类

根据供弹机构工作原理的不同可把供弹机构分为三类，即直接供弹机构、阶层供弹机构和推式供弹机构。

在拨弹和压弹的过程中，炮弹轴线始终在过炮膛轴线的一个平面内运动的供弹机构称为直接供弹机构，如图 4.34 所示。直接供弹机构的拨弹和压弹同时进行。直接供弹机构的结构比较简单，但自动机的横向尺寸较大，炮闩要停留在后方等待压弹，影响射速的提高。直接供弹机构一般用于无链供弹。直接供弹机构中，有一种是依靠炮身后坐时压缩压弹弹簧而储存的能量进行拨弹和压弹，炮身与供弹机构间的联系是单面约束，如俄 C－60 式 57 高炮；另一种是直接利用炮身后坐和复进带动供弹机构工作，进行拨弹和压弹，炮身与供弹机构间的联系是双面约束，如 37 高炮。

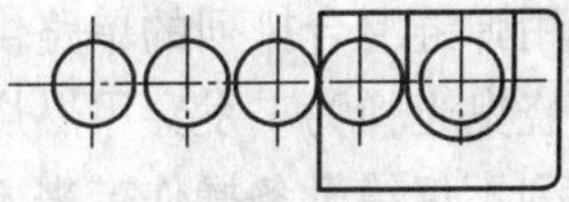

图 4.34　直接供弹机构简图

在拨弹和压弹过程中，炮弹轴线不在同一平面内运动的供弹机构称为阶层供弹机构，也称为双层供弹机构，如图 4.35 所示。阶层供弹机构的拨弹和压弹明显分为两个阶段。阶层供弹机构的结构比较紧凑，占用的空间较小，容易实现左右供弹互换，但结构比较复杂。阶层供弹机构一般用于弹链供弹。阶层供弹机构的拨弹机构和压弹机构通常是分开的。压弹机构根据弹节不同可分为两种。对用于封闭式弹节的压弹机构，是利用装在炮闩上的取弹器，在炮闩后坐时将进弹口上的炮弹从封闭式弹节中向后抽出，并通过固定的压弹板的作用将炮弹压到输弹线上。这种压弹机构是在炮闩后坐的同时进行压弹，炮闩不必在后方停留，但炮闩的后坐行程一般要比炮弹全长大许多。对于用开口式弹节的压弹机构，是利用压弹器的作用，将进弹口上的炮弹从弹链侧方直接压到输弹线上。这种压弹机构是在炮闩后坐完毕之后进行压弹，炮闩必须停留在后方等待压弹，炮闩的后坐行程一般只需略大于炮弹全长。

在拨弹到位后，推弹臂（或炮闩）从进弹口（亦输弹出发位置）直接将炮弹向前推送，同时借助于导向面的作用使炮弹倾斜进入药室，这种供弹机构称为推式供弹机构，如图 4.36 所示。推式供弹机构把压弹和输弹两个动作合二为一，没有明显的压弹过程与输弹过程之分。推式供弹机构结构比较简单，占用的空间较小，推弹臂（或炮闩）不必在后方停留，但推弹行程较长。

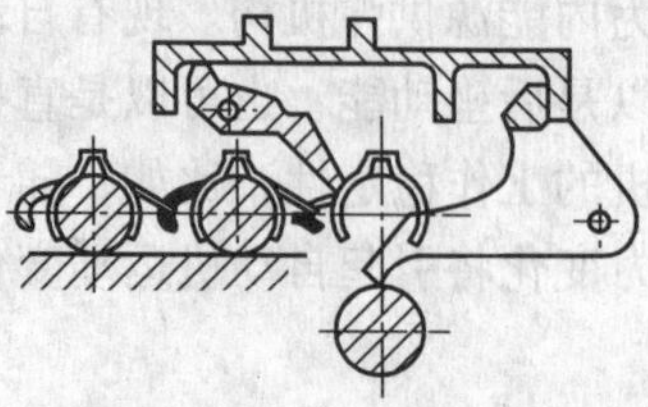

图 4.35　双层供弹机构简图

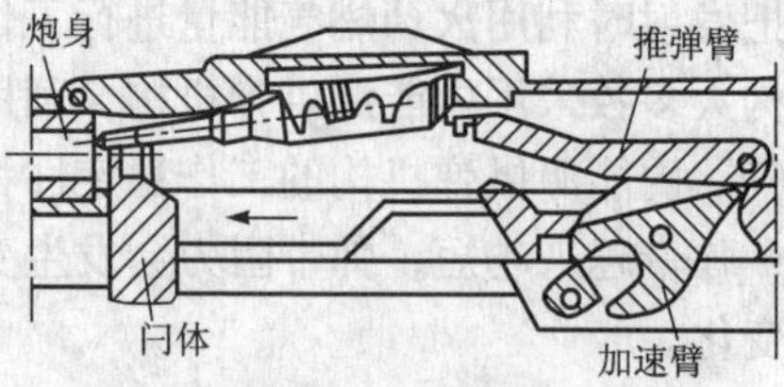

图 4.36　推式供弹机构简图

3）按供弹路数分类

根据供弹路数的不同可把供弹机构分为三类，即单路供弹机构、双路供弹机构和多路供弹机构。

供弹线路只有一路的供弹机构称为单路供弹机构。单路供弹机构是供弹机构中最简单的一种，传统自动机都是采用单路供弹机构。为了使一门自动炮能对付不同目标，往往要求供弹机构能提供不同种类的炮弹，对单路供弹机构，常采用的方法是不同种类的炮弹通过弹链混合排列来实现。例如 ZU－23－4 自行高炮，配有杀伤爆破燃烧曳光弹和穿甲燃烧曳光弹，采用弹链混合排列的单路供弹机构，两种炮弹在弹链上混合排列方式是，每隔 3 发杀伤爆破燃烧曳光弹为 1 发穿甲燃烧曳光弹，以保证每一个短点射有一发穿甲弹发射出去。弹链混合排列不仅给勤务操作带来不便，而且由于不能根据目标特性人为选择所需发射的弹种，射击效果也不理想。

能分别提供两种炮弹，并且可根据目标特性，人为迅速选择，进行弹种更换，发射所需弹种的供弹机构称为双路供弹机构。双路供弹机构的炮弹分别装在各自的供弹箱内，对付不同目标可选用不同弹种进行射击。从自动机的一侧能分别提供两种弹的双路供弹机构称为单向双路供弹机构（如图 4.37 所示），从自动机的两侧分别供两种弹的双路供弹机构称为双向双路供弹机构（也可简称双向供弹机，如图 4.38 所示）。按供弹机构在转换弹种时的运动方式，双路供弹机构又分为不动式双路供弹机构、移动式双路供弹机构、摆动式双路供弹机构等。

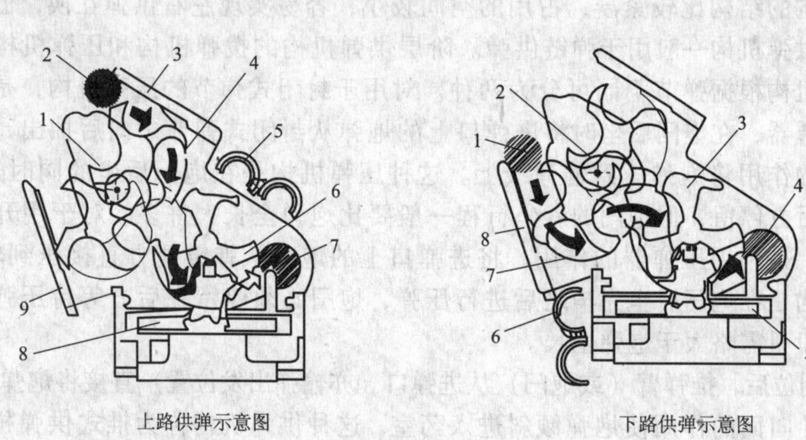

上路供弹示意图　　　　下路供弹示意图

1—上拨弹轮；2—炮弹；3—脱链板；4—上供弹导引；5—弹链；6—供弹转轮；7—向前抛壳位置；8—炮闩座；9—脱链板；

1—炮弹；2—导引器；3—供弹转轮；4—向前抛壳位置；5—炮闩座；6—弹链；7—下供弹导引；8—脱链板

图 4.37　单向双路供弹机构

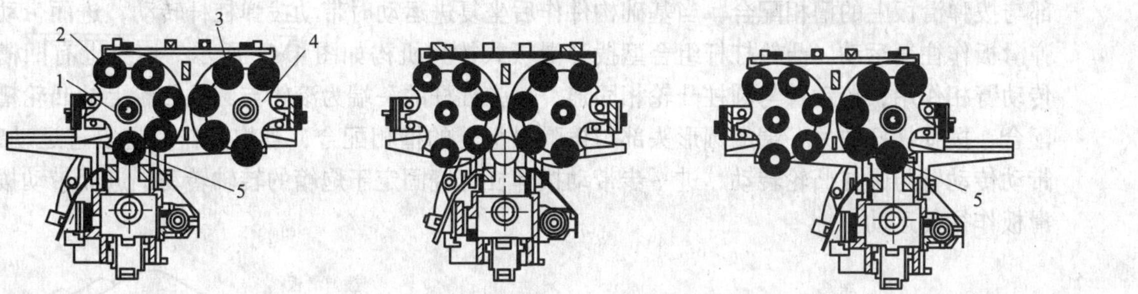

横向移动的三个位置图

图4.38　双向双路供弹机构

(a) 左供弹（甲弹）位置；(b) 中间位置（不供弹位置）；(c) 右供弹（榴弹）位置

1—左拨弹轮；2—穿甲弹；3—榴弹；4—右拨弹轮；5—处于输弹位置的炮弹

能分别提供三种及三种以上炮弹，并且可根据目标特性，人为迅速选择，进行弹种更换，发射所需弹种的供弹机构称为多路供弹机构。多路供弹机构的炮弹分别装在各自的供弹箱内，对付不同目标可选用不同弹种进行射击。

2. 拨弹机构设计

拨弹机构的作用是依次把炮弹移送到自动机进弹口待进弹（或取弹）位置，以便让压弹机构把炮弹压到输弹线上，或由推弹机直接推送进炮膛。

对内能源自动机的拨弹机构，是将基础构件的运动转化成拨弹时的炮弹运动，一般基础构件的运动与炮弹的运动方向还不一致。拨弹机构包括炮弹引导器和拨弹机。炮弹引导器在拨弹过程中引导炮弹运动，用以控制炮弹以及弹链或弹夹的运动方向。拨弹机在一个自动循环中将炮弹移动一个弹节，把最前面的一发炮弹送到进弹口。拨弹机由拨弹基础构件、传动机构和直接拨动炮弹（弹链）的构件组成。

1）拨弹机构的结构

根据直接拨动炮弹（弹链）构件的运动特点，拨弹机构可分为拨弹滑板式、拨弹转轮式和拨弹链轮式三种。拨弹传动机构的结构形式可以概括为凸轮机构、杠杆机构和凸轮杠杆组合机构三种。

① 拨弹滑板。拨弹滑板作往返直移运动，传动机构通过拨弹滑板上的拨弹齿使炮弹（弹链）运动；当滑板返回时，有阻弹齿阻止弹链退回。由于拨弹滑板结构简单、体积小、质量轻，在现代自动机中得到广泛应用。根据传动机构形式的不同，拨弹滑板式拨弹机构又分为凸轮型、杠杆型和凸轮杠杆组合型。凸轮型拨弹滑板式拨弹机构如图4.39所示，基础构件上有凸轮槽，与拨弹滑板上相应凸轮槽相配合，从而决定了机构的运动规律，当基础构件作后坐复进运动时带动拨弹滑板作往复运动。杠杆型拨弹滑板式拨弹机构如图4.40所示，拨弹杠杆的一端为圆柱凸起，与基础构件上的相应凹槽相配合，拨弹杠杆另一端的圆形头

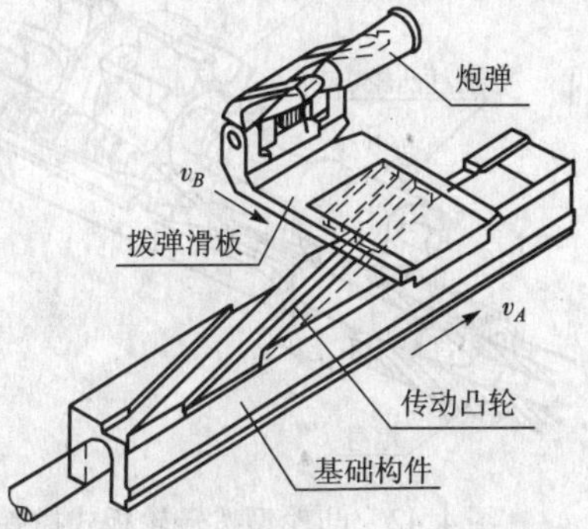

图4.39　凸轮型拨弹滑板式拨弹机构

部与拨弹滑板上的槽相配合，当基础构件作后坐复进运动时带动拨弹杠杆转动，进而带动拨弹滑板作往复运动。凸轮杠杆组合型拨弹滑板式拨弹机构如图 4.41 所示，炮身上有凹槽与传动臂相作用，传动臂与圆柱凸轮相固连，拨弹杠杆的一端为滚轮与圆柱凸轮上的凸轮槽相配合，拨弹杠杆的另一端的圆形头部与拨弹滑板上的槽相配合，当炮身作后坐复进运动时，带动传动臂与圆柱凸轮转动，进一步带动拨弹杠杆绕固定于炮箱的转轴转动，进而带动拨弹滑板作往复运动。

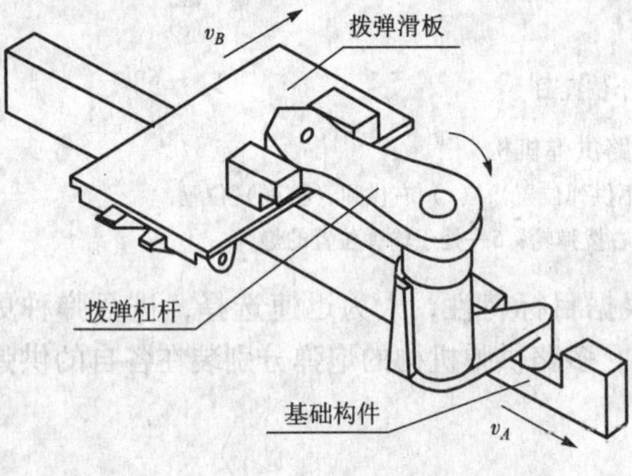

图 4.40　杠杆型拨弹滑板式拨弹机构

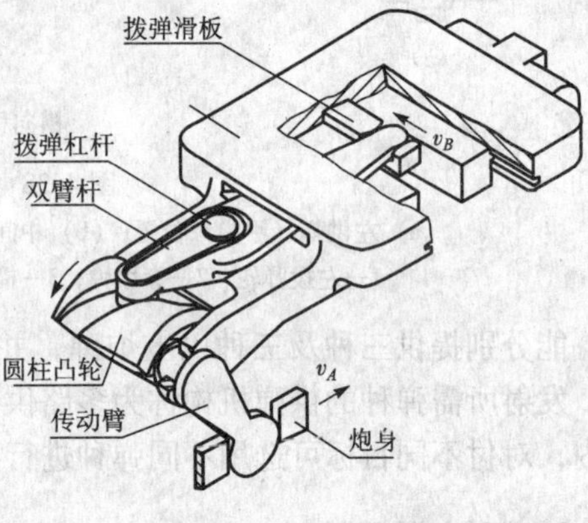

图 4.41　凸轮杠杆组合型拨弹滑板式拨弹机构

② 拨弹转轮。拨弹转轮绕固定轴作单向回转运动，固定轴与炮膛轴线平行。传动机构通过拨弹转轮使弹链移动。当传动机构返回时，固定轴上有棘轮阻止转轮转动。转轮式拨弹机构的转轮上的弹形槽能可靠地包住炮弹，并可作为拨弹时的导引面，但是结构比较复杂，外形尺寸和质量都大。根据传动机构形式的不同，拨弹转轮式拨弹机构又分为凸轮型、杠杆型和凸轮杠杆组合型。凸轮型拨弹转轮式拨弹机构如图 4.42 所示，当炮身后坐时，炮身上有一凸起沿拨弹转轮前端下部的圆柱凸轮曲线槽内滑动，带动拨弹转轮转动而拨弹。拨弹转轮与圆柱凸轮之间有棘轮机构，当炮身复进时，转轮与凸轮脱开，凸轮回转，而转轮不动，即转轮只单方向转动。杠杆型拨弹转轮式拨弹机构如图 4.43 所示，基础构件后坐时，带动拨弹杠杆转动，拨弹杠杆上端钩住拨弹转轮使其转动而拨弹。拨弹转轮一端有棘轮机构，当基础构件复进时，转轮与拨弹杠杆脱开，拨弹杠杆回转，而转轮不动，即转轮只单方向转动。

图 4.42　凸轮型拨转轮板式拨弹机构

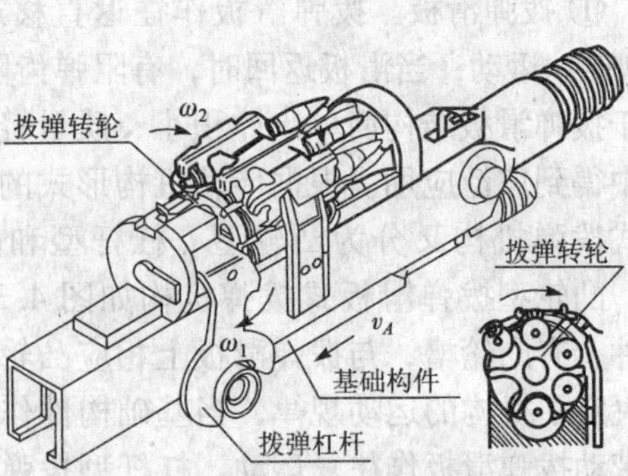

图 4.43　杠杆型拨弹转轮式拨弹机构

③ 拨弹链轮。链轮式拨弹机构（如图 4.44 所示），通过链轮带动闭合链条运动，链条上的拨动齿直接带动炮弹。根据带动链轮转动的传动机构的不同，又可以有不同结构。

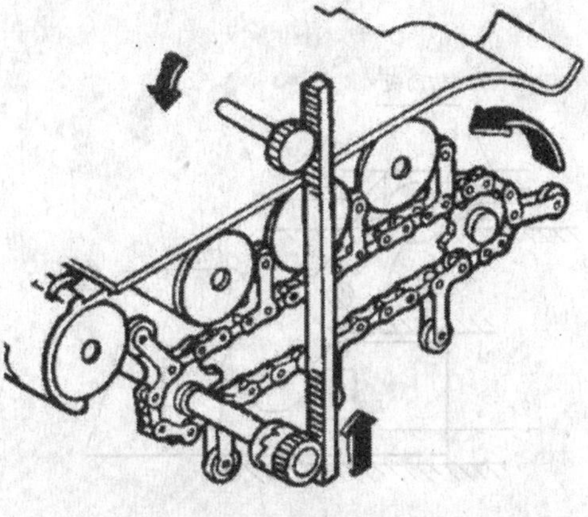

图 4.44　链轮式拨弹机构简图

不同形式传动机构的特点分析如下。

① 凸轮机构。作为拨弹传动机构的凸轮机构有直动式凸轮、平面回转凸轮、圆柱凸轮和曲面凸轮。凸轮机构的特点是机构的传速比的变化规律基本上由凸轮轮廓曲线所决定，因而可以利用合理地拟制凸轮轮廓曲线来获得预先选择的弹链运动规律，从而避免或减轻机构传动中的碰撞并保证拨弹的平稳性和可靠性。若定形槽为直线槽，加工最方便，但传速比为常数，使拨弹滑板在启动和停止运动时都有碰撞。为了使拨弹滑板启动无碰撞，可以将拨弹机构的凸轮轮廓曲线设计成由一段圆弧和一段直线组成，其传速比变化由零开始达到一定数值后保持常数。若凸轮轮廓曲线选用互相连接的两个圆弧，可以得到由零开始又回到零的传速比变化曲线，但两个圆弧连接处的传速比变化较大，并且最大传速比也较大。将定形槽设计为螺旋槽，两端有小圆弧过渡，则拨弹机构的传速比基本上为常数，但开始、结尾都是零，此机构最大传速比并不太大，但能量消耗较少。

② 杠杆机构。作为拨弹传动机构的杠杆有双臂杆、曲臂（平面的）和曲拐（空间的）三种。杠杆的两端一般可制成圆头或凸起的形状，也可制成叉形开口或长槽的形状，以便与其他构件构成运动副。杠杆机构的特点是传速比决定于杠杆的某些尺寸和角度。杠杆机构结构简单，加工方便。但用杠杆机构作拨弹传动机构时拨弹滑板在启动和拨弹终了都有较大的碰撞。最简单的杠杆机构是由基础构件、拨弹滑板和一个双臂杆组成。

③ 凸轮杠杆组合机构。凸轮杠杆组合机构具有凸轮机构和杠杆机构的优点。在对拨弹工作要求较复杂的情况下，组合机构能得出结构既紧凑而运动又平稳的拨弹传动机构，但这种机构往往包括太多的构件。组合机构的凸轮轮廓曲线有的在基础构件上，有的在杠杆上。

有一些自动机为了增加基础构件的拨弹行程以便降低弹带的速度和加速度，采用了双程拨弹的方式。在结构上，双程拨弹可以用杠杆机构来实现，也可以用凸轮机构来实现。

例如俄 HP－30 航炮的拨弹机构，拨弹机构的基础构件为炮身，传动机构为杠杆式（如图4.45 所示）。当炮身后坐时，传动板向前运动；当炮管复进时，传动板向后运动。此机构共有两块拨弹板：大拨弹板在拨弹机座导槽中运动，小拨弹板在大拨弹板导槽中运动（如图4.46 所示）。各进弹板并不直接与传动板相连，而是通过中间杠杆上的滚轮来传动，这是为减轻进弹板所承受的侧向约束反力。中间杠杆的轴固定在拨弹机座上。当炮身后坐时，传动板向前运动，在空弹链后大拨弹板上的拨弹齿拨动弹链，使弹链移动了大于 1/2 的拨弹行程（如图 4.47（a）所示）。此时，小拨弹板空回，其拨弹齿在链节背脊滑过并抓住第一发炮弹。当炮身复进原行程一半时，传动板向后运动，小拨弹板上的拨弹齿再拨动弹链使其移动约半个拨弹行程，大拨弹板空回（如图 4.47（b）所示）。炮身继续复进，此时弹链不动，进行压弹（如图 4.47（c）所示）。各阶段的弹链运动由传动板上的曲线槽控制。

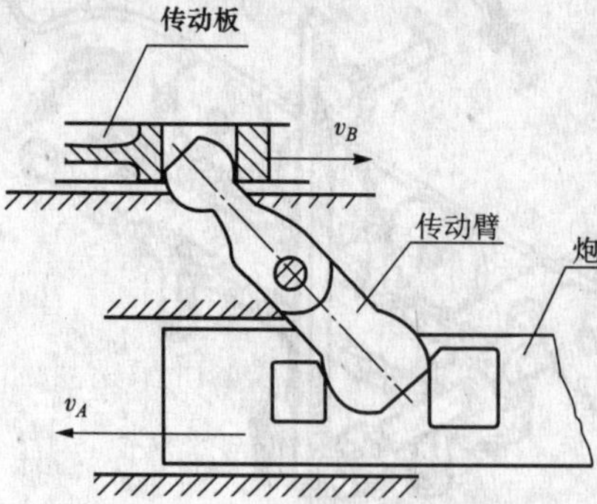

图 4.45 杠杆式传动机构

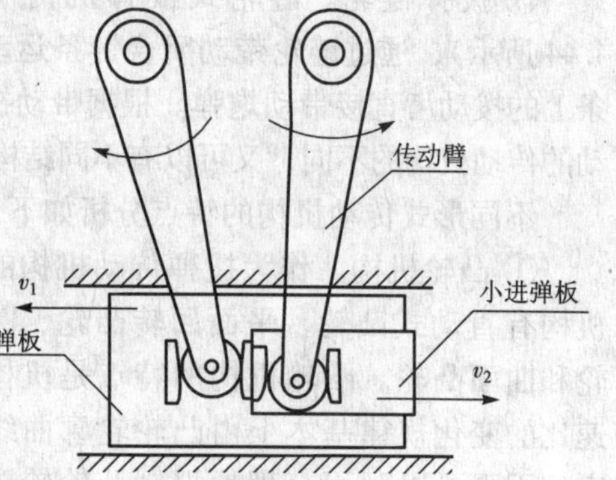

图 4.46 中间杠杆与大小拨弹板

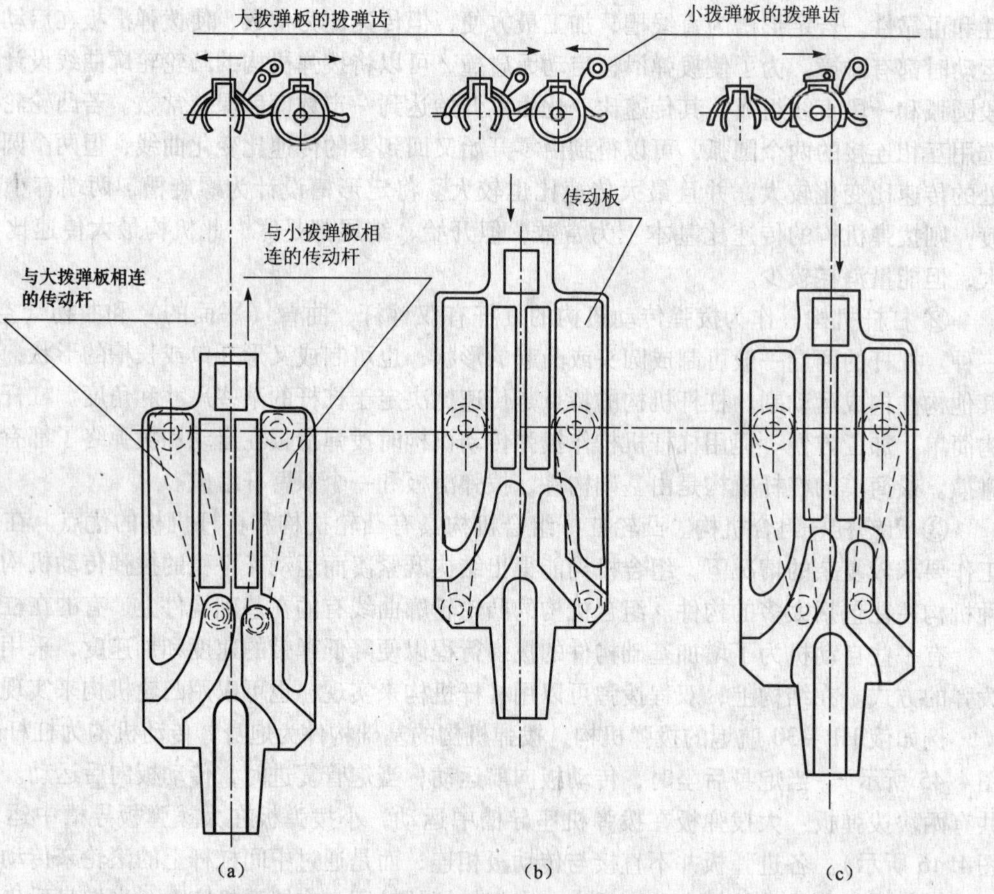

图 4.47 双程拨弹过程

(a) 炮身后坐，大拨弹板拨弹，小拨弹板返回；(b) 炮身复进，小拨弹板拨弹，大拨弹板返回；(c) 炮身继续复进，压弹板压弹

2）拨弹基础构件的选择

设计拨弹机构时，首先是选择拨弹基础构件，具体包括确定基础构件和选择拨弹时期。

采用哪一个构件作拨弹基础构件要根据自动机总体设计时所选定的自动方式来确定。拨弹可以在基础构件后坐时期进行，也可以在基础构件复进过程中进行，某些情况可取双程拨弹的方式。考虑问题的着眼点是：基础构件要有足够的能量储备，以保证拨弹工作的可靠性；基础构件要有较长的拨弹工作行程，以保证拨弹运动的平稳性。此外还应注意各机构易于协调等方面的问题。

① 拨弹基础构件的确定。炮身后坐式自动机，一般以炮身作为拨弹机构的基础构件。以炮身作为拨弹机构的基础构件时，炮身的质量大，能量储备多，拨弹所消耗的动能发生波动时，对自动机工作的影响小，并且炮闩的质量可取得小一些，这对提高自动机的射速和减小质量都有利。但是炮身作为基础构件，也存在一些问题。炮身一般位移较小，运动时间短，拨弹机构传速比大，因而需要加大零件尺寸以保证强度，致使拨弹机构结构笨重；拨弹时间短还导致弹带的运动速度和加速度都大，容易产生故障；在拨弹工作条件变化时易引起炮弹到达进弹口的时间与压弹不协调，因而产生供弹故障，必须设置专门的措施来保证炮身与炮闩运动的协调和拨弹的可靠性，从而使自动机的结构变得复杂。

导气式自动机，一般以活塞直接带动的构件（如传动框）作为拨弹机构的基础构件。以传动框作为拨弹机构的基础构件时，运动质量大，能量储备充分，拨弹机构及整个自动机的工作都可靠；传动框的行程较长，容易达到使传动机构传速比较低的要求，从而使弹链运动比较平稳；各机构的动作也容易相互协调。

② 拨弹时期的选择。拨动弹带的时期可以选在基础构件后坐时，也可以选在基础构件复进时，或采用基础构件后坐复进时都拨弹的双程拨弹。基础构件后坐时拨弹，由于后坐时期比复进时期能量储备多，易于保证拨弹和自动机工作的可靠性，并且复进簧亦不需要储备拨弹能量，复进簧的刚度可以较小；但是基础构件后坐时运动速度高，致使传动机构启动时产生较大的加速度和惯性力或有较强烈的撞击，对零件强度和弹带的运动平稳性都不利，需要通过合理地设计传动机构的结构来弥补。基础构件复进时拨弹的工作条件与基础构件后坐时拨弹的工作条件恰恰相反：复进时基础构件运动速度低，传动机构启动平稳；但拨弹所需能量依靠复进簧在压缩时储备，如果储备不足就会引起复进不到位的故障，因而自动机工作可靠性差。

对推式供弹的自动机，由于在复进时推弹，推弹过程中在炮弹还没有离开弹链时不允许移动弹链，采用基础构件后坐拨弹时，在复进时期完全不移动弹链，能保证推弹动作的正确性。对阶层供弹的自动机，可以在基础构件复进时期拨弹，或者基础构件后坐复进时期都拨弹的双程拨弹。但由于基础构件后坐时期拨弹有较大的优越性，在现代自动机中大多采取基础构件后坐时期拨弹。

对双程拨弹，无论基础构件后坐还是复进带动拨弹机构进行拨弹，都希望基础构件的拨弹行程尽量长一些，以降低弹链的运动速度和加速度，但又不能为此而过分地增加基础构件的行程长度，不然将影响自动机的机动性，尤其是对于高射速的自动机，此矛盾更为突出。因为射速高，基础构件的速度就大，拨弹机构使弹带在运动时具有较大的惯性力，这不仅影响零件强度，而且容易出现掉弹故障。加长拨弹行程可以降低惯性力，但与提高射速又有矛盾。为了解决这一矛盾，采用基础构件在后坐和复进时都拨弹的结构，可以满足提高射速和保证各机构动作可靠性的要求，但是机构设计要复杂一些。

3）拨弹机的设计

拨弹机的任务是在基础构件的拨弹行程内将弹带移动一个节距。

对拨弹滑板式拨弹机构，为了可靠地将炮弹拨到进弹口，拨弹滑板的行程必须较大于弹链节距。这是因为：弹链在运动中不可避免地要产生弹性拉伸变形，当拨弹到位时炮弹的位置应超过它与阻弹齿接触的位置，使阻弹齿自由恢复到工作状态，当拨弹滑板返回时，拨弹齿应比弹链中下一发炮弹的位置更后一些，使拨弹齿自由恢复到工作状态；机构零件制造不可避免地要产生误差，同时在各种射角、高低温、扬尘等条件下射击时拨弹阻力将发生变化，必须保证任何情况都能可靠地工作。拨弹滑板的行程需大于节距 3 ~ 6 mm。

选择拨弹机构的结构形式一般是在了解已有自动机的各种拨弹机构的特点的基础上，根据对所设计自动机的战术、技术要求，配合总体设计来考虑，以便能得到既简单紧凑，工作条件又好的结构方案。

① 拨弹机传速比的确定。拨弹机的工作性能要能够保证弹链按一定的规律运动，或者说拨弹机工作构件的运动速度按一定的规律变化。而工作构件的速度除了与机构的传速比变化有关外，还决定于基础构件运动速度的变化。

为了使弹链运动平稳且工作可靠，对拨弹机构的工作构件的运动规律要求如下。

• 工作构件开始运动时无碰撞，即工作构件的运动速度从零开始。当拨弹开始时，基础构件已有相当大的速度了，所以要求拨弹机的传速比从零开始。对于使用拨弹滑板的小口径自动机，由于拨弹滑板本身质量小，速度也不大，当拨弹滑板突然停止运动，碰撞只对拨弹滑板产生影响，危害不大。所以在这种情况下，拨弹结束时的碰撞是许可的。对口径大、射速高以及使用转轮的武器，由于转轮和滑板的质量大，速度较高，一发炮弹拨弹终了的碰撞，可能引起机构零件的损坏。对某些自动机，可以利用拨弹终了的剩余动能来压弹。

• 拨弹消耗的能量尽可能小，即要求弹链运动的最大速度小一些。这是因为弹链各链节间有间隙，当拨弹滑板达到最大速度而后又减速时，弹链仍有惯性运动，各链节的碰撞损失了这一部分能量。

• 弹链运动的惯性力尽可能小，即要求工作构件的运动加速度小。这是为了满足弹链运动平稳和工作可靠的要求，以及使传动零件在运动中受力小，以减少工作面的磨损并保证零件强度。

无论采取什么样的拨弹滑板和弹链速度变化曲线，拨弹滑板必须在拨弹的总时间内移动一个等于拨弹行程的距离。

减小弹链的最大速度和减小加速度是互相制约的，也就是说，减少能量消耗和减小惯性力是有矛盾的。只有对武器的具体结构和要求作出具体分析，才能选出合适的弹链运动规律。

凸轮机构能通过拟制凸轮轮廓曲线来实现所希望的传速比变化规律，从而使弹链运动规律符合要求。但由于拨弹时间一般占自动机基础构件运动总时间中较长的阶段，拨弹消耗的动能也较多，在拨弹的总时间内基础构件的运动速度不是常数，弹链的速度变化与传速比的变化并不一致。为了使弹链的运动按照所希望的规律进行，需要根据自动机运动分析计算的方法求出传速比随基础构件位移的变化曲线，然后再根据传速比变化曲线来拟制凸轮轮廓曲线。一般可以采取直接选择传速比变化曲线的方法来拟制凸轮轮廓曲线。选择传速比变化曲线可以在考虑对弹链运动规律要求的基础上，参考已有武器的拨弹传动机构的传速比。在某些情况下还可以选用圆弧与直线或圆弧与圆弧连接起来组成凸轮曲线槽的轮廓曲线，然后对拨弹机的工作阶段进行自动机的运动分析计算，看结构设计得是否合理，或者同时作出几个方案来，再用分析的方法来选择比较，看是否满足弹链运动平稳的要求。由直线和圆弧组成的曲线槽的工艺性比较好，设计工作也比较简便。

② 凸轮轮廓曲线的拟制。在已求出或选定机构的传速比变化曲线以后，就可以拟制凸轮轮廓曲线。

假设已知的传速比随基础构件位移的变化曲线 $K(x)$，对于给定的基础构件的拨弹行程 x_n，拨弹滑板的行程为 x_{1n}。基础构件的位移与拨弹滑板的位移的关系为

$$x_1 = \int_0^x K(x)\,dx$$

直动式凸轮机构为结构最简单的拨弹机（如图 4.48 所示）。基础构件为导板，工作构件为拨弹板。曲线槽一般在导板上，拨弹板上的凸起与曲线槽配合，并由此决定机构的运动规律。拨弹机的工作阶段基础构件的拨弹行程为 x_n，对应的拨弹板行程为 x_{1n}。假设导板固定不动，则拨弹板相对于导板的运动与实际情况运动是一致的。

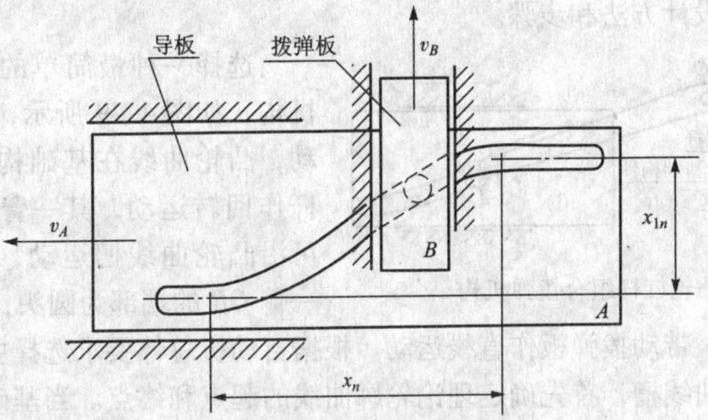

图 4.48　直动式凸轮拨弹机构

为了绘制凸轮的理论轮廓曲线，可将凸起简化为它的中心点。选取一直角坐标，沿横坐标按相反方向截取导板的位移 x；沿纵坐标截取相应的拨弹板的位移 x_1，将各对应坐标线的交点连接起来可得到一条曲线，此曲线即是导板上的凸轮理论轮廓曲线。所得的理论轮廓曲线为拨弹板上凸起的中心在导板上的运动轨迹。为了得到导板上的曲线槽工作轮廓曲线，必须以凸起的半径（在使用滚轮的机构中，应取滚轮半径）为半径，取理论曲线上一系列点为中心作圆。这些圆周的两个外包络线就是曲线槽的工作轮廓曲线。

③ 杠杆机构的设计。杠杆机构的传速比决定于各构件的长度尺寸和角度，随着杠杆中各构件间的运动副形式的不同，传速比随基础构件位移的变化曲线也有所不同。

根据选定的杠杆机构的传速比变化规律，适当选择杠杆机构的形式和主要机构的尺寸，就可以实现预期运动的拨弹机构。

④ 凸轮杠杆组合机构的设计。用凸轮杠杆组合机构作拨弹机，是解决较复杂的拨弹问题的方便途径，因而在现代自动机中得到了广泛的应用。

设计凸轮杠杆组合机构首先要选定凸轮轮廓曲线所在构件（凸轮在杠杆上还是在基础构件上），然后确定杠杆的结构形式以使结构紧凑，最后进行凸轮轮廓曲线的拟制。

选择凸轮轮廓曲线所在构件时，可以参考以下一些意见。

• 当凸轮曲线在基础构件上时，曲线槽的长度不受杠杆长度的限制，基础构件行程可以选得长一些，以便使工作平稳。但此时基础构件要增加一定的高度，且基础构件长度和宽度也要比曲线槽所占的长度和宽度大，因而使炮箱的尺寸加大，增加了自动机质量，降低了机动性。

• 当凸轮曲线在杠杆上时，基础构件的质量小，对提高射速有利，并且炮箱的外形尺寸小，自动机的质量小，提高了机动性。但是曲线槽的长度受杠杆长度的限制，拨弹行程受到限制，影响工作的平稳性。

• 对导气式自动机，凸轮曲线常选在传动框上。对炮身后坐式自动机，通常采用设置中间传动构件进行“接力”式传动，凸轮曲线可以选在中间传动构件上。

凸轮轮廓曲线可以通过采取预先选定传速比变化曲线的方法来拟制。但一般常用两段圆弧或两段圆弧一段直线连接起来的曲线槽，这种曲线槽可以获得传速比由零开始达到一个最大值，然后又降为零的变化曲线，方法比较简便。

下面以常见的凸轮曲线在基础构件上的凸轮杠杆组合拨弹机构的设计为例，说明凸轮杠杆组合拨弹机构的设计方法和步骤。

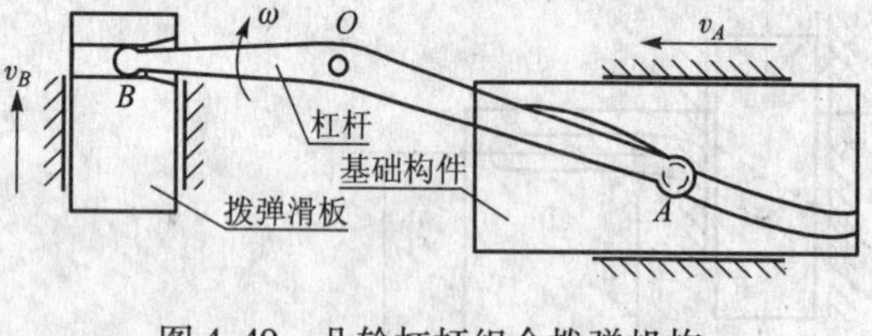

图 4.49 凸轮杠杆组合拨弹机构

选择一种最简单的凸轮杠杆组合拨弹机构，如图 4.49 所示，基础构件作直移运动，凸轮曲线在基础构件上。双臂传动杠杆作回转运动，其一臂 OA 的端部为滚轮，可沿凸轮曲线槽运动，双臂传动杠杆的另一臂 OB 的端部为圆头，沿拨弹滑板上的横槽滑动以拨动滑板，带动拨弹板作直线运动。根据自动机总体要求选择主要结构尺寸。

为了拟制凸轮曲线槽，首先确定理论轮廓曲线的起点和终点。当基础构件在运动的起点 x_0 时，拨弹滑板开始运动，此时杠杆的 OA 臂的末点在 A_0 的位置上（也是理论轮廓曲线的起点 C_0），杠杆的 OB 臂的末点在 B_0 的位置上。当基础构件运动到 x_n（由 x_0 到 x_n 为整个拨弹行程），杠杆 OB 臂的末端回转到 B_n 的位置上，由 B_0 到 B_n 的圆弧在拨弹滑板运动方向的投影应等于拨板弹行程 x_{1n}。杠杆的 OB 臂由拨弹开始位置 B_0 到拨弹结束位置 B_n，回转了一个角度 φ_n，杠杆 OA 臂也回转相同的角度 φ_n（由 A_0 到 A_n）。为了作出拨弹过程中任意时刻基础构件上凸轮理论轮廓曲线所对应的一点，沿拨弹滑板的运动方向作一距离为拨弹距离 x_1（由 B_0 到 B），杠杆的 OB 臂由拨弹开始位置 B_0 到拨弹过程中的位置 B，回转了一个角度 φ，即

$$\varphi = \arccos\left(\cos\beta_0 - \frac{x_1}{l_1}\right) - \beta_0 \tag{4.57}$$

杠杆 OA 臂也回转相同的角度 φ（由 A_0 到 A）。沿基础构件的运动反方向取一距离为 x，并且与运动方向垂直的直线，再过杠杆 OA 臂回转角度 φ 所在位置 A 作与基础构件的运动方向平行线，两线的交点 A'，即为基础构件上凸轮理论轮廓曲线所对应的点，如图 4.50 所示。点 A'的坐标为

$$y_k = y_0 + l_2\sin(\theta_0 + \varphi) \tag{4.58}$$

$$x_k = x_0 - x - l_2\cos(\theta_0 + \varphi) \tag{4.59}$$

为了使机构按照所选定的传速比变化曲线来运动，根据传速比计算出一系列对应位移，再按上述方法求出凸轮理论轮廓曲线上一系列的对应点，即得出凸轮理论轮廓曲线。用作包络线的方法可得到凸轮曲线槽的工作轮廓曲线。

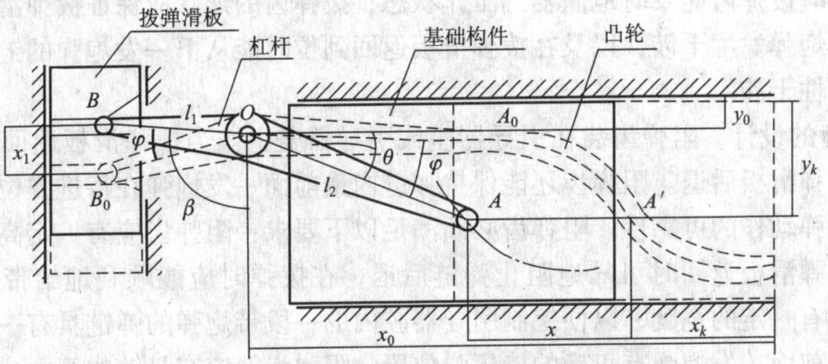

图 4.50　回转式凸轮机构理论轮廓曲线的拟制

4）炮弹引导器的设计

炮弹引导器一般由引导器盖和引导器座组成。通常拨弹机安装在引导器盖内，拨弹机及压弹机各导引面安排在引导器座上。引导器内腔又是弹链运动的导轨，并通过安装在引导器内的带拨弹齿的拨弹滑板和阻弹齿控制弹链的运动规律，协调拨弹运动和压弹运动。

炮弹引导器设计主要是设计出与拨弹过程有关的引导器各部分，如拨弹导引面、进弹口(引导器入口)、拨弹齿和阻弹齿以及防尘盖等。

① 拨弹导引面。引导器内的拨弹导引面在拨弹过程中引导弹链运动，限制弹链上下跳动，并保证弹链上的炮弹在引导器内占一定的纵向位置，不产生过大的左、右歪斜。

拨弹导引面有两种类型：其一，拨弹导引面为引导器的内腔从进弹口到压弹口的上下前后回壁，引导器垂直弹链运动方向的断面，设计成中心线平行炮膛轴线的弹形腔，弹形腔的前部小、后部大，与带炮弹的弹链的链节相适应；其二，对于燃烧弹或爆炸弹，在拨弹过程中不能以弹头抵撞引导器前壁，因此在引导器内要设置专用的拨弹导轨，拨弹导轨通过弹链链节前后端部的凸起将弹链托住，拨弹时就依靠链节前后端部的凸起在输弹导轨上滑动来导引弹链运动，在压弹前又须将炮弹从弹链压出，链节上前后拨弹凸起在压弹时可以托住链节。

为了顺利地导引弹链运动和保证炮弹的纵向位置，引导器内从进弹口到压弹口必须有一定宽度，以便可靠地完成拨弹和压弹动作，这个宽度一般为三个弹链节距左右。

② 进弹口。对于大多数自动机，弹箱不是安装在炮箱上的，一般无法使弹箱的弹带出口和引导器的弹带入口对齐。为了保证拨弹过程中在动力作用下弹带能顺利地进入引导器内腔，一般设置软导引和硬导引。如果没有软导引，进弹口应设计成喇叭形。喇叭形的轮廓有的为一段直线，有的为一段圆弧。引导器座的入口平面边缘也应卷成圆弧状，以保证弹链经过喇叭形入口时能顺利滑过而不致被剐住。

③ 拨弹齿的设计。拨弹滑板上的拨弹齿是直接拨动弹链的零件，因此拨弹齿设计得好坏直接影响到拨弹工作的可靠性。拨弹齿必须满足以下要求：拨弹齿应有一定的高度，尽量使拨弹齿与弹链的接触面中心在弹链的质心平面上，且接触面的法线方向应平行或接近平行

于弹链的质心平面，以改善拨动弹链的受力状况，减少摩擦阻力，降低拨弹所消耗的动能；拨弹齿应有一定的宽度，保证在拨弹过程中炮弹运动平稳且不产生过大的左右摆动，并保证在拨弹到位时炮弹占一定的纵向方位，不左右歪斜；拨弹齿簧应有足够的簧力，保证在拨弹滑板空回到位时拨弹齿能及时地恢复到工作状态；拨弹齿的形状应保证拨弹滑板空回时拨弹齿不与弹链和炮弹发生干涉，以及在拨弹滑板返回到位时能从下一发炮弹的链节背脊顺利滑下而不产生刚性干涉。

④ 阻弹齿的设计。阻弹齿装在引导器座或引导器盖上。当拨弹滑板返回时，阻弹齿阻止弹链跟着拨弹滑板后退。阻弹齿还能保持弹链内最前面一发炮弹在待进弹位置上的正确位置，以保证压弹动作的可靠性。阻弹齿必须满足以下要求：阻弹齿应有一定高度和适当的形状，保证在拨弹滑板返回时可靠地阻止弹链后退，在拨弹时应能顺利地给带炮弹的弹链让位；阻弹齿应有一定的宽度，以便控制引导器腔内的一段带炮弹的弹链具有一定的方向，且保证弹链内最前面一发炮弹有正确的待压弹位置；阻弹齿簧应有足够的簧力，保证拨弹到位时，阻弹齿能顺利地恢复工作状态，并且在拨弹滑板返回时，可靠地阻止弹链后退。

双程拨弹的机构不需要阻弹齿，因为在双程拨弹机构中两个拨弹滑板上的拨弹齿交替地拨动弹链；当一个拨弹滑板空回时，另一个拨弹滑板上的拨弹齿正在拨动弹链向前运动。每个拨弹齿拨动弹链行程的一半，两个拨弹齿应保证弹链移动一个总行程。在设计时，应使拨弹齿退到最前面一发炮弹链节的后面一些，并能可靠而及时地拨弹。

4.4.3 输弹机构设计

输弹机构的作用，是把输弹出发位置的炮弹，沿输弹线可靠地推入炮膛。输弹机构的优劣直接影响火炮自动机理论射速的高低和可靠性的好坏。

输弹机构的结构有弹簧式输弹机构、液体气压式输弹机构、气压式输弹机构、链式输弹机构等。小口径自动炮大都采用弹簧式输弹机构，对于纵动式炮闩则由炮闩和炮闩复进簧完成输弹机构的工作。弹簧式输弹机的优点是结构比较简单、工作可靠、维护方便。其缺点是质量较大。对于中口径自动炮或者当周围条件许可时（例如舰炮、航炮或车载炮）可采用液体气压式输弹机构。对有压缩空气气源条件的，可以采用一压缩空气为气源的气压式输弹机。链式输弹机构是利用电动机带动一条输送链进行输弹。链条只能单向弯曲，收回时可以收入链盒内；整个输弹机构横向移动，以免妨碍炮身后坐及抽筒。链式输弹机构具有结构简单，占用空间小的特点，适合于空间受限的（半）自动炮使用。

输弹机构的输弹方式可分为强制输弹和惯性输弹两种。强制输弹是指从输弹出发位置到进入炮膛的全行程上，始终有推力作用于炮弹，整个输弹过程是强制进行的。其优点是工作可靠。当利用纵动式炮闩完成输弹时，可采用炮闩复进加速的方法提高输弹的平均速度；当采用横动式炮闩时，要设计专用的强制输弹机构。惯性输弹是指在开始的一段输弹行程上有推力作用于炮弹，当达到最大速度后靠炮弹的惯性进入炮膛。惯性输弹机构通常是横动式炮闩才采用，主要是为了避免输弹机构与炮闩运动产生干涉，如果不采用惯性输弹机构就需要设计专用的机构复杂的输弹机构。惯性输弹机构的缺点是惯性运动段容易受意外阻力影响，可靠性较差。

1. 弹簧式输弹机构的设计

弹簧式输弹机构的设计主要是设计输弹弹簧。有以下两种设计。

1）弹簧式强制输弹机构设计

对于纵动式炮闩，一般由炮闩和炮闩复进簧完成输弹机构的工作，输弹弹簧设计就是炮闩复进簧的设计，在关闩簧设计时已经解决。

当采用横动式炮闩时，要设计专用的强制输弹机构。此时，在选择输弹机构后，按惯性输弹所要求的强制输弹末所达到的炮弹速度来设计强制输弹弹簧。设计方法与关闩簧设计相同。

2）弹簧式惯性输弹机构

输弹全行程的大小是由自动机总体布置决定的。为了提高发射速度，保证工作可靠和减小自动机全长，应尽量减小输弹全行程。

强制输弹行程的长度应小于炮身最小后坐长度，以保证在恶劣的条件下，炮身仍能压缩输弹弹簧。

首先应给定射角 $\varphi=0°$ 时输弹到位的速度 v_2。根据动能原理

$$\frac{1}{2}m_2v_2^2+fm_2gL_2=\frac{1}{2}m_2v_1^2$$

可得强制输弹的末速度 v_1

$$v_1=\sqrt{v_2^2+2fgL_2}$$

式中　m_2——炮弹的质量；

f——摩擦系数；

L_2——惯性输弹行程；

g——重力加速度。

求得强制输弹的末速度 v_1 后，输弹弹簧的特征量可由下式决定

$$\frac{1}{2}(m_1+m_2)v_1^2=\frac{1}{2}(F_{s1}+F_{s2})L_1\eta$$

式中　m_1——输弹器和输弹弹簧的相当质量；

F_{s1}——输弹弹簧的初力；

F_{s2}——输弹弹簧的末力；

L_1——强制输弹行程；

η——考虑弹簧能量损失的效率。

设计时，先选择输弹弹簧压缩比 $\alpha=F_{s2}/F_{s1}$，为了减轻弹簧质量和体积，一般弹簧压缩比取为 $\alpha=2$ 左右。在选定输弹弹簧压缩比 $\alpha=2$ 之后，则可以计算出输弹弹簧的初力 F_{s1} 和末力 F_{s2}，进而计算出输弹弹簧的刚度系数为

$$k=\frac{F_{s2}-F_{s1}}{L_1}$$

在计算出输弹弹簧的刚度系数之后，就可以设计输弹弹簧的具体结构。

2. 气体液压式输弹机构的设计

气体液压式输弹机构（气体液压式输弹机）是中口径高射炮和舰炮装填自动化中不可缺少的机构之一。气体液压式输弹机的工作过程如下（如图 4.51 所示）：当输送第一发炮弹时，用人工后拉器把输弹板拉到待输弹位置。在后拉过程中，A 腔的液体进入外筒，压缩

气体储存能量。当托弹槽里的炮弹下翻到输弹线后，托弹槽解脱输弹板。由于外筒里的气体膨胀，液体推动输弹板活塞将炮弹输入炮膛，完成一次输弹动作。连发时，用火炮复进能量顶加速器活塞杆，通过 B 腔的液力传递，重复人工后拉输弹板的动作，完成连发射击。

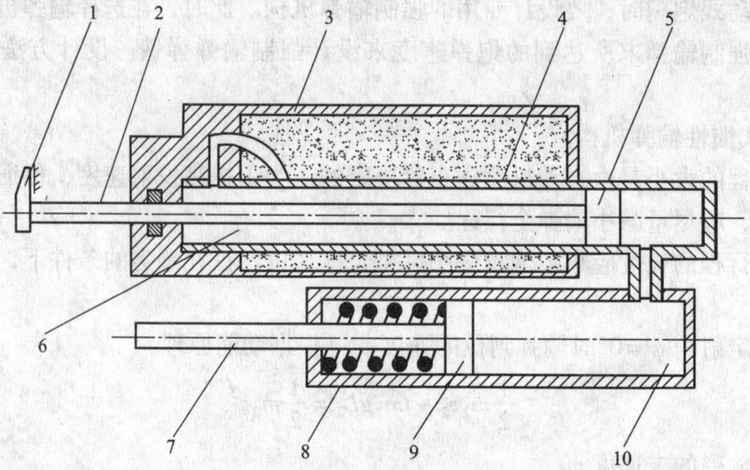

图 4.51 气体液压式输弹机的工作过程

1—输弹板；2—输弹板活塞杆；3—外筒；4—内筒；5—输弹板活塞；6—A 腔；7—加速器活塞杆；8—加速器筒；9—加速器活塞；10—B 腔

对于自动炮的输弹机，炮弹长度是一定的，由总体布置保证身管在最短后坐行程上，通过输弹加速器活塞杆的液力传递，使输弹板停留在待输弹位置上，也就是要确定一定的强制输弹行程 L_1，即

$$L_1 = L_s - L_2$$

式中 L_s——输弹行程；

L_2——惯性行程，一般取 10 mm 左右。

另外，还要保持自动炮在任意射角时输弹到位的时间在 10% 范围内变化。输弹机设计的基本依据为炮弹质量 m_2 和长度 L_d、输弹到位时间、输弹行程 L_s 和惯性行程 L_2。

1）强制输弹末速 v_1 及全部储能 E_0 的估算

强制输弹末速是由惯性输弹末速 v_2 和惯性行程 L_2 根据能量守恒原理确定的，有

$$v_1 = \sqrt{v_2^2 + 2gL_2(f\cos\varphi + \sin\varphi)}$$

式中 惯性输弹末速 v_2 由总体方案给定，摩擦系数 f 一般为 0.16，φ 为射角，计算时取最大值。

炮弹在强制输弹终了时所需能量 E_d 为

$$E_d = \frac{1}{2}(m_2 + m_1)v_1^2$$

式中 m_1——输弹机活动部分的质量（包括输弹板、输弹活塞及杆、加速器活塞及杆、运动的液体等），初步估算时一般取 $m_1 = m_2$。

强制输弹阻力所消耗的能量 E_f 为

$$E_f = F_r L_t$$

式中　F_r——输弹阻力，$F_r = (m_1 + m_2)\ g\ (\sin\varphi + f\cos\varphi)$；

φ——射角，计算时取最大射角。

估算出 E_d 和 E_f 后便可估算全部储能 E_0，其中需考虑液压阻力和其他阻力消耗的能量，即

$$E_0 = 2(E_d + E_f)$$

2）初始推力 F_0 的估算

气体变化过程是多变的过程，即

$$pW^k = p_0 W_0^k \tag{4.60}$$

式中　p_0、p——气体初始压力和某瞬间的压力；

W_0、W——气体初体积和某瞬间的体积；

k——气体多变指数，与散热条件有关，通常取 $k = 1.15 \sim 1.25$。

输弹行程为 x 时，体积为 $A_{sh}x$ 的液体进入外筒（A_{sh} 为输弹机活塞环形面积），这样外筒内气体所占的体积则相应地减少 $A_{sh}x$，即

$$W = W_0 - A_{sh}x$$

得

$$p = p_0\left(\frac{W_0}{W_0 - A_{sh}x}\right)^k$$

由此，输弹机在行程为 x 时的力为

$$F_s = pA_{sh} = p_0A_{sh}\left(\frac{W_0}{W_0 - A_{sh}x}\right)^k = F_{s0}\left(\frac{W_0}{W_0 - A_{sh}x}\right)^k$$

在强制输弹行程为 L_1 时，有

$$F_{s1} = F_{s0}\left(\frac{W_0}{W_0 - A_{sh}L_1}\right)^k$$

令 $L_0 = W_0/A_{sh}$，L_0 为气体初体积的相当长度，则

$$F_{s1} = F_{s0}\left(\frac{L_0}{L_0 - A_{sh}L_1}\right)^k$$

又令 $m = F_{s1}/\ F_{s0}$，m 为气体的压缩比，则

$$m = \left(\frac{L_0}{L_0 - A_{sh}L_1}\right)^k$$

或

$$L_0 = \frac{L_1}{1 - m^{-\frac{1}{k}}}$$

又因

$$W_0 = A_{sh}L_0$$

故有

$$W_0 = \frac{A_{sh}L_1}{1 - m^{-\frac{1}{k}}}$$

在 $0 \sim L_1$ 区间上对输弹力积分（输弹力所提供的总能量为 E_0），整理后得输弹机的初始推力 F_{s0} 为

$$F_{s0}=\frac{E_0(k-1)}{L_0(m^{\frac{k-1}{k}}-1)}$$

一般希望输弹机储能尽可能大，而结构尽可能小，所以要选择适当的压缩比 m。经验证明，压缩比 m 过小时会使结构增大，压缩比 m 过大时会使气体温升增高，影响输弹机的正常工作。一般取 $m=1.5\sim2$。

3）输弹机活塞环形面积 A_{sh} 的估算

选择适当的初始压力 p_0（一般选取 $p_0=1.6\sim2.2$ MPa）后，按 $A_{sh}=F_{s0}/p_0$ 关系求出。

4）输弹机活塞直径 D_n（内筒内径）的计算

输弹机活塞杆工作时受到拉力，输弹机活塞杆直径 d_s 由抗拉强度确定。输弹机活塞杆最小直径 d'_s 为

$$d'_s\geqslant2\sqrt{\frac{F_{st}}{\pi[\sigma]}}$$

为满足装配工艺，使输弹机活塞杆螺纹不致损坏密封装置，螺纹应该小于活塞杆直径，螺纹退刀槽直径应更小于活塞杆直径。一般活塞杆直径为

$$d_s\geqslant1.13d'_s$$

计算出输弹机活塞杆直径后，将向大调整成密封元件需要的标准尺寸。

输弹机活塞直径 D_n（内筒内径）由下式计算

$$D_n=\sqrt{\frac{4A_{sh}}{\pi}+d_s^2}$$

计算出的 D_n 调整到密封元件要求的标准尺寸之后，再按实际 D_n 和 d_s 重新计算 A_{sh}。与此同时，对初力 F_{s0} 或初压 p_0 作必要的调整。若保持初压 p_0 不变，则计算出实际的初力 F_{s0} 作为最后计算值；若保持初力 F_{s0} 不变，则计算出实际的初压 p_0 作为最后计算值。若新计算出的 A_{sh} 值，引起初力 F_{s0} 或初压 p_0 变化过大而不宜调整时，则重新计算 D_n、d_s 和 A_{sh}，使之满足要求。

5）内筒外径 D'_n 的计算

当活塞杆处于待输弹位置时，内筒仅受外压作用，可用下式计算内筒外径 D'_n

$$D'_n\geqslant D_n\sqrt{\frac{[\sigma]}{[\sigma]-2p_m}}$$

式中　$p_m=mp_0$，p_m——外筒最大压力。

6）外筒尺寸的确定

考虑到气体的密封和防止气液混合，将气体限制在储气筒上方位置，气液式输弹机由两个偏心套合的内外筒组成。为了使气体在任意射角下不进入内筒，并保证可靠的密封，除结构上保证外，还必须在外筒内注入足够的液体，使之在最小射角时内筒外表面淹没在液体里。

- 气体在外筒内所占面积 A_q 的计算。因气体的初容积 W_0 为 A_qL_w（L_w 为外筒储气部分长度，由总体布置确定），即有

$$A_q=\frac{W_0}{L_w}$$

- 液面高度 H 的选取。由图 4.52 可知，$H=D'_n+\Delta h$，Δh 为内筒外径与外筒内径的下

部间隙，根据结构布置和经验进行选取。

- 液面张角 α 的计算。液面张角 α 的计算公式为

$$\frac{A_\gamma}{H^2}=\frac{\dfrac{\pi\alpha}{180}-\sin\alpha}{2\left(1+\cos\dfrac{\alpha}{2}\right)}$$

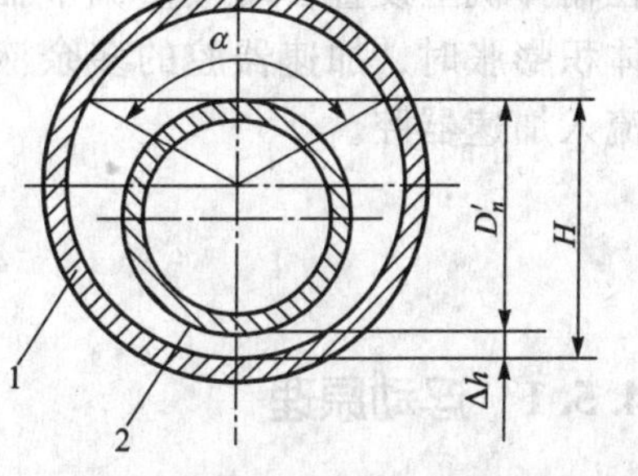

图 4.52　气体液压式输弹机的液面计算

1—外筒；2—内筒

- 外筒内径 D_w 的计算。外筒内径 D_w 的计算公式为

$$D_w=\frac{2H}{1+\cos\dfrac{\alpha}{2}}$$

向大的方向将 D_w 调整成标准直径。为保证气体的初容积 W_0 不变，必须重新计算液面高度。

- 外筒外径 D'_w 的计算。根据厚壁圆筒和最大变形理论，按两端有底的受内压圆筒公式求得

$$D'_n\geqslant D_n\sqrt{\frac{[\sigma]\ +0.4p_t}{[\sigma]\ -1.3p_t}}$$

为了保证外筒的刚度和工艺要求，一般取其壁厚不小于 4 mm。

7）加速器活塞筒的计算

设计加速器活塞筒内径 D_j 时要考虑：

- 加速行程必须小于身管的最小后坐长度；
- 加速行程不能太小，以免加速器筒横截面过大，使加速过快（即传速比过大），影响身管正常复进；
- 满足总体方案尺寸布置的要求。

根据液体不可压缩的特点，在选定加速行程 L_j 后，可按下式求出 D_j

$$D_j=D_n\sqrt{\frac{L_s}{L_j}}$$

将求出的 D_j 调整成标准直径后，L_j 要发生变化，但必须满足已定的输弹行程 L_s。加速器筒的长度要根据整个输弹机的设计方案确定。加速器活塞筒外径 D'_j 主要根据加工工艺和具体结构确定。

8）气液式输弹机的总体设计

根据初步估算出的输弹机结构尺寸和选定的气体参量，按照总体方案布置的要求，就可以进行输弹机总体结构设计。有些尺寸，如内筒、输弹活塞杆、加速器筒、加速器活塞杆的长度等结构要素，可在总体图上直接确定。

输弹机总体结构设计完成后，按气液式输弹机的运动计算方法，可对输弹速度和时间、身管复进时顶回输弹板所需力进行计算。计算结果如在射角为 0°、45°和 85°时不能满足输弹速度和时间的要求，可加大或减小初压 p_0 以改变初力 F_{s0}。

在结构设计时，考虑空载放回输弹板时不损坏机件和不碰伤人，须在输弹机调速杆端部（随不同射角调整流液口大小的构件）设置手动调节装置，以调节输弹流液口的大小，使输弹板能缓慢放回。

由于液体体积随温度而变化，这将直接影响输弹机的输弹板超越后挂卡锁的距离，

导致该距离过短时挂不上卡锁，使输弹机工作不正常，或过长时损坏卡锁。因此，须在输弹机上设置自动液量调节器，调节因气温变化和射击升温变化的液体量，即液体体积膨胀时，加速器腔的多余液体流入调节器腔，液体体积收缩时，液体从调节器腔流入加速器腔。

4.5 浮动机设计

4.5.1 浮动原理

减少自动机后坐力是自动机研究的一个主要任务，减少后坐力的方法很多，采用浮动原理就是主要技术手段之一。

1. 复进击发原理

通常，火炮击发时，火炮的后坐部分是停止在待发位置。击发后，火炮的后坐部分在火药燃气压力作用下后坐（与弹丸相反方向的运动），直至后坐结束。后坐结束，火炮的后坐部分在复进机力作用下复进（与后坐相反的运动），回到待发位置，等待下次击发，如图4.53所示。

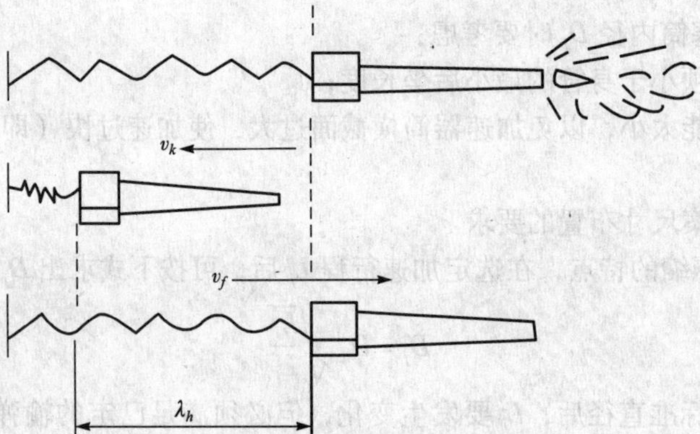

图4.53 火炮正常射击过程

当在火炮后坐部分复进运动过程中就进行击发时，则火药燃气必须先制止火炮后坐部分的复进运动，然后才能开始后坐，即由于复进运动的存在，部分抵消了火药燃气对后坐运动的作用。这种在火炮后坐部分复进运动过程中进行击发，利用复进动量抵消部分火药燃气对后坐部分作用冲量的原理就称为复进击发原理，如图4.54所示。

对于单发射击火炮，由于利用复进击发原理时，每次射击前火炮后坐部分被挂在后位，射击时先释放火炮后坐部分使其向前运动，在其向前运动过程中进行击发，所以为了区别于传统火炮，一般复进击发原理又称为前冲原理，利用前冲原理的火炮称为前冲炮。

在小口径自动炮中，由于利用复进击发原理时，连发射击中，火炮后坐部分的运动既不

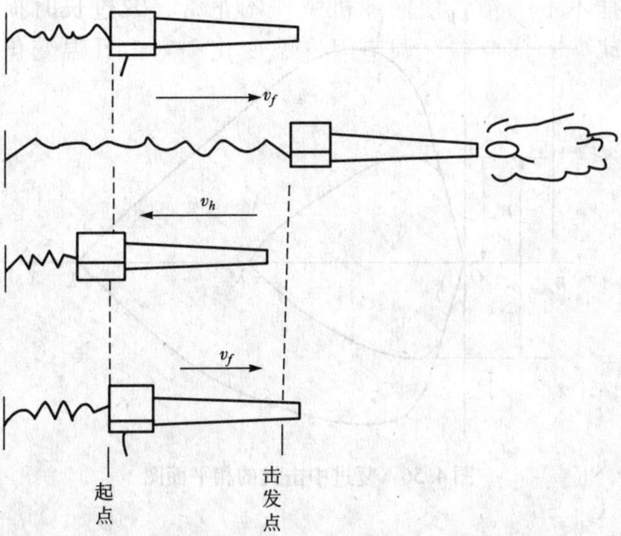

图 4.54　火炮复进击发射击过程

到达最后位置也不到达最前位置，好像火炮后坐部分在最后位置与最前位置之间浮动一样，如图 4.55 所示，所以为了区别于传统小口径自动炮，一般将这种复进击发原理又称为浮动原理，利用浮动原理的小口径自动炮称为浮动自动炮，采用浮动原理的自动机称为浮动自动机。浮动自动机中参与浮动的所有机构总称为浮动部分。浮动机是使自动机实现浮动的一种装置，是自动机的组成部分。

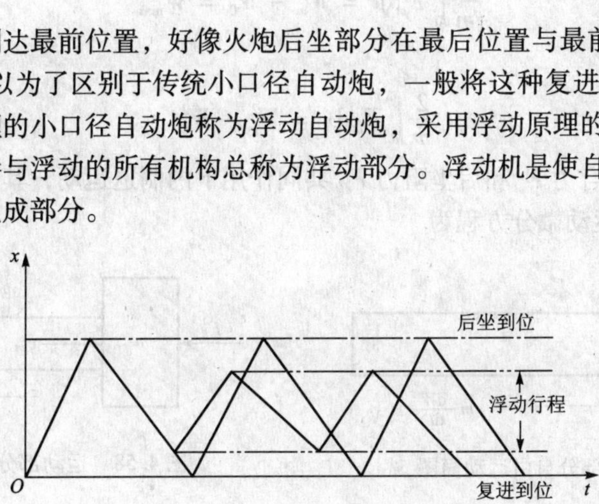

图 4.55　自动炮浮动过程位移变化曲线

2. 浮动原理的特点

1）大幅度减少后坐力

复进中击发，使复进剩余能量抵消很大一部分火药气体的后坐能量，只有剩余后坐能量用来产生后坐，如图 4.56 所示。后坐力一部分为行程函数，一部分为后坐速度函数。当采用了浮动原理后，后坐位移和速度都将大幅度减少，也就大幅度减少了后坐力。

以运动部分为对象，其质量为 m，在炮膛合力 F_{pt} 独立作用下的自由运动，其位移为 L，速度为 W，如图 4.57 所示。其运动微分方程为

$$m\frac{\mathrm{d}W}{\mathrm{d}t}=F_{pt}$$

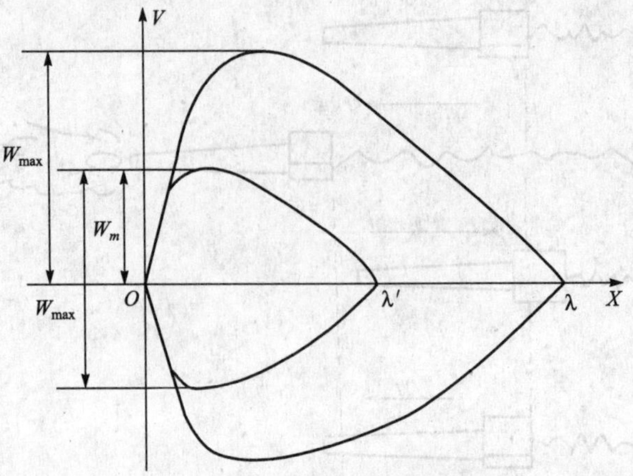

图 4.56　复进中击发的相平面图

对时间积分，得

$$\frac{1}{m}\int_0^{\lambda} F_{pt}\mathrm{d}t = W_m - W_0 = W_{max}$$

对行程积分，得

$$\frac{2}{m}\int_0^{\lambda} F_{pt}\mathrm{d}x = W_m^2 - W_0^2$$

运动部分在炮膛合力 F_{pt} 和后坐阻力 F_R 共同作用下的制退运动，其位移为 X，速度为 v，如图 4.58 所示。其运动微分方程为

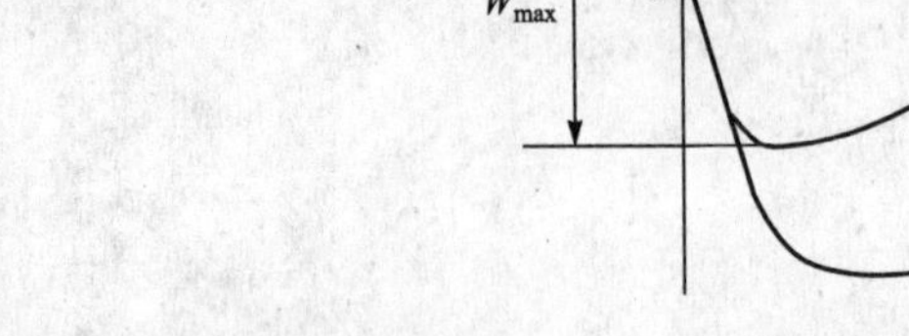

图 4.57　运动部分自由运动简图

图 4.58　运动部分制退运动简图

$$m\frac{\mathrm{d}v}{\mathrm{d}t} = F_{pt} - F_R$$

对时间积分，得

$$\frac{1}{m}\int_0^{\lambda} F_{pt}\mathrm{d}t - \frac{1}{m}\int_0^{\lambda} F_R\mathrm{d}t = v_\lambda - v_0 \tag{4.61}$$

对行程积分，得

$$\frac{2}{m}\int_0^{\lambda} F_{pt}\mathrm{d}x - \frac{2}{m}\int_0^{\lambda} F_R\mathrm{d}x = v_\lambda^2 - v_0^2 \tag{4.62}$$

对于正常射击过程，射击开始和后坐结束时，运动部分的速度都等于 0，即 $v_0 = W_0 = 0$，$v_{max} \approx W_{max}$，$v_\lambda = 0$，记后坐期间后坐阻力时间平均值为 F_{Rtj}，后坐期间后坐阻力行程平均值为 F_{Rxj}，则

$$\frac{1}{m}\int_0^{\lambda} F_{pt}\mathrm{d}t - \frac{1}{m}\int_0^{\lambda} F_R\mathrm{d}t = W_{max} - \frac{t_\lambda}{m}F_{Rtj} = 0$$

$$F_{Rtj}=\frac{m}{t_\lambda}W_{\max}$$

$$\frac{2}{m}\int_0^\lambda F_{pt}\mathrm{d}x-\frac{2}{m}\int_0^\lambda F_R\mathrm{d}x=W_{\max}^2-\frac{2\lambda}{m}F_{Rtj}=0$$

$$F_{Rxj}=\frac{m}{2\lambda}W_{\max}^2$$

当采用浮动原理时，射击开始时，运动部分的速度都不等于 0，即 $v_0\approx W_0<0$，后坐结束时，$v_\lambda=0$，记后坐期间后坐阻力时间平均值为 F'_{Rtj}，后坐期间后坐阻力行程平均值为 F'_{Rxj}，则

$$\frac{1}{m}\int_0^\lambda F_{pt}\mathrm{d}t-\frac{1}{m}\int_0^\lambda F'_R\mathrm{d}t=W_m-W_0-\frac{t_\lambda}{m}F'_{Rtj}=-v_0$$

$$F'_{Rtj}=\frac{m}{t_\lambda}(W_{\max}+W_0)$$

$$\frac{2}{m}\int_0^\lambda F_{pt}\mathrm{d}x-\frac{2}{m}\int_0^\lambda F_R\mathrm{d}x=W_m^2-W_0^2-\frac{2\lambda}{m}F_{Rtj}=-v_0^2$$

$$F'_{Rxj}=\frac{m}{2\lambda}W_m^2=\frac{m}{2\lambda}(W_{\max}+W_0)^2$$

由于 $W_0<0$，所以 $F'_{Rtj}<F_{Rtj}$，$F'_{Rxj}<F_{Rxj}$。对于理想浮动，则有

$$v_0\approx W_0=-\frac{1}{2}W_{\max}$$

当后坐时间不变时，有

$$F'_{Rtj}=\frac{m}{t_\lambda}(W_{\max}+W_0)=\frac{m}{2t_\lambda}W_{\max}=\frac{1}{2}F_{Rtj}\tag{4.63}$$

即，平均后坐力减小一半。当后坐行程不变时，有

$$F'_{Rxj}=\frac{m}{2\lambda}(W_{\max}+W_0)^2=\frac{m}{8\lambda}W_{\max}^2=\frac{1}{4}F_{Rxj}\tag{4.64}$$

即，平均后坐力减小 75%。

2）减小撞击

采用了浮动原理，机构的运动速度将大幅度减少，这可以减小机构间的撞击。

为了提高火炮的射速，往往要求后坐部分具有较大的复进速度，传统火炮后坐部分在复进到位时仍有一定的速度，对炮架产生撞击，而采用浮动原理后，由于是在复进运动中击发，复进剩余动量被部分火药燃气对后坐部分的冲量所抵消，不会发生复进到位的撞击现象。这非常有利于减少射击时火炮的振动，提高火炮射击稳定性和火炮零部件的使用寿命。

3）保持后坐力方向一致

为了提高火炮的射速，要求后坐部分具有较大的复进速度，同时为了减小复进到位时的撞击，传统火炮在复进后期都应复进制动，此时炮架受力方向变为向前，在射击循环中炮架受交变力作用，易引起火炮的振动，影响火炮射击的稳定性，降低火炮零部件的使用寿命。采用了浮动原理后不存在复进制动问题，在射击循环中火炮受力方向始终保持向后不变，可提高火炮射击时的稳定性，从而提高射击密集度。

总之，采用浮动原理较好地解决自动炮威力与机动性、威力与精度的矛盾。

3. 浮动原理在自动炮中的应用

早在第一次世界大战前后，国外就有过将复进击发原理应用于火炮上的研究和实践。第二次世界大战后，各国对复进击发原理在火炮上的应用研究更为重视，尤其是将其应用于高射速自动炮，不少国家进行过研究并在装备使用中证明了它的优越性。

德国 PM18/36 式 37 mm 高炮属早期采用浮动原理的自动炮，为首发浮动式自动机。瑞士 5TG 式 20 mm 自动炮是厄利空公司第一代浮动式自动炮，于 1950 年装备了瑞士、芬兰、奥地利等国。20 世纪 50 年代瑞士又在 MK353 式 35 mm 双管牵引高炮上成功地采用了液体气压式浮动技术。后经不断更新换代，发展到 80 年代它仍以先进的自动火炮著称于世。60 年代中期以来的近 30 多年中，浮动技术得到了迅速发展和广泛应用，先后出现的西德 Rh202 型 20 mm 自动炮、Rh205 型 25 mm 自动炮、毛瑟公司 E 型 25 mm 自动炮、F 型30 mm 自动炮，法国 M693 型 20 mm 自动炮及近年来研制的 M811 型 25 mm 自动炮，瑞士 KBA 型、KBB 型 25 mm 自动机和 KDB 型 35 mm 自动机、美国 GAU－13/A 型 30 mm 自动炮等都应用浮动原理并使其主要性能达到了较先进的水平。

我国从 20 世纪 70 年代开始分别在 57 mm 自动机、23 mm 自动机及 25 mm 自动机上先后进行了研究，并成功地把浮动技术应用到产品上，使产品性能有明显的改善。

现代研制的新型自动机，大都采用浮动原理。

4.5.2 浮动自动机的分类及其结构

浮动自动机是依靠浮动机来实现浮动的，与自动机本身的驱动及工作类型无关，即内能源、外能源、混合能源的自动机都能实现浮动，后坐式、导气式、转管式、转膛式的自动机也都能实现浮动。

1. 按浮动部分分类

按浮动部分的不同，浮动自动机可以分为炮身浮动式浮动自动机、炮闩浮动式浮动自动机和炮箱浮动式浮动自动机。

1）炮身浮动式浮动自动机

炮身浮动式浮动自动机，只有炮身参与浮动，其他部分不浮动。这种自动机的循环动作都是在炮身后坐和复进过程中完成。炮身浮动式可应用于炮身后坐式和混合式工作原理的自动机。如瑞典 L70 式 40 mm 高炮、德国 41 式 50 和 37 mm 高炮等都采用炮身浮动式。

2）炮闩浮动式浮动自动机

炮闩浮动式浮动自动机，只有炮闩参与浮动，其他部分不浮动。这种自动机的击发是在炮闩带着炮弹复进过程中进行的，因此，这种浮动式仅适用于炮闩后坐式工作原理的自动机。如苏瓦西里克 82 mm 自动迫击炮采用的是炮闩浮动式。

3）炮箱浮动式浮动自动机

炮箱浮动式浮动自动机，炮箱及整个自动机都参加浮动。这种自动机的循环动作都在炮箱后坐和复进过程中完成。由于整个自动机后坐和复进，因此浮动对自动机的结构影响不大。炮箱浮动式可应用于各种自动工作原理的自动机。如德国 PM18/36 式 37 mm 高炮、瑞士 KDB35 mm 高炮、德国 Rh202 式 20 mm 高炮等都采用炮箱浮动式。

2. 按击发时机分类

按击发时机不同，浮动自动机可以分为定点击发式浮动自动机、定速击发式浮动自动机、定点定速击发式浮动自动机和近似定点定速击发式浮动自动机。

1）定点击发式浮动自动机

定点击发式浮动自动机，在浮动部分复进到某一确定的预定位置时击发，如图 4.59 所示。要实现定点击发，必须设置定点击发机构，用机构来保证定点击发（可以是机械式的，也可以是机电式的）。定点击发机构一般可由位置传感器和击发装置组成或卡板和杠杆系统组成。当浮动部分复进到达预定位置时，由位置传感器控制击发机构，或由摇架上的卡板通过杠杆系统解脱击发卡锁，进行击发。

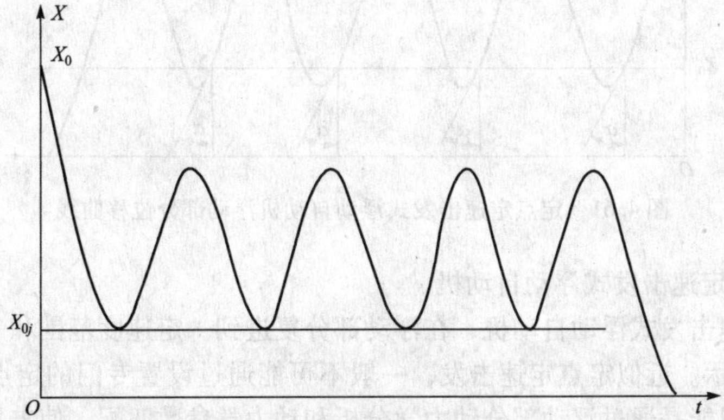

图 4.59 定点击发式浮动自动机浮动部分位移曲线

2）定速击发式浮动自动机

定速击发式浮动自动机，在浮动部分复进到某一确定的预定速度时击发，如图 4.60 所示。要实现定速击发，必须设置定速击发机构，用机构来保证定速击发（一般是机电式的）。定速击发机构一般由速度传感器和击发装置组成。当浮动部分的复进速度达到预定值时，速度传感器控制击发机构工作，击发底火。

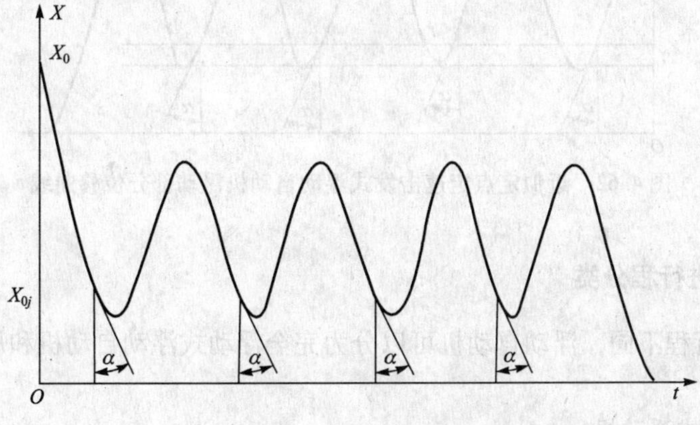

图 4.60 定速击发式浮动自动机浮动部分位移曲线

3）定点定速击发式浮动自动机

定点定速击发式浮动自动机，在浮动部分复进到预定的位置同时达到预定的速度时击发，如图 4. 61 所示。为了实现稳定的浮动，最好是能同时保证定点击发和定速击发。实现定速定点击发需要设置定速定点击发机构，这将使结构非常复杂，但是就目前的技术水平还难以完全满足同时实现定速、定点击发要求。

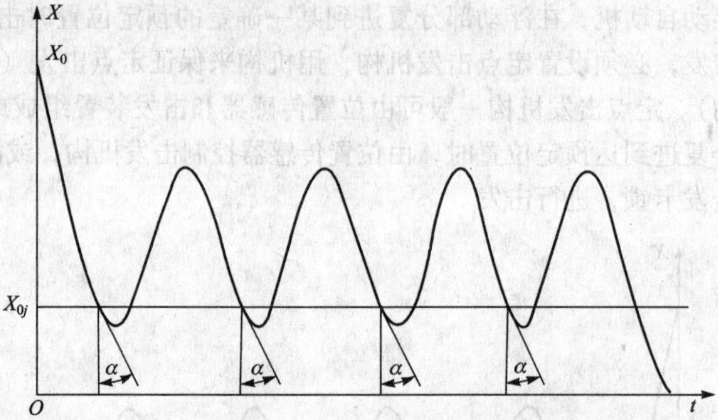

图 4. 61　定点定速击发式浮动自动机浮动部分位移曲线

4）近似定点定速击发式浮动自动机

近似定点定速击发式浮动自动机，在浮动部分复进到一定速度范围和一定位置范围时击发，如图 4. 62 所示。近似定点定速击发，一般不可能通过设置专门的定点击发和定速击发机构来实现，而只能是通过浮动部分动力学分析和动力学参数匹配，使击发时浮动部分的速度和位置稳定在较小的变化范围内，达到近似定点定速击发。

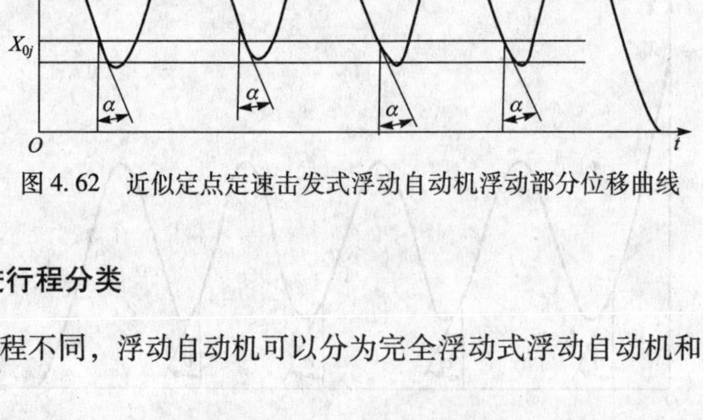

图 4. 62　近似定点定速击发式浮动自动机浮动部分位移曲线

3. 按利用复进行程分类

按利用复进行程不同，浮动自动机可以分为完全浮动式浮动自动机和局部浮动式浮动自动机。

1）完全浮动式浮动机

完全浮动式浮动自动机，利用全部复进行程，浮动部分在复进过程中不停顿，在达到最大复进速度时进行击发，自动机的自动循环动作都在浮动部分的后坐和复进过程中完成，最大限度地利用了复进能量。连发射击时浮动部分的后坐、复进速度随位移的变化如图 4.63 所示。图中，在 A 点击发，在火药气体作用下浮动部分减速运动到 B 点时复进结束并开始后坐，在 C 点后坐速度达到最大，在浮动机力作用下，浮动部分减速运动到 D 点时后坐结束并开始复进。对于近似定点定速击发式浮动自动炮，不可避免地存在误差，后坐结束点 D 不可能与前一发后坐结束点 D' 重合，假设 D 点前移，这意味着复进速度较前一发小，在 A' 点击发，在火药气体作用下浮动部分减速运动到 B' 点时复进结束并开始后坐，因为复进速度较小，B' 点后移。火药气体冲量几乎是一定的，因为在 A' 点的复进速度较小，即复进动量较小，所以消耗的下一发火药气体后坐冲量也小，下一发浮动部分可获得较大后坐速度，即后坐最大速度点 C' 比 C 点高，在浮动机力作用下，浮动部分减速运动到 D' 点时后坐结束并开始复进，因为后坐速度较大，D' 点后移，即可自动调节，回到前两发附近，如此循环。

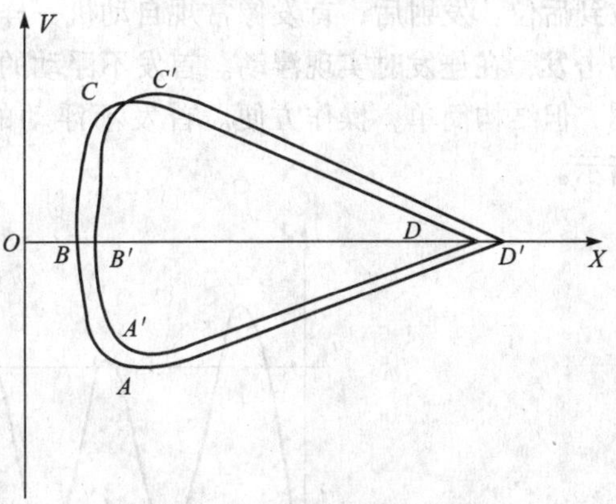

图 4.63　完全浮动相平面图

完全浮动式自动机又可分为首发浮动的浮动自动机和首发不浮动的浮动自动机两种。

① 首发浮动的浮动自动机，首发射击前，先将浮动部分从原始位置拉到后位并被发射卡锁卡住。射击时，先解脱发射卡锁，浮动机使浮动部分复进并实现在复进过程中击发。以后连发时，每发的后坐距离都小于到卡锁的距离，浮动部分均不被卡住，射击结束时（最后一发），后坐部分才停止在前方原始位置。首发浮动的最大后坐阻力取决于连发时的最大后坐阻力，因而作用在炮架上的最大力比首发不浮动的要小，但需设置后拉机构和卡锁，使结构变得复杂。首发浮动的完全浮动式自动机的浮动位移曲线如图 4.64 所示。

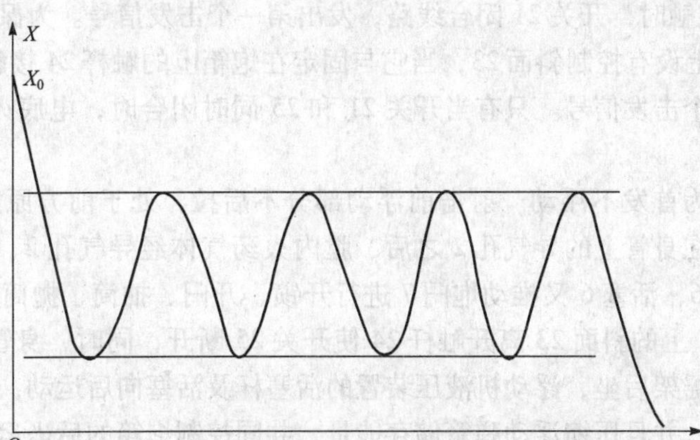

图 4.64　首发浮动的完全浮动式自动机的浮动位移曲线

② 首发不浮动的浮动自动机，首发浮动部分在平时处于待发状态，不需要将浮动部分

拉到后位。发射后，首发像常规自动机一样从原始位置开始后坐，从第二发开始在复进过程中击发，在连发时实现浮动。首发不浮动的第一发后坐时炮架上的受力与不浮动的自动炮相同，但结构简单，操作方便。首发不浮动的完全浮动式自动机的浮动位移曲线如图 4.65 所示。

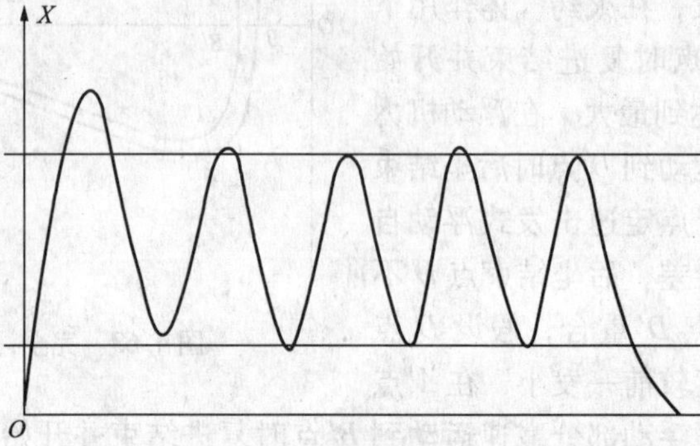

图 4.65 首发不浮动的完全浮动式自动机的浮动位移曲线

德国 Rh202 式 20 mm 浮动自动机是典型完全浮动式自动机，图 4.66 为其结构简图。该自动机采用导气式工作原理，身管 1 与炮箱 26 刚性连接，弹簧－液压式浮动机 12 安置在炮箱 26 与摇架 9 之间，炮箱带着自动机通过浮动机在摇架上运动。炮闩 7 为鱼鳃衬板闭锁的纵动式炮闩，炮闩复进簧 8 处于炮闩与炮箱之间。弹簧－液压式浮动机的液压筒 14 内装有活塞杆 11，杆上装有活塞 13，浮动弹簧 15 配置在活塞与可调控制机构 16 之间。定点击发机构由活塞杆 11 上的斜面 19 与摇架上触杆 22 及其开关 21 组成。炮箱在浮动机作用下复进时，当活塞杆上斜面 19 与固定在摇架上的触杆 22 接触时，开关 21 闭合线路，发出第一个击发信号。为保证击发时炮闩已确实闭锁，在炮闩 7 上设有控制斜面 23，当它与固定在炮箱上的触杆 24 接触时，使开关 25 闭合线路，发出第二个击发信号。只有当开关 21 和 25 同时闭合时，电底火机构线路才接通，击发底火。

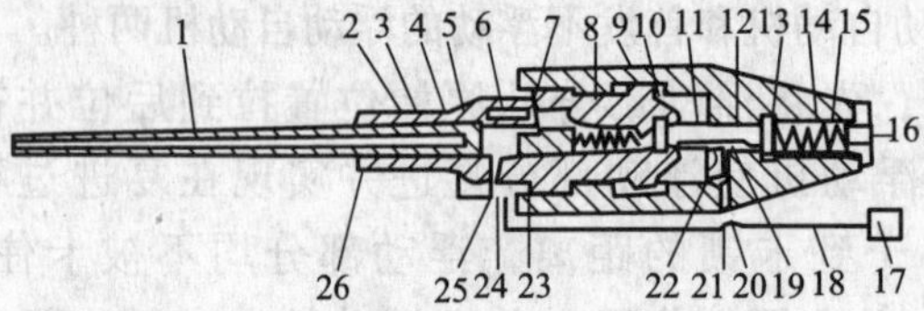

图 4.66 德国 Rh202 式 20 mm 浮动自动机结构简图

该浮动自动机为首发不浮动。射击前浮动部分不后拉，处于前方原始位置。首发射击后，当弹丸通过开在身管上的导气孔 2 之后，膛内火药气体经导气孔 2、喷嘴 3、导槽 4 进入气室，推动活塞 6，活塞 6 又推动炮闩 7 进行开锁、开闩、抽筒、抛筒并压缩炮闩复进簧 8 储存能量。炮闩 7 上的斜面 23 离开触杆 24 使开关 25 断开，同时，身管 1 和炮箱 26 在炮膛合力的作用下沿摇架后坐，浮动机液压装置的活塞杆及活塞向后运动，使液压筒内液体流动，产生液压阻力，并且压缩浮动弹簧储存能量，共同控制炮箱的后坐运动。此时，活塞杆上斜面 19 离开触杆 22，使开关 21 断开。当炮闩后坐结束时，炮闩在复进簧 8 的作用下复进，进行输弹、关闩、闭锁。闭锁确实后，炮闩上斜面 23 与触杆 24 相遇并关闭开关 25。与此同时，当炮箱后坐结束时，炮箱在浮动弹簧作用下复进，到达预定位置时，活塞杆上斜面 19 与触杆 22 相遇，关闭开关 21，电源 17 与电击发装置 5 线路接通，击发底火，开始下一发的射击循环。

在浮动机和定点击发装置控制下，炮箱在复进的最佳位置击发，实现浮动。可见，该自动机属于首发不浮动的完全浮动式、定点击发、炮箱浮动式的浮动自动机。

2）局部浮动式浮动自动机

局部浮动式浮动自动机，利用部分复进行程，在浮动行程的一定位置上卡住浮动部分，等待自动机的某些自动循环动作完成后，选择一定时机再解脱使其复进，然后在复进过程中击发。局部浮动式自动机的后坐、复进速度随位移的变化曲线如图 4.67 所示。图中，浮动部分在 E 点被卡在发射卡锁上。射击时，解脱发射卡锁，浮动部分在浮动机力作用下复进，在 A 点击发，在火药气体作用下浮动部分减速运动到 B 点时复进结束并开始后坐，在 C 点后坐速度达到最大，在浮动机力作用下，浮动部分减速运动到 D 点时后坐结束并开始复进，复进至 E 点被发射卡锁卡住，完成一个循环。局部浮动式自动机每次复进的起始位置都保持不变，可以保持复进速度的变化比较稳定，有效地控制后坐和复进。但是每发都要卡住浮动部分，击发时浮动部分达不到最大速度，浮动自动机不能最大限度地利用复进能量，同时也限制了射速提高。为了减小浮动部分与卡锁之间的撞击，局部浮动式自动机在结构上往往要采取一定的措施。

图 4.68 为典型局部浮动式浮动自动机结构简图。该自动机为炮身短后坐式自动机，击发底火，射击循环开始，在炮膛合力作用下，炮身带动炮闩一起后坐；当炮身后坐一定距离，膛压达到安全压力后，开锁凸轮 6 作用于闭锁杠杆 4 而开锁；炮身通过加速臂 5 作用于炮闩使炮闩加速后坐，进行开闩、抽筒；炮身加速炮闩结束，炮闩依惯性后坐；炮身后坐结束并被炮身卡锁 9 卡住，炮闩后坐到位并开始复进、关闩、输弹；当炮闩复进到一定位置时，通过炮身卡锁解脱杠杆 8 解脱炮身卡锁，炮身开始复进；在炮身复进的过程中，炮闩追赶上炮身，闭锁并击发，开始下一发的射击循环。

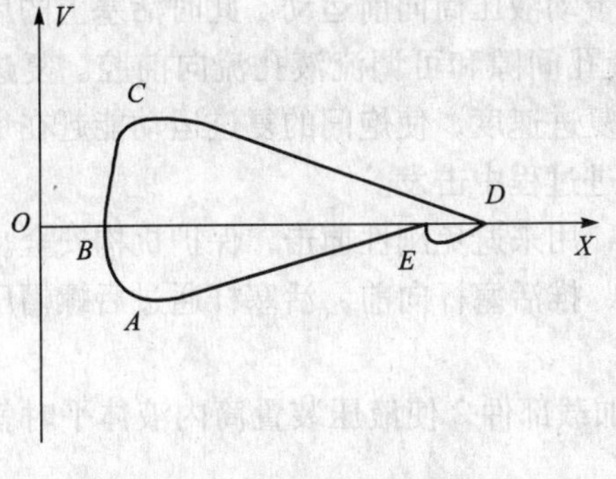

图 4.67　局部浮动相平面图

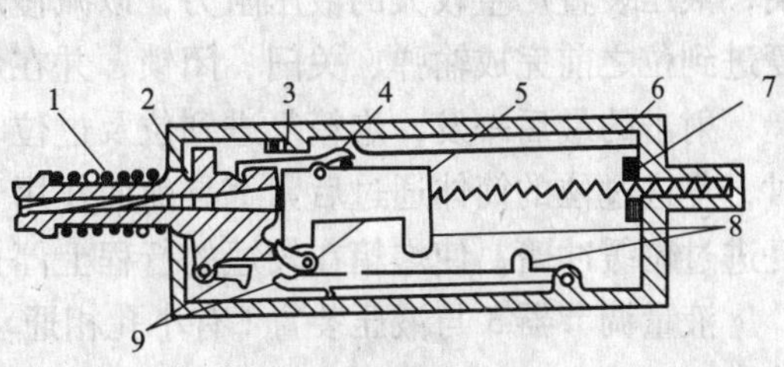

图 4.68　典型局部浮动式浮动自动机结构简图

炮身（浮动部分）每次复进的起始位置都保持不变，因此，简称为定点复进。定点复进可以保持复进速度比较稳定的变化，如果恰当地控制击发时机，就可以有效地控制后坐和复进，保证炮身在复进的最佳位置击发，实现浮动。可见，该自动机属于局部浮动式、近似定速击发、炮身浮动式的浮动自动机。

4. 按弹性介质分类

浮动机是实现浮动技术的装置，是自动机的组成部分。浮动机按其弹性介质不同可分为弹簧－液压式、弹簧式、弹簧－摩擦垫式、液体气压式、可压缩流体等多种形式。但在小口径自动炮中应用最广泛的还是弹簧－液压式浮动机。

1）弹簧－液压式浮动机

瑞士 KDB 型 35 mm 自动炮的浮动机是典型弹簧－液压式浮动机，图 4.69 给出了弹簧－液压式浮动机的结构简图。

瑞士 KDB 型 35 mm 自动炮的浮动机为炮箱后坐浮动机。每个浮动机由两根并联的浮动簧和一个液压装置所组成。两根并联的浮动簧后端分别固定在摇架上，弹簧前端与液压装置的液压筒相连。液压装置由筒体、活塞杆组件、紧塞具、复进缓冲器和液量调节器等组成。筒体 3 通过闭锁板 1 与炮箱固定。活塞杆 7 的后端装在摇架 4 上，复进过位缓冲簧 6 置于活塞杆与摇架之间。活塞杆组件由活塞杆 7、活塞 9 和针形杆 12 组成。针形杆装在活塞杆的内腔，其头部为锥体，与活塞杆上的圆孔构成可调流液孔间隙。调整时，旋出或旋进针形杆，以改变流液孔间隙的面积。调整只进行一次，调整好后用定位销将针形杆固定在调整好的位置。

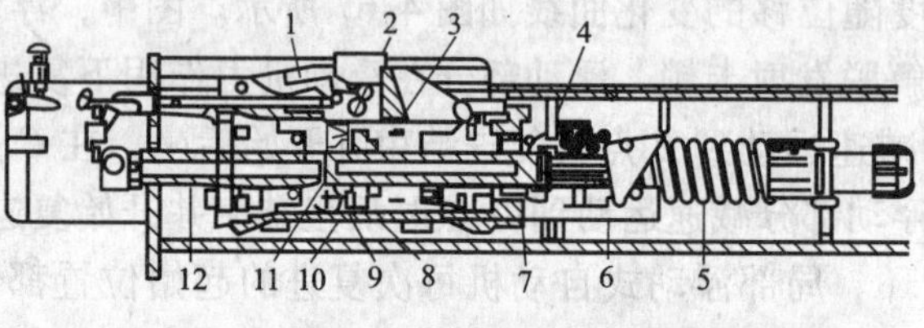

图 4.69　弹簧－液压式浮动机的结构简图

在炮膛合力作用下，炮箱带动固定其上的液压装置筒体向后运动，迫使活塞前腔的液体分成三股流向活塞后腔：一股推开装在活塞上的弹簧单向活门流液孔间隙流向后腔；另一股经活塞外径与筒体间的间隙流向后腔；还有一股，通过针形杆与活塞杆构成的可调流液孔间隙经活塞杆内腔流向活塞后腔。因流液孔间隙较大，所以后坐时，液体可通畅地由活塞前腔流向后腔。后坐时液压阻力较小，后坐能量主要由浮动弹簧吸收，弹簧力是后坐时的主要阻力。后坐结束，炮箱在浮动弹簧作用下开始复进，带动液压筒向前运动。此时活塞上的后坐单向活门在弹簧作用下关闭，活塞后腔液体经流液孔间隙和可调流液孔流向前腔。复进时期，液压装置产生较大的液压阻力，以减慢炮箱的复进速度，使炮闩的复进运动能赶在炮箱复进到位之前完成输弹、关闩、闭锁，并在炮箱复进过程中击发。

射击的最后一发，炮箱复进到位及过位时缓冲，用来避免刚性撞击，保护机构安全。此时，复进过位的筒体通过后紧塞具前面作用于活塞，推活塞杆向前，活塞杆通过后螺帽压缩复进过位缓冲簧，使炮箱在较短的行程上停止运动。

液量调节器 3 与液压装置 1 有小孔相通。弹簧加载部件 2 使液压装置筒内液体平时就保持有 0.18 ~0.22 MPa，以保证液体充满。

2）弹簧式浮动机

图 4.70 给出了弹簧式浮动机的结构简图。

弹簧式浮动机套在身管 25 上。身管通过断隔螺 23 与炮箱刚性连接。浮动弹簧 16（圆柱螺旋弹簧或环状弹簧）套在身管上，弹簧的外面装有内套筒 5，内套筒的外面又装有护筒 12，护筒与摇架固连，内套筒与护筒也为固连。浮动弹簧的后端抵在后制动筒 6 的前端面上，后制动筒的后端面通过密封筒 13 和 14 与摇架 10 相抵。浮动弹簧的前端依次被锁定环 17 和前制动筒 1 所限定。前、后制动筒分别通过槽 3 和槽 15 沿固定在内套筒上的销钉 4 和销钉 7 作轴向移动。身管上的凹槽 24 和 26 分别与套在身管上的滑动筒 13 和 19 上的导向筋

9 和 20 配合，并作为身管后坐、复进时的导向。装配好的身管通过制动面 21 和 22 分别与前制动筒 1 上的制动面 2 及后制动筒 6 上的制动面 8 相抵。

击发后，身管后坐，由于浮动弹簧的后端面被后制动筒 6、密封筒 14 和 11 及摇架固定，身管通过前制动面 21 作用于前制动筒 1 的制动面 2，带动前制动筒及锁定环 17 压缩浮动弹簧 16，提供后坐阻力并储存复进能量。后坐结束时，浮动弹簧伸张，通过锁定环、前制动筒带动身管复进。同时，锁定环推动环状弹簧 18 向前运动，开始一段，环状簧沿内套筒 5 的内表面 27（环形表面）运动，此时环状簧松弛，不提供弹簧力。当推动环状簧运动到楔面 29 时，环状簧被收紧，抱住前制动筒 1，强制身管减速，待输弹、关闩、闭锁确实后，实现炮箱复进中击发。当射击到最后一发，身管复进到位并有过位前冲，此时环状簧沿 30 环形表面运动，提供较大的制动力，实行过位缓冲。

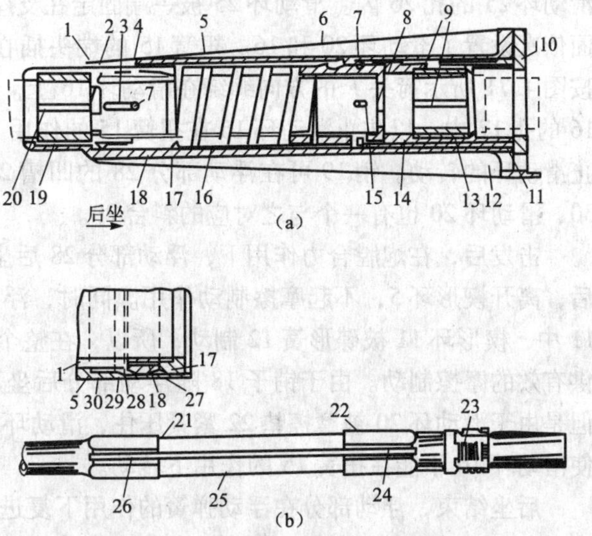

图 4.70　弹簧式浮动机的结构简图

环状簧在身管后坐时被前制动筒 1 上的凸缘 28 带动，向后运动到内套筒 5 的环形表面 27 被放松，不提供弹簧力。

3）弹簧 – 摩擦垫式浮动机

弹簧 – 摩擦垫式浮动机由浮动弹簧和摩擦垫两大部分组成。浮动弹簧设置在摇架和浮动部分之间，后坐时吸收部分后坐能量并储存复进能量，在后坐结束时使浮动部分复进。摩擦垫与浮动部分的作用关系如图 4.71 所示。

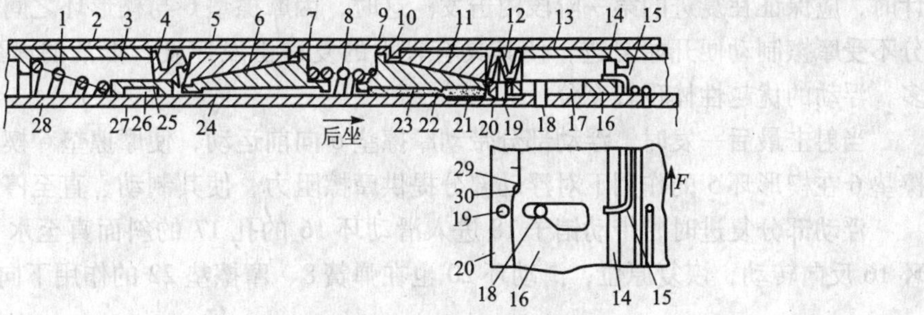

图 4.71　弹簧 – 摩擦垫式浮动机的结构简图

在浮动部分 28 的周围，设置了多个摩擦垫 6 和 22。每个摩擦垫的径向剖面都呈扇环形，摩擦垫的内表面都有摩擦面 24 和 23，摩擦垫的凸肩 7 和 9 可与摇架 2 上的凸台相抵，摩擦垫的外面有楔形环 5 和 11，分别被碟形簧 4 和 12 顶住。碟形簧 4 和 12 的另一端顶在与摇架 2 固连的支座 3 和 13 上。在摩擦垫 6 和 22 之间设置了簧力较弱的圆柱螺旋弹簧 8。在摩擦垫 6 的前方设置了可在浮动部分 28 上滑动的滑动环 25，与浮动部分固连的销子 27 插在滑动环 25 的孔 26 内。滑动环 25 被一端固定在支座 3 上的弹簧 1 推向后方。摩擦垫 22 的后面依次设置了滑动环 20 和 16。扭簧 15 的端头插在滑动环 16 的凸台 14 的凹槽内，扭簧 15 按图 4.71 所示箭头 F 的方向缠绕在滑动环 16 上。固定在浮动部分上的销子 18 插在滑动环 16 的孔 17 内，以防止滑动环 16 在扭簧 15 的作用下转动。销 19 固连在滑动环 20 上，以防止滑动环的转动。销 19 可在浮动部分 28 的凹槽 21 内滑动。滑动环 16 的前部有一个斜台 30，滑动环 20 也有一个与之对应的斜台 29。

击发后，在炮膛合力作用下，浮动部分 28 后坐，弹簧 1 通过滑动环 25 推动摩擦垫 6 向后，离开楔形环 5，不起摩擦制动作用。同时，浮动部分带动摩擦垫 22 向后，楔在楔形环 11 中，楔形环 11 被碟形簧 12 制动，所以，在整个后坐过程中，摩擦垫 22 对浮动部分都提供有效的摩擦制动。由于销子 18 随浮动部分后坐而进入滑动环 16 的孔 17 中的较宽部分，但是由于滑动环 20 被摩擦垫 22 紧紧压住，滑动环 20 的斜台 29 顶住了滑动环 16 的斜台 30，使滑动环 16 不能在扭簧 15 的作用下转动。

后坐结束，浮动部分在浮动弹簧的作用下复进，带动摩擦垫 22 向前运动，离开了楔形环 11，不起摩擦作用。此时滑动环 20 不再受到摩擦垫 22 的阻力，滑动环 16 便在扭簧 15 的作用下沿 F 方向转动，通过斜台 30 与 29 的作用，推滑动环 20 向前滑动，保证摩擦垫 22 在复进时期离开楔形环 11，不起摩擦制动作用。

浮动部分复进时，带动摩擦垫 6 向前运动。由于滑动环 25 在后坐时推动摩擦垫 6 离开了楔形环 5 而出现间隙，所以，在复进开始的一段，摩擦垫 6 随浮动部分一起向前运动时，间隙逐渐减小，直到消失。从开始复进到间隙消失，称为复进的第一阶段。此阶段，摩擦垫 6 对浮动部分不提供摩擦制动。

间隙消失后，随浮动部分一起运动的销子 27 碰到滑动环 25 的孔 26 的前缘，摩擦垫 6 才与楔形环 5 相抵，并在碟形簧 4 的作用下，对浮动部分提供摩擦制动。此阶段称为复进的第二阶段。

在浮动部分复进的过程中，完成输弹、关闩、闭锁、击发，实现浮动的下一个循环。设计时，应保证在复进的第一阶段内击发。这时，因摩擦垫 6 与楔形环之间尚有间隙，浮动部分不受摩擦制动便开始复进，使其具有较大的复进击发速度，抵消的火药气体后坐冲量较多，浮动的优越性体现较充分。

当射击最后一发时，浮动部分带动摩擦垫 6 向前运动，使摩擦垫 6 楔入楔形环 5 中，摩擦垫 6 在楔形环 5 的作用下对浮动部分提供摩擦阻力，使其制动，直至停止运动。

浮动部分复进时，带动销子 18 进入滑动环 16 的孔 17 的斜面直至水平位置，迫使滑动环 16 反向转动，恢复原位，滑动环 20 也在弹簧 8、摩擦垫 22 的作用下向后滑动复位。

4.5.3 浮动自动机的关键技术

现在的浮动自动机，大多采用首发不浮动的近似定点定速击发式，由于没有设置专门的击发控制机构，主要依靠系统动力学的匹配来实现浮动，因此要实现理想浮动，必须解决一系列专门技术，尤其是一些关键技术。

1. 总体技术

为了满足自动机战术、技术指标，尤其是要优先满足射速指标、后坐力指标、后坐行程指标等重要指标，在综合评价分析的基础上确定自动机类型以及浮动方案。由于浮动机是浮动自动机的重要组成部分，确定浮动机的类型及结构形式是总体技术的重要方面。

协调浮动机与自动机总体的关系是总体技术的另一个重要方面。主要包括总体布置（确定浮动机、供弹机构等在自动机上的配置关系、连接方式等）、运动协调性（设置必要的调整机构等）、可操作性、可靠性、可维修性等。

2. 变后坐技术

首发不浮动自动机，首发后坐长，连发浮动后则后坐短。不同后坐长的自动机给确保满足供弹和后坐力等要求带来困难。在满足后坐力要求时，可通过控制后坐行程来保证供弹；在保证供弹时，可通过控制后坐长来控制后坐力。

3. 变射频技术

浮动自动机的变射频技术主要包括两个方面：一方面是保证不同射频下都能实现浮动，以及在不同射击条件下保证射频变化时也能实现浮动；另一方面是通过在一定范围内调整射频来实现浮动。变射频技术主要用于调整机构的设置与设计。

4. 浮动稳定性技术

对定点击发、定速击发和定点定速击发浮动自动机，在理论上都能保证每个射击循环的状态一致，但需要专门的机构来保证，这给自动机设计带来困难。最简单的是近似定点定速击发式浮动自动机，尽管可以通过动力学分析和动力学参数匹配来保证在一定范围内击发，但是由于影响因素很多，很难确保稳定的浮动自动机的性能。对近似定点定速击发式浮动自动机，关键的问题是要确保浮动稳定性，即要保证当受外界影响时，击发点也要回到稳定位置附近。浮动稳定性就是指除首发外击发点位置和速度的一致性。浮动稳定性是衡量浮动自动机动态性能的重要指标。控制并实现击发点位置和速度在一定范围内进行击发的技术称为浮动稳定性技术，它是近似定点定速击发浮动自动机技术的核心。

4.5.4　浮动稳定性

1. 典型浮动曲线

对于近似定点定速击发式浮动自动机，尽管理论上可以保证实现稳定的浮动，由于没有机构保证，加上弹药、射击条件等的影响，很难保证一定能实现理想状况。实验中，常遇到的典型浮动曲线有如下三种。

（1）叠加型（如图4.72所示）：后坐行程越击发越长，击发点离复进到位点越来越远，行程叠加，后坐力叠加，使浮动不稳定。行程过大，将影响供弹；后坐力过大，将影响射击精度和火炮构件的强度等。这主要是由于自动机动力学参数不匹配造成的。

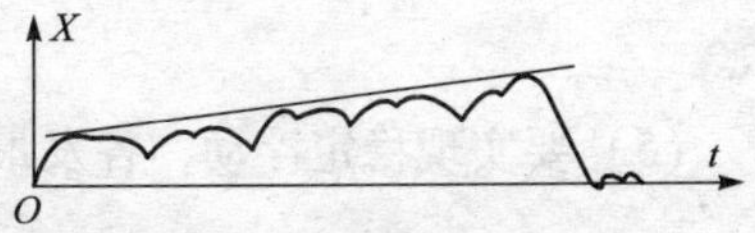

图4.72　叠加型浮动曲线

（2）衰减型（如图4.73所示）：与叠加型刚好相反，后坐行程越击发越短，击发点离复进到位点越来越近，直至复进到位才击发，出现不浮动状态。这主要也是由于自动机动力学参数不匹配造成的。

（3）正常型（如图4.74所示）：后坐行程在允许范围内波动，具有自动调节的规律性。

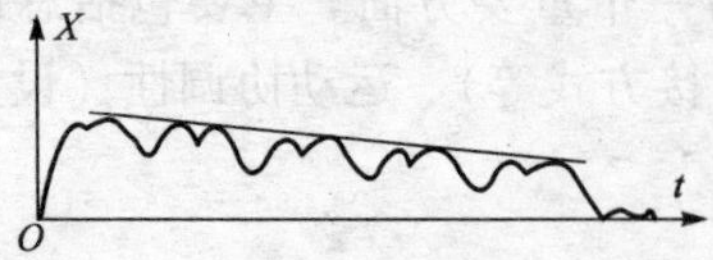

图4.73　衰减型浮动曲线

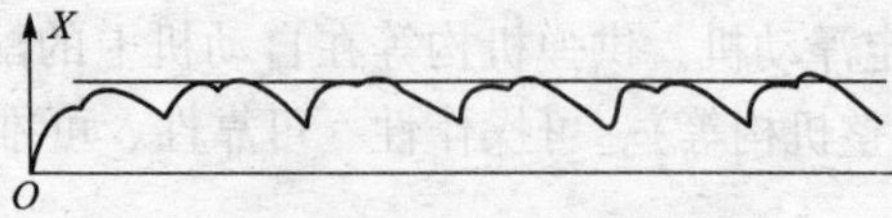

图4.74　正常型浮动曲线

浮动自动机的运动受多种因素影响，浮动曲线的波动是正常现象，只要曲线的规律趋向稳定，浮动就算稳定。

2. 浮动稳定性判据

衡量浮动自动机的浮动稳定性的好坏，首先应给出浮动稳定性判据。浮动稳定性判据一般包括如下五个方面。

（1）要实现浮动，除首发之外，其余各发击发点位置 X_{0i}（$i=2, \cdots, n$）不应超过零点。实际上，试验中所得到的一般是开始后坐位移 $X_{\min i}$，X_{0i}应是 $X_{\min i}$ 前移一段时间 Δt 对应位移，即

$$X_{0i} > 0 \ (i=2, \cdots, n) \tag{4.65}$$

（2）要实现稳定浮动，除首发之外，其余各发击发点位置的偏差 σ_{x0}应越小越好，即

$$\min\{\sigma_{x0}\} = \min\left\{\sqrt{\frac{1}{n-2}\sum_{2}^{n}(X_{0i}-\overline{X_0})^2}\right\} \tag{4.66}$$

式中

$$\overline{X_0} = \frac{1}{n-1}\sum_{2}^{n}X_{0i}$$

（3）要实现浮动，首先应保证复进击发。除首发之外，其余各发击发必须在复进过程中进行，即保证击发点速度 v_{0i}（$i=2, \cdots, n$）都小于零。实际上，试验中一般是将 $X_{\min i}$ 前移一段时间 Δt，对应位移 X_{0i}处的斜率作为击发点速度 v_{0i}，即

$$v_{0i} < 0 \ (i=2, \cdots, n) \tag{4.67}$$

（4）要实现稳定浮动，除首发之外，其余各发击发点速度的偏差 σ_{v_0}应越小越好，即

$$\min\{\sigma_{v_0}\} = \min\left\{\sqrt{\frac{1}{n-2}\sum_{2}^{n}(v_{0i}-\bar{v}_0)^2}\right\} \tag{4.68}$$

式中

$$\bar{v}_0 = \frac{1}{n-1}\sum_{2}^{n}v_{0i}$$

（5）要实现稳定浮动，各发最大后坐行程 $X_{\max i}$的偏差 σ_{Xm}应越小越好，即

$$\min\{\sigma_{Xm}\} = \min\left\{\sqrt{\frac{1}{n-2}\sum_{2}^{n}(X_{\max i}-\overline{X}_m)^2}\right\} \tag{4.69}$$

式中

$$\overline{X}_m = \frac{1}{n-1}\sum_{2}^{n}X_{\max i}$$

3. 浮动稳定性措施

一般浮动自动机是自动机加配浮动机。要保证浮动的稳定性，可以从自动机和浮动机两个方面来考虑。其主要措施如下。

（1）稳定自动机的运动规律，如提高基础构件运动的稳定性、减小工作构件的影响、减少供弹阻力、利用外能源驱动等。

（2）优化浮动机结构参数，如对浮动机结构参数进行参数优化设计、实验优化设计、结构参数可调等。

（3）合理匹配系统动力参数，如动力学模拟、第二冲量匹配等。

（4）设计受控浮动机，如控制与协调基础构件与炮箱之间的运动等。

（5）设计自适应浮动机，如自动调节和控制自动机运动。

4.5.5　浮动机的设计

浮动自动机主要靠浮动机的作用实现复进中击发，其综合性能主要取决于浮动机的设计。因此，设计浮动自动机时，重点应放在浮动机的设计上。

小口径浮动自动炮大多采用弹簧 - 液压式浮动机。因为用弹簧作为复进能源既简单又不受温度的影响，而液压装置可以在射角变化而引起的浮动性能变化时起到一定的自动调节作用。当射角增大时，浮动部分沿炮膛轴线的重力分量使后坐速度增加，液压阻力也相应增加，从而使后坐长度变化不大。复进时，重力分量使复进速度减小，液压阻力相应减小，从而使复进长度减小不大。首发不浮动的浮动机，液压装置可起到一定的调节作用，使后坐长度变化不大。因此，弹簧 - 液压式浮动机在小口径浮动自动炮中得到了广泛的应用。

浮动式自动炮的浮动机可视为一种特殊的反后坐装置。它除了控制浮动时的后坐、复进运动规律及炮架受力以外，还要使浮动部分运动与自动机的供弹、输弹、关闩、闭锁及击发机构的动作合理匹配，以保证浮动部分在复进的最大速度附近击发，并实现浮动。要设法保证连发时浮动部分的复进速度和行程变化范围最小，以实现稳定浮动。这需要考虑减小后坐能量损耗，以提高浮动效率。

根据已确定的炮、弹、药诸元进行内弹道计算，得出内弹道规律和炮膛合力规律。以此为基础，进行浮动机的设计。

弹簧 - 液压式浮动机的设计过程是浮动弹簧设计、液压装置设计、浮动自动机分析计算、验证试验、修改方案等反复设计、计算、试验的过程。

1. 最大后坐行程 λ 的确定

综合考虑火炮受力、供/输弹、自动机和炮架结构等方面的因素来确定最大后坐行程 λ。λ 越大，炮架受力越小，但自动机和炮架的纵向尺寸越大，使其质量增加。一般设计是选取一组 λ 值作为设计浮动机的初始数据进行多方案计算，最后选择最佳方案。

2. 浮动弹簧设计

浮动弹簧设计在很大程度上影响浮动机的工作性能。

浮动弹簧用来浮动部分后坐时储存能量，复进时提供动力。浮动弹簧力的大小随弹簧压

缩量按直线规律变化，即

$$F_f = F_{f0} + kX \tag{4.70}$$

式中 F_{f0}——浮动弹簧初力；

k——弹簧的刚度系数；

X——后坐行程。

当为最大后坐行程时，浮动弹簧力为

$$F_{f\lambda} = F_{f0} + k\lambda \tag{4.71}$$

定义浮动弹簧末力 $F_{f\lambda}$与初力 F_{f0}之比为压缩比 m，则

$$m = \frac{F_{f\lambda}}{F_{f0}} = \frac{F_{f0} + k\lambda}{F_{f0}} \tag{4.72}$$

浮动弹簧的刚度系数可写为

$$k = \frac{(m-1)F_{f0}}{\lambda} \tag{4.73}$$

设计浮动弹簧主要是合理地选定结构参量 F_{f0}和 m。确定了 F_{f0}和 m 以后，再给定最大后坐行程 λ，就可按式（4.73）求出弹簧的刚度系数 k，进而设计浮动弹簧的结构尺寸，计算浮动弹簧力。

初力 F_{f0}选取的合理性是弹簧设计是否成功的关键。

浮动弹簧的主要任务之一就是在整个射角范围内均能保持浮动部分处于待发位置，并且即使浮动部分有微小位移时，仍能克服各种摩擦力，将浮动部分推回到原位。因此浮动弹簧的初力由下式确定

$$F_{f0} > m_f g(\sin\varphi_{\max} + f\cos\varphi_{\max} + \nu) = \alpha m_f g \tag{4.74}$$

式中 m_f——浮动部分质量；

g——重力加速度；

$\varphi_{\max}$——最大射角；

f——导轨摩擦系数；

ν——紧塞具相当摩擦系数；

α——综合系数，根据所设计弹簧的工作条件和特点确定 α 值，一般 $\alpha = 1.5 \sim 5$，设计时可取多个 α 值，最后从多方案选取最优方案。

如果总体有某些特殊要求，复进时需要给其他机构提供较多的能量，则浮动弹簧的初力应该选得更大些。总之，浮动弹簧初力 F_{f0}应综合考虑各方面的因素，并参考现有类似浮动自动机的有关数据合理确定。

压缩比 m 的选取主要应考虑炮架受力、结构和质量三个因素。为使炮架受力小且均匀，应使 m 尽可能地小。一般的，在结构允许的条件下，尽量使 m 取得小些，也可采取多个 m 值进行多方案设计，最后根据设计要求择优。

浮动弹簧应布置在总体所确定的允许空间内。弹簧的具体设计是确定弹簧材料、弹簧钢丝的断面形状尺寸、弹簧圈数及中径等基本参数，以保证满足已选定的初力 F_{f0}和压缩比 m（或刚度系数 k），并满足强度要求。

炮用弹簧均采用合金弹簧钢制造，常用的材料有 $60Si_2MnWA$，65MnWA，$60Si_2A$ 等热轧或冷拉弹簧钢。由于对复进簧的质量和尺寸要求苛刻，它的工作条件也很恶劣，因此要求的

许用剪应力远比一般机械弹簧要高。

弹簧设计的规范和方法较多，在设计弹簧时可参考有关的资料和计算。

3. 液压装置设计

液压装置设计的目的是确定其结构及设计流液孔尺寸。液压装置设计可分为：确定液压装置的结构型式，设计液压装置的结构，推导液压阻力公式，计算运动诸元和流液孔尺寸等几个主要设计过程。

对比现有典型液压装置结构，考虑所设计浮动机的特点及体现总体设计的要求，据此确定液压装置的结构型式。为了使其工作稳定，不产生真空，最好采取活塞杆两端直径相等且伸出液压筒外的方案。要考虑如何解决后坐、复进缓冲和液量调节等问题。如果设置缓冲器和液量调节器，要进一步考虑它们的型式和具体结构，并进行必要的计算。为了实现复进中击发，在液压装置中经常设计有后坐单向活门，使其复进时关闭。为了在射击条件变化时（射角或温度等）仍能得到稳定的浮动，应考虑设计可调（或可控）流液孔。浮动自动炮的射速较高，在设计活塞的工作面积时，应该考虑液体的温度升高的情况并计算自动炮持续射击时允许的最多发数，以检查是否满足长点射的射弹数。简单实用的液压装置的结构型式如图 4.75 所示。

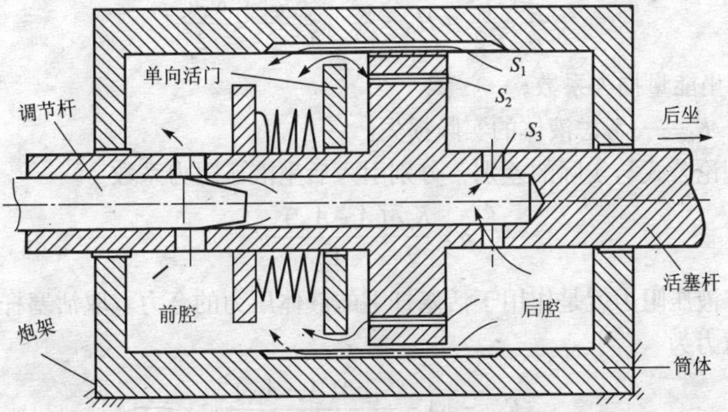

图 4.75　简单实用的液压装置的结构简图

设计液压装置结构之后，应根据其结构型式，应用能量方程和连续方程，可以推导出后坐和复进时的液压阻力公式。

图 4.75 所示简单液压装置结构为杆后坐、筒体与摇架固连、活塞杆与浮动部分连接。后坐时活塞杆随浮动部分一同后坐，带动活塞挤压后腔中的液体。后腔中的液体受挤压后分三股液流进入前腔：一股液流经活塞与筒体之间的流液孔（通常是在筒体壁上开一些变深度的沟槽）流入前腔，它是产生液压阻力的主要液流，称为“主流”；后坐时，在液压作用下，单向活门打开，形成第二股液流通道，液流经该通道流入前腔；由活塞杆内壁与调节杆之间形成另一管道，液流经该通道流入前腔。后坐结束，在浮动弹簧作用下，浮动部分进行复进。活塞杆随浮动部分一同复进，带动活塞挤压前腔中的液体。在液压作用下，单向活门关闭。前腔中的液体受挤压后分两股液流进入后腔：一股液流经活塞与筒体之间的沟槽流液孔流入后腔；另一股液流经活塞杆内壁与调节杆之间形成流液孔流入后腔。

液体的流动是非常复杂的。在很短的时间内，液体被加速到极高的速度，雷诺数可达几十万，形成复杂的动边界高雷诺数湍流，流动是三维非定常的。为了建立比较简单的模型，以满足工程的需要，作如下假设：① 以地面作为惯性参考系；② 液体是不可压缩的；③ 流动是一维定常的；④ 各流液通道的流动是一致的；⑤ 忽略液体流经流液孔的收缩现象；⑥ 流经流液孔的液体能量损失与液体内能成正比。

设液体密度为ρ，后坐速度为v，活塞工作面积A，在时间$\mathrm{d}t$内，活塞移动$\mathrm{d}X$距离，后腔中被排挤出的液体质量为$\rho A\mathrm{d}X$。由连续方程知，这些液体经三个流液通道进入前腔。设三个流液通道的面积分别为S_1、S_2、S_3，后坐流液孔总面积$A_{xh}=S_1+S_2+S_3$，液流相对速度为w'，在时间$\mathrm{d}t$内，经三个流液孔流出的液体质量为$\rho A_{xh}w'\mathrm{d}t$，即

$$w'=\frac{A}{A_{xh}}v \tag{4.75}$$

w'为液流相对于活塞的速度，而绝对速度w为

$$w=w'-v=\frac{A}{A_{xh}}v-v=\frac{A-A_{xh}}{A_{xh}}v \tag{4.76}$$

由于液体不可避免地有一定压缩性，因此假设后坐时前腔压力为0，后腔液体绝对流速等于0，并且不考虑位能影响。根据伯努利方程，前后腔压力和流速的关系式为

$$\frac{p}{\rho}=\frac{w^2}{2}+H_{r1}=\frac{w^2}{2}+\xi_h\frac{w^2}{2}=\frac{K_hw^2}{2}$$

式中　ξ_h——后坐能量损失系数；

$K_h=1+\xi_h$，K_h——考虑液体的实际损失。

同时修正理论公式与实际的差别，分别引入后坐液压阻力系数

$$p=\frac{K_h\rho(A-A_{xh})^2}{2A_{xh}^2}v^2 \tag{4.77}$$

杆后坐时，液压阻力就是作用于活塞杆上的液体压力的合力。取活塞杆为分析对象，作用其上的液体压力为

$$F_{\Phi h}=pA=\frac{K_h\rho A(A-A_{xh})^2}{2A_{xh}^2}v^2 \tag{4.78}$$

从式（4.78）可以看出，液压阻力是流液孔面积A_{xh}及后坐速度v的函数，液压阻力可简略表示为

$$F_{\Phi h}=f(A_{xh})v^2 \tag{4.79}$$

其中

$$f(A_{xh})=\frac{K_h\rho A(A-A_{xh})^2}{2A_{xh}^2} \tag{4.80}$$

$f(A_{xh})$称为液压装置的结构函数。

复进过程中的液压阻力表达式的推导与后坐相似，不过复进流液孔总面积$A_{xf}=S_1+S_3$，复进液压阻力系数为K_f。

当内弹道计算和浮动弹簧设计后，浮动部分质量、炮膛合力、浮动弹簧力均为已知，只要合理选取制动图，即理想的浮动部分运动阻力F_R对后坐行程X的变化规律，便可进行运动诸元的计算，得到浮动部分的位移、速度、时间之间的变化规律，并求出合成流液孔的相

当面积与后坐位移的变化规律。根据合成流液孔的组成型式，便可分配各组成流液孔的面积，并且对各流液孔进行工艺调整，得到各流液孔实际面积和合成流液孔的变化规律。然后设计液压装置的结构、尺寸和参数。

浮动液压装置正面设计，就是拟订合理的制动图，并使新设计的液压装置实现所拟订的运动阻力规律。

拟订制动图应遵循以下原则：

① 应尽量减小受力；

② 应尽量缩短后坐长；

③ 考虑后坐阻力变化规律实现的可能性；

④ 后坐阻力变化规律应尽量简单。

选定适当的运动阻力 F_R 的规律之后，可以计算浮动部分的运动规律。在计算浮动部分的运动规律时，考虑到浮动的特点，一般选择合理的击发点位置和速度，根据选定的运动阻力 F_R 的规律计算一发循环结束时的位置和速度，尽可能与击发点位置和速度一致。设计时可取多个击发点位置和速度值，最后从多个方案中选取最优方案。

液压阻力为

$$F_{\Phi h} = F_R - (F_{f0} + kX + F_0)$$

由后坐过程计算出总流液孔 A_{xh} 为

$$A_{xh} = S_1 + S_2 + S_3 = \frac{Av}{\sqrt{\frac{2F_{\Phi h}}{K_h \rho A} + v}} \tag{4.81}$$

由复进过程计算出总流液孔 A_{xf} 为

$$A_{xf} = S_1 + S_3 = \frac{Av}{\sqrt{\frac{2F_{\Phi f}}{K_f \rho A} + v}} \tag{4.82}$$

在相应位移上，复进总流液孔 A_{xf} 是后坐总流液孔 A_{xh} 中一部分（除去活门流液孔面积 S_2），即在浮动行程上，按相应位移处计算出活门流液孔面积 S_2 为

$$S_2 = A_{xh} - A_{xf} \tag{4.83}$$

这里计算出的复进总流液孔 A_{xf}、后坐总流液孔 A_{xh} 和活门流液孔面积 S_2 都是（位移）变化的。通常，认为活门打开和关闭在瞬间完成，可以将计算出的活门流液孔面积 S_2 在浮动行程上计算出平均值，比如积分平均值，作为活门常数流液孔面积 S_2。可调流液孔 S_3 一般也是常数流液孔。选定适当的常数流液孔 S_2 和 S_3 后，就可以计算出可变流液孔 S_1。考虑到简化结构，避免制造误差对浮动的影响，通常主流液孔 S_1 也设计成常数流液孔。可以将计算出的可变流液孔 S_1 在浮动行程上计算出平均值，比如积分平均值，作为常数主流液孔 S_1。在初步计算出流液孔 S_1、S_2、S_3 后，可取多个值进行多方案计算，最后从多方案选取最优方案。

在确定了浮动行程上的主要参数之后，根据缓冲要求来确定非浮动行程上主流液孔 S_1 的变化规律。通常是从起始位置到浮动击发点位置之间，主流液孔沟槽深度按线性变化规律选取。从浮动行程结束位置到最大后坐行程位置（为安全起见可以适当延长一点）之间，主流液孔沟槽深度也按线性变化规律选取。

液压装置结构设计，主要根据强度条件、密封条件、工艺条件、标准化等来确定主要结构尺寸。

液压装置设计，需要选择一系列参数，进行计算后再调整，其实就是反复计算，反复调整的过程。为了节省研制周期，可以建立计算模型、编制程序，利用计算机进行优化设计。

4. 浮动自动机分析计算

对工艺调整后的流液孔进行后坐、复进分析计算，求出时间、位移、速度、炮膛合力、液压阻力、浮动弹簧力、后坐阻力等变化规律。调整某些参数（如浮动弹簧初力、刚度系数及各流液孔尺寸等）进行多方案计算并分析各计算结果，最后选取满足设计要求的最优方案。

浮动自动机分析计算的数学模型根据浮动自动机类型的不同而不同，应结合自动机本身建立整个浮动自动机分析计算数学模型。

浮动自动机分析计算是在已知的自动机和浮动机结构尺寸和参数条件下，针对在各种射击条件、结构参数变化等情况进行分析计算。

通过求数学模型，可以解出在要求的射击条件、已知的结构尺寸和参数条件下的后坐力 $F_R\sim t$、$F_R\sim X$、运动速度 $v\sim t$、$v\sim X$ 和运动行程 $X\sim t$。

浮动自动机分析计算数学模型通常是关于行程 X 的一阶常微分方程组，然后选择适当的数值计算方法求解。求解一阶常微分方程组的数值计算方法通常采用龙格－库塔方法，其中最常用的是四阶龙格－库塔方法。

计算可在计算机上进行。根据自动机的运动循环，分段给出每个运动特征段的受力和结构参数，根据具体结构给出液压阻力、浮动弹簧力、前/后缓冲器力的表达式，编成子程序，供主程序调用。应注意在每个运动特征段的开始，均应判断是否有撞击，如有撞击，则给出撞击公式并计算撞击后的速度作为下一段的起始参数。此外，位移、速度、作用力的方向均以后坐方向为正，这样，程序可自动进行后坐、复进循环及连发计算。

5. 浮动机优化设计

1）浮动机参数优化设计

浮动机参数优化是指通过设计确定一组适当的结构参数，在满足规定的限制条件下，使浮动自动机综合浮动性能达到最优。为此，应首先建立优化设计的数学模型。

以炮箱浮动的弹簧－液压式浮动机为例，浮动弹簧和液压装置安装在炮箱与炮架之间，液压装置筒体固定在炮架上不动，活塞杆与炮箱固连。液压装置中流液漏口部分的结构原理如图 4.75 所示，当炮箱后坐时，与之固连的活塞杆后坐，后腔液体经沟槽漏口 S_1、单向活门漏口 S_2、可调漏口 S_3 流向前腔，产生液压阻力；当后坐能量消失后，炮箱在浮动弹簧作用下复进，单向活门漏口关闭，前腔液体经沟槽漏口 S_1、可调漏口 S_3 反向流入后腔。

根据弹簧－液压式浮动机的结构设计，选取对设计目标影响较大的独立参数作为设计变量。对于图 4.75 所示的液压装置结构原理，改变结构参数，控制沟槽尺寸 h、单向活门孔径 d、可调漏口面积 S_3，可改变液压阻力的大小和规律。同样，改变浮动弹簧的初力 F_{f0} 和刚度系数 k 也可使后坐阻力发生变化，影响浮动性能。可选择以下五个主要的独立参数作为设计变量：浮动弹簧初力 F_{f0} 为 x_1；浮动弹簧刚度系数 k 为 x_2；液压装置沟槽漏口深度 h 为

x_3；液压装置单向活门漏口直径 d 为 x_4；液压装置可调漏口面积 S_3 为 x_5。即选取设计变量为

$$x = \{x_1,\ x_2,\ x_3,\ x_4,\ x_5\} = \{F_{f0},\ k,\ h,\ d,\ S_1\}$$

不同的设计思想可以建立不同的目标函数，也就可以获得不同的最优解，得到不同的优化设计方案。在浮动机设计中，主要的浮动性能指标包括：平均射速、首发最大后坐位移、浮动时各发最大后坐位移的平均值、复进击发点位移的平均值、复进击发点位移的均方差、复进击发点速度的平均值、复进击发点速度的均方差、首发最大后坐力、浮动时各发最大后坐力的平均值、浮动时各发最小后坐力的平均值、浮动效率等。根据不同的设计思想，可以选取其中重要的某一个或某几个性能指标作为设计目标，建立单目标或多目标的目标函数。为了能获得综合浮动性能好的设计方案，可把后坐力小，受力平稳，浮动稳定性好，射速高，浮动效率高等几项指标作为设计目标，建立多目标的目标函数。

多目标优化，是指求出的各个分目标都达到最优，这是十分理想的，但也使问题变得复杂，处理起来也较困难。目前处理多目标优化问题，大体可分为两类：一类是将多目标优化问题转化为一系列单目标优化问题求解；另一类是将多目标优化问题重新构造成一个新的函数——评价函数，将多目标优化问题转化为评价函数单目标优化问题。常用的方法有分层序列法（主要目标法）、线性加权法（线性组合法）、理想点法（目标规划法）、平方和加权法、协调曲线法等。其中线性加权法是较简单适用的一种方法。它是依据各分目标函数的重要程度，对应地选择一组权系数，用各单目标函数与权系数的线性组合构成的目标函数（评价函数）。

若采用线性加权法，浮动机结构参数优化设计的目标函数可写成

$$\min F(x) = \min \sum_{i=1}^{n} \lambda_i f_i(x)$$

式中各目标函数 $f_i(x)$（$i=1,\ 2,\ \cdots,\ n$）都是设计变量 x 的函数。

约束条件是对设计变量的取值或其他性能给以某种限制的数学关系式。根据具体情况列出数目及内容不同的约束条件。比如，根据实际情况给出设计变量取值的下上限，即首发最大后坐位移、首发最大后坐力、平均射速及复进击发点最小位移的限定值等。取定约束条件之后，应将其写成规范化的标准形式。

由于设计变量的量纲和数量级的不同，目标函数的严重非线性及约束条件的不规范化，使优化计算的收敛性变差，甚至无法进行。为了提高计算效率，还须对数学模型进行再设计。

建立优化模型之后，根据优化模型的特点选择合适的优化方法，编制计算机程序，计算并分析计算结果，寻求全局最优解。为了进一步分析各设计变量对目标函数及有关浮动性能的影响，应进行优化设计的参数分析。

由于浮动机参数优化设计的数学模型是含有多个设计变量、多个约束条件、多目标函数的模型，且目标函数是设计变量的复杂隐函数，所以应选取非线性约束优化问题的有效方法求解。

为了寻找正确、可靠的最优解，在可行范围内，选择足够多、足够分散的初始点，进行多次优化计算，输出计算中间结果并加以分析，检查优化过程是否正常，比较各最优值，将目标函数最小的最优解作为鉴定后的最优解。

为了分析各设计变量对目标函数及有关浮动性能的影响，应进行优化设计的参数分析。其方法是：固定其他设计变量，有规律地改变其中的一个设计变量，考察其对如下目标函数和浮动性能参数的影响：首发最大后坐力、浮动时最大后坐力的平均值、浮动时最小后坐力的平均值、击发点位移均方差、击发点速度均方差、首发最大后坐长、浮动最大后坐位移平均值和击发点平均位移、平均速度及射速等。最后分析各设计变量对目标函数和各浮动性能指标的敏感程度，以便在图纸设计或加工过程中恰当处理设计精度及加工误差等问题，也为射击试验中的参数调整提供了依据。

2）浮动机动态优化设计

系统优化设计，按设计变量的形式可分为参数优化设计和动态优化设计。在参数优化中，描述系统状态的状态变量与时间有关，可写成有限维向量形式，系统优化设计的目的在于寻求使系统满足一定约束条件，并在某种意义上使系统性能指标达到最优的有限维系统结构参数向量。在动态优化中，描述系统状态的状态变量与时间无关，系统状态方程可能是常微分方程，但系统结构参数是一个形状函数，即设计变量是沿空间变化的分布函数，系统优化设计的目的在于寻找一个形状函数，用以确定系统的结构，使具有该结构的系统，在满足一定约束条件下，在某种意义上使系统性能指标达到最优。

浮动自动机在工作过程中，不断有构件加入或退出，在这些特征点上往往引起构件间的撞击，此时系统状态可能产生不连续现象。因此，浮动自动机是一种具有状态变量间断的多构件、多自由度的系统，其浮动机优化设计是一种多目标、有约束的动态优化设计。

描述系统运动状态的状态变量有运动的位移和速度等，通常写成向量的形式。系统状态方程是按自动机循环图分段建立自动机运动微分方程组及其数值解和撞击特征点的撞击后的速度表达式。

设计变量是一个形状函数，对浮动机动态优化，可以取后坐力为设计变量，能使系统优化模型简化，并能从整体系统上考虑优化，可以通过合理分配液压阻力和弹簧力，以及合理分配和设计各股液流通道及流液孔面积，以保证浮动机结构参数的优化结果得以实现。

浮动自动机优化性能指标泛函是动态优化设计的目标函数，该目标函数是设计变量（函数）的函数。浮动机设计的原则：其一是尽可能减小后坐力峰值，并使后坐力变化尽可能平缓；其二是尽可能提高浮动稳定性；其三是要保证浮动自动机的射速，即保证浮动自动机的循环时间。浮动稳定性主要反映在击发点与循环结束点浮动自动机运动状态的一致性上。对诸多性能指标，用线性加权法来综合考虑。

根据浮动自动机的工作特点，确定浮动机动态优化设计模型。例如，建立的某浮动机动态优化设计模型包括：

① 设计变量。取后坐力变化规律为设计变量

$$u(t)=R(t) \tag{4.84}$$

② 性能指标泛函

$$J(u(t))=\alpha_1\beta_1\left(\frac{t_f}{t_{f0}}-1\right)^2+\alpha_2\beta_2\left(\frac{x_{3f}}{x_{30}}-1\right)^2+\alpha_3\beta_3\left(\frac{x_{4f}}{x_{40}}-1\right)^2+\alpha_4\beta_4\frac{1}{t_f}\int_0^{t_f}\left(\frac{R}{R_0}-1\right)^2\mathrm{d}t \tag{4.85}$$

式中 α——权重系数；

β——灵敏系数；

t_f——循环时间；

t_{f0}——所容许的循环时间上限（相应射速下限）；

x_{3f}——循环结束时浮动部分位移；

x_{30}——击发点浮动部分位移；

x_{4f}——循环结束时浮动部分速度；

x_{40}——击发点浮动部分速度；

R——后坐力；

R_0——期望的后坐力平均值。

③ 状态方程

$$\dot{x}(t)=f(x,\ u,\ t) \tag{4.86}$$

④ 特征点条件

$$\Psi^k = x(t_k^+) - \varphi_k(x(t_k^-)) = 0 \tag{4.87}$$

⑤ 约束方程

$$G(u,\ x,\ t) \leqslant 0 \tag{4.88}$$

⑥ 伴随方程

- 哈密顿函数

$$H = \alpha_4\beta_4 \frac{1}{t_f}\left(\frac{R}{R_0}-1\right)^2 + \lambda^T f \tag{4.89}$$

- 特征点指标函数

$$\Phi = \alpha_1\beta_1\left(\frac{t_f}{t_{f0}}-1\right)^2 + \alpha_2\beta_2\left(\frac{x_{3f}}{x_{30}}-1\right)^2 + \alpha_3\beta_3\left(\frac{x_{4f}}{x_{40}}-1\right)^2 + \nu^T\Psi \tag{4.90}$$

- 伴随方程

$$\gamma(t) = -\frac{\partial H}{\partial x} = -\frac{\partial f^T}{\partial x}\lambda \tag{4.91}$$

- 边界条件

$$\delta x(t_0) = 0 \tag{4.92}$$

- 连接条件

$$\gamma(t_k^+) = -\frac{\partial \Phi}{\partial x(t_k^+)} = -\nu \tag{4.93}$$

$$\gamma(t_k^-) = -\frac{\partial \Phi}{\partial x(t_k^-)} = -\frac{\partial \Psi^T}{\partial x(t_k^-)}\gamma(t_k^+) \tag{4.94}$$

$$\gamma(t_f^-) = \frac{\partial \Psi^f}{\partial x(t_k^-)}\frac{\partial J}{\partial x(t_f)} \tag{4.95}$$

- 最优条件

$$\frac{\partial H}{\partial u} = 0 \tag{4.96}$$

浮动机动态优化，是针对某一发的，由此得出的最优后坐阻力、最优浮动弹簧以及最优液压装置阻力都是针对某一发的，而自动机的特点是连发，为了考查优化结果的适应性，在得到优化结果之后，再对初值进行灵敏性分析，得出初值误差对性能指标及浮动特征量的影响规律。

对于首发不浮动的自动机，存在着如何保证第二发的初始状态满足优化时的初始状态的要求问题。浮动自动机在浮动之后，仅在浮动行程上运动，而首发不浮动的浮动自动机的首发与浮动后的各发的差别，主要在于存在浮动行程之外的运动。为解决这个问题，将动态优化得到的最优后坐阻力，通过参数优化设计转换成最优浮动弹簧和液压装置的相当流液孔作为已确定的参数，而将浮动行程之外的相当流液孔（浮动行程的两端）分别用二次曲线来连接，用参数优化法确定这两条曲线的参数，使首发结束时的系统运动状态，满足动态优化时的初始状态要求，从而保证首发不浮动的自动炮的连发时的浮动性能。

6. 验证试验

根据计算后选取的最优方案，绘制成产品图纸，进行加工、总装、调试、实弹射击，以考核设计与实际是否符合。如不理想，应修改设计，直至得到浮动稳定、性能良好的结果。

浮动机设计过程是反复求优过程，评价浮动机设计的好坏，要全面衡量浮动自动机的综合性能，主要考虑作用在炮架上的最大后坐力、理论射速、浮动稳定性、射击密集度、最大后坐长、浮动效率、结构与操作的简便性等。在设计中应特别注意如下几个问题。

1）合理匹配第二冲量的作用时机

一般，将火药气体作用冲量称为第一冲量。纵动式炮闩后坐到位撞击缓冲器，或者导气式自动机的基础构件后坐到位撞击缓冲器，给炮箱的冲量称为第二冲量。实践证明，对于炮箱浮动的浮动自动机，第二冲量的作用时机明显地影响浮动性能。第二冲量作用在浮动部分的后坐时期还是复进时期，将改变浮动的最大行程、后坐或复进时间及击发时浮动部分的运动速度，影响射击循环时间、作用在炮架上的受力大小。合理匹配第二冲量的作用时机，是炮箱浮动的浮动自动机设计的关键。在设计浮动机时，能够通过改变浮动机的参数（如浮动弹簧的初力、刚度及液压装置流液孔尺寸等）和液压装置的结构型式来控制第二冲量的作用时机。第二冲量作用时机的选取，应根据对浮动自动机的运动及动力学特性的要求来确定。

2）考虑自动机工作对炮箱浮动的影响

当自动机属于几个自由度的运动系统时，浮动机的设计应考虑自动机的工作对炮箱浮动的影响，一般将计算好的流液孔利用几个自由度的动力学方程求解反面问题的方法，进行必要的调整，使所设计的流液孔满足自动机运动的要求。

3）考虑射角变化的影响

当射角增大时，运动部分的重力将产生一个沿炮膛轴向的重力分力，特别是在最大射角时，重力的分力对后坐、复进运动的影响是不可忽视的。因此，水平射角调整好的浮动机，在大射角时，浮动性能就会变化。为了考虑这一影响，可以采取以下几种措施。

① 改变浮动弹簧的初力。当射角增大时，通过连杆机构使浮动弹簧的初压缩量增大，使其初力的增量等于重力分量。这样，就使浮动初力不因射角的变化而产生较大的变化。又由于弹簧随位移线性变化，弹簧的刚度系数不因初力的改变而变化，因此，浮动机的工作性能在各种射角下都变化不大。

② 改变液压装置流液孔面积。对于有液压装置的浮动机，可以采取改变流液孔面积的方法来控制在不同射角时，浮动部分的最大复进速度基本相同，使其抵消炮膛合力的冲量不变，从而保证浮动性能稳定，以克服因射角变化而引起的变化。

③ 采取定速击发。不论射角如何变化，只要实现定速击发就可以保证浮动性能稳定。

4）考虑迟发火、瞎火等保证措施

采取首发浮动方案，在射击前，要将浮动部分后拉。小口径浮动自动炮可以采用人工通过杠杆机构后拉，也可采用压缩空气，液压泵等其他能源进行后拉，还需设计一套卡锁机构，以保证浮动部分在发射前处于后拉位置。

当发生迟发火或瞎火时，浮动部分将以最大的速度继续复进，撞击炮箱或摇架，容易损坏零部件，因此应设置前缓冲器加以缓冲。如发生迟发火，则浮动部分复进速度可能为零时才击发，这相当于非浮动自动炮的受力。为了不产生零部件的损坏，应该按此时的最大受力进行零部件的强度设计。

4.6　其他机构设计

4.6.1　首发装填机构

1. 首发装填机构

首发装填机构是指在自动机不发射的情况下，利用外能源（如人力、压缩空气、电机、液压或专用的火药弹燃气等）进行首次开闩，并驱动部分自动机构工作一次，使自动机处于待发射状态的机构，也称为首发开闩机构。使用内能源工作的自动机必须设置首发装填机构，尤其是航空自动炮一般都是远距离操纵，要求能自动进行首发装填和排除故障，因此必须设有自动首发装填机构。

首发装填机构主要有如下功用。

1）射击前完成首发装弹

在战斗前自动炮的准备工作中，考虑到安全性，往往只是将炮弹装在供弹机内，自动炮并不处于待发状态。在射击之前，射击手必须操纵首发装填机构，把炮弹输入炮膛，使自动炮处于待发状态。

2）排除自动机发生的某些故障

射击时，如遇到炮弹瞎火或活动构件因受阻停在非正常工作位置等故障时，都可用装弹的方法，使部分自动机构动作一次或两次，或抛掉废弹，或重新调整机件位置，可实现自动排除故障，保证连续射击。有时首发装填机构也称装、退弹机构。

3）战斗后退弹

对某些带前扣机的自动机，在射击停止时，炮闩停在闭锁位置，炮膛内通常留有一发未发射的炮弹，战斗结束后，要退出未发射的炮弹，必须使炮闩先开锁、开闩，因此需利用首发装填机构完成退弹工作。

4）检查自动机构的协调情况

在自动机装配完出厂前，或战斗间隙自动机经擦洗重新安装后，或其他有必要对自动机检查时，都需用首发装填机构，带动自动机构运动，以检查各机构的工作协调情况。

对首发装填机构的要求有：操作时省力省时；结构简单；工作可靠。

2. 首发装填机构的分类及结构

首发装填机构按能源利用方式可分为人工、压缩空气、电动、液压及火药弹首发装填机构等几类。

人工首发装填机构有绞盘（拉索）式、握把式、齿条式首发装填机构等多种形式。由于人工工作的力量受限，一般人工首发装填机构在工作时先解脱部分机构，尤其是解脱作用力较大的机构（如复进机），以减小人工首发装填受力。

目前大多数的航空自动炮都是用压缩空气（冷气）进行首发装填的。采用压缩空气作首发装填能源的优点是使机构动作迅速、工作可靠、质量轻、结构简单紧凑，但压缩空气装置对密封性要求较高，密封胶圈易损坏，给维护带来一定的麻烦。

用火药弹装置代替压缩空气的首发装填机构更具有其优越性，它使机构进一步简化，质量也更小，但装弹次数却受到限制。由于用火药弹装弹的次数受到限制，这类使用火药弹的武器在地面上检查机构工作协调性时，除指定必须用火药弹装弹的情况外，一般都用装弹扳手靠人力扳动机构进行工作，以检查机件能否灵活地运动和可靠到位。

1）握把式首发装填机构

握把式首发装填机构一般由握把、曲柄及轴、连接条、前后握把扣组成，如图 4.76 所示。

拉动握把时，带动曲柄轴及曲柄转动，曲柄使连接条（拨动杠杆）向后运动，连接条上的凸起带动开闩轴转动进行开闩。当曲轴转动时，其弧形凸起部压保险杠杆，形成保险。

拉动握把时，还将压缩关闭簧、击针簧、输弹簧和扭转制动器扭簧等，为其后动作储存能量。

当曲轴转动时，带动保险杠杆，使保险器形成自动保险。

将握把放到后握把扣内，压下炮弹，最前一发炮弹经拨弹器落于输弹机的输弹槽内，底缘并卡入输弹器的抓钩内。制动器恢复原位。打开保险，解脱发射卡锁就可以进行发射。

2）齿条式首发装填机构

齿条式首发装填机构一般由转把、活动齿轮、传动轴、主动齿轮、齿条等组成，如图 4.77 所示。

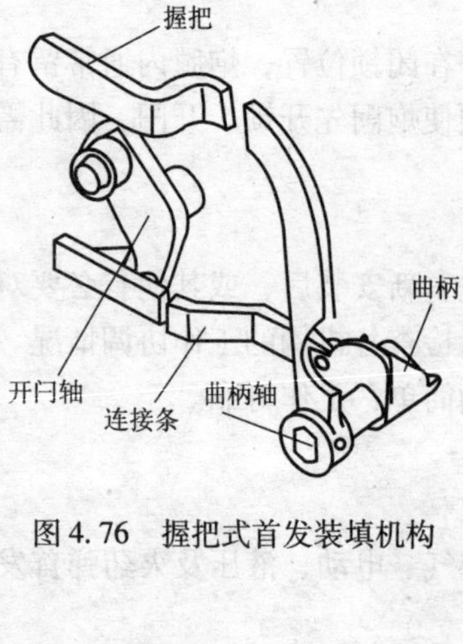

图 4.76　握把式首发装填机构

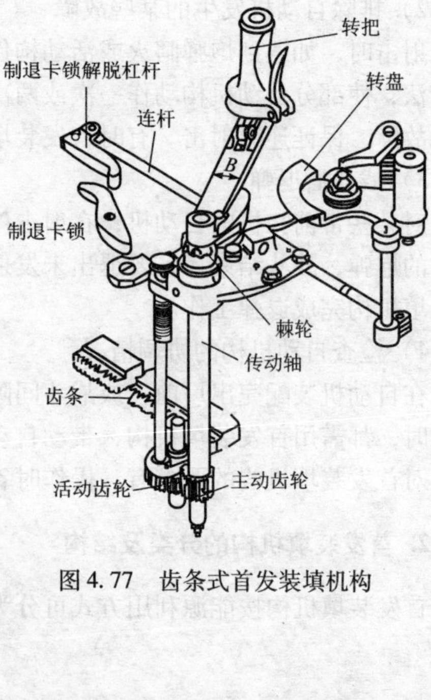

图 4.77　齿条式首发装填机构

进行人工开闩前，转动转盘，通过一套杠杆系统解脱制退卡锁；同时，另一套杠杆系统使活动齿轮与闩座上的齿条和传动轴上的主动齿轮相啮合。

进行人工开闩时，转动转把，传动轴上的主动齿轮就带动齿条使炮闩向后移动，进行开闩。同时，压缩输弹弹簧，直到炮闩的发射卡锁支承面越过发射卡锁，保证发射卡锁能卡住炮闩，赋予炮闩准确的受弹位置。

开闩完毕后转把应放回原处。

将炮弹推入压弹机，直到第一发炮弹被阻弹子挡住为止。

拉动压弹机握把，通过拨动杠杆带动滑动板向左运动，并压缩压弹弹簧。

放回握把，压弹弹簧推滑动板向右运动，使第一发炮弹压向输弹线，并停留在闩体前方呈待发状态。

3）压缩空气（冷气）首发装填机构

压缩空气首发装填机构的一般原理如图4.78所示。压缩空气由冷气接头进入筒体，推动活塞向后运动，压缩复进簧带动活动构件后退。当后退到一定位置压缩空气被排放后，活动构件在复进簧力的作用下复进到原位。

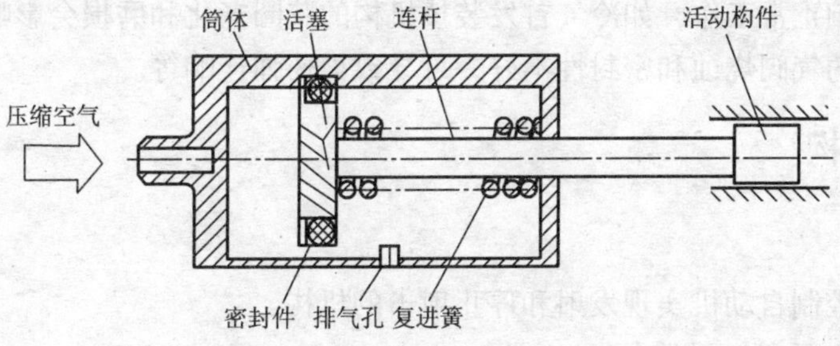

图4.78　压缩空气首发装填机构

由于武器构造和原理的不同，每一种武器的首发装填机构都有其特殊的构造型式。如HP－30航空自动炮的首发装填机构（如图4.79所示），安排两个活塞，分别带动炮身和炮闩，以保证炮身和炮闩都能可靠后坐到位。另外，由于炮身的复进在不射击时无动力，故要靠首发装填机构来完成复进或后坐，所以在结构上必须安排压缩空气反向作用的装置。当按下装弹按钮，压缩空气进入筒体时，首先作用在炮身活塞上使密封圈同时后移，封闭排气槽。压缩空气继续推动炮身活塞并同炮闩滑筒一起后退，压缩复进簧。当炮身后坐一定距离时，密封圈正好对正进气槽的中间，压缩空气由进气槽进入炮身活塞内腔，单独推动炮闩活塞向后运动至最后位置。当松开装弹按钮，气源切断，筒体内炮身活塞前方的气体很快从进气嘴排出，炮身活塞内腔与炮身活塞的前面就形成了压力差。内腔压缩空气通过进气槽面，把密封圈从胶圈槽的后缘推到前缘，从而起到密封作用。内腔的压缩空气则推动炮身活塞，带动炮身回到前位。密封圈的移动，阻止了压缩空气的反向流出，完成了用压缩空气代替复进簧使活动件复位的工作。当炮身到达最前位的时候，密封圈对正排气槽，排掉内腔的压缩空气，这时炮闩被发射扣机扣住，完成了一次装退弹动作。

4）火药弹首发装填机构

火药弹首发装填机构比较简单，主要是用于单向驱动导气式自动机构运动。

设计一套气体驱动系统，利用火药弹产生的火药气体压力，驱动自动机的部分机构，产

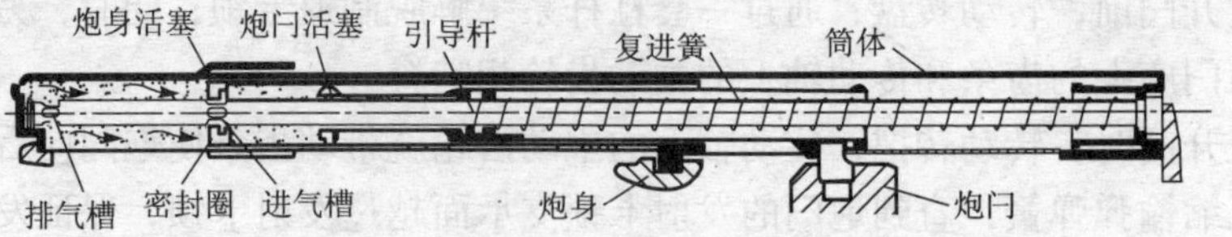

图 4.79　压缩空气首发装填机构工作原理

生一次动作，完成一次装填，使自动机处于待发状态。

从结构方面来看，冷气首发装填机构较火药弹首发装填机构复杂，零件多，装配加工要求严格。而火药弹装退弹结构较简单、质量较轻、加工装配性较好。

从使用维护方面来看，冷气首发装填机构使用的外部设备较多，给使用带来不便。而火药弹首发装填机构不需要外部设备，使用方便。但是冷气首发装填机构使用次数没有要求，可以连续多次使用。而火药弹首发装填机构使用次数决定于所容纳火药弹的数量，给使用带来了一定限制。火药弹首发装填机构还需要及时清除火药残渣，这给使用维护带来了麻烦。

从工作可靠性方面来看，两种首发装填机构工作都比较可靠，只是由于都存在个别易损零件，有时会影响正常工作，如冷气首发装填机构的胶圈老化和磨损会影响装弹气压，火药弹首发装填机构的气阀烧蚀和密封性不好，可导致火药弹连响等。

4.6.2　发射机构

1. 发射机构

发射机构是控制自动机实现发射和停止射击的机构。

对发射机构主要有如下要求。

（1）启动时间和释放时间要短。启动时间是指按下射击按钮（或踏板）到开始释放被扣住的活动构件（击发机构或闭锁机构）的时间。释放时间是指松开射击按钮（或踏板）到扣住活动件的时间。由于自动炮大多用于对付快速机动目标，射击机会稍纵即逝，快速反应是非常重要的。

（2）工作可靠。启动可靠性系数是指发射机构所能提供的最大工作拉力与所需要的开放力的比数。启动可靠性系数达到200%以上。为了保证在各种条件下进行射击时，都能正常工作，要求电路通断准确，焊点牢固可靠，防振、防潮、密封良好，摩擦工作部位保证良好的耐磨性，常可采取涂镀、喷丸及高频淬火等措施。

（3）结构简单、体积小、质量轻。

（4）装拆（含从武器上装拆）、分解方便，维护性好，便于检查测量。

2. 发射机构的分类及结构

发射机构按动力来源有人力式（机械式）、电源开关式发射机构等。人力式（机械式）发射机构有手动拉火式、手动（脚踏板）传动式发射机构等。

发射机构按控制对象分为控制炮闩（或输弹器）式、控制击发机构式发射机构等。控制炮闩（或输弹器）式发射机构，由发射卡锁（扣机）控制炮闩（或输弹器），发射时解脱发射卡锁，开始进行输弹等自动动作。在有电源设备的自动炮上，发射卡锁一般由电磁铁直接控制，可以缩短传动环节。对没有电源条件的自动炮，一般用手动或脚踏板，通过较长的传动环节，往往是采用杠杆系统，来解脱发射卡锁。为了适应不同使用条件，有的自动炮同时设有电动和手动两种发射机构。控制击发机构式发射机构，通常设置在炮闩或炮尾内，直接控制击发机构，发射时直接解脱击针或击锤。控制击发机构式发射机构的操作，在有条件时可以采用电源开关式控制，在没有条件时一般采用手动拉火式控制。

对于机械底火，发射机构可用机械式发射机构，也可用电源开关式发射机构；对于电底火，只能使用电源开关式发射机构。

1）机械式发射机构

机械式发射机构，从发射手柄（或脚踏板）到发射卡锁，有一套传动系统，一般是由杠杆机构组成，如图4.80所示。当踏下脚踏板后，通过杠杆机构将运动传到发射卡锁，解脱炮闩完成发射动作。

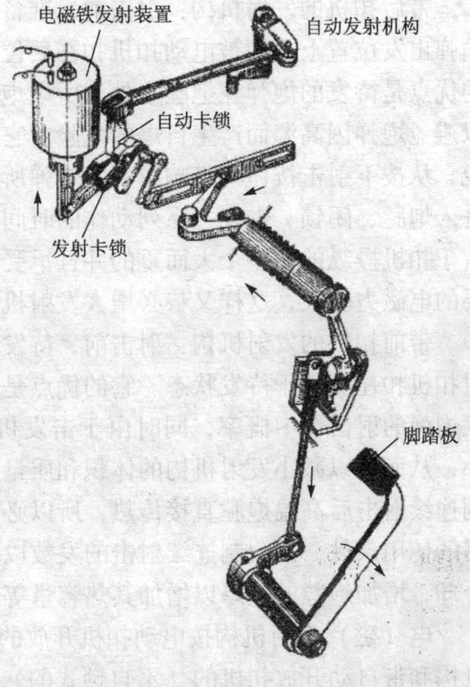

图4.80　机械式发射机构的传动系统

传动系统设计主要要求结构配置合理、紧凑，动作确实可靠，传动链尽可能简单，构件数目尽可能少。

设计时，还应保证一定的手柄力（或脚踏力）和一定的手柄行程（或脚踏板行程）。手柄力（或脚踏力）过大会影响发射启动时间；手柄力（或脚踏力）过小会影响发射的可靠性。手柄力（或脚踏力）和手柄行程（或脚踏板行程）还应按人机工程学原理设计。一般手柄发射时的手柄作用力为20～40 N，脚踏发射时的脚踏力为40～80 N为宜。手柄行程（或脚踏板行程）为20～50 mm为宜。

发射卡锁（也称发射扣机）是发射机构中直接作用于被控制构件的构件，其本身由发射机构控制。在自动机中，为了协调机构间的动作及自动控制发射的时机，通常除设置发射卡锁之外，还需设置自动卡锁（也称控制卡锁，或自动扣机）。自动卡锁是由自动机运动自动控制的，保证自动机机构之间动作协调，工作准确可靠。发射卡锁与自动卡锁一般是并联在一起，独立工作，并且通常是先解脱自动卡锁之后，接着再解脱发射卡锁。

2）电（磁）发射机构

由于在自动机设计中广泛地采用了电作为能源，并以电磁线圈和铁芯产生的推力为动力，因此常常称这种发射机构为电（磁）发射机构。

对于使用机械底火炮弹的自动机，其电发射机构主要由以下各部分组成：电发射机构机体、电磁线圈、铁芯、信号传感器、电缆，插头、插座。由于结构设计上的需要，电动扣机（控制击发和停射）和自动扣机（控制自动机动作时机）有时安装在电发射机构机体内，有时安装在自动机的其他机构上。

电发射机构机体是该机构的主体零件，机构的所有零部件均与其连接，并随其一起固定在自动机的炮箱上。电磁线圈和铁芯是通电后产生电磁动力的主要构件，通过它们实现远距离操纵自动机的射击。通过信号传感器给出自动机处于正常射击状态的信号，以及给出其他信号。电磁铁是带动电动扣机直接操纵击发机构（或闭锁机构）实现首发射击和停射的构件。自动扣机（自动保险）是连续射击过程中，由主动件带动直接操纵击发机构（或闭锁机构）实现射击的构件，此时它是作为自动机的一个主要零件在工作，但常常把它安装在发射机构上。

电（磁）发射机构按待发炮弹的位置可以分为带后扣机的发射机构和带前扣机的发射机构。

带后扣机的发射机构：射击前，准备发射的这一发炮弹是位于炮膛之外，处在入膛前的输弹出发位置上，即被电动扣机扣在后位，而发射机构被安装在远离炮膛的自动机后部。它的优点是待发的炮弹在炮膛之外，所以炮弹不直接接触连续射击后温度极高的炮膛，因此可以避免炮弹因高温而产生自爆的危险。它的缺点是自动机发射的实际启动时间增长，也就是说，从按下射击按钮到打响第一发炮弹所用的时间较长，它是电发射机构的启动时间与炮弹进入炮膛、闭锁、击发一系列动作的时间之和，这就降低了首发炮弹的射击命中概率；另外由于扣机操纵的是一个大而重的并且承受较大载荷的构件（闭锁机构），因此开放时，所需要的电磁力较大，这样又势必增大发射机构的体积和质量。

带前扣机的发射机构：射击前，待发的炮弹已进入炮膛，锁膛完毕，只是击发机构被发射扣机扣住而处于待发状态。它的优点是自动机发射的实际启动时间较短，因而可以提高首发炮弹的射击命中概率，同时由于击发机构的载荷较小，因而开放时所需要的电磁力也较小，从而可以减小发射机构的体积和质量。其缺点是停射之后，待发的炮弹留在炮膛内，受到连续射击后高温炮膛直接传热，所以必须解决炮弹受热自爆的问题。常常因此而限制了武器的使用条件，如限制连续射击的发数以避免炮膛灼热，规定必要的射击间歇时间以便进行冷却，增加炮膛的壁厚以增加其热容量等。

电（磁）发射机构按电动扣机开放的动作方式可以分为带拉扣机的（自锁式的）发射机构和带自动开放扣机的（不自锁式的）发射机构。

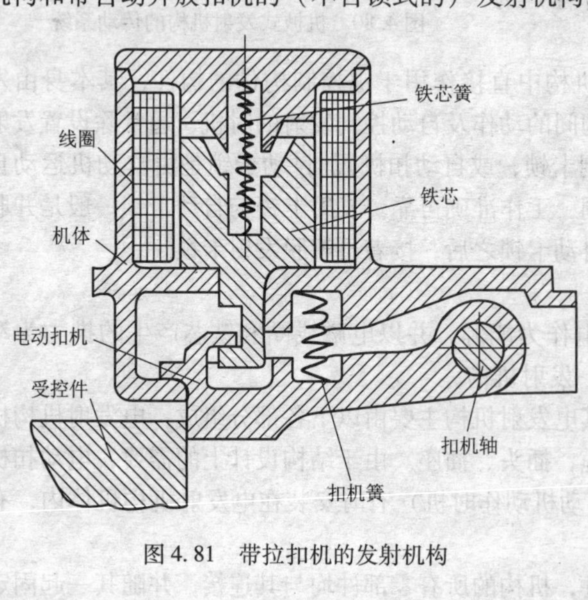

图 4.81　带拉扣机的发射机构

带拉扣机的发射机构如图 4.81 所示。其工作时，它的电动扣机上所受到的外载荷对扣机轴所产生的回转力矩，是作用在使电动扣机开放的反方向上，因此使电动扣机呈自锁状态，电动扣机由电磁力操纵拉起而开放。这种机构的优点是结构简单，工作可靠。其缺点是开放时所克服的载荷阻力较大，因此所需要的电磁力较大，从而使整个机构的体积和质量增大。所以，在带拉扣机的发火机构中，常由于作用在电动扣机上的载荷过大而不采用这种机构。有时为了避免质量增大，采用了比较复杂的机构，电动扣机用弹簧力开放而不直接用电磁力，扣机不直接承受很大的外载荷，所以开放所需要的电磁力也较小。

带自动开放扣机的发射机构如图 4.82 所示。其工作时，电动扣机受到外载荷作用而开放。扣住时，外载荷对扣机轴有一个相当大的力矩，并且是作用在使电动扣机开放的方向上。电动扣机的工作状态是不自锁的。只要限制电动扣机转动的构件一旦让开，电动扣机就在外载荷的作用下开放。为了保证电动扣机可靠地开放和保护电动扣机的工作面，有的电动扣机上还专门设置了一个顶簧筒机构。顶簧筒内装有一个比电动扣机簧力大得多的弹簧，它对电动扣机起着一个开放力矩的作用。在首发射击时，它帮助电动扣机抬起，在连续射击时，顶簧筒首先在闭锁机构凸部的作用下抬起，从而使电动扣机先产生了一个抬起的运动，这样就可以减轻闭锁机构对电动扣机工作面的多次撞击和磨损，对其起到了很好的保护作用。这种机构的优点是电磁力所需克服的阻力较小，因此整个机构的体积和质量较小。但此时必须妥善地给定电动扣机工作面的角度，以控制开放力矩的大小，否则开放力矩过大将适得其反；另外，还必须解决动作的协调性，即电动扣机只能在被扣住的闭锁机构返回到可以锁住的工作范围内才能被锁住，而在其他位置不能被限制构件（发射杠杆）锁住，否则限制构件将被闭锁机构在返回扣住位置时给撞坏。可见，该类机构的结构比较复杂，零件多，而且工作面的摩擦特性的变化对工作可靠性影响较大。

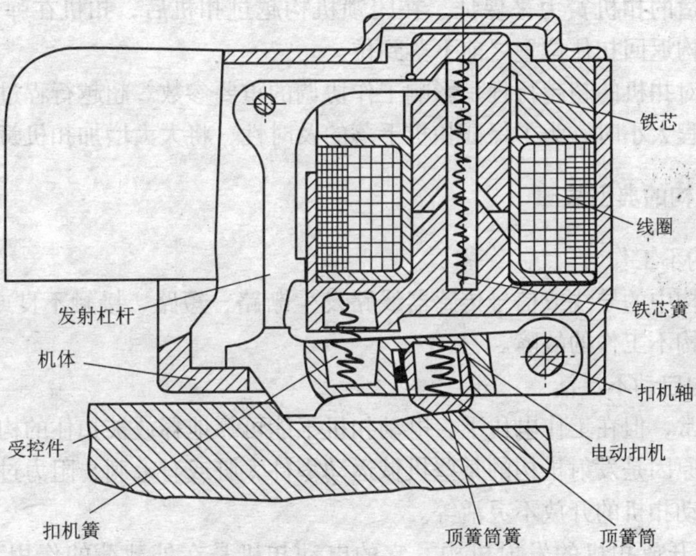

图 4.82 带自动开放扣机的发射机构

3）导电式发射机构

对于炮弹为机械底火的发射机构，其主要特点是都带有扣机和相应的电磁控制机构，因此这种类型的发射机构可以统称为带有扣机的发射机构。

对于炮弹为电底火的发射机构，由于炮弹的电底火是用直流或交流电源直接通电而发火，所以它不需要电磁线圈、铁芯和扣机等机械控制发火的构件，因此机构零件的数量和品种大大减少，使结构大大地简化，它主要起了导电装置的作用，因此常把这种类型的发射机构称为导电式的发射机构或电接触器。导电式的发射机构在多管旋转式武器和转膛式武器上最为多见。

这种类型的发射机构结构比较简单，主要应解决接触点处的可靠导电和其他部位的可靠绝缘问题，特别是在自动机射击时发生剧烈振动的情况下，导线不能发生断路、短路和接触不良等问题。为提高导电式发射机构的工作可靠性可采用并行线路结构，以减少发生上述故障的几率。这类导电式的发射机构为了防振，当导线焊接及装配完毕后，可在其壳体内填充硅橡胶等缓冲物质。

3. 扣机的工作协调

电动扣机和自动扣机在工作时都有扣住击发机构（或闭锁机构）的作用，但又分别在不同的时机起作用。电动扣机只在单发射击时（包含连发射击中的首发和射击停止）起作用，在其他情况下不工作。而自动扣机则在自动机开始工作之后，在每一次的射击工作循环中都起作用，控制着自动机的协调工作。

自动扣机与电动扣机两者之间的工作协调则是通过工作时机的安排来实现的，要求自动扣机工作在前，电动扣机工作在后，即被扣住的构件首先扣在自动扣机上，待自动扣机释放后，再扣在电动扣机上。

扣机与被扣住构件（击发机构或闭锁机构）的运动协调，则主要是通过计算扣机的落下时间，选择合适的扣机簧力来保证。在闭锁机构越过扣机后，扣机在弹簧作用下开始下落，并在闭锁机构返回扣住位置之前下落到位。

被扣住构件对扣机的超越行程是影响工作协调的重要参数。超越行程过大将加剧对扣机的撞击；超越行程太小时，为了保证扣机下落的及时性，将大大增加扣机簧的弹力。

4. 电发射机构的典型故障

1）发射机构不工作

由于发射机构中的导线或信号传感器线路发生断路、短路、接触不良或者严重受潮后，都将导致发射机构不工作的故障。

2）发射机构启动不灵活

线路工作正常，但在工作电压下，电动扣机不能可靠地释放被扣住的构件，造成不能射击的故障。主要原因是发射机构的某些机械运动零件太脏或有毛刺，阻力过大使运动卡滞或运动不到位，电动扣机的开放不灵活等。

对于带自动开放扣机的发射机构，它的电动扣机是在外载荷的作用下开放的，因此外载荷的大小以及击发机构或闭锁机构的运动灵活性，对发射机构的启动将有直接的影响。

3）自动走火或不能停射

自动机在受到剧烈振动或在装弹动作后自动走火射击，或者在连续射击后松开射击按钮时，电动扣机不能扣住闭锁构件或击发构件而造成不能停射的故障。这主要是有关零件（特别是电动扣机）的工作面损坏或者是有关部位因维护不当或超过使用寿命间隙和尺寸超差，造成了机构的不自锁所引起。另外，当扣机簧损坏或电动扣机卡滞不能及时落下，以及射击线路与电源短接时，也都能造成不能停射的故障。

4.6.3　击发机构

1. 击发机构及其要求

击发是发射过程中引燃发射药的动作过程。一般也将击发看作自动射击循环的起点。

把能量传给炮弹的底火，使其引燃发射药的机构叫击发机构。

对击发机构主要有如下的要求。

（1）作用要可靠，保证在各种使用条件下都能引燃底火。

（2）不得击穿底火，以免燃气后泄。

（3）击针通常是容易损坏的零件，因此击针要有足够的强度、刚度、硬度和韧性，以保证具有较长的寿命。

（4）损坏后应能快速更换或调整。

（5）输弹过程中，击针不应因惯性或其他原因自行引燃底火。

（6）在没有完全闭锁时，应保证击发机构不能击发底火。

（7）击发机构工作的延续时间要短，以免影响武器的射击精度。

2. 击发机构的分类及结构

根据作用原理不同，击发机构分为撞击引燃法击发机构和电流引燃法击发机构。击发的能量来自对底火撞击的动能，称为撞击引燃法（也称机械引燃法）；利用电流通过底火内点火药中的导体使其产生高温而引燃点火药，称为电流引燃法。

根据结构不同，撞击引燃法击发机构又分为击针式击发机构（击发能量直接作用于击针）和击锤式击发机构（击发能量通过击锤作用于击针）。

根据击发能量的来源，击针式击发机构又分为复进簧式击针击发机构和击针簧式击针击发机构。

击针簧式击针击发机构的击针能量由击针簧提供，如图 4.83 所示。击针簧式击发机构的优点是：由解脱击针到击发的时间短，撞击小，对提高武器的射击精度有利，特别是对首发命中效果颇为显著。其缺点是：击发机构的尺寸较大，因而影响炮闩的强度或使炮闩以及炮身的尺寸增大。击针成待击发的时机也有所不同，有的是在炮闩开闩过程压缩击针簧形成待击状态；还有的是在炮闩关闩过程压缩击针簧形成待击状态。炮闩关闩过程压缩击针簧形成待击会影响武器的可靠性；而炮闩开闩过程压缩击针簧形成待击，在许多闭锁机构中又不易实现，或者使结构较复杂。

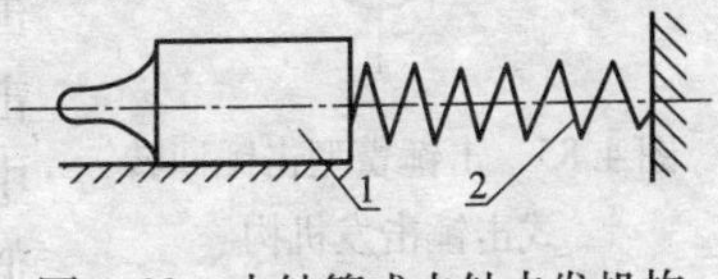

图 4.83　击针簧式击针击发机构

1—击针；2—击针簧

复进簧式击针击发机构的击针能量是由复进簧提供的，如图 4.84 所示。复进簧击针式的特点是：复进簧兼作击针簧，闩座起击针体的作用，闭锁机构通常又是击发机构的保险机构。这种机构常用在炮闩停在后方而成待击状态。它的优点是：结构简单、击发可靠。其缺点是：第一发射击时解脱炮闩至击发的时间长，对快速运动目标的射击不利，并且撞击大，因而影响首发精度。击针可固定在闩座上，与闩座没有相对运动，击针也可以是活动的。固定击针的结构最简单。

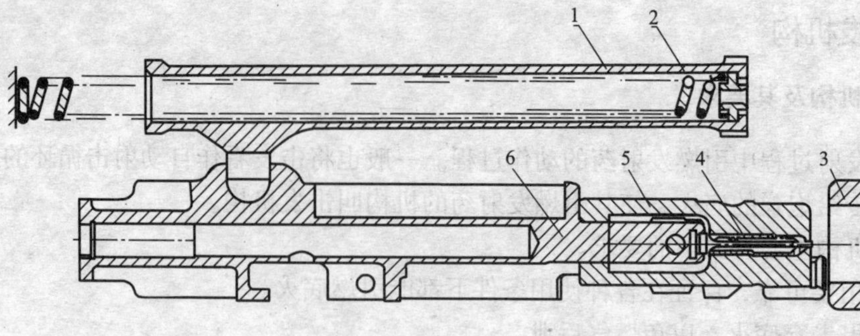

图 4.84 复进簧式击针击发机构

1—复进簧筒；2—复进簧；3—炮身；4—击针；5—闩体；6—闩座

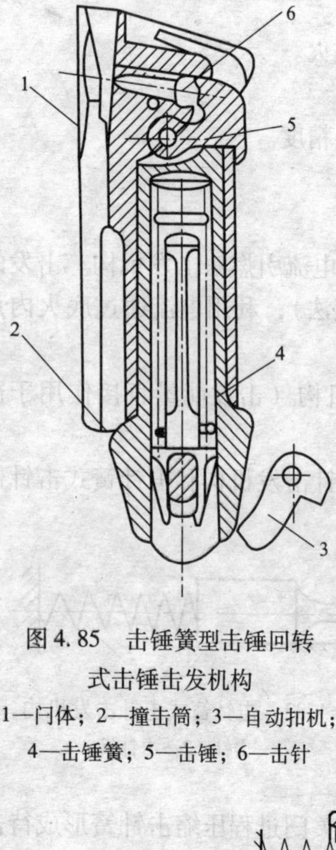

图 4.85 击锤簧型击锤回转式击锤击发机构

1—闩体；2—撞击筒；3—自动扣机；4—击锤簧；5—击锤；6—击针

根据击锤运动方式，击锤式击发机构又分为击锤平移式击锤击发机构（也有复进簧型与击锤簧型之分）和击锤回转式击锤击发机构（也有复进簧型与击锤簧型之分）。

回转式击锤击发机构的击锤作回转运动打击击针。击锤的能量来源于击锤簧或复进簧。利用击锤簧能量时，击锤待击时炮闩已经闭锁，可随时发射。击发时对武器的撞击较小，击发动作延续的时间较短，故首发射击精度较好。同时，击锤的待击状态是在炮闩开闩过程中形成，待击的过程较简单，这对提高使用安全和火力机动性有利，如图 4.85 所示。利用复进簧能量时，由于没有专用的击锤簧，故结构比较简单，如图 4.86 所示。

击锤簧型击锤平移式击锤击发机构（如图 4.87 所示）的击锤由击锤簧或复进簧获得能量平移向前打击击针。利用击锤簧能量时，击锤待发时可使炮闩处于闭锁状态，首发射击时对武器的撞击较小，有利于提高武器首发射击精度和命中率。利用复进簧能量时，与复进簧击针式击发机构有些相似，但击针尺寸较小，因而可减小炮闩的尺寸或提高炮闩的强度。

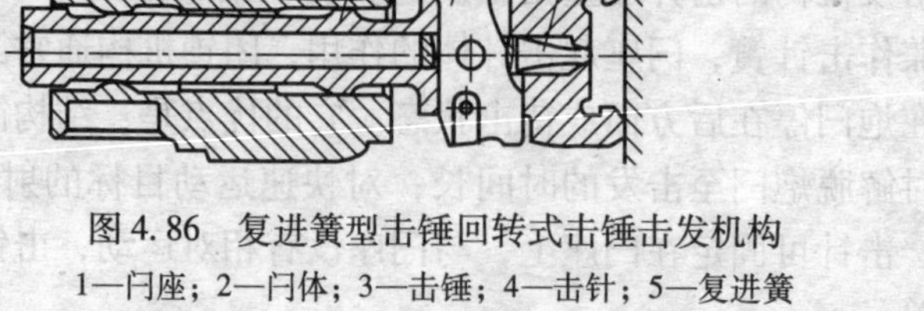

图 4.86 复进簧型击锤回转式击锤击发机构

1—闩座；2—闩体；3—击锤；4—击针；5—复进簧

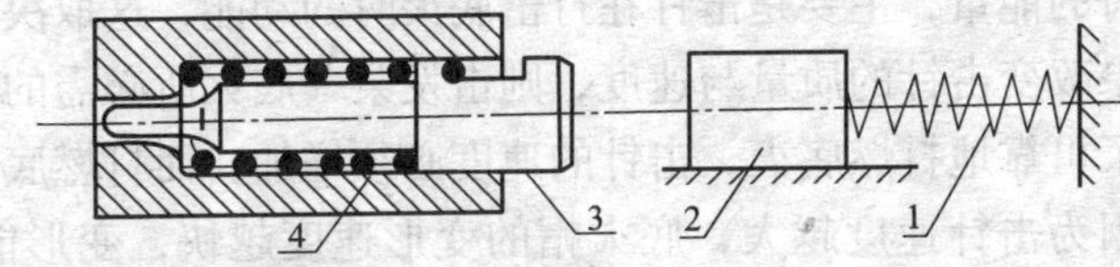

图4.87　击锤簧型击锤平移式击锤击发机构

1—击锤簧；2—击锤；3—击针；4—击针复位簧

电流引燃法，是指利用电能引燃底火（电底火）。电流引燃法击发机构如图4.88所示。根据结构不同，电流引燃法击发机构又分为电热丝式击发机构（利用电流使底火中电热丝加热引燃底火）和电磁感应式击发机构（利用高频电磁感应原理引燃底火）。当输弹入膛并完全闭锁炮膛以后，电底火的击发线路被接通，底火在电流的作用下被点燃，进而引燃发射药。电流引燃法的击发机构和发射机构都比较简单，但是电路的可靠性不如机械可靠性高，易受环境干扰。

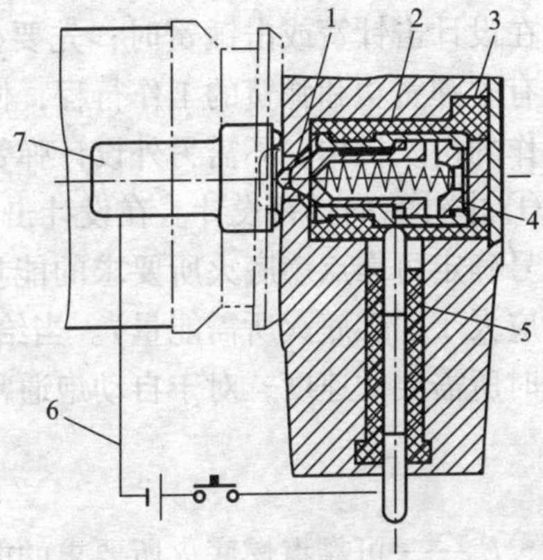

图4.88　电流引燃法击发机构

1—击针；2—击针簧；3—击针套；4—击针盖；5—导电钉；6—击发电路；7—电底火

3. 影响击发可靠性的主要因素

设计击发机构时，必须保证点燃底火的可靠性。

对撞击引燃法（机械引燃法），点燃底火的可靠性是由击针足够的动能以及击针尖的强度和寿命来保证的。击针的动能应大于点燃底火所需的能量。

对电流引燃法，点燃底火的可靠性是由击发电流强度以及电路的可靠性来保证的。击发电流强度应大于点燃底火所需的能量要求。

对撞击引燃法，点燃底火的可靠性还与以下一些因素有关。

（1）击针撞击底火的速度。

（2）击针尖的凸出量。

（3）闩体镜面与药筒底面之间的间隙。

（4）击针尖的形状和尺寸。

（5）底火底部的厚度和底火陷入药筒底面的深度。

（6）击针尖撞击底火的印痕的中心与底火中心的偏差。

以上是影响机械式击发可靠性的主要因素，在设计中要严格控制，在制造中要严格保证，在使用中要严格检查。

4. 击发机构的设计

1）必需的击发能量

对撞击引燃法，击针在打击底火时必须具有足够的能量，可靠地点燃底火。对于不同的炮弹，所需要的击发能量是不同的。

击针在打击底火时的能量，主要是击针在打击底火时的动能，这取决于击针的质量与打击底火时的速度。如果改变击针的质量与速度，则击发某一底火所必需的能量也不同。随着击针质量的减小，为了可靠地打燃底火，击针的速度必须增加；而打燃底火所必需的击针能量则有所降低。这是因为击针速度越大，底火帽的变形速度越快，变形能量“集中性”较好，局部区域温升较高，因而容易引燃击发药。如果撞击底火的速度过小，即使击针具有足够的动能，也不能保证打燃底火。对于自动炮通常取撞击底火的速度为 5 ~7 m/s。

2）击针簧与击锤簧的弹簧设计

在设计击针簧或击锤簧时，先要根据击发能量计算击针或击锤的能量，然后求得弹簧功。有了弹簧功和弹簧的工作行程，便可用弹簧计算公式来确定合适的结构参数。利用复进簧工作的击发机构，不需另外设计弹簧。

① 击针簧的弹簧设计。在设计击发机构时，为了保证可靠引燃底火，要根据给定的底火型号确定可靠点燃底火所要求的能量来确定击针撞击底火所需动能（击针撞击底火所需动能应大于引燃底火所需能量）。当给定击针和击针簧的相当质量以后，即可确定击针撞击底火时所需要的速度，对于自动炮通常取撞击底火的速度为 5 ~7 m/s，则有

$$E_d \leqslant E_j = \frac{1}{2} m_j v_j^2$$

式中 E_d——可靠点燃底火所要求的能量；

E_j——击针撞击底火所需动能；

m_j——击针和击针簧的相当质量；

v_j——击针撞击底火时的速度。

击针撞击底火所需动能，由击针簧对击针所做的功转化而来。应该注意的是，为了保证击发的可靠性，在计算击发能量时应考虑能量损失。击针簧对击针所做的功应大于或等于击针撞击底火时的动能，用效率来考虑摩擦损失为

$$E_j = \frac{1}{2} m_j v_j^2 = \eta_j A$$

式中 A——击针簧对击针所做的功；

η_j——考虑摩擦损失而引入的效率，一般取 $\eta_j = 0.8 \sim 0.9$。

击针簧对击针所做的功为

$$A = \frac{1}{2}(F_0 + F_j)L$$

式中 A——击针簧对击针所做的功；

F_0、F_j——击针簧的预压力和最大工作力；

L——击针的工作行程（亦击针簧的工作行程）。

根据引燃底火能量和击针撞击底火的速度，来取定击针的工作行程（亦击针簧的工作行程）。也可根据火炮口径的大小来取定击针的工作行程。一般击针的工作行程取为 12 ~20 mm。一般取击针簧的压缩比 $F_j / F_0 \approx 2$，由此可以计算击针簧特征量（击针簧的压缩比与预压力，或击针簧的刚度与预压力）。随后可用一般方法设计击针簧的结构尺寸。

② 平移击锤的击锤簧设计。根据给定的底火型号确定可靠点燃底火所要求的能量来确定击针撞击底火所需动能，当给定击针的质量以后，可确定击针撞击底火时所需要的速度，

对于自动炮通常取撞击底火的速度为 5 ~ 7 m/s。

设 m_1、m_2 分别为击锤与击针的质量，在撞击前击锤的速度为 v_1，击针的速度 $v_2 = 0$，击针在撞击后的速度为 v_j。为了得到击针在撞击后的速度 v_j，故击锤在撞击前的速度应满足

$$v_1 = \frac{m_1 + m_2}{m_1(1+b)} v_j$$

式中，b ——恢复系数，一般对直动式击锤可取 $b = 0.4 \sim 0.6$，如果能从结构上保证撞击后击锤与击针不分离，则恢复系数 $b = 0$。

要保证击锤在撞击击针时具有速度 v_1，则击锤簧在击锤的工作行程中所做的弹簧功应为

$$A = \frac{1}{2\eta} m_1 v_1^2$$

式中　A——击锤簧对击锤所做的功；

η——考虑摩擦损失而引入的效率，一般取 $\eta = 0.8 \sim 0.9$。

击锤簧对击锤所做的功

$$A = \frac{1}{2}(F_0 + F_1)L$$

式中　A——击锤簧对击锤所做的功；

F_0、F_1——击锤簧的预压力和最大工作力；

L——击锤的工作行程（亦击锤簧的工作行程）。

根据自动机炮闩结构来选取击锤的工作行程。一般取击锤簧的压缩比 $F_1 / F_0 \approx 2$，由此可以计算击锤簧特征量（击锤簧的压缩比与预压力，或击锤簧的刚度与预压力）。随后可用一般方法设计击锤簧的结构尺寸。

对于击锤回转式击发机构的工作情况，按照斜撞击计算方法可以计算出撞击前撞击筒所需要的速度，再按照上面的相同方法设计击锤簧。

3）击针的设计

击针是击发机构的主要零件之一，击针设计中应注意下面三个问题。

① 击针的强度。击针是直接撞击底火的零件，工作条件较差，加之受结构所限，尺寸较小，容易损坏。在设计时应采取如下的措施：

- 采用强度高、韧性好的材料及正确的热处理工艺，以提高击针的强度、硬度和韧性；
- 击针各断面之间过渡部分不要有急剧的变化，以免在热处理时产生内应力和在工作时产生应力集中现象；
- 若击针体尺寸较大时，击针尖可作成单独的零件，并可采用比击针体好的材料；
- 为了提高击针的撞击强度，击针不应太粗，受撞击的杆件长度大，断面小，有利于撞击时吸收动能；
- 击针工作时，除了与底火撞击外，不得与其他零件发生碰撞。

② 击针的形状。击针体的断面形状主要取决于定位、导引和撞击强度等要求。它的断面形状有圆形、扁形、三角形、十字形、五角形等。

击针尖的头部应做成圆球形或顶端带圆弧面的圆柱形。圆锥状的击针尖易打穿底火，并会使点火的时间增长；有棱角的圆柱形的击针尖对底火有冲剪作用，也易击穿底火，故现代武器都不采用。扁平体圆球形端面的击针尖寿命较长，发火的可靠性也好。横截面为椭圆形

的击针尖，对提高击针尖寿命和击发的可靠性都有效果，虽然制造要困难些，仍可采用。

在可能条件下，应增大击针尖和击针本体连接部位的强度并进行热处理。

击针尖的寿命，即使在采取上述措施后也是较低的，因此通常把击针尖做成可更换的。当击针的凸出量小于规定范围以后，可用备份击针尖及时更换。

③ 击针尖的直径。提高击针尖的强度和寿命应从尺寸、形状、材料和热处理等几个方面采取综合措施。

为了提高击针尖的强度，击针尖的直径应在满足底火强度的条件下，尽可能取得大些。但击针尖的直径有时受击针孔直径的限制。对于各种炮弹，击针孔的尺寸不能超过一定范围。如果底火壳在膛内火药气体压力作用下被剪坏而压入击针孔内，这时火药气体将通过炮闩的击针孔而进入击发机构或炮闩的某些零件。为此，必须校核底火壳在火药气体压力作用下的强度。

如果在射击时，炮闩或其他零件顶住击针，底火壳不易被损坏，则击针孔的尺寸可取得大一些。对于每一种炮弹的底火，在一定击发能量的条件下，选取一个最适当的击针直径。若击针尖直径过小，被打击的底火药的体积小，因而发火的机会少，同时底火壳易被击穿。若击针尖直径过大，则底火单位面积所得的能量过小，亦将影响发火率。

自动炮击针尖直径为 2.5 ~ 3.5 mm。对于口径较小的自动炮偏于下限，较大的则偏于上限。

4）击针凸出量

击针尖突出炮闩镜面的尺寸，称为击针凸出量。若击针凸出量过小，容易发生不发火的故障，击针凸出量过大，容易产生击穿底火的现象。对现有的底火来说，自动炮的击针凸出量一般为 1.6 ~ 2.8 mm。对于不同的击发机构，击针凸出量稍有不同。采用击锤簧（或击针簧）式击发机构时，击针凸出量可取得大一些，一般应取击针凸出量的上限。采用复进簧击锤式击发机构时，因复进簧能量较大，当击锤撞击击针后，击针的速度很大，容易击穿底火，击针凸出量应取下限。对于采用药筒肩部定位或特制凸缘定位的情况，由于闭锁后药筒底面与闩体镜面间的间隙很小，因此击针凸出量可取得较小。

对击锤式击发机构，击针凸出量由强制凸出量和惯性行程两部分构成。击针受击锤的强制作用而使击针尖突出于闩体镜面的长度称为强制凸出量；受击锤作用后依靠惯性运动击针向前运动的距离称惯性行程。强制凸出量和惯性行程之和称为最大凸出量。具有惯性行程的击针受力条件较好。击针只有强制凸出量而没有惯性行程者，击锤的能量全部消耗于对击针的撞击。这种结构一方面会造成击针弯曲变形，同时还因击针强制撞击闩体，影响闩体的强度（对锥部定位的击针）或击针的强度（对尾部定位的击针）。特别是在空膛击发时，这种撞击更为严重。

5）击针在炮闩中的纵向定位

① 锥部定位。它是以击针体与击针尖过渡的圆锥部与闩体中相应的锥孔接触来定位。这种定位方式对锥部加工精度要求较高。为避免空膛击发时击针尖与闩体锥孔间起楔紧作用使闩体破裂，可以把击针的锥角做得大一些。

② 尾部定位。将击针的尾部增大，与闩体的击针孔扩大部配合，以限定击针的最前位置。这种定位方式的装配工艺性好，击锤打击击针的后端面大，不易变形。若闩体的尾部尺寸大，可采用这种定位方式。

有些击针的质量较大，需采用回针簧以防止击针因惯性向前自行击发底火。击针尖在回针簧的作用下经常缩回闩体内，便于开闩和供/输弹。这种方式的击针，有时没有前部定位。

6）击针偏心度

击针偏心度是指击针尖的中心与底火中心的偏差（击针尖在底火上的撞印中心与底火中心的偏差），它对可靠地打燃底火有一定的影响。若偏心度过大，可能出现瞎火，故技术条件规定偏心度不超过一定值，一般规定偏心度为 0.6 mm。在设计时应控制有关的尺寸和公差，尽量减小击针偏心度。

习　题

1. 火炮自动机结构设计的主要任务是什么？

2. 按炮闩相对炮身运动方向不同，炮闩可以分为哪几种？

3. 闭锁机构强度设计的主要内容是什么？

4. 对闭锁机构有哪些要求？

5. 根据闭锁过程的不同，炮闩纵动式闭锁机构可分为哪几种？

6. 什么是闭锁间隙？闭锁间隙主要包括哪些？

7. 什么是闭锁倾角？什么是闭锁机构的自由行程？如何选择开锁时机？

8. 什么是57 自动机多排闭锁凸齿均匀受力原理？

9. 开闩机构的作用是什么？对开闩机构有哪些要求？

10. 按动作特性，纵动式炮闩的加速机构可以分为哪几种？按中间构件不同，纵动式炮闩的加速机构可以分为哪几种？

11. 供/输弹机构的作用是什么？对供/输弹机构有哪些要求？

12. 自动装填过程中，炮弹必须经过哪几个严格确定的位置？炮弹自动装填过程分为哪几个阶段？

13. 供/输弹机构设计的主要内容有哪些？

14. 根据供弹机构工作原理的不同，可把供弹机构分为哪几类？根据直接拨动炮弹（弹链）构件的运动特点，拨弹机构可分为哪几种？

15. 什么是复进击发原理？什么是浮动原理？浮动原理有哪些特点？

16. 按击发时机不同，浮动自动机可以分为哪几种？

17. 首发不浮动的近似定点定速击发式浮动自动机有哪些关键技术？

18. 典型浮动曲线有哪几种？什么是浮动的稳定性？

19. 什么是击发机构？根据作用原理的不同，击发机构分为哪几种？

第5章 火炮自动机总体设计

5.1 概　　述

5.1.1 火炮自动机研制过程

自动炮虽然类型很多，但其设计的一般程序大致相同。现以高射炮为典型说明这些程序。

随新型自动炮一同进行的新型自动机研制，一般分为五个阶段，即论证阶段、总体设计阶段、工程研制阶段、设计定型阶段和生产定型阶段。

1. 论证阶段

论证工作由使用部门（即军兵种）组织，研制部门参与。论证阶段主要是提出战术技术指标，并对所提出的战术技术指标的先进性和实现的可行性进行综合分析和论证。自动炮各项战术技术的要求之间既是密切相关的，又是相互矛盾、相互制约的。战术技术指标制定得是否合理，决定火炮自动机性能的好坏，甚至关系到战争胜负。所提出的战术技术指标必须具有先进性，并且具有技术上实现的可行性。论证工作的具体内容很多，主要包括：全面的战术技术指标的提出及论证、全面的战术技术要求分析、需求背景分析、关键技术分析、技术可行性分析、研制进度计划、研制经费预算等。战术技术指标论证主要从下列几方面进行：预测未来战争模式和自动机的作用；分析自动机技术的发展趋势；正确处理战术技术指标之间的关系等。论证的结果是制定出明确、具体的战术技术指标，指标中不能有模棱两可的内容，尽可能用数字量化。

战术技术指标的具体制定是一项十分细致的工作，只有经过充分讨论，权衡各方面的利弊，才能最后确定。具体且量化的指标要满足下列基本要求。

1）战术技术指标具有先进性

战术技术指标的先进性是指不仅体现当前科学技术的发展水平，符合现代和未来（一定时期内）战争的需要，而且还要具有前瞻性。不能还没有研制就是落后的，也不能等研制完成时就已经落后了。先进性是指综合指标、综合性能的先进性，切不可追求个别指标的过高值。论证阶段切忌片面追求个别指标的先进性，因为任何单项指标都有其饱和值，进一步提高该单项指标的先进性，不仅技术难度会成倍增加，而且还会影响系统其他方面的性能。好的论证应着眼于全局，要着眼于综合性能。综合性能先进应是设计师所追求的。比如说不是初速越高越好，也不是射速越高越好，要根据武器所对付的目标的性质，所达到的综合效能，来权衡这些指标的最佳值。

2）战术技术指标具有实现的可行性

战术技术指标实现的可行性是指经过努力，从技术上是可以实现的。战术技术指标的先进程度要符合科学技术发展的现实，与当前科学技术发展水平相适应，与本国工业基础和专业技术水平相适应。这就要求必须全面准确地把握本学科领域以及相关学科领域的国内外技术现状、最新科技成果和发展动态，尤其是其他学科可能利用的最新科技成果。战术技术指标的先进程度要符合研制进度的需求。过高的指标可能导致研制周期延长，或被迫在研制过程中调整指标，降低原有要求。

3）战术技术指标具有良好的经济性

新型自动炮的造价要适宜，适应市场需要。如果造价太高，虽然指标先进、性能好，但本国经济无力承担研制任务，国外又无销售市场，则研制意义不大。不能一味地追求所有指标都先进，集世界各国同类武器先进指标于一身。对某些目的的武器，有些高指标只会增加系统的复杂性和成本。

战术技术指标的先进性与实现的可行性往往存在一些矛盾。通过分析论证、互相协调，达到使用部门和研制部门都能接受的结果。

战术技术指标的先进性是相对的，具有时效性；其指标实现的可行性是绝对的。因此，应科学合理地给出研制时间表，不能盲目地提出进度要求，否则欲速则不达。

战术技术指标论证工作的最后阶段就是要写出详细的论证报告。在论证报告中，要详细说明制定指标的依据，包括战术技术分析、理论计算和试验数据等。然后交上级机关审批。战术技术指标经批准后，将作为型号研制的依据，即可下达研制任务或进行项目招标。中标或承担任务的研制部门确认战术技术指标要求，并与上级机关签订合同后，则可正式开始武器的研制工作。

2. 总体设计阶段

总体设计是一个系统工程，是新型自动机设计中的顶层设计。总体设计的根本目标是将构成系统的众多组成部分的结构和性能进行匹配达到最优的总体性能。

总体设计的主要任务是根据战术技术指标（战技指标），结合国情，运用系统科学的理论与方法，进行总体方案论证、综合技术集成，提出最佳总体方案（包括功能组成、构成原理、总体布局等），拟订各部件的类型和相互之间的组成关系（包括结构、接口等），组织指导和配合各部件设计来实现方案，协调各矛盾，设计出满足战术技术要求的自动机。

总体设计是设计的全局和顶层，对整个设计、制造和性能具有决定意义。总体设计指导各部件设计而又决定于各部件设计，基于各局部而又高于各局部。总体设计要照顾设计、制造和使用等方方面面，照顾各项性能和各个部件，也涉及其他技术领域和各工业部门的协作、敌我战术使用、制造技术、生产管理、基础技术理论、专门知识、新技术应用、经济成本、市场供应等多方面。因此，要求设计者有深广的知识面，特别是对技术实质的把握判断能力和卓越的创新能力。

总体设计的工作程序随具体的设计任务的不同而不同，各阶段的大致工作内容如下所述（见图 5.1）。

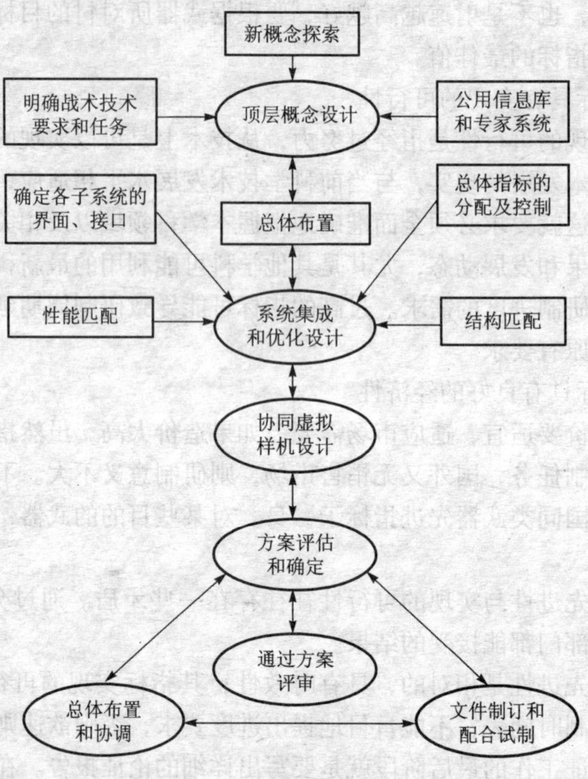

图 5.1 总体设计的工作程序

（1）明确战技要求和任务。消化、吃透战技要求和任务书，领会需求和设计意图，明确设计的指导思想和各项条件。

（2）新概念探索，初步确定总体结构方案。总体结构方案的确定是研制的关键，需要全面、细致、深入、有创造性地进行工作。方案设计要有系统观念，要突出自己的特色，要有创新点。自动机总体设计要与系统要求紧密结合，根据战术技术指标确定自动工作原理，例如，是采用后坐式自动机，还是采用导气式自动机、转膛自动机、转管自动机、链式自动机、双管联动自动机等。各种自动机都有其特点，在确定自动工作原理时，可以参考现有的，更需要有所创新。目前现有的自动工作原理在发展中也将不断得到改进和完善。对关键技术问题，提出解决的途径和措施，使确定的方案具有可行性。

（3）总体指标的分析、分配及控制。把战术技术指标转化为总体及各组成部分的设计参数，是满足战术技术指标具体化的要求，提出系统组成及有关技术方案的重要工作。对战技指标进行分析，将其分为可以达到的技术指标、经努力可能达到的技术指标、可能达不到的技术指标，不可能达到的技术指标。针对不同类型指标，采取不同对策。找准关键技术，提出需采取的技术途径和措施，有些还需进行专项技术攻关。战技指标中，有的是某一分系统即可单独实现，而有的是通过整体综合后才能实现。对通过整体综合后才能实现的指标，在总体设计时，应分解其战术技术指标，拟订和下达各组成部分的设计参数，并严格控制各分系统的相应指标，否则将难以实现其战技指标的要求。

（4）各子系统的界面、接口的划定及技术协调、仲裁。自动机参数为多维空间（三维空间、时间、质量、环境条件、电、磁等)，接口技术原则是适配、协调、安全、可用、标准。接口界面有物理参数（相关作用、匹配管理)、结构适配（干涉)、时序分配、电磁屏幕、软件可靠性、兼容性、稳定性等。在总体设计时，应规定各分系统的软、硬界面，软、硬接口形式与要求。必要时，进行技术协调和仲裁。

(5) 系统匹配及整体优化。系统匹配是指各分系统之间的联系与协调，其目的是达到整体的优化。系统匹配主要包括：性能匹配、结构匹配等。性能匹配一般是通过性能计算绘制特性曲线，调整各分系统的特性参数，使整体性能达到最优。结构匹配是指各大部件之间的联结关系。各分系统在结构上应该适应总体布置及维修性要求。

(6) 方案的评估和确定。完成的不同方案需要进行系统分析和比较，方案的优劣要通过评估才能确定。利用计算机仿真模拟方法、评价程序和专家进行多方案的分析和评估。方案的评估主要说明方案如何体现战术技术指标，实现战术技术指标的技术途径和方法，以及方案的先进性、经济性和研制周期等。通过上述这些方法，可在设计阶段解决以下问题：在设计早期得到有关产品的技术战略性结论；在设计阶段发现存在的结构和性能问题，以避免重大设计失误；在样机生产和试验前获得有关总体性能的信息，用于指导生产和预示试验的结果；减少或代替大量实弹试验或战斗使用，有效地缩短研制周期，节约研制费用。

(7) 总体布置和协调。随着部件设计逐渐具体化和方案评估的深入，会暴露出一些新的矛盾或问题。例如各部件的尺寸和质量超过控制指标，空间发生干涉等。总体设计要及时进行总体布置的调整，把握总体性能、协调各分系统、修正和优化部件设计，进而解决问题和矛盾。

(8) 配合试制、试验。制订制造验收规范、使用维护说明书等文件，配合相关单位进行试制和试验。

总体设计主要是分析和论证系统功能组成、构成原理、结构与布局、接口等内容及其实现的可行性。总体设计，除理论计算和初步设计外，对关键技术或部件乃至整机，需要设计制造出原理样机进行试验验证。总体设计主要完成以下工作：多方案设计并优化选择设计方案、设计与试验相结合不断完善设计方案、解决关键技术使确定的方案具有可行性等。总体设计的结果是得到研制任务书。经批准后，研制任务书即为设计、试制、试验、定型工作的依据。

3. 工程研制阶段

工程研制阶段主要是设计和试制具体火炮自动机样机，并对试制的火炮自动机样机进行试验和鉴定等。工程研制阶段的工作主要有：解决研制过程中的关键技术问题；具体设计火炮自动机样机；试制火炮自动机样机；全面考核火炮自动机的性能指标，使各指标满足要求，达到或超过规定的目标值；编制配套技术文件、全套图纸资料，为设计定型做好全面的技术准备工作。工程研制阶段结果是得到满足指标要求的火炮自动机样机。可靠性，是这一阶段重点要解决的问题。

工程研制阶段又分为工程设计和样机研制。工程设计过程的最终任务是提供生产所需的技术资料，包括产品图纸、设计计算书，技术条件等。样机研制过程的主要任务是通过试制和试验，鉴定火炮各方面的技术性能是否满足预定要求，发现设计中的问题。工程设计和样机研制的各阶段是互相交叉进行的。设计的新型火炮自动机，要通过样机试制和试验的实践来检验，发现问题后要修改设计，然后再试制，再试验，经过多次反复才能使新型自动机达到战术技术要求，达到设计基本定型。

工程设计又称技术设计，就是在方案设计的基础上对火炮自动机进行结构设计和理论分析计算。工程设计主要包括：确定各机构的结构、类型、性能，并进行相关性能计算和分析；充分利用现代设计手段和方法，进行样机设计，并计算和分析相关性能；对于某些关键技术，有时还需要设计制造原理样机进行试验验证，通过设计与试验相结合不断完善设计。工程设计的最终成果就是提供用于加工制造的全部产品图样和保证性能的技术说明文件。

弹道设计一般要在自动机结构设计之前进行。弹道设计分外弹道设计和内弹道设计。外弹道设计主要是根据战术技术指标要求与方案设计中所确定的参数（如口径、初速、弹种、弹重、弹形系数等）计算出与射角、射程、终点效能等有关的外弹道数据，为弹药、瞄准装置和火控系统的设计提供依据。内弹道设计也是根据已确定的上述有关参数来选定发射药(品种和装药量)、确定最大膛压、设计药室容积和线膛尺寸等，为身管等设计提供依据。弹道设计的结果就是要满足战术技术指标中有关弹道性能的要求。但弹道性能是靠武器和弹药实现的，所以弹道设计可提出几种方案，供武器和弹药系统选择。一般是先外弹道设计，后内弹道设计，两者的设计要协调进行。

弹药可采用制式弹，也可重新设计新弹种。弹药设计包括弹丸、药筒、发射药、底火设计，有时还包括引信、炸药、传爆药等的设计。为满足战术技术指标要求，使弹药能发挥最大威力且有利自动机的设计，需要合理安排弹药各组成部分的结构尺寸。弹药设计在弹道设计的基础上进行，主要任务是：根据外弹道设计参数，在保证弹丸飞行稳定性和减小飞行阻力的条件下，确定弹体外形；根据威力要求，结合弹体外形确定弹体内部结构；根据对目标的作用要求以及对弹丸的安全要求确定引信的类型及其外形尺寸和质量等；计算弹丸动力示性数及保证弹丸飞行稳定性必须的膛线缠度，并与武器身管协调，确定线膛结构；根据内弹道设计确定的药室容积，配合自动机的身管和闭锁机构设计确定药筒的结构尺寸；根据内弹道确定的发射药，选择或设计底火。在与弹道设计和自动机设计完成协调且满足战术技术指标后，确定全弹各零部件结构和尺寸，绘制出符合加工制造要求的产品图样，以便试制。

大多数情况下，为了缩短研制周期，火炮自动机研制时先利用制式弹药开展研制，这样就可以避免设计新弹而带来的麻烦。外弹道设计也不必进行，甚至内弹道设计也可简化。在火炮自动机研制完成后，必要时再设计满足特殊需求的新弹种。

火炮自动机结构设计依据战术技术指标和总体方案设计，在弹道设计和弹药设计的基础上进行。结构设计的主要内容如下所述。

（1）确定身管及各自动机构的结构形式与具体尺寸，从而构成火炮自动机的总体结构及外形轮廓尺寸。

（2）在确定火炮自动机各机构的同时，绘制自动机各机构的动作循环图，进行动力学分析计算、主要零部件的强度与刚度计算、各零部件与总体的质量计算等。

（3）在上述工作的基础上，对总体结构进行优化设计，使结构得到优化，其动态特性更好地满足战术技术指标要求。

（4）经过分析计算和优化设计，对结构和尺寸进行修改，并确认性能确实能完全满足战术技术要求之后，则绘制出符合有关标准要求和制造工艺技术要求的全部产品图（包括零件图、部件图、总装图和外形图），编写设计说明书，其中包括动力分析计算、强度刚度计算、尺寸链计算、结构设计能够达到的战术技术指标和其他技术文件等。

除结构设计外，还应对弹道试验用炮和各种单项技术验证实验专用试验装置等进行设计。

在进行结构设计时，必须贯彻标准化、通用化、系列化的原则，尽可能采用新结构、新原理、新材料，提高制造工艺水平，以达到既能满足战术技术要求，又能降低生产成本的目的。

样机研制是火炮自动机设计过程中的重要环节。通过样机研制，把方案设计和技术设计中的图样变为实物。样机能否满足战术技术指标要求关系到整个设计工作的成败。样机研制主要包括下列工作内容。

（1）样机试制。样机试制工作的重点在于确保样机与设计图样相符，要严格按图样和有关技术文件要求进行制造和装配。样机试制的数量视样机复杂程度和制造成本的大小来决定，但必须满足各种试验、试用、演示等的需要。

（2）样机试验与修改设计。试制出样机后必须进行调整试验。在试验中要全面测试样机的各项战术技术指标和各种动态参数。对于未能达到要求的指标，应通过改进设计，调整零部件的结构和尺寸等措施，以求达到指标的要求。对于某些与战术技术指标要求差距较大而改进方向不明的问题，要逐个进行技术攻关，一一解决。试验情况和测试数据都应有详细的原始记录和试验报告，需要存档备查。样机试验项目应根据战术技术指标要求而定。试验项目一般有静态检测（如测质量及质心位置、结构尺寸、转动惯量、强度、刚度等）、动态试验、性能试验、自然和模拟环境（包括各种恶劣环境）试验等几大类。一般还要求在各种使用条件下进行试验。

（3）技术鉴定。火炮自动机经过设计、试制、试验阶段，通过技术攻关和充分的摸底试验表明已达到预定的战术技术指标要求后，承担研制的单位（工厂、研究所或院校）还要组织有关人员进行技术鉴定。技术鉴定的主要工作如下：鉴定试验，其目的是对样机的性能进行全面考核，以确定是否达到各项战术技术指标要求；对样机的设计图样（包括零件图、部件图和总装图等全部图样）和有关技术文件进行审查，审查是否齐全，是否符合有关标准要求，是否正确无误等；鉴定人员应根据上述试验和审查结果进行评价，作出结论，写出研制单位技术鉴定证书。

研制部门将全部的研制成果和技术鉴定证书呈报上级有关部门，申请设计定型。

4. 设计定型阶段

设计定型阶段主要是通过试验，全面考核新设计的火炮自动机性能，确认所设计的新火炮自动机样机达到研制任务书的要求。设计定型阶段包括设计定型试验及设计定型（鉴定）。设计定型试验是对所设计的火炮自动机进行国家靶场技术鉴定试验，考核火炮自动机性能，使其全面达到战术技术指标的要求。设计定型（鉴定）是对所设计的火炮自动机样机及其配套文件进行全面审查，要达到完整性、正确性、统一性，图物相符的要求。设计定型的结果是获得通过设计定型的批准文件。

设计定型一般有下列内容。

（1）国家鉴定试验。一般由上级部门主持国家鉴定试验，由国家试验基地（或称国家靶场）实施试验工作。国家鉴定试验的目的主要是对样机进行全面考核，看其是否满足全部战术技术指标要求。凡是规定的战术技术指标都要对样机进行试验，如初速、膛压、射击精度、终点效能、射速、可靠性、机动性等性能试验。动态性能试验之前，还要对样机的基本结构、外形、主要尺寸、质量以及其他物理参量进行静态检查。动态性能试验之后，还要进行自然环境试验和模拟环境试验等。此外还要在各种使用条件下进行试验。

(2) 部队试用。样机通过国家鉴定试验后，还要提交部队试用。部队试用如何进行，何时进行，由上级部门决定。

(3) 设计定型技术鉴定。样机通过国家鉴定试验之后，国家定型委员会负责组织技术鉴定小组对样机的设计定型作最后的审查与鉴定。技术鉴定小组审查样机设计定型的全部文件资料，听取研制单位、鉴定试验单位及其他有关单位对产品研制工作的情况和结果的报告，经过讨论，向定型审批单位提出能否设计定型的报告。国家定型委员会根据技术鉴定小组的报告，按产品类型，办理产品生产定型审批手续。最后由国家定型委员会在上报的设计定型全部技术文件（文件目录由主管机关规定）上盖设计定型印章，并颁发设计定型证书（或文件）。至此，研制单位的设计定型工作就全部完成，将转入批量生产及生产定型的准备工作。

5. 生产定型阶段

生产定型阶段主要是解决设计定型遗留的各种技术问题，试生产出火炮自动机并进行性能试验和鉴定，生产条件的试验和鉴定，以及试生产的火炮自动机的试用。生产定型阶段包括生产定型试验及生产定型（鉴定）。生产定型试验是对试生产出的火炮自动机进行试验，考核火炮自动机性能，使其全面达到战术技术指标的要求。生产定型（鉴定）是对所生产的火炮自动机、生产大纲、生产安排、工装，及其配套文件进行全面审查，要达到完整性、正确性、统一性，图物相符的要求。完整的技术文件主要包括设计文件、技术标准化文件、试验文件、计量与验收交验文件、使用文件、工艺文件、工装文件、专用计量和试验设备（装置）文件。生产定型的结果是获得通过生产定型的批准文件。

火炮自动机在设计定型之后，还要经过生产定型才能转入批量生产。生产定型过程就是为产品的批量生产创造完备的工艺条件以保证产品质量稳定的工作过程。在此过程中，要编制完整的工艺资料，设计和制造各种必要的工艺装备，确定原材料的来源，配置与调整生产设备以至建立生产线，对关键的制造工艺进行攻关和培训操作人员等。在经过对产品每个零部件的加工及装配工序逐道检查，证明生产稳定、质量合格的基础上，对生产出的一批产品进行全面的考核、试验，表明性能完全符合设计指标要求时，才能向上级申请生产定型。

国家定型委员会应对申请生产定型的产品组织鉴定，包括对产品性能试验全面考核的结果和有关技术资料进行审查，对生产出来的产品交给部队试用等。对产品全面鉴定确认其合格后，则批准该产品生产定型。至此，研制生产单位才可承担该产品的订货任务，进入正常生产。

以上是我国目前火炮自动机的一般研制程序。随着时代的发展和科学技术进步，设计程序可能会随之变动。

5.1.2　火炮自动机的战术技术指标

1. 战术技术指标

战术技术要求，是军方从作战使用和技术两个侧面，从质和量两个方面对武器系统提出的各项性能的具体要求。对战术技术要求的具体量化则称战术技术指标，简称战技指标。它是进行武器系统研究、设计、试制、试验的基本依据。对于已研制完成的武器系统，称为战术技术性能。

战术技术要求的形式、内容，以及提出和确定的程序，在不同国家和不同情况下，不尽相同。通常根据军事参谋部门按照军事理论、作战经验及敌我条件等方面制订的未来作战的设想和对武器装备的总要求，由专门的技术部门根据战术运用，结合科学技术、生产水平、具体使用条件和经济能力等因素，进行调查研究、系统分析、评比选择、模拟对抗、理论计算和试验验证等工作，最后制订出战技指标。

较全面的战技指标，一般包括三方面的内容。

（1）作战指导思想和用途的说明，包括作用、使用方法、作战对象、作战地区等。

（2）具体战术技术指标，包括总体、火力、防护、机动等性能指标。

（3）补充性说明，例如对一些部件或技术的倾向性或否定性意见，对进度、步骤或一些问题的说明等。

火炮自动机作为自动炮的核心，其战术技术性能，一般随自动炮的战术技术性能；只有在独立研制新型火炮自动机时，才单独提出其战术技术性能。

自动炮的战术技术性能，一般包括威力、机动性、可靠性、生存性、勤务性和经济性等方面的指标要求。

1）威力

自动炮威力是自动炮在战斗中迅速而准确地歼灭、毁伤或压制目标的能力，它是一个与弹、炮、药三要素密切相关的多目标函数。目标类型不同，要求的威力也不同。各种自动炮就是为对付不同的目标和担负不同的战斗任务而产生的。弹道特征数、发射速度、射击精度等是自动炮威力的主要特征数。

弹道特征数（口径、弹丸质量、初速），是根据自动炮的任务提出并经内、外弹道设计计算确定的。对于高射炮来说，弹道特征数决定着自动炮的远射性能和高射性能。远射性能，即自动炮能毁伤远距离目标的性能，是在标准射击条件下，以弹丸飞行的最大水平距离来表示。高射性能，可用在标准射击条件下，最大射角射击时弹丸飞行的最大高度来表示，也可用在标准射击条件下，高射炮能够射击空中目标的最大斜距离来表示。这个斜距离，对于小口径高射炮是由弹丸自炸时间决定的，对于中口径高射炮是由引信最大装定时间决定的。这些距离越大，高射炮的高射性能越好。为了增大高射性能，应选择合理的弹丸初速和弹丸质量的组合，尽可能增大弹丸的炮口动能。

发射速度（简称射速），概括地说是指自动炮在单位时间内能够发射的弹数。具体地说，则分为理论射速（又称射击频率，简称射频）、实际射速和极限射速。

理论射速，是指在不考虑外界条件的影响下，自动炮在单位时间内可能发射的弹数（即单位时间内自动炮工作的循环次数）。可见，理论射速取决于自动炮工作循环时间。在自动连续射击时，相继的两次击发（或其他动作）间的工作过程称为自动炮的一个工作循环，其延续时间（即一个周期）称为自动炮的循环时间。理论射速为

$$n = \frac{60}{T} \ (\mathrm{r/min}) \tag{5.1}$$

式中 n——每分钟发射的发数；

T——自动炮的循环时间（以秒表示）。

理论射速是自动炮的一个主要特征数。理论射速的大小主要取决于自动炮的口径、炮弹的尺寸和质量，以及自动炮及其各机构的作用原理和构造。

实际射速，是指把瞄准、修正瞄准、重新装填（更换弹夹、弹匣或弹带）以及更换或冷却身管所需时间考虑在内时，自动炮在单位时间内所能发射的弹数。由此可见，实际射速和理论射速不同，它是考虑到战斗使用时各种条件的特征数。为了提高实际射速，可采取以下措施：提高理论射速，采用连续供弹装置，采用良好的身管冷却装置，采用与改进追随空中目标的随动系统，采用自动停射器等。

通常，把理论射速和实际射速统称为射速。

极限发射速度（发射速度规定），就是在一定时间内持续射击，在不损害自动炮技术性能的条件下，所允许发射的最大弹数。高射炮的极限发射速度，一般是根据持续射击时炮身温度升高的情况确定的。通常限制炮身的最高温度，对小口径高射炮为400℃～450℃，对中口径高射炮为350℃（一般测量身管口部外表面的温度）。这样可以避免身管材料的机械性能降低太多，炮膛烧蚀和磨损太快。

现代空中目标的飞行速度不断提高，目标位置变化极快，使得每发弹丸的命中概率变得极小。为了捉住战机消灭目标，必须增加射击的火力密度，即增加单位时间内对目标的射弹数，亦即提高射速，形成密集火力网。射速越大，火力密度越大，命中概率也就越大。由此可见，从战术的观点出发，希望自动炮的射速越大越好，但是射速的增大会受到技术条件的限制。

射击精度是指弹丸命中目标的精确程度，包括射击准确度和射击密集度。

自动炮的射击准确度（有时狭义上称为精度），就是自动炮系统能使平均弹着点接近目标的性能。由于高射炮是对空中快速运动的目标射击，因此决定目标运动诸元、计算提前量以及瞄准目标的精确度等就受到许多条件的限制。射击试验表明，由于上述因素而产生的散布比自动炮本身产生的弹道散布大得多。现代高射炮广泛采用自动计算命中问题的指挥仪和动力传动装置，使高射炮能自动瞄准以提高射击精度，同时还与搜索和跟踪目标的炮瞄雷达相配合，以提高测距精度和高射炮系统的全天候作战能力。为了提高高射炮的射击准确度，需要精确地测定目标的坐标和运动诸元，精确地进行射击条件偏差的修正，即根据标准射击条件精确地修正气温、气压、弹道风、装药、弹丸质量、装填条件和初速等偏差；精确地计算对活动目标射击的提前量；精确地赋予高射炮以计算所得的方位角和射角以及精确地装定引信分划，缩短弹丸飞行时间。由上可见，提高射击精度，需要整个高射炮系统的各个组成部分（包括雷达、指挥仪、测距机、带动力传动装置的自动炮和弹药等）都提高精度，并能相互很好地配合才能达到。

自动炮的射击密集度，就是自动炮使弹着点密集在平均弹着点（散布中心）附近的性能。它可以用散布椭圆的面积来表示。高射炮的射击密集度通常用中间偏差（或公算偏差）

与射击斜距离之比来表示。高射炮主要考虑立靶密集度，立靶有 100 m 立靶、200 m 立靶、1 000 m 立靶等。立靶密集度分为高低密集度和方向密集度。高低密集度一般用高低标准偏差（或然误差）B_y 与立靶距离 D 的比值（B_y/D）的密位数表示。方向密集度一般用方向标准偏差（或然误差）B_z 与立靶距离 D 的比值（B_z/D）的密位数表示。目前小口径高射炮的 200 m 立靶密集度为 1.5 密位左右。对中口径高射炮，由于是空炸射击，有时还要加距离中间偏差（或然误差）B_x 与射击斜距离 D_x 的比值（B_x/D_x）的密位数表示斜距离密集度。为了比较立靶平面上的密集度，还可以用一定斜距离上的 $B_y \times B_z$ 来计算。这些数值越小，高射炮的密集度就越好。为了提高高射炮的射击密集度，应该尽可能地提高火炮自动机的射击密集度，采用合理的炮架结构和适当的刚度以及减小各部间隙；把后坐力的最大峰值减小到最低限度，提高弹药的产品质量，尽可能地减小装填条件的变化。

2）机动性

自动炮的机动性包括它在使用中发挥火力、运动和运输的方便灵活程度等，又可分为火力机动性和运动运输机动性。

火力机动性，是指自动炮在同一个阵地或射击位置上，能迅速而准确地捕捉目标和跟踪目标并转移火力的能力。如高低射界与方向射界、高低瞄准速度与方向瞄准速度、单发与连发、多发同时弹着、多弹种供弹、快速对付不同目标等指标是衡量火力机动性的标志。

自动炮运动运输机动性，是指自动炮行走能力和对各种运输方式的适配能力的总称，通俗地说就是自动炮快速运输、运动，进入阵地和转换阵地的能力。现代高射炮正向自行化和车载化方向发展，以提高行走能力。行走能力，用自动炮在不同路面上能够达到的牵引速度或行驶速度、距离、越障能力等来描述，例如最大牵引速度、公路最大行驶速度、公路平均行驶速度、越野平均行驶速度、水上最大行驶速度、最大行驶距离、最大爬坡度、最大侧倾行驶坡度、过垂直墙高、越壕宽等。这对各军、兵种联合作战非常重要。对各种运输方式的适配能力，是指当部队进行大范围或远距离、特殊的紧急调动时，需要用各种运输手段实施，如火车、飞机、船只的载运，直升机的吊运，对自动炮的质量、体积、外形尺寸、质心位置、固定或结合的接口都有明确要求，研制时都应该满足。

自动炮系统反应时间是指自动炮系统工作时由首先发现目标到自动炮系统能开始发射第一发炮弹之间的时间，即自动炮从接受任务开始到开火为止所需的时间。它是衡量自动炮快速反应能力的标志。在战场上反应快的一方必占优势。自动炮的反应能力主要取决于自动炮行军与战斗状态相互转换的时间、自动炮进入战斗状态时对阵地选择和设置的难易、射击诸元的求解与传输速度、射击准备（含弹药准备、供输弹、瞄准操作）的速度等。科学合理的结构设计，采用先进的侦察通信设备、火控系统、随动系统，是提自动炮反应能力的有效技术途径。

3）可靠性

自动炮的可靠性是指自动炮在各种环境储运和战斗使用条件下，保持各机构工作可靠，能完成预定功能的能力。自动炮的可靠性是火炮质量的重要特征和标志，是自动炮的固有属性，贯穿着自动炮全寿命周期。自动炮的可靠性要求包括可靠性、维修性、安全性。

自动炮可靠性是指自动炮在规定的条件下和规定的时间内完成规定功能的能力。自动炮可靠性指标一般用故障率、平均故障间隔发数、寿命、储存期限等来度量。

自动炮维修性是指自动炮在寿命周期内，经过维护和维修可以保持或恢复其正常功能的能力。自动炮维修性指标一般用预防维修周期、维修时间、修复时间、保养时间等来度量。

自动炮安全性包括操作安全性和设备安全性等。

4）生存性

“消灭敌人，保存自己”是永恒不变的作战原则。在现代战场环境中，对火炮和使用者生存的威胁因素大大增加，提高火炮和使用者在战场上的生存能力一直是火炮设计师关注的问题。战场生存能力主要包括伪装和隐身能力、装甲防护能力、核生化“三防”能力、紧急逃生能力、迅速脱离战斗的能力、电子战信息战的能力等。

伪装和隐身能力，主要是指采用的伪装措施和隐身技术。当部队进行调动、集结和隐蔽待命时，尽量不让敌方侦察发现，因此，应有适应环境的伪装措施，如穿戴伪装网，插戴就地采集的树枝、野草，人员涂抹伪装油彩等；火炮装备采用隐身技术，如暴露的金属表面和光学玻璃，要经过适当的表面处理不会在阳光照射下闪亮，火炮装备的表面增加隐形涂料，采用隐身材料等，把发射时伴生的声、光、焰降低到尽可能小的程度。

装甲防护能力，主要是指采用的装甲和衬里防护。对非装甲的自行火炮采用防盾，在有限的范围内防枪弹和破片的毁伤，减少膛口冲击波的伤害。对装甲自行火炮，能防破片的毁伤。为了降低穿、破甲后的二次毁伤效应，在装甲车内增加一种特殊的衬里，可以降低车内人员、仪器、设备的毁伤。

核生化“三防”能力，主要是指装备具有“三防”能力的设施。未来战争在敌方实施核、生、化攻击时，自行火炮应具有“三防”设施，以确保能安全地通过核、生、化火炮污染过的地域。

紧急逃生能力，主要是指火炮应具备防火、灭火、抑爆、逃生的功能。遭敌攻击的一次或二次效应都可能引发火情，特别是在自行火炮的驾驶舱、战斗舱内，由于空间狭小、易燃易爆物集中，因而必须有较完善的火情报警、自动灭火系统和消防器材，在设计时采用隔舱化的结构，弹药舱具有抑爆的技术措施，在结构设计时应使各乘员具有迅速、安全紧急逃生的功能。

迅速脱离战斗的能力，主要是指为了防止敌方火力及突袭，自动炮应具备迅速转移的能力。当今侦察手段越来越先进，只要自动炮一开火，敌方就能迅速确定炮位的坐标并实施反击，因而要能在反击的炮火到达前迅速撤出到敌炮火威力范围以外的地域。装备有施放烟幕的系统，形成足够宽度、高度、厚度、浓度并持续一定时间的烟幕，以便自动炮在烟幕的掩蔽下迅速脱离战斗。

电子战、信息战的能力，主要是指为了对抗精确制导火炮的攻击，火炮要求具备电磁干扰的能力，或发射诱饵进行误导、迷盲等能力。

5）勤务性

自动炮的勤务性主要包括自动炮的适应性、操作简便性和维修保养的简便性。

自动炮的适应性，就是自动炮对人和对各种环境的适应能力。其主要包括：在高温、严寒、风沙、雨淋、水浸、冰冻，以及在高山、平原、沙漠、空中、海上等各种环境条件下，自动炮仍能可靠地工作；自动炮结构简单、操作简便，尺寸和质量适于高、矮、胖、瘦各类人员使用；自动炮的分划、刻度、颜色、标志等清晰，适于人眼观察和辨别，机构和装置的安排位置、操作顺序和转动方向适于正常人的习惯操作等。

自动炮的操作简便性，就是在射击准备时和战斗中便于操作。这就要求设置专门的辅助机构，以保证操作自动炮时，动作少、简单且不费力。简化射击准备动作，可以缩短勤务人员的训练时间，并减小因自动机准备不及时而失去战机的可能性。

自动炮维修保养的简便性，就是在维修保养工程中便于操作。这就要求自动炮结构简单，擦拭、涂油、分解结合等维护保养方便，不易生锈变质，零件不易错装和丢失，易磨损和破损零件能够更换，出现故障后容易排除或易修复等。

6）经济性

经济性是指发展、购买和使用一定数量的一种火炮所花费的资金，也称火炮全寿命周期的费用，主要包括研究与研制阶段费用、投资与采购（生产与装备）阶段费用和使用与支援阶段费用等。由于火炮愈来愈先进和复杂，并且一般不是流水线生产，只能达到中、小批量生产，这样带来各种费用的迅速增长。现代火炮，尤其是自行火炮，是一种昂贵的装备。一种火炮能否发展并最终装备于部队，不只决定于技术水平，往往还决定于经济性。在保证火炮满足上述战术性能条件下，要求在设计、生产、使用、维修和存储等过程中尽可能降低成本。如要求研制、生产周期短，费用少，所用材料来源广，价格低，结构设计合理，工艺性好，降低制造费用；实行系列化、标准化，尽可能采用通用零部件和通用弹药等。

火炮自动机作为自动炮的核心，其主要性能指标基本与自动炮性能指标相一致，主要包括：自动机弹道特征数、发射速度、射击密集度、后坐力、机构工作可靠性、操作简便性、外廓尺寸、质量特征数、结构经济性等。性能指标之间既相互联系，又相互矛盾。

2. 综合性能指标

1）后坐力系数

为了提高火炮自动机威力，可以采用增大火炮自动机的炮口动能的方法，即增大口径和弹丸质量。但是，随着火炮自动机威力的提高，其理论射速将显著降低。如果不能解决身管的快速冷却和连续供弹问题，便不能提高自动炮的实际射速。

提高火炮自动机理论射速是提高自动炮威力的主要技术途径之一。火炮自动机理论射速提高后，射击时作用于炮架的力（习惯上称后坐力）也将相应增加，将导致增大全炮的质量和降低全炮的机动性，或导致降低火炮射击的稳定性和精度。后坐力越小，说明自动机结构越完善，设计越合理。为了判明自动机结构是否完善，设计是否合理，引入了后坐力系数 η_p，它是炮口功率 P 与后坐力最大值 $F_{R\max}$ 的比值，即

$$\eta_p = \frac{P(1-\eta_T)}{F_{R\max}} = \frac{n}{60}\frac{E_0(1-\eta_T)}{F_{R\max}} \quad (\mathrm{W/N}) \tag{5.2}$$

式中　η_T——炮口制退器效率；

n——理论射速，单位为 r/min；

E_0——弹丸炮口动能，单位为 J。

显然，η_p 越大，自动机结构越完善，设计越合理。采取减小后坐力的措施，往往又会有碍于提高理论射速。

2）后坐力特性系数

射击时后坐力的变化特性和规律，对火炮射击密集度和某些零件的寿命有很大影响。我们希望得到不变的或均匀变化的后坐力。但是，自动机后坐力变化曲线往往会出现波峰。这说明自动机工作是不平稳的。其结果将是加剧自动炮的振动，增大弹丸散布和加大射击时追

随目标的负荷。在理论射速较大而后坐力急剧变化的情况下，为了计算自动机和全炮的强度和射击稳定性，不能根据平均后坐力而应根据射击循环过程中后坐力的最大值进行计算。

为了确定后坐力的平稳性，引入后坐力特性系数 η_χ，它是后坐力曲线相对于平均后坐力（计算值）曲线每个波峰（或波谷）的冲量的绝对值 I_B 之和 $\sum I_B$ 与平均后坐力的冲量 I 之比，即

$$\eta_\chi = \frac{\sum I_B}{I} \tag{5.3}$$

显然，系数 η_χ 越小后坐力变化越平稳。

3）自动机的密度

尽量简化自动机的结构具有重大的经济意义，但是与自动机的其他要求相比，它往往处于从属地位。有时，为了保证各机构工作的平稳性和各构件运动的强制性，就不得不采用较复杂的结构。自动机结构过分简化，又会急剧地降低各机构的寿命和工作可靠性。自动机轮廓尺寸的大小，说明其结构的紧凑程度。自动机结构的紧凑程度，可用炮箱相对长和自动机的密度来描述。对于现有自动机，炮箱相对长 η_a 在一定的范围内变化，即

$$\eta_a = \frac{L_a}{l_p} = 3 \sim 4 \tag{5.4}$$

式中 L_a——炮箱的长度；

l_p——炮弹的长度。

描述自动机结构紧凑程度的另一个特征数，是自动机的密度 η_K。假设把炮箱简化为长方体，并以 A、B 表示其横向尺寸，则炮箱的体积为

$$W_K = L_a AB \tag{5.5}$$

包括炮身、炮箱在内的自动机质量 m_A 与炮箱体积 W_K 之比，就是自动机的密度，即

$$\eta_K = \frac{m_A}{W_K} \tag{5.6}$$

显然，η_K 越大自动机结构越紧凑。

4）自动机比功率

为了评价自动机的结构，引入自动机比功率 η_{En}（或称自动机金属利用系数），即

$$\eta_{En} = \frac{n}{60}\frac{E_0}{m_A} \quad (\mathrm{W/kg}) \tag{5.7}$$

式中 n——理论射速，单位为 r/mim；

E_0——弹丸炮口动能，单位为 J；

m_A——自动机质量，单位为 kg。

显然，比功率 η_{En} 越大，自动机的结构越合理。

综上所述，对自动机的战术技术性能的要求之间，往往相互矛盾。例如，提高理论射速往往使后坐力增大，使工作可靠性降低，以及造成由此而引起的一系列不良后果。由此可见，设计者的任务就是要解决这些矛盾，使这些性能互相协调。因此要求设计者既要考虑战术的需要，又要考虑当前技术上实现的可能性。

为了正确地确定对新型自动机战术技术性能的要求，就必须研究现有自动炮的使用经验和现代战争中自动炮的作用、地位和使用条件。为了设计出性能良好的新型自动机，还必须

研究已有的各式自动机，吸取前人的经验，此外还应掌握自动机设计研究的方法。

5.1.3 火炮自动机总体设计的要求与原则

随着科学技术的发展，以及高科技在战争中的应用，战争的模式和战场格局将发生根本的变化。作为战争主干力量的现代自动炮及其自动机，也需要发生相应的变化。

火炮自动机的总体设计是一个系统工程，是新型自动机设计中的顶层设计。总体设计的根本目标是将构成系统的众多组成部分的结构和性能进行匹配达到一个最优的总体性能。

总体设计的主要任务是根据战技指标，结合国情，运用系统科学的理论与方法，进行总体方案论证、综合技术集成，提出最佳总体方案（包括功能组成、构成原理、总体布局等），拟订各部件的类型和相互间的组成关系（包括结构、接口等），组织指导和配合各部件设计来实现方案，协调各矛盾，设计出满足战术技术要求的自动机。

火炮自动机总体设计的指导思想是：满足新时期军事需求，适合我军的作战特点，适应我国地理和气候条件，正确处理各性能间的关系以及总体与部件的关系。这要求火炮自动机总体设计时，应充分考虑如下几点。

① 在满足战术技术指标的前提下，要求性能的先进性、可靠性与经济性兼顾。

② 重视环境适应性设计。

③ 做好人机系统论证设计，借助人机工程学的研究成果，以人为本，从人、机、环境三者之间的适应与协调去研究设计。

④ 技术研究和装备研制都应站在发展的高度，预留发展余地。

火炮自动机总体设计的总原则是以低成本获得火炮的较佳综合性能，获得较高的效费比。为此，在系统构成选择，总体构形与布局，设计参数确定等方面遵循以下一些设计指导原则。

(1) 系统论证，综合性能优化的原则。火炮自动机是将多方面的复杂矛盾结合为一体的系统，其设计的最终目的，就是要对总体性能和各分系统性能进行系统分析、建模和优化，获取最优的综合性能。在总体方案设计、选择功能组成时不只是着眼于单个组成性能的先进性，更注意组成系统综合性能的先进性。一方面，要以作战效能为目标，对机动性能、使用维修性能等进行系统论证和优化；另一方面，在保证各性能的同时，要综合考虑质量、成本、工艺性及可靠性等，尽量减小体积、质量和成本。

(2) 先进性、可行性和时效性相统一的原则。火炮自动机的研制，必须面向未来战争的需求，积极采用新技术成果，保证研制的自动机具有先进的技术水平和较长的寿命周期。辩证地处理好先进性和可行性之间的关系，在可行性和研制周期允许的前提下追求先进性，尽快研制出性能先进的自动机，避免研制过程中出现大的方案变动和反复，导致研制周期过长。特别要注意的是，在开始研制时，性能指标很先进，但因缺乏技术储备和加工生产能力低，使产品研制周期拖长，到产品生产定型装备于部队时，性能水平已经落后了。所以，在火炮自动机研制过程中，特别是在总体方案的论证和设计时，应进行全面调研，充分考虑已有的研究基础、研制手段和能力，切不可盲目追求先进性而无限制地延长研制周期，加大研制费用。故先进性、可行性和时效性三者是相辅相成的、统一的，坚持这一原则，在满足战术技术指标前提下，优先采用且使用成熟技术和已有的产品、部件。结合实际情况，充分利用和借鉴现有相关技术的最新研究成果，积极开拓思路，改进现有产品或进行创新设计。但是，一般采用新技术和新研制部件应控制在一定的百分比之内，比例过大将会增加风险和加长研制周期。

（3）坚持独立自主、自力更生的原则。火炮自动机的研制应从适应未来战争的特点和需要出发，以提高自动炮的总体效能为目的。以我为主，以新技术为指导，渐进发展与创新相结合，立足于独立自主、自力更生的原则发展高新技术，以现代科学技术的最新成果来提高自动机的总体性能。发展新型自动机不应拘泥于国外科技与武器装备的发展步伐，亦步亦趋。可根据需要与实际可能，加速发展的过程，不能长期停留在仿制与改进的基础上。有许多高新技术不必重复走别人走过的道路，可跨越十几年或几十年的时间，迎头赶上。目前，技术发展的国际化趋势愈来愈明显，迅速发展的新科技革命，表明人类已进入以经济全球化和知识化为特征的新时代。我国改革开放的政策，也为引进国外先进技术创造了条件。但引进先进技术，必须及时转入消化吸收和创新阶段，才能摆脱受制于人的局面，自立于世界高科技兵器之林。开阔视野、革新思路、技术创新是发展自动机的永恒主题。无论过去、现在和将来，坚持独立自主、自力更生、结合国情、创新研究，走有中国特色的发展火炮技术的道路，是一条根本性的原则。

（4）贯彻标准化、通用化、系列化、模块化的原则。零件标准化、部件通用化、产品系列化及结构模块化可简化生产，提高工效，保证产品质量，降低生产成本，减少配件品种，方便维修保障，有利于产品的改进和变型。在火炮自动机的总体设计时，应当与使用方和生产企业充分研究标准化、通用化、系列化的实施，对有关国家和军用标准进行剪裁或拟定具体的大纲，充分重视组合化设计。"零件标准化"是指在设计中广泛采用标准件，以利于组织生产、提高质量、降低造价和方便维修。"部件通用化"是指在同一系列或相近的自动机上，采用通用的部件，以简化生产。"产品系列化"是将产品合理分档，组成系列和型谱，并考虑各种变型。模块是模块化设计与建造的基础。模块可以定义为：由标准件和非标准件经设计组合，具有某种特定功能及结构的单元，能够与其他组件（或模块）通过标准接口构成更大的组件、部件或系统。模块通过搭积木方式既可组成系列化、标准化产品，也可以配套组成在性能、结构上有较大差别，能满足不同要求的产品。各模块具有相对的独立性，可以进行独立的设计和组织生产；具有广泛的通用性和良好的互换性，可以根据需要组合成新的功能或结构单元；具有标准的接口结构，通过简单而可靠的连接形式实现模块之间的组合；满足可靠性、维修性和保障性要求。进行"结构模块化"设计，便于产品的系列化和通用化，可以大大减少研制和后勤保障的成本。

火炮自动机总体设计的主要内容是，根据自动炮总体提出的要求，在系统约束的空间内，选择自动机工作原理和各机构的相互作用方案，确定主要机构的型式，确定炮身后坐长度和主要机构的工作行程和基本尺寸，并进行自动机各机构的总布置，绘制自动机总体布置草图。具体的总体设计步骤如下。

（1）研究设计任务，选择自动机的工作原理和各机构的相互作用方案，并概略地确定各机构的动作循环图和各机构工作时间的概略值。循环图的循环时间应满足战术技术指标中关于理论射速的要求，各机构的工作时间可以参考已有自动机的情况和准备采取的技术措施概略确定。

（2）根据内弹道设计计算结果和炮弹尺寸，设计身管的最小外形尺寸和炮膛尺寸，身管的实际外形尺寸可暂不确定，因为它取决于自动炮的总体布置和总体结构方案。

(3) 确定炮闩的型式和基本尺寸，并概略计算炮闩的各组成部分，其中包括：闭锁机构、关闩（炮闩复进）机构、开闩机构、抽筒机构和击发机构。对这些机构进行必要的分析与计算后，便可选择炮尾的结构，并确定其与身管的连接方式，以及炮身后坐时的导向方法。

(4) 确定反后坐装置的型式和结构方案，其中包括：制退机、复进节制器、复进机、复进缓冲器的型式和结构及其基本尺寸，确定反后坐装置的安装位置及其后坐部分与炮身连接的方法。确定是否采用炮口装置。

(5) 确定供弹机构的型式和结构方案及其基本尺寸，其中包括：供弹方式、供弹线路、供弹时炮弹运动的特点、供弹机构工作的能源、受供弹机构作用而移动的炮弹数、炮弹向进弹口运动时的导向方法、炮弹节距、拨弹节距或压弹节距的大小和拨弹板或压弹板行程的大小、炮弹在进弹口和输弹出发位置的定位方法以及对后续炮弹的阻截装置、供弹机构和输弹机构的相互作用和联系、第一次装填时供弹机构的工作方法、供弹机构的基本尺寸等。对弹链供弹，还应确定脱链方式、排链路线等。

(6) 确定输弹机构的型式和结构方案及其基本尺寸，其中包括：输弹的性质、输弹的能源、输弹线路、输弹行程和输弹构件的行程、输弹时炮弹的导向、炮弹与输弹构件连接的性质、第一次装填时输弹机构的工作方法、输弹机构的基本尺寸等。

(7) 确定发射机构的工作原理，首先要确定发射机构应控制哪个机构、确定松开发射机构和停止射击时各机构将处于什么位置等。保险机构、辅助机构及其与炮架的连接问题可以留待以后解决。

(8) 估算运动诸元并求出理论射速。

(9) 绘制自动机总体布置草图。

5.2　火炮自动机总体结构设计

火炮自动机总体结构设计，首先应明确武器系统所提出的要求，在系统约束的空间内，按给定的连接方式、给定的抛筒、排链方向和范围进行总体结构设计。

在结构设计过程中，设计师要开展创造性思维和技术活动，通过人的创造性思维产生构思，通过技术途径设计出满足某种特定功能的结构。

根据系统工程学的理论，在一个复杂的系统，如果能将系统内的各单元有机地组合，各单元的功能不仅相互叠加，而且能相互辅助、促进与提高，这必然使系统的整体功能大于各单元的简单和，即获得“整体大于它的各部分总和”之效果。反之，如果不能实现有机组合，则由于各单元的差异性，在组成系统后，单元之间的协调不当或约束不力就会产生“内耗”，这反而可能造成“整体小于它的各部分总和”的情况。自动机总体结构设计就是从整体、系统的观点出发，通盘考虑组成自动机的各个要素，尽可能采用最能发挥其特长的物理效应来实现，通过把输入自动机的物质流、信息流、能量流与各机构和构件有机地结合起来，实现硬件组合的最佳形式——最佳原理方案。总体结构设计强调设计的整体性，设计的核心是创意、构思、规划自动机原理及总体结构方案。

总体结构设计的优劣直接影响自动机的形态、性能、经济性以及使用情况等。因此，在总体结构设计中要充分应用现代设计方法、设计原理，广纳成熟的、先进的科学技术成果，尽力使总体结构设计在原理上新颖正确、实践上可行、技术上先进、经济上合理，并且富有时代感。

火炮自动机的机构在速度变化剧烈的状态下运动，因而零件要承受强大的动载负荷。火炮自动机的使用条件也十分严酷，在极恶劣而悬殊的条件下使用时，工作都应可靠。火炮自动机在被沙粒、尘土所污染，或因雨水浸入而受潮以致冰冻，或缺乏润滑，或温度急剧变化等情况下，都应能正常工作。这样，火炮自动机的结构设计的基本特点，就在于合理确定火炮自动机的机构及构件的形状和尺寸，保证机构及构件在恶劣条件下工作的可靠性。

5.2.1 自动原理的确定

1. 原理方案设计

原理方案设计是指根据设计任务书提出的设计要求或自主开发确定的设计目标，找出实现预定设计目标的最佳原理方案。原理方案设计是整个设计的第一个关键环节，是具有战略性和方向性的设计工作，是结构设计的前提和依据。

完成同一设计任务往往会有许多差异很大的方案。迄今，多数设计工作仍是由设计人员先画几张总体方案图，从中选择一个，便进行具体的结构设计。这种设计方法的弊端，一是盲目性，无法判断方案是否最优；二是经验局限性，易受设计人员知识经验影响，在原理方案构思之前就形成了某种框框，妨碍了思维，束缚了创造力，所得到的设计方案往往不甚理想。

现代设计是有意识地按照设计活动自身的内在规律进行，提倡采用发散式的、以功能设计为主的设计思维，自始至终地寻求各种可行方案，全面系统地确定设计过程的起始条件和最佳结果，并在此基础上强调抽象的设计构思，防止过早地进入实体结果分析，使结果既在系统的工作原理和结构有关的本质上有所创新，又能结合实际，达到预期的设计目标。

原理方案设计的一般步骤如下。

1）设计任务抽象化

设计任务抽象化的最终目的是明确设计对象的功能和约束条件。常用的抽象方法是“黑箱”法。对于所设计的自动机，在设计之前，犹如一个不知其内部结构的“黑箱”。给“黑箱”输入物料、能量、信息以及外界的影响，则经“黑箱”后产生输出量以及“黑箱”对外界的影响。

物料流、能量流、信息流都有量和质的差异，例如数目、体积、允许偏差、质量等级、性能、效率等。在对“黑箱”进行分析时，通过比较输入、输出量的差别和关系，继而反映出设计系统的总功能，然后探求系统的机理和结构，逐步使“黑箱”透亮，直至方案拟订。

设计任务抽象化——“黑箱”法，突出了设计中的主要矛盾和核心问题，有助于激发设计者摆脱具体的东西，而在更为广阔的设计领域中寻求更多、更新、更好的设计方案。

2）功能结构分解

自动机的总功能是自动完成装填和击发。

确定了总功能后，就可寻求功能解，即实现功能的技术物理效应及功能载体。但是，一般情况下，设计系统都比较复杂，难以直接求得满足总功能的解决方案，即便可以求得，也可能难以实现，或者造成后续设计的结构方案过于复杂，带来一系列的其他问题。据此，常将总功能分解成复杂程度较低的分功能，并相应找出各分功能的解。总功能分解到何种程度，取决于在哪个层次上能找到相应的技术物理效应及功能载体。对于复杂的技术系统往往要将其总功能分解为若干级分功能，有的甚至要分解到最后不能再分解的基本单位——功能元。同级分功能组合起来应能满足上一级分功能的要求，最后组合成的整体应能满足总功能的要求，这种功能的分解和组合关系称为功能结构。常用的功能结构基本组合方式有串联、并联和回路式三种。依此组合关系绘制的图形称为功能结构图。这样既可显示各功能元、分功能与总功能之间的关系，又可通过各功能元解的有机组合求总方案，同时又为后续的设计创造了条件和依据。

在功能结构分解中，可将总功能分解到功能元，再根据功能元的性质、要素以及功能元解的性质等，通过取舍、合并等由下向上一级缩减。过小的分功能在有些情况下没有必要，甚至还会影响方案设计的技术水平（因为过小的分功能之解可能比较简单，这容易使设计者采用较低水平的技术手段）。而过多的分功能既可能使原理方案复杂化，有时又不利于后续的结构方案设计工作（每个分功能之解的结构载体数目多，彼此还需要连接，必然增加结构设计的工作量并使工作烦琐），并有可能造成结构方案的复杂化。

自动机本身由许多子系统组成，例如自动机由供输弹机构、开关闩机构、闭锁机构、击发机构、保险装置等组成，可先按照子系统分解，将各子系统分别单独绘制成子系统功能结构图。

3）确定设计方案

（1）寻求功能解。确定实现各功能元可能运用的原理即功能解。将物理学原理通过一定的结构形式，在工程技术上加以利用即是所谓的技术物理效应。实现技术物理效应的具体构件为功能载体。同一种技术物理效应可以实现各种功能，例如杠杆可以实现力的放大或缩小、换向等功能，同一种功能可以用不同的技术物理效应来实现，例如机械力、电磁力、流体力，同一种技术物理效应也有不同的技术表现方式，例如力、力矩、力偶。

当所设计的自动机比较简单时，可以根据经验法、类比法和一般知识，选择出适当的技术物理效应和确定相应的功能载体。当设计的问题比较复杂时，一要尊重科学，从科学原理中寻找答案；二要充分借鉴前人的成果及有关文献；三要发挥众人的智慧；四要开阔思路，大胆创新，奇思妙想；五要从实际出发，进行必要的科学技术实验。为了选出最佳的功能解，应针对功能的要求尽可能多地提出几种技术物理效应和功能载体，通过比较、评价、决策，获得满意的设计方案。

除了物理效应外，还应注意化学效应、生物效应、自然效应（如太阳能加热、自然冷却等）。

（2）组合功能载体。找到实现各分功能的技术物理效应和功能载体后，将这些功能载体根据功能结构进行合理地排列与组合，以得到实现总功能的各个总体方案。

方案都具有实际意义，也不是所有的结构元件都能相互匹配和相互适应。所以在组合时，可根据经验、借鉴类似设计和前期构思中形成的初步设想，舍弃一些明显不合理或意义不大的方案，选中几个合理的、可行的、有希望的方案，然后从物理上的相容性、技术经济效益等方面对这些方案进行深入分析、评价和优选。例如可以从功能结构中的能量流、物流、信息流能否不受干扰地连续流过，功能元之解在几何学和运动学上是否有矛盾等问题，进行直觉判断，从而剔除那些不相容方案，必要时可采用计算机技术、专家系统、人工智能等现代科技手段来选优。

2. 自动原理与创新

火炮自动机原理研究中还有不少问题有待解决，还需要不断的发展。勇于创新、敢于创新是赶超世界先进水平的重要方面，只有立足于创新，才能有更大的发展。创新是相对的，创新是建立在一定基础之上的。

目前自动机有三种基本能源，即内能源、外能源、混合能源。内能源是自动机本身提供的能源；外能源主要是电能、液压能或气动能；混和能源是以上两种能源的混和。除以上能源之外的自动机能源，应属于新能源。一旦在能源上有新的突破，对自动机的发展将起到巨大的推动作用。

目前火炮自动机的自动原理中，相对炮闩后坐式自动原理、炮身后坐式自动原理、导气式自动原理、转膛式自动原理、转管式自动原理、双管联动式自动原理（ГⅢ原理）、链式自动原理、开膛式自动原理、凸轮式自动原理就属于新原理。随着科技发展和战争需求，还将不断创新新型自动原理。

根据自动炮所对付目标的运动速度、物理特性及对目标的有效毁歼，自动机归根结底在原理上可分为两类：高射速原理自动机和高精度原理自动机。高炮自动机、航炮自动机、舰炮自动机均为高射速原理自动机，都以对目标的毁歼概率来衡量射击效果，都需要高射速。战车炮自动机属于高平两用自动机，主要以对付地面目标为主，以首发命中率来衡量射击效果，自动机的主要特性应是高精度，可称为高精度原理自动机。装于武装直升机上的自动机，称为低后坐力自动机，在这种自动机中，高射速和高精度两种自动机原理都有。

1）高射速原理自动机

高射速原理自动机主要有转管式自动机、转膛式自动机、双管联动式自动机、炮身短后坐式自动机、导气式自动机。以上这些原理的自动机都属于一种原理，即依次连续发射原理。一发接着一发地发射是这种自动机的共同特点，所以这些自动机原理可统称依次连续发射原理。

依次连续发射的自动炮的射速已达到10 000 发/分左右，已趋于极限射速。再想大幅度提高，要受到更严峻的约束，将难以合理实现。

影响依次连续发射火炮提高射速的主要约束有如下。

（1）身管寿命的约束。解决身管寿命的约束措施需要在身管材料性能上有重大突破，否则会严重地降低火炮的经济性。

（2）后坐力的约束。高射速自动炮要机载、车载、舰载，既要求高射速，又要求低后坐力，以适应于其发射平台的承载能力，这对提高射速又是一个现实的约束条件。

（3）驱动能量的约束。对于外能源驱动的转管炮，射速越高，所需的外加能量也越大，射速与能量的合理匹配，将约束射速的进一步提高。

（4）供弹的约束。射速越高，对供弹可靠性的要求也越高，供弹与射速的可靠协调，也约束着射速的进一步提高。

（5）射击精度的约束。射速的提高，将使精度降低，精度指标也约束射速的提高。

从自动机的百年发展的简单过程可以看出，自动机的发展主要集中在小口径，尤其是西方发达国家，自动炮的口径主要是 30 mm 以下。30 mm 好像是一条不可逾越的界线，30 mm 口径似乎已成为自动机发展的思维定势，谁都不敢轻易地去突破。实际上，30 mm 口径不是高射速原理自动机的禁区，开发中大口径自动机，将是依次连续发射高射速自动机的创新方向之一。

目前，巡航导弹正向提高精度、缩短任务的规定时间、提高作战使用灵活性、多平台发射、抗干扰等方向发展，特别是向高马赫数发展。高马赫数一般指巡航速度在 5 马赫以上。美国、俄罗斯、英国、法国、德国等军事强国都有能力发展这种高马赫数的巡航导弹。面对高超声速巡航导弹的严重威胁，自动炮担负着对巡航导弹的最后一道防线的拦截任务。传统火炮的射速已难以满足反导的需要了，反高超声速巡航导弹的火炮，需要每分钟几万发以上的射速，这是对现有自动机面临的最大挑战。在这种形势下，发展创新超高速自动机已势在必行。把能有效拦截超高声速巡航导弹的火炮自动机称为超高射速自动机。

总结以往依次连续发射原理在射速上的有限性，并行发射、串行发射、串并行发射、自动火箭炮等超高射速自动机是创新的途径。

所谓并行发射是指把多根身管按要求排列到一起，可实现一起供弹、关闩、闭锁、击发、齐射的整体结构。这种结构的自动机，称为并行发射自动机。根据管数的不同，控制发射时间的不同可达到所要求的超高射速。并行发射自动机主要的设计思路是以增加管数、增加射击控制、缩短击发时间，来提高射速。这种自动机的最大优点是可实现很高的理论射速。其主要问题是超高射速和低后坐阻力的矛盾难以解决。如何减小后坐阻力，如何使后坐阻力达到载体所能承受的程度，是这种自动机能否获得成功应用的关键因素。

串行发射是指每根身管内装有多层弹药，可连续自动发射，能达到超高射速。串行发射没有机构动作，关键是解决各发依次点火控制问题、传力问题、密封问题等。

串并行发射是指多管联装的每根身管内装有多层弹药，可控制发射，能达到超高射速。多管联装，每根身管内依次排列若干发弹药，然后在电子点火系统的控制下进行发射，如“金属风暴”。金属风暴的主要创新点有：① 金属风暴把弹药、击发装置都融入身管内，构成一个整体，舍去了传统火炮供弹、输弹、关闩、闭锁、开锁、抽筒等工作程序，简化了结构，大大地提高了射速。金属风暴已获得吉尼斯弹丸发射武器的最高射速纪录。② 突破了传统火炮的发射原理，改变了传统火炮的供弹方式，提出了把弹药串列于身管内的巧妙设计。

把火箭炮可齐射、后坐阻力小、火箭弹较便宜的优势和自动炮可快速供弹、快速发射的优势进行有机的组合，实现火箭弹可以炮射、能够反导以及火箭炮连续自动供弹的技术，这样既可获得高的理论射速，又能提高实际射速。为此，需要逐步构思自动火箭炮的新概念。自动火箭炮有可能为近程反高马赫数巡航导弹提供一种新的火炮技术。近程反高马赫数巡航导弹的自动火箭炮技术具有的创新点是：提出用炮射火箭反导的设计理念；提出自动火箭炮的概念，把自动炮与火箭炮有机组合；提出用火箭炮反导的想法，研制反导火箭弹。

2）高精度原理自动机

不管是哪种自动机，都是精度越高越好，但由于事物内部矛盾规律的客观存在，当把射速提高到很高的指标时，在精度上必然会有所降低，即有所得必有所失。同样，当要求自动机的射击精度指标很高时，又必将降低其射速，以牺牲射速来获得精度，但这还远远不够，还应研究获得高精度的自动机的工作原理。

步兵战车在战场上主要是伴随主战坦克作战，主战坦克在前，步兵战车紧随其后；步兵战车也可遂行作战。步兵战车主要对付的目标是敌方的步兵战车及其他轻型装甲车辆，以直接瞄准的方式击毁敌方目标。在这种情况下，谁先发现、瞄准对方，谁先开火并命中对方目标谁就取得了战场上的主动；否则，被敌方命中就陷入被动挨打的地步，或丧失战斗力。这种主动与被动，主要取决于战车炮的直射距离和射击精度，即能否首发命中。因此，射击精度是战车炮自动机首要的问题，设计者必须有清醒的认识。有了这样的认识和设计指导思想，才能设计出好的战车炮自动机。

战车炮的精度指标，一般按首发命中概率进行要求，这是战车炮系统指标，与炮、弹、药、瞄准等均有关系，一般首发命中概率要大于75%以上。为了达到首发命中概率的系统指标，对系统精度要进行分配，并对自动机提出立靶密集度的指标。这一指标是由弹和自动机决定的，对于高精度自动机，这一指标一般要小于0.5 mil×0.5 mil。

链式自动机是一种典型高精度原理自动机。链式自动机的基本工作原理是通过链条的周向转动，驱动炮闩后坐、复进来完成开锁、开闩、抽筒、供弹、输弹、关闩、闭锁、击发等自动动作。这一系列运动均靠外部能量驱动来完成。链驱动炮闩完成一系列的自动机循环运动，运动平稳、撞击小，既有利于提高自动机运动部件的寿命，又能提高射击密集度。射击密集度高，是高精度原理自动机的突出特点。链式自动机减少了输弹机、炮闩缓冲器等机构，故结构简单，而且某纵向尺寸短、前抛筒，有利于步兵战车装备，是较理想的战车炮自动机。

旋转药室式自动机的工作原理是通过旋转药室来完成供弹、闭锁、击发、开锁、抛筒等自动动作。旋转药室式自动机的主要特点是：结构简单，旋转运动平稳、无撞击、射击密集度高，适应于步兵战车装备。

综上所述，高精度自动机的主要特点是：① 输弹、关闩、闭锁运动平稳，无撞击或撞击很小；② 以上运动均由外部能源驱动，能源功率稳定；③ 低射速。通过减小运动构件对自动机激励的手段，来达到炮口振动小、最终减小射弹散布和提高射击精度的根本目的。

一般自动机都是闭锁完毕后马上开始击发。若改变这种击发时机，在炮口无振动状况下再击发，这有利于提高射击精度。所以可以研究延时击发式自动机。这之所以可能，是以允许降低射速为前提。在自动机研究中，曾做过延时击发的试验，适当选取延迟时间，可明显地减小炮口振动。

3）超低后坐力自动机

在航炮自动机中，可分为固定翼飞机用航炮自动机和武装直升机用航炮自动机。20世纪后期以来，武装直升机得到迅速的发展，武装直升机居高临下，观察、射击方便，可打坦克最薄弱环节——顶甲板，成功率很高。美国研制的“阿帕奇”（AH-64）武装直升机多次在海湾战争中发挥重要作用。研制武装直升机，需要性能更好的航炮，需要研制后坐阻力更小，质量更轻的武装直升机专用航炮。

从国内外目前武装直升机研制的现状可以看出，传统航炮已远不能满足现代武装直升机的装备要求，必须创新，开发超低后坐力自动机。

超低后坐力自动机的主要创新方向还是发射原理的创新。研究超低后坐力的发射机理、研究新的缓冲材料和新的缓冲介质，将是可能有所突破的主要途径。

4）新概念自动机

创新不仅要打破条条框框、突破传统、奇思异想，还要善于把其他行业的先进成果为我所用。新概念自动机就是从概念上创新，研究探索自动炮新的毁伤机理、新能源自动机、新原理自动机，实现火炮自动机性能上的重大突破。

3. 确定自动机原理的基本原则

1）技术成熟性原则

首先要选择常见的自动机工作原理，因为常见的自动机工作原理经长期实践考验，结构成熟，设计理论成熟，工作性能可靠，可继承大量成熟技术，而且风险小，研制周期和研制经费便于预测。

2）主要性能为主原则

选择常见自动机工作原理要结合武器系统特点，满足武器系统的主要性能。如高炮、舰炮、航炮是以毁歼概率为衡量自动机射击效果的，以最大限度地提高射速为主要性能，故常选用导气式工作原理、转膛原理、转管原理、双管联动原理。如步兵战车自动炮、高平两用自动炮，以对地为主，是用首发命中率来衡量射击效果的，以最大限度地减小后坐力为主要性能，故常选用炮身短后坐工作原理、链式原理。

3）技术创新实用性原则

当选择的常用工作原理的某些指标得不到满足，甚至根本无法达到时，应在新原理上想办法，走创新之路。技术创新必须符合实用性，创新也有两种情况，即全新设计和部分全新设计。全新设计基本上是应用新原理、新结构来实现的；部分全新设计是有继承的部分，有创新的部分，继承和创新相结合，可视情况进行。

5.2.2　主要结构的总体设计

在自动机的原理方案设计以后，需要进行主要结构的总体设计，将原理方案结构化，也就是确定完成既定功能的主要机构的构成。同原理方案设计相比，原理方案主要是探求实现功能的方法、方式，是靠创造性思维和系统化方法进行构思，而结构方案设计主要是寻求实施这些方法、方式的形式、形体，所以设计过程更具体、更复杂，更多地需要紧密结合实际进行综合分析和校核，设计结果的可行性、工艺性以及经济性占有主导地位。

自动机的结构总体设计包括自动循环图的确定、设计并绘制总装配图、部件装配图。这几项工作中的核心问题有两个：一是“定形”，即确定各机构及构件的形态，把一维或二维的原理方案转化为三维的、有相应工作面的、可制造的、能使用的形体；二是“定量及关系”，即确定构成技术系统的机构及构件数目、相互间的配置和关系，也就是组成方案设计。

总体设计是一项比较繁杂的工作，没有十分成熟的设计方法及程式，设计者的经验、见识、知识能力等在设计中起着很重要的作用。

1. 结构设计的基本要求及原则

1）明确化

总体结构方案应明确地体现出原理方案、工艺性方案设计的方方面面，并能做出必要的、合理的补充，例如原理上可实现而结构上实现不了的问题。总体结构方案明确化的前提是功能载体工作原理的明确化，这样才能使结构方案可靠地实现物料流、能量流和信息流的引导和转换。同时要明确各功能载体的使用工况，特别是对假设的工况以及载荷情况应在结构设计中随时检查，尽可能避免出现意外情况。

2）可行性

设计的自动机能保证实现预期的设计功能，能制造出来并能够正常工作。

3）简单化

所设计的结构方案应在满足功能以及其他要求的前提下，结构最简单，组成系统的零件数目尽可能少，传动链最短，几何形状要简单、规则，操作方法及程序简明、简要、简便。

4）安全可靠

功能可靠性：保证在规定的条件下实现总功能。

使用安全性：保证操作人员工作安全、身心健康。

环境适应性：不得造成超标准的环境污染，并能保证机器适应环境条件。

构件的可靠性：在设计条件下安全工作。

自动机的工作安全可靠性除考虑常规可靠性外，应特别注意在工作条件下的一些因素，例如辐射、腐蚀、老化、温度、介质等对寿命的影响。

5）标准化

标准化要求在生产中起着十分重要的作用，在设计中要贯彻始终。例如原材料、半成品及成品要规定统一的标准和要求，加大标准件在零件总量中的比重，避免零件类型、尺寸的多样性，尽可能使零部件能互换等。

2. 结构设计的步骤及设计内容

1）初步总体设计

初步总体设计可称为方案草图设计，是指为了确定各部件（子系统）的基本结构和型式，进行构型设计、初步计算和运动分析。初步总体设计时应在图上仔细布置各部件和彼此间相对位置尺寸，并对整机进行必要的工作能力计算和性能预测，以确保实现重要的性能指标。若不能满足要求，则应随时调整。完成总体布置草图后，就基本确定了整机的布置形式和主要尺寸，而且也基本取得了各部件的基本形式和特性参数。应特别注意各部件之间的联系和协调，消除薄弱环节。

方案草图虽不是最后设计结果，但为了便于详细设计，所以应该按比例进行绘制，各个零部件的尺寸和形状应尽可能准确。

对所设计的各个方案草图从各个方面进行仔细的检查，例如检查各部件或执行机构的位置是否恰当，是否有足够的运动空间，是否干涉以及安装、维修、操作是否方便等，并进行分析和比较，必要时应对重量、大小、基本加工要求等主要影响参数进行计算或估算，制作成设计模型，对关键技术系统进行试验和研究。最后在若干个结构草图中择优确定一个方案作为后续设计的基础。

2）详细总体设计

详细总体设计亦即总图（包括总装配图、子系统装配图、部件装配图）设计，这是对方案草图的细化、完善和最终的确定。设计图纸应完整、准确、清楚地描述所设计自动机的机械结构（执行机构、传动系统、操纵机构、机体等）以及检测控制系统、电气系统、液压气动等系统的位置、相互配合和连接关系等。所绘制的总图应符合国家有关标准。

对于结构及组成比较复杂的自动机，可按照总装配图、部件装配图、零件图等层次划分开来，分别进行设计。运用模块化设计技术，将各个部分设计成标准的、通用的模块，模块与模块再根据功能关系拼接、拼积起来即可组成整机。设计中注意运用以下一些原理。

（1）任务集中与分配原理。确定实现功能要求的构件时，应优先考虑采用一个构件担负多种功能的方案，这样占有空间最小，结构又符合最简单化的要求，而且工作可靠性比较高，成本低。但当结构过于复杂难于加工及装配时，可考虑采用几个构件分担各功能，并使每个构件各得其所，物尽其用，提高工作能力。

（2）作用补偿原理。通过巧妙地选择构件及其在总体结构中的配置，使其彼此相互支持，以强化功能的实现。

（3）等强度原理。除一些易损耗构件外，使组成机构的各个构件的强度相等，工作寿命相同，当机构失效时，全部构件均失去功效。

（4）合理力流及力平衡原理。力传递轨迹形成的力线汇聚在一起就是力流。力流不会在连续物体上突然中断，它会到处穿过，也可以封闭起来。力流倾向于沿最短线路传递，在最短线路的附近力流密集，形成高应力区，没有力流穿过的部位实际上并不受力，所消耗的材料也就是“多余”的。因此，应尽可能沿力流最短线路来设计零件的结构形状，并使零件在传递力及力矩时而伴生的无用力在其产生处平衡掉。

在总图明细表中，应详细列出全部标准件（要标注清楚规格型号、材料、数量等）和专用零件（注意用图号清楚标注出零件、部件、整机之间的所属关系）。

在总图设计中要建立完善的审查、审核和批准制度。

3. 结构设计中提高构件可靠性的途径

构件的可靠性，是指其在预定的工作寿命期限内，能保证工作性能的程度。提高可靠性的途径，是在不浪费材料或不增加质量的前提下，提高构件的动、静强度，刚度和耐磨性，或者是在保证动、静强度，刚度和耐磨性的前提下，节约材料或减轻质量。以下从结构设计的角度，介绍实现这一目标的基本途径。

1）提高静载荷下构件强度的途径

（1）合理设计构件截面形状。截面形状应与载荷种类相适应；截面形状应与构件材料强度特性相适应；截面尺寸沿构件轴向的变化，应与构件内力的变化相适应（应符合等强度原理）。

（2）合理安排支承的位置。支承位置的安排，应既能使最大应力较低，又使支承的受力相差不致过大。

（3）改善构件的受力状况。载荷分散承担；载荷均布；载荷平衡。

（4）应力抵消。常在工作前加上预应力，工作时载荷应力与预应力方向相反而部分抵消。

2）提高构件疲劳强度的途径

在结构设计中应注意采取必要措施提高疲劳强度。当应力集中时，螺纹连接中连接件与被连接件的相对刚度、零件表面的粗糙度、形状及尺寸均影响零件的疲劳强度。对零件的表层进行某些处理可以提高疲劳强度。

(1) 降低应力集中程度。受载荷的零件，在钻孔、切槽、过渡倒角以及断面急剧变化的过渡部分都存在着应力集中的现象，在应力集中的部位，要认真处理。

(2) 合理调整连接件与被连接件的相对刚度。

(3) 改善构件表面状况。降低表面粗糙度可使零件的疲劳强度得到改善；采用滚压、喷丸、碳化和氮化等方法强化表面层，使表面形成硬化层或氮化层，并在表面形成压应力，使得工作载荷在表面所产生的拉应力部分抵消，从而提高其疲劳强度。

3) 提高构件接触强度的措施

若两构件的表面为点接触或线接触，并相互作用有载荷时，在接触点（或线）周围的材料中产生接触应力。由于其接触面积很小，所以这种接触应力是很高的局部应力。提高接触强度的途径包括：减小接触点的载荷，增大两构件在接触点的综合曲率半径，采用高强度材料和相应的工艺硬化措施。

4) 提高结构刚度的途径

结构的刚度，是指其在外载荷作用下抵抗其自身变形的能力。结构系统的刚度包括构件刚度与构件之间的接触刚度两方面。

过大的变形会破坏结构系统的正常工作，加剧运动副的摩擦与磨损，损害机器的工作精度，造成巨大的局部应力，甚至引起结构的损坏。在不增加质量的前提下，提高结构刚度，可从如下几方面着手。

(1) 用拉压代替弯曲。构件受弯矩作用，在中性层处的应力为零，其附近的材料不能充分发挥作用。而拉压载荷在任一截面上所产生的应力则是均匀分布的，使材料得以充分发挥作用。

(2) 合理设计断面形状。相同的截面形状，其长宽的尺寸比例不同，刚度特性也不相同。

(3) 用加强筋或隔板增强刚度。平置矩形断面梁的弯曲幅度很低，当必须采用这种结构时，可用筋板加强其刚度。在空心方形截面内加隔板，以加强其刚度。

(4) 增加支承或合理布置支承。增加支承或合理布置支承，对增加弯曲刚度特别有效。

(5) 提高接触刚度。影响接触刚度的因素，包括接触表面的粗糙度、构件材料的弹性和塑性、载荷（相对运动接触面）或预加载荷（固定接触面）的大小及其分布。

5) 提高构件耐磨性的途径

提高构件间有相对运动的摩擦表面的耐磨性，是提高机械设备质量的一个重要因素。很多机械设备的设计精度所能保持的年限，是由其易磨损部件的寿命所决定的。

从结构设计角度提高耐磨性，可采用如下措施。

(1) 降低摩擦表面的压强。

(2) 用滚动摩擦代替滑动摩擦。

(3) 使摩擦面均匀磨损。

(4) 用润滑剂将摩擦面隔离开。

(5) 使用耐磨材料和适当的热处理工艺。

(6) 采用调节与补偿措施。

4. 结构设计中提高机械精度的途径

提高机械精度是现代机械的一个重要发展趋势，它是提高机械的工作精度和运行速度，延长使用寿命和降低噪声所必须的。提高机械精度的途径，一是通过结构设计和制造直接保证其关键零部件的精度；二是附加能对机械误差进行补偿的装置。具体途径如下。

1）符合阿贝原则

阿贝对于测量仪设计提出如下原则："若使测量仪给出正确的测量结果，必须将仪器的读数线尺安放在被测尺寸的延长线上"。阿贝原则主要是为了在直线测量时，消除由于测量元件的非平移运动所产生的测量误差。这一原则也适用于保证直线运动的精度。

2）误差补偿原理

误差补偿主要用于消除或减小系统误差。其条件是需要预先掌握系统误差的大小、方向及其变化规律。误差补偿原理包括：

(1) 用补偿机构产生误差补偿运动。

(2) 磨损量误差互相补偿。

3）尽可能减小传速比对传动误差的影响

对于减速传动，越接近末端，其传动误差对末端的输出误差影响越大。因此，对传动精度有要求的传动，应使其末级或接近末级的传动件制造精度高于前面各级。

对于增速传动，则情况正好与上述相反，靠近主动端的传动精度影响较大，而末级传动对整个传动系统的精度影响较小。

4）误差均化原理

在机构中如果有多个连接点同时对一种运动起限制作用，则运动件的运动误差决定于各连接点的综合影响，其运动精度常比一个连接点起限制作用时要高。

5）误差分配原理

对装配零件的精度进行适当配置，可提高装配成品总精度。

5. 提高结构工艺性

评价一项设计的质量如何，不但要看使用性能的好坏，还要看其生产率的高低、劳动量的大小、材料消耗的多少和生产成本的高低。而后者，从设计方面来说，取决于结构设计的标准化、系列化、通用化，也取决于设计的结构工艺性。

结构工艺性良好，是指所设计的零部件在保证产品使用性能的前提下，能够省工、省料、低成本地制造出来。

结构工艺性是个相对的概念，它受如下因素制约。

(1) 应以保证产品的使用性能为前提，尽量照顾结构工艺性。

(2) 结构工艺性应考虑现实的生产设备和技术条件。

(3) 结构工艺性随生产技术的发展而变化。

(4) 结构工艺性要求随所选工艺方法的不同而异。

6. 自动机主要结构总体设计

火炮自动机是自动完成重新装填和发射下一发炮弹的全部动作，实现自动连续射击的各机构的总称。在每一次自动循环中，自动机应能自动完成击发、击发机构复位、开锁、开闩、抽筒、抛筒、供弹、输弹、关闩和闭锁等动作。完成相关自动动作需要相应机构，而各机构必须协调工作。在自动机的各机构中，最重要的是闭锁机构、开闩机构和供/输弹机构。

就总体方面而言，各机构工作特点的不同，结构设计的重点也不相同。

1）自动机工作循环图的制订

自动机工作循环图用来表示各主要机构的工作顺序，以及它们与自动机主动件的运动关系。自动机工作循环图制订得合理与否，对自动机的工作性能影响很大，关系到各机构间的工作是否协调，自动动作是否可靠，以及射击频率是高是低等问题。设计自动机时，必须根据战术技术要求，全面考虑，合理地确定。

工作循环图主要包括：自动机基础构件的总行程、自由行程、开锁行程、抽筒行程、抛筒位置、自动扣机扣合前的行程、输弹前的行程、输弹行程、闭锁行程、复进行程等。除此以外，有些自动机尚有一些其他机构参与自动动作，如弹链供弹机构的拨弹行程、脱链行程，带有炮尾缓冲簧的缓冲行程等。有些结构简单的武器，自动机工作循环的内容较少。

（1）自由行程的确定。自动机基础构件开始后坐至开始开锁所移动的距离称为自由行程。一般导气式自动机和炮身后坐式自动机都有自由行程。赋予自由行程的主要目的在于：控制开锁时的膛压，以便于抽筒；在膛压较低时开锁，改善了开锁面及闭锁支承面的磨损；避免因药筒过早抽出，引起药筒破裂和大量火药气体向后喷出，影响射手的安全及勤务性能；在某种程度上，自由行程的长短还可以起着调整射速的作用。在设计自动机时，自由行程选取应根据战术技术要求，并参考已有同类自动机决定。在保证安全可靠的前提下，对于要求射速较高的自动机，自由行程适当取小些；对于射速要求较低的，自由行程尽量取大些；对于导气式自动机，还需要与导气室的结构参数联系起来考虑。

（2）开锁行程的确定。自动机基础构件在开锁过程中移动的距离，称开锁行程。开锁行程的大小与所设计的闭锁机构的形式有关，开锁行程过短将使开锁时炮闩的加速度过大，影响自动机工作的平稳性，开锁行程过长则要增长闭锁机构及炮箱的纵向尺寸，相对地说，也会降低武器的射速。

（3）抛筒位置的确定。抛筒位置是指自动机基础构件后坐一定距离后开始抛筒的位置，其主要决定于抛筒窗的安排，同时应考虑必要时能将整个炮弹抛出自动机体外的情况。

（4）自动机基础构件被自动扣机扣合前行程的确定。此行程的大小一般由以下因素确定：当自动扣机扣住自动机时，输弹器前端面离待输入膛的炮弹尾端面应有一定的距离，以便解脱自动扣机后，自动机有足够的能量输弹入膛，对于从弹链中直接推弹入膛的自动机要特别注意第一发推弹入膛问题；当自动扣机扣住自动机时，发射扣机与自动机上扣住面应有一定的距离，以保证停射时，能及时挂住自动机。

（5）压缩缓冲簧行程的确定。对高射速自动机，压缩缓冲簧行程一般较小。对于为了吸收后坐能量而设置的缓冲装置，压缩缓冲簧行程设计得长一些较有利，但同时增加了炮箱的长度。

（6）输弹行程的确定。输弹器前端面开始接触炮弹底缘至输弹入膛为止的行程称输弹行程。输弹行程的大小一般是炮弹长度及待入膛弹弹尖离炮管尾端面距离之和。弹尖离炮管尾端面的距离由供弹路线确定。

（7）自动机基础构件总行程的确定。自动机基础构件的总行程一般和上述诸因素及射速等有关。一般说来，自动机总行程应尽可能缩短，以使整个自动机结构紧凑。对于射速不宜过高的自动机，可以用增加自动机基础构件总行程来降低射速，但会增加自动机的质量。

（8）拨弹行程的确定。对于以弹链供弹的自动机，拨弹行程是在拨弹过程中，拨弹板开始运动至炮弹到达进弹口时，自动机基础构件所走的距离。如果拨弹行程长，则拨弹传速比小，拨弹工作平稳。拨弹行程的终点应比自动机基础构件后坐终点适当提前，以免在特殊情况下，自动机基础构件后坐不到位使供弹发生故障。拨弹行程的起点应适当滞后于自动机基础构件后坐的起点。有些自动机为了增长拨弹行程，采用后坐复进双程拨弹。

此外，在循环图上还应考虑其他一些数据，尤其是各机构开始工作和结束工作的时机。

2）闭锁机构

通常闭锁机构分炮闩横动式闭锁机构和炮闩纵动式闭锁机构。

根据药筒在炮膛内定位方式的不同，闭锁机构的类型也不同。药筒在炮膛内以药筒底缘定位时，闭锁时药筒不产生压缩量，采用炮闩横动式闭锁机构较为合理。药筒在炮膛内以肩部定位时，闭锁时药筒要产生压缩量，有利于密闭膛内的火药气体，但药室轴向尺寸公差要求严格，采用炮闩纵动式闭锁机构较为合理。有时也有肩部定位的药筒，采用炮闩横动式闭锁机构闭锁的，在设计时要特别注意可能出现的问题，并采取相应措施解决。

闭锁机构主要承受火药气体压力，强度设计是其主要方面。

3）供/输弹机构设计

供/输弹机构在总体结构设计中重点工作是设计四条路线：供弹路线、输弹路线，排链路线、抛筒路线。

把炮弹从弹箱经自动机进弹口运送到输弹起始位置，炮弹所经过的路线称为供弹路线。这需要采取规正、导引、定位等措施，强制来完成，使炮弹通畅通过。

把输弹起始位置的炮弹在输弹机的作用下通畅安全地输入炮膛内确定位置，炮弹所经过的路线称为输弹路线。总体设计中要作完整的输弹路线图。在输弹路线图上不允许有引信尖顶膛、擦膛的现象存在，以此确定对炮弹的约束，如在炮膛内有擦膛现象发生，允许在药室内局部加工药室的相应部位来解决。

弹链供弹的自动机，在供弹过程中或输弹脱链后，弹链沿一定轨迹排出自动机，弹链在自动机内的运动路线称为排链路线。要求排链要通畅，在总体结构设计时要作排链路线图。

自动机射击后把抽出的药筒沿一定的轨迹抛到自动机以外，药筒运动轨迹称为抛筒路线。设计时，在满足闭锁机构能抽出药筒的情况下，计算抽筒速度，使药筒能抛到要求的位置。

4）开闩机构

开闩机构总体设计主要是选择开闩机构的结构形式，并且满足安全性要求、运动和动力特性要求、可靠性要求等。

5.2.3 总体布置

无论是初步设计还是详细设计，都涉及一个重要的设计问题——自动机总体布置。总体布置必须要有全局观点，不仅要考虑自动机内部因素，还要考虑自动机与炮架、人与机器的关系以及环境条件等各种外部因素，按照简单、合理、经济的原则妥善地确定自动机中各主要机构及构件之间的相对位置和运动关系。

自动机各个零部件即使设计和制造的都很好，但布置不合理，则仍然不能很好地工作，也不能获得良好的整机性能。

1. 总体布置的基本原则及要求

总体布置的基本原则和要求主要如下。

（1）实现功能合理。以实现功能要求为最基本原则，各分功能既易于实现又便于实现总功能，不论在自动机内部还是外观上都不应采用不利于功能目标的布置方案。

（2）保证工作过程的连续和流畅。在布置工作部件的位置时，应保证前后动作的连续和流畅，能量流、物质流和信息流的流动途径合理，各部件之间的相对运动不发生干涉。

（3）保证设计精度、刚度等要求。

（4）充分考虑系列化和发展的要求。设计时不仅要注意解决目前问题，还应考虑今后进行变型设计和系列设计的可能性，产品更新换代的适应性等问题，为发展留有拓展空间。

（5）保证操作、维修、调整方便。

（6）保证结构紧凑、层次分明。

（7）保证比例协调、造型美观。

2. 自动机总体布置的形式与选择

1）自动机总体布置的形式

自动机总体布置的形式可以说各式各样。从形状、大小、数量、位置、顺序五个基本方面进行综合，一般的布置形式如下。

（1）按照主要工作机构的空间几何位置，可分为平面式和空间式。

（2）按照主要工作机构的相对位置，可分为前置式、中置式和后置式。

（3）按照主要工作机构的运动轨迹，可分为直线式和回转式。

（4）按照主要工作机构的布置方向，可分为水平式（卧式）、立式和倾斜式。

（5）按照机体的结构形式，可分为整体式和组合式。

另外，还有如圆形、方形、层状、全焊接结构、整体铸造结构等。

2）自动机总体布置形式的选择

（1）自动机工作的连续性选择。自动机的主要机构的工作，可以是连续式的，也可以是间歇式的。间歇式工作的各机构，一个自动动作完成之后才开始下一个自动动作，各机构互相等待，可以有效避免机构之间的干涉和干扰，总体布置较容易，但不利于射速的提高，占有空间较大。连续式工作的各机构，各个自动动作可以同时进行，各机构之间不必互相等待，一般射速很高，占有空间较小，但其是在运转中完成各自动动作的，所以对运动要求较严格，总体布置较难。

（2）主要机构工作时序的选择。根据自动机各主要机构的工作时序，合理安排各主要机构的空间位置及其相互运动关系。从时间和空间两个方面错开布置，避免几何上和运动上的干涉。

3. 自动机总体布置要点

（1）以炮膛轴线为基准，以炮弹运动路线为主线，由内到外，由粗到细，由简到繁。

（2）特别注意炮弹在几个特定位置的确定性。根据拟订的方案，将炮弹布置在预定的工作位置。

（3）围绕各机构工作交接点的确定性布置各机构。一般按自动循环动作来布置各机构，尽可能简化传动链，合理安排各个机构的顺序。

（4）根据炮弹运动的确定性，先布置炮弹的几何轨迹，再布置作用于炮弹的工作构件，然后布置传动构件或中间构件、原动件。

（5）减少构件和运动副的数目，缩小构件的几何尺寸，减轻构件质量。

（6）尽可能平衡布置，避免偏置。自动机总体结构布局尽量对称，自动机的质心尽量靠近炮膛轴线。

（7）确保安全性，采用保险装置。

（8）注意可靠性，留有一定裕度。

（9）注意布置的合理集中与分散，集成化与模块化。

（10）自动机与武器系统的连接处应设计有导向部，便于装配、拆卸。

（11）注意人机工程学及其艺术造型设计。

4. 设计自动循环图

从论证到方案设计，再到技术设计，设计自动循环图是一个不断修改、不断完善的过程，先是粗略的设计，经结构的完善、运动计算和分析，最后确定满足射速指标、后坐力指标的自动循环图。

5. 自动机主要技术参数的确定

在总体设计中，应检查与计算设计任务书提出的设计指标是否达到，同时确定与计算其他一些技术参数。

自动机主要技术参数的确定主要运用计算机仿真方法，分别从几何、运动学、动力学，以及强度、刚度、稳定性等多方面进行。

5.3　火炮自动机可靠性设计

5.3.1　可靠性设计的任务与意义

按国家标准 GJB 451《可靠性维修性术语》，可靠性定义为“产品在规定条件下和规定时间内，完成规定功能的能力”。

定义中的“产品”是指作为单独研究和分别试验对象的任何元件、器件、设备和系统。不同产品，其可靠性的定义不尽相同。火炮自动机定义中的“产品”就是指火炮自动机。

“规定条件”是指产品的使用条件、维护条件、环境条件和操作技术。火炮自动机的“规定条件”还包括储存条件等。

“规定时间”是指产品的工作期限，具有广泛的概念，可以用时间单位，也可以用周期、次数、里程或其他单位表示。火炮自动机的“规定时间”一般用射击发数来表示。

“规定功能”通常用产品的各种性能指标来表示。火炮自动机的“规定功能”是指火炮自动机的技术性能指标，如初速、射速、精度、强度、稳定性等。

“能力”表明可靠性是产品的固有属性。火炮自动机可靠性是火炮自动机的固有属性，对具体自动机，其可靠性是确定的。

1. 可靠性设计的意义

（1）可靠性贯穿于产品的整个寿命周期，从产品的设计、制造到安装、使用、维护的各阶段都有一个可靠性问题。可靠性是设计出来的，生产出来的，管理出来的。但首先要抓好可靠性设计。产品可靠性的定量指标应该在设计过程就得到落实，这为产品的固有可靠性奠定良好的基础。反之，一个忽视可靠性设计的产品，必然是“先天不足，后患无穷”，在使用过程中大部分会暴露出一系列不可靠问题。据统计，由于设计不当而影响产品可靠性的程度占各种不可靠因素的首位。所以，必须扭转只搞性能指标设计，忽视可靠性设计的倾向，在产品研制、设计阶段，认真开展可靠性设计，为产品固有可靠性奠定基础。

（2）随着科学技术的进步和经济技术发展的需要，产品日益向多功能、小型化、高可靠方向发展。功能的复杂化，使设备应用的零部件越来越多，对可靠性要求也越来越高。每一个零部件的故障，都可能使设备或系统发生故障。这就必须加强可靠性设计，降低零部件的使用故障率，保证产品的可靠性。

（3）设备或系统广泛应用于各种场所，会遇到各种复杂的环境因素，如：高温、高湿、低气压、有害气体、霉菌、冲击、振动、辐射、电磁干扰…。这些环境因素的存在，都将大大影响产品的可靠性。只有通过可靠性设计，充分考虑产品在使用过程中可能遇到的各种环境条件，采取耐环境设计和兼容性设计等各项措施，才能保证产品在规定环境条件下的可靠性。

（4）在设计阶段采取提高可靠性的措施，比起以后各阶段再采取措施，其耗资最少，收效也最显著。

研制和使用火炮的目的是有效消灭敌人，保存自己。为达到以上目的，除提高火炮的威力外，就是提高可靠性。可靠性不好，不但不能消灭敌人，还可能伤害自己。这样的例子已是屡见不鲜。现代战争，借助于现代技术，最大限度地提高武器系统的可靠性不仅是一种需要，而且已成为可能。火炮自动机是自动炮的重要组成部分。火炮自动机可靠性的好坏，直接影响自动炮以及火炮系统可靠性的好坏。自动机是最易出现故障的地方，火炮自动机可靠性越来越受到重视，甚至在某种情况下宁可降低一些其他战术技术性能也要提高系统的可靠性。对火炮自动机的可靠性，仅停留在靠试验的方法去发现故障、排除故障这种被动式模式显然是不够的。要变被动为主动，要认真地研究和应用可靠性技术，要从研制早期就开展可靠性工作，将火炮自动机可靠性设计渗透到自动机工程研制的全过程，提高自动机的可靠性水平。

2. 可靠性设计的基本任务

可靠性设计的基本任务是：在现有水平的基础上，从产品的总体设计、零件概率设计、耐环境设计、人机工程设计、健壮性设计、权衡设计、工艺设计以及维修性设计等各方面，采取各种措施，在质量、体积、性能、费用、研制时间等因素的综合权衡下，实现产品既定的可靠性指标。

自动机可靠性工作主要是围绕可靠性指标进行的，并以达到这一指标为最终目的。自动机可靠性工作的内容很多，一般包括可靠性指标分配、故障分析、可靠性预计、火炮结构可靠性设计等方面。

3. 可靠性设计的基本内容

可靠性设计就是产品在研制阶段，运用设计原理和方法，实现产品在规定的条件下和规定的时间内完成规定的功能，即为了确定产品的固有可靠性而做的一切技术处理。结合产品的功能，在可靠性及经济性上进行综合权衡，使产品达到优化设计。一旦产品设计出来，又按设计制造出来，则其固有的可靠性就确定了。因此必须综合运用可靠性设计技术才是全面改进产品设计质量，降低使用故障率的途径，使产品的研制或工程设计更臻于合理和完善。

可靠性设计的基本内容包括：确定总体方案；应用专门的可靠性设计技术实施专题可靠性设计；应用专门的可靠性评价分析技术对产品的可靠性进行定性和定量的评价分析。

制订总体方案是实施专题可靠性设计的依据，专题可靠性设计则是总体方案的具体的实现和保证，而可靠性评价分析则是对专题可靠性设计的及时检验和反馈。

(1) 制订总体方案。其主要包括如下六个方面的内容：明确产品的功能和性能要求；了解产品的使用环境条件；确定产品可靠性的定量标准；调查相似老产品的现场使用情况；拟订为实现可靠性指标应采取的相应措施；进行方案论证。

(2) 可靠性设计技术的应用。其主要包括：故障预防设计、简化设计、降额设计和安全裕度设计、余度设计、耐环境设计、人机工程设计、健壮性设计、概率设计、权衡设计、模拟方法设计等。

(3) 可靠性分析技术的应用。可靠性分析技术的应用是在研制、设计阶段，采用定量或定性方法，先根据系统方案或原有系统的继承性方案（增加考虑方案中已有的或可能采用的新分系统、新技术、新设备、新材料等）初步估计系统的可靠性，与可靠性要求比较、逐次近似地调整方案，落实可靠性指标。其主要包括：可靠性预计、故障分析等。

(4) 可靠性设计的评审。可靠性设计的评审是保证和监督可靠性贯穿于产品设计的各主要阶段，是对产品可靠性设计及其实施情况进行全面的审查和评价，及时发现和排除设计中潜在的缺陷。方案证论阶段的可靠性评审尤其重要，它主要包括：设计是否满足产品标准（或合同、新产品技术任务书）的要求；初步地进行产品可靠性预测；评审方案中可靠性技术措施的有效性；拟订可维修性技术措施；拟订安全性技术措施等。因此设计评审是从研究设计要求的任务开始，对产品性能、任务、环境条件进行全面分析，对技术途径、设计试验方法、使用标准进行系统的详细审查，最终使产品能达到性能好、可靠性高的目的。

5.3.2　自动机可靠性设计要求

自动机可靠性要求包括对自动机可靠性大纲要求、可靠性信息要求和可靠性定量要求等方面。

1. 自动机可靠性大纲的要求

可靠性大纲是为确保产品满足合同或计划所规定的可靠性要求而制订的一套文件。它包括工作进度、组织机构及其职责、工作项目、工作程序、需要的资源等。制订和实施自动机可靠性大纲的最终目标是提高自动机的研制质量，达到自动机可靠性指标的要求。

自动机可靠性大纲应包括可靠性管理、可靠性设计与分析和可靠性试验等项目。这些工作项目应统一纳入自动机整个研制过程中，必须从一开始就将自动机的可靠性、维修性、安全性、人机工程、质量保证等工作综合权衡，以达到最佳费用效益。

（1）可靠性管理的主要工作包括制订自动机可靠性工作计划、进行可靠性监督和控制、对自动机可靠性大纲进行评审、进行故障审查、确定自动机可靠性关键件和重要件。

（2）可靠性设计与分析是为了达到自动机可靠性要求而进行的有关分析和设计工作，主要工作包括建立可靠性模型、可靠性分配、可靠性预计、故障模式影响及危害度分析、应力—强度分析、结构可靠性设计准则等。可靠性分析是为了确定和分配可靠性定量指标，以及预定和评定可靠性，其主要任务是为研制、使用提供必要的可靠性信息。可靠性设计是为了确保产品具有要求的固有可靠性，其主要任务是将要求的可靠性设计到产品中。自动机可靠性设计与分析的重点应是预防、发现和纠正设计、材料和工艺等方面的缺陷。要重视在研制早期对自动机可靠性的投资，以免追加费用，延误进度。

（3）可靠性试验是为了分析、评价、验证、保证和提高产品的可靠性而取得产品可靠性信息的试验。广义来说，任何与产品失效或故障效应有关的试验都可以认为是可靠性试验。狭义来讲，可靠性试验往往是指寿命试验。对于设计者，可靠性试验为之提供系统或设备设计的可靠性数据，或为改进设计找出存在的问题；对于制造者，通过可靠性试验可以验证产品的性能，或挑出次品，或确定使用界限，或保证批量产品的可靠性合格率；对于使用者，通过可靠性试验可以保证批量进货的可靠性水平。可靠性试验主要包括：环境应力筛选（发现和排除由于不良零件、工艺缺陷和其他不符合要求的异常现象所造成的早期故障）、可靠性增长试验（通过识别、分析和排除故障，以及验证改进措施的效果等办法来达到提高系统可靠性）、可靠性鉴定试验（确定能否达到规定的可靠性要求）及生产可靠性接收试验（保证在工艺过程、生产过程、工作流程以及其他特征有所变动时，不致于降低硬件产品的可靠性）。

2. 自动机可靠性信息的要求

自动机可靠性信息包括自动机论证、研制、生产和使用阶段中有关的可靠性数据、资料以及文件等。应建立由一定的组织、人员、设备和软件组成的可靠性信息系统，并制订信息的收集、传递、反馈、分析、处理、归档等必要的程序和管理要求。按照规定的程序和要求，进行自动机可靠性信息的收集、分析处理、储存、反馈与交换，以支持自动机可靠性工程活动的有效运行。

3. 自动机可靠性定量要求

自动机可靠性定量要求就是自动机可靠性指标，应在自动机研制合同中规定，并纳入承制方的有关技术文件。自动机可靠性定量要求，应是可以检验的。检验的统计原则在自动机可靠性鉴定试验和验收试验中应有明确的规定。

5.3.3 火炮自动机可靠性指标

可靠性指标是可靠性的定量量度。从不同的角度，可用不同的数量指标来描述。对于火炮自动机来说，常用可靠度、故障频率、平均无故障射击发数、自动机寿命、平均维修时间等来表示。

1. 自动机可靠度

自动机可靠性是自动机的一种能力，是自动机的一种固有属性。这种能力以概率（可能性）表示，则称可靠度。

自动机在规定条件下、在规定射击发数内完成规定功能的概率，称自动机可靠度，用 $R(t)$ 表示。这里 t 是规定的时间，即可靠度是时间 t 的函数，故称为可靠度函数。

2. 自动机故障频率

实际工作中，可靠性是通过不可靠来反映的。对不可修复产品，在规定条件下和规定时间内不能完成规定功能称为失效；对可修复产品，在规定条件下和规定时间内不能完成规定功能称为故障。火炮自动机在研制过程中，出现不能完成规定功能问题时，通过分析，找出原因，进行改进，最终解决问题。因此，火炮自动机可以看做是可修复产品。

自动机在规定条件下、在规定射击发数内，引起自动机停射或使自动机失去规定功能称为自动机故障。

自动机在规定条件下和规定射击发数内，发生故障次数与累积射击发数之比称为自动机故障频率。当试验次数无限多时，故障频率就趋于一个稳定值，这个值就是故障概率。故障概率与可靠度是对立事件。故障概率又称为不可靠度，用 F 表示。

自动机的可靠度 R 与故障概率 F 的关系为

$$R = 1 - F \tag{5.8}$$

3. 自动机平均无故障射击发数

试验中，在累积射击发数内所发生故障的总次数，除以累积射击发数为自动机累积故障率。自动机累积故障率的倒数为平均无故障射击发数，用 MTBF 来表示。

4. 自动机寿命

在研究产品可靠性时，有时会更关心它们的寿命特征量——平均寿命、可靠寿命、使用寿命等。

平均寿命的含义是寿命的数学期望。对于不可修复的产品和可修复的产品，其含义是有区别的。对于不可修复的产品，发生失效即报废，其平均寿命是指失效前的平均工作时间。对于可修复的产品，平均寿命是指相邻两次故障之间的平均工作时间，常称为平均无故障工作时间。但二者的数学表达式和理论意义相同，所以统称为平均寿命。

可靠寿命是指对给定的可靠度所对应的时间。可靠度是时间的函数 $R(t)$，随着工作时间的增加，可靠度逐渐下降。若给定某个可靠度水平 R_0，则到达可靠度 R_0 所经历的工作时间为 t_r，则称 t_r 为对应可靠度 R_0 的可靠寿命。

使用寿命是指产品在规定的使用条件下，具有可接受的故障率的时间区间。

自动机的寿命主要指使用寿命。自动机的使用寿命的主要判据是主要零部件失效或自动机的故障率超过规定值。

5. 自动机平均维修时间

可维修性是可靠性的重要要素。自动机累积维修时间与累积故障次数之比，称自动机平均维修时间，用 MTTR 表示。

以上指标均可以作为自动机可靠性指标。但常用的指标为自动机故障频率和平均无故障射击发数 MTBF。

目前，美国、俄罗斯、瑞士等具有先进技术的国家，在自动机可靠性指标上已达到了较高的水平，平均无故障射击发数值显著地增加了。表 5.1 是各类自动机可靠性有关指标的比较。从表 5.1 中可以看出，我国与这些国家存在较大差距。从这一比较中也能说明加强自动机可靠性研究的必要性。

表 5.1 各类自动机可靠性有关指标的比较

火炮自动机名称	国别	口径 /mm	射速 /（发/分）	寿命 /发	MTBF /发
××式 57 高炮	中国	57	120		200
××式 25 舰炮	中国	25	450		400
××式 30 舰炮	中国	30	1 000		400
××式 25 高炮	中国	25	800	6 000	333
××式车载 25 炮	中国	25	变射频	6 000	200
××型 23 航炮	中国	23	800	6 000	666
××型 23 航炮	中国	23	1 150	6 000	666
××型 23 航炮	中国	23	3 400	4 000	500
××型 23 航炮	中国	23	6 000	15 000	2 000
××型 30 航炮	中国	30	850	2 000	500
××型 30 航炮	中国	30	1 350	2 000	500
M242 型自动炮	美国	25	变射频	13 000	25 000
KDB 型自动炮	瑞士	35	550		2 500
ГШ－630 型自动炮	俄罗斯	30	6 000	10 000	>20 000

5.3.4 可靠性预计

1. 可靠性预计

可靠性预计就是为了估计产品在给定工作条件下的可靠性而进行的工作，它运用以往的工程经验、故障数据、当前的技术水平，尤其是以元器件、零部件的故障率作为依据，预报产品（元器件、零部件、子系统或系统）实际可能达到的可靠度。这是一个由局部到整体、由小到大、由下到上的过程，是一个综合的过程。预计过程本身并不能直接提高一个系统的可靠性，但是所产生的价值在于建立起一个基本准则，用来对影响可靠性设计的途径进行选择。

1）可靠性预计的目的

可靠性预计的主要目的如下。

（1）检验所做设计是否能满足给定的可靠性目标，预测产品的可靠度值。

（2）在方案论证阶段，通过可靠性预计，根据预计结果的相对性进行方案比较，选择最优方案，为设计决策提供科学合理的依据。

（3）综合设计参数及性能指标要求，以达到合理提高产品可靠性的目的。

（4）发现影响产品可靠性的主要因素，找出薄弱环节，以采取必要的措施，降低产品的故障率，提高其可靠度。

（5）为可靠性增长试验、验证试验及费用核算等方面的研究提供依据。

（6）通过可靠性预计为可靠性分配奠定基础。

（7）根据预计结果，编制可靠性关键件清单，为生产过程质量控制提供依据。

（8）为产品使用、维护提供信息等。

此外，可靠性预计还可作为不能直接进行可靠性验证的大型产品系统的可靠性估计。

2）可靠性预计的步骤

可靠性预计一般按下述10个步骤进行。

（1）确定质量目标。对产品系统的设计、研制目的、用途、功能、性能参数等进行明确的规定。当然，这些规定将随着设计、研制工作的进展而不断精确与完善。

（2）拟订使用模型。对产品系统交付使用到最后报废的整个使用过程，其经历的环境及有关事件，如运输、储存、试验检查、运行操作和维修等，拟订工作模型。

（3）建立产品结构模型。以图解形式，形象地表明产品系统中各单元的组成情况，如用可靠性方框图、事故（或故障）树、状态图或它们的结合来表述产品可靠性结构模型。

（4）推导数学模型。根据产品的结构模型和单元的可靠性特征量，经过一系列假设、简化、近似运算，推导出系统数学模型。这个数学模型可以是一组数字表达式，也可以是一组状态矩阵。

（5）确定单元功能。单元是组成系统的一个功能级别，可以是组件、部件或元器件，它们具有一定的可靠性量值，在可靠性框图中是一个独立方块，必须一一确定。

（6）确定环境系数。通过产品系统在使用期中所经历的工作环境条件应力分析，确定环境系数。

（7）确定系统应力。根据产品工作方式和工作应力分析，确定除额系数、应用系数和工作/天工作的时间比。

（8）假定故障分布。根据系统中各个单元的寿命特征，使用相应的故障分布。未知故障分布时，可先假定并在取得数据后核实、修正。

（9）计算故障率。根据选定的质量等级、环境应力、工作应力和故障分布，计算单元的工作故障率和储存故障率。

（10）计算产品可靠性。把各单元故障率数据作为输入，利用产品系统的可靠性数字模型，计算出产品系统的可靠性数值。

3）可靠性预计的工作原则

对一个系统进行可靠性预计的结果与实际的可靠性指标是否接近，涉及预计是否可信的问题。由于可靠性预计是根据已知的数据、过去的经验和知识对新产品系统的设计进行分析，因此，数据和信息来源的科学性、准确性和适用性以及分析方法的可行性就成为可靠性预计的关键。进行可靠性预计，必须保证可靠性预计的相对正确性，保证一定的预计精度。

（1）预计模型选取的正确性。系统可靠性模型是进行预计的基础之一。如果可靠性模型不正确，预计工作就会失去应有的价值，因此，必须清楚地了解系统的工作原理，明确系统“任务故障”的定义，依据具体设计方案作出合理的简化，建立正确的可靠性模型。

（2）数据选取的正确性。零部件的故障率数据是系统可靠性预计的基础。如果元器件、零部件本身的故障率数据不准，系统可靠性的计算则会“差之毫厘，谬以千里”。

（3）正确区分工作状态。要保证产品可靠性预计的正确性，必须同时考虑产品的工作与非工作两种状态。非工作状态又含不工作状态与储存状态两种。在确定了系统的工作与非工作时间后，按照其不同的故障率分别计算其对系统可靠性的影响，然后加以综合，预计出可靠性指标。

4）研制阶段的不同时期可靠性预计方法的选取

可靠性预计是贯穿于一个工程项目的设计与开发过程的连续性工作，从最初的方案设计到生产及其以后的各环节之中都需进行可靠性预计。在每个特殊时期所应用的预计方法可以不同，但是一般方法和原理始终保持一致。可靠性预计一般在设计初期就开始，而且越早进行效果越好，并随着产品设计、研制工作的展开逐步深入和不断完善。

在方案论证阶段，信息的详细程度只限于系统的总体情况、功能要求和结构设想。可靠性预计只限于了解产品系统的大体情况，并根据相似产品系统的已知信息进行一般性预计。一般采用性能参数法或相似产品法，以工程经验预计系统的可靠性，为方案决策提供依据。

在初步设计阶段，已有了工程图或草图，系统的组成已确定，则可进行初步的可靠性预计。该阶段可采用元件计数法或专家评分法预计系统的可靠性，发现设计中的薄弱环节并加以改进。

而到技术设计阶段，系统的各个组成单元都具有工作环境和使用应力信息，则根据已确定的元器件、零部件进行具体、详细的可靠性预计。这个阶段是可采用应力分析法或故障率预计法来较准确地预计系统的可靠性，为进一步改进设计提供依据。

5）进行可靠性预计时的注意事项

进行可靠性预计时需注意如下一些事项。

（1）应尽早地进行可靠性预计，以便当任何级别上的可靠性预计值未达到可靠性分配值时，能尽早地在技术和管理上予以注意，并采取必要的措施。

（2）在产品研制的各个阶段，可靠性预计应反复迭代进行。在方案论证和初步设计阶段，由于缺乏较准确的信息，可靠性预计只能提供大致的估计值，尽管如此，仍能为设计者和管理人员提供关于达到可靠性要求的有效反馈信息，而且这些估计值仍适用于最初分配的比较和确定分配的合理性。随着设计工作的进展，产品定义进一步确定，可靠性模型的细化和可靠性预计工作也应反复进行。

（3）可靠性预计结果的相对意义比绝对值更为重要。一般地，预计值与实际值的误差在1 ~2 倍之内可认为是正常的。通过可靠性预计可以找出系统易出故障的薄弱环节，加以改进。在对不同的设计方案进行优选时，可靠性预计结果是方案优选、调整的重要依据。

（4）可靠性预计值应大于成熟期的规定值。

2. 元件可靠性预计

为了预计产品的可靠度必须对组成产品的元件（包括元器件、零部件、子系统等）的可靠性作出预计。然而使用理论公式推导出的可靠性要切合实际是困难的。这是由于可靠性数据受到不同用途、不同的操作者、不同的维护方法、不同的测量技术或定义的影响。因此预计的准确性是有限的，它只能大体确定一个数值范围。尽管预计的结果与真实结果可能相差 50% ~200% 之大，仍有重要的实际意义。因为可靠性指标本身就是统计量，虽然预计范围较大，但是给出了定量的指标，对今后改进产品和提高可靠性水平起了积极作用。元件可靠性预计，通常是指预计元件的平均故障率。通常预计元器件故障率的方法有收集数据法、经验公式计算法、应力分析法等。

1）收集数据法

收集数据法主要是收集国内外现有的数据，供设计人员使用。这些数据通常从以下来源得到：从相似产品获得的内场数据，生产商提供的数据，源于数据库中的历史数据等。在产品设计中进行可靠性预计时可以利用这些数据，并根据我国的现有水平适当修正即可。

2）经验公式计算法

由于影响元件故障的因素有很多，各种不同的元件，其基本故障率的数学模型也不同，对各种元件都有各自不同的数学模型。在统计了大量相似系统的性能参数与可靠性关系的基础上，进行回归分析，得出一些元件基本故障率的经验公式及系数，以便在方案论证及初步设计阶段，能根据初步确定的元件性能及结构参数预计元件可靠性，这就是经验公式计算法。应注意的是各类元件的基本故障率都是在实验室条件下得出的，实际应用时将受环境等因素影响，必须加以修正，求出工作故障率。

3）应力分析法

应力分析法是详细的可靠性预计，是在产品设计的后期阶段的预计。一般情况是产品已研制完成，对它的结构及其各元件的环境应力、工作应力都明确的条件下，才能应用这种预计方法。这种预计方法是建立在以元件的基本故障率为基础，根据使用环境、生产制造工艺、质量等级、工作方式和工作应力的不同，作出相应修正来预计产品元件的工作故障率（使用故障率），进而求出部件的故障率，最后得到产品的故障率。这种方法预计的可靠性比采用计数法所得的结果要准确一些。

在故障率预计中，故障率与工作时间的关系，一般采用单参数的指数分布，即使用条件一定时，故障率为常数。所谓基本故障率是元件在工作应力和温度应力作用下的故障率。工作故障率是元件在工作条件下的故障率。

工作故障率的预计模式为

$$\lambda_p = \lambda_b(\pi_E \pi_Q \pi_A \pi_{S2} \pi_C)$$

式中　λ_p ——工作故障率；

λ_b ——基本故障率；

π_E ——环境系数（或称环境因子），其数值取决于元件的种类和除温度外的使用环境；

π_Q ——质量系数（或称质量因子），不同质量等级的同类元件取值不同；

π_A ——应用系数，同一元件在不同的使用中，取值不同；

π_{S2} ——应力系数（或称应力因子）；

π_C ——种类系数或结构系数（或称复杂性因子）。

可靠性预计的准确性是相对而言的，可靠性预计的准确性不如初步预计准确性高，这与所提供的信息有关。详细预计的准确性会比初步预计的准确性高，但与产品真实的可靠性水平相比又不够准确了。尽管这样，对产品进行可靠性预计仍是一项重要工作，因为它能使产品的设计人员做到心中有数。

3. 系统可靠性预计

在根据元件可靠性预计方法和有关数据求得各种元件可靠性后，依据系统所用元件数量和系统结构可以算出系统故障率和可靠度，计算方法通常有相似设备法、元件计数法、数学模型法、上下限法（即边值法）和蒙德卡洛（Monte-Carlo）法等。

1）相似设备法

用相似设备法获得的经验来进行可靠性预计，是将被评估的新产品与以往类似产品进行比较，将旧设备（产品）暴露出来的缺点作为新产品改进的重点。由于系统的可靠性与其内部存在的缺陷密切相关，从旧产品上可以获得产品的故障率与其内部缺陷之间的关系系数 k，来计算新产品的故障率。

设新产品缺陷总数为 n_r，原产品缺陷总数为 n_b，n_i 为新引进的缺陷总数，n_e 为已排除的缺陷总数，则有

$$n_r = n_b + n_i - n_e$$

故新产品的故障率为

$$\lambda_r = kn_r$$

2）元件计数法

元件计数法基于这样的原理，即任何一个产品的可靠度决定于组成该产品的元件的数量，每个元件的故障率以及产品工作环境。这种方法的基本假定是：元件故障率不随时间变化，而且各元件的故障是相互独立的。元件故障率的计算是基本故障率乘以相应的环境因子 K_E。

从产品元件清单可以得到的阶段开始可以使用元件计数法。在得到元件详细清单之前，使用根据以前的经验估计的元件个数，也可应用这种方法。显然，这种评估仅仅提供很粗略的可靠性评估值。

元件计数法的主要步骤如下。

（1）定义已计划的系统并建立可靠性模型。

（2）对于模型中的每一模块或区域，确定每一类元件的型号和数量；计算每一类元件相应工作的故障率；将各故障率相加得到模块（或区域）的总故障率，计算模块（或区域）的可靠度。

（3）把由可靠性模型所示的模块（或区域）可靠度组合起来得到系统的总可靠度。

可靠性模型中的一些模块所表示的产品及其可靠度可能与时间无关或用成功率来表示，这些模块必须分别地计算。

3）数学模型法

（1）建模的目的。尽管可靠性预计是一个定量过程，但它的主要任务是识别设计上的

缺陷以便改进。因此，可靠性预计的重点常常是比较数值，而不是绝对值本身。可靠性模型实际上是系统故障定义的模型。换句话说，对于一个特定系统，有多少个系统故障定义，就有多少个可靠性模型。所以，建模的起始关键是先建立一组系统故障的定义。如果没有明确定义系统故障是指什么，就说系统平均故障时间，那是毫无意义的。建立可靠性模型是产生一个系统在其使用环境中的数学描述，通过评估组成系统的各元件的可靠性并结合预计系统的可靠性，表示系统的特定需求及功能，运行及维护情况，指出缺陷并评价后勤保障关系。要保证其有效性，模型必须尽可能真实地反映系统各种特性和所期望的工作条件。

可靠性模型是整个设计过程的核心。所以，模型必须建立在理解所用的系统设计和设计所要满足的需求基础上。可靠性建模必须建立在对需求的一致认可的基础上。特别要注意的是：① 应描述系统的目的和功能；② 主要性能、安全和物理特性都应按其重要顺序列出一览表；③ 应说明对规定的可靠性特征（可靠度、故障前平均时间 MTTF、可用度、故障率等）的需求并和需求应用的时间或其他变量一起，以定量表示；④ 应说明系统（和相应的分系统）规定的使用条件，包括工作状态、环境、时间间隔、维修策略等。

（2）可靠性框图。可靠性建模应确定构成系统的主要分系统结构，并相对于系统功能建立各分系统的功能关系。系统内功能关系必须通过组件到部件/零件级逐级来开发。对于大系统，通常最好先确定主要分系统间的关系，然后再单独考虑每个分系统。功能框图（或其他相似方法）应该用来简明直观地表示系统内的功能关系。框图上应做描述性注释以提供不能由图直接表达的详细信息。一个复杂系统可能需要大量的功能框图来描述，所以功能框图必须提供清楚的参考以便于相互参照。

要建立一个系统的可靠性模型，必须首先根据系统功能框图，确定组成该系统的一些产品之间的可靠性关系。表示系统内的这种可靠性关系的常用方法是可靠性框图（RBD）。可靠性框图是一种示意图。

系统可靠性框图反映元件功能和系统功能的可靠性的逻辑关系。框图中每一方框代表在评定系统可靠性时必须考虑的并具有与方框相联系的可靠性值的单元或功能。所有连接方框的线没有可靠性值。所有方框就故障概率来说互相独立。

在工程实践中，常用功能系统图或框图来描述系统及其元件之间的功能关系，但应注意到系统可靠性框图虽然和它的功能框图有密切联系，但也有较大区别。功能框图只反映结构上的连接关系，不反映故障的逻辑关系。

一个复杂系统需要大量的可靠性框图来描述，并且第一步是研究一个系统级的可靠性框图。步骤如下：

- 参考系统定义期间收集的数据，确定系统的功能及其工作状况；
- 依据系统功能确定系统成功工作的最低条件；
- 依据系统功能画出可靠性框图；
- 确定完成系统功能所需的分系统；
- 依据分系统画出系统的可靠性框图并尽可能简化。

一旦系统的可靠性框图建立并表明系统级的可靠性依赖关系后，应按照相同步骤建立每个分系统的可靠性框图。按照组件逐级向下直到该级可靠度或故障率可从部件/零件数据来估计。

可靠性框图应尽可能清晰，并包含相关的全部信息。因此，可靠性框图就不可能简单地是框图和连线的一种排列，必要时，可能需要在图上做一些适当的注释，总的目的是必须记录可能影响可靠性分析与计算的全部数据。

(3) 系统可靠性模型。一组产品的可靠性模型是按照组合概率的集合规则由单个产品可靠度进行组合得到的。两种最常见的产品组合是：① 串联结构，所有产品必须正常地工作，这个组合才正常；② 并联（工作冗余）结构，在这种结构的最简单形式中，所有产品都必须出故障，这个组合才是故障。要建立系统可靠性模型，必须研究可靠性框图并依据有关规则组合每个方块的可靠度。当产品是相互独立的且在串联或简单冗余结构中时，这种组合是很直观的。但是对于比较复杂的系统，通常比较好的做法是把系统划分为可以分别评估的区域，然后实现提供系统可靠度。尤其是当方块在比较复杂的冗余结构中时，用标准表达式进行。因为这种情况必须通过逐渐的重新分组来解决问题。

组合可靠度的常用规则遵循：① 在做出可靠性框图时，要知道共享产品是很重要的；② 在做出可靠性框图时，最低级的方块通常要与系统维修观念联系起来，即在维修期间替换那些产品。

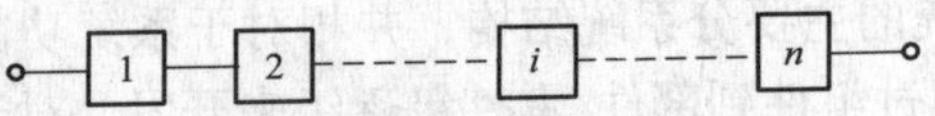

图 5.2 串联系统可靠性框图

• 串联模型。设系统由 n 个单元串联而成，可靠性框图如图 5.2 所示。其特点是：其中任何一个单元故障，则系统不能工作。串联系统是最常见的和最简单的系统，许多实际工程系统都是可靠性串联系统。

设各单元的可靠度分别为 $R_1(t)$，$R_2(t)$，…，$R_n(t)$，则串联系统的可靠度为

$$R_S(t) = P(\tau > t) = P((\tau_1 > t)) \cap (\tau_2 > t) \cap \cdots \cap (\tau_n > t))$$

式中 τ——系统寿命；

τ_1，τ_2，…，τ_n——各单元寿命。

当 n 个单元统计独立时，根据概率乘法定理，串联系统可靠度为

$$R_S(t) = \prod_{i=1}^{n} P(\tau_i > t) = \prod_{i=1}^{n} R_i(t)$$

即串联系统可靠度等于所有单元可靠度之积。由此可知，串联系统可靠度随着单元数目增加和部件可靠度减小而迅速下降，并且串联系统可靠度不可能大于其最薄弱单元的可靠度，即 $R_S \leqslant \min\{R_i\}$。因此设计时应努力使系统简化（减小单元数目）以提高系统可靠度。

严格地说，系统内各组成单元的工作时间并非一致。通常，在工程上为简单起见，将系统内各单元工作时间视为相等（即 $t_1 = t_2 = \cdots = t_n = t_S$），且各单元均服从指数分布

$$R_i(t_i) = \exp(-\lambda_i t_i)$$

式中 λ_i——第 i 个单元的故障率。因此有

$$R_S(t_S) = \exp(-t_S \sum_{i=1}^{n} \lambda_i)$$

而

$$\lambda_S = \sum_{i=1}^{n} \lambda_i$$

也就是说，对于串联模型，预计其系统的故障率等于各单元故障率之和。另外，值得一提的是，若系统中有部分单元的工作时间少于系统的工作时间，则根据系统故障率计算式预计的结果一定是偏保守的。

• 并联模型。是设冗余系统由 n 个单元并联而成，可靠性框图如图 5.3 所示。其特点是：只有当所有单元都出故障，系统才是故障，即只要有一个单元能工作系统就能工作。

设各单元的可靠度分别为 $R_1(t)$，$R_2(t)$，…，$R_n(t)$，则并联系统的不可靠度（故障概率）为

$$F_S(t) = P(\tau \leqslant t) = P((\tau_1 \leqslant t) \cap (\tau_2 \leqslant t) \cap \cdots \cap (\tau_n \leqslant t))$$

式中 τ——系统寿命；

τ_1，τ_2，…，τ_n——各单元寿命。

当 n 个单元统计独立时，根据概率乘法定理，并联系统不可靠度为

$$F_S(t) = \prod_{i=1}^{n} P(\tau_i \leqslant t) = \prod_{i=1}^{n} F_i(t)$$

即并联系统不可靠度等于所有单元不可靠度之积。由此可知，并联系统不可靠度随着单元数目的增加和单元不可靠度的减小而迅速下降。

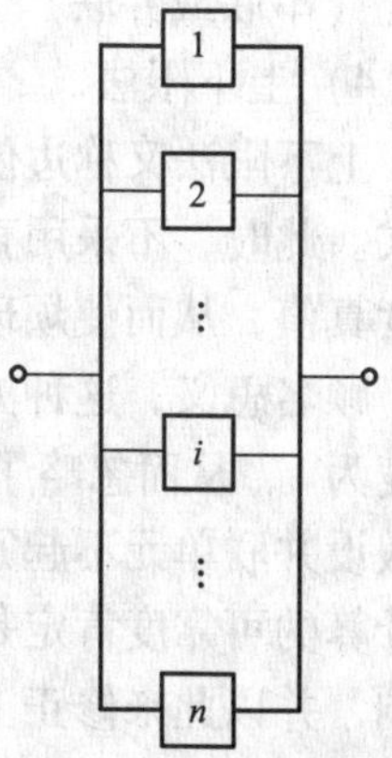

图 5.3 冗余系统可靠性框图

并联系统可靠度为

$$R_S(t) = 1 - F_S(t) = 1 - \prod_{i=1}^{n} F_i(t) = 1 - \prod_{i=1}^{n}(1 - R_i(t))$$

即并联系统可靠度随着单元数目增加而提高，并且并联系统可靠度不可能小于其最健壮单元的可靠度，即 $R_S \geqslant \max\ \{R_i\}$。因此设计时可以采用冗余系统以提高系统可靠度。

当所有单元的寿命都服从指数分布时，λ_i为常数，于是并联系统可靠度为

$$R_S(t) = \prod_{i=1}^{n} R_i = \prod_{i=1}^{n} \exp(-\lambda_i t) = 1 - \prod_{i=1}^{n}(1 - \exp(-\lambda_i t))$$

$$= \sum_{i=1}^{n} \exp(-\lambda_i t) - \sum_{1 \leqslant i < j \leqslant n} \exp(-t(\lambda_i + \lambda_j)) + \cdots + (-1)^{n-1} \exp(-t \sum_{i=1}^{n} \lambda_i)$$

系统的平均寿命为

$$(\mathrm{MTTF})_S = \int_0^{\infty} R(t)\,\mathrm{d}t = \sum_{i=1}^{n} \frac{1}{\lambda_i} - \sum_{1 \leqslant i < j \leqslant n} \frac{1}{\lambda_i + \lambda_j} + \cdots + (-1)^{n-1} \frac{1}{\sum_{i=1}^{n} \lambda_i}$$

对于 n 个相同单元的并联系统，设单元的故障率为 λ，则系统可靠度为

$$R_S(t) = 1 - (1 - \exp(-\lambda t))^n$$

系统的平均寿命为

$$(\mathrm{MTTF})_S = \frac{1}{\lambda} \sum_{i=1}^{n} \frac{1}{i} = (\mathrm{MTTF}) \sum_{i=1}^{n} \frac{1}{i}$$

当 n 很大时，近似有

$$(\mathrm{MTTF})_S = \frac{1}{\lambda} \sum_{i=1}^{n} \frac{1}{i} \approx \frac{1}{\lambda} \ln n$$

由此可见，并联的部件越多（n 越大）系统可靠度越高，系统的平均寿命越高。

值得注意的是：当所有部件的寿命都服从指数分布时（λ_i为常数），串联系统故障率也为常数，但是并联系统的故障率则不是常数，而是时间的函数。

对于简单由串联和并联组成的混联系统，一般用等效法处理，即先逐级将各并联子系统或串联子系统分别用一个等效部件代替，逐级将混联系统简化为部件和等效部件组成的简单系统（串联或并联）。

4）上下限法

上下限法又称边值法。对于一些很复杂的系统，采用数学模型很难得到可靠性的函数表达式。此时，不采用直接推导的办法，而是忽略一些次要因素，用近似的数值来逼近系统可靠度真值，从而使烦琐的过程变得简单。这就是上下限法的基本思想。

顾名思义，这种方法要求出系统的可靠度上下限值。首先，它假定系统中并联部分的可靠度为1，从而忽略了它的影响，这样算出的系统可靠度显然是最高的，这就是上限值。然后假设并联单元不起冗余作用，全部作为串联单元处理，这样处理系统的方法最为简单，但所计算的可靠度肯定是最低的，即下限值。如果考虑一些并联单元同时故障对可靠度上限的影响，并以此来修正上述的上限值，则上限值会更逼近真值。同理，若考虑某个并联单元故障不引起系统故障的情况，则又会使系统的可靠度下限值提高而接近真值。考虑的因素越多，上下限值越接近真值。最后通过综合公式而得到近似的系统可靠度。

综上所述，运用这种方法要分三个步骤进行，即计算上限值、下限值及上下限值的综合。这种方法的优点在于不苛求单元之间是相互独立的，各种冗余系统都可使用，也适用于多种目的和阶段工作的系统可靠性预计。

(1) 上限计算。如果认为服从指数分布的并联单元的可靠度为1，则系统可靠度上限值为

$$R_{U1} = \exp\left(-t\sum_{i=1}^{m}\lambda_i\right)$$

式中 m——系统中串联单元的个数；

λ_i——系统中第 i 个串联单元的任务故障率。

若考虑并联部分中两个单元（设为 j、k 单元）同时故障而引起系统故障的情况，系统可靠度上限值为

$$R_{U2} = \exp\left(-t\sum_{i=1}^{m}\lambda_i\right)\left(1-\sum_{j,k=1}^{n}F_jF_k\right)$$

式中 $F_j=1-R_j$，$F_k=1-R_k$，F_j、F_k——j 及 k 单元的不可靠度；

n——两个单元同时故障引起系统故障的对数。

(2) 下限计算。下限的计算首先认为所有单元都是串联的，其可靠度下限值为

$$R_{L0} = \prod_{i=1}^{m}R_i = \exp\left(-t\sum_{i=1}^{m}\lambda_i\right)$$

式中 m——系统中所有单元的个数；

λ_i——系统中第 i 个单元的故障率。

如果还考虑并联部分中任一单元（设为 j 单元）故障不影响系统工作的情况，则系统可靠度下限值为

$$R_{L1} = \exp\left(-t\sum_{i=1}^{m}\lambda_i\right)\left(1+\sum_{j=1}^{n}\frac{F_j}{R_j}\right)$$

式中 R_j——并联部分第 j 个单元的可靠度；

$F_j=1-R_j$，F_j——并联部分第 j 个单元的不可靠度；

n——一个并联单元故障而不使系统故障的并联单元数。

若考虑并联部分中两个单元（设为 j、k 单元）同时故障而不影响系统工作的情况，系统可靠度下限值为

$$R_{L2} = \exp\left(-t\sum_{i=1}^{m}\lambda_i\right)\left(1 + \sum_{j=1}^{n}\frac{F_j}{R_j} + \sum_{j,k=1}^{l}\frac{F_jF_k}{R_jR_k}\right)$$

式中　l——两个单元同时故障不影响系统工作的对数。

（3）上下限综合计算。在获得第 m 步上下限值 R_{UM} 和 R_{LM} 后，可以用下式计算系统可靠度预测值

$$R_S = 1 - \sqrt{(1 - R_{Um})(1 - R_{Lm})}$$

逐步求上下限值的工作何时结束，即 m 值取多大？经验表明，当 $1 - R_{Um} \approx R_{Um} - R_{Lm}$ 时，即可以用 R_{Um} 和 R_{Lm} 通过上式来综合计算系统可靠度预测值。

4. 自动机可靠性预计

1）自动机可靠性预计的特点

自动机是一个偏重于机械的机电产品。自动机可靠性预计可以借鉴机械产品可靠性预计方法。

电器设备可靠性预计有如下特点：① 电器设备的寿命大多数服从指数分布，即故障率是常数；② 电器设备均是由标准化程度很高的电子元器件组成的，而对于标准元器件，现已积累了大量的试验、统计故障率的数据，建立了有效的数据库，且有成熟的预计标准和手册。

对机械类产品而言，它具有一些不同于电子类产品的特点：① 许多机械零部件是为特定用途单独设计的，通用性不强，标准化程度不高；② 机械部件的故障率通常不是常值，其设备的故障往往是由耗损、疲劳和其他与应力有关的故障造成的。基于上述特点，对看起来很相似的机械部件，其故障率往往是非常分散的，这样，用数据库中已有的统计数据来预测可靠性，精度是无法保证的。因此，目前预计机械产品的可靠性尚没有应用于电子产品那样通用、可接受的方法。

2）修正系数法

修正系数法的基本思想是：既然机械产品的“个性”较强，难以建立产品级的可靠性预计模型，但若将它们分解到零件级，则有许多基础零件是通用的。这样，对诸多零件进行故障模式及影响分析，找出其主要故障模式及影响这些模式的主要设计、使用参数，通过数据收集、处理及回归分析，可以建立各零部件故障率与上述参数的数学函数关系（即故障率模型或可靠性模型）。实践结果表明：对具有耗损特征的机械产品，在其耗损期到来之前，在一定的使用期限内，对某些机械产品寿命近似按指数分布处理仍不失其工程特色。因此，机械产品预计的故障率则为各零件故障率之和。例如，齿轮故障率模型可表达为

$$\lambda_{GE} = \lambda_{GEB}C_{GS}C_{GP}C_{GA}C_{GL}C_{GN}C_{GT}C_{GV}$$

式中　λ_{GE}——在特定使用情况下的齿轮故障率（故障数/10^6 转）；

λ_{GEB}——制造商规定的基本故障率（故障率/10^6 转）；

C_{GS}——计及速度偏差（相对于设计）的修正系数；

C_{GP}——计及扭矩偏差（相对于设计）的修正系数；

C_{GA}——计及不同轴性的修正系数；

C_{GL}——计及润滑偏差（相对于设计）的修正系数；

C_{GN}——计及污染环境的修正系数；

C_{GT}——计及温度的修正系数；

C_{GV}——计及振动和冲击的修正系数。

计算齿轮系统故障率的最好途径是利用各齿轮制造商的技术规范规定的基本故障率，并根据实际使用情况及设计的差异来修正其故障率。

3）类比法

类比法的基本思想是：根据仿制或改型的类似国内和国外产品已知的故障率，分析两者在组成结构、使用环境、原材料、原器件水平、制造工艺水平等方面的差异，通过专家评分给出各修正系数，综合权衡后得出一个故障率综合修正因子 D

$$D = K_1 K_2 K_3 K_4$$

式中 K_1——原材料的差距；

K_2——基础工业（包括热处理、表面处理、铸造质量控制等方面）的差距；

K_3——生产厂现有工艺水平的差距；

K_4——生产厂在产品设计、生产等方面的经验差距。

在应用中可根据实际情况对上式的修正系数 $K_1 \sim K_4$ 进行增补或删减。

5.3.5 可靠性指标分配

可靠性指标分配（即可靠性分配）是把产品系统的可靠性指标，自上而下逐级分解，合理地分配给组成该产品系统的各子系统、零部件或元器件，以确定各组成单元的可靠性定量目标的全过程。分配给产品各单元的可靠性指标，即是实行可靠性管理的目标，也是进行可靠性试验和验证的依据。

自动机可靠性分配是根据火炮总体分配给自动机系统的可靠性指标，再分配给各有关零部件，建立自动机零部件的可靠性指标，使具体设计人员知道零部件的可靠性指标，以便采取保证措施。

可靠性分配是一个由粗到细的过程。产品研究初期，未知因素较多，一般只能依据其组成单元可能达到的可靠性水平、研制时间等条件粗略地评估一个目标。随着产品研制工作的逐步深入，对产品系统及其单元的了解也不断深化，就可以及时地根据各种资料、数据对原分配的可靠性指标进行修正、调整。

1. 可靠性分配的目的

可靠性分配的目的有如下。

（1）合理地确定系统中每个单元的可靠度指标，以便在单元设计、制造、试验、验收时切实地加以保证，反过来又将促进设计、制造、试验、验收方法和技术的改进和提高。

（2）通过可靠性分配，帮助设计者了解零件、单元（子系统）、系统（整体）间的可靠性的相互关系，做到心中有数，减少盲目性，明确设计的基本问题。

（3）通过可靠性分配，使设计者更加全面地权衡系统的性能、功能、费用及有效性等与时间的关系，以期获得更为合理的系统设计，提高产品的设计质量。

（4）通过分配，使系统所获得的可靠度值比分配前更加切合实际，可节省制造的时间及费用。

2. 可靠性分配的原则

由于可靠性分配受到各种资源、技术和经济因素的限制。因此，应根据产品系统的具体用途确定具体指标的选择方法，优先顺序。进行可靠性分配时，应依据下述原则。

（1）技术水平。对技术成熟的单元，能够保证实现较高的可靠性，或预期投入使用时可靠性可以有把握地增长到较高水平，则可分配给较高的可靠度。

（2）复杂程度。考虑分机、部件的复杂程度，越复杂的分配的可靠度指标应该越低。

（3）重要程度。对重要的单元，该单元故障将会产生严重的后果，或该单元的故障常会导致全系统的故障，则应分配给较高的可靠度。

（4）任务情况。对整个任务时间内均需连续工作及工作条件恶劣、难以保证很高可靠性的单元，则应分配给较低的可靠度。

（5）维修性。对难以修理的单元应分配较高的可靠度，对定期维修或易于维修的单元，则相对可以分配较低一些的可靠度。

3. 可靠性分配的方法

在可靠性分配中，根据系统可靠性指标的不同，一般而言，可采用相应的分配方法。可靠性分配的方法虽然很多。但往往都是根据分配的结果，找出指标值与预测值的差距再加以修改。不同的系统要求的侧重点不同，比如有的要求体积最小，有的要求质量最轻，所以可靠性分配的方法也各种各样。但是，所有的设计均希望费用低，研制时间短，又能达到系统的可靠性要求。具体的可靠性分配方法主要有如下。

1）比例分配法

对于串联系统的比例分配法是将总的故障概率与各零部件的预计故障概率的比例来分配可靠度，不考虑单元的重要性、复杂性、成本等因素。

以 $\hat{R}_i$（$i=1,2,\cdots,n$）表示第 i 个零部件的预计可靠度，以 $\hat{F}_i=1-\hat{R}_i$ 表示第 i 个零部件预计的故障概率，则自动机系统的预计可靠度为

$$\hat{R}_S=\prod_{i=1}^{n}\hat{R}_i \tag{5.9}$$

系统的预计故障概率为

$$\hat{F}_S=1-\hat{R}_S=1-\prod_{i=1}^{n}\hat{R}_i \tag{5.10}$$

当知道预计的可靠度 $\hat{R}_S$ 后，就可以与指标值 R_S 相比较。如果 $\hat{R}_S\geqslant R_S$，就可以按预计值进行分配，并作适当的调整，使其更加合理；如果 $\hat{R}_S<R_S$，就得按比例分配法来提高零部件的可靠度，以满足指标要求。

比例分配法的步骤如下。

① 求系统的比例因子 K：

系统累积故障概率指标 $F_S=1-R_S$，记系统的比例因子为

$$K = \frac{F_S}{\hat{F}_S}$$

② 计算各零部件的可靠度：

$$\hat{R}_i = 1 - K\hat{F}_i \qquad (i=1,\ \cdots,\ n)$$

③ 计算系统的可靠度和累积故障概率：

$$\hat{R}_S = \prod_{i=1}^{n} \hat{R}_i$$

$$\hat{F}_S = 1 - \hat{R}_S = 1 - \prod_{i=1}^{n} \hat{R}_i$$

④ 进行比较：

如果 $\hat{R}_S \geqslant R_S$，就可以按预计值进行分配；如果 $\hat{R}_S < R_S$，就返回第①步，重新按比例分配法来提高零部件的可靠度，只到满足要求为止。

2）最少费用法

因为系统的可靠度与零部件的可靠度有直接关系，就是说零部件的可靠度越高（低），系统的可靠度也就越高（低）。一般情况下，可靠度越低的零部件，其可靠性改善起来就越容易，反之则越难。提高低可靠度零部件的可靠度的办法，所花费的总费用较少。

当串联系统的可靠度指标大于预计值时，必须提高系统的可靠度以满足指标要求。这种方法是把大于可靠度预计值的指标分配给低可靠度的零部件，使之提高到某一水平值，使系统可靠性满足指标要求。

最少费用法的步骤如下。

① 排队：

对自动机各零部件按可靠度预计值大小，由低至高将之依次进行编号为 1，2，…，n，则有

$$\hat{R}_1 \leqslant \hat{R}_2 \leqslant \cdots \leqslant \hat{R}_n$$

② 计算系统的可靠度：

原系统可靠度预计值为

$$\hat{R}_S = \prod_{i=1}^{n} \hat{R}_i$$

③ 比较：

当可靠度指标 R_S 大于可靠度预计值 $\hat{R}_S$ 时，设将可靠度低的零部件的可靠度都提高到 R_0，使 $\hat{R}_1$，$\hat{R}_2$，…，$\hat{R}_k$ 都等于 R_0，而 $\hat{R}_{k+1}$，…，$\hat{R}_n$ 仍然不变（其中 k 为 1，…，$n-1$ 中的某一个待定数），则可以满足系统可靠性指标要求。确定了 R_0 和 k 就完成了分配。由小到大取不同 k 值时进行计算，直到可靠度满足要求为止。

系统可靠度计算值为

$$\hat{R}_S = R_0^k \prod_{i=k+1}^{n} \hat{R}_i \tag{5.11}$$

由此可以解出 R_0

$$R_0 = \left(\frac{R_S}{\prod_{i=k+1}^{n} \hat{R}_i} \right)^{\frac{1}{k}} \tag{5.12}$$

结果 $\hat{R}_1 = \hat{R}_2 = \cdots = \hat{R}_k = R_0$，而 $\hat{R}_{k+1}$，…，$\hat{R}_n$ 仍然不变（其中 k 为可靠度满足要求所确定的数）。

3）专家评分分配法

已知可靠度指标后，可根据各零部件的复杂程度（用因子 K_{i1} 表示）、技术成熟程度（用因子 K_{i2} 表示）、工作状态情况（用因子 K_{i3} 表示）和工作时间长短（用因子 K_{i4} 表示）的量值来分配。

专家评分分配法的步骤如下。

① 确定因子值：

各因子的量值是通过专业人员（或专家）打分，取其平均值。各因子的量值范围如下：

K_{i1}——结构复杂程度因子，最复杂为 10，简单为 1；

K_{i2}——技术成熟程度因子，最不成熟为 10，成熟为 1；

K_{i3}——工作状态因子，工作状态恶劣为 10，好的为 1；

K_{i4}——工作时间因子，连续工作为 10，短时间的为 1。

② 确定综合因子及综合因子系数：

对自动机各零部件计算综合因子

$$A_i = \prod_{j=1}^{4} K_{ij} \quad (i = 1, 2, \cdots, n) \tag{5.13}$$

对自动机各零部件计算综合因子系数

$$B_i = \frac{A_i}{\sum_{j=1}^{n} A_j} \quad (i = 1, 2, \cdots, n) \tag{5.14}$$

③ 分配可靠度：

按综合因子，给自动机各零部件分配可靠度

$$\hat{R}_i = R_S^{B_i} \tag{5.15}$$

为了确保系统可靠度满足指标要求，计算中，一般不采用四舍五入方法规整自动机各零部件分配可靠度，而采用只入不舍方法来规整可靠度。

④ 验算系统可靠度：验算系统可靠度是否满足指标要求。

4）代数分配法

代数分配法是考虑了单元的重要度、复杂程度（各单元的元件数目）及工作时间等因素来分配可靠性指标。建立分配公式的假定是：各单元的故障时间随机变量服从指数分布，其故障相互独立，各单元之间为串联关系。

设系统要求的可靠度为 R_S，各单元的平均寿命为 $\bar{t}_i$，各单元的重要度为 E_i（表示该单元的故障引起系统故障的概率，即各单元故障引起系统故障的次数与各单元自身故障总次数之比），各单元的工作时间为 t_i，分配给各单元的故障率为 λ_i，系统由 n 个单元组成，各单元的组成件数为 n_i，系统的总组成件数为 $N = \sum n_i$。

当各单元的寿命服从指数分布时，且不考虑其重要度，则其可靠度为

$$R_i = \exp\left[-\frac{t_i}{\bar{t}_i}\right]$$

若考虑各单元重要度时，这时单元的可靠度应为

$$R_i = 1 - E_i\left(1 - \exp\left[-\frac{t_i}{\bar{t}_i}\right]\right) \tag{5.16}$$

考虑到

$$\exp\left[-\frac{t_i}{\bar{t}_i}\right] \approx 1 - \frac{t_i}{\bar{t}_i}$$

得

$$R_i \approx \left(1 - \frac{E_i t_i}{\bar{t}_i}\right) \approx \exp\left[-\frac{E_i t_i}{\bar{t}_i}\right] \tag{5.17}$$

这时串联系统的可靠度为

$$R_S = \prod_{i=1}^{n} R_i = \prod_{i=1}^{n}\left\{1 - E_i\left(1 - \exp\left[-\frac{t_i}{\bar{t}_i}\right]\right)\right\} \approx \prod_{i=1}^{n}\left(1 - \frac{E_i t_i}{\bar{t}_i}\right) \approx \prod_{i=1}^{n}\exp\left[-\frac{E_i t_i}{\bar{t}_i}\right]$$

为进一步考虑单元的复杂程度的影响，需要求出单元复杂度。各单元的复杂度为各单元的组成件数 n_i 与系统的总组件数 N 之比，即 n_i/N 称为单元的复杂度。当只考虑复杂度时，各单元的可靠度应为 $R_i = R_S^{\frac{n_i}{N}}$。

按重要度和复杂度分配，则有

$$R_i \approx \exp\left[-\frac{E_i t_i}{\bar{t}_i}\right] \approx R_S^{\frac{n_i}{N}} \tag{5.18}$$

两边取自然对数得

$$\bar{t}_i \approx \frac{N E_i t_i}{n_i(-\ln R_S)}$$

故得故障率分配公式为

$$\lambda_i \approx \frac{n_i(-\ln R_S)}{N E_i t_i} \tag{5.19}$$

考虑到

$$R_i \approx 1 - \frac{E_i t_i}{\bar{t}_i} \approx R_S^{\frac{n_i}{N}}$$

得

$$\frac{t_i}{\bar{t}_i} \approx \frac{1 - R_S^{\frac{n_i}{N}}}{E_i}$$

$$1 - \frac{1 - R_S^{\frac{n_i}{N}}}{E_i} \approx 1 - \frac{t_i}{\bar{t}_i} \approx R_i$$

从而可得可靠度分配公式为

$$R_i \approx 1 - \frac{1 - R_S^{\frac{n_i}{N}}}{E_i} \tag{5.20}$$

5.3.6 自动机故障分析

故障就是产品丧失规定功能。对可修复产品失效通常称为故障。在产品研制阶段，往往是发现问题、分析问题、解决问题，一般都把产品看作可修复产品，其丧失规定功能看作故障。

产品丧失规定功能包括两个方面：产品在规定条件下，不能完成其规定的功能；产品在规定条件下，一个或几个参数不能保持在规定的界限之内。

故障可根据其发生的原因、损坏程度、可否预测等原则进行分类。表5.2为故障的一般分类方法。

对各类产品，零部件的故障分类方法各有不同，应依据产品具体情况进行分类。

故障分析，是指在事故或故障发生前或后进行的分析，以便找到故障或可能故障的部位、故障的原因和机理，从而掌握产品应当改进的方向及修复方法，防止同类问题发生。它可为设计者提供预防和预测故障的信息，为制造者分析出工艺缺陷和次品原因，为使用者找出事故原因和预防措施。故障分析的作用贯穿于产品的设计、制造至使用的全过程之中。故障分析是可靠性技术的重要组成部分，是保证产品可靠性的重要环节工作。

在事故或故障发生前进行的故障预防性分析，以找到可能发生故障的部位、故障的原因和机理，及其对系统的影响，从而掌握产品应当改进的方向，防止同类问题发生。这种故障分析称为事前分析（一般简称故障分析）。事前分析主要用于产品的设计过程，其方法有故障模式、后果与严重度分析和故障树分析。

在事故或故障发生后进行的检测和分析，以找到故障的部位、故障的原因和机理，从而掌握产品应当改进的方向及修复方法，防止同类问题再发生。这种故障分析称为事后分析（故障机理分析）。

表5.2 故障分类

序号	分类原则	故障类别	定　义
1	按故障原因	误用故障	不按规定条件使用产品而引起的故障
		本质故障	在规定条件下使用，由产品本身固有弱点引起的故障
		独立故障	不是由某种故障而引起的故障
		从属故障	由于某种故障而引起的故障
2	按故障程度	完全故障	产品性能超过某种确定的界限，以致完全丧失规定功能
		部分故障	产品性能超过某种确定的界限，但没有完全丧失规定功能
3	按故障可否预测	突然故障	通过事前的测试或监控不能预测到的故障
		渐变故障	通过事前的测试或监控可以预测到的故障
4	发生速度	突变故障	突然完全故障
		退化故障	渐变而部分故障
		间歇故障	产品故障后，不经修复而在限定的时间内能自行恢复功能

续表

序号	分类原则	故障类别	定　义
5	按故障危害程度	致命故障	可能导致人身伤亡或设备重大损失的故障
		严重故障	可能导致系统功能故障或系统功能显著下降或零部件故障
		轻度故障	不会引起系统功能下降的零部件故障
6	按计算特征量值是否计入	关联故障	在解释试验结果或计算可靠性特征量值时必须计入的故障
		非关联故障	在解释试验结果或计算可靠性特征量值时不应计入的故障
7	按产品工作期	早期故障	产品由于设计、制造上的缺陷等原因而发生的工作初期故障
		偶然故障	产品正常使用中一些偶然原因造成的故障
		耗损故障	产品由于老化、磨损、耗损、疲劳等原因而发生的故障

在产品从设计到故障的整个生命期内，故障分析是可靠性管理的重要组成环节。故障分析工作如与“事前”、“事中”、“事后”工作脱节，就将分析不清，而若不将故障分析结果反馈到设计及生产中，也就失去故障分析的意义和作用，因此这“三事”在时间上是相连的，在技术上是紧密相关的。

自动机故障分析主要是自动机设计和研制初期预测在现场试验中可能出现的主要故障，并预先采取对策，或修改设计，或调整参数，以防止故障发生，或减少故障到要求的程度。

1. 故障模式、影响及致命度分析

在系统设计过程中，通过对系统各组成单元潜在的各种故障模式，及其对系统功能的影响与产生后果的严重程度进行分析，提出可能采取的预防改进措施，以提高产品可靠性的一种设计分析方法，称为 FMECA，即故障模式、影响及致命度分析。对构成系统的部件、子系统逐个地进行分析，找出其所有可能的故障模式及各种故障模式对其所在组合件、子系统或系统的可靠性及安全性的影响，事先发现设计弱点的方法称故障模式与影响（后果）分析，简称 FMEA。确定对系统完成使命或安全性有重大影响的部件及故障模式并定量表示其对系统的致命程度的方法称致命度分析，简称 FCA。根据需要有时只分析故障模式则简称 FMA，有时只分析故障影响则简称 FEA，都是更为简单的定性分析。

自动机故障模式、影响及致命度分析，是按规定的基本原则记录自动机设计中所有可能的故障，通过故障模式分析决定每种故障对自动机工作的影响并确定单点故障，也就是那些对完成任务或对操作人员有危害的致命故障。

1）故障模式

故障模式，即为故障的表现形式，可通过人的感官或测量仪器、仪表观测到的故障形式。彻底分清故障模式是很重要的，是进行故障分析的基础。

在工程实际中，零部件（即零件和部件）是组成系统（设备）的基础，系统的故障常常主要由零部件故障引起，因此，研究零部件故障，是研究系统故障的基础。在描述系统故障模式时，要尽量以零部件故障模式来表征，只有在难以用零部件故障模式进行描述时，才可用系统或系统本身的故障模式进行描述。

一般地讲，机械类产品可以把故障模式分为：损坏、退化、松脱、失调、堵塞、渗漏、功能及其他等八种类型。

（1）损坏型故障模式包括：裂痕、裂纹、破裂、裂开、断裂、碎裂、弯坏、扭坏、变形过大、塑性变形、蠕变、磨料磨损、点蚀、剥落、胶合、拉伤、卡死、烧蚀、烧坏、烧断、击穿、短路、开路、断路、错位等。

（2）退化型故障模式包括：老化、变色、变质、表面防护层脱落、浸蚀、腐蚀、正常磨损、积炭、发卡等。

（3）松脱故障模式包括：松旷、松动、脱开、脱掉、脱焊等。

（4）失调型故障模式包括：间隙不适、行程不当、响度不适、流量不适、压力不适、温度不适、电压不适、电流不适等。

（5）堵塞型故障模式常见的有：不畅、堵塞等。

（6）渗漏型故障模式包括有：渗油、渗水、漏油、漏水、漏气、漏风、漏电、漏雨等。

（7）功能型故障模式包括有：功能不正常、功能不稳定、性能下降、性能故障等。

（8）其他型故障模式：上述七种故障型式不能包括的故障模式。

对某一产品，上述各种类型故障模式不可能都出现，要根据不同产品及其使用条件，确定该产品的故障模式。研究某一产品可能出现的若干种故障模式发生的频数及其故障模式的比率（即各故障模式额数的百分比）是很重要的工作，是故障分析定量化的基础，为找出主要故障模式，分析其故障原因，采取预防措施提供了定量依据。

在工程实际中，零部件的故障模式及其比率并不是固定不变的，它们与材质、设计、制造、储存、使用、维修、工作条件、负荷情况等因素有关。这种现象称为故障模式不定性。为研究、解决故障模式不定性问题，不但需要研究故障零件、部件本身，还需要考虑与其有关的部分、使用及维护条件，以及由设计到产品最终报废的中间的各个环节情况，这就需要不断地、更加有效地收集使用、试验中产品故障的全部信息。

要判定一个产品是否是故障，必须首先确定故障判据——故障判定标准。正确制定故障判据是很重要的，因为它是故障分析及可靠性研究的前提之一。产品不同，工况不同，故障模式不同，故障判据也不一样，甚至同一故障模式，其故障判据随其工况不同也不同。一般地讲，需要根据不同产品、不同工况，为保证产品具有使用功能的情况下，按产品主要性能指标制定故障判据。这方面目前还需要做大量工作。

自动机常见的故障模式有裂纹、断裂、变形、烧蚀、擦伤、破损、卡弹、空拨弹、窜弹、掉弹、卡链、滑机、扣机不释放、不击发等。其常见故障模式定义如下：卡弹——自动机在供拨弹过程中意外受阻或未被规正被供拨弹机构卡住而停射的现象；空拨弹——炮弹未拨到输弹线上，空关闩而产生的停射现象；窜弹——供拨弹过程中，炮弹相对于弹链链节产生轴向窜动，引起停射的现象；掉弹——惯性输弹行程较长的自动机，在输弹过程中发生的停射现象；卡链——在供拨弹或排链过程中，弹链受阻引起的停射现象；滑机——电扣机或机械扣机，不能正常扣住被扣构件，而意外释放扣机称滑机；扣机不释放——扣机处于解脱状态，而不能正常释放被扣构件的现象。

2）FMECA 的实施步骤

FMECA 的实施包括以下步骤。

（1）功能分析。根据设计要求及设计说明书，明确 FMECA 对象——自动机及其组成部分的任务，因为 FMECA 的基准是自动机能否完成规定的任务。通常对自动机实施 FMECA

时是把自动机分解至机构和零件水平，按不同的功能类别分类划分功能块，画出功能框图，以功能块为单位，按其功能间的可靠性逻辑关系画出可靠性框图。

（2）故障模式分析。分析、列举出自动机各功能块的所有可能发生的故障模式是重要的一步，为了无重大遗漏，可由3~4名设计、试验、管理工程师共同进行。充分利用类似自动机的故障经验非常有助于故障模式分析。对于没有类似自动机的新产品可应用假想的方法列举故障模式，其中包括人员错误模式。列举故障模式应做到详尽。

列举出全部可能的故障模式后，再从中挑选出那些对实施FMECA有意义的故障模式，但不要剔除重要的故障模式，否则自动机在试验或出厂之后发生此种故障，将会在工时费用，信誉等方面造成损失。

（3）故障原因分析。根据经验及技术理论知识找出各自动机故障模式发生的原因。先要列举出所有的起因，有时可能的起因很多，则要判断出最主要的3~5个原因再记录入表。根据故障原因，要确定消除或减少故障的技术措施，所以判断故障原因的工作要慎重进行，否则就难以确定有效地改善可靠性的措施。对于有些典型系统，可预先制成故障模式及原因参考表，并可对各项目进行编码以便于使用和管理。

（4）故障影响分析。简要记明该故障模式发生时，在什么范围内，产生何种影响，即对本子系统或系统预定功能的完成产生何种影响，对其他设备、建筑物、人员及环境会造成什么影响。

（5）采取纠正措施。采取纠正措施也称补偿方法或对策，针对产生故障的原因提出消除或减少故障的措施，或故障发生后应采取的措施，以作为对改进设计的建议。为提高系统可靠性，通常在下列方面采取措施：修改安全系数或减荷系数；改换材料；修正形状尺寸或修改结构设计；采用储备系统或改变系统构成；提出质量管理的要求；设置安全装置、保护系统、监测装置或警报系统；进行故障—安全设计或防误设计；其他改善可靠性的设计变更（如人—机设计、耐环境设计等）。

（6）故障重要度分析。故障重要度是综合反映故障重要程度的指标，有的也称为故障概率等级。根据故障的重要等级来确定改善措施的实施范围及优先级别。故障的重要等级的评定通常采用定性的简单评定法。常用故障的重要等级简单评定法又可进行如下分类。

• 以完成任务为重点的评定法：主要以系统是否能完成预定的功能为评定依据，评定标准如表5.3所示，此表也叫致命度分类表。

表5.3 以完成任务为重点的评定法

故障等级	含义	评定标准	对设计的影响
1	致命	任务放弃，人员伤亡	必须改变设计
2	重大	任务的重大部分，不能完成	必须重新审查设计，也可能改变设计
3	轻微	任务的一部分不能完成	几乎不须改变设计
4	极小	几乎无影响	不须改变设计

• 以故障频度为重点的评定法：主要根据故障的发生频度进行评定，如表5.4所示。

表5.4　以故障发生频度为重点的评定法

故障等级	评定标准
1	极易发生
2	易发生
3	有时发生
4	几乎不发生

• 综合评定法：显然上述两种评定依据都有片面性，综合评定法是综合考虑各种因素并分别评分再取几何平均决定综合评分以确定故障的重要等级的方法。评定所考虑的因素及评分值见表5.5。

表5.5　综合评定因素及评分

i	评定因素	评分 C_i
1	故障对功能的影响的重要度	$C_i = 1 \sim 10$ （故障越严重评分越高）
2	故障对系统产生影响的范围	
3	故障发生频率	
4	防止故障的可能性	
5	重新设计的必要程度	

由下式决定综合评分再按表5.6评定故障等级。

表5.6　故障等级与 C_s 的关系

故障等级	C_s
1	8～10
2	6～7
3	4～5
4	1～3

$$C_S = \left[\prod_{i=1}^{n} C_i\right]^{\frac{1}{n}}$$

式中　C_S——故障模式的综合评分，$1 < C_S < 10$；

C_i——第 i 项评定因素的评分；

n——评定因素的总项数，$1 < n < 5$。

（7）致命度分析。致命度分析用致命度指数 C_r 定量地表示故障模式对系统影响的重要程度。所谓致命度指数是单元每工作100万次，致命的故障模式发生并造成影响的次数。致命度指数 C_r 值由下式计算

$$C_r = \sum_{i=1}^{n} (\beta \alpha k_E k_A \lambda_G t)_i \times 10^6$$

式中　n——单元致命故障模式的总数；

λ_G——部件的基本故障率；

t——单元在每次工作中运行的小时数或循环次数；

k_E——环境因子（其作用是修正 λ_G 在测量时的环境应力和单元将来使用环境的应力之间的差别，为了简化应用，可以略去 k_E 及下面的 k_A 进行估计）；

k_A——运行应力因子（用以修正测量 λ_G 时的运行应力与单元将来实际使用时运行应力之间的差别）；

α——致命故障模式的故障模式比（即该致命故障模式在单元的全部故障模式中的发生百分比，用以确定 λ_G 中致命故障模式所占的份额）；

β——当致命故障模式发生时其影响发生的条件概率（β 可以按表 5.7 选取）。

表 5.7 β 的选取

故障影响	典型 β 值
肯定造成损失	100%
很可能造成损失	>10% ~100%
可能造成损失	>0% ~10%
不能造成损失	0%

关于致命度分析也有进行定性分析的简化方法。简单地将致命度等级分为四类，见表5.8。

表 5.8 致命度等级

致命度等级	性质	后　果
Ⅰ类	突然的	会引起人员的伤亡或自动机丧失功能
Ⅱ类	致命的	会导致自动机损坏或人员的严重伤害
Ⅲ类	临时的	会引起系统轻度损坏或功能下降
Ⅳ类	轻度的	经一般性的维修即可排除

根据故障致命度分析结果，故障模式越致命，越需要采取纠正措施。

（8）FMECA 的整理。FMECA 的特点是利用表格形式分析故障及其影响。表格的形式要设计得合乎逻辑，所包含的具体项目可以酌情增减。一般 FMECA 表格包含的项目如表 5.9 所示。

FMECA 过程主要是表格填写过程。FMECA 表的各项填完，分析者签字之后 FMECA 表即告完成。

表 5.9 FMECA 表格

代号	名称	数量	可靠性框图号	功能	故障模式	故障原因	故障影响	纠正措施	故障等级	致命度	备注

（9）写出分析报告。报告应包括 FMECA 工作清单、可靠性关键件清单、分析结论及建议。

对于一个多部件的系统会产生很多份 FMECA 表，须从众多的 FMECA 表中摘出那些故障致命度高的项目制成关键项目表（包括编号、故障模式、影响、FMECA 页、故障等级、防止措施等）以便于研究设计的修改。关键项目表完成后则应对改进设计的方法进行讨论并要通过试验认证，如所采取的措施不足以消除原设计中的弱点，则还要考虑其他措施对设计做进一步改进。

2. 故障树分析

在系统设计过程中通过对可能造成系统故障的各种因素（包括硬件、软件、环境、人为因素）进行分析，画出逻辑框图（即故障树），从而确定系统故障原因的各种组合方式及其发生概率，以便计算系统故障概率，采取相应纠正措施，以提高系统可靠性的一种设计方法，称故障树分析法，简称 FTA 法。

故障树分析是以故障树作为模型对系统进行可靠性分析的一种方法。故障树分析把系统最不希望发生的故障状态作为逻辑分析的目标，这在故障树中称为顶事件，继而找出导致这一故障状态发生的所有可能的直接原因，这在故障树中称为中间事件，再跟踪找出导致这些中间故障事件发生的所有可能的直接原因，一直追寻到引起中间事件发生的全部部件状态，这在故障树中称为底事件。用相应的代表符号（如表 5.10 所示）及逻辑门把顶事件、中间事件、底事件连接成树形逻辑图，则称此树形逻辑图为故障树。再以故障树为基础对系统进行定性分析及定量计算，从而对系统的可靠性进行预测和评价。

表 5.10　故障树的符号及其含义

分类	符　号	含 义 说 明
事件		底事件以外的其他事件，包括顶事件和中间事件
		底事件（基本事件），代表部件故障或人为失误等
		未展开事件，其输入无须进一步分析或无法分析的事件
		条件事件，当给定条件满足时保留，否则删去
子树转移		特别的一个完整部分（子树）转移到另一处复用，A 是标号
逻辑门		与门，全部输入存在时才有输出
		或门，至少一个输入存在时即有输出
		异或门，仅当一个输入存在时才有输出
	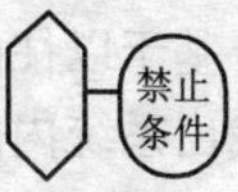	禁止门，若禁止条件不成立，即使有输入也无输出
		表决门，n 个输入中至少有 m 个存在则有输出

故障树分析法在系统寿命期间内任何阶段都可采用。它既是一种定性分析方法，可以用于早期设计阶段判明故障形式，并在设计中进行改进，又是一种定量分析方法，可以用于工程设计至设计定型阶段，分析系统可靠性指标的达到情况。

1）故障树分析的特点

故障树分析具有如下特点。

（1）故障树分析法是一种图形演绎方法，是对故障事件在一定条件下的逻辑推理方法，它不局限于对系统作一般的可靠性分析，它可以围绕一个或一些特定的故障状态，作层层深入的分析，因而清晰表达了系统与部件的内在联系，部件故障的逻辑关系。

（2）由于故障树能把系统故障的各种因素联系起来，因此可找出系统的薄弱环节和系统的故障谱，有利于提高系统的可靠性，有利于系统的安全管理。

（3）故障树对不曾参与系统设计的管理维修人员来说是一个形象的管理、维修的指南，因此对培训长期使用大系统的人员更有意义。

（4）通过故障树可以定量地求出复杂系统的失效概率和其他可靠性参数，为改善和评估系统可靠性提供定量数据。

（5）故障树分析可计算系统的动态可靠性系数。

（6）故障树分析的发展是和电子计算机技术和软件发展紧密相关的，分析大型故障树必须用计算机进行。

（7）故障树分析对与系统有关的硬件、软件、人和环境因素都可考虑。

（8）故障树分析不仅用于可靠性分析、安全性分析和风险分析等工程技术方面，也可用于社会、经济管理等问题。

2）故障树分析法的一般步骤

故障树分析法的步骤，通常因评价对象、分析目的、精细程度等的不同而不同，但一般按如下步骤进行。

（1）故障树的建造。

（2）故障树的数学表达式。

（3）定性分析。

（4）定量计算。

3）故障树的建造

故障树是一种特殊的倒立树状逻辑因果关系图。它用规定的事件符号、逻辑门符号以及转移符号描述系统中事件之间的因果关系。逻辑门的输入事件是输出事件的“因”，逻辑门的输出事件是输入事件的“果”。

建树者在建造故障树前必须对所分析的系统有深刻透彻的了解。为此需广泛地收集有关系统的设计、运行、资料、流程图、设备技术规范等描述系统的有关技术文件，并进行深入细致的分析研究。必须定义什么是系统的正常状态，什么是系统的故障状态，什么是事故事件等确切概念。明确什么状态是系统的正常状态和故障状态之后，基于以往的经验及分析所要达到的目的对系统进行初步故障分析、辅助系统故障分析等，找出系统内固有的故障因素（事件），找出这些事件导致系统故障的途径及系统的所有可能状态。

故障树的顶事件是指系统不希望发生的故障事件，选择好顶事件有利于整个系统的故障分析及可靠性的改善。顶事件可以是借鉴其他系统发生过的故障事件，也可以是指定的事件。任何感兴趣要分析的故障事件都可以作为顶事件，顶事件可以是全系统的，也可以是局部子系统的故障事件。在初步故障分析基础上找出系统可能发生的所有故障状态按类型、严重程度分类排队并画出一个较大范围的功能关系图及一定格式的明细表，注明其因果关系、逻辑关系、事故链序列等。从这些事故状态中筛选出系统最不希望发生的故障状态，把它作为故障树的顶事件。对其余的故障状态，如果也必须进行分析时，可以另建树进行分析，因此一个系统可以建几棵树，而顶事件也不是唯一的。

由顶事件出发，通过对系统的分析，逐级分解中间事件的直接起因，一直分解到基本部件为止。顶事件可以是由或门连结多种独立原因，形成或门型的顶结构，这时每个直接造成顶事件的原因事件可以扩展成一棵树。有些情况顶事件是多种原因同时发生的结果。这时的顶结构是与门型，在有一些情况顶事件是某些条件下不存在，它可以是由禁门或其他类型的门组成。由于建树者的知识范围及分析问题的依据、观点不同，树中必渗入建树者的主观意见。所以对同一对象系统而言，不同建树者可以建出不同的失效树。因此当建成后尽可能请有关设计、运行检修、安全等方面有经验的技术人员讨论。找出失效树中的错误、矛盾及遗漏之处，并进行全面修改。

自动机系统一般很少采用冗余设计，所以是单调关联系统。其可靠性的逻辑关系是串联关系，即各零部件之间呈“或门”状态。也就是说任何构件的原始事件的发生，均能导致顶事件的发生。所以，结构函数式也简单了。

例如，取某自动机停射作为顶事件，通过对系统的分析，直接引起自动机停射的原因有 7 个中间事件和 1 个基本事件及 1 个未展开事件；直接引起这 7 个中间事件发生的原因共有 18 个基本事件及 1 个未展开事件，如表 5. 11 所示。某自动机停射故障树如图 5. 4 所示。

表 5. 11　某自动机停射事件

事件代号	事件名称	事件代号	事件名称	事件代号	事件名称
G	火炮停射	x_7	齿轮磨损、变形	x_{15}	炮箱裂纹
x_1	拨弹导板研烧	x_8	齿轮齿断裂	x_{16}	弹性变形
y_1	拨弹滑板故障	x_9	传动箱紧固件松脱	y_6	炮身故障
x_2	拨弹滑板研烧	y_4	双向供弹机故障	x_{17}	调整器导气孔堵塞
x_3	拨弹滑板断裂	x_{10}	离合器故障	x_{18}	连接件损坏
y_2	拨弹摆杆故障	x_{11}	拨弹轮棘齿未啮合	x_{19}	复进机簧力不合适
x_4	拨弹摆杆零件磨损变形	x_{12}	供弹机零件损坏	y_7	电扣机故障
x_5	拨弹摆杆零件损坏	x_{13}	供弹机紧固件松脱	x_{20}	电扣机导线短路
y_3	传动箱故障	x_{14}	卡弹链	x_{21}	电扣机零件损坏
x_6	轴承损坏	y_5	炮箱故障		

4）故障树的结构函数

设故障树有 n 个底事件 x_i（$i=1, 2, \cdots, n$），并且相互独立。每个底事件都有两个可能状态：发生与不发生。如果用 x_i（$i=1, 2, \cdots, n$）表示底事件的状态，则称 x_i（$i=1, 2, \cdots, n$）为底事件的状态变量。显然，x_i 是一个随机变量。设底事件只有两个状态，则

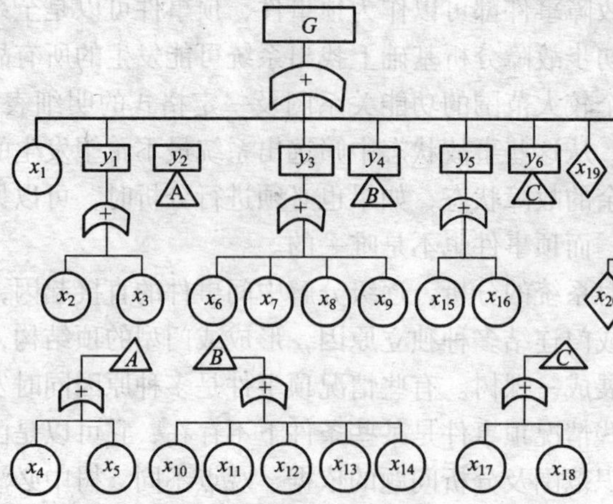

图 5.4　某自动机停射故障树

x_i 可有如下的取值:

$$x_i = \begin{cases} 1, & \text{底事件 } i \text{ 发生} \\ 0, & \text{底事件 } i \text{ 不发生} \end{cases}$$

这种取值为 0 或 1 的变量也称为布尔变量。

故障树的顶事件也只有发生（系统故障）或不发生（系统正常）两个状态。如果用 Φ 表示顶事件状态，则 Φ 也只有 0 或 1 两种取值:

$$\Phi = \begin{cases} 1, & \text{顶事件发生} \\ 0, & \text{顶事件不发生} \end{cases}$$

顶事件状态 Φ 完全由故障树底事件的状态决定，因此，Φ 是底事件状态变量的函数。如果定义 $\boldsymbol{X} = (x_1, x_2, \cdots, x_n)$，并称其为底事件的状态向量，则 $\Phi = \Phi(\boldsymbol{X})$，$\Phi(\boldsymbol{X})$ 即是失效树的结构函数，是一个 0、1 的随机函数。

现在说明故障树中各种基本结构的结构函数。

（1）与结构（AND 结构）。设 x_i（$i = 1, 2, \cdots, n$）是相互独立的底事件。对于这个单纯与结构的失效树，只当全部 n 个底事件都发生时，顶事件才发生，即只有在所有 x_i 都等于 1 时，才能使由 $\Phi(\boldsymbol{X}) = 1$。只要有一个 $x_i = 0$，则 $\Phi(\boldsymbol{X}) = 0$，即系统正常。与结构相当于可靠性并联结构。由逻辑与门的定义知，此故障的事件逻辑表达式为

$$T = \bigcap_{i=1}^{n} x_i$$

其结构函数为

$$\Phi(\boldsymbol{X}) = \prod_{i=1}^{n} x_i = \min_{i=1,2,\cdots,n} \{x_i\}$$

（2）或结构（OR 结构）。或门故障树中只要有一个底事件发生则顶事件发生，即只要有一个 $x_i = 1$，则 $\Phi(\boldsymbol{X}) = 1$。或结构相当于可靠性串联结构。由逻辑或门的定义知，或结构（OR 结构）的事件逻辑表达式为

$$T = \bigcup_{i=1}^{n} x_i$$

或结构的结构函数为

$$\Phi(X) = 1 - \prod_{i=1}^{n}(1 - x_i) = \prod_{i=1}^{n} x_i = \max_{i=1,2,\cdots,n}\{x_i\}$$

（3）表决门结构（k/n 结构）。表决门结构的结构函数为

$$\Phi(X) = \begin{cases} 1, \text{当} \sum_{i=1}^{n} x_i \geqslant k \text{时} \\ 0, \text{当} \sum_{i=1}^{n} x_i < k \text{时} \end{cases}$$

（4）禁止门结构（INH 结构）。禁止门故障树可看成与结构。

（5）一般结构。一般故障树是由各种结构构成的，其结构函数可根据上述结果逐级写出。

例如，图 5.4 故障树全部是 OR 结构，其结构函数：

$$\Phi(X) = 1 - \prod_{i=1}^{21}(1 - x_i)$$

5）故障树定性分析

故障树分析的目的之一是找出防止顶事件发生的路径或机理，并加以评价，从而为改善系统采取措施。这是一种定性分析方法，故障树定性分析主要采用最小割集法。

考虑故障有 n 个底事件（x_1，x_2，…，x_n）。凡是能导致顶事件发生的底事件的集合称为一个割集。反言之，如果割集中的底事件都发生则顶事件一定发生，但割集中的一部分事件发生也可以导致顶事件发生。最小割集也是一些底事件的集合，仅当集合中的底事件同时存在时，顶事件才发生，只要其中的任一底事件不发生则顶事件亦不会发生（假定这时没有其他割集发生）。

设故障树的结构函数为 $\Phi(X)$，$X=(x_1,x_2,\cdots,x_n)$ 是故障树底事件的集合。如果有底事件的子集 $A \subset X$，并且，如果 $x_j \subset A$ 时，有 $x_j=1$，如果 $x_j \notin A$ 时，有 $x_j=0$，使 $\Phi(X)=1$，则 A 是一个割集。如果找不到任何一个割集 A' 它是完全属于 A 的，即 $A' \subset\subset A$（符号 $\subset\subset$ 表示小于）则 A 就是一个最小割集。换句话说，没有一个比 A 集合更小的集合，当这个集合中的底事件都发生时使顶事件发生，则 A 称为最小割集。

一个最小割集代表系统的一种故障模式（系统可能的故障状态）。故障树定性分析的首要任务就是寻找全部最小割集，即寻找系统的故障谱。这也是定量分析的基础。

对图 5.4 所示故障树，其最小割集是（x_i）（$i=1$，2，…，21）。

求最小割集的方法有很多，比如对于简单故障树甚至可以用直观方法。但一般都需要用计算机程序来完成，但对于不太复杂的故障树，也可用手算的方法求解。

求出了故障树的最小割集，也就是求出了对顶事件有影响的基本事件的组合。以此为基础，进行技术分析，对薄弱单元采取相应对策，尤其是对单一事件的最小割集应当特别注意。

6）故障树定量分析

利用故障树这一逻辑图形作为模型，可以计算系统的各种概率参数，从而可以对系统的可靠性、可用性和安全性做出评价。因此，故障树分析法在系统可靠性预测、可靠性设计审查、安全分析和风险评价等方面是一种重要工具。

下面介绍计算故障树顶事件概率参数的几种方法。

(1) 直接概率法。当故障树的所有底事件在故障树中均只出现一次，则可利用概率乘法定理及加法定理直接根据故障树逻辑门的性质计算各门事件以及顶事件的概率。

设与结构的门事件为 G_{AND}，x_i（$i=1, 2, \cdots, n$）为其输入事件，当 x_i 统计独立时，则门事件概率为

$$P(G_{AND}) = \prod_{i=1}^{n} P(x_i)$$

设或结构的门事件为 G_{OR}，输入事件为 x_i（$i=1, 2, \cdots, n$），当 x_i 统计独立时，则门事件概率为

$$P(G_{OR}) = 1 - \prod_{i=1}^{n}(1 - P(x_i)) = \sum_{i=1}^{n} P(x_i) - \sum_{i=1}^{n-1}\sum_{j=2}^{n} P(x_i)P(x_j) + \cdots + (-1)^{n-1}\prod_{i=1}^{n} P(x_i)$$

当 x_i 为互斥事件时

$$P(G_{OR}) = \sum_{i=1}^{n} P(x_i)$$

在故障树中，或结构的输入事件多数情况下不是互斥的，但当系统部件可靠性很高时，仍然可用互斥计算式近似计算或门事件的概率。这是一种偏高的近似。例如，图 5.4 所示故障树中都是或结构，当认为可靠性很高时，可以近似计算顶事件发生的概率

$$P(G) = \sum_{i=1}^{21} P(x_i)$$

在系统的初步设计阶段，需要对系统可靠性水平迅速做出估计时，利用近似式即可由下而上地逐级算出门事件概率及顶事件概率。

(2) 结构函数法。由上述各节知，故障树一经确定，则可写出其结构函数。而通过结构函数可计算顶事件发生概率。顶事件概率与结构函数有如下关系：$E(\Phi(\boldsymbol{X})) = P(\Phi(\boldsymbol{X}) = 1) = F_S(t)$。其中，$E(\Phi(\boldsymbol{X}))$ 是 $\Phi(\boldsymbol{X})$ 的数学期望（均值）。$P(\Phi(\boldsymbol{X}) = 1)$ 是顶事件发生概率（顶事件发生，即 $\Phi(\boldsymbol{X}) = 1$）。广义地讲，顶事件概率即系统的不可用度 $F_S(t)$。对于无维修系统 $P(\Phi(\boldsymbol{X}) = 1)$ 即是系统的不可靠度。对于安全分析或风险评价，$P(\Phi(\boldsymbol{X}) = 1)$ 即是事故发生的概率。例如，图 5.4 所示故障树的结构函数为

$$\Phi(\boldsymbol{X}) = 1 - \prod_{i=1}^{20}(1 - x_i)$$

自动机的不可靠度（顶事件发生的概率）

$$P(G) = 1 - \prod_{i=1}^{20}(1 - P(x_i)) \approx \sum_{i=1}^{20} P(x_i)$$

5.3.7 自动机机构可靠性与结构可靠性设计

自动机研制中，实现可靠性指标往往是很花费时间的，可靠性指标也是很难达到要求的一项技术指标。试验中总是在不断地暴露各种问题，有的问题容易解决，有的问题可能是设计中的先天不足，解决起来难度就大，使研制周期加长，因此研究可靠性设计已成为很重要的一项工作。

自动机是一个偏机械的机电系统，自动机可靠性一般可分为机构可靠性和结构可靠性。自动机结构可靠性主要考虑自动机结构的强度以及由于载荷的影响使之疲劳、磨损、断裂等

引起的故障；自动机机构可靠性则主要考虑的不是强度问题引起的故障，而是考虑机构在动作过程由于运动学问题而引起的故障。自动机可靠性设计可分为定性可靠性设计和定量可靠性设计。所谓定性可靠性设计就是在进行故障分析的基础上，有针对性地应用成功的设计经验使所设计的产品达到可靠的目的。自动机机构可靠性设计主要是定性可靠性设计。所谓定量可靠性设计就是充分掌握所设计零件的强度分布和应力分布以及各种设计参数的随机性基础上，通过建立隐式极限状态函数或显式极限状态函数的关系设计出满足所规定的可靠性要求的产品。自动机结构可靠性设计主要是定量可靠性设计。

1. 自动机机构可靠性设计

自动机机构可靠性，是保证满足可靠性指标要求的基础。在自动机机构设计时必须考虑提高可靠性的措施。自动机机构可靠性设计的主要方法有：简化设计、协调设计、约束设计、适应性设计、抗疲劳设计、人—机—环工程设计等。

1）简化设计

简化设计是提高可靠性的一个关键。在满足预定功能的情况下，自动机机构设计应力求简单、零部件的数量应尽可能减少。机构愈是简单，零件数量就愈少，发生故障的机会也愈少了，即越简单越可靠是可靠性设计的一个基本原则，是减少故障提高可靠性的最有效方法。机构愈是简单，也就愈增加互换性、更换性和易检性，从而可提高维修性，还容易收集数据。但不能因为减少零件而使其他零件执行超常功能或在高应力的条件下工作，否则，简化设计将达不到提高可靠性的目的。

2）协调设计

自动机属于高压、高温、高速、瞬时载荷作用的特殊机械，与一般机械的工作有着截然不同的性质。它对结构设计、参数设计、运动协调等有十分严格的要求，稍有不慎或考虑不周便会发生故障。

协调设计是自动机机构可靠性设计的最主要设计方法。协调设计是指自动机机构合理布局和相互协调动作，以确保工作正常。协调设计包括总体性能协调设计、机构协调设计、可调参数协调设计、运动协调设计等。为确保在加工、装配中严格按技术条件进行，还需要进行调整图设计。

（1）机构协调设计。机构协调设计应满足各机构动作过程和先后次序应符合工作原理的要求、各机构的动作能够实现循环协调动作的要求、各机构运动轨迹相互不干涉的要求、各机构动作时间合理匹配的要求等。因此，应保证各机构的动作在时间和空间上的协调配合。

- 多方案设计。设计一种自动机，在工作原理确定后，要在结构上多下工夫，反复设计，多方案比较，从多个方案中找出一个比较满意的方案。多方案设计是自动机机构可靠性设计应遵循的一条原则。多方案设计可利用计算机进行。
- 循环图设计。自动机循环图详细地表示了各构件的运动和构件间的运动关系。循环图是自动机设计所不能缺少的，而且是至关重要的。循环图设计时应尽可能考虑：最大限度地重合各构件的运动，尽量缩短运动构件的行程，以提高射速；协调各构件运动与主动构件的关系，按程序进入或退出运动；为缩短自动机的纵向尺寸，在满足要求的条件下，尽量缩短主动构件尺寸和纵向运动构件的行程。

• 调整图设计。调整图是为了保证自动机的装配质量，根据技术条件要求，结合有关部位机构的结构而设计的。这些要求包括装配间隙要求、凸出量要求、修锉量要求、接触面要求、表面修锉和粗糙度要求等。自动机调整图还有很多，内容很丰富，都是与可靠性有直接关系的关键之处。

调整图中最主要的有：炮管与炮尾（炮箱）连接与装配调整图、关闩与击发调整图、供（拨）弹系统调整图、输弹系统调整图、加速机构调整图、导气机构调整图等。

对调整图设计的要求是：凡是调整图上有间隙、凸出量、下沉量、过盈量要求的地方，均应进行完整的尺寸链计算，并且计算结果与要求值应符合，并能保证达到要求；调整图有修锉的地方，应明确地指出具体部位，表示要清楚，并且修锉表面还应提出表面粗糙度要求，及恢复图纸要求的圆角；调整图上的要求应符合产品图和技术条件的规定，并应完全一致。

（2）参数协调设计。当自动机的结构型式确定后，结构参数选择得不合理、不协调也会带来问题。参数协调设计，首先考虑的应是优化设计、优选参数，在一定的约束条件下，达到所要求的目标。参数协调的目的，是使自动机性能协调、运动协调，全面达到设计所提出的指标要求。

自动机在研制初期，对有重要影响的一些参数，可设置一定的调节范围，通过试验找出最佳值后，再确定这些参数。对于多种参数的结构，可通过正交设计法进行选择，再通过正交试验进行验证，以取得匹配、协调的参数值。

研制初期，参数可适当选得多一点。到工程研制阶段，选择优化后的参数，并且可调参数越少越好，便于使用。

（3）运动协调设计。要达到运动协调，应进行能量分析、变形计算、运动学和动力学计算、计算机模拟运动、联锁设计等工作。

• 能量分析。自动机主动构件在后坐运动中要带动工作构件运动，后坐能量不够，则后坐不到位，会带来供弹不到位等一系列问题。所以主动构件必须有足够的运动能量，在各种环境和工作条件下都能正常工作，在能量设计上要留有余地。对高射速自动机一般要求主动构件的后坐末速度在 1.5 ~3 m/s。

击发机构应具有足够大的能量才能保证击发底火，所以对击发机构要进行能量分析计算，使底火所需能量达到要求，并满足机构所提供的有效能量为击发底火能量的 1.3 倍左右。

后坐部分在复进机的作用下进行复进。在各种情况下都能正常地复进到位，复进机初力为后坐部分质量的 2 ~3 倍。

• 变形计算。自动机中，对受力较大的零件、部件和受力薄弱的地方都应进行刚度分析，并计算出变形量。计算闭锁系统的弹性变形量，以确保闭锁可靠，药筒工作安全；计算供弹机构系统变形量，以确保供弹能确实到位。

• 联锁设计。为防止误操作，保证安全，控制动作确实可靠，严格按一定程序工作的设计为联锁设计。例如，关闩不确实不能进行击发装置、炮身复进不到确定位置不能输弹装置、空仓停射装置等均属联锁设计等。

• 动力学和运动学计算。自动机动力学计算要在结构设计的基础上进行。对于动力学计算，方案设计阶段可初步地进行计算，技术设计阶段应进行较详细的计算，样机试制完成后，根据实际结构和零部件的质量要进行反面计算，并使计算结果与试验结果相符合。

力的计算是动力学计算的基础，要计算抽筒力随时间变化的规律及最大抽筒力值，并计算开闩力、供弹阻力、输弹机力、后坐阻力等。

动力学计算还包括计算身管的强度、刚度，求得身管固有频率与自动机射频的最好匹配关系。

自动机运动学计算就是计算运动循环时间、自动机理论射频、自动机后坐力值和位移值，并与试验值相符合，供弹阻力与弹链刚度应相匹配。

计算工作与设计工作相结合，并以计算结果指导设计，加强薄弱环节，预防或减少设计失误。

3）约束设计

火炮自动机机构可靠性设计的实质是最大限度地保证炮弹在自动机中供（拨）弹、压弹、输弹、关闩、闭锁、击发、开锁、开闩、抽筒、抛筒、排链（夹）等各个环节均能可靠工作。

约束设计是约束炮弹运动和位置的设计，以及约束射击后的药筒及弹链（夹）运动方向的设计。

炮弹从进入自动机到拨到或压到输弹线上，在整个运动行程内需进行强制约束，这种约束设计称全行程强制约束设计。供（拨）弹、压弹、炮弹在输弹线上的初始位置，必须进行强制约束，这是自动机设计共同遵循的一条设计原则。只有强制约束，炮弹才能准确地供（拨）到输弹线上；只有强制约束，输弹线上初始位置的炮弹才能可靠地被固定在确定的位置上等待输弹。

行程强制约束设计，主要是通过几何约束来实现。强制约束设计中应注意如下几个问题。

(1) 传速比的选择和确定应尽量使运动平稳，加速度变化小。

(2) 约束行程的确定应考虑加工装配间隙量、弹性变形量等因素的影响。

(3) 全行程强制约束设计应考虑运动的通畅性。

(4) 导引表面要具有较高的表面粗糙度等级和表面硬度。

射击后的药筒及弹链（夹）运动，以及某些输弹机的运动，只是在部分运动行程上受到约束，部分行程上依靠惯性运动，称非全行程强制约束设计。非全行程强制约束设计时，除通过几何约束设计来保证强制行程外，要从动力学角度考虑强制行程结束后依靠惯性的运动，即考虑强制行程结束时具有的速度，以及惯性运动的范围等。例如，抛筒是把从膛内抽出的药筒，按一定的路线抛到自动机结构之外，设计时要求：按总体要求的抛筒方向进行，抛筒导引半径不宜过小，抛筒导引表面要具有较高硬度和强度值，抛出的药筒应落到要求的位置范围内等。

非全行程强制约束设计中应注意如下几个问题。

(1) 尽量减小惯性行程，增加强制行程。

(2) 强制行程结束时具有一定速度，以提高惯性运动的可靠性。

(3) 具有惯性运动的适当范围。

4）适应性设计

适应性设计又称耐环境设计，是在设计时就考虑产品在整个寿命周期内可能遇到的各种环境影响。因此，必须慎重选择设计方案，采取必要的保护措施，减少或消除有害环境的影响。具体地讲，可以从认识环境、控制环境和适应环境三方面加以考虑。认识环境指的是：不应只注意产品的工作环境和维修环境，还应了解产品的安装、储存、运输的环境。在设计和试验过程中必须同时考虑单一环境和组合环境这两种环境条件；不应只关心产品所处的自然环境，还要考虑使用过程所诱发出的环境。控制环境指的是：在条件允许时，应在小范围内为所设计的零部件创造一个良好的工作环境条件，或人为地改变对产品可靠性不利的环境因素。适应环境指的是：在无法对所有环境条件进行人为控制时，在设计方案、材料选择、表面处理、涂层防护等方面采取措施，以提高机械零部件本身耐环境的能力。

要提高产品的耐环境性，必须充分调查实际使用时发生怎样的应力或者是否有可能产生应力，在怎样的应力下会发生故障。虽然通常在单独的应力作用下不会发生故障，但如有几个环境条件相互组合，就会发生故障。

火炮自动机适应性设计，指所设计的自动机能适应不同环境条件，能适应不同的工作条件。在要求的环境条件、工作条件内自动机都应可靠地进行正常工作。

环境条件包括气象条件和地理条件等，主要是温度、湿度、沙尘的影响。

工作条件主要是射角范围、装药条件及不同弹种的条件、储存、保养、维修等。以上条件的要求给自动机设计带来了难度，必须全面考虑，重点可按以下几方面进行设计。

（1）极限条件设计。极限条件有：温度极限，指最高温度与最低温度；压力极限，指火药气体最大压力；运动行程极限，指自动机主动构件最大后坐行程与最小后坐行程。极限条件能满足要求，其他任何条件的组合也一定能满足要求。

极限条件设计，要进行极限条件下自动机的运动计算、射频计算、后坐力计算，并应同时满足自动机性能指标的要求。

极限条件设计，结构要留有余量，能量也要留有余量，才能得到更好的可靠性保证。

（2）结构刚强度设计。自动机所选择的材料在高温条件下应满足刚强度要求，在低温条件下主要是考虑材料的断裂韧性和冲击韧性。自动机主要受力零部件的刚强度都应按最大受力条件进行计算。

（3）明确技术要求。火炮自动机在不同条件下工作应规定不同的要求。这些要求应明确而详细地写入技术文件中。如连发射击时，身管允许温度升高应有规定，超过一定温度后，身管材料的性能就要降低。自动机在连发射击或寿命试验中，都要测试身管外表面的温度。最高温度一般不允许超过420℃，超过此温度后应停止射击，身管冷却（空冷或水冷）后再继续进行试验。

自动机在不同环境、不同温度下，应涂不同的润滑油，以保证运动的灵活性，在技术条件中应有详细要求。完整详细的适应性技术要求是适应性设计的重要内容之一。

（4）适应系统。火炮自动机与所安装的系统要适应，系统连接刚度与自动机后坐力应匹配，系统振动频率与自动机射频应匹配。匹配系统刚度、匹配振动频率、全系统动力学计算是自动机适应系统要求应该做的工作。

5）抗疲劳设计

火炮自动机研制试验中，零部件常常发生破损、断裂、裂纹等故障。故障轻者使自动机停射，重者有膛炸或危害人身安全。火炮自动机研究要进一步提高抗疲劳设计的水平。

目前火炮自动机技术发展到了相当高的水平，膛压高达480 MPa，初速高达1 300 m/s

左右，射速为1 000~6 000发/分，寿命在10^3~10^4发。按疲劳分析的基本理论，火炮自动机结构零件破坏属于低周疲劳破坏，或称高应变低循环疲劳破坏，也有属于变形破坏的情况。

低周疲劳的应力水平比较高，交变应力一般都超过材料比例极限，每一循环都可能产生相当的塑性变形。破坏情况很接近于静应力破坏，应力与应变不成比例。材料对交变应力的抗力和对交变应变的抗力不完全一致。

低周疲劳是研究构件或结构在周期外载荷作用下，薄弱环节（如孔、沟槽、圆角）应力集中或应变集中区的循环应力—应变行为，是估算结构或零件疲劳寿命的一种手段或方法。总体上材料是在弹性范围内工作，但在应力集中区或应变集中区，材料常常进入塑性变形状态。这时由于塑性屈服，应力就变得不稳定或处于流变状态。在此种情况下，应变就成为控制材料疲劳性能的主要参数了。构件或结构在反复循环应变的作用下就会导致疲劳破坏。从这个角度上看，整个结构的疲劳寿命就完全取决于这些孔、沟槽、圆角等关键部位的寿命了。只要在设计时把这些部位处理得当，并进行控制，整个结构的寿命就可以得到保证。

（1）影响疲劳的主要因素。

① 应力集中的影响。火炮自动机零件结构复杂，形状不规则，应力集中部位较多，又常常在应力集中部位出现破坏，故应力集中对自动机结构性能影响十分突出。

② 表面粗糙度的影响。大量试验研究结果表明，试件的表面粗糙度对疲劳强度有一定影响。一般说，疲劳强度随表面粗糙度等级的提高而增加。材料的极限强度值越高，越需要提高表面粗糙度等级。如果使用高强度合金结构钢，而不提高表面粗糙度等级，就等于白白浪费好材料，没有发挥好材料的作用。

③ 表面强化的影响。由于表面状态对金属疲劳强度有着重要的影响，人们就通过各种表面处理的办法来提高金属的疲劳强度。火炮自动机常用以下几种表面强化措施。

- 表面淬火。表面淬火使表面层得到马氏体，当表面面积较大，也能产生表面层处的残余压应力，提高表面抗疲劳强度。表面淬火常用于接触应力较高的运动表面。
- 喷丸强化。喷丸强化是用直径很小的钢球（一般0.05~0.5 mm）以高速喷射在零件表面上。它可以消除表面缺陷，使缺口的疲劳应力集中系数下降，降低材料对缺口的敏感性。零件表面经小钢球打击后产生塑性变形，使表面层冷却硬化，形成一层较高的残余压应力，从而提高疲劳强度。
- 表面滚压强化。表面滚压会使金属表面层加工硬化并形成较高的残余压应力，从而提高疲劳强度。如在有孔的部位上，孔的边缘用一个钢球滚压（或压陷）也可提高疲劳强度20%~60%。

（2）抗疲劳设计的方法。

① 分散应力设计。分散应力设计就是凡有应力集中的受力部位，都要采取相应的措施减小应力集中，使应力向周围分散。分散应力设计的相应措施有：重要受力零件的过渡圆角一般应取不小于2 mm；过渡圆角处表面粗糙度一般为1.6 μm；圆角过渡面上应有不允许有刀痕的技术要求；受接触应力较大的表面，应采用适当方法的强化处理；受力大的零件，适当加大断面面积以分散应力、应变场，减少应力集中；应用有限元法分析计算零件的应力、应变场，从理论分析上可对分散应力设计进行指导。

② 材料选择及机械性能选择。大量实践中得出的经验是：为了保证结构的可靠性，不但要满足强度要求，而且还要满足延伸的要求，前者不能代替后者。认识到这一点对设计师合理选择材料和机械性能是至关重要的。

自动机对金属材料的一般要求是：具有较高的强度极限；具有较高的断裂韧性和冲击韧性值，特别是低温时；具有较好的伸延性能；易于进行热处理；选用技术成熟、性能稳定、易于提供的材料，并应符合有关材料标准的要求。

2. 自动机结构可靠性设计

现行机械结构设计方法，对于静载荷是按工作状态下危险断面上的载荷作静强度计算，然后按非工作状态下的最大载荷及特殊载荷（如按装载荷、运输载荷等）作静强度验算，而对于承受突载荷的构件则按工作状态下的正常载荷作疲劳强度计算。两种情况下的强度条件式均为

$$\sigma \leqslant [\sigma] = \frac{\sigma_0}{n} \tag{5.21}$$

式中 σ——构件所受应力；

$[\sigma]$——构件材料的许用应力；

σ_0——构件材料极限应力；

n——安全系数。

在按式（5.21）计算 σ 时，认为作用于构件上的载荷及构件的几何尺寸为一确定量，而 σ_0 也取一个确定值用于设计中。换句话说，在设计时它们都被认准是固定的，本身值并不波动。保证安全可靠的准则是使构件危险断面上的确定的最大计算应力 σ 小于或等于材料的许用应力 $[\sigma]$，一切其他因素的影响全靠安全系数 n 来概括。这种设计理论称为确定性设计法，是利用安全系数来保证结构安全的。经过多年研究，确定性设计法日益精细。“精”在使 n 不断下降，“细”在 n 中考虑的因素愈来愈多。因而设计结果被称为“可靠”，“保证安全”，是“合适的”。但是，这种安全系数受经验和人为因素影响，含义模糊，不能明确给出结构安全性的定量描述。如安全系数得到满足，则结构绝对可靠，可靠度为1，失效概率为0，否则，结构完全破坏，可靠度为0，这显然是不符合实际情况的。所以，这些安全系数既不充分，也非必要，不足以保证结构的安全性和可靠性。相比之下，在可靠性设计方法中，用一定的可靠性指标反映结构的安全程度要更好。

严格地讲，可靠性指标是指材料特性、载荷、结构尺寸、初始缺陷等设计参数在数值及发生时间上的随机特性。试验表明，即使是同一批试件，在控制条件最好的实验室里，试验结果也存在一定的分散性。可以说，确定性是相对的，随机性和分散性是绝对的。

可靠性设计与分析方法能够充分考虑影响结构安全的诸多因素的随机特性，并用可靠性数学理论进行分析研究，根据概率分析方法建立可靠性模型，计算结构的破坏概率，保证结构的破坏概率或者危险率在其安全使用寿命期内小于规定的可靠性指标，从而在设计和使用维修上更合理更有效地保证结构的安全与可靠。

1）强度、应力干涉理论

传统的概念，应力是构件单位面积上所承受的外力。从可靠性出发，凡是趋向于引起构件失效的因素统称为应力，即从可靠性的角度考虑，“应力”不仅仅指外力在微元面积上产

生的内力与微元面积比值的极限，而且包括各种环境因素。在传统设计中往往将结构所受"应力"当做一个常数值，而实际上机械结构所受应力很难控制成一个常数值。可靠性设计中将结构所受"应力"当做一个随机变量，其服从某种概率分布规律。

传统的概念，强度是材料单位面积上能承受的最大力。从可靠性出发，凡是能阻止构件失效的因素统称为抗力，其中包括材料强度、表面光洁度、电镀等。即从可靠性的角度考虑，强度是结构承受应力的能力，凡是能阻止结构或零件失效的因素，统称为强度。在传统设计中，往往将材料的强度当做一个常数值，其实这不符合实际情况，各种材料的强度存在离散现象。可靠性设计中将结构所具有的强度当做一个随机变量，其服从某种概率分布规律。

一般来说，机械零件的强度和工作应力可能属于正态分布，也可能为非正态分布。决定设计变量属何种分布要依据对故障机理的分析和判断，以及对大量数据的统计分析。由于正态分布公式简单、资料较齐全，而且就故障方式来说，许多情况都可以将强度和应力看成正态分布，所以概率设计目前主要按正态分布计算。

结构设计的基本目标应是在一定可靠度下，保证结构强度不小于应力，否则结构将由于未满足可靠度要求而导致失效。

设应力随机变量为 s，其概率密度函数为 $f(s)$；强度随机变量为 r，其概率密度函数为 $g(r)$，如图 5.5 所示。图中，虽然平均强度 μ_r 大于平均应力 μ_s，但是两个概率密度函数曲线有交叉，即有干涉，这就意味着存在强度小于应力的可能。出现强度小于应力的可能概率就是两个概率密度函数曲线的干涉区，即两曲线的干涉区面积就是失效概率。

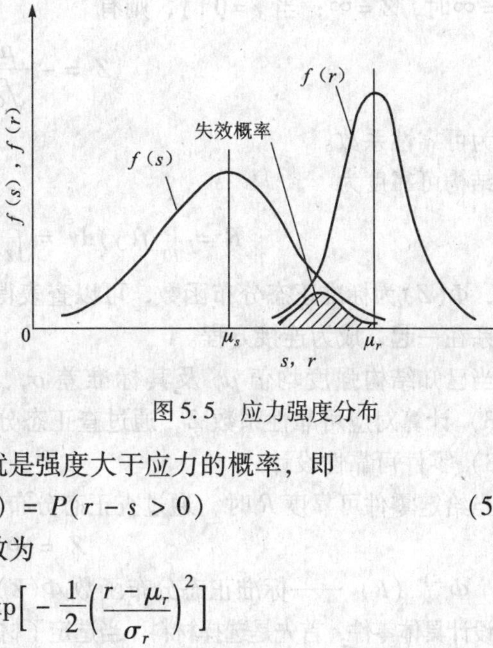

图 5.5　应力强度分布

2）应力、强度为正态分布时的可靠度计算

由应力、强度干涉理论知，结构可靠度就是强度大于应力的概率，即

$$R(t) = P(r > s) = P(r - s > 0) \tag{5.22}$$

当强度服从正态分布时，其概率密度函数为

$$f(r) = \frac{1}{\sqrt{2\pi}\sigma_r}\exp\left[-\frac{1}{2}\left(\frac{r-\mu_r}{\sigma_r}\right)^2\right]$$

式中　σ_r——强度的标准差；

μ_r——强度的均值。

当应力服从正态分布时，其概率密度函数为

$$f(s) = \frac{1}{\sqrt{2\pi}\sigma_s}\exp\left[-\frac{1}{2}\left(\frac{r-\mu_s}{\sigma_s}\right)^2\right]$$

式中　σ_s——应力的标准差；

μ_s——应力的均值。

强度应力差 $y = r - s$，y 也是随机变量，服从正态分布，其均值 μ_y 为

$$\mu_y = \mu_r - \mu_s$$

其标准差为

$$\sigma_y = \sqrt{\sigma_r^2 + \sigma_s^2}$$

其概率密度函数为

$$f(y) = \frac{1}{\sqrt{2\pi}\sigma_y}\exp\left[-\frac{1}{2}\left(\frac{y-\mu_y}{\sigma_y}\right)^2\right]$$

结构可靠度为

$$R = P(y > 0) = \int_0^{\infty} f(y)\,\mathrm{d}y = \frac{1}{\sqrt{2\pi}\sigma_y}\int_0^{\infty}\exp\left[-\frac{1}{2}\left(\frac{y-\mu_y}{\mu_y}\right)^2\right]\mathrm{d}y$$

令

$$Z = \frac{y-\mu_y}{\sigma_y}$$

则将 $f(y)$ 化为标准正态分布 $\Phi(Z)$

$$\Phi(Z) = \frac{1}{\sqrt{2\pi}}\exp\left(-\frac{1}{2}Z^2\right)$$

当 $y=\infty$ 时，$Z=\infty$；当 $y=0$ 时，则有

$$Z = -\frac{\mu_r - \mu_s}{\sqrt{\sigma_r^2 + \sigma_s^2}} \tag{5.23}$$

称其为可靠性系数。

结构可靠度为

$$R = \int_0^{\infty} f(y)\,\mathrm{d}y = \int_Z^{\infty}\varphi(Z)\,\mathrm{d}Z = \Phi(Z) \tag{5.24}$$

式中，$\Phi(Z)$ 为标准正态分布函数，可以查表得到具体值。式（5.24）将应力、强度与可靠度联系在一起，成为连接方程。

当已知结构强度均值 μ_r 及其标准差 σ_r、应力均值 μ_s 及其标准差 σ_s 时，可以按式（5.23）计算对应可靠性系数 Z，通过查正态分布表得到对应可靠度 R。

3）零件可靠性设计

当给定零件可靠度 R 时，通过查正态分布表得到对应可靠性系数 Z

$$Z = \Phi^{-1}(R) \tag{5.25}$$

式中　$\Phi^{-1}(R)$ ——标准正态分布函数 $\Phi(Z)$ 的反函数。

设计具体零件，首先是选择材料。当选定了材料之后，根据材料特性可以查到相关特性的平均值及其标准差，考虑到使用环境和条件，进行必要的修正，得到材料强度均值 μ_r 及其标准差 σ_r。

根据零件受力分析，可以得到零件应力表达式。可以按传统方法估算出结构尺寸均值以及应力均值 μ_s，再根据连接方程，计算出应力标准差 σ_s，然后转化为结构尺寸标准差及尺寸公差，这就实现了将可靠性设计到结构中的目的。

在得到零件应力表达式之后，也可以先不估算结构尺寸均值，而是根据零件的重要性，以及加工条件，选择零件加工精度等级，从而给定加工公差（可以与均值成比例），即选定结构尺寸标准差（可能是与均值成正比）。再根据连接方程，计算出应力均值 μ_s，然后转化为结构尺寸均值，这也就实现了将可靠性设计到结构中的目的。

自动机故障分析中，应对与之有关的受力件进行概率设计。但一般规则零件易于进行概率设计，复杂零件概率设计目前还有困难，需进行研究并积累数据。

正态分布有一重要特性，即数据偏离3倍标准差的可能性很小。可靠性强度设计中，常假定公差等于3倍的标准差。

5.3.8　自动机可靠性增长

1. 可靠性增长

可靠性增长是评定产品可靠性的一种方法，它能动态地分析和评定产品的可靠性。一般产品研制过程要经过反复的“试验—改进—再试验—再改进”过程，在这个过程中，通过可靠性试验发现故障，然后进行故障分析，改进设计以预防故障，这样逐步减少故障发生的比率，“试验—改进”过程的循环，可以使所研制产品的可靠性水平逐步提高，这个提高过程即称为可靠性增长。可靠性增长过程如图5.6所示。

研究可靠性增长过程的目的在于把握产品可靠性指标在不同研制阶段的水平和增长速度，预测可能达到的目标，以便对研制、生产和管理作出合理安排，使其在预定的时间内达到预定的可靠性水平。可靠性增长可以指导产品的研制、试验、改进过程，提高增长速率。

产品的可靠性增长主要受三个因素支配：对故障的检测和分析；对已发现的问题的反馈和改进设计；对改进后的设计重新试验。产品可靠性增长的速率取决于上述三者的速度。这可通过建立增长模型和绘制增长曲线来把握整个增长过程。

可靠性增长分为三阶段。在研制阶段之初，可靠性是较低的，可靠性增长是由于排除了设计和制造两方面的各种缺陷。随着研制时间的推移，可靠性在不断增长，到设计定型时，可靠性已达到预定的水平。开始投入批生产时，由于生产设备、技术和工人不够熟练等原因，使可靠性有所下降。随着这些缺陷被排除，可靠性将上升。经过试生产一定时期，可靠性上升到可以验收的水平。最后大量生产阶段，可靠性达到了目标值，开始投入使用。这时，由于使用环境条件的某些缺陷（即不符合预定的环境条件）和操作人员不够熟练，使可靠性下降。随着使用环境条件的改进和操作人员熟练程度的提高，可靠性将上升。在良好的情况下，使用中实现的可靠性逐渐接近，但一般不会达到理想的设计可靠性水平。可靠性得以增长的原因是通过研制和增长试验发现了失效原因，通过产品重新设计消除了失效根源。

可靠性增长的趋势有两种类型，如图5.7所示，图中横坐标为研制时间，或累积试验时间，或发射次数。

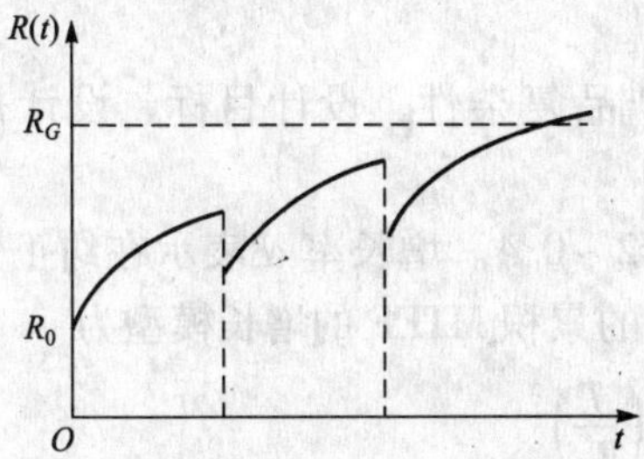

图5.6　可靠性增长过程

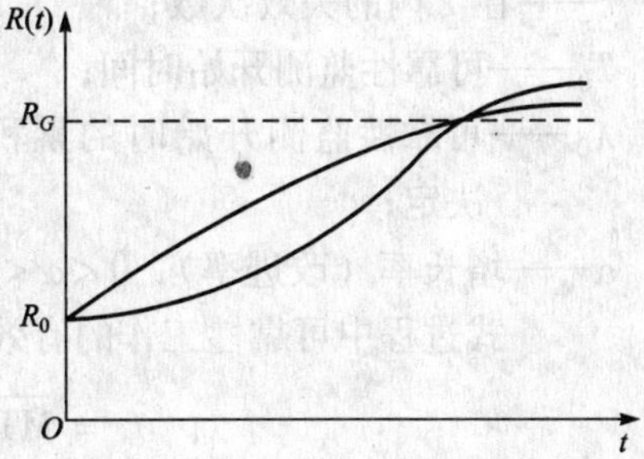

图5.7　可靠性增长类型

火炮自动机在整个研制过程中，虽然理论分析计算工作越来越受到重视，计算机仿真试验技术以及虚拟样机技术应用也越来越普及，但是试验花费的时间、精力、经费占有相当大的比例。试验是研制的必要手段，不仅能验证理论分析的正确性，更重要的是能发现研制过程预料不到的问题，弥补某些理论分析中无法模型化的不足。从初样机实现连发开始，到定型样机达到战术技术指标，自动机要经过几代样机的不断改进设计、不断试验的反复过程。定型样机与第一门初样机相比在结构上往往是面貌全非了。试验的过程就是发现问题的过程、解决问题的过程，也就是可靠性增长的过程。

火炮自动机可靠性增长的最终目的是自动机在达到射速、后坐力、密集度、寿命指标的前提下，要实现可靠性指标，进而全面达到技术指标的要求。

自动机可靠性增长，从第一门样机试验一开始就要记录每次试验中出现的故障、故障原因、排除或解决措施，把可靠性试验与故障分析与故障树分析结合起来进行。试验初期故障肯定很多，从中找出薄弱环节，一一去解决，使故障不断减少，直至满足可靠性指标要求。这要经过反复的试验过程和设计修改过程。可靠性工作的目标是最大限度地减少这些过程，并用最少的试验、消耗最少的炮弹达到要求的可靠性指标。

要研制成功一种新的自动机，可靠性增长需要很长时间才能完成。力求使可靠性增长时间缩短，这对减少自动机的研制周期有关键性的作用。

2. 可靠性增长模型及参数估计

可靠性增长模型是一种有效的分析工具，它的用途有下列几点。

- 用以分析和控制产品随时间而产生的可靠性变化。
- 用于确定为研制产品所需的时间。
- 用于监测研制计划和预测达到可靠性目标所要求时间的进展情况。

常用的可靠性增长模型有：

1）Duane 模型

这一模型十分普遍地用于失效率 $\lambda(t)$ 或平均失效间隔时间 MTEF 的可靠性增长监测。Duane 模型的数学表达式为

$$\hat{\lambda}_c = \frac{r}{T} = \lambda_0\left(\frac{T}{T_0}\right)^{-\alpha}$$

式中 $\hat{\lambda}_c$ ——平均累积失效率的估计值；

T——总的累积试验时间（或研制时间）；

r——在 T 内的失效次数；

T_0——可靠性监测开始时间；

λ_0——可靠性监测开始时的累积失效率，由产品复杂性、设计目标、设计裕度等决定；

α——增长率（改进率），$0<\alpha<1$，一般 $\alpha=0.2\sim0.4$。增长率 α 表示在纠正失效模式过程中可靠性工作的有效性。与之相应的累积 MTEF 的增长模型为

$$\hat{\theta}_c = \overline{\text{MTBF}} = \frac{1}{\hat{\lambda}_c} = \theta_0\left(\frac{T}{T_0}\right)^{\alpha}$$

式中 $\hat{\theta}_c$ ——平均累积 MTEF 的估计值；

θ_0——可靠性监测开始时的累积 MTEF。对于自动机来说，平均无故障工作时间就是平均无故障射击发数。

取对数式，得

$$\lg\hat{\lambda}_c = \lg\lambda_0 - \alpha(\lg T - \lg T_0)$$

在对数坐标纸上可得出一条斜率为 α 的直线。同理，得

$$\lg\hat{\theta}_c = \lg\theta_0 + \alpha(\lg T - \lg T_0)$$

根据可靠性监测结果，可以计算出可靠性增长率 α。根据可靠性增长率 α 的大小，指导可靠性工作。当 $\alpha \geqslant 0.4$ 时，可靠性工作的重点应放在消除各种失效模式上，使用加速试验发现各种故障模式，并对所有故障模式进行分析，并采取有效的纠正措施。当 $\alpha = 0.3 \sim 0.4$ 时，可靠性工作的重点应放在可靠性的改进上，对正常可靠性环境试验中出现的重要故障模式进行分析，并采取有效的纠正措施。当 $\alpha = 0.2 \sim 0.3$ 时，注意可靠性的改进工作，对正常可靠性试验中出现的重要故障模式进行分析，并采取有效的纠正措施。当 $\alpha = 0 \sim 0.2$ 时，对可靠性的改进工作可以不做优先考虑，对正常研制试验中出现的一般故障数据可以不做分析，只是对重要故障模式进行分析，并采取有效的纠正措施。

如果根据过去的经验，以及同类产品所有的数据，求出了可靠性增长率 α，则可以利用 Duane 模型来估计达到可靠性指标所需要的时间。

2）Compertz 增长模型

经验表明，当可靠性增长的趋势为非线性变化时，Compertz 模型是一个很有用的增长模型。Compertz 模型的数学表达式为

$$R(t) = \alpha A^{C^t}$$

式中　$R(t)$——研制时间为 t 时的可靠度；

α——当 $t \to \infty$ 时的可靠度上限（$0 < \alpha \leqslant 1$）；

αA——$t = 0$ 时，$R(t)$ 的原水平（$0 < A < 1$）；

C——增长系数（$0 < C < 1$），当 C 值小时，表明 $R(t)$ 增长得快，当 C 值大时，表明 $R(t)$ 增长慢。

利用可靠性监测结果，可以计算出可靠性增长模型中的各确定的 C、A、α。将预计研制时间 t 代入模型，计算出预计可靠度 $R(t)$，看是否达到可靠度指标的要求。

习　题

1. 新型自动机研制一般分为哪几个阶段？
2. 战术技术指标要满足哪几项基本要求？自动炮的战术技术性能有哪些？
3. 弹道特征数包括哪些？
4. 理论射速取决于什么？
5. 什么是极限发射速度？
6. 什么是射击精度？什么是射击准确度？什么是射击密集度？
7. 什么是火力机动性？什么是自动炮运动运输机动性？
8. 写出自动机综合示性数中的后坐力系数表达式并说明其含义。

9. 什么是自动机的密度?
10. 火炮自动机总体设计的指导思想是什么?
11. 火炮自动机总体设计的总原则有哪些?
12. 自动原理的基本原则有哪些?
13. 自动机的结构总体设计的基本要求及原则有哪些?
14. 自动机的结构总体设计的原理有哪些?
15. 自动机总体布局的基本原则及要求有哪些?
16. 什么是可靠性大纲?
17. 火炮自动机的可靠性指标有哪些?
18. 什么是系统功能框图? 什么是系统可靠性框图?
19. 什么是自动机可靠性分配? 可靠性分配原则有哪些?
20. 什么是自动机结构可靠性? 什么是自动机机构可靠性?
21. 什么是自动机的协调设计?
22. 什么是自动机的适应性设计?

参考文献

[1] 韩魁英，王梦林，朱素君．火炮自动设计［M］．北京：国防工业出版社，1988.
[2] 梁世瑞．现代火炮自动机技术［M］．北京：兵器工业出版社，1995.
[3] 张相炎．火炮设计理论［M］．北京：北京理工大学出版社，2005.
[4] 谈乐斌，等．火炮概论［M］．北京：北京理工大学出版社，2005.
[5] 徐诚，王亚平．火炮与自动武器动力学［M］．北京：北京理工大学出版社，2006.
[6] 何志强，黄守仁，李载弘．航空自动武器设计手册［M］．北京：国防工业出版社，1990.
[7] 戴成勋，靳天佑，朵英贤．自动武器设计新编［M］．北京：国防工业出版社，1990.
[8] 梁世瑞．自动机创新学引论［M］．北京：国防工业出版社，2007.
[8] 邬显达，等．航炮设计［M］．北京：兵器工业出版社，1994.
[9] 钱聚瑛．世界火炮手册［M］．北京：兵器工业出版社，1991.
[10] 中国人民解放军后字 412 部队编．火炮设计手册.
[11] 中国人民解放军后字 418 部队编译．枪炮自动原理［M］．北京：国防工业出版社，1974.
[12] 张政寿．兵器工业科学技术辞典——火炮与火箭发射装置［M］．北京：国防工业出版社，1991.
[13] 步兵自动武器及弹药设计手册编写小组．步兵自动武器及弹药设计手册［M］．北京：国防工业出版社，1977.
[14] 于道文．自动武器学（自动机设计分册）［M］．北京：国防工业出版社，1992.
[15] 王文忠．火炮可靠性设计［M］．南京：华东工学院，1992.
[16] 王红卫．建模与仿真［M］．北京：科学出版社，2002.
[17] 邹慧君．机械系统设计原理［M］．北京：科学出版社，2003.
[18] 胡胜海．机械系统设计［M］．哈尔滨：哈尔滨工程大学出版社，1997.
[19] 尚久浩．自动机械设计［M］．北京：中国轻工业出版社，2003.
[20] 李绍炎．自动机与自动线［M］．北京：清华大学出版社，2007
[21] 牟致忠，朱文予．机械可靠性设计［M］．北京：机械工业出版社，1993.
[22] 王世萍，朱敏波．电子机械可靠性与维修性［M］．北京：清华大学出版社，2000.
[23] 徐金明．MATLAB 实用教程［M］．北京：清华大学出版社；北京交通大学出版社，2005.
[24] 石博强，等．ADAMS 基础与工程范例教程［M］．北京：中国铁道出版社，2007.
[25] 郑长松，等．SolidWorks2006 中文版机械设计高级应用实例［M］．北京：机械工业出版社，2006.
[26] 王亚平．自动武器数值仿真技术及其应用．［博士论文］南京理工大学，2003.
[27] 李继科．火炮供输弹系统虚拟样机技术研究．［博士论文］南京理工大学，2004.

[28] 王娟．基于虚拟样机技术的航炮系统动力学仿真研究．[博士论文] 西北工业大学，2004.
[29] 梁世瑞．小口径高射速自动炮的创新方向 [J]．火炮发射与控制学报，2003 特刊.
[30] 高尚瑞．关于高炮发展的几点建议 [J]．火炮发射与控制学报，2003 (4).
[31] 张子丘等．基于虚拟样机技术的抛壳过程动力学仿真 [J]．火炮发射与控制学报，2009 (1).
[32] 陈明，等．某型机枪自动机动态仿真分析 [J]．火炮发射与控制学报，2008 (4).
[33] 曾晋春，等．某火炮自动机虚拟样机建模与分析 [J]．火炮发射与控制学报，2008 (1).
[34] 王文记．国内外高炮浮动技术的现状与发展趋势 [J]．火炮发射与控制学报，2007 (3).
[35] 苏红宇．金属风暴来龙去脉 [J]．舰船知识，2002 (6).